21世纪全国高等院校自动化系列实用规划教材

计算机控制系统
(第2版)

主　编　徐文尚

副主编　武　超　亢　洁　蒋开明　张　婧

参　编　徐沪萍　郑　峰

内容简介

本书阐述了计算机控制系统的基本概念，总结了计算机控制系统的分析方法和具有实用价值的设计方法，介绍了正在蓬勃发展的总线控制技术和网络技术系统，并简要介绍了计算机控制系统的设计及其实现，形成了一套较完整的、充实而又实用的计算机控制系统分析和设计的基本体系。本书力求层次分明、结构简练、主题突出，避免知识堆积。

本书既可以作为高等院校自动化专业的教材，又可以作为相关专业的教材或教学参考用书，还可以作为科技工作者知识更新与继续学习的参考书籍。

图书在版编目(CIP)数据

计算机控制系统/徐文尚主编. —2版. —北京：北京大学出版社，2014.1

(21世纪全国高等院校自动化系列实用规划教材)

ISBN 978-7-301-23271-2

Ⅰ. ①计… Ⅱ. ①徐… Ⅲ. ①计算机控制系统—高等学校—教材 Ⅳ. ①TP273

中国版本图书馆CIP数据核字(2013)第228245号

书　　名：计算机控制系统(第2版)

著作责任者：徐文尚　主编

策 划 编 辑：程志强

责 任 编 辑：程志强

标 准 书 号：ISBN 978-7-301-23271-2/TP·1310

出 版 发 行：北京大学出版社

地　　址：北京市海淀区成府路205号　100871

网　　址：http://www.pup.cn　　新浪官方微博：@北京大学出版社

电 子 信 箱：pup_6@163.com

电　　话：邮购部62752015　发行部62750672　编辑部62750667　出版部62754962

印 刷 者：北京鑫海金澳胶印有限公司

发 行 者：北京大学出版社

经 销 者：新华书店

787毫米×1092毫米　16开本　23.25印张　534千字

2007年8月第1版　2014年1月第2版　2022年1月第5次印刷

定　　价：48.00元

《21世纪全国高等院校自动化系列实用规划教材》

专家编审委员会

总　　序

当前所处的时代被称为信息时代。信息科学与技术的迅速发展和广泛应用，深深地改变着人类生产、生活的各个方面。人类社会生产力发展和人们生活质量的提高越来越得益于和依赖于信息科学与技术的发展。自动化科学与技术涉及信息的检测、分析、处理、控制和应用等各个方面，是信息科学与技术领域的重要组成部分。在我国经济建设的进程中，工业化是不可逾越的发展阶段。面对全面建设小康社会的发展目标，党和国家提出走新型工业化道路的战略决策，这是一条我国当代工业化进程的必由之路。实现新型工业化，就是要坚持走科技含量高、经济效益好、资源消耗低、环境污染少、人力资源优势得到充分发挥的可持续发展的科学发展之路。在这个过程中，自动化科学与技术起着不可替代的重要作用，高等学校的自动化学科肩负着人才培养和科学研究的光荣的历史使命。

我国高等教育中工科在校大学生数占在校大学生总数的 35%～40%，其中自动化类的学生是工科各专业中学生人数最多的专业之一。在我国高等教育已走进大众化阶段的今天，人才培养模式多样化已成为必然的趋势，其中应用型人才是我国经济建设和社会发展需求最多的一大类人才。为了促进自动化领域应用型人才培养，发挥院校之间相互合作的优势，北京大学出版社组织了此套《21 世纪全国高等院校自动化系列实用规划教材》的编写。

参加这一系列教材编写的基本上都是来自地方工科院校自动化学科的专家学者，由此确定了教材的使用范围，也为“实用教材”的定位找到了落脚点。本系列教材具有如下特点。

(1) 注重实用性。地方工科院校的人才培养规格大多定位在高级应用型，对这一大类人才的培养要注重面向工程实践，培养学生理论联系实际、解决实际问题的能力。从这一教学原则出发，本系列教材注重实用性，注意引用工程中的实例，培养学生的工程意识和工程应用能力，因此将更适合地方工科院校的教学要求。

(2) 体现新颖性。更新教材内容，跟进时代，加入一些新的先进实用的知识，同时淘汰一些陈旧过时的内容。

(3) 院校间合作交流的成果。每一本教材都有几所院校的教师参加编写。北大出版社事先在西安市和长春市召开了编写计划会和审纲会，来自各院校的教师比较充分地交流了情况，在相互借鉴、取长补短的基础上，形成了编写大纲，确定了编写原则。因此，这一系列教材可以反映出各参编院校一些好的经验和做法。

(4) 这一系列教材几乎涵盖了自动化类专业从技术基础课到专业课的各门课程。到目前为止，列入计划的已有 30 多门，教材门数多，参与的院校多，参加编写的人员多。

地方工科院校是我国高等院校中比例最大的一部分。本系列教材面向地方工科院校自动化类专业教学之用，将拥有众多的读者。教材专家编审委员会深感教材的编写质量对教学质量的重要性，在审纲会上强调了“质量第一，明确责任，统筹兼顾，严格把关”的原则，要求各位主编加强协调，认真负责，努力保证和提高教材质量。各位主编和编者也将尽职尽责、密切合作，努力使自己的作品受到读者的认可和欢迎。尽管如此，由于院校之间、编者之间的差异性，教材中还是难免会出现一些问题和不足，欢迎选用本系列教材的教师、学生提出批评和建议。

张德江

2006 年 1 月

第 2 版前言

在当前数字化和信息化的时代背景下，我国要完成工业化的任务还很重，国家提出走新型工业化的道路和坚持“信息化带动工业化，工业化促进信息化”的科学发展观，这对自动化科学技术的发展是一个前所未有的战略机遇。

要发展自动化科学技术，人才是基础、是关键，而高等学校又是人才培养的基地。从“信息化带动工业化，工业化促进信息化”的科学发展观来看，自动化专业技术人才培养占有举足轻重的地位。

影响人才培养的因素很多，涉及教学改革的方方面面，但首要的是培养目标定位。有了明确的目标定位，才能制订培养计划，编制教学大纲，建设师资队伍，打造实践平台，并进行教材的编写。在目前的技术条件下，编写一本教材并不困难，但是，编写一本雅俗共赏、深入浅出，既体现出理论与实践并重又互不偏废，同时还及时反映科学技术最新发展的教材并不容易。

计算机在国民经济的各个领域中获得了广泛的应用，采用计算机控制是现代化的重要标志。计算机控制系统涉及自动控制理论、计算机原理与接口技术以及电气信息类学科等相关课程。

本书自 2007 年出版以来，因培养目标定位明确，内容通俗易懂而受到广大读者的喜爱，但也有明显不足之处，故应出版社要求进行修订。本次修订的重点在第 2 章、第 3 章和第 9 章。第 2 章充实了部分接口内容，第 3 章补充了步进电动机原理与控制实现，第 9 章增添了生产实例——矿井提升机直流双闭环控制系统设计，其他章节也略有增删。相信经本次修订后，本书的内容布置将更趋于合理、完善。

本书修订版的特色，即与以往教材不同的地方包括：①每一章开始部分以知识结构框图总结了本章的重点内容，起到提纲挈领的作用，使学生在初学时能够了解每一章的主要内容，在复习时能够通过知识框图回顾该章节的知识重点和难点；②为使学生对教材内容有初步的认识，每一章都以示例或所学知识为切入点引出该章节内容，从感兴趣的、熟悉的基础知识来引发学生的求知欲望，从而达到事半功倍的效果；③针对不同学生的学习进度和学习要求，在每一章的最后会对该章内容进行延伸，有兴趣的学生可以根据延伸知识点参阅相关资料或书籍，以满足学生对知识的渴求。这里要特别感谢张婧的辛苦付出！

本书是依照“全国高等学校自动化专业系列教材编审委员会”审定的教材大纲编写的，兼顾计算机控制基本原理和实现技术两大方面的教学要求。通过本书的学习，读者可在计算机控制基本原理和实现技术方面获得较全面的培养和锻炼。

学习本书的前期预备知识是自动控制理论以及计算机原理和接口技术的基本知识。

本书除第 1 章外，其余各章可分为以下 3 部分。

(1) 计算机控制系统过程通道和程序控制(第 2～3 章)。考虑到这部分内容较成熟，在前修课的基础上，仅简练、系统、深入地讲述一些基础性的内容。

(2) 计算机控制器设计(第 4～5 章)。遵循经典与现代设计方法并重的原则，重点讨论直接设计法、间接设计法和状态空间设计等相关内容，典型算法附有MATLAB仿真实例。本书没有介绍智能控制方面的内容，主要原因是授课学时有限，很难在有限的几个学时内将智能控制讲授清楚。

(3) 计算机控制系统工程实现技术(第6～9章)。由于计算机软/硬件技术发展日新月异，因此，在论述基本工程实现技术的基础上，重点介绍了现代先进计算机控制的实现技术。除第6章介绍一些基本的软件设计技术外，第7～8章分别讨论了嵌入式系统、集散式系统、现场总线和网络控制等先进控制技术。第9章介绍了计算机控制系统实例，以增强读者的感性认识，这也是本书的特色之一。鉴于自动化专业学生在微机原理及接口技术等相关课程中对计算机系统硬件已有较系统的学习，在论述计算机控制系统构建及实现技术时，只从应用的角度讨论相关问题。

本书书末有6个附录，分别为常用滤波程序、PID程序、拉普拉斯变换的基本定理、Z变换的基本定理、常用函数的拉普拉斯变换和 Z 变换表、集成仿真环境与 MATLAB/Simulink。

本书既可以作为自动化专业的教材，又可以作为相关专业的教材或教学参考用书，也可以作为科技工作者知识更新与继续学习的参考书籍。

本书有配套的电子教案，采用PowerPoint制作，可以根据教学需求进行修改。

授课学时根据专业计划可以适当增减，建议授课学时为48学时，各章参考授课学时如下：第1章2学时，第2章8学时，第3章4学时，第4章12学时，第5章6学时，第6章6学时，第7章4学时，第8、9章共6学时。本课程可安排实验课程8学时，分别是AD/DA转换、采样与保持、常规PID控制技术与改进PID、最少拍控制技术。

全书由徐文尚教授担任主编。徐沪萍编写了第1章，蒋开明、郑峰合编了第2章，亢洁编写了第3章，徐文尚编写了第4、5章，武超编写了第6、7、9章，武超、郑峰合编了第8章。再版计算机控制系统内容的修订主要由武超、张婧和徐文尚完成，其中张婧在本书的修订过程中承担了每一章的知识结构、序言和知识扩展的编写工作；武超主要完成了第2章、第3章等章节中相关知识的编写工作，如步进电动机原理及控制实例等；徐文尚重点完成了矿井提升及直流调速的计算机控制实例。再版教材力求知识更全面、更实用。

本书在编写过程中得到了山东科技大学学校、学院有关领导的关心和支持，在此，特向他们表示衷心的感谢！本书的出版，对更新自动化专业的知识体系、改善教学条件、创造个性化的教学环境，一定会起到积极的作用。由于计算机控制技术与理论在不断发展，加上编者水平有限，疏漏之处在所难免，希望广大师生和专家学者不吝批评指正，我们一定虚心接受，以期本书不断完善。

本书是一本计算机控制理论与MATLAB/Simulink仿真软件相结合，有理论、有实践的教材。如果说通过学习本书，读者能在计算机控制的学习与应用中得到帮助和启发；如果本书能在全国高等学校自动化专业人才培养中发挥其应有的作用，得到同行专家的认可，编者将十分欣慰。

本书曾获“第二届山东省高等学校优秀教材一等奖”(编号为2BK1023)

徐文尚

山东科技大学

2013年10月

目　录

第1章 绪 论

教学提示

计算机控制系统是自动控制理论、自动化技术与计算机技术紧密结合的产物。有了自动控制理论的不断发展，随着计算机技术、通信与网络技术、微电子技术的不断进步，计算机控制系统取得了迅速的发展。同时，计算机控制系统的应用更加广泛，其应用领域从工业逐渐扩大到农业、医学、军事等领域。可以说，现在的计算机控制系统已经成为人类社会不可缺少的重要组成部分。

教学要求

本章要求掌握计算机控制系统的基本组成、特点及分类，了解计算机控制系统的发展状况和趋势。

本章知识结构

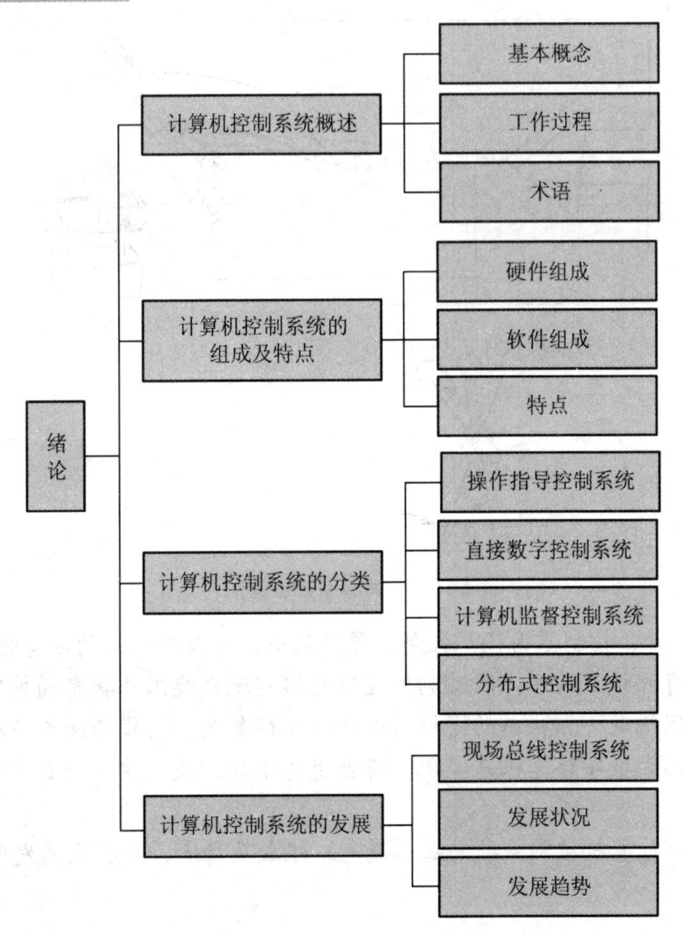

【引言】

近 30 年来，随着数字计算机可靠性的提高和价格的降低，特别是微处理器的蓬勃发展，数字计算机作为控制器逐渐取代了模拟控制器。采用数字计算机对系统进行控制，对控制系统的性能、系统的结构以及控制理论等都产生了巨大的影响；另外，与常规的模拟式控制系统相比，数字计算机控制系统具有许多优点，因此数字计算机控制系统不仅在工业、交通、农业、航空和军事等部门得到广泛应用，而且在经济管理领域也逐渐开始得到应用。

为了使波音 747 客机着陆(图 1.1)，驾驶员必须将每个机翼的舵面角度旋转至 25°，使用伺服系统实现此操作，其中伺服系统包括电气和液压元件，其结构原理图如图 1.2 所示。

图 1.1　波音 747 客机

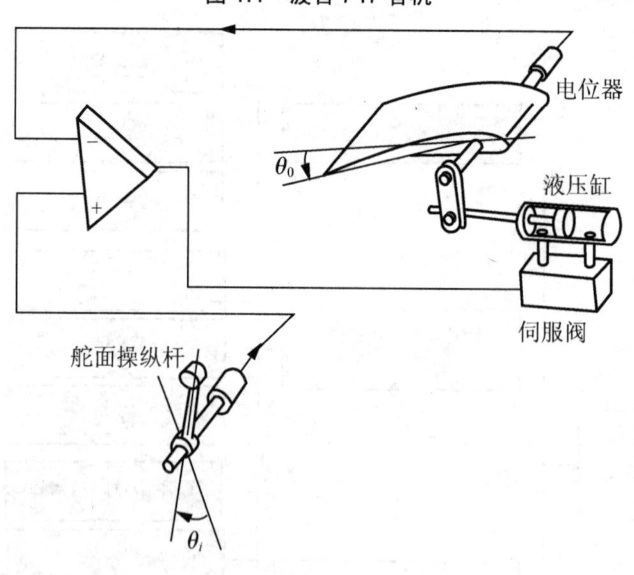

图 1.2　伺服系统原理图

根据图 1.2 可知，控制器由模拟控制元器件组成，为改善系统的动态性能和稳态性能，伺服系统可采用有源校正网络，同时利用逻辑电路实现系统工作状态的控制。如果系统比较复杂，则校正网络及工作状态的逻辑控制也会变得复杂，用模拟网络将难以实现。而如果将系统的控制器由数字计算机来实现，将会变得十分方便。这就形成了常规的计算机控制系统。

本章主要介绍计算机控制系统的基本概念、组成及特点、分类及其发展概况和趋势。

1.1 计算机控制系统的概述

微型计算机控制技术以计算机技术、自动控制技术以及检测与传感技术等为基础，可以完成常规控制技术无法完成的任务，目前在许多领域里得到了广泛的应用。

1.1.1 计算机控制系统的基本概念

计算机控制系统就是利用计算机(通常称为工业控制计算机，简称工业控制机 IPC)来实现生产过程自动控制的系统。

由控制器或控制装置来调节或控制被控对象输出行为的模拟系统(自动控制原理中所讲的连续系统)，称为模拟控制系统。图 1.3 所示即为单回路模拟控制系统，该系统由两部分组成：被控对象和测控装置。其中被控对象可能是电动机，也可能是水箱或电热炉等，测控装置则主要由测量变送器、比较器、控制器以及执行机构等组成。图 1.3 所示系统的工作原理如下：当给定值或外界干扰变化时，系统将测量变送环节反馈回来的被控参数与给定值比较后出现偏差信号 $e(t)$，控制器便根据偏差信号的大小按照预先设定的控制规律进行运算，并将运算结果作为输出控制量 $u(t)$送到执行机构，自动调整系统的输出 $y(t)$，使偏差信号 $e(t)$趋向于 0。

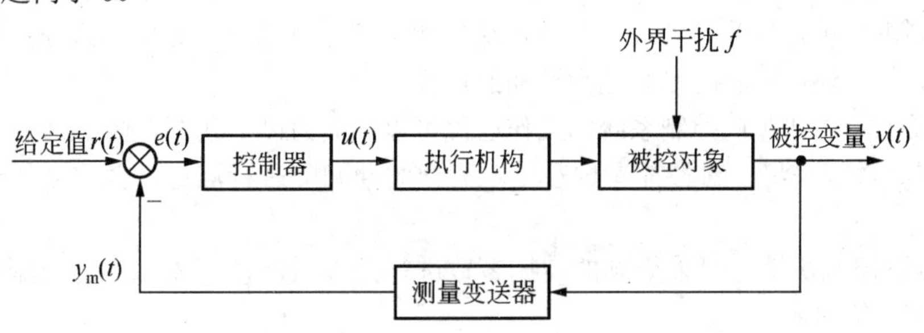

图 1.3 单回路模拟控制系统示意图

在常规的控制系统中，上述的控制器采用气动或电动的模拟调节器实现。随着计算机的普及，特别是微处理器的性能价格比的不断提高，工程技术人员用计算机来代替模拟调节器实现系统的自调节，逐渐形成计算机控制系统。在计算机控制系统中，计算机输入/输出信号都是数字量，被控对象的输入/输出信号往往是连续变化的模拟量，要想实现计算机与具有模拟量输入/输出的被控对象信号的传递，就必须有信号转换装置，也就是翻译，才能实现被控对象与计算机之间的语言沟通。这个翻译也就是人们常说的 A/D 转换和 D/A 转换，在执行器的输出端就用 D/A 转换器，也就是数/模转换器，在计算机的输入端用 A/D 转换器，就是模/数转换器。用计算机原理教科书上的术语来讲即计算机接口。接口又分为数字量接口和模拟量接口，一般说来接口有具体的电平要求。为了保证计算机控制系统能适应不同的信号，需要有信号调理电路、采样器和保持器等，它们与 A/D 转换器、D/A 转换器一起构成了计算机与生产设备之间的接口，是计算机控制系统中必不可少的组成部分，且与计算机一起统称为计算机系统，如图 1.4 中的点划线框所示。

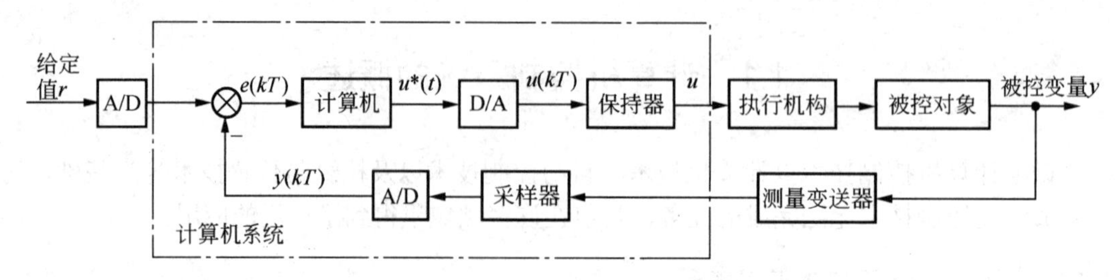

图 1.4　计算机控制系统原理图

在控制系统中引入计算机，就可以充分利用计算机强大的计算、逻辑判断和记忆等信息处理能力，运用微处理器或微控制器的丰富指令，就能编写出满足某种控制规律的程序，执行该程序，就可以实现对被控参数的控制。计算机控制系统中的计算机是广义的，可以是工业控制计算机、嵌入式计算机、可编程序控制器(Programmable Logical Controller，PLC)、单片机系统、数字信号处理器(Digital Signal Processor，DSP)等。

1.1.2　计算机控制系统的工作过程

计算机控制就是对被控对象的有关参数(如温度、压力、流量、转速、转角、电压、电流、相位、功率、状态等)进行采样并转换成统一的标准信号，通过输入通道把数字量和模拟量(转换成数字量)表示的各种参数信息传送给计算机，计算机根据这些信息，按照预先规定的控制规律进行运算和处理，并通过输出通道把运算结果以数字量或模拟量的形式去控制被控对象，使被控制的参数达到预期的目标。

从本质上看，计算机控制系统的工作过程可以归纳为以下几个步骤。

(1) 实时数据采集：对被控参数在一定采样时间间隔进行测量，并将采样结果输入计算机。

(2) 实时控制决策：对采集到的被控参数进行处理后，按预先规定的控制规律决定将要采取的控制策略。

(3) 实时控制输出：根据控制决策，实时地对执行机构发出控制信号，完成控制任务。

(4) 信息管理：随着网络技术和控制策略的发展，信息共享和管理也介入到控制系统之中。

上述测量、控制、运算、管理的过程不断重复，使整个系统能按预定的方案工作，对被控参数或控制设备出现的异常状态及时进行监督，并迅速做出处理。

1.1.3　计算机控制系统的术语

1. 实时

实时性是指计算机能够在工艺要求允许的时间范围内及时对被控参数进行测量、计算和控制输出，超过控制时限就失去了控制的时机，控制也就失去了意义。

不同的控制过程，对实时性的要求是不同的，即使是同一种被控参数，在不同的系统中对控制速度的要求也是不相同的。例如，电动机转速和移动部件位移的暂态过程很短，一般要求它的控制延迟时间就很短，这类控制称为快过程的实时控制；而热工、化工类的过程往往是一些慢变化过程，对它们的控制属于慢过程的实时控制，其控制的延迟时间允许稍长一些。

实时控制的性能通常受到仪器仪表的传输延迟、控制算法的复杂程度、微处理器或微控制器的运算速度和控制量输出的延迟等因素影响。

2. 在线

在计算机控制系统中，生产设备和计算机系统直接相连，并接受计算机直接控制的方式称为在线或联机方式。

3. 离线

若生产设备不和计算机系统相连，其工作不直接受到计算机控制，而是靠人工进行联系并作相应操作的方式称为离线或脱机方式。

1.2 计算机控制系统的组成及特点

计算机控制系统由于用途或目的的不同，它们的规模、结构、功能与完善程度等可以有很大的差别，但是它们都有共同的两个基本组成部分，即硬件和软件。硬件是计算机控制系统的基础，软件是计算机控制系统的灵魂。计算机控制系统本身通过各种接口与生产过程发生关系，并对生产过程进行数据处理及控制。

1.2.1 计算机控制系统的硬件组成

计算机控制系统的硬件是指计算机本身及其外部设备(外设)，主要由主机、系统总线、外部设备(包括操作台)、过程通道、通信接口、检测与执行机构等组成，如图1.5所示。

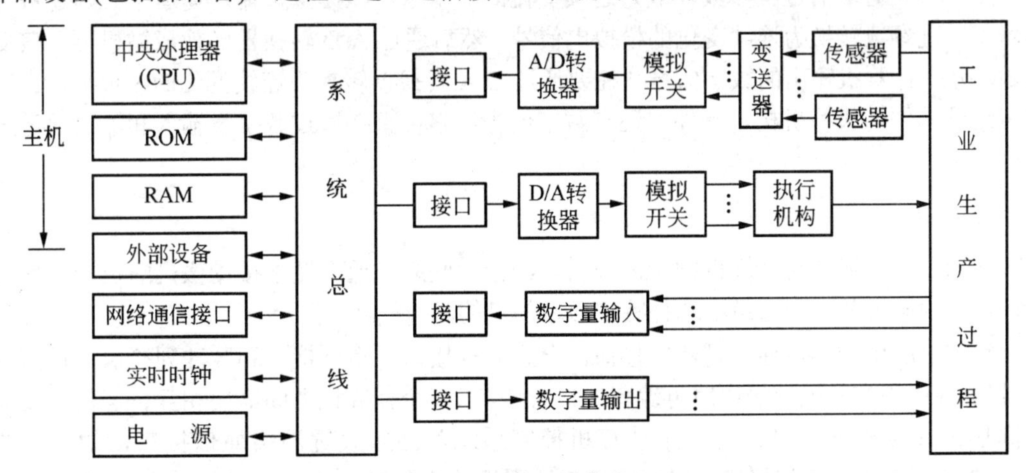

图1.5 计算机控制系统硬件组成框图

1. 主机(计算机)

主机是整个控制系统的核心，由中央处理器(CPU)和内存储器(ROM、RAM)组成。它主要是执行人们预先编写好并存放在存储器中的程序，收集从工业生产过程送来的过程参数，并进行处理、分析判断和运算，根据运算结果做出控制决策，以信息的形式通过输出通道，及时地向生产过程发出各种控制命令，同时对生产过程中各个参数进行巡回检测、数据处理以及控制计算、报警处理、逻辑判断等，使过程参数趋于预定数值。

在内存储器中预先存入了实现信号输入、运算控制和命令输出的程序，这些程序反映了对生产过程控制的控制规律。系统被启动后，CPU 便从内存储器中逐条取出指令并执行，于是便能对生产过程按一定的规律连续地进行控制。因此要求主机具有可靠性高，实时控制、环境适应性强的特点，并具有完善的过程通道设备和软件系统。

2. 系统总线

系统总线分为内部总线和外部总线两大类，其中内部总线的作用是在计算机各内部模块之间传送各种控制、地址与数据信号，并为各模块提供统一的电源；外部总线的作用是在计算机系统之间或计算机系统与外部设备之间提供数字通信。

3. 外部设备

外部设备的作用是实现计算机和外界的信息交换，它包括操作台、显示器、打印机、键盘以及外存储器等。其中操作台是计算机控制系统中重要的人机接口设备，在操作台上随时显示或记录系统当前的运行状态和被控对象的参数，当系统某个局部出现意外或故障时，也在操作台上产生报警信息。操作人员可根据自己的权限在操作台上修改程序或某些参数，也可按需要改变系统的运行状态。

4. 过程通道

过程通道是主机与工业生产过程之间信号的传递和转换的连接通道。按照信号传送的方向可分为输入通道和输出通道。按照传送信号的形式可分为模拟量通道和数字量通道。

工业生产对象的过程参数一般是连续变化的非电量，在模拟量输入通道中必须通过传感器将过程参数转换为连续变化的模拟电信号，然后通过 A/D 转换器转换成微机可以接受的数字量。计算机输出的数字信号往往要通过 D/A 转换器转换为连续变化的模拟量，去控制可连续动作的执行机构。此外，还有数字信号，它可直接通过数字量输入和输出通道来传送。

5. 接口

接口是连接通道与计算机的中间设备，经接口联系，通道便于接受微机的控制，使用它可达到由微机从多个通道中选择特定通道的目的。

系统中所用的接口通常是数字接口，分为并行接口、串行接口和脉冲列接口，目前各信号的 CPU 均有其配套的通用可编程接口芯片。当多个计算机之间需要相互传递信息或与更高层的计算机通信时，每一个计算机控制系统就必须设置网络通信接口，如一般的 RS-232-C、RS-485 通信接口、以太网接口、现场总线接口等。

6. 检测与执行机构

在控制系统中，为了收集和测量各种参数，采用了各种检测元件及变送器，其主要功能是将被检测参数的非电量转换成电信号，这些信号经过变送器转换成统一的标准电信号(1～5V 或 4～20mA)，再通过过程通道送入计算机。执行机构的功能是根据微机输出的控制信号，改变输出的角位移或直线位移，并通过调节机构改变被调介质的流量或能量，使生产过程符合规定的要求。

7. 实时时钟

计算机运行需要一个时钟，用于确定采样周期、控制周期及事件发生时间等，常用的时钟电路如美国 Dallas 公司的 DS12C887 等。

1.2.2 计算机控制系统的软件组成

计算机控制系统的硬件是完成控制任务的设备基础，还必须有相应的软件才能构成完整的控制系统。软件是指计算机控制系统中具有各种功能的计算机程序的总和，如完成操作、监控、管理、控制、计算和自诊断等功能的程序。软件的质量关系到计算机运行和控制效果的好坏、硬件功能的充分发挥和推广应用。从功能区分，计算机控制系统的软件可分为系统软件和应用软件(图 1.6)。

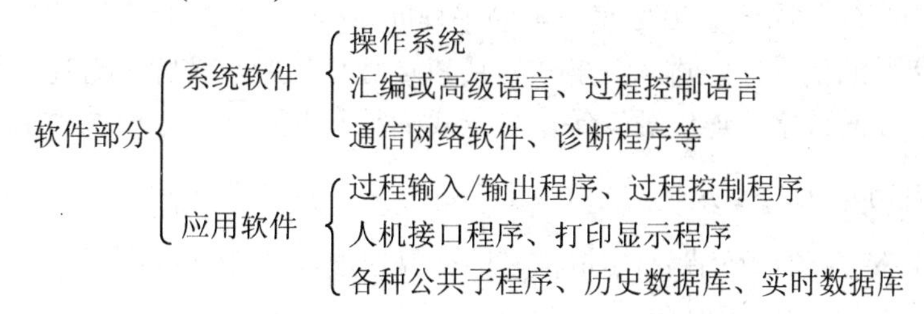

图 1.6 计算机控制系统软件组成

1. 系统软件

系统软件是用来管理计算机的内存、外设等硬件设备，方便用户使用计算机的软件。系统软件通常包括操作系统、语言加工系统、数据库系统、通信网络软件和诊断系统。它具有一定的通用性，一般随硬件一起由计算机生产厂家提供或购买，一般不需要用户自行设计编程，只需掌握使用方法或根据实际需要加以适当改造即可。系统软件提供计算机运行和管理的基本环境，如 Windows NT、UNIX 等。

2. 应用软件

应用软件是用户根据要解决的控制问题而编写的各种控制和管理程序，其优劣直接影响到系统的控制品质和管理水平。它是控制计算机在特定环境中完成某种控制功能所必需的软件，如过程控制程序、人机接口程序、打印显示程序、数据采集及处理程序、巡回检测和报警程序及各种公共子程序等。应用软件的编写涉及生产工艺、控制理论、控制设备等各方面的知识，通常由用户自行编写或根据具体情况在商品化软件的基础上自行组态以及做少量特殊应用的开发，如 Siemens 公司的 STEP 7。

在计算机控制系统中，软件和硬件不是独立存在的，在设计时必须注意两者间的有机配合和协调，只有这样才能研制出满足生产要求的高质量的控制系统。随着计算机硬件技术的日臻完善，软件的重要性日益突出。同样的硬件，配置高性能的软件，可以取得良好的控制效果；反之，可能达不到预定的控制目的。

1.2.3 计算机控制系统的特点

计算机控制系统相对于连续控制系统，其主要特点如下。

1. 系统结构的特点

计算机控制系统执行控制功能的核心部件是计算机，而连续系统中的被控对象、执行部件及测量部件均为模拟部件。这样系统中还必须加入信号转换装置，以完成系统信号的转换。因此，计算机控制系统是模拟和数字部件的混合系统。若系统中各部件都是数字部件，则称为全数字控制系统。

2. 信号形式上的特点

连续系统中各点信号均为连续模拟信号，而计算机控制系统中有多种信号形式。由于计算机是串行工作的，因此必须按照一定的采样间隔(采样周期)对连续信号进行采样，将其变为时间上离散的信号才能进入计算机。所以计算机控制系统除了有连续模拟信号外，还有离散模拟、离散数字、连续数字等信号形式，是一种混合信号形式系统。

3. 信号传递时间上的差异

连续系统中(除纯延迟环节外)模拟信号的计算速度和传递速度都极快，可以认为是瞬时完成的，即该时刻的系统输出反映了同一时刻的输入响应，系统各点信号都是同一时刻的相应值，而在计算机控制系统中就不同了，由于存在“计算机延迟”，因此系统的输出与输入不是在同一时刻的相应值。

4. 系统工作方式上的特点

在连续控制系统中，一般是一个控制器控制一个回路，而计算机具有高速的运算处理能力，一个控制器(控制计算机)经常可采用分时控制的方式同时控制多个回路。通常，它利用一次巡回的方式实现多路分时控制。

5. 计算机控制系统具有很大的灵活性和适应性

对于连续控制系统，控制规律越复杂，所需的硬件也往往越多，越复杂。模拟硬件的成本几乎和控制规律的复杂程度、控制回路的多少成正比。并且，若要修改控制规律，一般必须改变硬件结构。由于计算机控制系统的控制规律是由软件实现的，并且计算机具有强大的记忆和判断功能，修改一个控制规律，无论是复杂的还是简单的，只需修改软件，一般无须改变硬件结构，因此便于实现复杂的控制规律和对控制方案进行在线修改，使系统具有灵活性高、适应性强的特点。

6. 计算机控制系统具有较高的控制质量

由于计算机的运算速度快、精度高、具有极丰富的逻辑判断功能和大容量的存储能力，因此，能实现复杂的控制规律，如最优控制、自适应控制、智能控制等，从而可达到较高的控制质量。

随着微电子技术的不断发展和对自动控制系统功能要求的不断提高，计算机控制系统的优越性表现得越来越突出。现在控制系统不管是简单的，还是复杂的，几乎都是采用计算机进行控制的。

1.3 计算机控制系统的分类

计算机控制系统所采用的形式与它所控制的生产过程的复杂程度密切相关，不同的被控对象和不同的要求，应有不同的控制方案。根据计算机控制系统的功能及结构特点，可以将计算机控制系统分为操作指导控制系统、直接数字控制系统、计算机监督控制系统、分布式控制系统、现场总线控制系统。

1.3.1 操作指导控制系统

操作指导控制系统的构成如图 1.7 所示，属于开环控制型结构。计算机的输出与生产过程的各个控制单元不直接发生联系，控制动作实际上由操作人员按计算机指示去完成。该系统不仅具有数据采集和处理的功能，而且能够为操作人员提供反映生产过程工况的各种数据，并给出相应的操作指导信息，供操作人员参考。

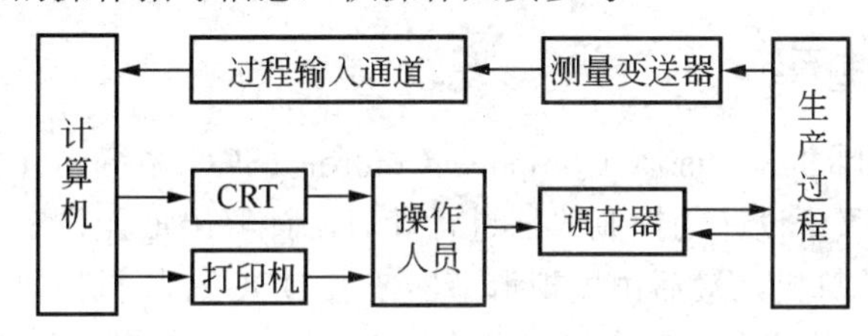

图 1.7 操作指导控制系统的组成框图

计算机通过测量元器件对生产过程的参数检测进行采集，由过程输入通道(模拟量输入通道 AI 或数字量输入通道 DI)输入，然后根据一定的控制算法，计算出供操作人员选择的最优操作条件及操作方案。操作人员根据计算机的输出信息，如 CRT 显示图形或数据、打印机输出等，去改变调节器的给定值或直接操作执行机构。

操作指导控制系统是最早的，也是最简单的计算机控制系统，其优点是结构简单，控制灵活安全，缺点是要由人工操作，速度受到限制，不能控制多个对象。它特别适用于未摸清控制规律的系统，常被用于计算机控制系统研制的初级阶段，或用于试验新的数学模型和调试新的控制程序等。

1.3.2 直接数字控制系统

直接数字控制器(Direct Digital Control，DDC)系统是计算机用于工业过程最普遍的一种方式，属于闭环控制型结构，其结构如图 1.8 所示。计算机通过测量元器件对一个或多个生产过程的参数进行巡回检测，经过过程输入通道输入计算机，并根据规定的控制规律和给定值进行运算，然后发出控制信号，通过过程输出通道直接去控制执行机构，使各个被控量达到预定的要求。

DDC 系统中的计算机参加闭环控制过程，它不仅能完全取代模拟调节器，实现多回路的 PID(比例、积分、微分)调节，而且不需要改变硬件，只需通过改变软件就能实现多种较复杂的控制规律，如串级控制、前馈控制、非线性控制、自适应控制、最优控制等。

由于 DDC 系统中的计算机直接承担控制任务，所以要求(系统)实时性好、可靠性高和适应性强。为了充分发挥计算机的利用率，一台计算机通常要控制几个或几十个回路，那就要合理地设计应用软件，使其不失时机地完成所有功能。DDC 系统是计算机用于工业生产过程控制的一种系统，在热工、化工、机械、冶金等部门已获得广泛应用。在 DDC 系统中计算机作为数字控制器使用。

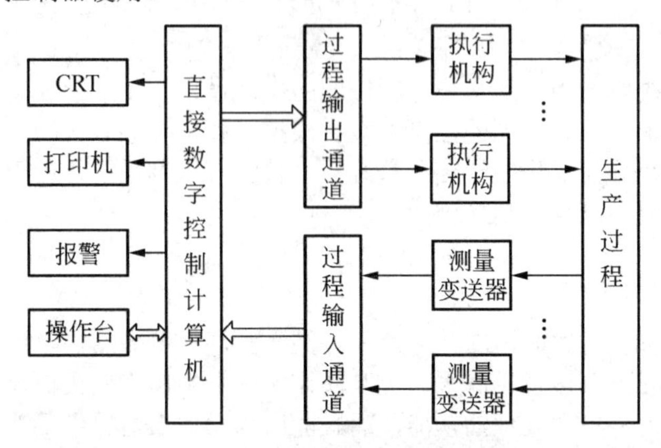

图 1.8　直接数字控制系统的组成框图

1.3.3　计算机监督控制系统

在计算机监督控制(Supervisory Computer Control，SCC)系统中计算机根据工艺参数和过程参量检测值，按照所设计的控制算法进行计算，计算出最佳设定值直接传送给常规模拟调节器或者 DDC 计算机，最后由模拟调节器或者 DDC 计算机控制生产过程，从而使生产过程处于最优工况。从这个角度上说，它的作用是改变给定值，所以又称设定值控制(Set Point Control，SPC)系统。

SCC 系统较 DDC 系统更接近生产变化的实际情况，它不仅可以进行给定值控制，同时还可以进行顺序控制、最优控制等，它是操作指导控制系统和 DDC 系统的综合和发展。SCC 系统有两种结构形式，如图 1.9 所示。

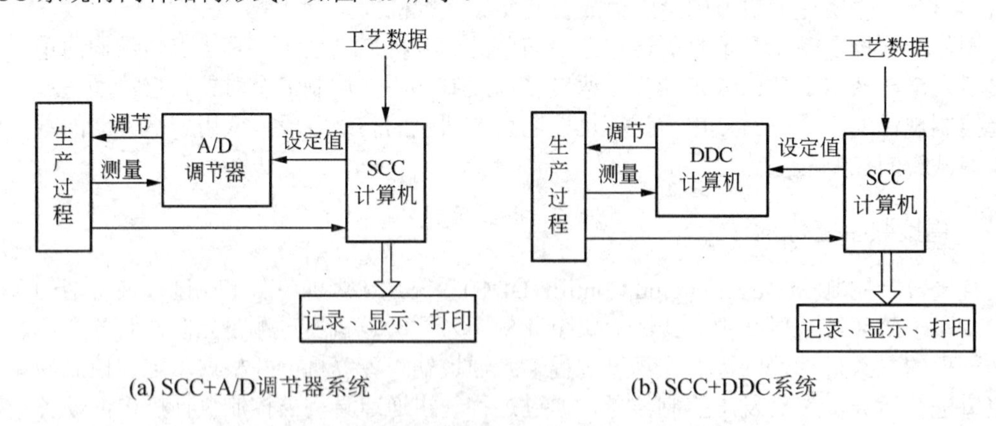

图 1.9　计算机监督控制系统的两种结构形式

1. SCC+A/D 调节器的控制系统

该系统原理图如图 1.9(a)所示。在此系统中，由计算机系统对各过程参量进行巡回检测，并按一定的数学模型对生产工况进行分析和计算，得出被控对象各参数的最佳设定值并送给 A/D 调节器，此给定值在调节器中与检测值进行比较后，其偏差值经 A/D 调节器计算，然后输出到执行机构，以达到调节生产过程的目的。当 SCC 计算机出现故障时，可由 A/D

调节器独立完成操作。

2. SCC+DDC 的控制系统

该系统原理图如图 1.9(b)所示。这实际上是一个两级计算机控制系统，一级为监控级 SCC，另一级为 DDC。监控级 SCC 的作用与 SCC+A/D 调节器的控制系统中的 SCC 一样，可完成车间或工段的最优化分析和计算，并给出最佳设定值，送给 DDC 计算机直接控制生产过程。SCC 与 DDC 计算机之间通过接口进行通信联系，当 DDC 计算机出现故障时，可由 SCC 计算机代替，因此，大大提高了系统的可靠性。

在 SCC 中，由于 SCC 计算机承担了先进控制、过程优化与部分管理任务，信息存储量大，计算任务重，故要求有较大的内存与外存和较为丰富的软件，所以一般选用高档微型计算机或小型机作为 SCC 计算机。

1.3.4 分布式控制系统

分布式控制系统(Distributed Control System，DCS)也称集散控制系统，是随着计算机技术的发展、工业生产过程规模的扩大、综合控制与管理的要求的提高而发展起来的。它是由计算机技术、信号处理技术、测量控制技术、通信网络技术和人机接口技术互相发展、互相渗透而产生的，其原理框图如图 1.10 所示。该系统采用分散控制、集中操作、分级管理和综合协调的设计原则，把系统从下而上分成分散过程控制级、集中操作监控级和综合信息管理级，形成分级分布式控制，各级之间通过数据传输总线及网络相互连接起来，只有必要的信息才传送到上一级计算机或中央控制室，而绝大部分时间都是各个计算机并行地工作，这样大大降低了系统的复杂性，避免了传输误差，提高了系统的可靠性。

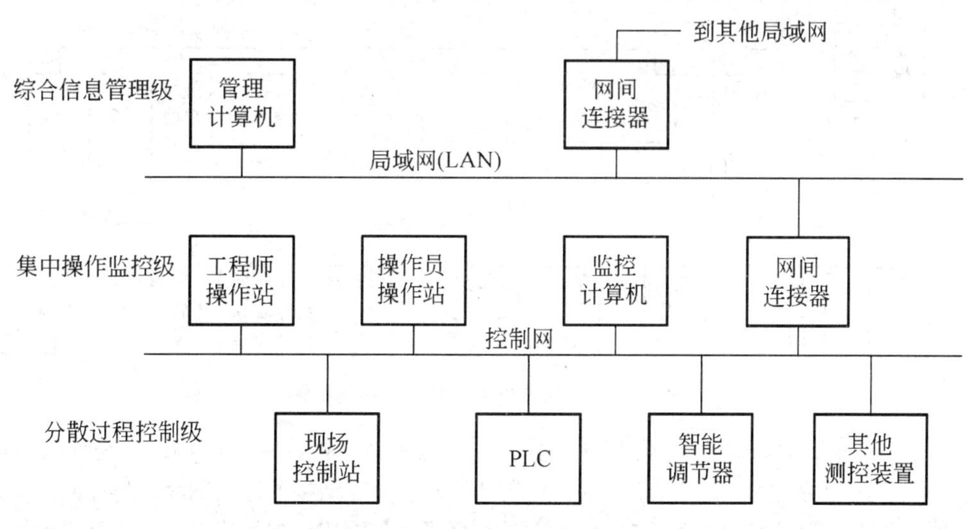

图 1.10 分布式控制系统的组成框图

分散过程控制级是 DCS 的基础，用于直接控制生产过程。它由若干工作站组成，每一个工作站分别完成数据采集、顺序控制或某一被控制量的闭环控制等，它所收集的数据可供集中操作监控级调用，各工作站接收集中操作监控级发送的信息，并以此而工作。

集中操作监控级的任务是对生产过程进行监视与操作。它根据综合信息管理级提出的技术要求，确定分散过程控制级的最优给定量。集中操作监控级由于接收了下级各工作站所采集的数据，因而能全面反映生产情况，提供充分的信息，因此该级的操作人员可以据此直接干预系统的运行。

综合信息管理级是整个系统的中枢，它根据监控级提供的信息及生产任务的要求，编制出全面反映整个系统工作情况的报表，审核控制方案，选择数学模型，制订最优控制策略，并对下一级下达命令。

DCS 是利用计算机技术对生产过程进行集中监视、操作、管理和分散控制的一种新型控制技术，具有系统模块化、通用性强、控制功能完善、数据处理方便、显示操作集中、人机界面友好、可靠性高的特点，能够适应工业生产的各种需要。

1.3.5 现场总线控制系统

20 世纪 80 年代发展起来的 DCS 采用了“操作站—控制站—现场仪表”三层结构模式，系统成本较高，并且各厂商生产的 DCS 标准不同，不能互联，给用户带来了极大的不便，增加了使用维护成本。

现场总线控制系统(Fieldbus Control System，FCS)是 20 世纪 90 年代兴起的新一代 DCS 结构，它采用了“工作站—现场总线智能仪表”的二层结构模式，降低了系统成本，提高了可靠性，并且在统一的国际标准下可实现真正开放式互联系统结构，其系统结构如图 1.11 所示。

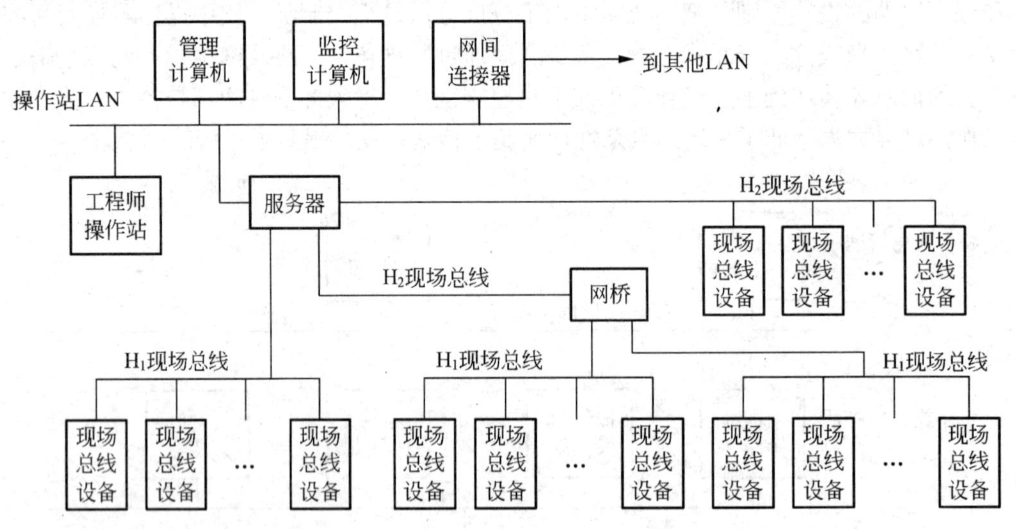

图 1.11　现场总线控制系统的结构框图

FCS 的核心是现场总线。从本质上说，现场总线是一种数字通信协议，是连接智能现场设备和自动化系统的数字式、全分散、双向传输、多分支结构的通信网络，是控制技术、仪表工业技术和计算机网络技术三者的结合，具有现场通信网络、现场设备互连、互操作性、功能块分散、开放式的互联网络等技术特点，代表了今后工业控制体系结构发展的一种方向。

FCS 作为新一代的过程控制系统，无疑具有十分广阔的发展前景。但是应该看到，FCS 与经历了二十多年不断发展和完善的 DCS 相比，在某些方面尚存在一定问题，要在复杂度很高的过程控制系统中应用 FCS 尚有一定困难。当然，随着现场总线技术的进一步发展和完善，这些问题将会逐步得到解决。

1.4 计算机控制系统的发展

计算机控制技术是自动控制理论与计算机技术相结合的产物，它的发展离不开自动控制理论和计算机技术的发展。自动控制理论及其应用技术的发展历史是与生产过程本身的发展密切联系的，它经历了从简单系统到复杂系统、从局部自动控制到全局自动控制、从低级简单控制到高级的计算机和智能控制的发展过程。

1.4.1 计算机控制系统的发展概况

计算机控制系统的实现涉及许多学科的知识，包括计算机技术、自动控制理论、过程控制技术、自动化仪表等。因此，计算机控制系统的发展与这些相关学科的发展息息相关、相辅相成。回顾工业过程的计算机控制历史，在20世纪经历了50年代的起步期、60年代的试验期、70年代的推广期、80年代和90年代的成熟期及进一步发展期。目前，计算机控制系统已是现代化的大规模工业生产过程中必不可少的组成部分。

世界上第一台电子计算机于1946年问世，20世纪50年代初期便有人开始将计算机用于工业过程控制。1959年世界上第一台过程控制计算机在美国得克萨斯州的一个炼油厂正式投入运行。该系统控制有26个流量、72个温度、3个压力和3个成分，基本功能是控制反应器的压力，确定反应器进料量的最优分配，根据催化作用控制热水流量以及确定最优循环。

早期的计算机采用电子管，不仅运算速度慢、价格昂贵，而且体积大、可靠性差，计算机的平均故障间隔时间(Mean Time Between Failures，MTBF)只有50～100h。由于可靠性差，所以主要用于数据处理和操作指导。早期工业过程的计算机控制系统很不成熟，工作不稳定，仍然常常需要模拟控制装置对过程进行控制。

随着半导体技术的发展，计算机运算速度加快，可靠性得到提高，20世纪60年代开始出现采用计算机完全取代模拟控制装置直接控制过程变量的DDC系统，MTBF大约为1000h。1960年美国孟山都公司的氨厂用RW-300型计算机实现了监督控制。1962年3月孟山都公司的乙烯工厂实现了工业装置中的第一个DDC系统。同年7月，英国帝国化学公司(ICI)的制碱厂也实现了一个DDC系统，其中数据采集量为244个，计算机输出直接控制129个阀门。

DDC系统的出现是计算机控制技术发展过程的一个重要阶段，因为此时的计算机已经成为闭环控制回路的一个组成部分。尽管DDC系统的成本还比较高，一次性投资比较大，但附加一个回路并不需要增加很多费用，编程也比较方便，具有较大的灵活性，采用DDC系统还简化了中央控制室，大大方便了操作人员。DDC系统的优点使人们看到了它广阔的推广前景以及在控制系统中的重要地位，从而对计算机控制理论的研究与发展起到了推动作用。

20世纪60年代随着集成电路技术的发展，计算机技术有了很大的发展。主要体现在计算机的运算速度加快，体积缩小，工作更可靠以及价格更便宜，MTBF提高到大约2000h。到了20世纪60年代后期，已经出现了专门用于工业生产过程的小型计算机。由于小型计算机的出现，过程控制计算机的台数从1970年的约5000台上升到1975年的约50000台，5年中增长了约9倍。

20 世纪 70 年代随着大规模集成电路技术(LSI)的发展，1972 年生产出微型计算机(microcomputer)，使得计算机控制技术进入了崭新的发展阶段。微型计算机的突出优点是运算速度快，可靠性高，价格便宜和体积很小。由于微型计算机的出现，开创了计算机控制技术的新时代，即从传统的集中控制系统为主的系统渐渐转变为以微型计算机为核心，综合了计算机技术、控制技术、通信技术与图形显示技术为基础的 DCS。DCS 不仅具有传统的控制功能和集中化的信息管理与操作显示功能，而且还有大规模的数据采集、处理功能以及较强的数据通信能力。世界上几个主要的计算机和仪表制造厂于 1975 年几乎同时生产出了 DCS，如美国 Honeywell 公司的 TDC-2000，日本横河公司的 CENTUM 等。DCS 是计算机网络技术在控制系统中的应用成果，提高了系统的可靠性和可维护性，在今天的工业控制领域仍然占据着主导地位，但是 DCS 不具备开放性，布线复杂，费用较高，不同厂家产品的集成存在很大困难。

20 世纪 80 年代后期随着超大规模集成电路(VLSI)技术的飞速发展，使得计算机向着超小型化、软件固化和控制智能化方向发展，许多传感器、执行机构、驱动装置等现场设备智能化，人们便开始寻求用一根通信电缆将具有统一的通信协议、通信接口的现场设备连接起来，在设备层传递的不再是 I/O 信号，而是数字信号，这就是现场总线(fieldbus)。

FCS 代表了一种新的控制观念——现场控制，它的出现对 DCS 做了很大的变革，主要表现在以下几个方面。

(1) 信号传输实现了全数字化，从最底层逐层向最高层均采用通信网络互联。无论是 FCS 底层传感器、执行器、控制器之间的信号传输，还是上层工作站及高速网之间的信息交换，系统全部使用数字信号。FCS 与传统的 DCS 在通信质量和连线方式上进一步完善，使得系统的可靠性大大提高。

(2) 系统结构采用全分散化，废弃了 DCS 的输入/输出单元和控制站，由现场设备或现场仪表取而代之。在 FCS 中，每个现场仪表作为一个智能节点，都带 CPU 单元，可分别独立完成测量、校正、调节、诊断等功能，靠网络协议把它们连接在一起统筹工作。任何一个节点出现故障只能影响本身而不会危及全局，这种彻底的分散型控制体系使系统更加可靠。

(3) 现场设备具有互操作性，改变了 DCS 控制层的封闭性和专用性。用户可以对不同品牌的产品自由组态，完成相应的系统设计。

(4) 通信网络为开放式互联网络，可以极其方便地实现数据共享。现场总线采用标准化、公开化、规范化的通信协议，凡是符合现场总线协议的设备都可以互联成系统，完成设备和功能块的统一组态。

(5) 技术和标准实现了全开放，面向任何一个制造商和用户。

开放式、数字化和网络化结构的 FCS，由于具有降低成本、组合扩展容易、安装及维护简便等显著优点，从问世开始就在生产自动化领域引起极大关注，FCS 是对 DCS 的继承、完善和进一步发展。由于它解决了网络控制系统的自身可靠性和开放性问题，所以现场总线技术逐渐成为计算机控制系统的发展趋势。

1.4.2 计算机控制系统的发展趋势

由于计算机具有大量存储信息的能力、强大的逻辑判断能力，使计算机控制系统能够解决常规控制系统所不能解决的难题，能够达到常规控制系统达不到的优异的性能指标。

随着计算机控制技术的发展和新的控制理论以及新的控制方法的不断发展，计算机控制系统的应用将越来越广泛。其发展趋势主要表现在以下4个方面。

1. 大力推广应用成熟的先进技术

1) 普及应用可编程序控制器

可编程序控制器(Programmable Logical Control，PLC)是一种专为工业环境应用而设计的微机系统，如图1.12所示。它用可编程序的存储器来存储用户的指令，通过数字或模拟的输入/输出完成确定的逻辑、顺序、计数和运算等功能。早期的PLC只能用于逻辑、顺序控制，目前PLC在向微型化、网络化、PC化和开放性发展。

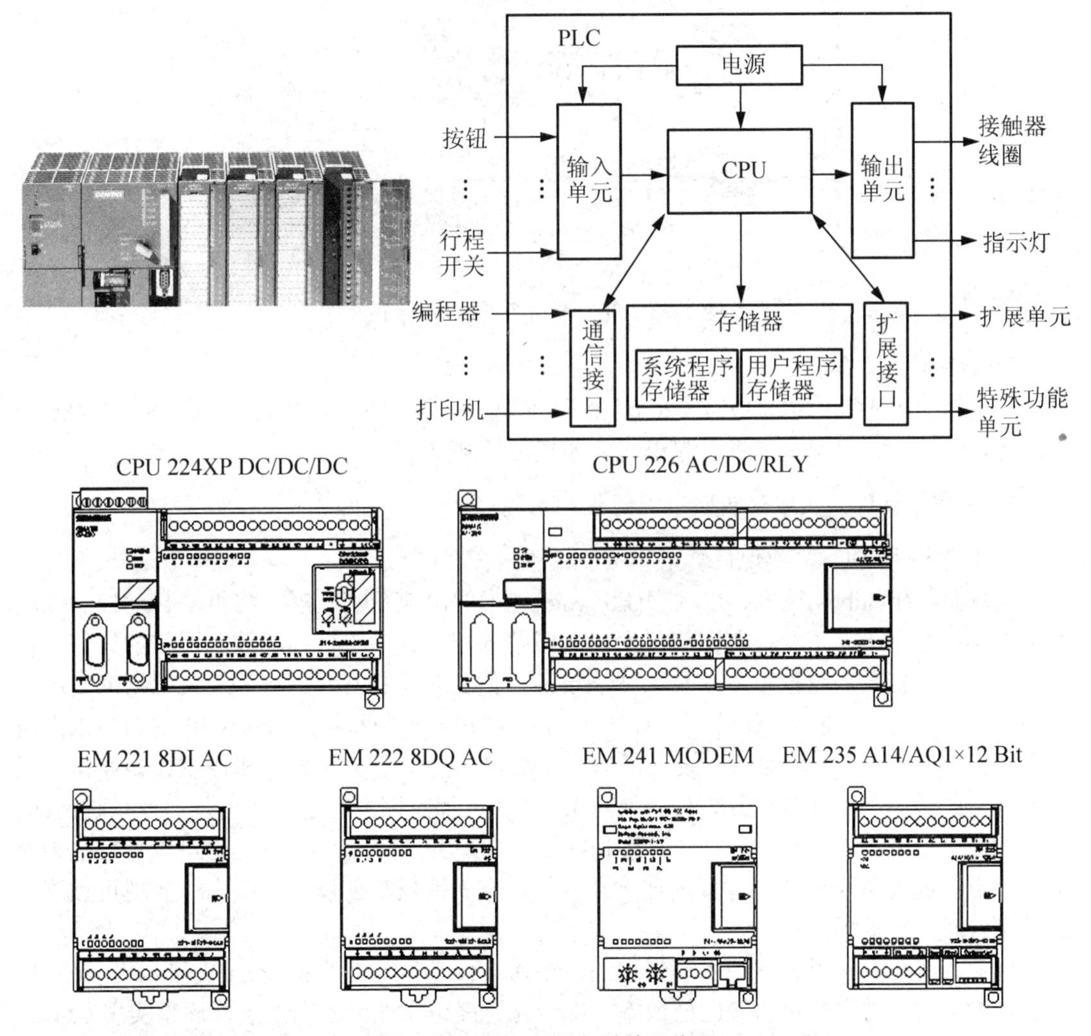

图1.12　PLC外形与结构示意图

近年来PLC几乎都采用微处理器作为主控制器，且采用大规模集成电路作为存储器及I/O接口，功能日臻完善。尤其是具有A/D转换器、D/A转换器和PID调节、网络通信功能的PLC的出现，使PLC的功能有了很大的提高，它可以将顺序控制和过程结合起来，实现对生产过程的控制，从单机自动化到全厂生产自动化，从柔性制造系统、机器人到工业局部网络，无处不有它的应用，其系统结构如图1.13所示。

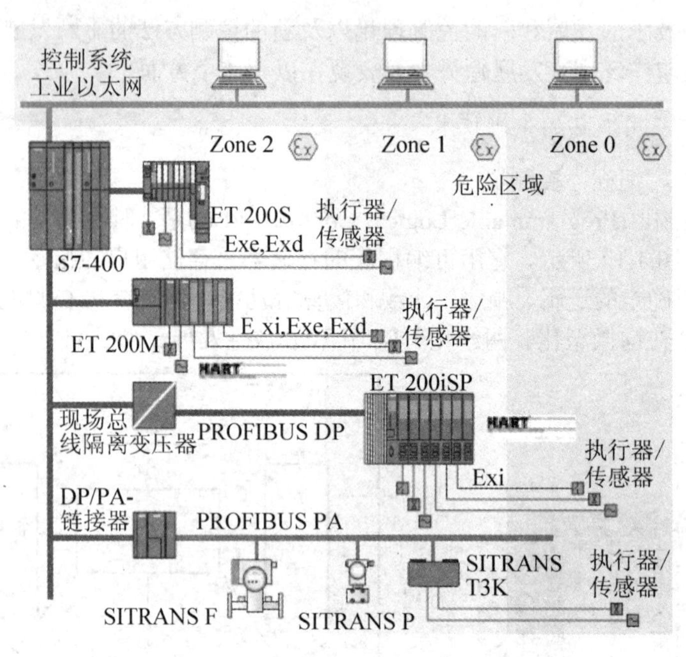

图 1.13 PLC 控制系统结构示意图

2) 智能化调节器的应用

智能调节器不仅可以接收 4～20mA 的标准电流信号，还具有 RS-232 或 RS-422/485 异步串行通信接口，可与上位机一起组成分布式测控网络。

2. 发展开放化、数字化和网络化的控制结构

1) 发展新型 DCS，实现计算机集成制造系统(CIMS)

现场总线(fieldbus)技术、以太网(Ethernet)技术的出现及其发展，将推动自动控制领域的全方位技术进步。工业控制网络采用以太网技术，将成为工厂底层控制网络的信息传输主干，用以连接系统监控设备和现场智能设备，使工业控制网络融入计算机网络的发展主流，形成面向自动控制领域的以太网，产生了一种基于控制和信息协议(CIP)的新型以太网(即工业以太网)。它专门为工业设计了应用层协议，提供了访问数据和控制设备操作的服务能力；TCP/IP 进入工业现场，使得通过 Internet 远程监控生产过程和进行远程系统调试、设备故障诊断成为现实，最为典型的是 Ethernet+TCP/IP 的传感器、变送器可以直接成为网络的节点；现场总线设备实时管理技术则全面、直观地反映现场设备状态，实现可预测性的设备管理与维护模式。

现场总线技术和以太网技术等先进的网络通信技术为基础的新型 DCS 和 FCS，采用先进的控制策略，使自动化系统向低成本、综合化、高可靠性的方向发展，逐步实现 CIMS。

2) 工业过程控制软件向组态软件方向发展

工业过程控制软件主要包括人机界面软件、基于计算机的控制软件以及生产管理软件等。目前，我国已经开发出一批具有自主知识产权的实时监控软件平台、先进控制软件、过程优化控制软件等成套应用软件。作为工业过程控制软件的一个重要组成部分，国内人机界面组态软件研制方面近几年取得了较大进展，软件和硬件相结合，为企业测、控、管一体化提供了比较完整的解决方案。

3) 控制网络向有线和无线相结合方向发展

计算机网络技术、无线技术以及智能传感器技术的结合，产生了“基于无线技术的网络化智能传感器”的全新概念。这种基于无线技术的网络化智能传感器使得工业现场的数据能够通过无线链路直接在网络上传输、发布和共享。无线局域网技术能够在工厂环境下，为各种智能化现场设备、移动机器人以及各种自动化设备之间的通信提供高带宽的无线数据链路和灵活的网络拓扑结构，在一些特殊的环境下，有效地弥补了有线网络的不足，进一步完善了工业控制网络的通信性能。

总之，及时、准确、可靠地获得现场设备的信息是计算机控制系统的基本要求，可靠、高效的现场控制网络和控制软件则是迅速有效地采集和传送现场生产与管理数据的基本保障。计算机控制系统的结构将沿着网络化、开放化、智能化和集成化方向发展。

3. 智能控制系统的应用日益广泛

随着控制理论的发展，以控制理论为指导的各种控制规律、控制策略和控制算法的实现都离不开计算机科学技术的支持，也就是说，由于计算机科学技术的成熟、普及和进步，才推动控制理论为适应技术革命的需求而不断地深入发展。

智能控制理论是从20世纪70年代后期开始兴起的，它作为继经典控制理论、现代控制理论之后的第三代控制理论，是自动控制和人工智能相结合的产物，其知识结构呈多元化(控制理论—人工智能—运筹学—信息论—计算机科学—生物学)。智能控制系统具有模拟人类学习和自适应的能力，能学习、存储和运用知识，能在逻辑推理和知识推理的基础上进行信息处理，能对复杂系统进行有效的全局性控制，并具有较好的自组织能力和较强的容错能力。模糊逻辑控制、专家系统、神经网络控制以及遗传算法等都是智能控制理论研究的热点，如图1.14所示的人脑仿真。

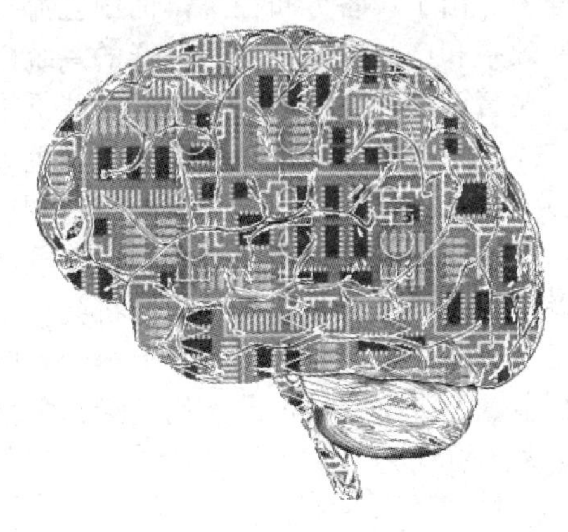

图 1.14 人脑仿真

每一种现代控制策略和智能控制策略都有其长处，但在某些方面的存在问题，因此，根据不同控制对象的不同要求，提供各种控制规律和控制策略的互相渗透和结合，取长补短，形成新的复合控制规律和控制策略，克服了单一策略的不足，具有更优良的性能，并利用计算机控制技术加以实现。复合控制策略的类型很多，主要有模糊PID控制、模糊变结构控制、自适应模糊控制、模糊预测控制、模糊神经网络控制、专家PID控制和专家模糊控制等。

4. 单片机的应用将更加深入

单片机(Micro-Controller Unit，MCU)是一种把微型计算机及其外围电路和外设接口集成在一个芯片中的微控制器，它具有优异的控制功能，常被用于构成各种工业控制单元以实现智能化控制。用单片机组成控制系统时，按功能来区分主要有以下 3 种。

1) 单片机过程控制系统

由于单片机口线较多，位操作指令丰富，逻辑操作功能强，所以特别适合于生产过程，如锅炉或加热炉的煤气燃烧和温度控制，电机或步进电动机的正转、反转和制动控制、机器人仿真操作控制，汽车启动、变速、方向灯、制动和排气控制，数控机床加工过程控制，导弹飞行轨迹、速度、制导控制等。在这些系统中，尽管被控的参量和过程不尽相同，但由于其参量都属于模拟量或数字量，变换过程或操作过程都具有确定的顺序，或规律性很强，因此都可采用数值控制、数字量控制、顺序控制或逻辑控制等。

2) 智能化仪器

由于单片机控制功能强、体积小、功耗低，并具有一定的数据处理能力，因此将更广泛地用于仪器仪表，使仪器仪表进一步智能化。智能化仪器主要由传感器及微处理器组成，其最大的特点就是将微处理器融于测试仪器中，将计算机具有的数据采集、数字滤波、标度变换、非线性补偿、零位修正和误差补偿、数字显示、报警、数值计算、逻辑判断和控制等能力直接赋予测量仪器，使仪器具有准确度高、可选择显示方式、自诊断能力强、便于人机对话、体积小、功耗低、便于扩展、处理故障和报警等一系列优点和功能。目前，常用的智能化仪器有高频多线示波器、激光测距仪、红外线气体分析仪、B 超探测仪、智能流量计、数字万用表、智能电能表等。

3) 微机集散控制系统

在许多复杂的生产过程中，由于设备分布很广，而工艺流程又要求各工序和各个设备同时并行工作，以提高生产效率和产品质量。对于这样的系统，过去一般采用大、中、小型计算机分级控制方式，而随着微型计算机的发展及其性能价格比的提高，由微型计算机及多微处理器组成的分布式控制系统发展起来，被称为“微机集散控制系统”、“微处理器集散控制系统”或“计算机分布式控制系统”，是当前计算机控制系统的重要发展趋势之一。

总之，计算机控制技术在控制理论、自动化技术和计算机技术的支持和推动下，今后将会以更高的速度向前发展，其工作性能和工作可靠性将会有更大的提高，它不仅会在机械制造、冶金、化工、轻工、电力交通、航天等领域上得到更广泛的应用，并取得更为显著的成果，而且将走进办公室，走进家庭，走向人们生活、学习、工作的每一个角落，为人类科学技术的进步做出更大的贡献。

1.5 小　结

计算机控制技术集合了计算机技术、自动控制技术、检测与转换技术，通信与网络技术、微电子技术等多门学科的知识，随着各学科技术的不断进步，新技术的不断产生，计算机控制系统将会有更加广阔的发展空间。

计算机控制系统主要由软件和硬件两部分组成，系统大致可以分为操作指导控制系统、直接数字控制系统、计算机监督控制系统、分布式控制系统和现场总线控制系统 5 类系统。

西门子 PLC 相关知识介绍。

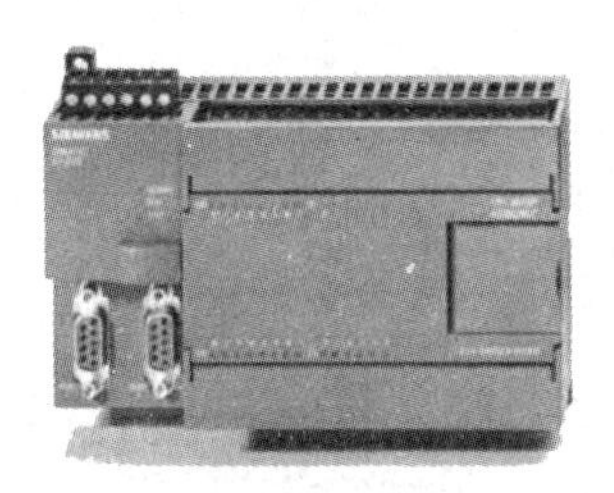

S7-200 CPU

S7-300 紧凑型 CPU

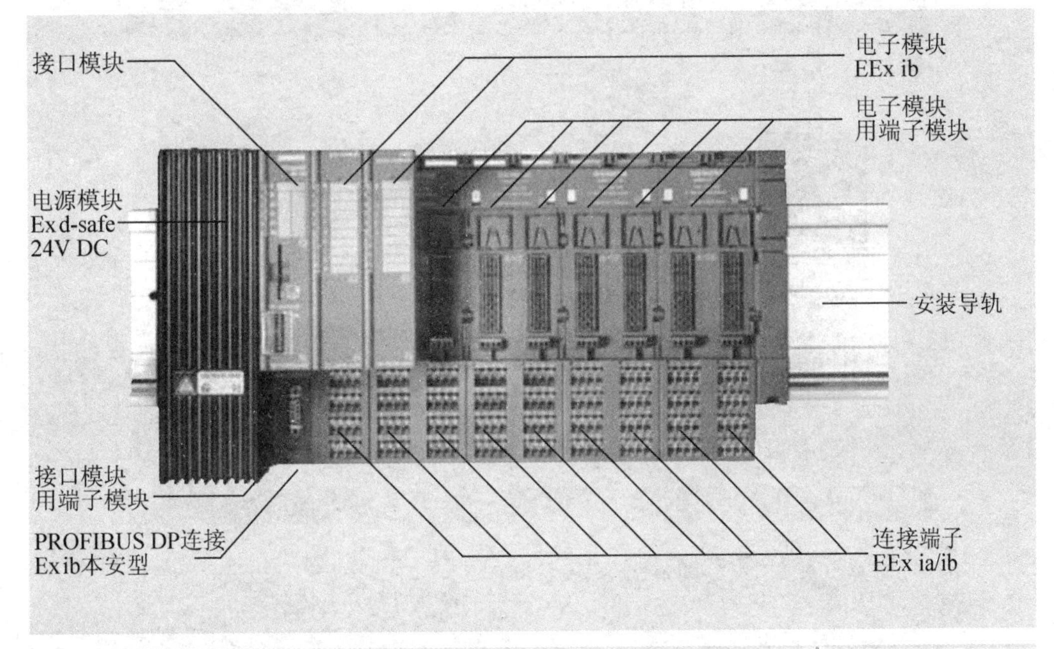

S7-200CN CPU 硬件特点

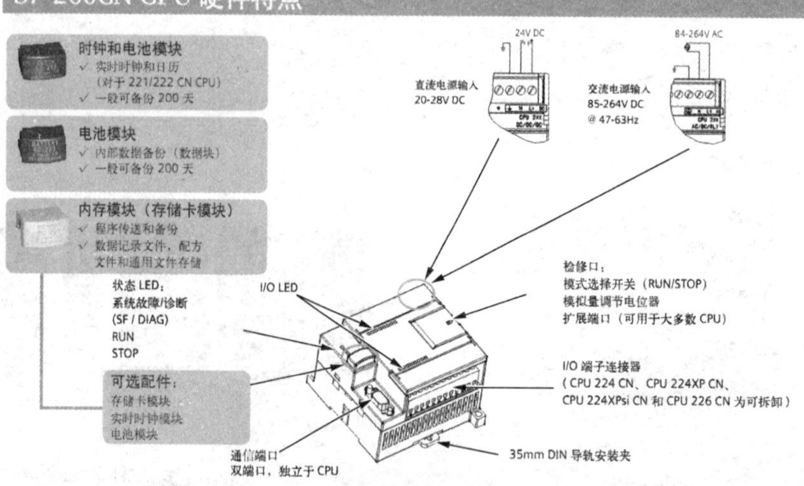

S7-200CN CPU 端子和硬件介绍

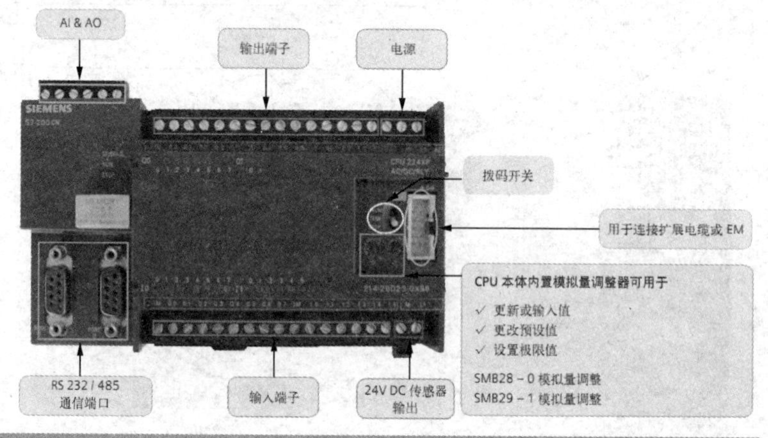

S7-200CN CPU 连接到编程 PC

可以通过禁止"运行模式编辑"以增加程序存储区的 CPU

- ✓ S7-224 CN
- ✓ S7-224 XP CN
- ✓ S7-224 XPsi CN
- ✓ S7-226 CN

可配置 CPU 状态 LED 用于指示

- ✓ CPU 上的强制输入或输出
- ✓ 模块错误信息

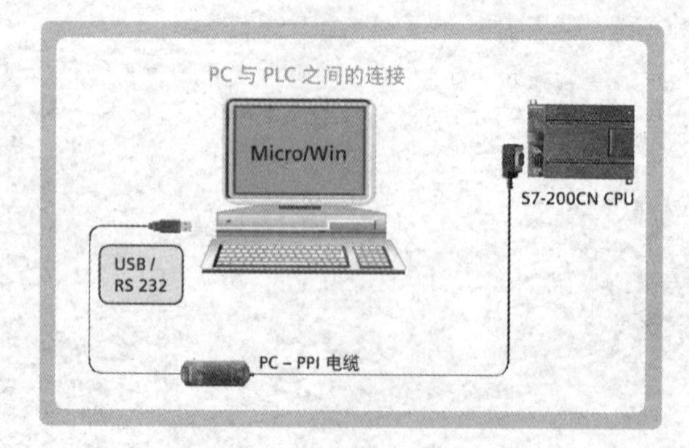

S7-200CN 安装方式

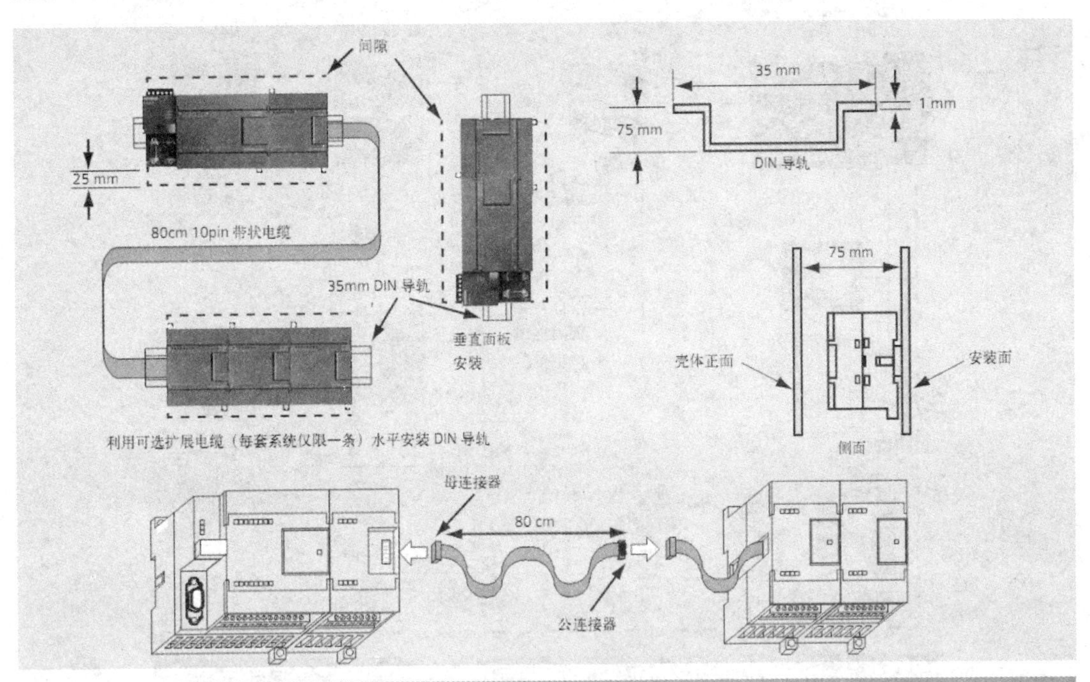

S7-200CN 扩展电缆安装位置

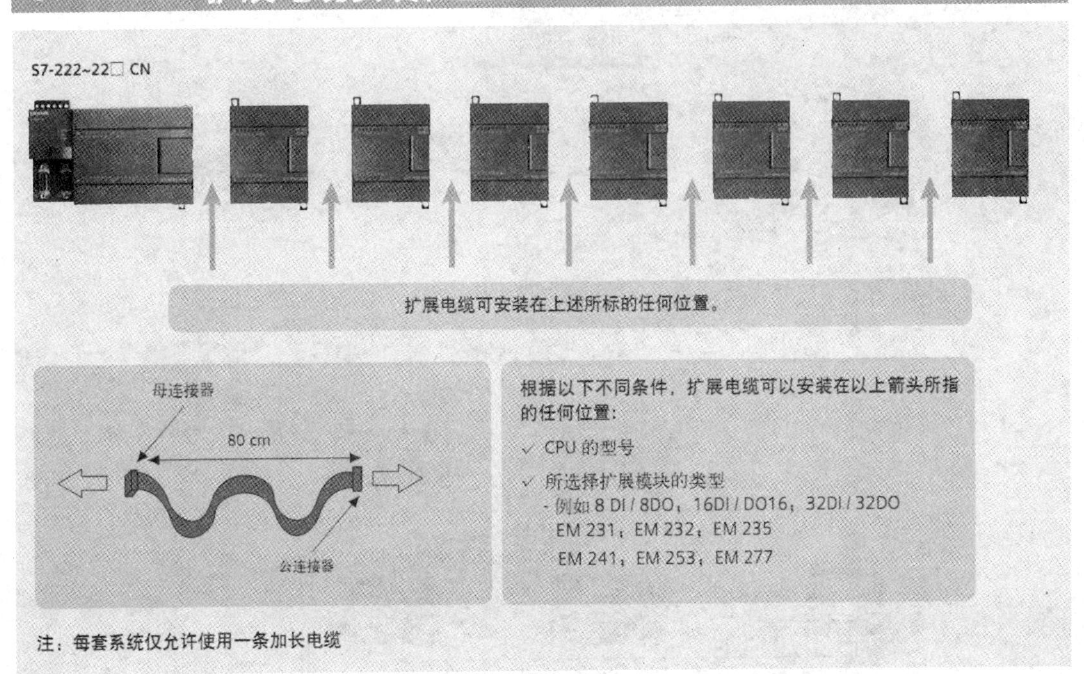

S7-200CN 通信网络介绍

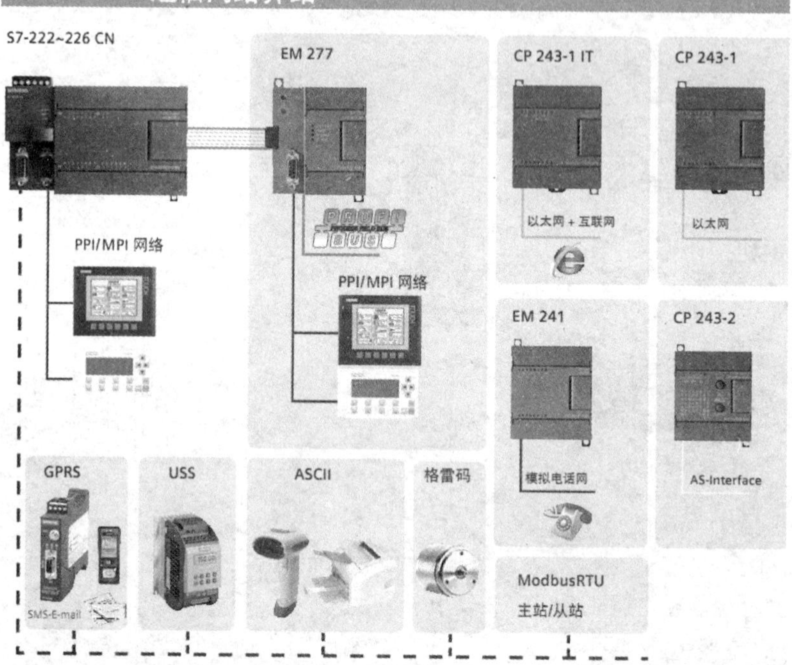

S7-200CN 可使用的 HMI

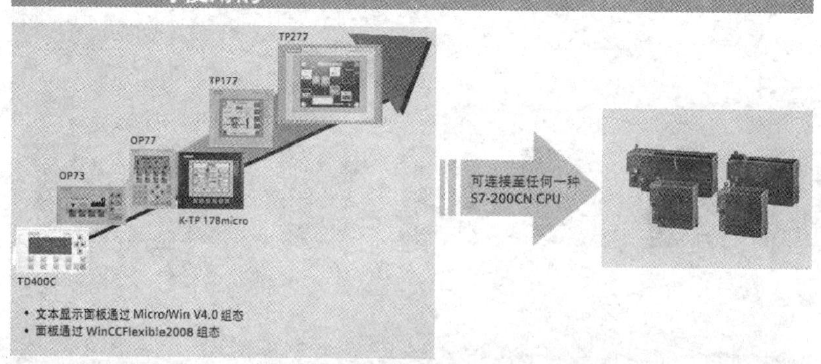

HMI 与 CPU 通信连接举例

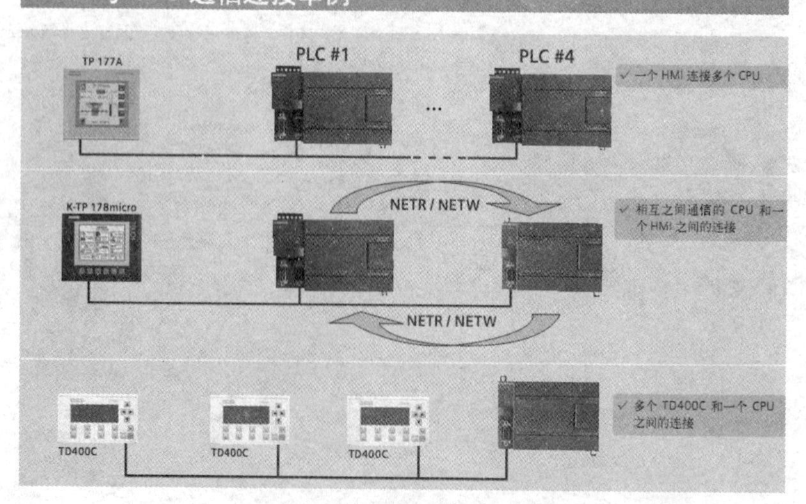

S7-200CN CPU 与 CPU 之间的通信… “网络读取 — 网络写入”

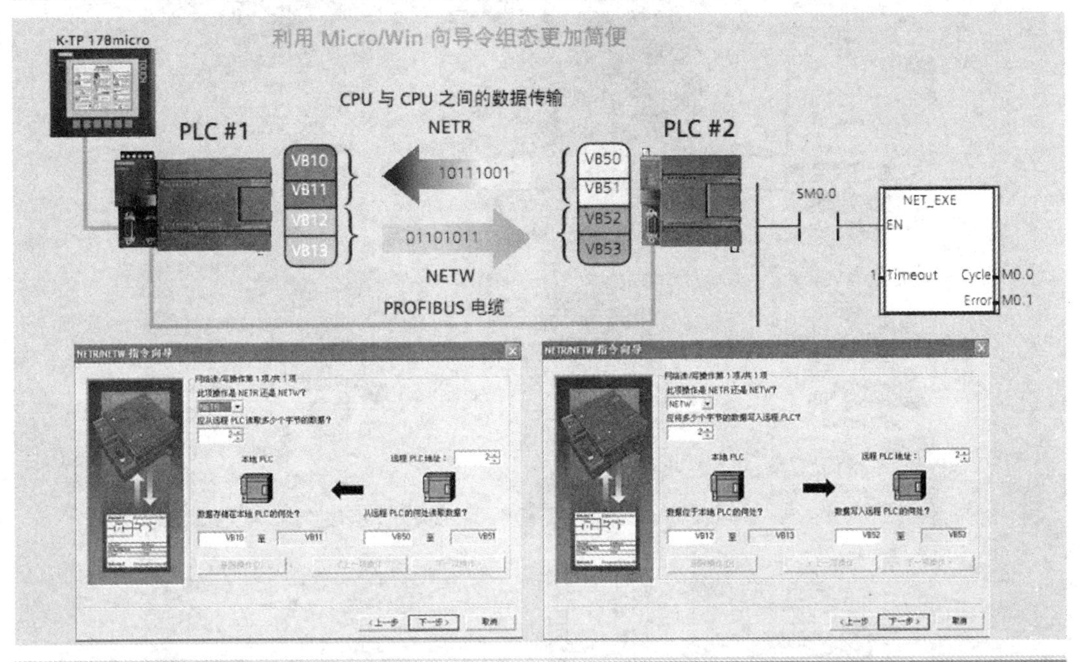

S7-200CN 内置模拟量功能

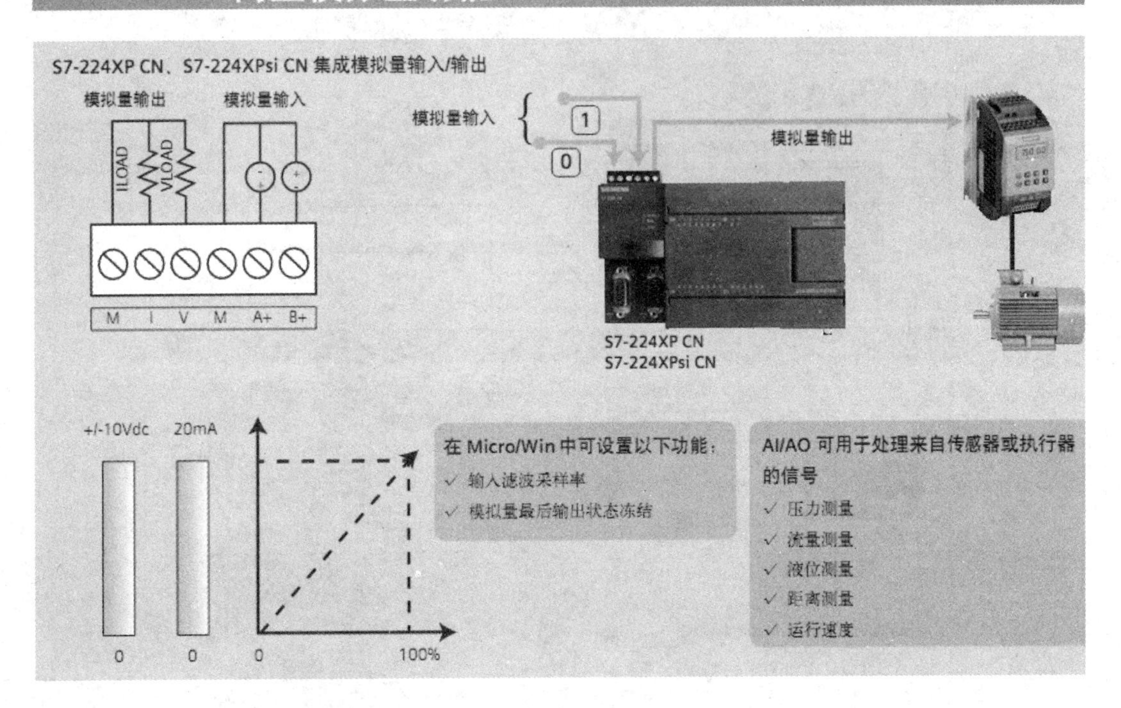

S7-200CN + SIWAREX MS 模块（称重）

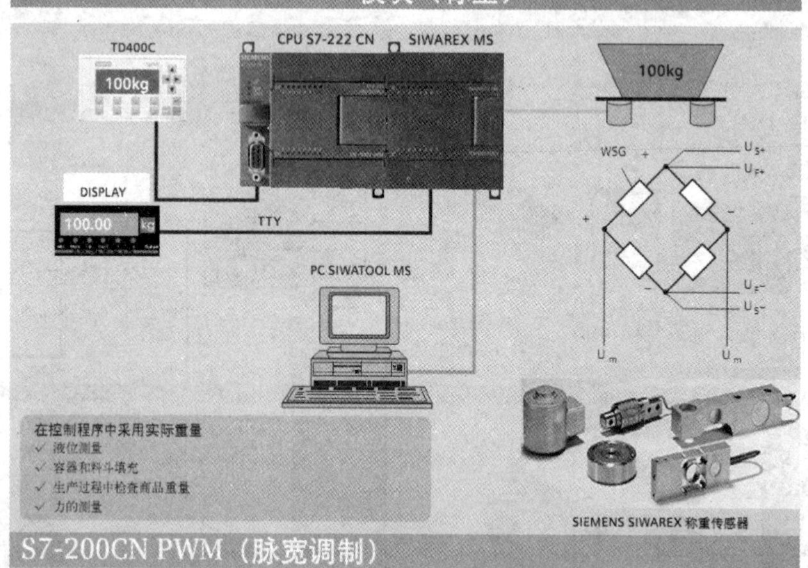

S7-200CN PWM（脉宽调制）

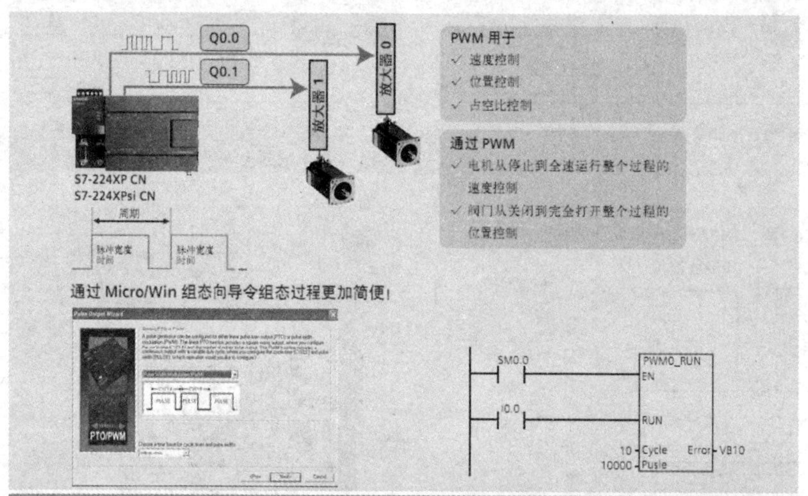

S7-200CN PTO 脉冲输出

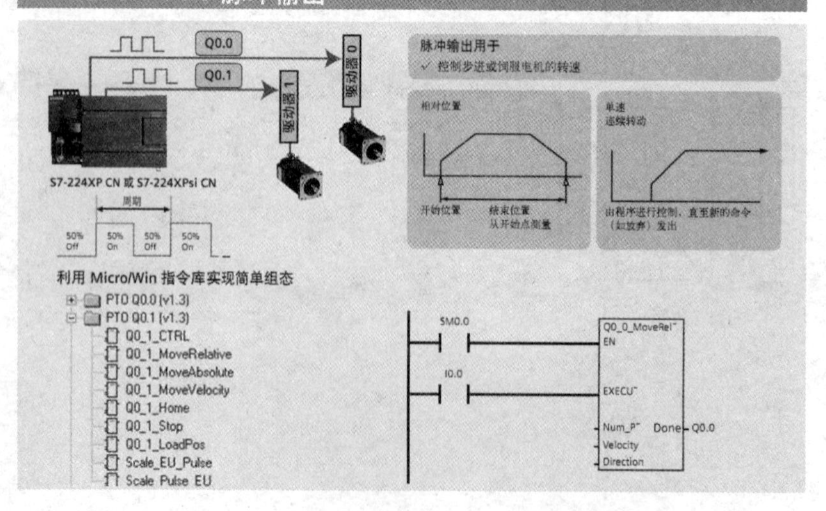

S7-200CN 高速计数器（HSC）

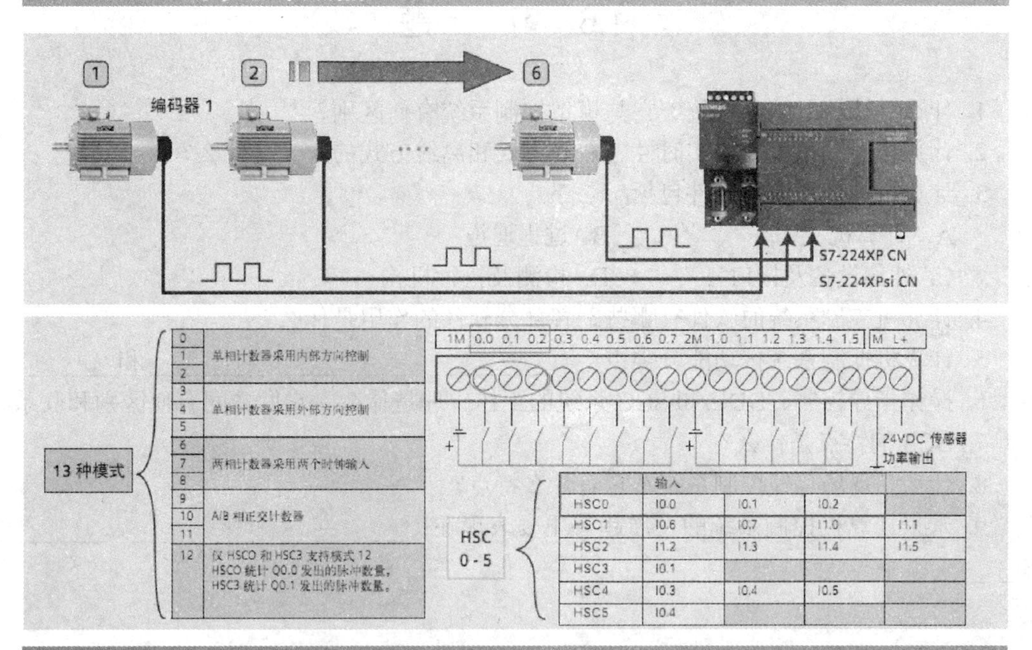

HMI — 操作面板

技术概览

	单色	单色	彩色	彩色
	4 行文本	3 英寸	7 英寸	10.2 英寸
设备	TD400C	OP 73micro	Smart 700	Smart 1000
显示	STN 显示（包括背光）	STN 液晶显示器（LCD）	LCD - TFT	LCD - TFT
尺寸（英寸）	4 行文本	3 英寸	7 英寸宽屏	10.2 英寸宽屏
分辨率（宽×高，象素）	192×64 每行最多 24 字符，字体大小 5mm	160×48	800×480	800×480
平均无故障时间（MTBF at 25℃）	Max. 40,000 小时	100,000 小时	Max. 40,000 小时	Max. 40,000 小时
供电电源	外部 24V DC 或 TD/CPU 电缆供电（与 S7-200 距离 <2.5m）	24V DC	24V DC	24V DC
电压允许范围	15V ～ 30V DC	20.4V ～ 28.8V DC	19.2V ～ 28.8V DC	

HMI — 操作面板

技术概览

	单色	彩色		彩色	彩色
	5.7 英寸	5.7 英寸		5.7 英寸	10.4 英寸
设备	TP 177A	OP-177B		KTP 600 Basic color DP	KTP 1000 Basic color DP
		OP 177B DP	OP 177B PN/DP		
显示	STN 液晶显示 (LCD) 4 级蓝度	STN 液晶显示 (LCD) 256色彩色		STN 液晶显示（LCD）256色彩色	
		4 级蓝色	256 色彩色		
尺寸（英寸）	5.7 英寸	5.7 英寸		5.7 英寸	10.4 英寸
分辨率（宽×高，象素）	320×240（竖型为 240×320）	320×240		320×240	640×480
平均无故障时间（MTBF at 25℃）	50,000 小时				
供电电源	24V DC				
电压允许范围	20.4V ～ 28.8V DC			19.2V ～ 28.8V DC	

1.6 习　　题

1. 什么是计算机控制系统？它与模拟控制系统有何区别？

2. 计算机控制系统中的实时性、在线方式和离线方式的含义是什么？

3. 计算机控制系统的硬件包括(　　)。

A．计算机　　B. 过程通道

C. 外部设备及接口　　D. 检测及执行机构

4. 计算机控制系统的软件有哪些？各部分软件的作用是什么？

5. 计算机控制系统按功能分类主要有________、________、________和________。

6. 操作指导控制、DDC 和 SCC 系统的工作原理是什么？它们之间有何区别和联系？

7. DCS 的特点是什么？

8. 什么是现场总线控制系统？它有什么特点？

9. 未来计算机控制系统的发展趋势主要表现在：________、________、________和________。

第2章　计算机控制系统过程通道设计方法

教学提示

计算机控制系统要实现控制的目的和要求，首先必须解决控制系统的信息来源和经控制器处理后的信息输出问题，也就是说要解决控制系统的输入/输出通道(过程通道)的问题。它们在计算机控制系统设计中占有非常重要的地位，起着关键性的作用。根据信号的形式，可以把过程通道分为数字量过程通道和模拟量过程通道两类。它们在计算机控制系统中实现外部设备和控制计算机之间的数据交换。

教学要求

通过本章的学习，要求掌握数字量和模拟量过程通道的基本结构，并能完成模拟量过程通道和数字量过程通道的设计。

本章知识结构

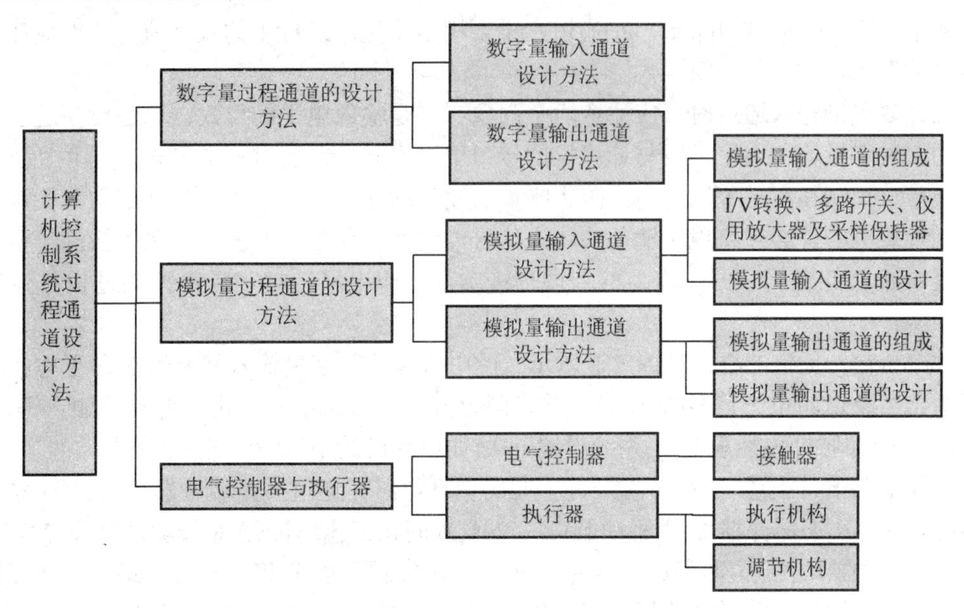

【引言】

计算机控制系统由硬件和软件组成，硬件是控制系统的基础，软件是控制系统的灵魂。计算机技术，特别是计算机硬件技术的发展促使计算机控制技术得到了迅速发展。在组建计算机硬件系统时，要针对具体情况，根据信号传送的方向及形式选择所需要的处理器及相应的外部设备，其中过程通道是外设很重要的一部分。过程通道是在计算机和生产过程之间设置的信息传送和转换的连接通道。根据信号传送的方向可以将过程通道分为输入通道和输出通道；根据信号的形式可以将过程通道分为数字量过程通道和模拟量输入通道。输入通道设计是将现场传感器采集到的各种信号经调理、放大、整形、隔离等处理后输入计算机获取信号的通道配置；输出通道设计是计算机的 CPU 输出信号(指令)控制外部设备的通道配置，即要求计算机按照人类的思想来控制外部设备的动作。

本章主要对计算机控制系统的输入输出通道进行设计和分析。

2.1 数字量过程通道的设计方法

在工业控制中，有一些信号可以通过二进制的逻辑形式“0”和“1”来表示，如电动机的启动和停止，继电器的吸合与释放，指示灯的亮和灭等。这一类信号就是数字信号(准确地说应该是开关量，这里把开关量和数字量统称数字量)，数字量过程通道主要完成对这类信号的处理。数字量过程通道分为数字量输入通道和数字量输出通道两类通道形式。

2.1.1 数字量输入通道设计方法

数字量输入(Digital Input，DI)通道，主要用于将生产过程中的数字信号转换成计算机能接收的形式。

设计数字量输入通道时，应注意两个问题：一是输入电平的形式；二是要使通道抗噪声。由于数字量输入电平一般与计算机的接口电平不同，需要进行电平转换；并且要求过程噪声应该抑制在正常范围之内，防止噪声引发误动作。因此，为了将外部的开关量信号输入到计算机中，必须将现场输入的状态信号经转换、保护、滤波、隔离等措施转换成计算机能够接收的逻辑信号，称为信号调理；换言之即电平转换和噪声抑制过程称为信号调理。

数字量输入通道的框图如图 2.1 所示。图中包含了数字量输入常见的 3 种形态：外部的开关信号及逻辑电平信号(如电源开关、限位开关、接触器和继电器的辅助触点等)；数字脉冲信号(如脉冲电能表等)；系统设置开关(如单片机的地址设置开关等)。

通常情况下，上述 3 种形态经过不同的调理电路，通过三态缓冲器/总线驱动器，如74240(八反相三态缓冲器/总线驱动器)、74241(八同相三态缓冲器/总线驱动器)、74243(四同相三态缓冲器/总线驱动器)、74244(八同相三态缓冲器/总线驱动器)等，最终为计算机识别，因此输入调理电路设计的好坏将直接影响系统的性能。在某些特殊情况下，为了提高计算机控制系统的实时性，还可以将某些开关信号通过调理电路后，直接作为系统的中断请求信号。

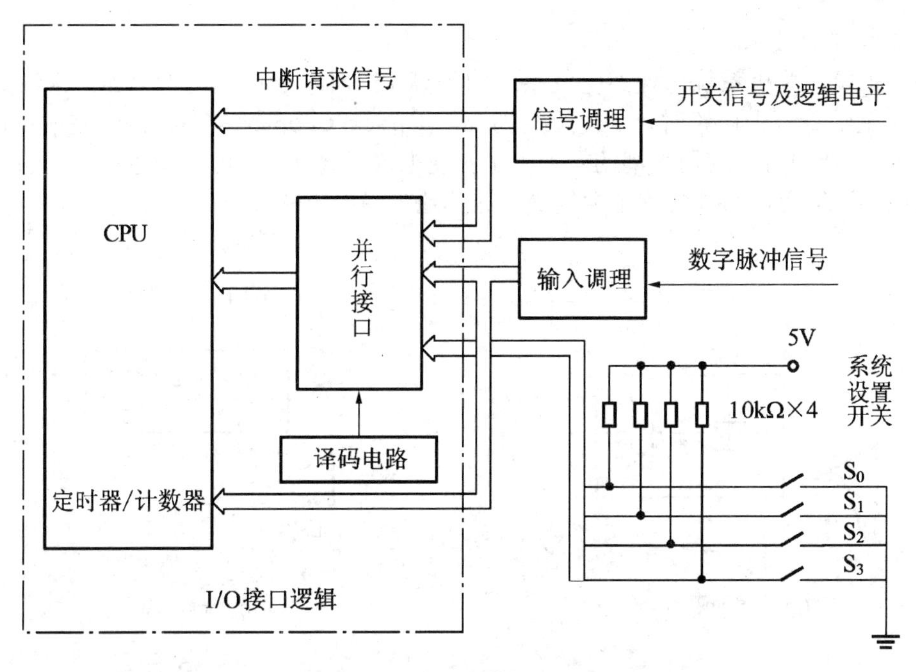

图 2.1　数字量输入通道结构框图

1. 外部的开关信号及逻辑电平信号调理电路

1) 直接分压

数字量的电压信号一般大于计算机的接口电平，因此可以采用分压的方式对数字量的电压信号进行衰减。图 2.2(a)所示是直接分压原理图。

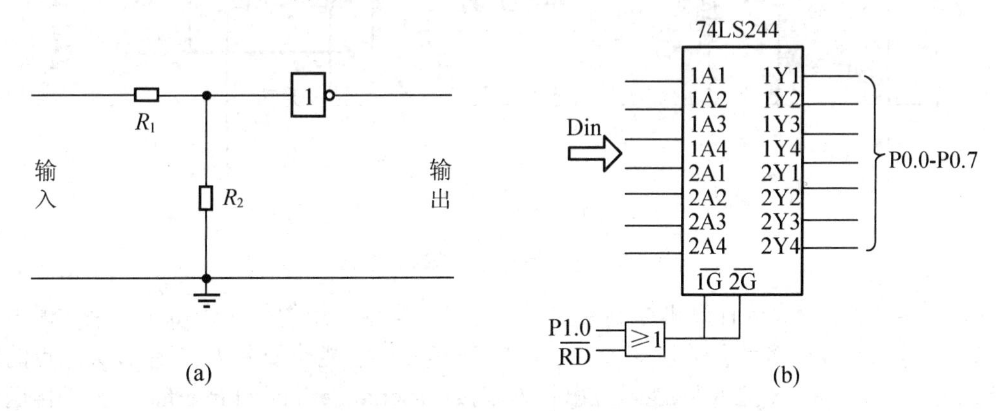

图 2.2　直接分压原理和缓存输入图

直接分压方式在实际中应用较少，原因是开关信号系统与计算机系统在电气上没有进行隔离，开关信号系统的电气噪声容易窜入计算机系统，从而可能导致系统不稳定甚至损坏的情况。因此，在设计中很少采用这种方式。

2) 逻辑信号的缓存输入

图 2.2(b)所示的 74LS244 为八路三态缓冲驱动，也叫做线驱动或者总线驱动门电路。它有 8 个输入端，8 个输出端。1A1～1A4、2A1～2A4 为输入端，$\overline{1G}$、$\overline{2G}$ 为三态允许端(低电平有效)，1Y1～1Y4、2Y1～2Y4 为输出端。

3) 光电耦合技术

为了实现计算机系统与外部电气系统的隔离，同时基于成本的考虑，通常情况下在设计数字量输入调理电路时，常使用光耦合器(Optical Coupler，简称光耦)完成设计，如图 2.3(a)、2.3(b)所示。使用光耦的好处除了实现电气隔离外，还可以使电压不同的子系统信号之间相互兼容，另外可防止电气噪声或其他尖峰电压从接口电路传到另一个电路。

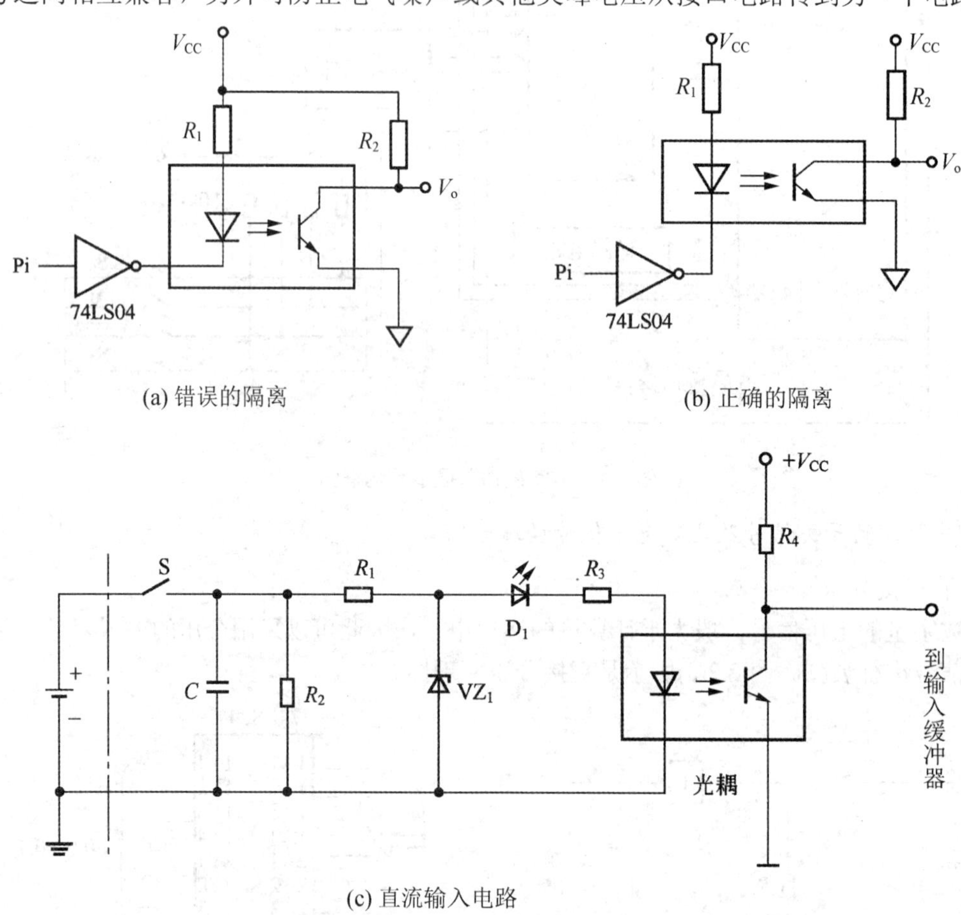

(a) 错误的隔离　　(b) 正确的隔离

(c) 直流输入电路

图 2.3　光电隔离与直流输入电路

在一些数字量较少的计算机控制系统中，还可以采用专用的集成接口芯片来实现电气隔离，如 Motorola 的多路开关检测接口芯片 MC33993。它能检测多达 22 个开关触点的闭合与断开。其开关状态(通或断)能通过串行外围接口(Serial Peripheral Interface，SPI)传送到计算机。通常用于工业控制场合，其电源电压为 5.5～26V，开关输入电压范围为-14V 到电源电压，详细资料见相关的数据手册。

来自外部的开关信号及逻辑电平信号不外乎 3 种电压形式：空接点(不带电压，一般来自继电器的辅助触点等)、带直流电压接点、带交流电压接点。在实际应用中，由于空接点需要额外加入直流电压后再接入系统，因此可以将其纳入带直流电压接点类。

4) 直流接点信号输入电路

直流输入电路如图 2.3(c)所示，发光二极管 D_1 的作用是用来指示开关的通断状态，R_1 和 VZ_1 共同构成一个稳压电路，电阻 R_3 用于限流，电容 C 和 R_2 构成去尖峰电路，光耦用于电气隔离。

5) 交流接点信号输入电路

交流输入电路如图 2.4 所示。图 2.4 中 R 的作用是保护整流桥，整流桥将交流信号变换成直流信号，C_1 和 R_2 构成去尖峰电路，R_1 和 VZ_1 构成稳压电路以获得稳定的直流电压，这样便可计算出限流电阻 R_4 的阻值，从而保证光耦可靠的工作。

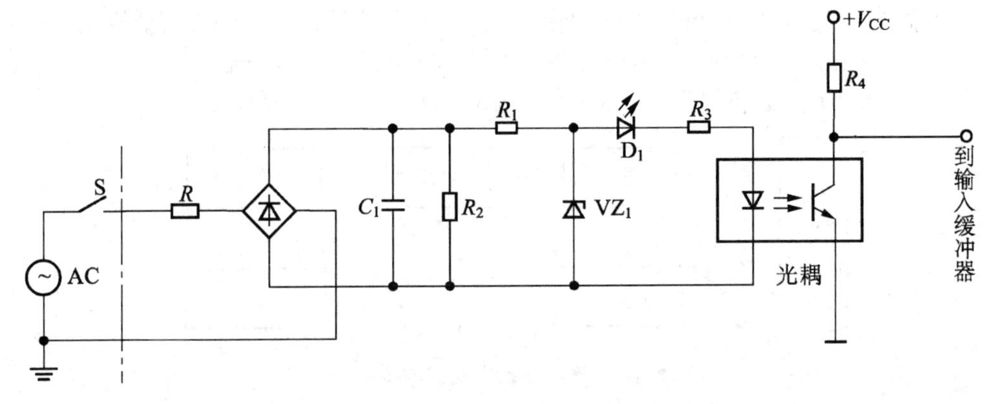

图 2.4　交流输入电路

2. 数字脉冲信号输入调理电路

数字脉冲信号与外部开关信号有一定的区别，数字脉冲信号从系统运行开始就是一个持续不停的信号，系统不能漏计和错计。因此，通常人们把经调理电路后的信号送给计算机系统的定时器/计数器，在某些特殊情况下也可作为中断信号。

数字脉冲信号输入调理电路如图 2.5 所示。

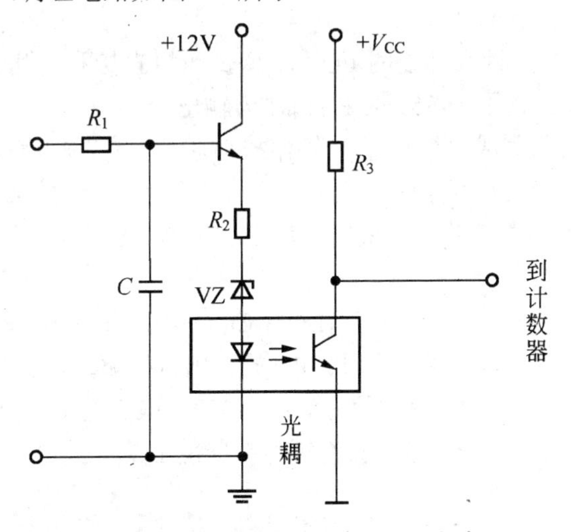

图 2.5　数字脉冲信号输入调理电路

高电压的数字脉冲信号经过调理电路变换成 TTL 电平的数字脉冲信号。从而传递给 CPU，R_1 和 C 构成 RC 电路，其时间常数应该远远小于数字脉冲信号的周期，这里通过选择不同稳压值的稳压管来调节输出矩形波的占空比。

3. 系统设置开关

在计算机控制系统中，会遇到诸如“硬件手动”、“软件手动”、“正反作用控制”、“控制方式”、“本机地址”等开关，通常把它们设计在外围电路里，通过拨码开关来实现，如图 2.1 所示。

2.1.2 数字量输出通道设计方法

数字量输出(Digital Output，DO)通道，用于将计算机输出的数字量信号传递给开关型或脉冲型执行机构，以达到能够驱动被控对象动作的目的，其典型结构如图 2.6 所示。在对开关功率进行匹配设计的同时，还应考虑内部与外部公共地的隔离。

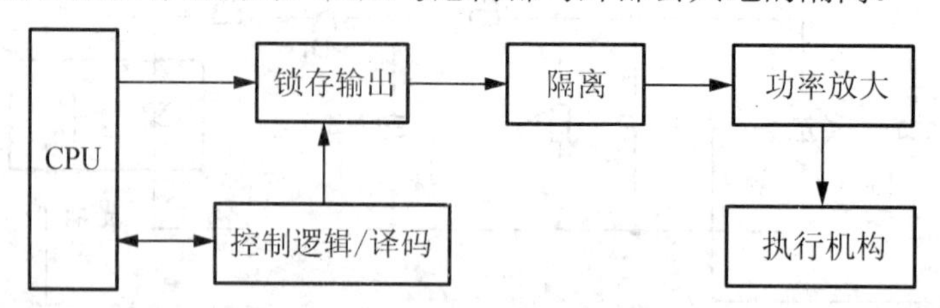

图 2.6 数字量输出通道结构框图

由于数字量输出通道的执行机构往往属于脉冲型功率元件或者开关型功率元件，而计算机控制系统输出的数字量大都为 TTL(CMOS)电平，这种电平一般不能直接驱动外部设备的启停动作；另外，许多被控执行机构在启停过程中会产生很强的电磁干扰信号，若不加以隔离，可能会使计算机控制系统造成误动作乃至损坏。

数字量输出通道与计算机接口的任务是将计算机输出的数字量锁存后再输出，以保证在程序控制规定的期限内输出的开关状态不变，数字量输出通道与计算机的接口可以采用以下方法。

(1) CPU 本身带有具有锁存功能的 I/O 口，因此可以直接利用其 I/O 口作为输出，而无须另加接口电路，例如，利用 89S51 的 P1 口作为输出。

(2) 采用 CPU 和通用集成可编程输入/输出接口芯片，编程芯片最大特点就是在不增加任何硬件的条件下，通过改变程序内容就可达到改变芯片功能的目的，如 8255。

(3) 采用 CPU 和通用逻辑芯片，采用 TTL 或者 CMOS 系列逻辑锁存器实现，如可以采用 74LS373 等。

单片机控制系统中常采用发光二极管(Light Emitted Diode)进行显示报警。发光二极管的驱动电流一般为 20～30mA，因此不能由 CPU 的输出直接驱动，需要加驱动器，如 74LS06；另外，为了保持报警状态，需加锁存器，如 74LS373，或者选用带有锁存器的 I/O 接口芯片，如 8255A 等；或者采用 CPU 本身具有锁存功能的 I/O 口。

1. 锁存器

SN74LS373、SN74LS374 常用带有三态门的 8D 锁存器(由 8 个 D 触发器作八位锁存器)，常用作地址锁存和 I/O 输出。如图 2.7(a)所示，74LS373 是低功耗肖特基 TTL 8D 锁存器，74HC373 是高速 CMOS 器件，功能与 74LS373 相同，两者可以互换。1D～8D 为 8 个输入端，1Q～8Q 为 8 个输出端，输出端 1Q～8Q 可直接与总线相连。LE 是数据锁存控制端；当 LE=1 时，锁存器输出端同输入端；当 LE 由 1 变为 0 时，数据输入锁存器中。OE 为输出允许端；当 OE=0 时，三态门打开；当 OE=1 时，三态门关闭，输出呈高阻状态。

2. 小功率开关

集成电路的驱动能力一般不是很强，一般在几十至几百毫安。在一些驱动电流要求不大的应用场合，由于集成电路具有占用空间小，易于焊接，使用方便，常用来驱动LED数码管等小功率电器。

小功率开关输出电路如图 2.7(b)所示，选择 OC 门的原因是开关信号的电压一般比较大，OC 门的集电极一般可接的电压范围都比较大，而且电流也比较大。

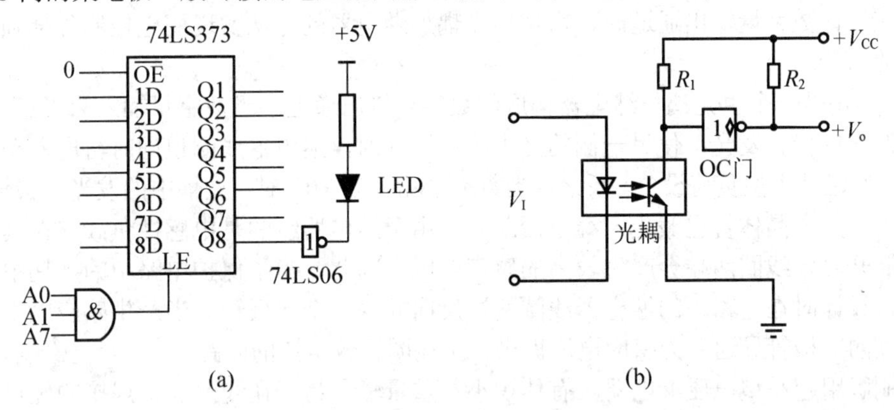

图 2.7　74LS373 锁存输出和 OC 门输出接口图

TTL 电路中带 OC 门的缓冲器/驱动器均有较强的驱动能力。74LS06/74LS07 驱动能力达 40mA，其中 74LS06 为反相驱动，74LS07 为同相驱动，二者均属于高压输出缓冲器/驱动器。75 系列功率集成电路的芯片很多，常用的有 75451/2/3/4 这 4 种，其驱动能力为 300mA，4 种芯片的引脚相同，其中 75451 的输出是两输入与，75452 为与非，75453 为或，75454 为或非关系。由于每片只有 2 路驱动，常用于驱动少量信号的应用场合。

3. 中功率晶体管驱动

图 2.8(a)是晶体管(9013NPN)驱动的中功率继电器输出电路，图中器件 D 是防止继电器线圈在突然断电时产生的瞬态反电动势冲击的钳位二极管。对于功率要求更高的系统，可以在外围接口中加入电压等级更高，触点电流更大的继电器进行扩展，以满足实际功率要求。

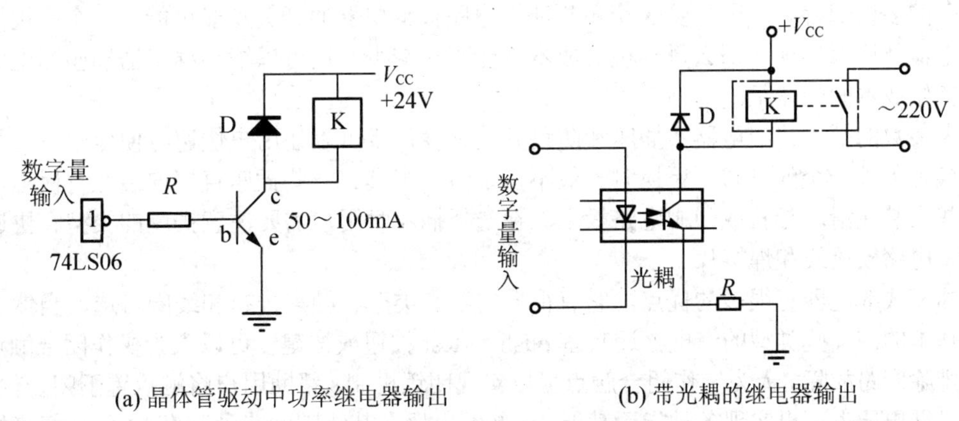

(a) 晶体管驱动中功率继电器输出　　(b) 带光耦的继电器输出

图 2.8　晶体管驱动输出与继电器输出

晶体管在驱动中一般使用它的开关特性。如 9013NPN 型三极管，当 U_{be}>0.7V 时，三极管导通，导通时 I_c 可达 300mA，故称其有 300mA 驱动能力。

晶体管由于具有价格低、电路简单的特点而被广泛地应用于中、小电流驱动的场合，如继电器驱动、LED 或 LED 数码管的驱动等。

4. 继电器

继电器是电气控制中常用的器件，主要由线圈、铁心、衔铁和触电簧片(常开或常闭)组成。在设计数字量输出通道时，常使用光耦加继电器的方法实现弱电控制外部强电压或大电流的功能。

图 2.8(b)是一个由光耦与继电器构成的数字量输出通道。当数字量输入为“1”时，光耦中的发光二极管发光，使另一侧的光电晶体管导通，继电器线圈也同时得电，动合触点闭合，从而驱动大型负荷设备。反之，当数字量输入为“0”时，光耦中的发光二极管截止，使得右侧的光电晶体管也截止，继电器断开。由于继电器线圈是电感性负载，在其所在回路突然断开时，线圈两端会产生较高的感应电压。因此，为了保护电路中的光耦中的光电晶体管，设计时在电路中的继电器线圈两端反向并联一个二极管。当产生感应电压时，该反向并联的二极管导通并为感应电压提供一个线圈释放电流的回路。

印刷版用超小型电磁继电器具有体积小，重量轻，易于在线路板上焊接的优点。线圈电压范围为几伏到几十伏，触点负荷范围为 2～10A(DC24V)，电器寿命在 10^5 以上，属于机械有触点式开关。通常有 5 个引脚，其中两个引脚接线圈(当线圈通电时，继电器吸合，常开触点闭合，常闭断开)，1 个引脚为触点的中心点，1 个引脚为常开触点，1 个引脚为常闭触点。

相对来说，印刷电路板继电器可能比插入式继电器便宜些，但如果在使用时不得不更换继电器，那么最初节约的那些成本就不算什么了。工业控制、升降系统和其他设备控制常常都需要数以百万计的继电器，在使用过程中，继电器很可能会发生故障并需要更换。

在工业控制领域里，只有插入式继电器才能够真正地发挥作用。许多情况下，将继电器从电路板上取下再焊一个新的上去基本上是不太可能实现的。首先，这一流程需要耗费时间；其次，在电路板上操作、焊接需要一定的技术水平。虽然也可以更换该电路模块，但是该模块很可能比插入式继电器贵得多。此外，插入式继电器比印刷电路板继电器能提供更多的多极配置。一个需要 3 个单极印刷电路板继电器的开关功能可能用一个三极插入式继电器就可以实现。那么每一极的成本就能明显减少。这可以缩小继电器插座和电路板安装初始成本间的差距。

大多数的插入式继电器、插座和防跳开关都设计成可以让用户快速方便地取下一个继电器换上另外一个的形式，更换时一般不需要借助工具。一些插座直接安装在背板上，另外一些安装在滑动导轨或印刷电路板上。在选择插座时用户需要注意插座的类型、快速连接件、电路板接线和焊接片。

插座式继电器有很多的优点。它有很多的触点类型、触点排布和线圈可选，当然这只是最基本的。一些类型的继电器还具备 push-to-test 按钮或按键，可以人为操作闭合触点，帮助排除回路故障。人为操作闭合触点可以实现闭锁机制，帮助用户将触点置于闭合位置。插入式继电器也可以实现各种指示功能。一些继电器在其线圈回路上装有 LED 或氖管指示灯，当线圈通电后指示灯点亮。另一些继电器的指示灯还有多种颜色，可以指示继电器是处于“闭合”还是“断开”位置。

插入式继电器可以封装很多特殊功能的回路。一些继电器提供整体二极管二次输电网络和电阻电容网络。还有的继电器能够安装外部模块，其插座可以同时安装继电器和模块。

继电器内部还能封装一些特殊的电路，包括时间延迟、电压监视、电流传感或功能更加高级的插入式设备。

如果主要控制对象是电机，则一般会由接触器控制电机，而控制接触器的主要是继电器。

5. 固态继电器

固态继电器(Solid State Relay，SSR)是一种两个接线端为输入端，另两个接线端为输出端的四端器件，中间采用隔离器件来实现输入/输出的电隔离。由于固态继电器是由固体器件组成的无触点开关器件，所以与电磁继电器相比，它具有工作可靠、寿命长、对外界干扰小、能与逻辑电路兼容、抗干扰能力强、开关速度快和使用方便等优点，因而具有很宽的应用领域，有逐步取代传统电磁继电器之势，并可进一步扩展到传统电磁继电器无法应用的计算机控制等领域。

固态继电器按负载电源类型可分为交流型和直流型两种。交流型固态继电器按控制触发方式的不同又分为过零型和移相型两类。固态继电器的输入端可以直接与 TTL、CMOS 集成电路或晶体管相连，无须专门驱动，输出端利用器件内部的电子开关来接通和断开负载，从而达到弱电控制强电负载的目的。

图 2.9(a)是一个由固态继电器构成的接口电路，当数字量输出为“1”时，交流固态继电器导通，从而使右侧的交流电源电路接通；当数字量输出为“0”时，交流固态继电器截止，右侧的交流电源回路也就断开了。

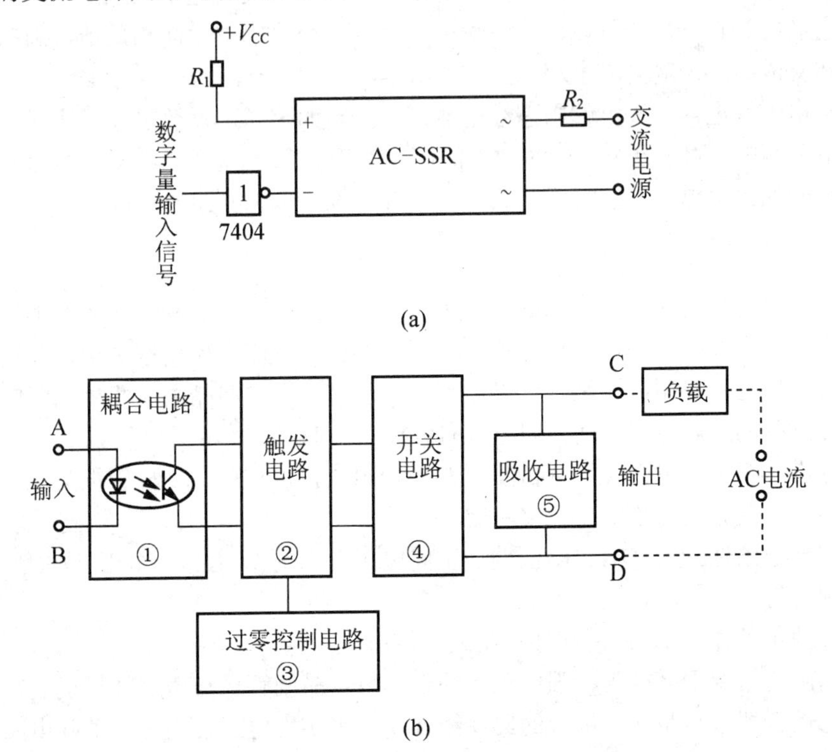

图 2.9　固态继电器接口电路与交流型固态继电器内部电路工作原理

图 2.9(b)是交流型 SSR 内部工作原理框图，图中的部件①～④构成交流 SSR 的主体，从整体上看，SSR 只有两个输入端(A 和 B)及两个输出端(C 和 D)，是一种四端器件。工作时只要在 A、B 上加上一定的控制信号，就可以控制 C、D 两端之间的“通”和“断”，实现“开关”的功能。其中耦合电路的功能是为 A、B 端输入的控制信号提供一个输入/输出端之间的通道，但又在电气上断开 SSR 中输入端和输出端之间的(电)联系，以防止输出端对输入端的影响。耦合电路用的元件是“光耦合器”，它动作灵敏、响应速度高、输入/输出端间的绝缘(耐压)等级高。由于输入端的负载是发光二极管，这使 SSR 的输入端很容易做到与输入信号电平相匹配，在使用时可直接与计算机输出接口相接，即受“1”与“0”的逻辑电平控制。触发电路的功能是产生合乎要求的触发信号，驱动开关电路④工作，但由于开关电路在不加特殊控制电路时，将产生射频干扰并以高次谐波或尖峰等污染电网，为此特设“过零控制电路”。所谓“过零”是指，当加入控制信号，交流电压过零时，SSR 即为通态；而当断开控制信号后，SSR 要等待交流电的正半周与负半周的交界点(零电位)时，SSR 才为断态。这种设计能防止高次谐波的干扰和对电网的污染。吸收电路是为防止从电源中传来的尖峰、浪涌(电压)对开关器件双向可控硅管的冲击和干扰(甚至误动作)而设计的，一般是用“R-C”串联吸收电路或非线性电阻(压敏电阻器)。

直流型的 SSR 与交流型的 SSR 相比，无过零控制电路，也不必设置吸收电路，开关器件一般用大功率开关三极管，其他工作原理相同。

固态继电器的缺点是比电磁继电器价格昂贵，如果有多个负载需要被控制，那么这一成本劣势就将变得更加明显。由于成本太高，实际应用中很少用固态继电器作常闭触点。一般来说，电磁继电器常开和常闭触点的使用成本没有太大的差别，电磁继电器的另外一个优点是它们的触点一般既可以作直流输出又可以作交流输出。而相反地，固态继电器只能在直流和交流中择一输出。

不同于电磁继电器，许多的固态继电器需要一定的空间进行散热才能实现其最大效率地工作。由于漏电，固态继电器的负载不能完全“断开”。而对于电磁继电器来说，只要不超过其触点间的击穿电压，它的开节点上就没有电流，负载能够被真正地“断开”。

6. 晶闸管

晶闸管又称可控硅(Silicon Controlled Rectifier，SCR)，是一种大功率的半导体器件，具有体积小、效率高、开关无触点等特点。该器件在交直流电机调速系统、调功系统、随动系统中有着广泛的应用。晶闸管可以分为单向晶闸管和双向晶闸管两种。双向晶闸管在交流电器控制中的应用更广，其原理与单向可控硅类似。

可控硅由阳极 A、阴极 K、控制极 G 共 3 极组成，可控硅与二极管很类似，具有正向导电性，但其正向导通性还受控于控制极。

可控硅导通条件：一是 A、K 两端加正向电压，二是 G 上加一个正脉冲(触发脉冲)，该脉冲无须维持。

可控硅截止条件：A、K 两端加反压或者零压。

由于晶闸管常用于高电压、强电流等场合，所以晶闸管在与微型计算机进行连接时需要使用光电耦合器或与带光电耦合的器件结合使用来实现电气隔离，以消除电路中干扰的影响。图 2.10 是一个由双向晶闸管组成的数字量输出接口电路，T_2 为阳极，T_1 为阴极。

MOC3043 是过零触发的光电耦合器，其驱动电压最高可达 400V，从欧姆定律看关键要把握驱动电流的大小。

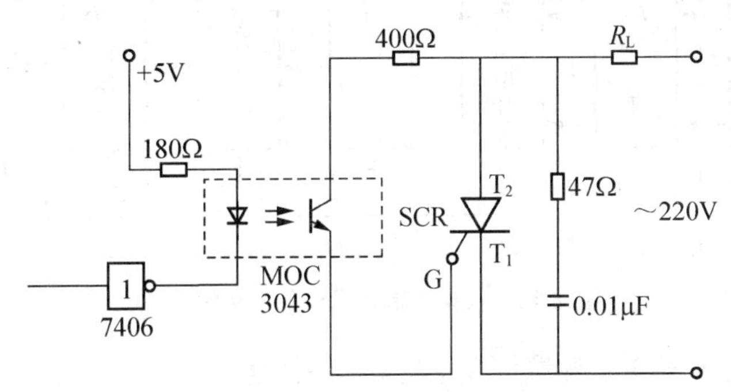

图 2.10　晶闸管组成的数字量输出接口电路

控制角指可控硅从可导通(交流信号过零后)到导通(触发脉冲发出)的时间，导通角指从触发导通到反压/零压关断之间的时间。输出信号的有效值随控制角的改变而变化，从而实现对大功率负载的有效控制。可控硅虽然也像开关量一样控制其导通或断开，但是 SCR 的导通角可控，其输出经滤波后的电压因而可控，所以经常用于模拟量的输出驱动。

直流电机是一种调速性能优良，启/停方便，能经受冲击负载的电机，因而被广泛使用。直流电机的转速和加在电机上的直流电压成正比，通过调节电压的方法可以很方便地实现调速控制，由于直流电机的功率一般较大，所以直流电机的调速常使用可控硅驱动的方法。将交流电源经过全桥整流变成直流后，通过控制可控硅的导通角实现对直流电机电压的控制。该技术属于成熟技术，在实际工程设计中已被广泛采用。

2.2　模拟量输入通道设计方法

工业生产中的大多数信号都是模拟信号，而计算机能处理的信号都是数字信号，因此这些模拟信号就需要通过信号转换后才能送入计算机。模拟量输入通道的任务就是完成模拟量信号到数字量信号的转换。模拟量输入通道主要由模拟信号的调理、多路模拟信号的切换、信号的放大与采样保持以及 A/D 转换器几个部分的电路组成。

2.2.1　模拟量输入通道的组成

模拟量输入(Analog Input，AI)通道的任务是把生产现场被控对象，如温度、压力、流量、液位、电流、电压等模拟量信号，转换成计算机可以识别的数字量信号。

通常，连续参量通过变送器或传感器转换成的模拟量信号为 0～±10V 或±5V 的标准电压信号或者 4～20mA 的标准电流信号。

模拟量输入通道的结构组成如图 2.11 所示，来自工业现场传感器或变送器的多个模拟量信号首先需要进行信号的调理，然后经多路模拟开关，分时切换到后级进行信号放大、采样保持和 A/D 转换，最后通过接口电路以数字量信号进入主机系统，从而完成对生产过程参数的巡回检测任务。

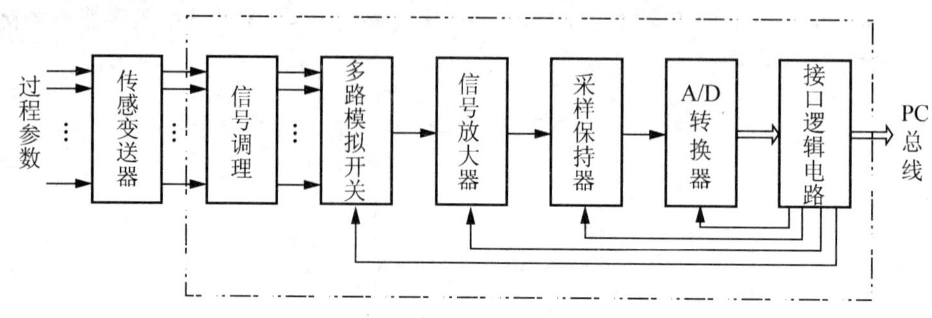

图 2.11　模拟量输入通道的结构组成图

2.2.2　I/V 转换、多路开关、测量放大器及采样保持器

计算机控制系统中，通过检测机构送来的信号可能是电流或电压信号，并且这些信号一般比较弱，因此需要对这些信号进行相应的处理，然后才能送入 A/D 转换器。同时，处理这些信号有一个重要的要求，那就是在将这些模拟信号离散化时应该保证它们不会出现失真现象。保证信号不失真的理论依据就是满足香农采样定理，其具体内容如下所述。

若采样保持器的输入信号 $x(t)$ 具有有限带宽，即有不大于采样频率 f_s 的频率分量 f_{max}，则要从采样信号 $x^*(t)$ 中完整地恢复信号 $x(t)$，则采样频率 f_s 必须满足下列条件：

$$f_s \geqslant 2f_{max}$$

在设计离散系统时，香农采样定理是必须严格遵守的一条准则，它指明了从采样信号中不失真地复现原来连续信号的最低采样频率。

1. I/V 转换

A/D 转换器所要求接收的模拟量数值大都为 0～±10V 或±5V，而在工业生产现场却有很多传感器和变送器的输出结果是 4～20mA 的标准电流信号，这主要是出于抗干扰的目的需要，以便于远程传输。因此，对于按电流方式传来的信号，需要对其进行转换，以下是 3 种转换方法。

1) 无源 I/V 转换

无源 I/V 转换电路是利用无源器件(电阻 R_1、R_2)，加上 RC 滤波和二极管限幅等保护来实现的，如图 2.12 所示。

其中 R_1、R_2 为精密电阻，通过此电阻可以将电流信号转换为电压信号。对于 0～10mA 的输入信号，可取 R_1=100Ω，R_2 =500Ω，这样当输入电流在 0～10mA 变化时，输出的电压范围为 0～5V；而对于 4～20mA 的输入信号，可取 R_1=100Ω，R_2=250Ω，这样，当输入电流为 4～20mA 时，输出的电压就转换为 1～5V。

2) 有源 I/V 转换

有源 I/V 转换是利用有源器件运算放大器和电阻、电容组成，如图 2.13 所示。

利用同相放大电路，把电阻 R_1 上的输入电压变成标准输出电压。这里，R_1 应该选用精密电阻。

若取 R_1=200Ω，R_3=100kΩ，R_4=150kΩ，则输入电流 I 的 0～10mA 就对应输出电压 V 的 0～5V；若取 R_1=200Ω，R_3=100kΩ，R_4=25kΩ，则 4～20mA 的输入电流对应于 1～5V 的输出电压。

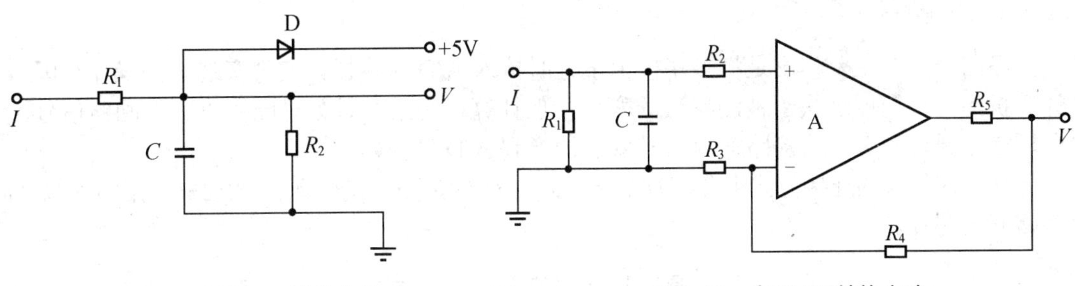

图 2.12 无源 I/V 转换电路　　图 2.13 有源 I/V 转换电路

3) 专用 I/V 转换电路

RCV420 是美国 Burr-Brown 公司生产的精密电流环接收器芯片，用于将 4～20mA 输入信号转换成 0～5V 输出信号，具有很高的性能价格比。它包含一个高级运算放大器，一个片内精密电阻网络和一个 10V 精密电压基准。其总转换精度为 0.1%，共模抑制比 CMR 达 86dB。图 2.14(a)是它的引脚排列，图(b)是它的典型应用电路，具体参数及使用方法可参见器件技术手册。

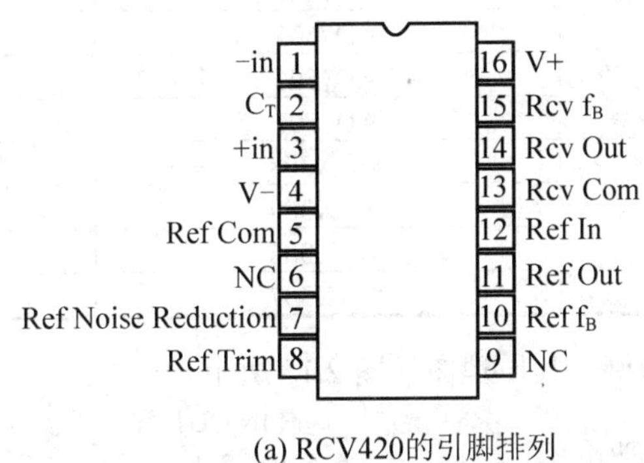

(a) RCV420的引脚排列

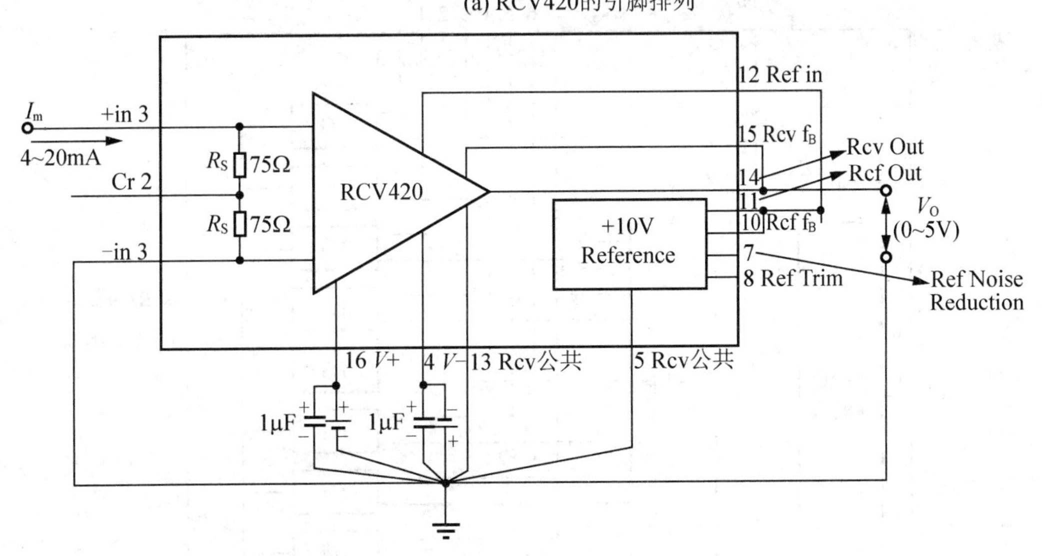

(b) RCV420的典型应用电路

图 2.14 RCV420 的引脚排列及典型应用电路

2. 多路开关

多路开关的主要作用是将多路模拟量分时接入 A/D 转换器，实现多选一的操作。因为计算机的工作速度远快于被测参数的变化，但计算机在某一时刻只能接收一个回路信号，所以必须通过开关，将多路输入信号依次切换到 A/D 转换器。

从输入信号的连接方式来分，有单端输入、双端输入(差动输入)。表 2-1 列出了常见的多路开关芯片。

表 2-1 常见的多路开关芯片

公司名称	型　号	通　道　数
TI 公司	CD4051	8 通道
	CD4052	双 4 通道
	CD4053	三重 2 通道
	CD4067	16 通道
	CD4097	双 8 通道
AD 公司	AD7501	8 通道
	AD7502	双 4 通道
	AD7503	8 通道
	AD7506	16 通道
	AD7507	双 8 通道
MAX 公司	MAX308	8 通道
	MAX309	双 4 通道
	MAX306	16 通道
	MAX307	双 8 通道

以常用的 CD4051 为例，其原理图如图 2.15 所示。

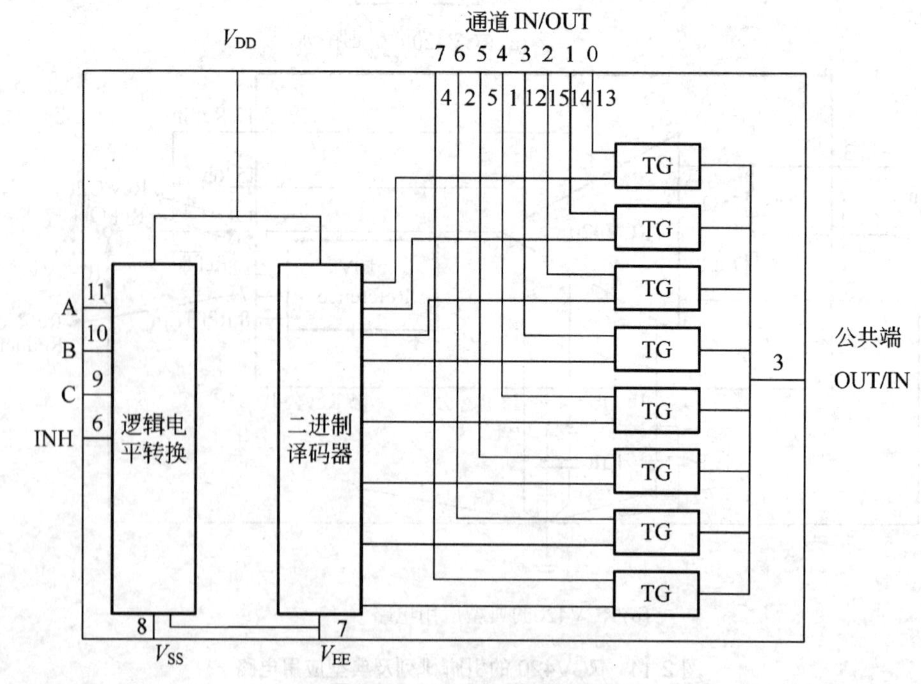

图 2.15 CD4051 的原理图

CD4051 由电平转换、译码驱动及开关电路 3 部分组成。当禁止端 INH 为“1”时，前后级通道断开；当禁止端 INH 为“0”时，则通道可以接通。通过改变控制输入端 C、B、A 的数值，就可选通 8 个通道中的一路。例如，当 CBA=001 时，通道 1 被选通。CD4051 的真值表见表 2-2。

表 2-2　CD4051 真值表

输入状态				接通通道
INH	C	B	A	CD4051
0	0	0	0	0
0	0	0	1	1
0	0	1	0	2
0	0	1	1	3
0	1	0	0	4
0	1	0	1	5
0	1	1	0	6
0	1	1	1	7

3. 测量放大器

在计算机控制系统中，传感器作为检测机构完成对被控对象过程参数的检测，并将这些物理量信号转换成电信号。这些电信号一般是模拟量信号，而且往往比较弱。因此，需要对它们进行信号放大，以达到 A/D 转换所需要的量程范围，完成这个信号放大作用的器件就是放大器。市场上常用的放大器有运算放大器、测量放大器等。

通用运算放大器一般都有毫伏级的失调电压和一定的温漂；而测量放大器具有高输入阻抗、低输出阻抗，低温漂、低失调电压和高稳定增益，抗共模干扰能力强等特点。所以，在计算机控制系统中常用测量放大器完成放大信号的作用，常用的测量放大器有 AD 公司的 AD521、AD522 等。AD521 的基本连接方法如图 2.16 所示。

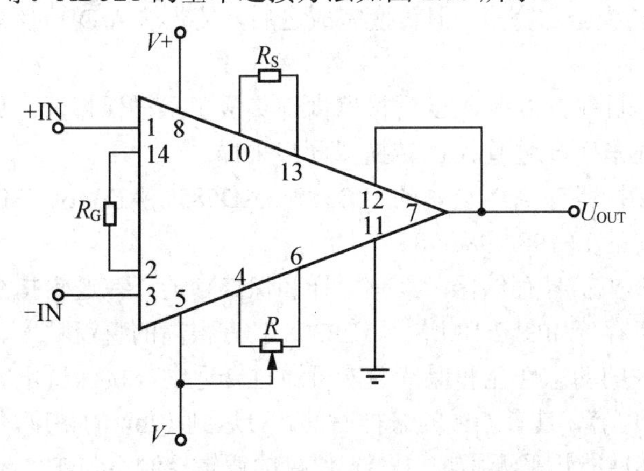

图 2.16　AD521 基本连接方法

4. 采样保持器

采样保持器的作用是在两次采样的间隔时间内，一直保持采样值不变直到下一个采样时刻。如图 2.17 所示，它有两种工作状态，一种是采样状态，另一种是保持状态。在采样状态下，采样保持器的输出随输入信号的变化而变化；而在保持状态下，其输出则会保持在发出保持状态命令时刻的输入信号值上，直到撤销保持状态命令信号回到采样状态。

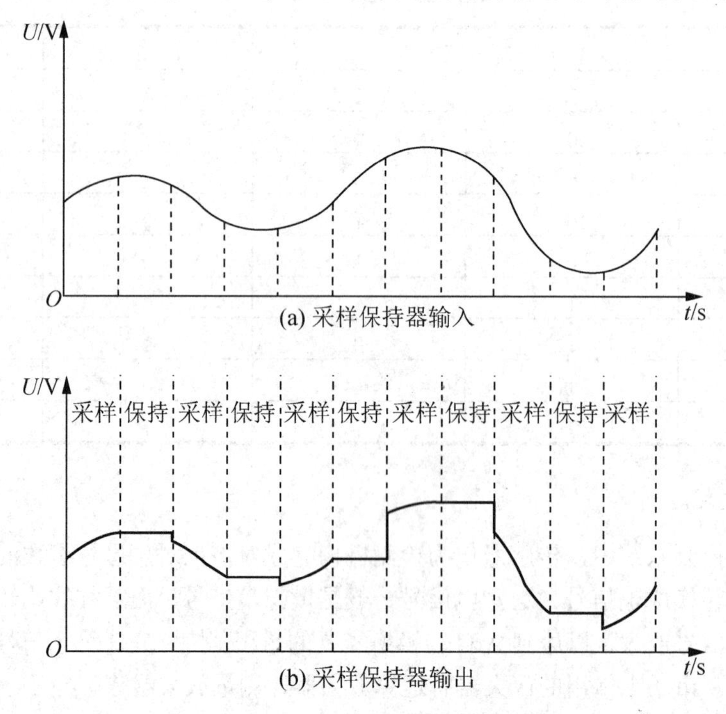

图 2.17　采样保持器工作状态

对于同步系统，几个并联的参量均取自同一瞬时，如电力系统监控中的功率计算，就是同一时刻的交流电流值和交流电压值。而各参数要共享一个 A/D 转换器，就必须保持其信号直到本次 A/D 转换全部完成。但转换完成之后，又要求 A/D 转换器的输入信号能够随模拟量变化而变化。

值得一提的是，目前有很多 A/D 转换器内部集成了采样保持器。另外，对于实时性要求更高的系统，往往采用多通道 A/D 转换器同步采样。

最常用的采样保持器有 AD 公司的 AD582、AD585、AD346、AD389、ADSHC-85，以及国家半导体公司的 LF198/298/398。

LF398 是一种模拟信号存储器，具有采样和保持功能，在逻辑指令控制下，对输入的模拟量进行采样和寄存，如图 2.18 所示。LF398 具有很高的直流精度、很快的采样时间和低的下降速度。器件的动态性能和保持性能可通过合适的外接保持电容达到最佳。例如，选择 1000pF 的保持电容，具有 6μs 的采样时间，可达到 12bit 的精度。电源电压可从±5～±18V 任意选择，其性能几乎无影响。采样/保持的逻辑控制可与 TTL 或 CMOS 电平接口。它可广泛地应用于高速 A/D 转换系统、数据采集系统和要求同步采样的领域。

LF398 主要参数为：输入偏流小于 50nA；增益=1；输入失调小于±7mV；输出阻抗小

于 0.5Ω；电源电压为±5～±18V；电源电流为±4.5～±6.5mA。LF398 各引脚端的功能如下：①和④端分别为 V_{cc} 和 V_{ee} 电源端，电源电压范围为±5～±15V；②端为失调调零端，当输入 V_i=0，且在逻辑输入为 1 采样时，可调节②端使 V_o=0；③端为模拟量输入端；⑤端为输出端；⑥端为接采样保持电容 C_H 端；⑦端为逻辑基准端(接地)；⑧端为逻辑输入控制端，该端电平为“1”时采样，为“0”时保持。

LF398 内部电路原理图如图 2.18(a)所示。

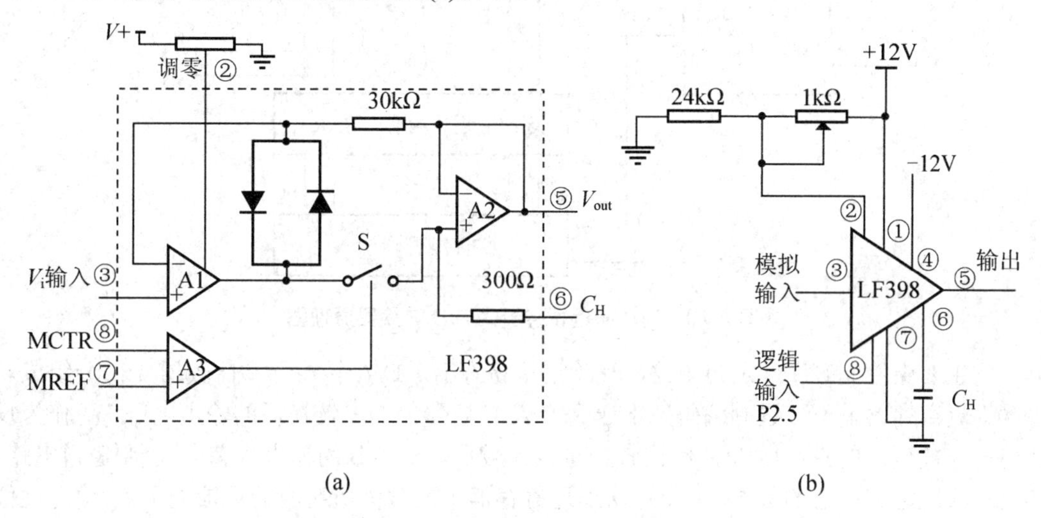

图 2.18 LF398 内部原理与应用电路

当⑧端为“1”时，使 LF398 内部开关闭合，此时 A1 和 A2 构成 1∶1 的电压跟随器，所以，$V_o = V_i$，并使迅速充电到 V_i，电压跟随器 A2 输出的电压等于 C_H 上的电压。

当⑧端为“0”时，LF398 内部开关断开，输出电压 V_o 值为控制端⑧由“1”跳到“0”时 C_H 上保持的电压，以实现保持目的。端⑧的逻辑输入再次为“1”、再次采样时，输出电压跟随变化。保持电容 C_H 应选用 300～1000pF 的高性能低漏电云母电容器。控制逻辑在高电平时为采样，在低电平时为保持。应用电路如图 2.18(b)所示，在微控制器 P2.5 端口的控制下，高电平采样，低电平保持。

2.2.3 模拟量输入通道的设计

显然，模拟量输入通道中主要器件是 A/D 转换器，了解 A/D 转换器的原理和其外特性是设计稳定、优良模拟量输入通道的基础。A/D 转换器与计算机的接口及其程序设计是设计过程中主要解决的问题。随着电子技术水平的不断提高，现在很多厂家也在设计并使用一些 A/D 转换的集成模块。

1. A/D 转换器

在过去 20 年中，A/D 转换器的设计采用了几种常见结构：逐次逼近寄存器(Successive Approximation Register，SAR)、双积分、Δ-∑ 和最近的高速流水线结构。目前常见的 A/D 转换器是采用前两种结构方式，对于转换精度高于 16 位的转换器常采用后两种方式。逐次逼近寄存器的转换速度是双积分转换速度的 100 倍以上，因此逐次逼近寄存器式 A/D 转换器广泛应用于计算机控制系统中。

1) A/D 转换器的基本工作原理

逐次逼近寄存器式 A/D 转换器原理图如图 2.19 所示。

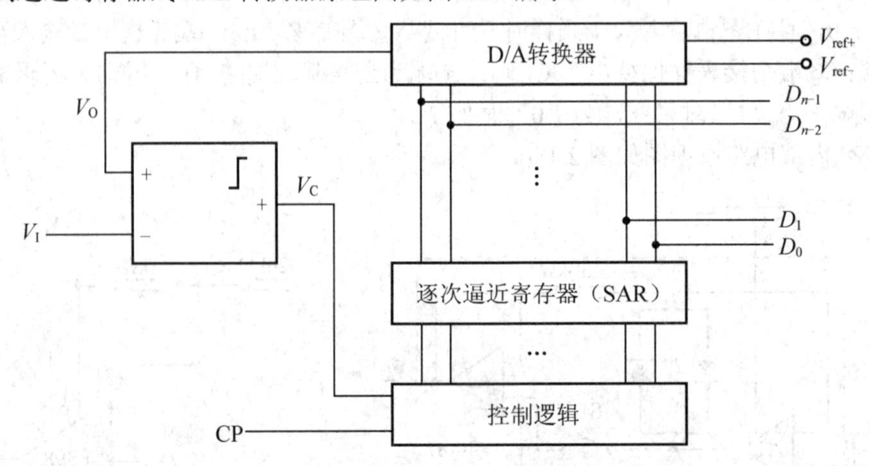

图 2.19　逐次逼近寄存器式 A/D 转换器原理图

它主要由控制时序和逻辑电路、逐次逼近寄存器、D/A 转换器和比较器 4 部分组成。逐次逼近寄存器输出二进制编码数字送到 D/A 转换器，D/A 转换后的输出电压 V_O 作为反馈电压与被转换的模拟电压 V_I 经比较器进行比较后，所得到的输出状态 V_C 控制逻辑电路，修改逐次逼近寄存器的数据，使得逐次逼近寄存器中的数据所对应的反馈电压 V_O 通过逐位近似去逼近被转换的输入电压 V_I 。当 V_O 与 V_I 的电压差小于或等于 D/A 转换器的转换精度时，逐次逼近寄存器中的数字就是被转换的输入电压 V_I 所对应的二进制数字量 B。如果 A/D 转换器的位数为 n 时，二进制数字量 B 可表示为

$$B=\frac{V_I-V_{ref-}}{V_{ref+}-V_{ref-}}\times 2^n$$

2) A/D 转换器的主要性能指标及术语

(1) 分辨率(resolution)：反映输出数字量变化一个相邻数字所需输入的模拟电压的变化量，或者以最小二进制位所代表的电压量来描述。例如，对 8 位 A/D 转换器，其输出数字量的变化范围为 0～255，即输入电压最多可分为 255 份，每份对应一个最小二进制位。当输入电压为 5V 时，转换器对输入电压的分辨能力为 5V/255≈19.6mV，也就是说，只要输入电压变化量大于 19.6mV，输出数字就发生变化。

(2) 量化误差(quantizing error)：把采样电压化为某个规定的最小数量单位(量化单位 U_{LSB})的整数倍，即量化。将有限分辨率与无限分辨率的 A/D 转换特性曲线之间的最大偏差定义为量化误差。

(3) 线性度(linearity)：线性度有时又称非线性度，即实际的转换特性曲线与理想转换特性曲线之间的最大偏移量。

(4) 相对精度(relative accuracy)：符合芯片性能规定的工作条件下，某个刻度范围内对应任一输入数字的模拟量输出与理论值之差。

(5) 转换时间(conversion time)：A/D 转换器完成一次从模拟量的采样到数字量输出所需的时间。通常为 ms 级，一般约定，转换时间大于 1ms 的为低速，1μs～1ms 的为中速，小于 1μs 的为超高速。

3) 常见 A/D 转换器及其外特性

由于逐次逼近寄存器式 A/D 转换器的快速性，因此在普通 A/D 器件市场上有相当多的是采用该方法，如 8 位的 ADC0801、ADC0804、ADC0808、ADC0809，10 位的 AD7570、AD573、AD575、AD579，12 位的 AD574、AD578、AD7582。

随着半导体技术的发展，A/D 器件千变万化，设计的要求多种多样，本书不再罗列器件相关外特性数据，读者可参考生产厂家的有关技术规格手册。

2. A/D 转换器接口及程序设计

在模拟量输入通道的设计过程中，A/D 转换器与计算机的连接以及程序设计是其重要的组成部分。所谓硬件是基础，软件是灵魂，要做好一个系统首先要从硬件入手，同时兼顾软件设计。A/D 转换器与计算机的接口设计包括如何启动 A/D 转换，转换结束信号的处理等，而具体这些信号的产生则可以通过软件设计来完成。

1) A/D 转换器的接口技术

(1) 模拟量输入与数字量输出的连接。

在多通道的模拟量输入通道中，系统中的 A/D 转换器一般是公用的。对于这类系统，如果其中的 A/D 转换器是单通道的，如 AD574 等，就需要在模拟量输入通道中接入多路开关，有些还需要接入采样保持器。

A/D 转换器与计算机连接时，应注意构成通道的 A/D 转换器内部是否包含输出锁存器，对于不含锁存器的 A/D 转换器需要通过外接锁存器或 I/O 接口芯片与计算机连接。

(2) A/D 转换器的启动。

A/D 转换器在开始转换前都需要通过启动才能开始转换。常用的启动方式可以分为电平启动和脉冲启动两种。设计 A/D 转换器与计算机接口电路时，应根据芯片要求的启动方式选择相应的启动电路。

(3) A/D 转换器结束信号的处理。

在系统启动 A/D 转换后，A/D 转换器需要经过一定时间才能完成转换，在转换结束后 A/D 转换器发出转换结束信号，这时计算机才能将转换完成的数字量读入到计算机。计算机判断转换结束信号的方法有中断方式、查询方式和延时方式。根据选用 A/D 转换器参数的不同，可以结合系统软件的设计选择结束信号的处理方式。如参数不多且转换时间较短，则可以选用查询方式；若参数较多且转换时间较长，则可以选用中断方式。

2) A/D 转换器的程序设计

A/D 转换器程序设计主要解决 3 个方面的问题：启动 A/D 转换；等待 A/D 转换结束；读取转换结果。下面分别通过一个例子具体介绍并行 A/D 转换器和串行 A/D 转换器的连接及程序设计。

(1) 并行 A/D 转换器的典型应用。

ADC0809 是采用 CMOS 工艺制造的双列直插式单片 8 位并行 A/D 转换器，如图 2.20 所示。分辨率为 8 位，精度为 7 位，带 8 个模拟量输入通道，有通道地址译码锁存器，输出带三态数据锁存器。启动信号为脉冲启动方式，最大可调节误差为±1LSB，ADC0809 内部设有时钟电路，故 CLK 时钟需由外部输入，f_{clk} 允许范围为 500kHz～1MHz，典型值为 640kHz。每通道的转换需 66～73 个时钟脉冲，大约 100～110μs。工作温度范围为-40～+85℃。功耗为 15mW，输入电压范围为 0～5V，单一+5V 电源供电。

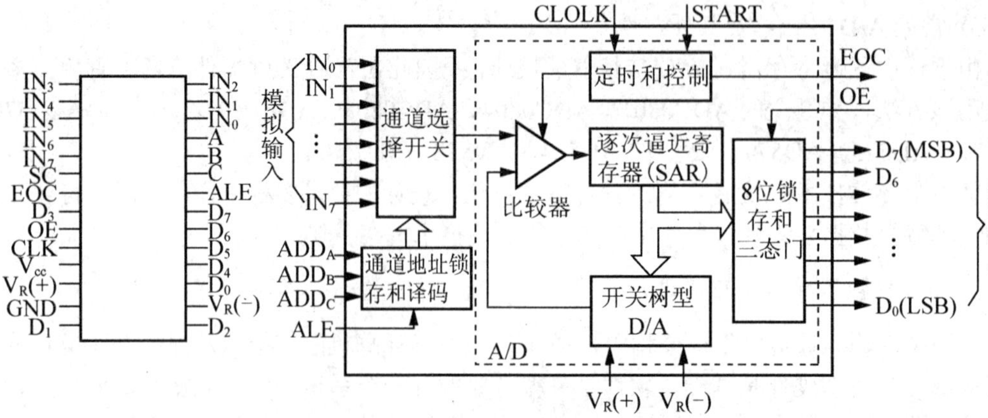

图 2.20　ADC0809 管脚与内部结构框图

① IN_0～IN_7——8 路模拟输入，通过 3 根地址译码线 ADD_A、ADD_B、ADD_C 来选通一路。

② D_7～D_0——A/D 转换后的数据输出端，为三态可控输出，故可直接和微处理器数据线连接。8 位排列顺序是 D_7 为最高位，D_0 为最低位。

③ ADD_A、ADD_B、ADD_C——模拟通道选择地址信号，ADD_A 为低位，ADD_C 为高位。地址信号与选中通道对应关系见表 2-3。

表 2-3　被选中模拟量通道数与地址信号的对应关系

被选中模拟量通道数	ADD_C	ADD_B	ADD_A
IN_0	0	0	0
IN_1	0	0	1
IN_2	0	1	0
IN_3	0	1	1
IN_4	1	0	0
IN_5	1	0	1
IN_6	1	1	0
IN_7	1	1	1

④ $V_R(+)$、$V_R(-)$——正、负参考电压输入端，用于提供片内 DAC 电阻网络的基准电压。在单极性输入时，$V_R(+)=5V$，$V_R(-)=0V$；双极性输入时，$V_R(+)$、$V_R(-)$分别接正、负极性的参考电压。

⑤ ALE——地址锁存允许信号，高电平有效。当此信号有效时，A、B、C 三位地址信号被锁存，译码选通对应模拟通道。在使用时，该信号常和 START 信号连在一起，以便同时锁存通道地址和启动 A/D 转换。

⑥ START——A/D 转换启动信号，正脉冲有效。加于该端的脉冲的上升沿使逐次逼近寄存器清零，下降沿开始 A/D 转换。如正在进行转换时又接到新的启动脉冲，则原来的转换进程被中止，重新从头开始转换。

⑦ EOC——转换结束信号，高电平有效。该信号在 A/D 转换过程中为低电平，其余时间为高电平。该信号可作为被 CPU 查询的状态信号，也可作为对 CPU 的中断请求信号。在需要对某个模拟量不断采样、转换的情况下，EOC 也可作为启动信号反馈接到 START 端，但在刚加电时需由外电路第一次启动。

⑧ OE——输出允许信号，高电平有效。当微处理器送出该信号时，ADC0808/0809 的输出三态门被打开，使转换结果通过数据总线被读走。在中断工作方式下，该信号往往是 CPU 发出的中断请求响应信号。

ADC 0808/0809 的工作时序如图 2.21 所示。当通道选择地址有效时，ALE 信号一出现，地址便马上被锁存，这时转换启动信号紧随 ALE 之后(或与 ALE 同时)出现。START 的上升沿将逐次逼近寄存器 SAR 复位，在该上升沿之后的 2μs 加 8 个时钟周期内(不定)，EOC 信号将变低电平，以指示转换操作正在进行中，直到转换完成后 EOC 再变高电平。微处理器收到变为高电平的 EOC 信号后，便立即送出 OE 信号，打开三态门，读取转换结果。

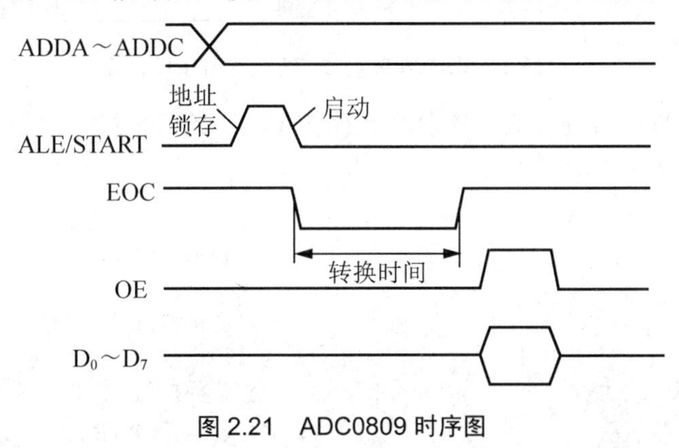

图 2.21 ADC0809 时序图

模拟输入通道的选择可以相对于转换开始操作独立地进行(当然，不能在转换过程中进行)，然而通常是把通道选择和启动转换结合起来完成(因为 ADC0808/0809 的时间特性允许这样做)。这样可以用一条写指令既选择模拟通道又启动转换。在与微机接口时，输入通道的选择可有两种方法，一种是通过地址总线选择，另一种是通过数据总线选择。

如用 EOC 信号去产生中断请求，要特别注意 EOC 的变低相对于启动信号有 2μs 加 8 个时钟周期的延迟，要设法使它不致产生虚假的中断请求。为此，最好利用 EOC 上升沿产生中断请求，而不是靠高电平产生中断请求。

如图 2.22 所示，ADC0809 与 8031 单片机连接采用查询方式。分析电路图可以发现，ALE 经过二分频后可以为 ADC0809 提供 500kHz 的时钟信号。当 P2.5=0 时，ADD-C、ADD-B、ADD-A 用于确定转换通道地址，××0××××××××××ADD-CADD-BADD-A，执行一条外部数据存储器输出指令，在选中八通道中的一个模拟通道同时启动 A/D 转换。然后，查询等待，当 P1.0=1 时，EOC=1，表明 A/D 转换结束，再执行一条外部数据存储器输入指令，读取 A/D 转换结果。

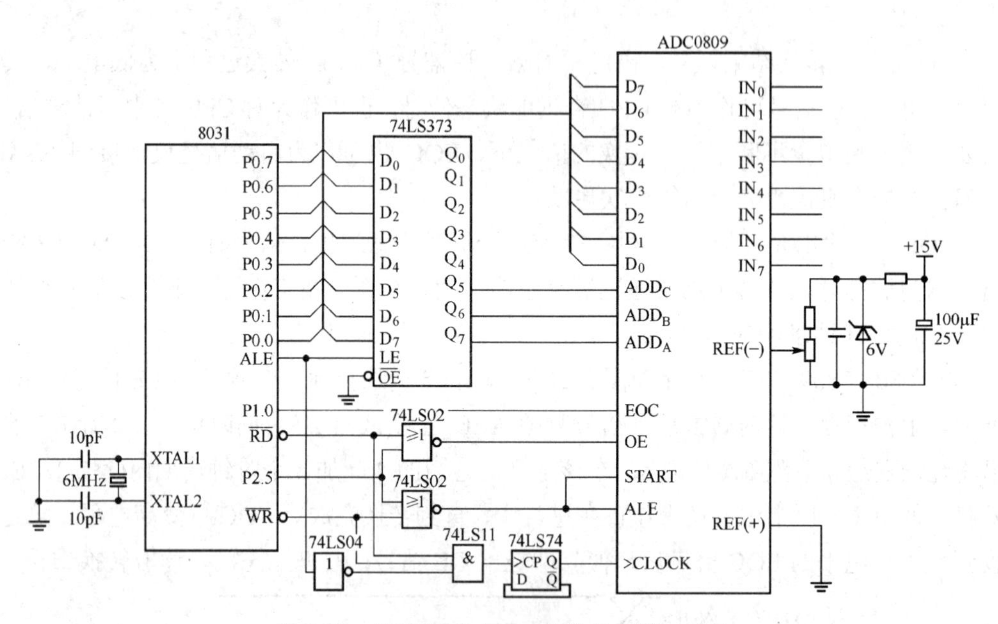

图 2.22 ADC0809 与 8031 单片机接口电路

下面的程序是采用查询方式，分别对 8 路模拟信号轮流采样一次，并依次把结果转存到内部数据存储区的采样存储程序。

```
        ORG    8000H
START: MOV    R1, #DATA                        ;置数据区首地址指针
        MOV    DPTH, #0DFH                      ;P2.5=0
        MOV    DPTL, #80H                       ;指向模拟通道 0
        MOV    R7, #08H                         ;置通道数
LP1:    MOVX   @DPTR, A                         ;锁存模拟通道地址，启动 A/D 转换
LP2:    MOV    C, P1.0                          ;读 EOC 状态
        JNC    LP2                              ;非 1，循环等待
        MOVX   A,  @DPTR                        ;读 A/D 转换结果
        MOV    @R1, A                           ;存结果
        INC    R1                               ;调整数据区指针
        INC    DPTL                             ;模拟通道加 1
        DJNZ   R7, LP1                          ;8 个通道全采样完了吗？未完继续
        RET                                     ;返回
```

(2) 串行 A/D 转换器的典型应用。

TLC2543 是 TI 公司生产的 12 位串行 A/D 转换器，使用开关电容逐次逼近技术完成 A/D 转换过程。它具有 3 个控制输入端，采用简单的 3 线 SPI 可方便地与微机进行连接，是 12 位数据采集系统的最佳选择器件之一。

TLC2543 与外围电路的连线简单，3 个控制输入端分别为 CS(片选)、输入/输出时钟(I/O CLOCK)以及串行数据输入端(DATA INPUT)。该芯片片内的 14 通道多路器可以选择 11 个输入中的任何一个或 3 个内部自测试电压中的一个，采样保持是自动的(采样率为 66 千次/s)。在工作温度范围内转换时间为 10μs，转换结束时 EOC 输出变高。转换输出信号可以选择单、双极性及数据长度，最大线性误差为+1LSB。TLC2543 每次转换和数据传送使用 16 个时钟周期，且在每次传送周期之间插入 CS 的时序，时序如图 2.23 所示。

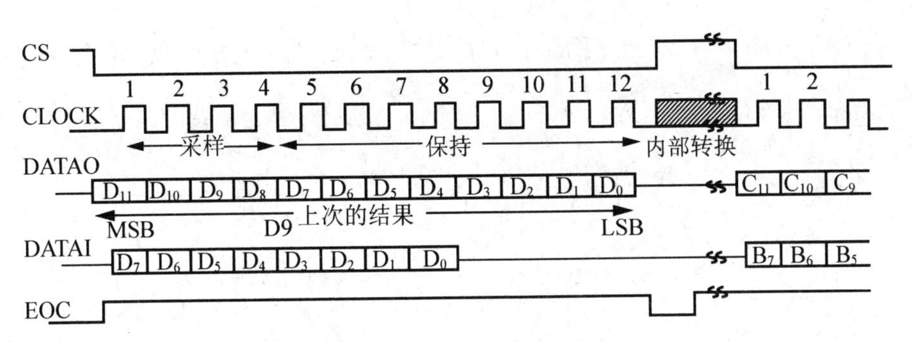

图 2.23 TLC2543 时序图

从时序图可以看出，在 TLC2543 的 CS 变低时开始转换和传送过程，I/O CLOCK 的前 8 个上升沿将 8 个输入数据位输入数据寄存器，同时它将前一次转换的数据的其余 11 位移出 DATA OUT 端，在 I/O CLOCK 下降沿时数据变化。当 CS 为高时， I/O CLOCK 和 DATA INPUT 被禁止，DATA OUT 为高阻态。

图 2.24 是一个用 TLC2543 与 8031 单片机连接的接口原理图。由于 8031 单片机不具有 SPI 或相同能力的接口，为了便于与 TLC2543 接口，采用软件合成 SPI 操作。为减少数据传送速度受微处理器的时钟频率的影响，尽可能选用较高时钟频率，应用电路如图 2.24 所示。TLC2543 的 I/O CLOCK、数据输入、片选信号由 P1.0、P1.1、P1.2 提供，转换结果由 P1.3 口读出。

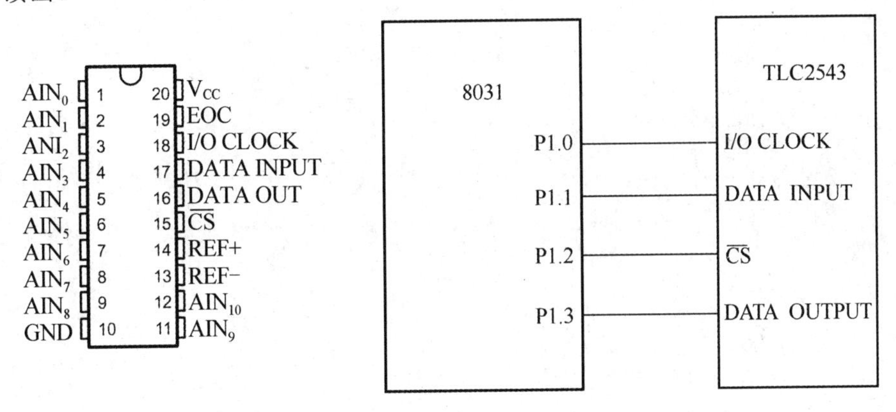

图 2.24 TLC2543 与 8031 单片机接口原理图

设通道/方式控制字存放在 R4 中，程序在读出前一次转换结果的同时，将该通道/方式控制字发送到 TLC2543 中去，转换结果存放在相邻地址的存储器中。存储器地址从 30～45H，且高字节在前，低字节在后。具体程序如下：

```
ORG        100H
START:     MOV      P1, #04H            ;P1 口引脚初始化
           CLR      P1.0
           SETB     P1.3
           ACALL    TLC2543
           ACALL    STORE
           JMP      START
TLC2543:   MOV      A, R4
           CLR      P1.3
```

```
          JB      ACC.1, LSB        ;如果 A 的位 1 为 1，先作低字节
MSB:      MOV     R5, #08H
LOOP1:    MOV     C, P1.2           ;数据位读入进位位
          RLC     A
          MOV     P1.1, C           ;输出方式/通道位
          SETB    P1.0              ;产生 I/O 时钟
          CLR     P1.0
          DJNZ    R5, LOOP1         ;输入/输出另一位
          MOV     R2, A             ;高字节送入 R2
          MOV     A, R4
          JB      ACC.1, RETURN
LSB:      MOV     R5, #08H
LOOP2:    MOV     C, P1.2
          RLC     A
          MOV     P1.1, C
          SETB    P1.0
          CLR     P1.0
          DJNZ    R5, LOOP2
          MOV     R3, A
          MOV     A, R4
          JB      ACC.1, MSB
RETURN:   RET
STORE:    MOV     A, R4
          ANL     A, #0F0H
          SWAP    A
          MOV     B, #02H
          MUL     AB
          ADD     A, #030H
          MOV     R1, A
          MOV     A, R2
          MOV     @R1, A
          INC     R1
          MOV     A, R3
          MOV     @R1, A
          RET
```

以上程序用累加器和带进位的左循环移位的指令来合成 SPI 功能，读入转换结果的第一个字节的第一位到进位(C)位。累加器内容通过进位位左移，通道选择和方式数据的第一位通过 P1.1 输出。然后由 P1.0 先高后低的翻转来提供串行时钟。这个时序再重复 7 次，完成转换数据的第一个字节的传送。第二个字节由重复 8 次时钟脉冲和数据传送的整个序列来传送。

3. 模拟量输入模块

ADAM-4000 系列是研华科技股份有限公司生产的高性能 I/O 模块，在工业控制领域中已获得广泛应用。ADAM-4000 系列提供了完整的模拟量 I/O 系列，包括模拟量输入、热电偶输入、RTD 输入和模拟量输出模块。

ADAM-4017+(图 2.25)是 ADAM-4000 系列中的一款 8 路差分输入、16 位分辨率的模拟量采集模块。该模块有采样速度快、输入信号范围广、输入阻抗高等特点。ADAM-4017+

可以输入电压或电流形式的模拟信号。由于其内部含有监视芯片，大大提高了该模块的可靠性。模拟量输入通道和模块之间还提供了3000V的电压隔离，这样就有效地防止模块在受到高压冲击时被损坏。模块可以采用RS-485总线输出形式，传送距离最远可达1200m。

图 2.25　ADAM-4017+模块的外观

ADAM-4017+接线简单，使用方便。图2.26是使用工业控制机控制ADAM-4017+的简单接线图，由于工业控制机的接口一般为RS-232总线形式，而ADAM-4017+能够支持的总线形式为RS-485总线，因此两者通信时需要通过RS-232/RS-485转换器完成对传送信号的转换。

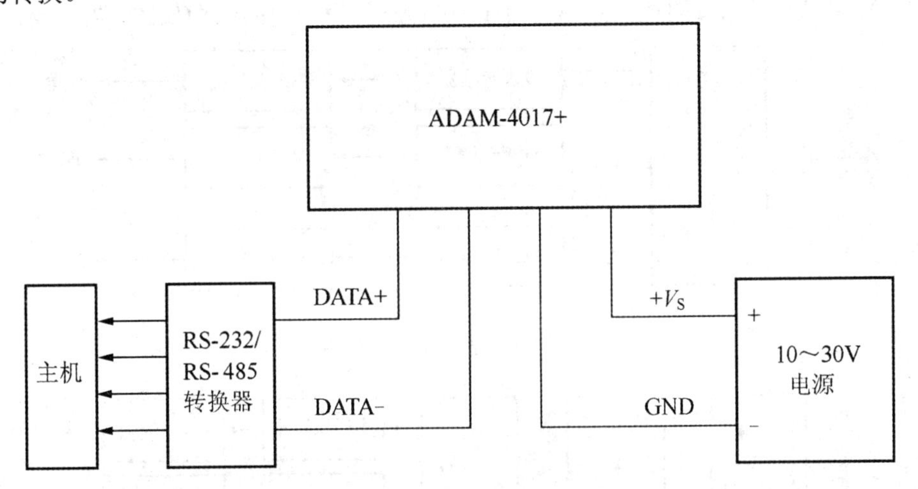

图 2.26　ADAM-4017+模块控制接线图

ADAM-4017+支持8路差分输入信号，并且支持Modbus协议。各通道可独立设置其输入范围，通过模块右侧的一个拨码开关来设置，由INT和GND接线端子的连接与否完成正常工作状态的切换。同时，ADAM-4017+还增加了4～20mA的输入范围，测量电流时，不需要外接电阻，只需打开盒盖，设置跳线到带有△符号指示的接线端子即可。图2.27为ADAM-4017+模块差分输入接线图。

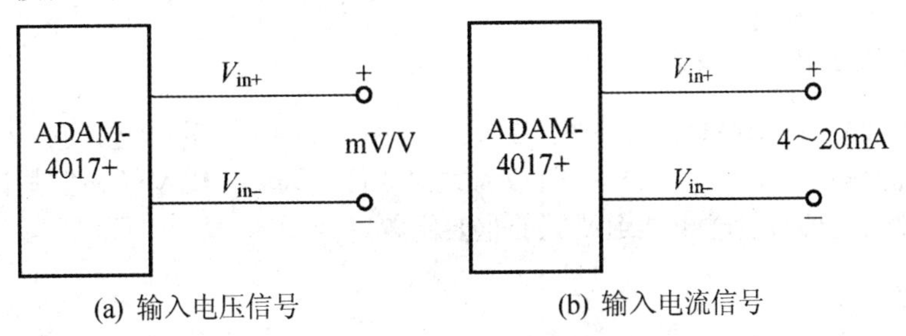

图 2.27　ADAM-4017+模块差分输入接线图

2.3 模拟量输出通道设计方法

模拟量输出通道的任务是将计算机处理后的数字量转换为模拟量，转换输出的模拟信号可能是电压或电流信号。这些转换之后的信号送入执行机构，引起执行机构动作从而达到系统对被控对象调节的目的。

2.3.1 模拟量输出通道的组成

计算机控制系统另一个重要通道是模拟量输出(Analog Output，AO)通道。它是把经过计算机或控制器处理得到的某些数据送回物理系统，对系统物理量进行调节和控制。在通道中实现数字量到模拟量的转换(D/A 转换)。模拟量输出通道的结构如图 2.28 所示。

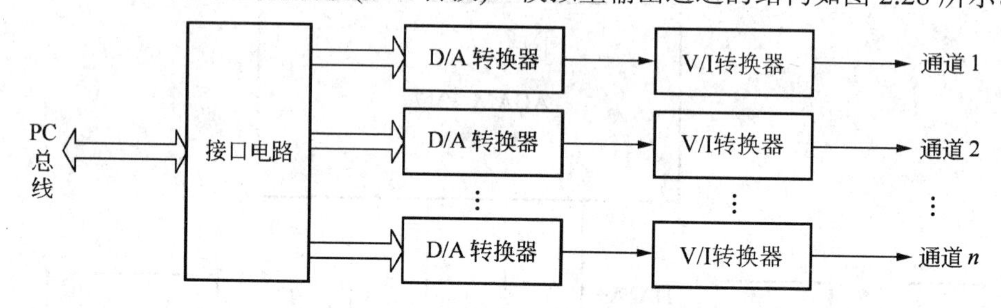

(a) 每个通道单独设置 D/A 转换器结构

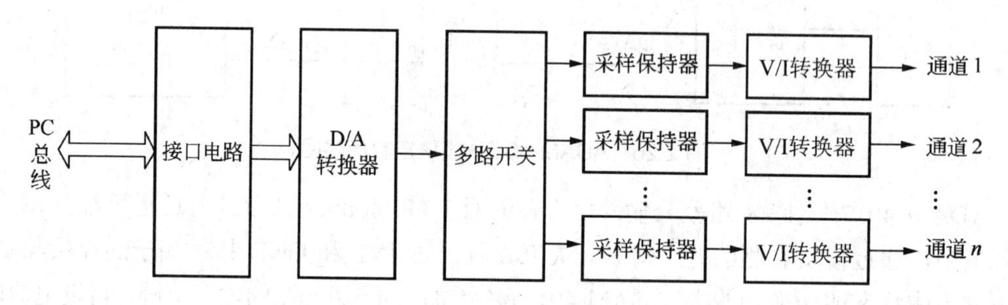

(b) 多通道共享 D/A 转换器结构

图 2.28 模拟量输出通道结构图

2.3.2 模拟量输出通道的设计

显然，在计算机控制系统中，数字量转换成模拟量是模拟量输出通道中的关键环节，而实现这种转换的 D/A 转换器(DAC)就成为关键器件。因此，D/A 转换器与计算机的接口及其程序设计也是模拟量输出通道研究的重要问题。

1. D/A 转换器

D/A 转换器是一种能将数字量转换成模拟量的电子器件。D/A 转换器的输出有电流和电压两种方式，其中电压输出型又有单极性电压输出和双极性电压输出两种方式。

1) D/A 转换器的原理

D/A 转换器一般由基准电压、解码网络、运算放大器和模拟电子开关组成。其中核心是“解码网络”，常见的有“权电阻解码网络”和“T 型电阻解码网络”。

(1) 权电阻解码网络。

权电阻解码网络 D/A 转换器的原理图如图 2.29 所示。

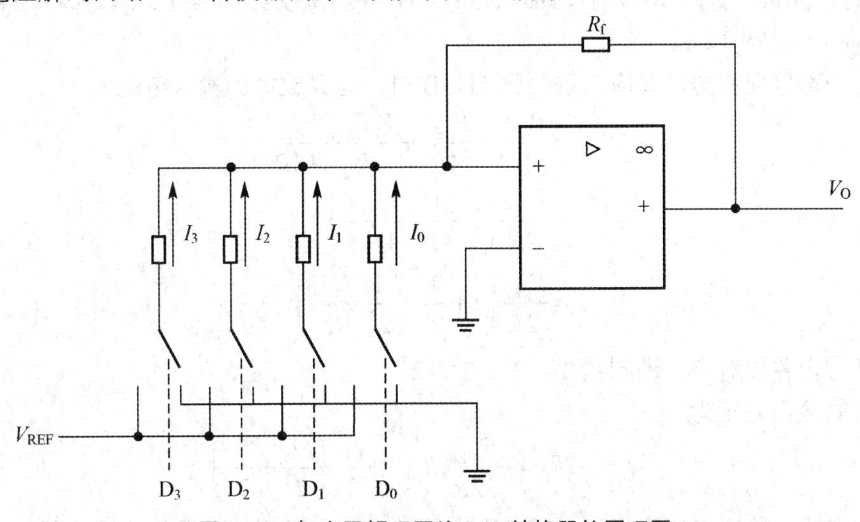

图 2.29 权电阻解码网络 D/A 转换器的原理图

图 2.29 为 4 位 D/A 转换器，V_{REF} 是精度足够的标准电源，电子开关 D_0～D_3 所接电阻分别为 8*R*、4*R*、2*R*、*R*，这些电阻称为权电阻。电子开关由对应的位来控制，如果该位为 1，电子开关闭合；为 0，电子开关断开。图中 4 位电子开关可组合成 16 种不同的电流输入。因此通过权电阻解码网络，可以把数字 0000～1111B 转换成大小不同的电流，从而在运算放大器输出端得到大小不同的电压。

一个 8 位 D/A 转换器的权电阻解码网络，最大电阻是最小电阻的 128 倍，而这些电阻的误差要求又很高，从工艺上实施有难度，所以权电阻解码网络位数越多，阻值越大，精度越难以保证。

(2) T 型电阻解码网络。

T 型电阻解码网络也称 *R*-2*R* 电阻网络，整个电路只含 *R* 和 2*R* 两种电阻，因此解决了权电阻解码网络 D/A 转换器的缺点，被广泛应用于 D/A 转换器中。

图 2.30 是 4 位 T 型电阻解码网络 D/A 转换器的电路原理图。

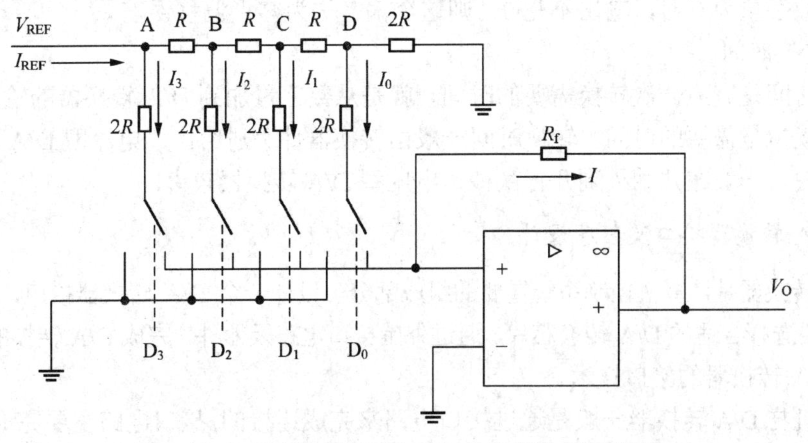

图 2.30 T 型电阻解码网络 D/A 转换器的电路原理图

T 型电阻网络中串联臂上的电阻为 R，并联臂上的电阻为 $2R$。从每个并联臂 $2R$ 电阻往右看，电阻都为两个 $2R$ 电阻并联结构，容易算出 A、B、C、D 点的电位为 V_{REF}、$(1/2R)V_{REF}$、$(1/4R)V_{REF}$、$(1/8R)V_{REF}$，所以各支路电流 I_3、I_2、I_1、I_0 值分别为$(1/2R)V_{REF}$、$(1/4R)V_{REF}$、$(1/8R)V_{REF}$、$(1/16R)V_{REF}$。

当开关都倒向右边，对应二进制数 1111B 时，运算放大器输入电流为

$$
\begin{aligned}
I &= \frac{V_{REF}}{2R} + \frac{V_{REF}}{4R} + \frac{V_{REF}}{8R} + \frac{V_{REF}}{16R} \\
&= \frac{V_{REF}}{2R}\left(1 + \frac{1}{2} + \frac{1}{4} + \frac{1}{8}\right) \\
&= \frac{V_{REF}}{2R}\left(1 + \frac{1}{2^1} + \frac{1}{2^2} + \frac{1}{2^3}\right)
\end{aligned}
$$

式中，括号内各项对应二进制数 2^0、2^1、2^2、2^3。

相应的输出电压为

$$V_O = -IR_f = -\frac{V_{REF}}{2R}R_f\left(1 + \frac{1}{2^1} + \frac{1}{2^2} + \frac{1}{2^3}\right)$$

上式表明，输出电压除了和二进制数有关外，还和运算放大器的反馈电阻 R_f、标准电源 V_{REF} 有关。

2) D/A 转换器的主要技术指标

(1) 分辨率。

D/A 转换器的分辨率是指输出所有不连续台阶数量的倒数，而不连续输出台阶数量和输入数字量的位数有关。分辨率通常用二进制位数表示，如分辨率为 8 位的 D/A 转换器能给出满量程电压$(1/2^8)$的分辨能力。

(2) 精度。

D/A 转换器的实际输出与理想输出之间的误差就是精度，可以用转换器最大输出电压或满量程的百分比表示。它表明了 D/A 转换器的精确程度。

(3) 线性度误差。

线性度误差是 D/A 转换器的实际输出与理想输出直线之间的偏差。一个特殊的情况就是当所有数字量为 0 时，输出不是 0，则这个偏差称为零点偏移误差。

(4) 转换时间。

转换时间是完成一次转换需要的时间，就是从数字量加到 D/A 转换器的输入端到输出端稳定的模拟量需要的时间。转换时间一般由转换器件手册给出。电流型 D/A 转换器的转换速度较快，一般在几纳秒到几百微秒，电压型 D/A 转换器较慢。

2. D/A 转换器接口及程序设计

D/A 转换器是计算机控制系统重要的组成部分。设计一个 D/A 转换器接口，必须要根据系统的需要选择合适的 D/A 转换芯片，通过外围接口电路及器件，完成 D/A 转换的信号处理。

1) D/A 转换器的接口技术

计算机与 D/A 转换器一般是通过接口电路来完成连接的。接口电路主要完成地址译码、产生控制系统等功能。D/A 转换器与计算机连接时，主要考虑以下几方面问题。

(1) D/A 转换器中是否包含寄存器。

转换器中是否包含输入寄存器。对于 D/A 转换器中含有输入寄存器的，可以直接与计算机的数据总线连接，在数据送入寄存器后 D/A 转换就开始；如果 D/A 转换器中不含寄存器，则要通过外加寄存器或 I/O 接口芯片(如 8155、8255 等)的方式来对转换数据进行缓存。

(2) D/A 转换器控制信号的连接。

D/A 转换器的控制信号主要有片选信号、写信号及启动信号。在进行 D/A 转换时，计算机通过这些信号来控制整个 D/A 转换器的工作。

2) D/A 转换器的程序设计

(1) 并行 D/A 转换器的典型应用。

DAC0832 是采用 CMOS/Si-Cr 工艺制造的双列直插式单片 8 位 D/A 转换器，如图 2.31 所示。它可以直接与 Z80、8085、8080 等 CPU 相连，也可以与 8031 单片机相连，以电流形式输出；当转换为电压输出时，应外接运算放大器。其输出电流线性度可在满量程下调节，转换时间为 1μs。数据输入可采用双缓冲、单缓冲或直通方式 3 种方法。由于芯片内部的数据寄存器和 DAC 寄存器可以实现两次缓冲，故在输出的同时，还可以接收一个数据，提高了转换速度。当多芯片工作时，可用同步信号实现各模拟量的同时输出。

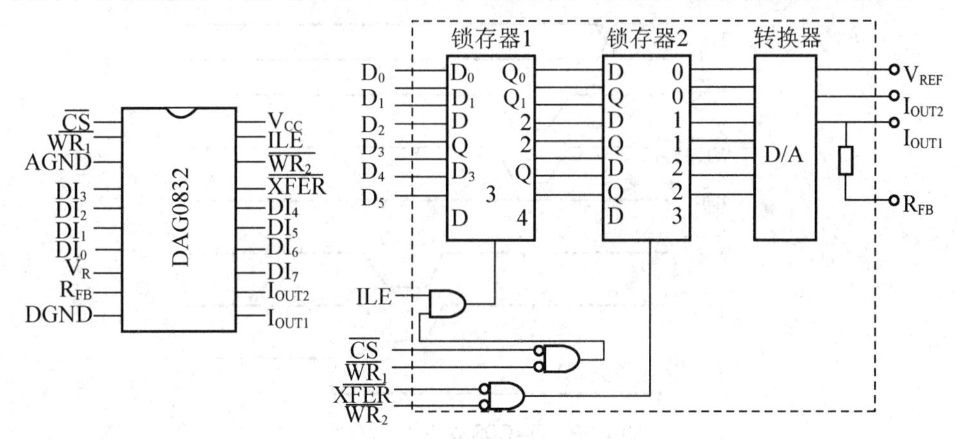

图 2.31 DAC0832 管脚图与内部结构图

DAC0832 具有双缓冲功能，输入数据可分别经过两个锁存器保存。第一个是保持寄存器，而第二个锁存器与 D/A 转换器相连。DAC0832 中的锁存器的门控端 G 输入为逻辑 1 时，数据进入锁存器；而当 G 输入为逻辑 0 时，数据被锁存。

DAC0832 具有一组 8 位数据线 D_0～D_7，用于输入数字量。一对模拟输出端 I_{OUT1} 和 I_{OUT2} 用于输出与输入数字量成正比的电流信号，一般外部连接由运算放大器组成的电流/电压转换电路。转换器的基准电压输入端 V_{REF} 一般在-10～+10V 范围内。

DAC0832 的 D/A 转换电路是一个 R-2R T 型电阻网络，实现 8 位数据的转换。对各引脚信号说明如下。

① DI_7～DI_0：转换数据输入。

② $\overline{CS}$：片选信号(输入)，低电平有效。

③ ILE：数据锁存允许信号(输入)，高电平有效。

④ $\overline{WR_1}$：第 1 写信号(输入)，低电平有效。

上述两个信号控制输入寄存器是数据直通方式还是数据锁存方式：当 ILE=1 且 $\overline{WR_1}$=0 时，为输入寄存器直通方式；当 ILE=1 且 $\overline{WR_1}$=1 时，为输入寄存器锁存方式。

⑤ $\overline{WR_2}$：第 2 写信号(输入)，低电平有效。

⑥ $\overline{XFER}$：数据传送控制信号(输入)，低电平有效。

上述两个信号控制 DAC 寄存器是数据直通方式还是数据锁存方式：当 $\overline{WR_2}$=0 且 $\overline{XFER}$=0 时，为 DAC 寄存器直通方式；当 $\overline{WR_2}$=1 且 $\overline{XFER}$=0 时，为 DAC 寄存器锁存方式。

⑦ I_{out1}：电流输出 1。

⑧ I_{out2} 电流输出 2，DAC 转换器的特性之一是 $I_{out1}+I_{out2}$=常数。

⑨ R_{FB}—反馈电阻端，0832 是电流输出，为了取得电压输出，需在电压输出端接运算放大器，R_{FB} 即为运算放大器的反馈电阻端。

⑩ V_{REF}：基准电压，其电压可正可负，范围-10～+10V。

⑪ DGND：数字地。

⑫ AGND：模拟地。

DAC0832 工作时序图如图 2.32 所示。

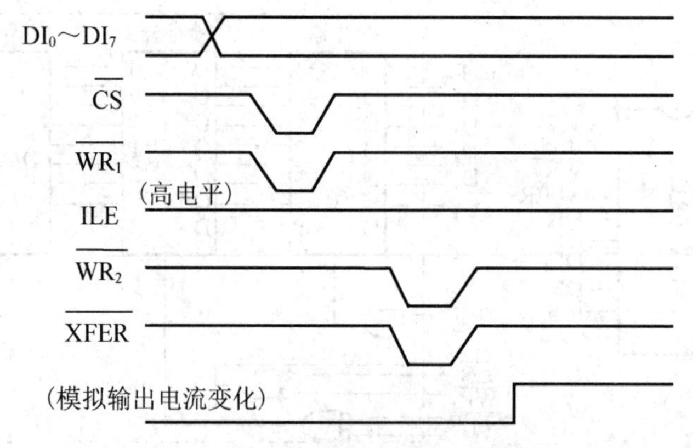

图 2.32 DAC0832 工作时序图

DAC0832 应用电路如图 2.33(a)所示，DAC0832 与 8031 单片机的连接采用单缓冲方式。当电流输出时，经常采用的 0～10mA DC 或 4～20mA DC 电流输出，如图 2.33(b)所示。

图 2.33(a)中 ILE 接+5V，I_{out2} 接地，I_{out1} 输出电流经运算放大器输出一个单极性电压(-5～0V)，通过下一级运算放大器电压转变为双极性电压(-5～+5V)。片选信号 $\overline{CS}$ 和传送信号 $\overline{XFER}$ 都接到 8031 高 8 位地址线的 P2.7，故输入寄存器和 DAC 寄存器地址都可选为 7FFFH，写选通信号 $\overline{WR_1}$、$\overline{WR_2}$ 都和 8031 的写信号 $\overline{WR}$ 连接，8031 对 DAC0832 执行一次写操作，则把一个数据直接写入 DAC 寄存器，DAC0832 输出的模拟量随之改变。通过设计程序，实现将待转换数据#nnH，通过 DAC0832 转换输出其对应的模拟量。

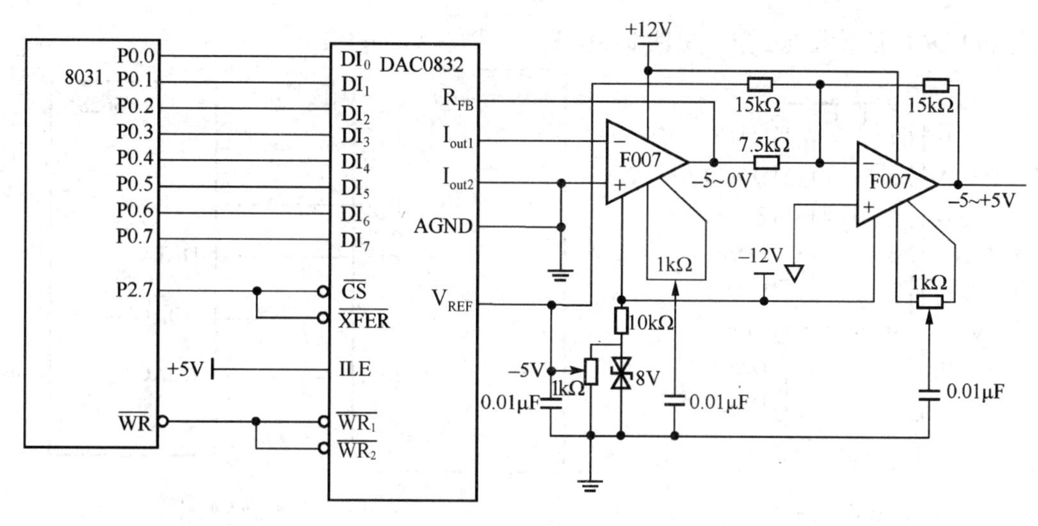

(a) DAC0832应用电路

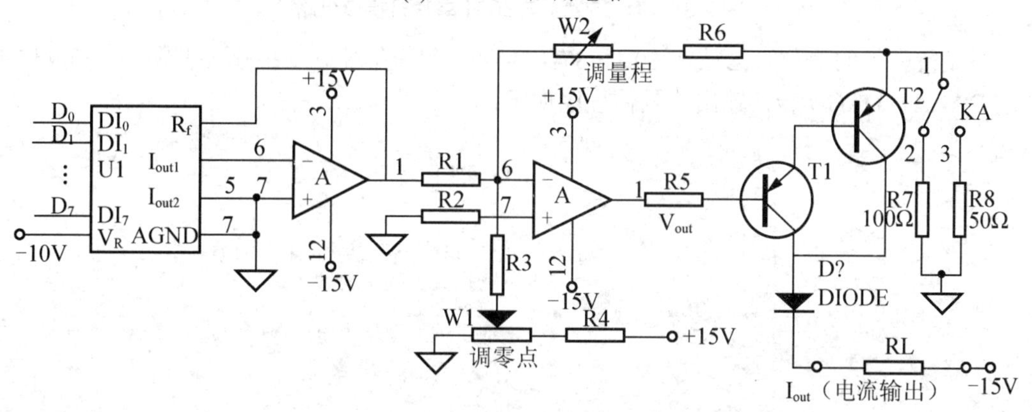

(b) 电流输出时的应用电路

图 2.33　DAC0832 应用电路总图

```
        ORG        3000H
START:  MOV        DPTR,     #7FFFH    ;建立 DAC0832 地址
MOV     A,         #nnH                ;待转换数字量送入 A
LOOP:   MOVX       @DPTR,    A         ;将数字量送至 DAC0832 并启动转换
```

(2) 串行 D/A 转换器的典型应用。

TLC5628 是 TI 公司生产的可输出 8 路模拟电压信号的串行 D/A 转换器，采用+5V 电源供电，管脚图如图 2.34(a)所示。TLC5628 使用简单，与微处理器或单片机的连接方便。

CLK 端子是用来送入时钟脉冲信号的输入引脚。DATA 传送的 12 位数据中包括 3 位 DAC 选择地址，1 位电压范围选择位和 8 位待转换数据。DAC 寄存器是双缓冲结构，允许在进行转换的同时输入一个新的转换数据。LOAD 可以控制第一级锁存器工作，当 LOAD 为高电平时，在每个 CLK 输入时钟信号的下降沿完成锁存。而 8 个内部 DAC 寄存器是否能够输出转换的电压信号，可以通过 LDAC 来控制。

图 2.34(b)是一个用 TLC5628 与 8031 单片机连接的实例。与 TLC2543 的使用相似，仍然采用单片机模拟信号的方式来实现 SPI 总线的效果。TLC5628 的 CLK、数据输入、LOAD

信号和 LDAC 信号分别由单片机的 P1.0、P1.1、P1.2 和 P1.3 来提供。

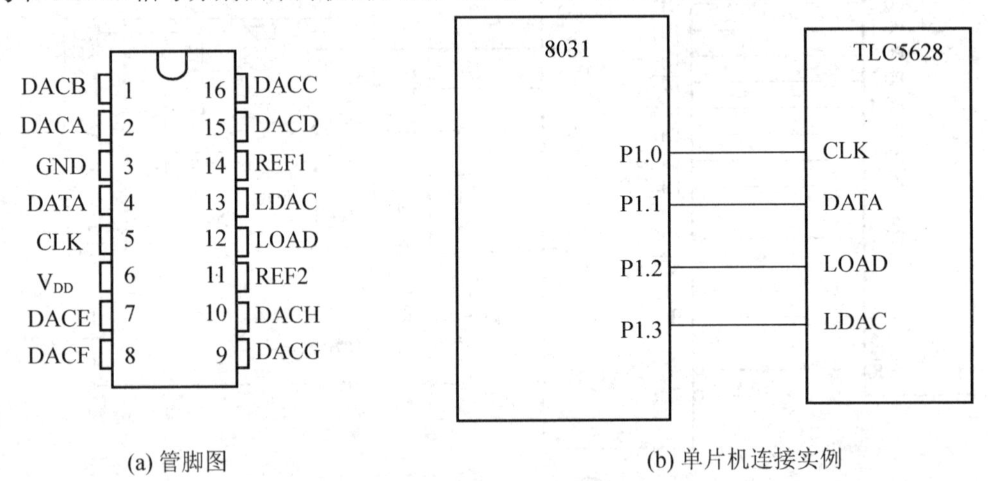

(a) 管脚图　　(b) 单片机连接实例

图 2.34　TLC5628 与 8031 单片机接口电路

假设待转换的 8 位数据放在 30H～37H 连续 8 个寄存器中，并将这些数据分别顺序地通过 DACA～DACH 转换输出。具体程序如下：

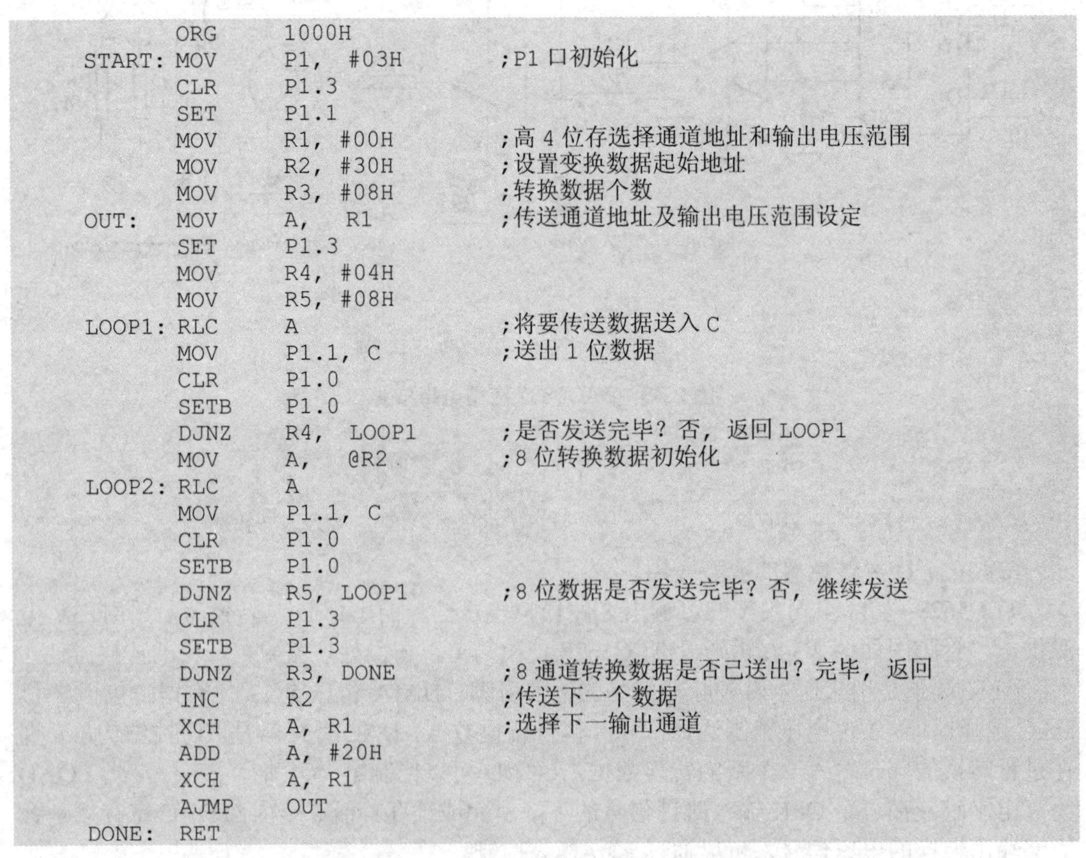

```
        ORG     1000H
START:  MOV     P1,  #03H        ;P1 口初始化
        CLR     P1.3
        SET     P1.1
        MOV     R1, #00H         ;高 4 位存选择通道地址和输出电压范围
        MOV     R2, #30H         ;设置变换数据起始地址
        MOV     R3, #08H         ;转换数据个数
OUT:    MOV     A,   R1          ;传送通道地址及输出电压范围设定
        SET     P1.3
        MOV     R4, #04H
        MOV     R5, #08H
LOOP1:  RLC     A                ;将要传送数据送入 C
        MOV     P1.1, C          ;送出 1 位数据
        CLR     P1.0
        SETB    P1.0
        DJNZ    R4,  LOOP1       ;是否发送完毕？否，返回 LOOP1
        MOV     A,   @R2         ;8 位转换数据初始化
LOOP2:  RLC     A
        MOV     P1.1, C
        CLR     P1.0
        SETB    P1.0
        DJNZ    R5, LOOP1        ;8 位数据是否发送完毕？否，继续发送
        CLR     P1.3
        SETB    P1.3
        DJNZ    R3, DONE         ;8 通道转换数据是否已送出？完毕，返回
        INC     R2               ;传送下一个数据
        XCH     A, R1            ;选择下一输出通道
        ADD     A, #20H
        XCH     A, R1
        AJMP    OUT
DONE:   RET
```

3. 模拟量输出模块

ADAM-4024(图 2.35)也是研华科技股份有限公司生产的 ADAM-4000 系列中的一款产

品。它是一款具有 4 路模拟输出、12 位分辨率的模拟量输出模块。该模块具有输出误差小、输出阻抗低等特点。ADAM-4024 输入信号使用 RS-485 串行总线传送，输出信号可以是电压或电流信号。其中电压信号输出范围为 0～±10V，电流信号输出范围可以选择 0～20mA 或 4～20mA。

ADAM-4024 输出也能支持 Modbus 协议，用户可以通过配置软件配置电压或电流的建立速率和启动输出。其使用方法与 ADAM-4017+相似，图 2.36 和图 2.37 分别为 ADAM-4024+模块控制接线图和输出接线图。

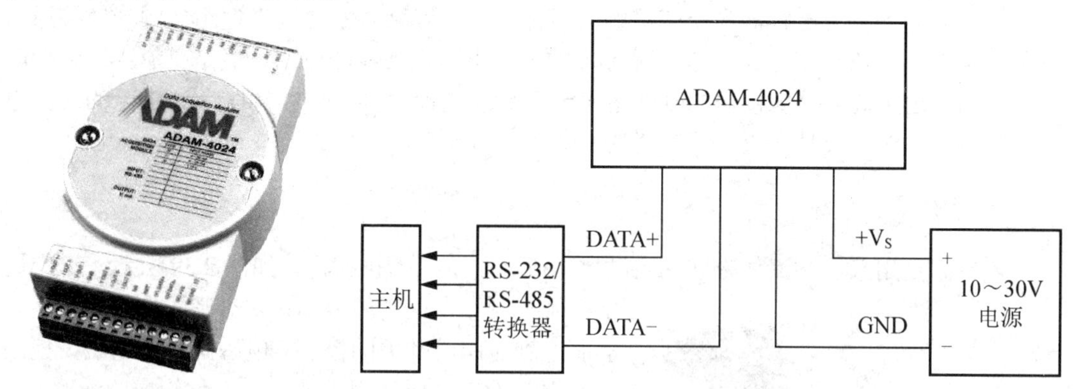

图 2.35　ADAM-4024 模块的外观　　图 2.36　ADAM-4024 模块控制接线图

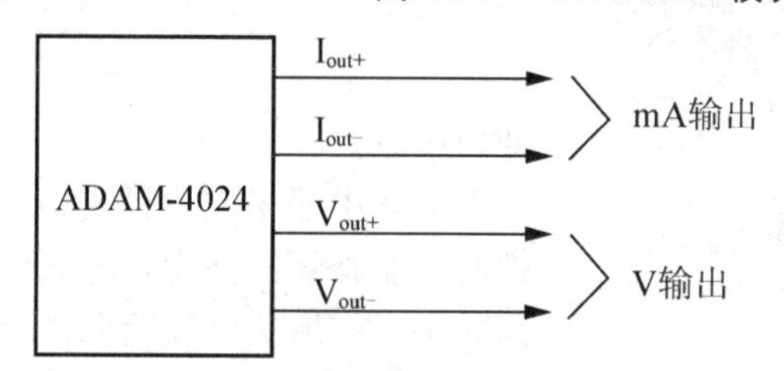

图 2.37　ADAM-4024 输出接线图

2.4　电气控制器与执行器

2.4.1　接触器

接触器(图 2.38)主要用于控制电动机、电热设备、电焊机、电容器组等，能频繁地接通或断开交直流主电路，实现远距离自动控制。它具有低电压释放保护功能，在电力拖动自动控制线路中被广泛应用。

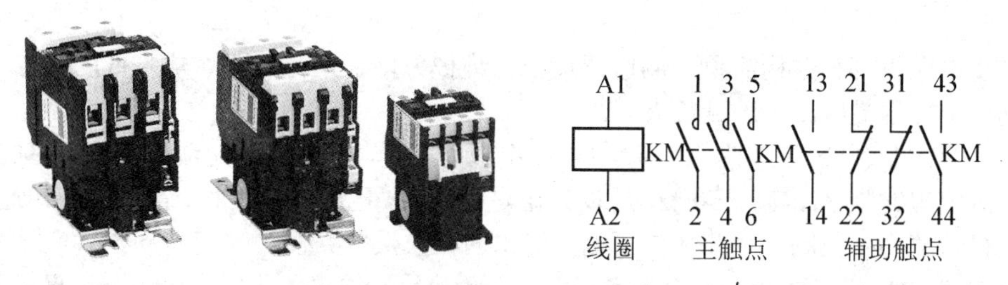

图 2.38　接触器实物图与图形符号

接触器主要由两部分组成：电磁系统和触头系统。电磁系统是动作部分，主要由铁心和线圈组成。线圈通电以后，在铁心中产生一个磁场，吸引衔铁，使衔铁向着铁心运动，并最终吸合在一起。触头系统是执行部分，动触头是与衔铁机械地固定在一起的。当动衔铁被铁心吸引而运动时，动触头亦随之运动与静触头闭合，动静触头闭合后，主电路便接通；当电源电压消失或显著降低时，线圈失去励磁或励磁不足，衔铁就会因电磁吸力的消失或过小，在释放弹簧等反力的作用下释放，脱离铁心，此时，和衔铁装在一起的动触头也与静触头脱离，切断主电路。

接触器分为直流接触器和交流接触器两种。直流接触器主要用于远距离频繁地接通与分断额定电压至400V。额定电流至600A的直流电路，其线圈电源一般是直流；交流接触器主要用于远距离频繁地接通与分断电压至380V、电流至600A的50Hz或60Hz的交流电路，其线圈电源一般是交流。接触器的主要控制对象是电动机。

2.4.2 电磁阀

电磁阀是用来控制流体方向的自动化基础元件，属于执行器，如图2.39所示，通常用于机械控制和工业阀门上面，对介质方向进行控制，从而达到对阀门开关的控制。电磁阀是受电磁力控制开/闭的阀体，主要应用于液体或气体构成的液路、气路控制场合，属于开关量执行机构，是DO控制。大量应用于液压，气压系统中，尤其在自动化生产线中使用广泛。

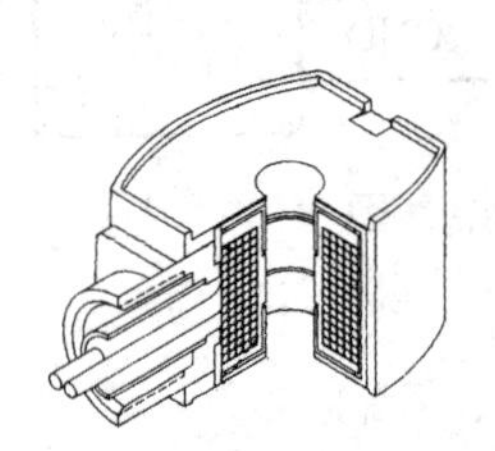

图2.39 电磁阀电磁线圈示意图和电磁阀实物图例

与继电器工作过程类似，当电磁阀线圈通电时，铁心克服弹簧的弹力，与固定铁心吸合，阀门处于打开状态，介质从进口流向出口；反之，铁心依靠弹簧的弹力，与固定铁心脱离，阀门处于关闭状态，切断了介质的流通。这样，就可以通过油缸或气缸，推动物体的机械运动，完成进给、往复等运动。

从线圈的驱动源来看，电磁阀可分为交流、直流两种，线圈电压也有12V、24V、48V等。在液压控制系统中常使用换向阀，如两位三通阀、两位四通阀等。这里的“位”指电磁阀中滑阀的停留位置的个数，“通”指液体的通道数。通过控制电磁阀线圈得电/失电，改变滑阀的位置，从而改变液路的流向。

电磁阀的驱动是通过电磁线圈，只能开或关 ，开关时动作时间短，比较容易被电压冲击损坏。相当于开关的作用，就是开和关两个作用。电磁阀一般断电可以复位。

2.4.3 三相异步交流电机与变频器

异步电动机具有结构简单，制造、使用、维护方便，运行可靠、成本低的优点，在各种电动机中应用最广，需求量最大。

在工业控制领域，三相异步交流电机使用极为广泛，其转速和交流电源的频率成正比。由于交流电源的频率固定为50Hz，所以无论是否需要，电机只要工作，都以额定转速转动，由于电机转速不可控制，因此造成了电力资源的极大浪费。

变频调速(Variable Velocity Variable Frequency)是一项集现代电力电子和计算机于一体的高效节能技术，其基本原理是通过改变电源的频率达到改变交流异步电机转速的目的。

自20世纪80年代世界各国将其投入工业应用以来，变频调速显示出了强劲的竞争力，其应用领域也在迅速扩展。现在凡是可变转速的拖动系统，只要采用变频调速技术就能取得非常显著的效果，大大节约能源。变频调速也使执行机构的交流异步电机的转速可控，大大提高了控制系统的控制质量。

三相交流变频调速常使用变频器(Variable-frequency Drive)实现，如图2.40所示，变频器是利用电力半导体器件的通断作用将工频电源变换为另一频率的电能控制装置，即通过改变电机工作电源频率方式控制交流电动机。变频器的主电路大体上可分为两类：电压型是将电压源的直流变换为交流的变频器，直流回路的滤波是电容；电流型是将电流源的直流变换为交流的变频器，其直流回路滤波是电感。

图2.40　变频器实物图例

变频器分为交—交和交—直—交两种形式。交—交变频器可将工频交流直接变换成频率、电压均可控制的交流，又称直接式变频器。而交—直—交变频器则是先把工频交流通过整流器变成直流，然后再把直流变换成频率、电压均可控制的交流，又称间接式变频器。目前常用的通用变频器属于交—直—交变频器，以下简称变频器。变频器的基本结构原理如图2.41所示。

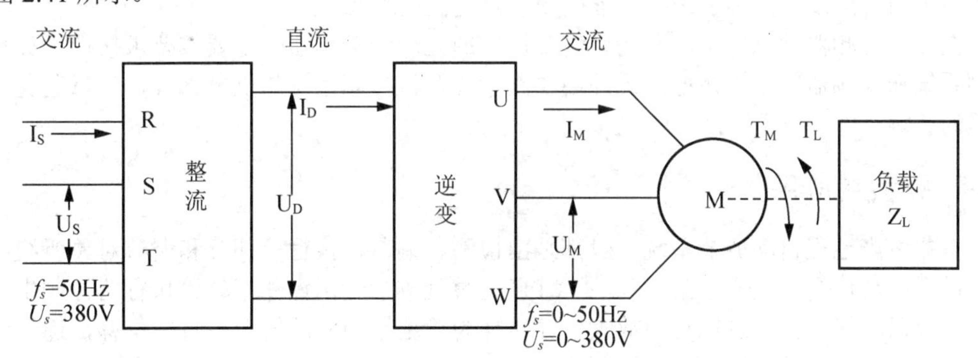

图2.41　交－直－交变频器结构框图

变频器的工作可以分为以下两个基本过程。

(1) 先将电源的三相或单项交流电经整流桥整流成直流电(交—直变换)，这方面的技术已经解决。

(2) 再把直流电“逆变”成频率任意可调的三相交流电(直—交变换)，这是长期以来要解决和不断完善的核心问题。

变频器主要由主回路和控制回路组成，主回路包括整流器、中间直流环节、逆变器，整流器的作用是把三相(单相)交流整流成直流，逆变器可以输出任意频率的三相交流输出，中间直流环节为中间直流储能环节，控制电路常由运算电路、检测电路、控制信号的输入、输出电路和驱动电路等构成。

变频器的使用很简单，以最常用的三相交流380V变频器为例，交流380V(50Hz)3根电源线作为变频器的电源输入，变频器输出3根交流380V的电源，该输出的电源的频率是受控的。

异步电动机的转矩是电机的磁通与转子内流过电流之间相互作用而产生的，在额定频率下，如果电压一定而只降低频率，那么磁通就过大，磁回路饱和，严重时将烧毁电机。因此，频率与电压要成比例地改变，即改变频率的同时控制变频器输出电压，使电动机的磁通保持一定，避免弱磁和磁饱和现象的产生。这种控制方式多用于风机、泵类节能型变频器。

控制变频器输出的方式通常有以下 3 种。

(1) 键盘控制，采用变频器提供的控制面板上的按键改变输出频率。

(2) 模拟输入控制，从外部输入控制电压、电流等模拟量改变输出频率(该方法在变频器应用系统中用的最多)，随着变频器的数据通道的增加，目前新型的变频器还提供 RS-485 等通信接口，通过上位机进行输出频率控制。

(3) 开关量控制，通过外部继电器控制变频器工作在某些固定的频段上。

此外，变频器还提供正转、反转等控制端子。控制变频器时，微控制器需要提供两路开关量输出，分别控制变频器启动/停止、正转/反转，提供 1 路模拟量输出(一般是 4～20mA 或 0～5V)控制变频器的频率输出。

变频器的安装使用很方便，有两类导线与变频器连接。

(1) 电源线，包括从外部引入的三相电源(3 根)和输出到三相异步交流电机的三相电源(3 根)。

(2) 控制线(小信号线)，包括两组开关量和一组模拟量。由于变频器干扰严重，所有信号线需采用屏蔽线，且屏蔽线按要求接变频器提供的地线。

在使用变频器的系统中，一定要注意地线的处理，变频器一定要按要求接地，计算机控制系统和变频器应一点接地，此外还要注意计算机控制系统的供电部分，尽量避免受变频器的影响。

2.4.4 执行器的作用

工业生产过程自动调节系统一般都是由检测、调节、执行等部分和调节对象所组成。生产过程的被控变量从变送器引入，经 CPU 运算处理后输出操作指令给执行器控制生产过程，执行器将操作指令进行功率放大，并转换为输出轴相应的转角或直线位移，连续地或断续地去推动各种控制机构，如控制阀门、挡板，控制操纵变量变化，以完成对各种被控参量的控制。

执行器主要由执行机构和调节机构两部分组成，将调节控制信号转换成为力或力矩的部分叫做电动执行机构，而各种类型的调节阀或其他类似作用的调节设备则统称为调节机构。调节机构也称为控制机构、调节阀或控制阀。

执行器和执行机构是两个不同的概念，如果执行机构安装在调节阀上，二者的组合应称为执行器，或者说，带有调节阀的执行机构是执行器，执行机构是执行器的组成部分之一。

凡是涉及流体的连续自动控制系统，一般都是用控制阀作为控制机构，因为这种方式投资最少而且又简单实用。但是，随着变频技术的发展，用变频器控制泵和风机转速来控制流体的流量的方式开始增多，因为这种方式既节余额能源，又能提高控制质量，但这种方式的投资较大。

执行机构的特性对控制系统的影响，丝毫不比其他环节小，即使采用了最先进的控制器和昂贵的计算机，若执行环节上设计或选用不当，那么整个系统就不能发挥作用。

控制阀直接与介质接触，常在高压、高温、深冷、高黏度、易结晶、闪蒸、汽蚀、高压差等状况下工作，使用条件恶劣，因此，它是控制系统的薄弱环节。

执行器接收调节仪表的信号有气信号和电信号之分。其中，气信号范围均采用 0.2～1 公斤力/厘米^2(0.02～0.1MPa)；电信号则又有断续信号和连续信号之分，断续信号通常指二位或三位开关信号，连续信号指来自电动单元组合式调节仪表的信号，有 0～10mA 和 4～20mA 直流电流两种范围。

执行器按所用驱动能源来分，有气动执行器、电动执行器和液动执行器三大类产品，其特点比较见表 2-4。

表 2-4 气、电、液执行器特点比较

比较项目	气动执行器	电动执行器	液动执行器
结构	简单	复杂	简单
体积	中	小	大
推力	中	小	大
配管配线	较复杂	简单	复杂
动作滞后	大	小	小
频率响应	狭	宽	狭
维护检修	简单	复杂	简单
使用场合	防火防爆	隔爆型才防火防爆	要注意火花
温度影响	较小	较大	较大
成本	低	高	高

在气动执行器和电动执行器两大类产品中，除执行机构部分不同外，调节机构部分均采用各种通用的调节阀，这对生产和使用都有利。

近年来，工业生产规模不断扩大，并向大型化、高温高压化发展，对工业自动化提出了更高的要求。为了适应工业自动化的需要，在气动执行机构方面除薄膜执行机构外，已发展有活塞执行机构、长行程执行机构和滚筒膜片执行机构等产品。在电动执行机构方面，除角行程执行机构外，已发展有直行程执行机构和多转式执行机构等产品。在调节阀方面，除直通单座、双座调节阀外，已发展有高压调节阀、蝶阀、球阀、偏心旋转调节阀等产品。同时，套筒调节阀和低噪音调节阀等产品也正在发展中。

此外，随着电子计算机在工业生产过程自动调节系统中推广应用，接收串行或并行数字信号的执行器也正在发展，但目前大多数是专用的。液动执行器在工业生产过程自动调节系统中目前使用不广。

2.4.5 执行器的构成

1. 气动执行器构成

气动执行器(气动调节阀)是以压缩空气为动力能源的一种自动执行器，如图 2.42 所示。它接收调节仪表送来的压力信号直接改变被调介质(如液体、气体、蒸汽等)的流量，使生产过程按预定的要求正常进行，实现生产过程自动化。

由于气动执行器具有结构简单、动作可靠、性能稳定、价格低廉、维修方便、防火防爆等特点，它不仅能与气动调节仪表、气动单元组合仪表配用，而且通过电—气转换器或电—气阀门定位器还能与电动调节仪表、电动单元组合仪表配用，因此气动执行器广泛用于化工、石油、冶金、电站等工业部门中。

气动执行器主要有两种构成：开环和闭环。开环气动执行器只能用在控制精度要求不高的场合；闭环气动执行器用在控制精度要求较高的场合。

图 2.42　常见气动调节阀图例

2. 电动执行器构成

电动执行器(电动调节阀)是电动调节系统的一个重要组成部分，如图 2.43 所示。它把来自调节仪表的输出电信号(或其他调节、控制信号)用电动执行机构将其转换成为适当的力或力矩以推动各种类型的调节阀(或其他调节机构)，从而达到连续调节生产过程中有关管路内流体的流量，或简单地开启和关闭阀门以控制流体的通断。当然，电动执行器也可以调节生产过程中的物料、能源(如电力)等，不同之处仅在于不同的调节机构。

图 2.43　常用电动调节阀

电动执行器主要有 3 种构成：遥控操作执行器；积分式执行器；比例式执行器。虽然电动执行机构类型和动作方式不同，但它的主要部件不外乎有伺服电动机、减速路、位置发信器和伺服放大器等，如图 2.44 所示，所不同的是具体每个执行机构各个部件的结构形式和工作原理不同。

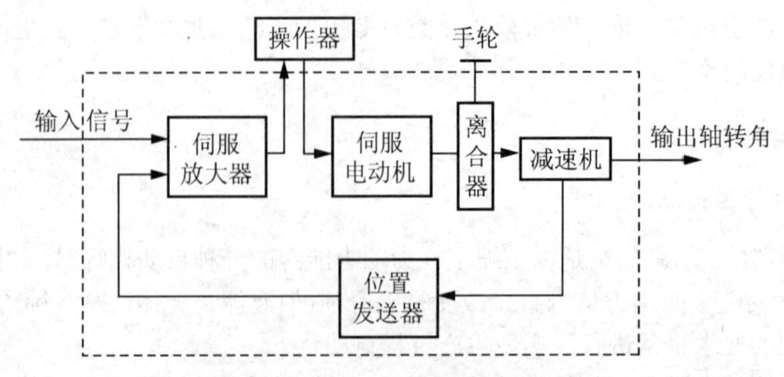

图 2.44　电动执行器的结构原理

伺服放大器将输入信号 I_i 和反馈信号 I_f 相比较，得到差值信号 $\Delta I(\Delta I=\sum I_i-I_f)$。当差值信号 $\Delta I>0$ 时，ΔI 经伺服放大器功率放大后，驱动伺服电机正转，再经机械减速器减速后，使输出转角 θ 增大。输出轴转角位置经位置发送器转换成相应的反馈电流 I_f，反馈到伺服放大器的输入端使 ΔI 减小，直至 $\Delta I=0$ 时，伺服电机才停止转动，输出轴就稳定在与输入信号相对应的位置上。反之，当 $\Delta I<0$ 时，伺服电机反转，输出轴转角 θ 减少，I_f 也相应减小，直至使 $\Delta I=0$ 时，伺服电机才停止转动，输出轴稳定在另一个新的位置上。

电动执行器与气动执行器相比，具有动作灵敏，能源取用方便，信号传输迅速和传输距离远等优点。它的不足之处是只能做到隔爆型结构，适用于防爆要求不太高的场所。

电动执行机构根据不同的使用要求，有简有繁，最简单的是电磁阀上的电磁铁。除此之外，都用电动机作为动力元件推动调节机构。调节机构使用得最普遍的是调节阀，它与气动执行器用的调节阀完全相同。

电动执行机构使用范围较广，它与调节机构连接应用于各种生产设备，完成各种控制任务。

2.4.6 执行机构

1. 分类及特点

电动执行机构更多的是与DCS(分散控制系统)和PLC(可编程序控制器)配合使用。电动执行机构具有体积小、信号传输速度快、灵敏度和精度高、安装接线简单、信号便于远传等优点。采用电动执行机构，在改变控制阀开度时需要供电，在达到所需开度时就可不再供电，因此，从节能方面看，电动执行机构比气动执行机构有明显节能优点。采用电动执行机构，不仅可减少采用气动执行机构所需的气源装置和辅助设备，也可减少执行机构的重量。

电动执行机构的缺点是应用结构复杂、输出力矩小、不能变速(指未采用变频器的执行机构)、流量特性由控制机构确定等。为避免电动机温升过高，一般不允许电动机频繁动作，这使得自动控制系统很难提高控制准确度。

气动执行机构具有结构简单、安全可靠、输出力矩大、价格便宜、本质安全防爆等优点。与电动执行机构比较，输出扭矩大，可以连续进行控制，不存在频繁动作而损坏执行器的缺点。应用气动执行器需要压缩空气作为动力源，要有专门的供气、净化系统。一旦气源发生故障，如气源净化不纯，所含杂质和水分容易堵塞和冰冻阀门定位器中的气路，往往会给自动控制系统带来灾难性后果。气动执行机构在整个运行过程中都需要有一定的气压，虽然可采用消耗量小的放大器等，但日积月累，耗气量仍是巨大的。

气动执行机构一般要配合气动控制器使用，而气动控制器控制准确度无法和电动控制器或 DCS 相比。为了弥补这种缺陷，现场使用电—气动转换装置，才能用 DCS 来驱动气动执行机构，以提高控制准确度。虽然能提高控制准确度，但由于转换环节等因素的作用，准确度仍不尽如人意。

液动执行机构输出扭矩最大，也不怕执行机构的频繁动作，往往用于主汽门和蒸汽控制门的控制，但其结构复杂，体积庞大，成本较高。

近年来，随着变频调速技术的应用，一些控制系统已采用变频器和相应的电动机(泵)等设备组成新的执行器。新一代的变频智能电动执行机构将变频技术和微处理器有机结合，通过微处理器控制变频器改变供电电源的频率和电压，实现自动控制电动机的输出轴转动的速度，从而改变操纵量，控制生产过程。

2. 技术特性

1) 气动执行机构

在现代工业中，电动设备远比气动设备普遍，因为气动设备需要在气源上花费较大的投资，而且敷设管道也比敷设导线麻烦，气动信号的传递速度也远不如电信号快。但是在某些场合，气动设备的优越性不可忽视。首先是在防爆安全上，气动设备不会有火花及发热问题。它排出的空气还有助于驱散易燃易爆和有毒有害气体。而且气动设备在发生管路堵塞、气流短路、机件卡涩等故障时绝不会发热损坏。在耐潮湿和恶劣环境方面也比电动设备强。工业生产现场往往有环境恶劣易燃易爆的场合，为了安全可靠起见，常常宁愿多花投资采用气动执行机构。甚至为此需要先把电信号转变为气信号，再用气动执行机构。对气动执行机构的要求是气源设备运行安全可靠，气压稳定，压缩空气无水、无灰、无油，应是干净的气体。

2) 电动执行机构

电动执行机构分为电磁式和电动式两类，前者以电磁阀及用电磁铁驱动的一些装置为主，后者由电动机提供动力，输出转角或直线位移，用来驱动阀门或其他装置的执行机构。对电动式机构的特性要求主要有以下几个方面。

(1) 要有足够的转(力)矩。对于输出为转角的执行机构要有足够的转矩，对于输出为直线位移的执行机构也要有足够的力矩，以便克服负载的阻力。

(2) 要有自锁特性。减速器或电机的传动系统中应该有自锁特性，当电机不转时，负载的不平衡力(如闸板阀的自重)不可引起转角或位移的变化。为此，常要用蜗轮蜗杆机构或电磁制动器。有了这样的措施，在意外停电时，阀位就能保持在停电前的位置上。

(3) 能手动操作。停电或控制器发生故障时，应该能够在执行机构上进行手动操作，以便采取应急措施。因此，必须有离合器及手轮。

(4) 应有阀位信号。在执行机构进行手动操作时，为了给控制器提供自动跟踪的依据(跟踪是无扰动切换的需要)，执行机构上应该有阀位输出信号。这既是执行机构本身位置反馈的需要，也是阀位指示的需要。

(5) 具有阀位与力(转)矩限制。为了保护阀门及传动机构不致因过大的操作力而损坏，执行机构上应有机械限位、电气限位和力或转矩限制装置。它能有效保护设备、电机和阀门的安全运行。

除了以上要求之外，为了便于和各种阀门特性配合，最好能在执行机构上具有可选择的非线性特性。为了能和计算机配合，最好能直接输入数字或数字通信信号。近年来的执行机构带有带 PID 运算功能，这就是数字执行机构、现场总线执行机构或智能执行机构。

2.4.7 调节机构(控制阀)

1. 重要性

凡是涉及流体的连续自动调节系统，除了极少数情况下用变频调速控制泵的办法之外，一般都是用调节阀作为执行器，因为这种办法投资最少而且又简单实用。调节阀的特性对整个系统的调节作用至关重要。

从习惯来说，控制机构就是控制阀，控制阀用于控制操纵变量的流量。从控制系统整体看，一个控制系统控制得好不好，都要通过控制机构来实现。

2. 技术特性

控制阀与工业生产过程控制的发展同步进行。为提高控制系统的控制品质，对组成控制系统各组成环节提出了更高要求。例如，对检测元件和变送器要求有更高的检测和变送精确度，要有更快的响应和更高的数据稳定性；对控制阀等执行机构要求有更小的死区和摩擦，有更好的复现性和更短的响应时间，并能够提供补偿对象非线性的流量特性等。

根据不同的使用要求，控制阀的结构形式很多，如图 2.45 所示。

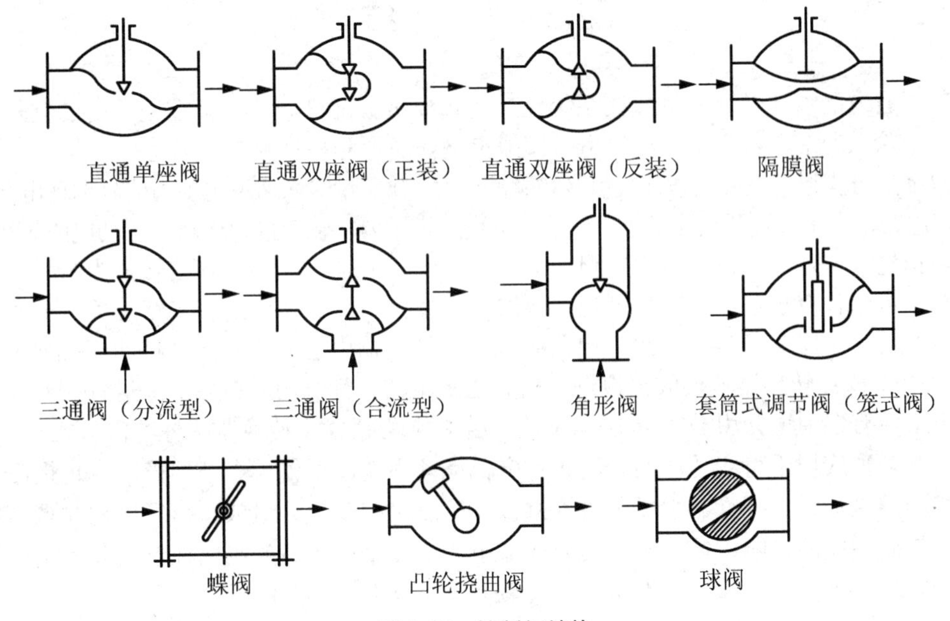

图 2.45 控制阀结构

调节阀的流量特性是指介质流过调节阀的相对流量 q/q_{max} 与相对位移(即阀芯的相对开度)l/L 之间的关系，即

$$\frac{q}{q_{max}}=f(\frac{l}{L})$$

由于调节阀开度变化时，阀前后的压差 ΔP 也会变，从而流量 q 也会变。为分析方便，称阀前后的压差不随阀的开度变化的流量特性为理想流量特性；阀前后的压差随阀的开度变化的流量特性为工作流量特性。如图 2.46 所示，对不同的阀芯形状，具有不同的理想流量特性：直线流量特性、等百分比流量特性、抛物线流量特性、快开流量特性。

各种调节阀，其特性都不过零(都有泄漏)，为此常接入截止阀。

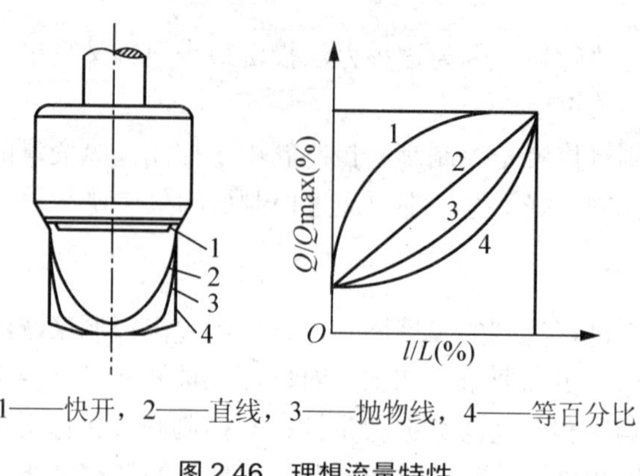

1——快开，2——直线，3——抛物线，4——等百分比

图 2.46 理想流量特性

2.5 小 结

过程通道的设计是计算机控制系统设计的重要组成部分。计算机控制系统的过程通道有数字量输入通道、数字量输出通道、模拟量输入通道和模拟量输出通道。

数字量过程通道主要处理开关信号和脉冲信号。数字量输入通道主要由信号调理电路、输入调理电路、系统设置开关等组成。数字量输出通道主要由输出接口电路、驱动电路等组成。

模拟量输入通道的任务是把检测机构送入的模拟量通过 A/D 转换器转换为数字量送入计算机，再由计算机进行下一步处理。该通道主要由信号调理电路、多路开关、放大器、采样保持器、A/D 转换器及其接口电路组成。模拟量输出通道的任务是将计算机处理后的数字量通过 D/A 转换器转换成模拟量，然后送到驱动执行机构对被控对象进行调整。模拟量输出通道有多通道共用 D/A 转换器和各通道单独设置 D/A 转换器两种结构形式。

将变频器应用于可变转速的交流异步电机拖动系统，不仅大大节约能源，也提高了控制系统的控制质量。执行器主要由执行机构和控制机构两部分组成，执行机构和调节阀的特性对控制系统的影响，丝毫不比其他环节小，即使采用了最先进的控制器和昂贵的计算机，若执行环节上设计或选用不当，那么整个系统也不能发挥作用。

知识扩展

变频器(Variable-frequency Drive, VFD)是通过改变电机工作电源频率方式来控制交流电动机的电力控制设备，主要由整流、滤波、逆变、制动单元、驱动单元、检测单元和微处理单元等组成。变频器是利用电力半导体器件的通断作用将工频电源转换为另一频率的电能控制装置，能实现对交流异步电动机的软启动、调压、调速、过流/过压/过载保护等功能。随着工业自动化程度的提高，变频器也得到了更广泛的应用。

根据分类方法不同，变频器可以分为多种，如按照电压性质，可以将变频器分为交流变频器(包括交—直—交和交—交变频器)与直流变频器(直—交变频器)；如按照主电路工作方法，可以将变频器分为电压型变频器和电流型变频器；如按照国际区域，可以将变频器分为国产变频器(安邦信、浙江三科等)和欧美(ABB、西门子、三菱等)。图 2.47 为不同厂家的变频器。

目前市场上变频空调节能是空调界的一大卖点，思考一下，变频空调真的能节能吗？如何节能？

图 2.47 不同厂家的变频器

2.6 习 题

1. 根据信号的形式不同，可以将过程通道分为________和_________；根据信号的方向不同，可以将过程通道分为________和_________。

2. 数字量输入常见的 3 种形态包括下面的(　　)。

A. 外部的开关信号及逻辑电平信号

B. 数字脉冲信号

C. 系统设置开关

D. 4～20mA 的标准电流信号

3. 计算机控制系统中过程通道主要由哪些部分构成？各部分作用有哪些？

4. 数字量输出电路主要有：__________、__________、__________、_________和_________。

5. 传感器或变送器可以转换为的模拟量标准信号为(　　)。

A. 0～-10V　　B. 0～5V

C. 4～20mA　　D. 0～20mA

6. 试用 CD4051 设计一个 32 路模拟多路开关，画出电路图并简述其工作原理。

7. 采用 74LS244 和 74LS273 与 PC 总线工业控制机接口设计 8 路数字量输入接口和 8 路数字量输出接口，请画出接口电路原理图，并分别编写数字量输入和数字量输出程序。

8. 用 ADC0809 通过 8255 与 PC 接口，画出接口原理图，并设计 8 路模拟量的数据采集程序。

9. 在一个由 8031 单片机与一片 TLC2543 组成的数据采集系统中，TLC2543 的各通道地址为 7FF8H～7FFFH。试画出有关逻辑框图，并编写出每隔 1min 轮流采集一次 8 个通道数据的程序。共采样 100 次，其采样值存入片外 RAM 中从 3000H 开始的存储单元中。

10. DAC0832 与 CPU 有几种连接方式，它们在硬件接口及软件设计方面有什么不同？用 DAC0832 设计一个双缓冲的 D/A 转换器，要求画出接口电路，并编写出程序。

11. 设计 8031 与 TLC5628 的接口电路，要求 TLC5628 的 8 路通道地址为 7FF0H～7FF8H，并设计程序完成将片外数据存储器中从 100H 开始的 256 个数据依次在 8 路输出通道输出。

12. 采用 DAC 0832 和 PC 总线工业控制机接口设计 D/A 转换器，请画出接口电路原理图，并编写 D/A 转换程序。

13. DAC0832 和 ADC0809 在与 8031 单片机连接时各有哪些控制信号？其作用是什么？

第3章　数字程序控制系统

教学提示

数字程序控制是自动控制领域的一个重要方面，它广泛应用于生产自动化流水线控制、机床控制、运输机械控制等许多工业自动控制系统中，其典型的应用就是改造普通机床的控制系统。经数字程序控制改造后的机床具有加工精度高，生产效率高，加工形状复杂零件的能力强，加工零件范围广等特点。这类的机床也就是目前在工业机械加工过程中被广泛使用的数字控制机床，又称数控机床。数字程序控制既可以采用硬件控制系统又可以采用微型计算机控制系统来实现。这里仅介绍如何采用微型计算机来实现数字程序控制。

教学要求

通过本章的学习，要求掌握数字程序控制的原理及数字程序控制方式，逐点比较插补原理，步进电动机的原理和工作方式。

本章知识结构

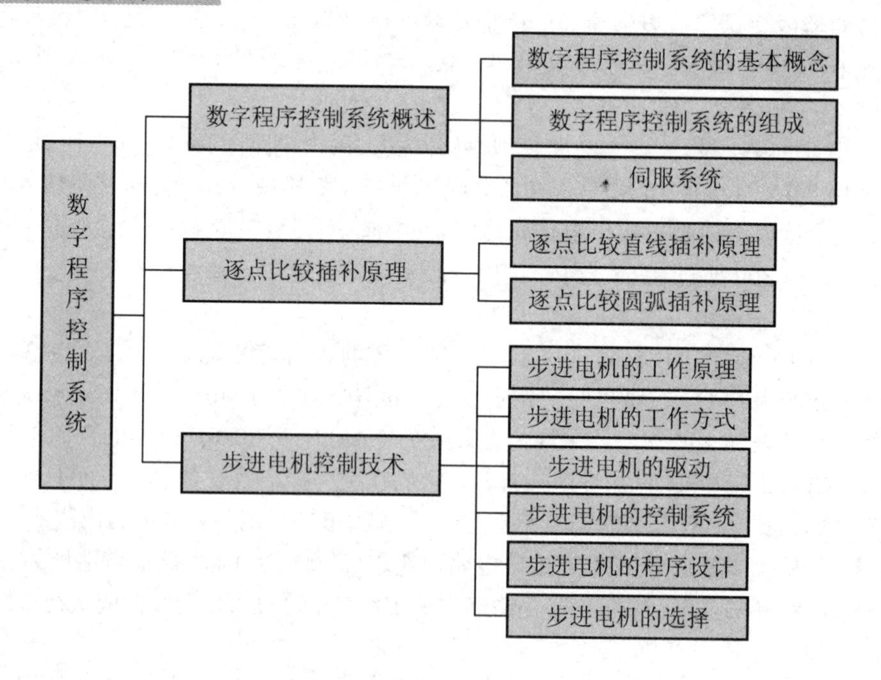

【引言】

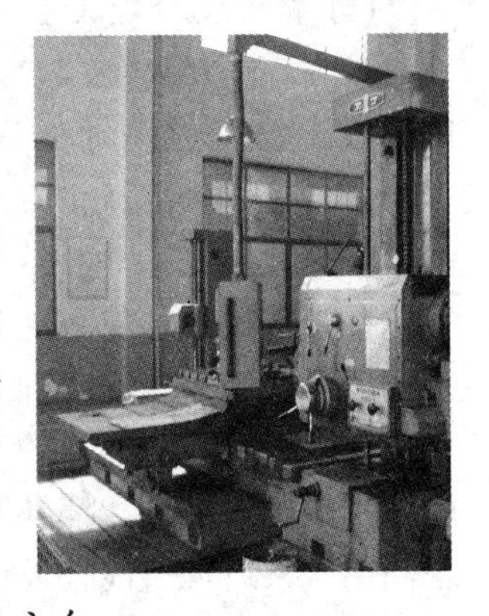

经过金工实习的同学见到右边这幅图片一定会感觉很熟悉，这就是数字控制机床(computer numerical control machine tools)，简称数控机床，是一种装有程序控制系统的自动化机床。该控制系统能够逻辑处理具有控制编码或其他符号指令规定的程序，并将其译码，用代码化的数字表示，通过信息载体输入数控装置，经运算处理由数控装置发出各种控制信号，控制机床的动作，按图纸要求的形状和尺寸，自动地将零件加工出来。数控机床具有对加工对象适应性强、加工精度高、可靠性强、能加工形状复杂的零件和便于改变加工零件品种、生产效率高、自动化程度高、有利于生产管理的现代化等特点，是机床自动化的一个重要发展方向。

本章主要介绍数字程序控制系统的基本概念及组成、逐点比较插补原理以及作为数字程序控制系统中接收计算机输出的步进电机控制技术。

3.1 数字程序控制系统的概述

能根据输入的指令和数据，控制生产机械按规定的工作顺序、运动顺序、运动距离和运动速度等规律而自动完成工作的自动控制称为数字程序控制。数字程序控制装置随着微型计算机的大量涌现而得到了广泛应用，如数控机床、线切割机以及低速小型数字绘图仪等，它们都是利用数字程序控制原理实现控制的机械加工设备或绘图设备。对于不同的设备，其控制系统有所不同，但其基本的数字程序控制原理是相同的。

3.1.1 数字程序控制系统的基本概念

数字程序控制系统由输入装置、输出装置、控制器和插补器四大部分组成。其中，控制器和插补器的功能以及部分输入、输出装置的功能由计算机承担。

下面结合一个具体实例来说明数字程序控制系统的基本原理。对于图 3.1 所示的平面图形中曲线 *abcd*，如何用计算机在绘图仪或加工装置上重现？

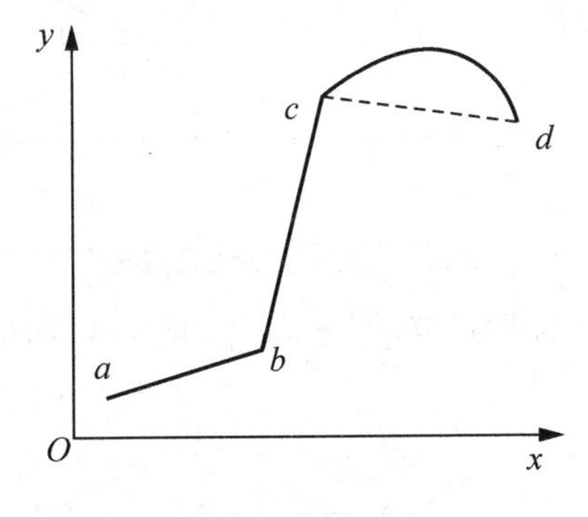

图 3.1 曲线分段

(1) 将该图分割成了 3 段，即$\overline{ab}$、$\overline{bc}$和$\overset{\frown}{cd}$，其中$\overline{ab}$、$\overline{bc}$为直线段，$\overset{\frown}{cd}$为曲线段，然后把 a、b、c、d 这 4 点坐标记下并送入计算机。图形分割的原则是：应保证线段所连成的曲线(折线)与原图形的误差在允许范围之内。由图 3.1 可见，用$\overline{ab}$、$\overline{bc}$、$\overset{\frown}{cd}$表示显然比$\overline{ab}$、$\overline{bc}$、$\overline{cd}$要精确得多。

(2) 当给定 a、b、c、d 各点坐标 x 和 y 值之后，还要确定各坐标值之间的中间值。求得这些中间值的计算方法称为插值或插补。插补运算的宗旨是通过给定的基点坐标，以一定的速度连续定出一系列中间点，而这些中间点的坐标是以一定的精度逼近给定的线段。

从理论上说，插补的形式可以用任意函数形式，但为了简化插补运算过程和加快插补速度，常用的是直线插补和二次曲线插补两种形式。所谓直线插补是指在给定的两个基点之间用一条近似直线来逼近，也就是由此定出的中间点连接起来的折线近似于一条直线，并不是真正的直线。所谓二次曲线插补是指在给定的两个基点之间用一条近似曲线来逼近，也就是实际的中间点连线是一条近似于曲线的折线弧。常用的二次曲线有圆弧、抛物线和双曲线等。对图 3.1 所示的图形来说，显然$\overline{ab}$和$\overline{bc}$的线段用直线插补，$\overset{\frown}{cd}$线段用圆弧插补是合理的。

(3) 把插补运算过程中定出的各中间点，以脉冲信号形式去控制 x、y 方向上的步进电动机，带动画笔、刀具或线电极运动，从而绘出图形或加工出符合要求的轮廓来。这里每一个脉冲信号代表步进电动机走一步，即画笔或刀具在 x 方向或 y 方向移动一个位置。人们把对应于每个脉冲移动的相对位置称为脉冲当量，又称为步长，常用Δx和Δy来表示，并且总是取$\Delta x=\Delta y$。

图 3.2 是一段用折线逼近直线的直线插补线段，其中(x_0, y_0)代表该线段的起点坐标值，(x_e, y_e)代表终点坐标值，那么 x 方向和 y 方向应移动的总步数 N_x 和 N_y 分别为

$$N_x=\frac{x_e-x_0}{\Delta x} \tag{3.1}$$

和

$$N_y=\frac{y_e-y_0}{\Delta y} \tag{3.2}$$

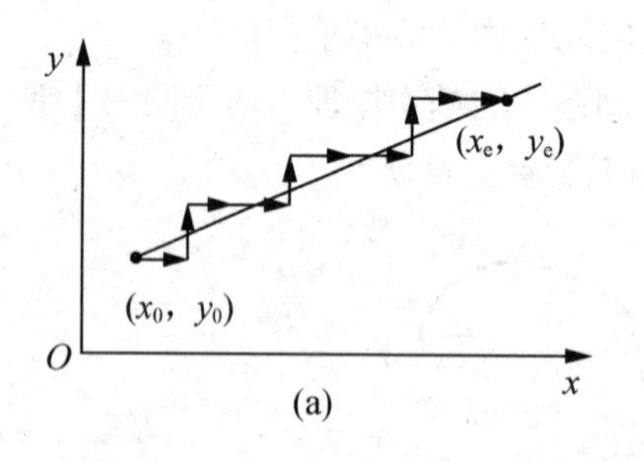

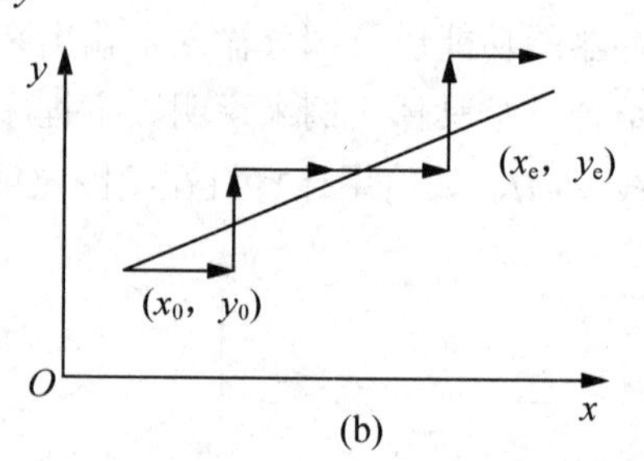

图 3.2　用折线逼近直线段

如果把Δx和Δy定义为坐标增量值，即 x_0 和 y_0，x_e 和 y_e 均是以脉冲当量定义的坐标值，则

$$N_x=x_e-x_0 \tag{3.3}$$

$$N_y=y_e-y_0 \tag{3.4}$$

所以，插补运算就是如何分配这两个方向上的脉冲数，使实际的中间点轨迹尽可能地

逼近理想轨迹。由图 3.2 可见，实际的中间点连线是一条由 Δx 和 Δy 增量值组成的折线，只是由于实际的 Δx 和 Δy 的值很小，眼睛分辨不出来，看起来似乎和直线一样而已。显然，Δx 和 Δy 的增量值越小，就越逼近于理想的直线段，图中均以“ → ”代表 Δx 和 Δy，只不过图 3.2(b)中的长度是图 3.2(a)的 2 倍，但是后者插补精度比前者高。

实现直线插补和二次曲线插补的方法有多种，常见的有数字脉冲乘法器(MIT 法，因为它由麻省理工学院首先使用)，数字积分法(数学微分分析器——DDA 法)和逐点比较法(富士通法或醉步法)等，其中又以逐点比较法使用最广。因此下面将在 3.2 节专门阐述逐点比较法的插补原理，而其他方法的插补原理受篇幅限制就不一一阐述了。

3.1.2 数字程序控制系统的组成

数字程序控制系统主要分为开环数字控制和闭环数字控制，由于它们的控制原理不同，因此其系统的结构差异很大。

1. 闭环数字控制

闭环数字控制的结构图如图 3.3 所示。这种结构的执行机构多采用直流电动机(小惯量伺服电动机和宽调速力矩电动机)作为驱动器件，反馈测量器件采用光电编码器(码盘) 、光栅、感应同步器等。该控制方式主要用于大型精密加工机床，但其结构复杂，难于调整和维护，一些常规的数控系统很少采用。

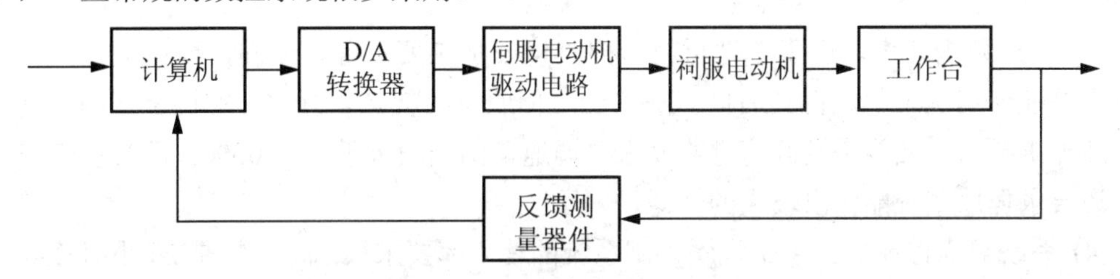

图 3.3 闭环数字控制的结构图

2. 开环数字控制

随着计算机技术的发展，开环数字控制得到了广泛的应用。如各类数控机床、线切割机、低速小型数字绘图仪等，它们都是利用开环数字控制原理实现机械加工设备或绘图设备的控制。开环数字控制的结构图如图 3.4 所示，这种控制结构没有反馈检测器件，工作台由步进电动机驱动。步进电动机接收步进电动机驱动电路发来的指令脉冲并做相应的旋转，把刀具移动到与指令相当的位置，至于刀具是否到达了指令脉冲规定的位置，那是不受任何检查的，因此这种控制的可靠性和精度基本上由步进电动机和传动装置来决定。

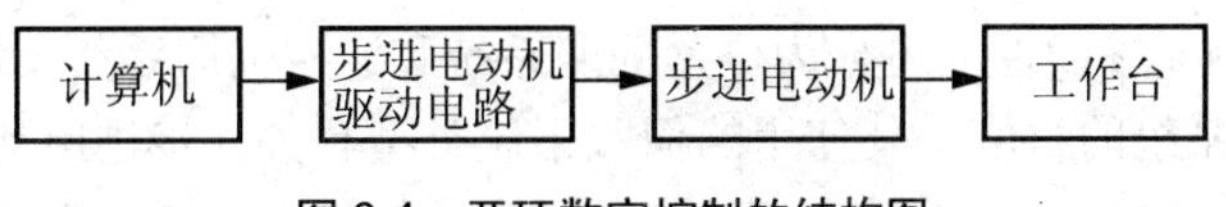

图 3.4 开环数字控制的结构图

开环数字控制结构简单，并且可靠性高、成本低、易于调整和维护，应用最为广泛。由于采用了步进电动机作为驱动器件，使得系统的可靠性变得更加灵活，更易于实现各种插补运算和运动轨迹控制。

3.1.3 伺服系统

在数字程序控制系统上伺服驱动系统接收来自插补装置或插补软件产生的进给脉冲指令，经过一定的信号变换及电压、功率放大，将其转化为机床工作台相对于切削刀具的运动，主要通过对步进电机、交/直流伺服电机等进给驱动元件的控制来实现。

伺服驱动系统作为一种实现切削刀具与工件间驱动和执行机构，是数字程序控制系统的一个重要部分，在很大程度上决定了数字程序控制系统的性能。数字程序控制系统的最高转动速度、跟踪精度、定位精度等一系列重要指标主要取决于伺服驱动系统性能的优劣。

1. 数字程序控制系统对伺服系统的要求

数字程序控制系统的伺服系统应满足以下基本要求。

(1) 精度高。数字程序控制系统不可能像传统机床那样用手动操作来调整和补偿各种误差，因此它要求很高的定位精度和重复定位精度。所谓精度是指伺服系统的输出量跟随输入量的精确程度。脉冲当量越小，机床的精度越高。一般脉冲当量为0.01～0.001mm。

(2) 快速响应特性好。快速响应是伺服系统动态品质的标志之一。它要求伺服系统跟随指令信号不仅跟随误差小，而且响应要快，稳定性要好。即系统在给定输入后，能在短暂的调节之后达到新的平衡或受外界干扰作用下能迅速恢复原来的平衡状态。一般是在200ms以内，甚至小于几十毫秒。

(3) 调速范围要大。由于工件材料、刀具以及加工要求各不相同，要保证数字程序控制系统在任何情况下都能得到最佳切削条件，伺服系统就必须有足够的调速范围，既能满足高速加工要求，又能满足低速进给要求。调速范围一般大于1∶10000，而且在低速切削时，还要求伺服系统能输出较大的转矩。

(4) 系统可靠性要好。数字程序控制系统的使用率要求很高，常常是24小时连续工作不停机，因而要求其工作可靠。系统的可靠性常用发生故障时间间隔长短的平均值(平均无故障时间)作为依据，这个值越大可靠性越好。

2. 数字程序控制系统伺服驱动系统的分类

伺服系统有多种分类方法，可简述如下。

(1) 按驱动方式可分为液压伺服系统、气压伺服系统和电气伺服系统。

(2) 按执行元件的类别可分为直流电动机伺服系统、交流电动机伺服系统和步进电动机伺服系统。

(3) 按有无检测元件和反馈环节可分为开环伺服系统、闭环伺服系统和半闭环伺服系统。

(4) 按输出被控制量的性质可分为位置伺服系统和速度伺服系统。

数字程序控制系统的精度与其使用的伺服系统类型有关。步进电动机开环伺服系统的定位精度是0.01～0.005mm；对精度要求高的大型数控设备，通常采用交流或直流，闭环或半闭环伺服系统。

对高精度系统必须采用高精度检测元件，如感应同步器、光电编码器或磁尺等。对传动机构也必须采取相应措施，如采用高精度滚珠丝杠等。闭环伺服系统定位精度可达0.001～0.003mm。

数字程序控制系统其他部分还包括辅助装置和机床本体。辅助装置主要包括自动换刀装置(Automatic Tool Changer，ATC)、自动交换工作台机构(Automatic Pallet Changer，APC)、工件夹紧放松机构、回转工作台、液压控制系统、润滑装置、切削液装置、排屑装置、过载和保护装置等。机床本体指其机械结构实体。它与传统的普通机床相比较，同样由主传动系统、进给传动机构、工作台、床身以及立柱等部分组成，但由于数控机床具有加工精度高、加工效率高等特点，因此对机床床身的刚度和抗震性也提出了更高的要求，其设计要求比普通机床更严格，制造要求更精密。

3.1.4 按数控系统的功能水平分类

按数控系统的功能水平，通常把数控系统分为低、中、高 3 类。低、中、高 3 档的界限是相对的，在不同时期划分标准也会不同。就目前的发展水平看，可以根据表 3-1 的一些功能及指标，将各种类型的数控系统分为低、中、高档 3 类。其中，中、高档一般称为全功能数控或标准型数控。经济型数控属于低档数控，主要用于车床、线切割机床以及旧机床改造等。

表 3-1 数控系统不同档次的功能及指标

功能	低档	中档	高档
系统分辨率	10μm	1μm	0.1μm
速度	3～8m/min	10～24m/min	24～100 m/min
伺服类型	开环及步进电机	半闭环及直、交流伺服	闭环及直、交流伺服
联动轴数	2～3	2～4	5 轴或 5 轴以上
通信功能	无	RS232 或 DNC	RS232、DNC、MAP
显示功能	数码管显示	CRT：图形、人机对话	CRT：三维图形、自诊断
内装 PLC	无	有	功能强大的内装 PLC
主 CPU	8 位、16 位 CPU	16 位、32 位 CPU	32 位、64 位 CPU
结构	单片机或单板机	单微处理器或多微处理器	分布式多微处理器

3.1.5 数控机床常用的数控系统

国外常见的数控系统有日本 FANUC 公司推出的 0 系统、15 系统、16 系统、18 系统；德国西门子公司生产的 3、8、802、810、850、880、840C 及全数字化的 840D 系统；法国 NUM 公司生产的 NUM1020、1040、1060；日本三菱公司生产的 MELDAS 系列数控系统；以及德国海得汉公司生产的 TNC 系列数控系统等。

国内的高档数控系统有华中理工大学的华中 I 型(华中世纪星)，北京航天数控集团的航天 I 型，中国科学院沈阳计算所的蓝天 I 型以及广州数控系统等。目前国内应用较多的是日本 FANUC 数控系统和国内的华中数控系统，每种数控系统的编程和操作方法都有不同，但又都有很多相通之处，限于篇幅，本书对数控系统的编程和操作方法不做介绍，主要介绍插补原理，伺服系统仅就步进电机进行介绍。

3.1.6 目前我国数控机床发展的技术水平

近年来，我国数控机床产品的快速发展引起国内外关注。其中，多轴、高速、复合型数控机床的发展格外引人注目。

1. 五轴(及以上)联动数控机床

五轴(及以上)联动数控机床是现代国防工业急需的战略性装备，也是制造现代模具的基础装备，一直被西方某些大国列为对我国禁运的战略物资。1999 年，江苏多棱机床公司率先推出我国第一台五轴联动龙门加工中心。接着，北京第一机床厂于 2000 年，桂林机床厂于 2001 年，济南第二机床厂、上海重型机床厂于 2002 年相继推出五轴联动龙门镗铣/加工中心。同时，北京机电研究院、四川长征机床厂也推出五轴联动数控铣。天津第一机床厂、重庆机床厂、南京第二机床厂、秦川机床厂先后推出多轴联动数控齿轮机床。昆明机床厂与清华大学合作、天津第一机床厂与天津大学合作、哈尔滨量具刃具厂与哈尔滨工业大学合作、大连机床厂与清华大学合作，先后推出五轴(及以上)联动虚拟机床。

2. 快速发展的高速机床

为适应市场对调整加工设备的需求，目前我国能够生产高速切削机床的企业已有约 20 家，大部分以引进技术为主，基本上是高速加工中心。主轴转速 10000～40000r/min，快移速度 30～60m/min，加速度 0.5～1G，换刀时间在 1.5～2s 左右。其中已有达到国际一流水平的产品，如大连机床公司与德国阿亨(Aachen)大学共同研发的 DHSC500 高速加工中心，与国际 20 世纪 90 年代后期水平相当。

3. 复合化数控机床

上述五轴多面龙门加工中心，同时也是复合化数控机床的典型事例。此外，还有值得称道的代表，如沈阳机床股份有限公司开发的五轴车铣中心。刀库容量 16，数控系统为 Siemens840D，可控 X、Y、Z、B、C 共 5 个轴，具有车削中心加铣削中心的特点。

沈阳第一机床厂、齐齐哈尔第一机床厂开发的立式车削中心，配有刀库，能在一次装夹情况下，完成车削、铣削、钻孔、攻丝等工序。保证加工精度，减少辅助时间，提高生产效率。

上海重型机床厂开发的双主轴倒顺式立式车削中心，第一主轴正置，第二主轴倒置。主轴具有 C 轴功能，采用 12 工位动力刀架，具有自动上下料装置和全封闭等多道防护装置，可一次上料完成零件的正反面加工，包括车削、镗孔、钻孔、攻丝等多道工序。适用于大批量轮毂、盘类零件加工。

4. 我国数控机床技术与世界先进水平的差距

目前德国和瑞士的机床精度最高，综合起来，德国的水平最高，日本的产值最大。美国的机床业一般。中国、韩国基本属于同一水平。我国的技术水平与世界先进水平还有相当的差距。

首先是精度普遍不够。只有少数几种产品达到欧洲标准定位精度。精度差距只是表面现象。其实质是基础技术差距的反映。如普遍未进行有限元分析，未做动刚度试验；大多未采用定位精度软件补偿技术、温度变形补偿技术、高速主轴系统的动平衡技术等。

其次，基础材料开发方面的差距，在欧美已有一批先进产品采用聚合物混凝土，我国则还是空白。

再次，高动、静刚度主机结构和整机性能开发的差距，高速机床主机结构设计方向是增强刚性和减轻移动部件重量，如国际普遍采用龙门式、框式、O 型整体结构，箱式结构，L 型床身，三轴移动移出机身，侧挂箱式卧式加工中心等。

还有一个重要差距就是应用技术差距。如国外已开始普及的远程服务技术，我国尚待开发；交钥匙工程——从机床选择、工艺装备(刀、夹、附、检具)配置与提供到切削用量的确定，尚待开发；展出的高速机床，普遍不能做硬切削、干切削表演，高速切削机理及切削数据库的研究在我国近乎空白；不能提供高速切削软件包；等等。

另外，关键配套件，特别是新兴配套件差距较大。如电主轴、高速滚珠丝杠副、直线电机、高速高精全数字式数控系统、高精度高频响的位置检测系统等。

3.2 逐点比较插补原理

所谓“逐点比较法”的插补原理就是：每当画笔或刀尖向某一方向移动一步，就进行一次偏差计算和偏差判别，也就是要比较一次到达的新位置坐标和理想线形上对应点的位置坐标之间的偏差程度，然后根据偏差的大小确定下一步的移动方向，使画笔或刀尖始终紧靠理想线形运动，起到步步逼近的效果。由于是“一点一比较，步步来逼近”的方法，所以得名为逐点比较法。

在笛卡儿坐标系中，x、y 轴把一个平面划分成 4 个象限，故对整个平面来说，插补得到的中间点的位置可以向 4 个坐标轴方向($+x$，$-x$，$+y$，$-y$)移动。也就是说，插补运算始终是按这 4 个方向中的任一个方向来逼近理想线形的。当然，除上述 4 个方向外，也可能再加 4 个合成方向($+x$，$+y$；$-x$，$+y$；x，$-y$；$+x$，$-y$)作为中间插点的移动方向，这样，这 8 个方向轴把整个平面划分为 8 个象限，插补运算就可以按 8 个方向中的任意一个来逼近理想线型了。前者被称为四方向插补，后者被称为八方向插补。

3.2.1 逐点比较直线插补原理

对于四方向直线插补来说，如果把直线段的起点坐标放在坐标系原点时，则任何一条直线段总是落在 4 个象限中的某一个象限内，除非这条直线段与坐标轴重合。下面为叙述方便起见，均以绘图仪为例来说明。对于加工机械，只要用刀尖或线电极去代替画笔即可。

1. 在第一象限内的直线插补

在第一象限中想绘制出直线段 OP，如图 3.5 所示。若取 OP 起点为坐标原点，则直线段 OP 把第一象限平面划分成两个区域，并形成 3 个点集；第一个点集是重合于直线段 OP 上的所有点；第二个点集是位于 A+区域内的所有点；第三个点集是位于 A−区域内的所有点。在直线 OP 上任取一点 $M(x_i,y_i)$，在与 M 点等高位置上，在 A−区域内取一点 $M'(x_i',y_i)$，在 A+区域内取一点 $M''(x_i'',y_i)$，连接 OM' 与 OM''，则得 OM'、OM、OM'' 这 3 条直线。它们与 x 轴正方向的夹角分别为 a'、a 和 a''，且

$$a' < a < a'' \tag{3.5}$$

因此，它们的斜率也不一样，即

$$\tan a' < \tan a < \tan a'' \tag{3.6}$$

由理想直线段OP的斜率为

$$\tan a = \frac{y_e}{x_e} = \frac{y_i}{x_i} \tag{3.7}$$

从而可得直线OP的方程为

$$x_e y_i - y_e x_i = 0 \tag{3.8}$$

由于$\tan a'' > \tan a$，即$y_i / x_i'' > y_e / x_e$，所以

$$x_e y_i - y_e x_i'' > 0 \tag{3.9}$$

又由于$\tan a' < \tan a$，即$y_i / x_i' < y_e / x_e$，所以

$$x_e y_i - y_e x_i' < 0 \tag{3.10}$$

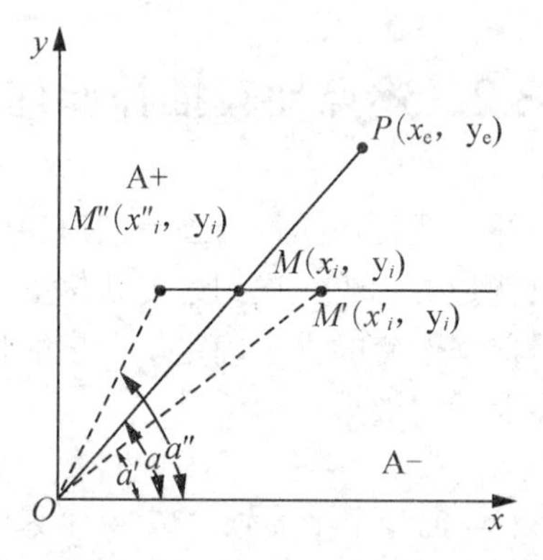

图 3.5　两个区域，3 个点集

现在，将第一象限内任意一点m的坐标设为(x_i，y_i)，用F_i代表M点的偏差值，并定义为

$$F_i = x_e y_i - y_e x_i \tag{3.11}$$

则当F_i=0 时，表示M点在OP直线上；当F_i>0 时，表示M点在 A+区域内；当F_i<0 时，表示M点在 A−区域内。

式(3.11)称为直线插补的偏差判别式或原始判别式。以后为了方便起见，将F_i记为F。当F>0 时，画笔在 A+区域内，在OP上方，为了逼近理想直线OP，必须沿$+x$方向走一步，若穿过OP，则进入 A−区域；若沿$+x$方向上走一步，未穿过OP，则此时画笔仍在 A+区域内，因此经偏差判别式判断，仍有F>0，故继续沿$+x$方向走一步，直到穿过OP走入 A−区域为止。同理可得，当F<0 时，画笔向$+y$方向走一步，再判断若仍有F<0，则再次沿$+y$方向走一步，直到穿过OP进入 A+区域为止。

如果由偏差判别式算出F=0，则说明画笔正好落在理想直线OP上。由于未到终点前画笔不能停止运动，但又不能沿着OP方向走斜线，于是规定按F>0 来处理。

由于偏差判别式的计算是求两组乘积之差，而且对每一点都进行如此复杂的运算，因此，这种偏差计算方法将直接影响插补速度。为了简化偏差计算方法，现在把上述乘法运算过程变为加、减运算过程，因此对偏差判别式作如下变换。

参见图 3.6(a)，当画笔落在 A+区 $M(x_i, y_i)$ 点上时，显然 $F>0$，画笔应沿着$+x$方向进给一步而到达 $M'(x_i+1, y_i)$ 点。令 M' 点的新偏差为 F'，由式(3.11)可得

$$F' = x_e y_i - y_e(x_i+1) = (x_e y_i - y_e x_i) - y_e = F - y_e \tag{3.12}$$

式(3.12)中，F 为进给一步前的老偏差，y_e 为终点坐标的 y 值。所以，当 $F>0$ 时，画笔应向 $+x$ 方向进给一步到达新的一点，而该点的新偏差 F' 等于前一点的老偏差减去终点坐标值 y_e。

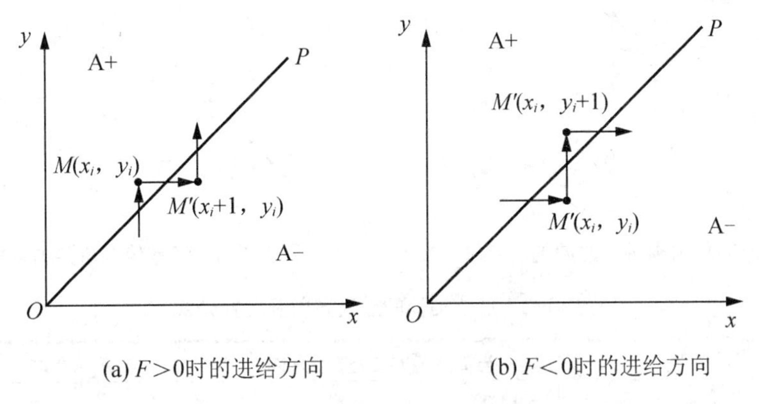

(a) $F>0$时的进给方向　　(b) $F<0$时的进给方向

图 3.6　第一象限直线插补的进给方向

同理，若 M 点落在 A−区内，即 $F<0$ 时，画笔应在 $+y$ 方向进给一步而到达 $M'(x_i, y_{i+1})$ 点，如图 3.6(b)所示，则 M' 处的新偏差 F' 为

$$F' = x_e(y_i+1) - y_e x_i = x_e y_i - y_e x_i + x_e = F + x_e \tag{3.13}$$

即到达 M' 点时的新偏差 F' 等于前一点的老偏差加上终点坐标值 x_e。

可见，利用进给前的偏差值 F 和终点坐标 (x_e, y_e) 之一进行加、减运算求得进给一步后的新偏差 F'，作为确定下一步进给方向的判别依据，显然，偏差运算过程大大简化了。并且，对于新偏差的点仍然有：当 $F' \geqslant 0$ 时，画笔沿$+x$ 方向进给一步；当 $F'<0$ 时，画笔沿$+y$ 方向进给一步。当进给完成以后，F' 就是下一步的 F 值。

2. 其他象限中的偏差判别及进给方向

如果需要在其他 3 个象限内画直线，只要将它们化作第一象限的插补处理即可。因为这样处理，偏差运算公式没有变化，仅是进给方向对于不同的象限做某些改变即可。

由图 3.7 可见，第一象限直线 OP 与第四象限内线 OP' 是对称于 x 轴的，OP 的终点为 $P(x_e, y_e)$ 而 OP' 的终点为 $P'(x_e, y_e)$。注意，为了把其他象限的直线插补作为第一象限的直线插补来处理，人们总是取终点坐标的绝对值来进行插补运算，求得偏差，并根据求得的偏差大小决定进给，所不同的是某些进给方向与第一象限的直线插补进给方向相反。

轴对称法则如图 3.7 所示，显然，第一、二象限和第三、四象限的图形对称于 y 轴，而第二、三象限和第一、四象限的图形对称于 x 轴。每组对称图形之间，平行于对称轴的两个象限中的进给方向相同，而垂直于对称轴的两个坐标值的进给方向相反。

根据以上分析，4 个象限中直线插补公式及进给方向见表 3-2，而偏差值 F 与进给方向的关系可以形象地由图 3.8 来表示。图中的“箭头”表示进给方向，F 为偏差值，写在箭头附近的 $F \geqslant 0$ 或 $F<0$ 代表 8 个区域中每个区内点的偏差值是大于零、等于零还是小于零。

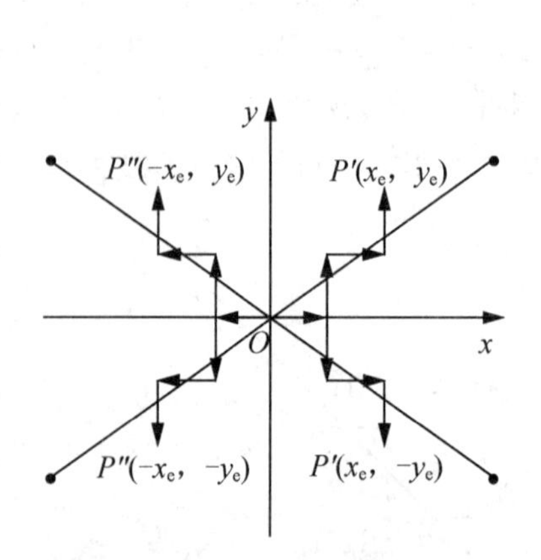

图 3.7 不同象限中进给方向的对称性

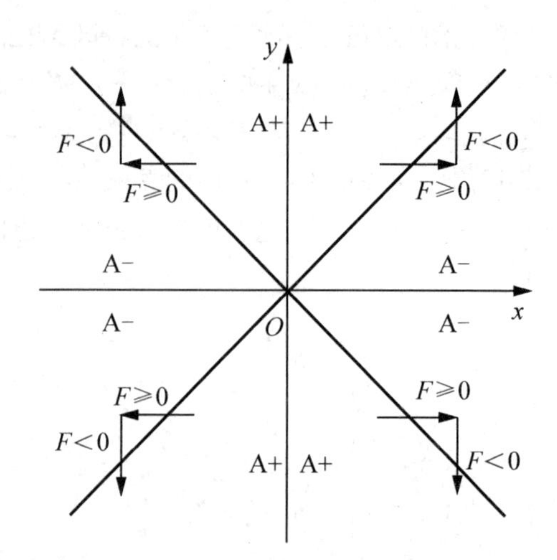

图 3.8 偏差值与进给方向的关系

表 3-2 直线插补的进给方向及插补公式

直线所在象限	当 $F \geqslant 0$ 时的进给方向	当 $F < 0$ 时的进给方向
第一象限	$+\Delta x$	$+\Delta y$
第二象限	$-\Delta x$	$+\Delta y$
第三象限	$-\Delta x$	$-\Delta y$
第四象限	$+\Delta x$	$-\Delta y$
偏差计算公式	$F' = F - y_e$	$F' = F - x_e$

3. 终点判断

画笔到达终点(x_e, y_e)时必须自动停止进给。因此，在插补过程中，每进给一步就要和终点坐标比较，如果没有到达终点，就继续插补运算，如果已经到达终点就必须自动停止插补运算。如何判断画笔是否到达终点呢？一般有以下两种方法。

(1) 利用画笔所走过的总步数是否等于终点坐标的x值与y值之和。为此，可比较每一个插补点坐标的x值和y值之和$x_i + y_i$是否等于终点坐标相应两值之和$x_e + y_e$，若相等则已到终点，否则未到终点，需继续插补。

(2) 取终点坐标值x_e和y_e中较大者作为终点判别计数器的初值。人们称比较大者为长轴，比较小者为短轴。在插补过程中，只要沿长轴方向有进给脉冲，终点判别计数器减1，而沿短轴方向的进给脉冲不影响终点判别计数器。由于插补过程中长轴的进给脉冲数一定多于短轴的进给脉冲数，长轴总是最后到达终点值，所以，这种终点判断方法是正确的。

4. 直线插补程序的流程图

综上所述，逐点比较法直线插补工作过程可归纳为以下4步。

(1) 偏差判别，即判断上一步进给后的偏差值是$F \geqslant 0$还是$F < 0$。

(2) 进给，即根据偏差判别的结果和插补所在象限决定在什么方向上进给一步。

(3) 偏差运算，即计算出进给一步后的新偏差值，作为下一步进给的判别依据。

(4) 终点判别，看是否已到终点，若已到达终点，就停止插补，若未到达终点，则重复(1)～(4)步工作。

因此，直线插补程序的流程图如图 3.9 所示。图 3.9 中，“初始化”包括取终点值(x_e，y_e)，确定插补所在象限，预置终点判别计数器初值以及置偏差为 0 等。“进给一步”由偏差值 F 的大小决定应进给什么，而进给方向取决于所在象限。“计算偏差”不论在何象限，均与第一象限一样，但要把其象限的终点坐标值代入计算式中的 x_e 和 y_e。其余 4 框为终点判别，此外选用 x_e 和 y_e 中的较大值作为终点判别计数器初值，然后每当在长轴上进给一步，终点判别计数器就减 1，但当在短轴上进给时终点判别计数器不变，只要终点判别计数器不为 0，则重复插补过程，直到终点判别计数器为 0 时插补过程才停止。

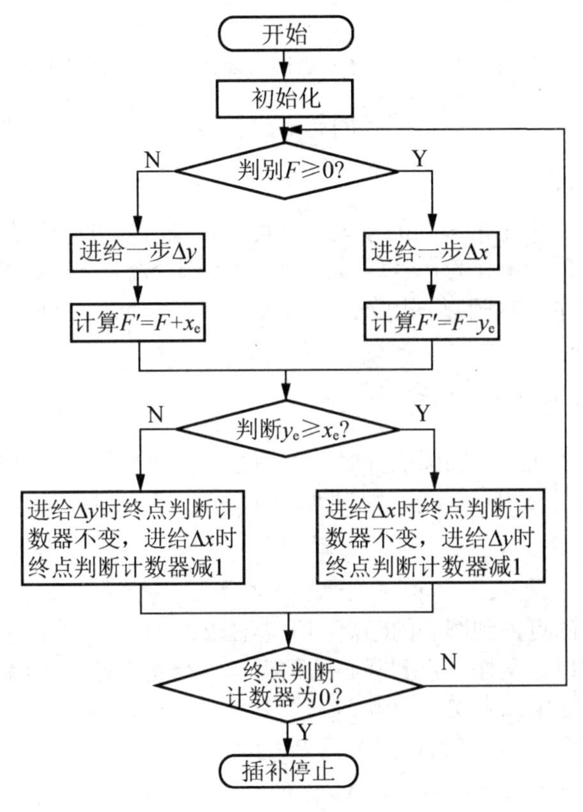

图 3.9 直线插补程序流程图

例 3.1 设欲加工的直线位于 xy 平面的第一象限，直线的起点坐标为坐标原点，终点坐标为 $x_e=5$，$y_e=3$。试用逐点比较法对该段直线进行插补，并画出插补轨迹。

解 插补过程运算过程见表 3-3，表中 x_e、y_e 是直线终点坐标，n 为总步数，$n=|x_e|+|y_e|=8$。

表 3-3 插补运算过程

脉冲个数	偏差判别	进给方向	偏差计算	终点判别
0			F0=0，$x_e=5$，$y_e=3$	$n=8$
1	F0=0	$+x$	F1=F0$-y_e$=−3	7
2	F1= −3<0	$+y$	F2=F1$+x_e$=2	6
3	F2=2>0	$+x$	F3=F2$-y_e$=−1	5
4	F3= −1<0	$+y$	F4=F3$+x_e$=4	4

续表

脉冲个数	偏差判别	进给方向	偏差计算	终点判别
5	F4=4>0	$+x$	F5=F4−y_e=1	3
6	F5=1>0	$+x$	F6=F5−y_e=−2	2
7	F6= −2<0	$+y$	F7=F6+x_e=3	1
8	F7=3>0	$+x$	F8=F7−y_e=0	0 到达终点

3.2.2 逐点比较圆弧插补原理

要画一段圆弧应知道圆心坐标、半径大小、圆弧的起点和终点的坐标。因此，当圆心作为笛卡儿坐标系的原点时，知道圆弧的起点坐标(x_0,y_0)就可算出半径$R=\sqrt{x_0^2+y_0^2}$，即可画出圆弧，直到终点为止。

所要画的圆弧可以在4个不同的象限中，可以按顺时针方向来绘，也可以按逆时针方向来绘。为便于表示圆弧所在象限及绘画方向，人们用SR_1、SR_2、SR_3、SR_4依次表示第一、二、三、四象限中的顺圆弧，用NR_1、NR_2、NR_3、NR_4分别表示第一、二、三、四象限中的逆圆弧。

1. 第一象限圆弧插补原理

用四方向逐点比较法进行圆弧插补时，若圆心定在坐标原点，并设圆弧起点P的坐标为(x_0,y_0)，终点Q的坐标为(x_e,y_e)，则根据圆弧上任一点到圆心的距离等于半径R的原理可得

$$R^2=x_0^2+y_0^2=x_e^2+y_e^2 \tag{3.14}$$

显然，对于圆内的点，到圆心的距离小于半径R；而对于圆外的点，到圆心的距离大于半径R。因此，可以定义任一点到圆心的距离与半径R之差作为偏差判别式。

对于第一象限的逆圆弧来说，圆弧PQ把第一象限划分为两个区，构成3个点集，如图3.11所示。其中第一个点集为理想圆弧PQ上的所有点；第二个点集为圆弧外区域A+内的所有点；第三个点集为圆弧内区域A−内的所有点。图3.11中M'、M、M''这3点分别落在圆弧内、圆弧上、圆弧外，它们与圆心的连线为OM'、OM、OM''，它们有如下关系式：

$$OM^2=x_i^2+y_i^2=R^2=x_0^2+y_0^2 \tag{3.15}$$

$$OM'^2=x_i'^2+y_i'^2<R^2=x_0^2+y_0^2 \tag{3.16}$$

$$OM''^2=x_i''^2+y_i''^2>R^2=x_0^2+y_0^2 \tag{3.17}$$

因此，平面上任一点(x_i,y_i)与理想圆弧之间的偏差值F为

$$F=x_i^2+y_i^2-R^2 \tag{3.18}$$

当$F=0$时，代表这一点在理想圆弧上；当$F>0$时，代表这一点在A+区内，即在圆弧外；当$F<0$时，代表这一点在A−区内，即在圆弧内。

显然，为了使画笔的轨迹逼近理想圆弧，当$F>0$时，画笔必须从A+区穿过理想圆弧走入A−区，因此应沿$-x$方向进给一步；当$F<0$时，画笔应沿$+y$方向进给一步；当$F=0$时，也按$F>0$来处理。

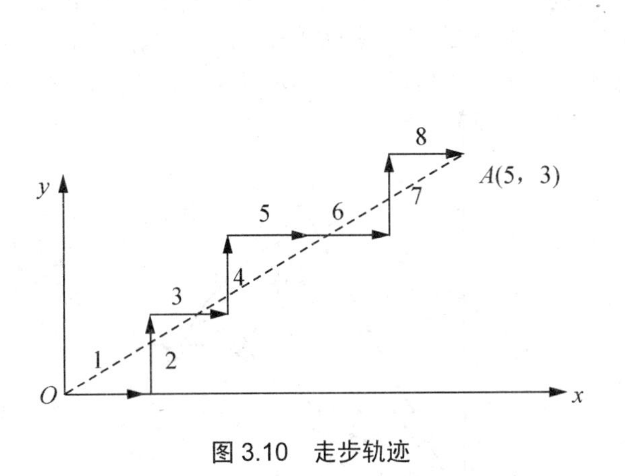

图 3.10　走步轨迹

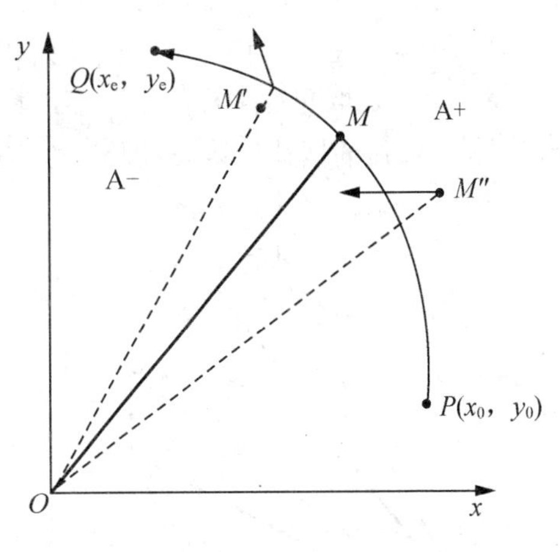

图 3.11　两个区域，3 个点集

偏差判别式(3.18)的缺点是先要逐点进行平方计算然后做加减运算，既麻烦又费时。为此人们希望找到和直线插补同样简便的偏差计算方法。

如图 3.12(a)所示，由于 M_1 点在 A+区内，故 $F=x_i^2+y_i^2-R^2>0$，因此沿 $-\Delta x$ 方向进给一步，到达点 M_1'，其坐标值为 $(x_i-1，y_i)$，所以在 M_1' 点处的新偏差值 F' 为

$$F'=(x_i-1)^2+y_i^2-R^2=x_i^2+y_i^2-R^2-2x_i+1=F-2x_i+1 \tag{3.19}$$

如图 3.12(a)所示，在 A− 区同样有

$$F'=x_i^2+(y_i+1)^2-R^2=x_i^2+y_i^2-R^2+2y_i+1=F+2y_i+1 \tag{3.20}$$

综上可得，要画出 NR_1 圆弧，对于在 A+区间内的点应沿 $-x$ 轴方向进给一步，到达新点的偏差值为 $F'=F-2x_i+1$；对于在 A− 区内的点应沿+ y 方向进给一步，到达新点的偏差值为 $F'=F+2y_i+1$。其中 F 为进给前的老偏差，x_i 和 y_i 为进给前那点的坐标值，因此新偏差可以通过老偏差来求得。注意，此时还应及时修正中间点的坐标值($x_i'=x_i-1$ 和 $y_i'=y_i+1$)供计算下一点偏差使用，即 F'、x_i'、y_i' 依次作为 F、x_i、y_i。

同理，可以推导出 SR_1 圆弧的插补规律，由图 3.12(b)可得，对于在 A+区内 $M_1(x_i，y_i)$ 点，其偏差值为 $F=x_i^2+y_i^2-R^2>0$，应沿 $-y$ 方向进给一步，到达新点 $M_1'(x_i,y_i-1)$，新偏差值为 $F'=F-2y_i+1$。对于在 A − 区内的 $M_2(x_i，y_i)$ 点，其偏差 $F<0$，应沿+ x 轴方向进给一步，到达新点 $M_2'(x_i+1，y_i)$，新偏差值为 $F'=F+2x_i+1$。同样，在完成偏差值运算时，还应完成坐标修正运算，即 $x_i'=x_i+1$ 和 $y_i'=y_i-1$。

2. 其他象限中逐点比较法圆弧插补的偏差公式和进给方向

其他各象限中顺、逆圆弧都可以同第一象限比较而得出各自的偏差计算公式及其进给方向，因为其他象限的所有圆弧总是与第一象限中的 NR_1 和 SR_1 对称，如图 3.13 所示。

对于图 3.13(a)，SR_4 与 NR_1 对称于 x 轴，SR_2 和 NR_1 对称于 y 轴，NR_3 与 SR_2 对称于 x 轴，NR_3 与 SR_4 对称于 y 轴。

对于图 3.13(b)，SR_1 与 NR_2 对称于 y 轴，SR_1 与 NR_4 对称于 x 轴，SR_3 与 NR_4 对称于 y 轴，SR_3 与 NR_2 对称于 x 轴。

显然，对称于 x 轴的一对圆弧沿 x 轴的进给方向相同，而沿 y 轴的进给方向相反；对称于 y 轴的一对圆弧沿 y 轴的进给方向相同，而沿 x 轴的进给方向相反。所以在圆弧插补

中，沿对称轴的进给方向相同，沿非对称轴的进给方向相反。其次，所有对称圆弧的偏差计算公式，只要取起点坐标的绝对值，均与第一象限中的 NR_1 或 SR_1 的偏差计算公式相同，所以，8 种圆弧的插补计算公式及进给方向见表 3-4。

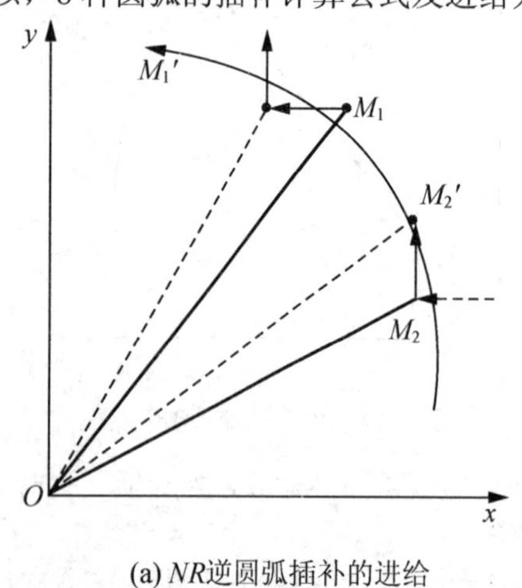

(a) NR逆圆弧插补的进给

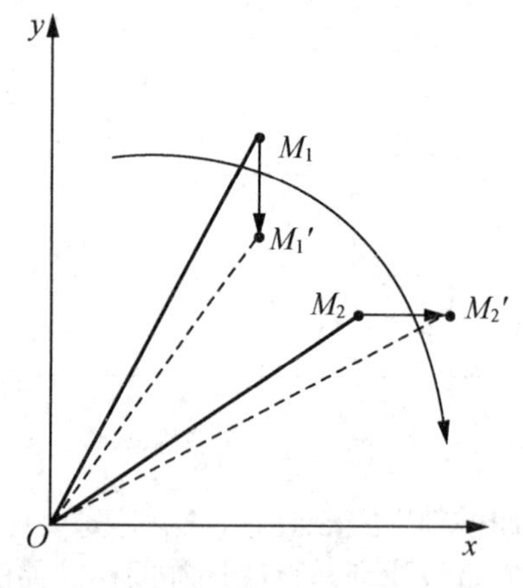

(b) SR顺圆弧插补的进给

图 3.12　圆弧插补进给

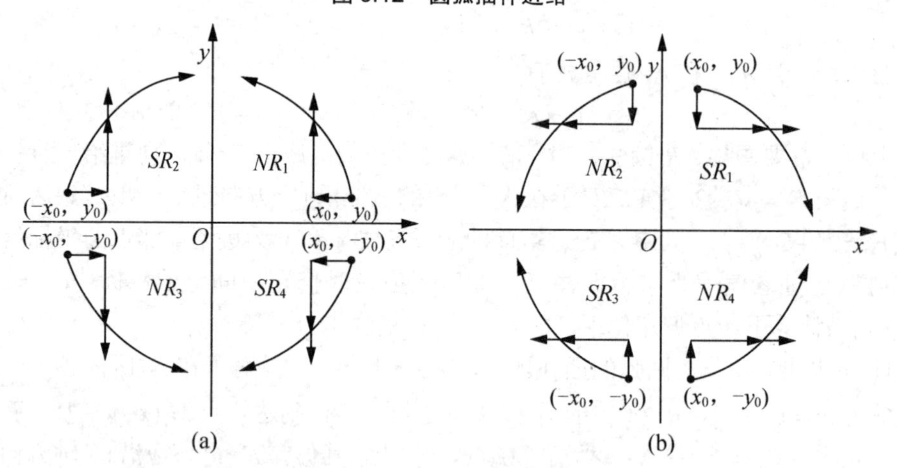

图 3.13　4 个象限中圆弧的对称性

表 3-4　8 种圆弧的插补计算公式及进给方向

圆弧类型	$F\geqslant 0$ 时的进给方向	$F<0$ 时的进给方向	计算公式
SR_1	$-\Delta y$	$+\Delta x$	当 $F\geqslant 0$ 时，计算 $F'=F-2y_i+1$ 和 $y_i'=y_i-1$ 当 $F<0$ 时，计算 $F'=F+2x_i+1$ 和 $x_i'=x_i+1$
SR_3	$+\Delta y$	$-\Delta x$	
NR_2	$-\Delta y$	$-\Delta x$	
NR_4	$+\Delta y$	$+\Delta x$	
NR_1	$-\Delta x$	$+\Delta y$	当 $F\geqslant 0$ 时，计算 $F'=F-2x_i+1$ 和 $x_i'=x_i-1$ 当 $F<0$ 时，计算 $F'=F+2y_i+1$ 和 $y_i'=y_i+1$
NR_3	$+\Delta x$	$-\Delta y$	
SR_2	$+\Delta x$	$+\Delta y$	
SR_4	$-\Delta x$	$-\Delta y$	

因此，当按 NR_1 进行插补计算时，若改变其 x 方向的进给方向，则可画出对称于 y 轴的圆弧 SR_2；若改变其 y 方向的进给方向，则可画出对称于 x 轴的圆弧 SR_4；若将 x、y 方向的进给方向同时反向，就可画出圆弧 NR_3。同理，当按 SR_1 进行插补计算时，若沿 x 方向的进给方向反向，就画出对称于 y 轴的圆弧 NR_2；若沿 y 方向的进给方向反向，就可画出对称于 x 轴的圆弧 NR_4；若同时改变 x、y 方向上的进给方向，就画出圆弧 SR_3。

3. 终点判断

圆弧插补的终点判断原理和直线插补的一样，常取 x 方向的总步数和 y 方向总步数中的最大步数作为终点判断的依据。这里，x 方向或 y 方向的总步数是圆弧终点坐标值(对圆心的坐标值)与圆弧起点坐标值之差的绝对值。例如，起点 $P(50,10)$和终点 $Q(30,40)$，即 $x_0=50$，$y_0=10$，$x_e=30$，$y_e=40$，则 x 方向的总步数为 $|x_e-x_0|=|30-50|=20$，而 y 方向的总步数为 $|y_e-y_0|=|40-10|=30$，故应取 y 方向的总步数作为终点判别计数器的初值。在插补过程中，只要沿长轴方向有进给脉冲，终点判别计数器就减 1，只要终点判别计数器不为 0，就重复插补过程，直到终点判别计数器为 0，即到达终点时，圆弧插补过程才停止。

4. 圆弧插补程序的流程图

根据逐点比较法圆弧插补的规律，可概括出圆弧插补程序的流程图(图 3.14)。当然实际处理方法会有所不同，具体表现在以下几个方面。

(1) 由于起点坐标值和终点坐标值在以圆心为原点的坐标系中可以有正有负，因此，可利用正、负号来确定所在象限，利用起点坐标值和终点坐标值相对大小来确定是顺圆弧插补还是逆圆弧插补。然后可用如图 3.15 所示的标志字来表示将要进行的是什么类型的圆弧插补。标志字的各标志位可按表 3-5 来设置。当标志位为 1 时，代表将进行标志位对应的圆弧插补，在实际的插补过程中标志字只有一位为 1，其他各位均为 0。

圆弧插补标志字的形式可以有多种，图 3.15 仅举两例。圆弧插补的类型识别法也有几种，表 3-5 仅是其中的一种。

表 3-5　圆弧插补类型识别

(y_e-y_0) 符号	x_0 符号	y_0 符号	插补类型
0	0	0	NR_1
0	0	1	NR_4
0	1	0	SR_2
0	1	1	SR_3
1	0	0	SR_1
1	0	1	SR_4
1	1	0	NR_2
1	1	1	NR_3

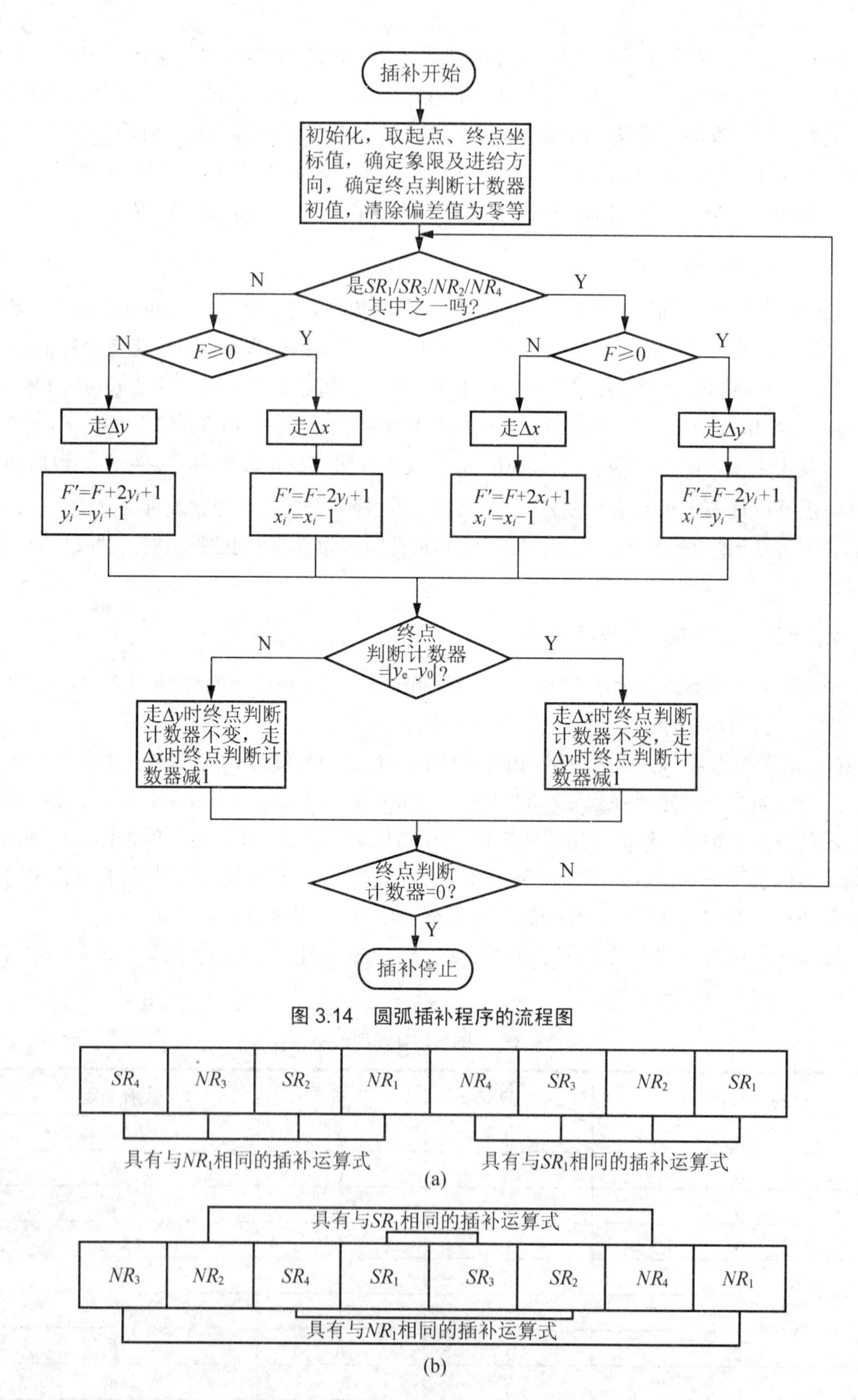

图 3.14 圆弧插补程序的流程图

图 3.15 圆弧插补标志字

表 3-5 中“(y_e-y_0)符号”一栏是带符号的y_e与y_0坐标分量之差的符号，可用它来识别是顺圆弧插补还是逆圆弧插补，当然也可以用(x_e-x_0)的符号识别，或者用它们的绝对值之差的符号来识别。象限判断可通过表 3-5 所示的圆弧起点坐标值来判别，也可通过终点坐标值来区分。

根据圆弧插补标志字可以很容易确定现在将进行的是SR_1插补还是NR_1插补，以及进给脉冲应是什么方向的。

(2) 实际的进给信号是根据偏差值是$F \geqslant 0$还是$F<0$以及圆弧插补的类型来决定的，为了简述这一步处理过程，常用“进给指令码”来代表实际的进给方向(图 3.16)，即把沿$+x$方向的进给定义为进给指令 1；沿$-x$方向的进给指令定义为 2；沿$+y$方向的进给指令定义为 4；沿$-y$方向的进给指令定义为 3。由此，可按图 3.15 的标志字格式建立起如表 3-6 所示的进给指令码表格。插补运算时，由圆弧插补标志字中的标志位为 1 的位置直接查出进给方向。由于在同一象限中插补的进给方向是不变的，因此，常把查表工作放在初始化程序中完成，在插补过程中只要设法直接执行已查得的命令即可。

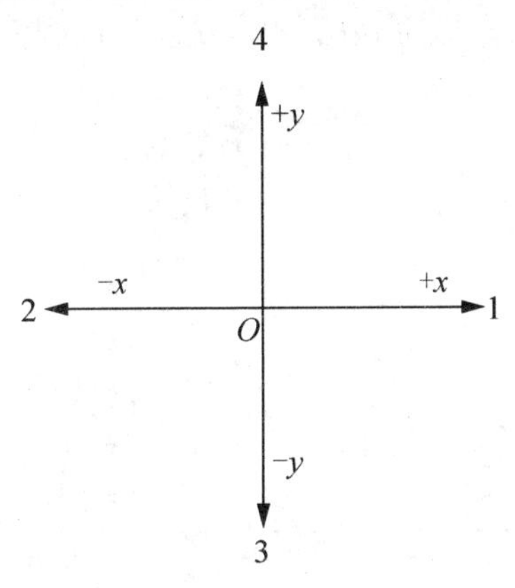

图 3.16 进给指令

表 3-6 进给指令码

插补类型	$F \geqslant 0$	$F<0$	象限判断
SR_1	3	1	$x_e>x_0>0(y_0>y_e>0)$
NR_2	3	2	$0>x_0>x_e(y_0>y_e>0)$
SR_3	4	2	$0>x_0>x_e(0>y_e>y_0)$
NR_4	4	1	$x_e>x_0>0(0>y_e>y_0)$
NR_1	2	4	$x_0>x_e>0(y_e>y_0>0)$
SR_2	1	4	$0>x_e>x_0(y_e>y_0>0)$
NR_3	1	3	$0>x_e>x_0(0>y_0>y_e)$
SR_4	2	3	$x_0>x_e>0(0>y_0>y_e)$

(3) 常取$|x_e-x_0|$和$|y_e-y_0|$中的大数作为终点判别计数器的初值，但需要在终点判别计数器减 1 之前去判别刚才的进给信号与终点判别计数器设定值的关系，只有两者的坐标点相等时，终点判别计数器才执行减 1 操作，否则保持不变。此时，较简单的处理方

法是通过设定两个标志字来识别。各终点判别计数器标志字的含义如下。

00：表示 $|y_e - y_0| > |x_e - x_0|$，取 $|y_e - y_0|$ 作为终点判别计数器初值。

01：表示 $|x_e - x_0| > |y_e - y_0|$，取 $|x_e - x_0|$ 作为终点判别计数器初值。

又设进给脉冲标志字为

00：表示刚才进给脉冲是 Δy 。

01：表示刚才进给脉冲是 Δx 。

那么，终点判别时只需比较这两个字的大小即可。若相等，终点判别计数器减 1；若不等，则终点判别计数器内容保持不变。

在这种处理方法中，终点判别计数器标志字可在初始化时设置，而进给脉冲标志字应在插补过程中根据实际的进给脉冲去设定。

当然，也可把这两个标志字反映在一个字节的某两位中，从而通过判断这两位的状态来确定是否产生终点判别计数器的减 1 操作。

例 3.2 如图 3.17 所示，要加工 xy 平面内第一象限的逆圆弧，圆弧圆心在坐标原点，圆弧起点坐标 $A(10, 0)$，终点坐标为 $B(6, 8)$。试对该段圆弧进行插补。

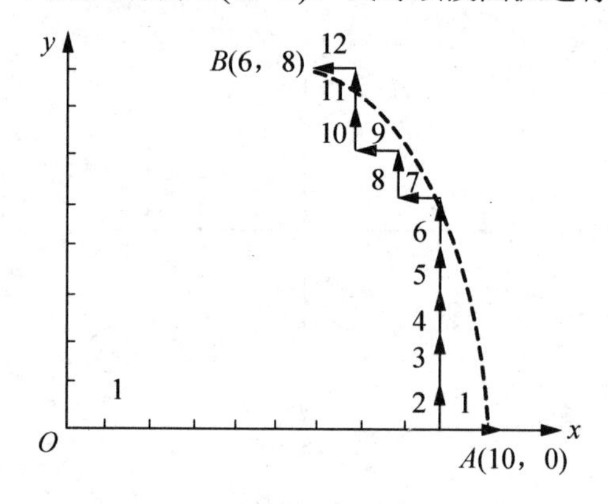

图 3.17 走步轨迹

解 终点判别值为：$N=|xB - xA|+|yB - yA|=|6-10|+|8-0|=12$，插补过程见表 3-7。

表 3-7 插补过程

脉冲个数	偏差判别	进给方向	偏差计算	坐标计算	终点判别
0			$F0=0$	$x0=10$，$y0=0$	$N=12$
1	$F0=0$	$-x$	$F1=F0-2x0+1=-19$	$x1=9$，$y1=0$	$N=11$
2	$F1=-19<0$	$+y$	$F2=F1+2y1+1=-18$	$x2=9$，$y2=1$	$N=10$
3	$F2=-18<0$	$+y$	$F3=F2+2y2+1=-15$	$x3=9$，$y3=2$	$N=9$
4	$F3=-15<0$	$+y$	$F4=F3+2y3+1=-10$	$x4=9$，$y4=3$	$N=8$
5	$F4=-10<0$	$+y$	$F5=F4+2y4+1=-3$	$x5=9$，$y5=4$	$N=7$
6	$F5=-3<0$	$+y$	$F6=F5+2y5+1=6$	$x6=9$，$y6=5$	$N=6$
7	$F6=6>0$	$-x$	$F7=F6-2x6+1=-11$	$x7=8$，$y7=5$	$N=5$
8	$F7=-11<0$	$+y$	$F8=F7+2y7+1=0$	$x8=8$，$y8=6$	$N=4$
9	$F8=0$	$-x$	$F9=F8-2x8+1=-15$	$x9=7$，$y9=6$	$N=3$
10	$F9=-15<0$	$+y$	$F10=F9+2y9+1=-2$	$x10=7$，$y10=7$	$N=2$
11	$F10=-2<0$	$+y$	$F11=F10+2y10+1=13$	$x11=7$，$y11=8$	$N=1$
12	$F11=13>0$	$-x$	$F12=F11-2x11+1=0$	$x12=10$，$y12=8$	$N=0$

3.3 步进电动机控制技术

步进电动机是一种将脉冲信号转换成相应的角位移的特种电动机，是工业过程控制及仪表中的主要控制器件之一。例如，在机械结构中，可利用丝杠把角位移变成直线位移；也可以用它带动螺旋电位器，调节电压和电流，从而实现对执行机构的控制。在数字控制系统中，由于它可以直接接收计算机发出的数字信号，而不需要进行 D/A 转换，所以用起来非常方便。

步进电动机作为执行器件的一个显著特点就是快速的起停能力。如果负荷不超过步进电动机所能提供的动态转矩值，就能够在“刹那”间使它启动和停转。一般步进电动机的步进速率为 200～1000 步/s，如果步进电动机是以逐渐加速到最大值，然后再逐渐减速到 0 的方式工作，则步进电动机速率可增加 2～4 倍，而且仍然不会失掉一步。

步进电动机另一显著特点是精度高。在没有齿轮传动的情况下，步值(每步所转动的角度)可以由 90°每步低到只有 0.36°每步。另一方面无论是变磁阻式步进电动机还是永磁式步进电动机，它们都能精确地返回到原来的位置。如一个 24 步(每步为 15°)的步进电动机，当它向正方向步进 48 步时，刚好转两转。如果再向反方向转 48 步，它将精确地回到原始位置。

正因为步进电动机具有快速起停、精确步进以及直接接收数字量的特点，所以步进电动机在定位场合得到了广泛的应用。如在绘图机、打印机及光学仪器中，都采用步进电动机来定位绘图笔、打印头或光学镜头。特别在工业过程的位置控制系统中，由于它的精度高以及不用位移传感器即可达到精确的定位，因而应用更为广泛。利用 3.2 节介绍的插补原理和步进电动机控制可以将传统车床改造成数控车床，进一步可组成“自动化孤岛”，因而随着计算控制技术的不断发展，步进电动机的应用会越来越广泛。

步进电机包括反应式步进电机(VR)、永磁式步进电机(PM)、混合式步进电机(HB)等。永磁式步进电机一般为两相，转矩和体积较小，步进角一般为 7.5°或 15°；反应式步进电机一般为三相，可实现大转矩输出，步进角一般为 1.5°，但噪声和振动都很大。反应式步进电机的转子磁路由软磁材料制成，定子上有多相励磁绕组，利用磁导的变化产生转矩；混合式步进电机是指综合了永磁式和反应式的优点而设计的步进电机。它又分为两相和五相：两相步进角一般为 1.8°，而五相步进角一般为 0.72°。

3.3.1 步进电动机的工作原理

步进电动机实际上是一个数字/角度转换器，也是一个串行的 D/A 转换器。其结构原理如图 3.18 所示。从图 3.18 可以看出，步进电动机的定子上有 6 个等分的磁极，即 A、A′、B、B′、C、C′，相邻的两个磁极间的夹角为 60°，相对的两个磁极组成一相。图 3.18 所示的结构为三相步进电动机(A-A′，B-B′，C-C′)。当某一绕组有电流通过时，该绕组相应的两个磁极立即形成 N 极和 S 极，图中步进电动机的转子上没有绕组，而是只有 4 个矩形齿均匀分布在圆周上，相邻两个齿之间的夹角为 90°。当某相绕组通电时，对应的磁极就产生磁场，并与转子形成磁路。如果这时定子齿(实际上是磁极)与转子齿没有对齐，则在磁场的作用下，转子转动一定的角度，使转子齿和定子齿对齐。由此可见，错齿是促进步进电动机旋转的根本原因。

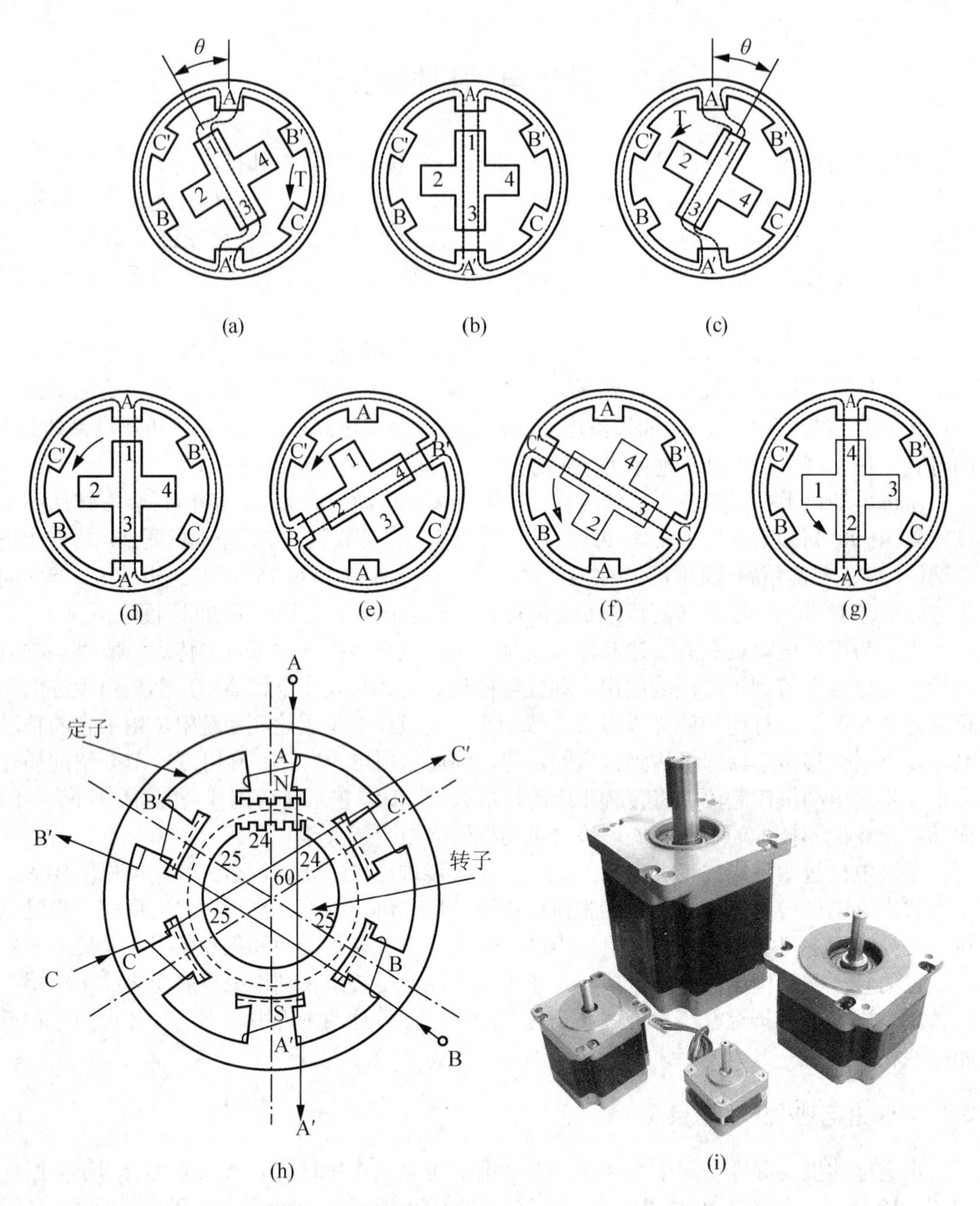

图 3.18 步进电动机的工作原理与实物图例

如图 3.18 所示，在单三拍控制方式中，A、B、C 相都不通电，假设转子齿处于图 3.18(a)、图 3.18(b)或者图 3.18(c)中位置，保持 B、C 相都不通电，A 相通电后，在磁场的作用下使转子齿和 A 相的定子齿对齐。以此作为初始状态，如图 3.18(d)所示。设与 A 相磁极中心对齐的转子齿为 1 号齿，由于 B 相磁极与 A 相磁极相差 60°，转子齿 1、2、3、4 相隔 90°，此时转子齿不可能与 B 相定子齿对齐。如果此时突然变为 B 相通电，而 A、C 两相都不通电，则 B 相磁极迫使距离最近的转子齿 2 号转子齿与之对齐，使整个转子转动 30°，此时，称步进电动机进给了一步，如图 3.18(e)所示。

如果此时突然变为C相通电，而A、B两相都不通电，则C相磁极迫使3号转子齿与之对齐，使整个转子转动30°，如图3.18(f)所示。同理，如果此时突然将A相通电，而C、B两相都不通电，则A相磁极迫使4号转子齿与之对齐，如图3.18(g)所示。此时，从初始状态3.18(d)到3.18(g)状态，A、B、C各轮流通电一次，整个转子齿转动了90°。

同理，再按照A→B→C顺序轮流通电一周，则转子又转动90°。实际中的定子转子如图3.18(h)所示。

步进电动机的定子控制绕组每改变一次通电方式，对应电动机转子所转过的空间角度的理论值称为步距角θ_b。通常步进电机步进角整步角距为1.8°、半步为0.9°。电机也可以转换相位之间插入一个关闭状态而走“半步”，该关闭状态实际是定子两极的绕组只有一极通电，这将步进电机的整个步距角一分为二，例如，一个90° 的步进电机将每半步移动45°。称每一次通电状态的换接为拍，每一拍转子相应旋转一个步距角；把完成一个通电状态循环所需要换接的控制绕组相数或通电状态次数称作拍数，用N表示，则步距角

$$\theta_b = \frac{360°}{Z_r \cdot N}$$

其中Z_r为转子的齿数，N为拍数。

相邻两齿中心线的夹角定义为齿距角，通常转子和定子具有相同的齿距角θ_s

$$\theta_s = \frac{360°}{Z_r}$$

步进电动机即可作单步运行(按控制指令转过一定的角度)，又可连续不断的旋转。当外加一个控制脉冲时(定子控制绕组改变一次通电方式)，即每一拍，转子将转过一个步距角，这相当于整个圆周角的$\frac{1}{NZ_r}$，也就是$\frac{1}{NZ_r}$转，如果控制脉冲的频率为f，转子转速

$$n = \frac{60 f \theta_b}{360} = \frac{60 f}{Z_r \cdot N} \text{ (r /min)}$$

反应式步进电动机定子相数m为2、3、4、5、6，定子磁极个数为2m，每个磁极上套着该相控制绕组。假设三相六极反应式步进电动机转子有4个齿。工作时，以电脉冲向A、B、C三相控制绕组轮流通入直流电流，转子就会向一个方向一步一步转动。步进电动机不改变通电情况的运行状态叫静态运行。

3.3.2 步进电动机的工作方式

使用、控制步进电机必须由环形脉冲、功率放大等组成的控制系统完成，脉冲信号一般由单片机或微控制器产生，一般脉冲信号的占空比为0.3～0.4左右，电机转速越高，占空比则越大。

步进电动机有三相、四相、五相、六相等多种，为了分析方便，在此以三相步进电动机为例进行分析和讨论。步进电动机可工作于单相通电方式，也可工作于双相或单双相交叉通电方式。选用不同的工作方式，可使步进电动机具有不同的工作性能，如减小步距，提高定位精度和工作稳定性等。对于三相步进电动机则有单相三拍(单三拍)、双相三拍(双三拍)、三相六拍这3种工作方式。

步进电动机的方向控制方法如下。

(1) 用计算机输出接口的每一位控制一相绕组，例如，用计算机数据线的D_0、D_1、D_2分别接到步进电动机的A、B、C这3相。

(2) 根据所选定的步进电动机及控制方式写出相应的控制方式的数学模型。

1. 单三拍

通电顺序为 A→B→C（循环回A），数学模型见表3-8。

表3-8 单三拍数学模型

步序	控制位								工作状态	控制模型
	D_7	D_6	D_5	D_4	D_3	D_2 (C相)	D_1 (B相)	D_0 (A相)		
1	0	0	0	0	0	0	0	1	A	01H
2	0	0	0	0	0	0	1	0	B	02H
3	0	0	0	0	0	1	0	0	C	04H

2. 双三拍

通电顺序为 AB→BC→CA（循环回AB），数学模型见表3-9。

表3-9 双三拍数学模型

步序	控制位								工作状态	控制模型
	D_7	D_6	D_5	D_4	D_3	D_2 (C相)	D_1 (B相)	D_0 (A相)		
1	0	0	0	0	0	0	1	1	AB	03H
2	0	0	0	0	0	1	1	0	BC	06H
3	0	0	0	0	0	1	0	1	CA	05H

3. 三相六拍

通电顺序为 A→AB→B→BC→C→CA（循环回A），数学模型见表3-10。

表3-10 三相六拍数学模型

步序	控制位								工作状态	控制模型
	D_7	D_6	D_5	D_4	D_3	D_2 (C相)	D_1 (B相)	D_0 (A相)		
1	0	0	0	0	0	0	0	1	A	01H
2	0	0	0	0	0	0	1	1	AB	03H
3	0	0	0	0	0	0	1	0	B	02H
4	0	0	0	0	0	1	1	0	BC	06H
5	0	0	0	0	0	1	0	0	C	04H
6	0	0	0	0	0	1	0	1	CA	05H

注：0代表使绕组断电，1代表使绕组通电。

以上为步进电动机正转时的控制顺序及数学模型，如果按上述逆顺序进行控制，则步进电动机将反转。三相六拍工作方式通电换相得正序为 A→AB→B→BC→C→CA→A，反序为 A→AC→C→CB→B→BA→A。由此可知，所谓步进电动机方向控制，实际上就是按上述某一种控制方式(根据需要进行选定)所规定的顺序送脉冲序列，即可达到控制步进电动机方向的目的。

在程序中，只要依次将这控制模型(控制字)送出控制器端口，进行功率放大，控制电动机线圈按照顺序通断，步进电机就会按照顺序每次转动一个齿距角，每送一个控制字，就完成一拍，步进电机转过一个步距角。

如图 3.19 所示，在程序中，只要依次将这控制字送到 P1 口，步进电机就会转动一个齿距角，每送一个控制字，就完成一拍，步进电机转过一个步距角。

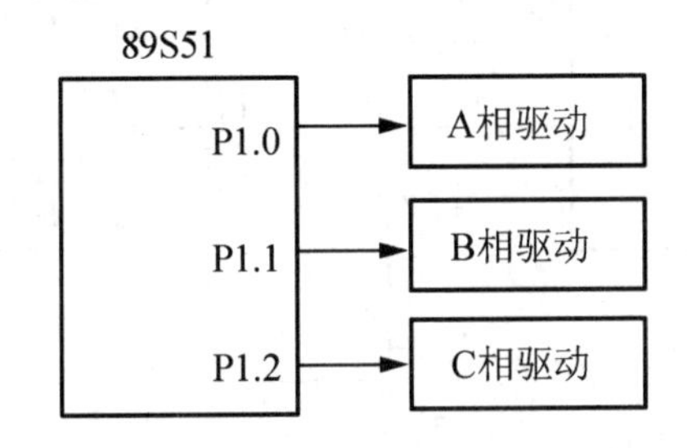

图 3.19　用软件实现脉冲分配的接口示意图

以上的通电换相控制(脉冲分配)的方法属于软件法，在电动机运行过程中，要不停地产生控制脉冲，占用了大量的 CPU 时间，可能使控制器无法同时进行其他工作(如监测等)，所以可以采用硬件法。

4. 通过硬件实现脉冲分配

所谓硬件法实际上就是使用集成电路的环形脉冲分配器，如 PMM8713、CH250，来进行通电换相控制。环形分配器是一种特殊的可逆循环计数器，只是这种计数器的输出不是一般的编码，而是由电动机励磁状态要求的特殊编码。从脉冲分配器的角度来看，后面的驱动电路就可称为脉冲放大器。

PMM8713 适用于控制三相或四相步进电机。控制三相或四相步进电机时都可以选择 3 种励磁方式，每相最小吸入与拉出电流为 20mA，它不仅满足后级功率放大器的输入要求，而且在其所有输入端上均内嵌施密特触发电路，抗干扰能力强。

只要按一定的顺序改变 8713 脉冲分配器的 13～15 脚三位通电的状况，即可控制步进电机依选定的方向步进。由于步进电机运行时功率较大，可在微型机与驱动器之间增加一级光电隔离器(一是抗干扰，二是电隔离)以防强功率的干扰信号反串进主控系统。

PMM8713 管脚如图 3.20(a)所示，Cu 为加脉冲输入端，它使步进电机正传，Cp 为减脉冲输入端，它使步进电机反转，Ck 为脉冲输入端，当脉冲加入此引脚时，Cu 和 Cp 应接地，正方转由 U/D 电平控制，Ea、Eb 用来选择励磁方式 ，可以选择一相励磁，二相励磁，和一二相励磁，ϕ_C 用来选择三、四相步进电机，R 为复位端，ϕ4～ϕ1 为四相步进脉冲输出端，ϕ3～ϕ1 为三相步进脉冲输出端。Em 为励磁监视端，Co 为输入脉冲监视端，PMM8713 内部原理如图 3.20(b)所示。

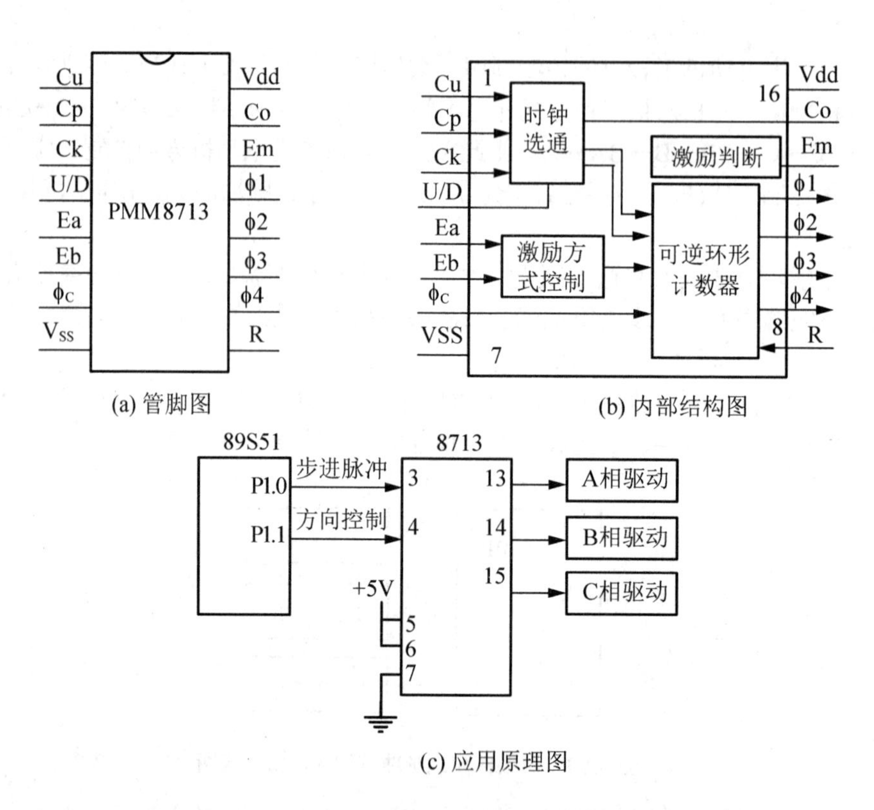

图 3.20 PMM8713 管脚图、内部结构与应用原理图

PMM8713 可以选择单时钟输入或双时钟输入，具有正反转控制、初始化复位、工作方式和输入脉冲状态监视等功能，所有输入端内部都设有斯密特整形电路，提高抗干扰能力，使用 4～18V 直流电源，输出电流为 20mA。如图 3.20(c)所示，接口选用单时钟输入方式，PMM8713 的 3 脚为步进脉冲输入端，4 脚为转向控制端，这两个引脚的输入均由微控制器提供和控制，选用对三相步进电机进行六拍方式控制，所以 5、6 脚接高电平，7 脚接地。

由于采用了脉冲分配器，微控制器只需提供步进脉冲，进行速度控制和转向控制，脉冲分配的工作交给 8713 来自动完成，因此，微控制器的负担减轻许多。

由于步进电机的驱动电流较大，所以微型机与步进电机的连接都需要专门的接口及驱动电路。驱动器可用大功率复合管，也可以是专门的驱动器。

此外还可以使用带公共时钟和复位四 D 触发器 74LS175、按 BCD 计数/时序译码器 CC4017 或者用双 D 触发器 CC4013、CC4085 与或非门组成硬件脉冲分配器，由于篇幅所限，不再赘述。

3.3.3 步进电动机的驱动

步进电动机不能直接接到工频交流或直流电源上工作，而必须使用专用的步进电动机驱动器，它由脉冲发生控制单元、功率驱动单元、保护单元等组成。驱动单元与步进电动机直接耦合，也可理解成步进电动机微机控制器的功率接口，这里予以简单介绍。

1. 单电压功率驱动接口

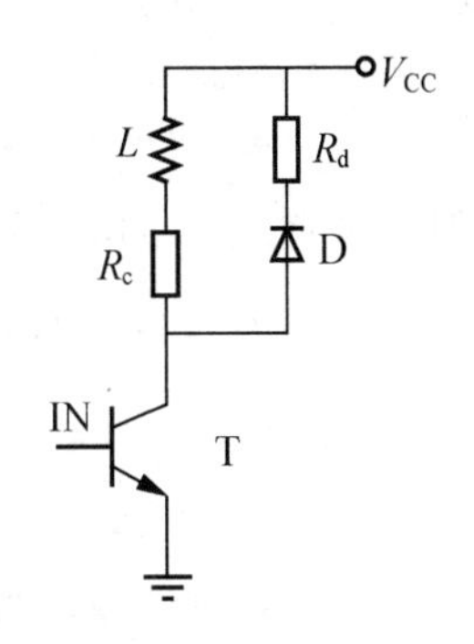

图 3.21 脉冲电源的获得

单电压驱动是指电动机绕组在工作时，只用一个电压电源对绕组供电，它的特点是电路最简单。

步进电动机使用脉冲电源工作，脉冲电源的获得可通过图 3.21 说明，开关管 T 是按照控制脉冲的规律“开”和“关”，使直流电源以脉冲方式向绕组 L 供电，这一过程我们称为步进电机的驱动。

实用电路如图 3.22(a)所示。在电动机绕组回路中串有电阻 *R*s，使电机回路时间常数减小，高频时电动机能产生较大的电磁转矩，还能缓解电动机的低频共振现象，但它引起附加的损耗。一般情况下，简单单电压驱动线路中，*R*s 是不可缺少的。在图 3.22(a)中，电路中只有一个电源，电路中的限流电阻 *R*s 决定了时间常数，但 *R*s 太大会使绕组供电电流减小。这一矛盾不能解决时，会使电动机的高频性能下降，可在 *R*s 两端并联一个电容，以使电流的上升波形变陡，来改善高频特性，但这样做又使低频性能变差。

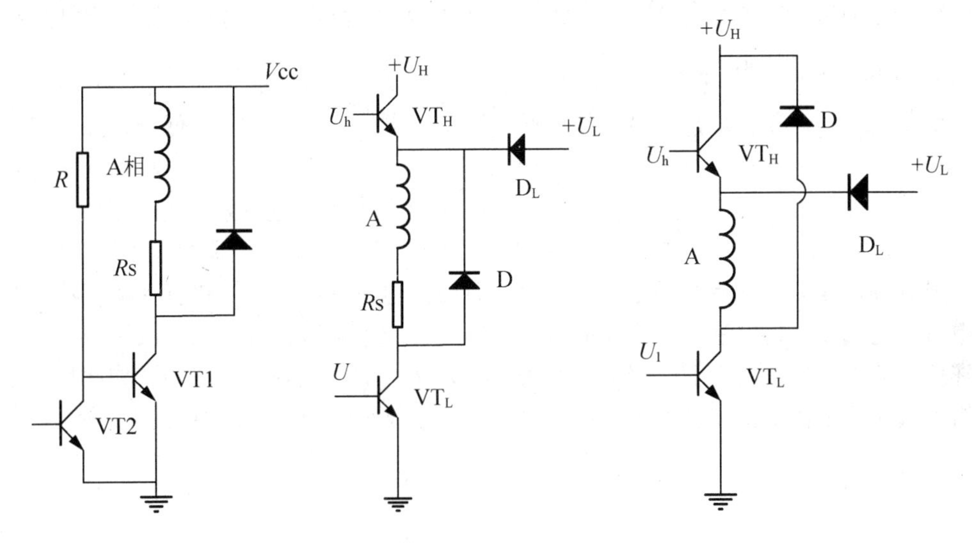

(a) 单电压功率驱动接口　　(b) 双电压功率驱动接口　　(c) 高低压驱动接口电路图

图 3.22 步进电动机驱动方式示意图

*R*s 在工作中要消耗一定的能量，所以这个电路损耗大，效率低，一般只用于小功率步进电机的驱动。

2. 双电压功率驱动接口

用提高电压的方法可以使绕组中的电流上升波形变陡，这样就产生了双电压驱动。双电压驱动有两种工作方式：双电压法和高低压法。

双电压驱动的基本思路是在较低(低频段)用较低的电压 U_L 驱动，而在高速(高频段)时用较高的电压 U_H 驱动。这种功率接口需要两个控制信号，U_h 为高压有效控制信号，U 为脉冲调宽驱动控制信号。如图 3.22(b)所示，功率管 VT_H 和二极管 D_L 构成电源转换电路。当 U_h 低电平，VT_H 关断，D_L 正偏置，低电压 U_L 对绕组供电；反之 U_h 高电平，VT_H 导通，

D_L 反偏，高电压 U_H 对绕组供电。这种电路可使电机在高频段也有较大出力，而静止锁定时功耗减小。

虽然这方法保证了低频段仍然具有单电压驱动的特点，在高频段具有良好的高频特性，但仍没有摆脱单电压驱动的弱点，在限流电阻 R 上仍然会产生损耗和发热。

3. 高低压功率驱动接口

高低压驱动的设计思想是，不论电机工作频率如何，均利用高电压 U_H 供电来提高导通相绕组的电流前沿，而在前沿过后，用低电压 U_L 来维持绕组的电流。这一作用同样改善了驱动器的高频性能，而且不必再串联电阻 Rs，消除了附加损耗。高低压驱动功率接口也有两个输入控制信号 U_h 和 U_L，它们应保持同步，且前沿在同一时刻跳变，高压管 VT_H 的导通时间不能太大，也不能太小：太大时，电机电流过载；太小时，动态性能改善不明显。一般可取 1～3ms(当这个数值与电机的电气时间常数相当时比较合适)。

高低压驱动电路如图 3.22(c)所示。高低压驱动法是目前普遍应用的一种方法，由于这种驱动在低频时电流有较大的上冲，电动机低频噪声较大，低频共振现象存在，使用时要注意。

4. 斩波恒流功率驱动接口

恒流驱动的设计思想是，设法使导通相绕组的电流不论在锁定、低频、高频工作时均保持固定数值。使电机具有恒转矩输出特性。这是目前使用较多、效果较好的一种功率接口。图 3.23 是斩波恒流功率接口原理图，图中 R 是一个用于电流采样的小阻值电阻，称为采样电阻。当电流不大时，VT1 和 VT2 同时受控于走步脉冲，当电流超过恒流给定的数值，VT2 被封锁，电源被切除。由于电机绕组具有较大电感，此时靠二极管 VD 续流，维持绕组电流，电机靠消耗电感中的磁场能量产生出力。此时电流将按指数曲线衰减，同样电流采样值将减小。当电流小于恒流给定的数值，VT2 导通，电源再次接通。如此反复，电机绕组电流就稳定在由给定电平所决定的数值上，形成小的锯齿波，如图 3.23 所示。

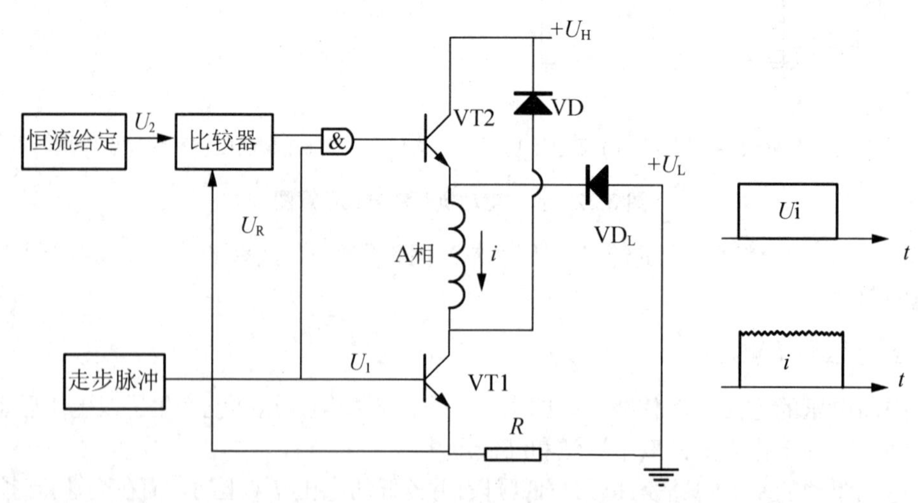

图 3.23 斩波恒流功率驱动接口

斩波恒流功率驱动接口也有两个输入控制信号，其中 U_1 是数字脉冲，U_2 是模拟信号。这种功率接口的特点是：高频响应大大提高，接近恒转矩输出特性，共振现象消除，但线路较复杂。目前已有相应的集成功率模块可供采用。

5. 升频升压功率驱动接口

为了进一步提高驱动系统的高频响应，可采用升频升压功率驱动接口。这种接口对绕组提供的电压与电机的运行频率呈线性关系。它的主回路实际上是一个开关稳压电源，利用频率—电压变换器，将驱动脉冲的频率转换成直流电平，并用此电平去控制开关稳压电源的输入，这就构成了具有频率反馈的功率驱动接口，如图 3.24 所示。

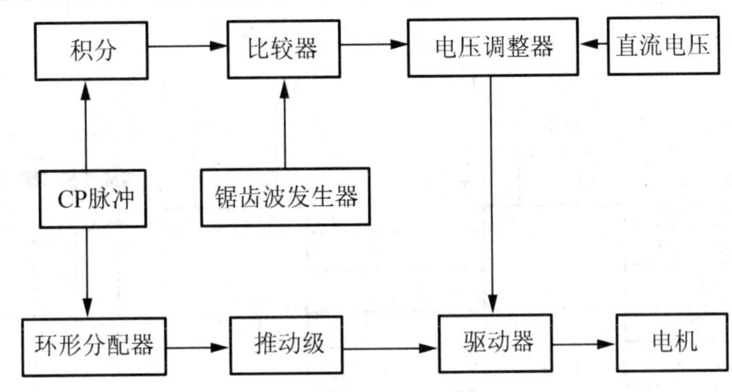

图 3.24　升频升压功率驱动接口

6. 集成功率驱动接口

目前，已有多种用于小功率步进电动机的集成功率驱动接口电路可供选用。

SGS 公司的 L298 芯片是一种双 H 桥式驱动器，它设计成接收标准 TTL 逻辑电平信号，可用来驱动电感性负载。H 桥可承受 46V 电压，相电流高达 2.5A。L298(或 XQ298，SGS298)的逻辑电路使用 5V 电源，功放级使用 5～46V 电压，下桥发射极均单独引出，以便接入电流取样电阻。L298 采用 15 脚双列直插小瓦数式封装，工业品等级，它的内部结构如图 3.25 所示。H 桥驱动的主要特点是能够对电机绕组进行正、反两个方向通电。L298 特别适用于对二相或四相步进电动机的驱动。

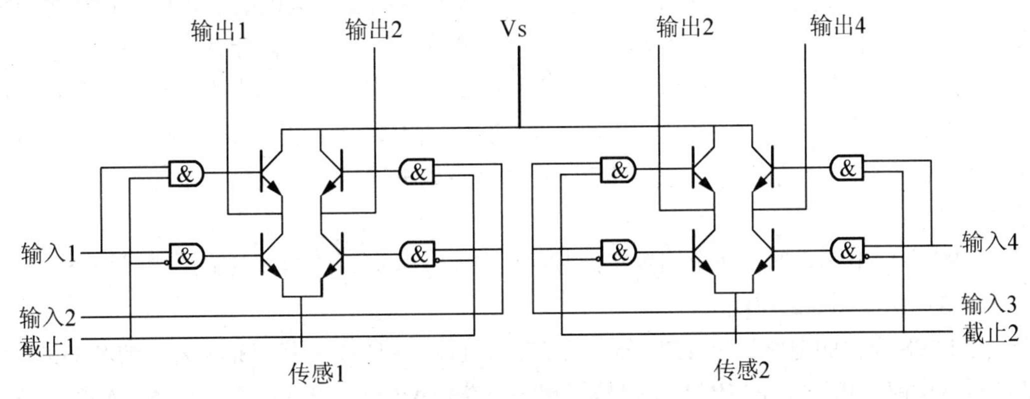

图 3.25　L298 原理框图

对小机座号的两相永磁步进电机及两相(四相)混合式步进电动机，应用 SGS 公司的 L297 和 L298 两芯片可以方便组成步进电动机控制驱动器，并可与微处理器连接控制，其中 L297 是步进电动机控制器(包括环形分配器)。采用 L297 和 L298 实现的步进电机驱动电路，组成完整的步进电机固定斩波频率的 PWM 恒流斩波驱动器，如图 3.26 所示，适用两相双极性步进电机，最高电压 46V，每相电流可达 2A。用两片 L298 和一片 297 配合使用，可驱动更大功率的两相步进电机。L297 和 L298 组合控制驱动的步进电机可用于如打印机的托架位置、记录仪的进给机构，以及打字机、数控机床、软盘驱动器、机器人、绘图机、复印机、阀门等设备和装置。L297 接收从微处理器来的步进时钟，反向和模式信号，从而产生对功率级控制的信号。

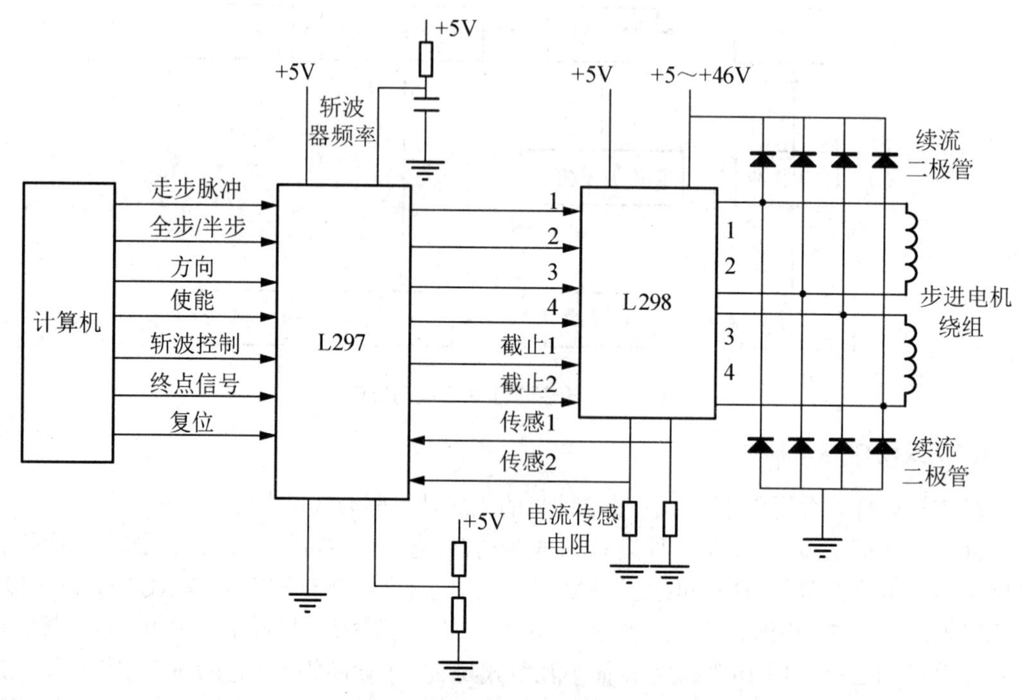

图 3.26　采用 L297 和 L298 实现的步进电机 PWM 恒流斩波驱动器

L297 单片步进电机控制集成电路适用于双极性两相步进电机或四相单极性步进电机的控制。L297 的主要功能是译码器，它可产生单四拍、双四拍和四相八拍工作所需的适当相序信号，可以采用半步、两相励磁、单相励磁 3 种工作方式控制步进电机，并且控制电机的片内 PWM 斩波电路允许 3 种工作方式的切换。使用 L297 突出的特点是外部只需时钟、方向和工作方式 3 个输入信号，同时 L297 自动产生电机励磁相序减轻了微处理器控制及编程的负担。

L297 主要由译码器、两个固定斩波频率的 PWM 恒流斩波器以及输出逻辑控制组成，其内部结构图如图 3.27 所示。

与 L298 类似的电路还有 TER 公司的 3717，它是单 H 桥电路，SGS 公司的 SG3635 则是单桥臂电路，IR 公司的 IR2130 则是三相桥电路，Allegro 公司则的 A2916、A3953 等小功率驱动模块，等等。

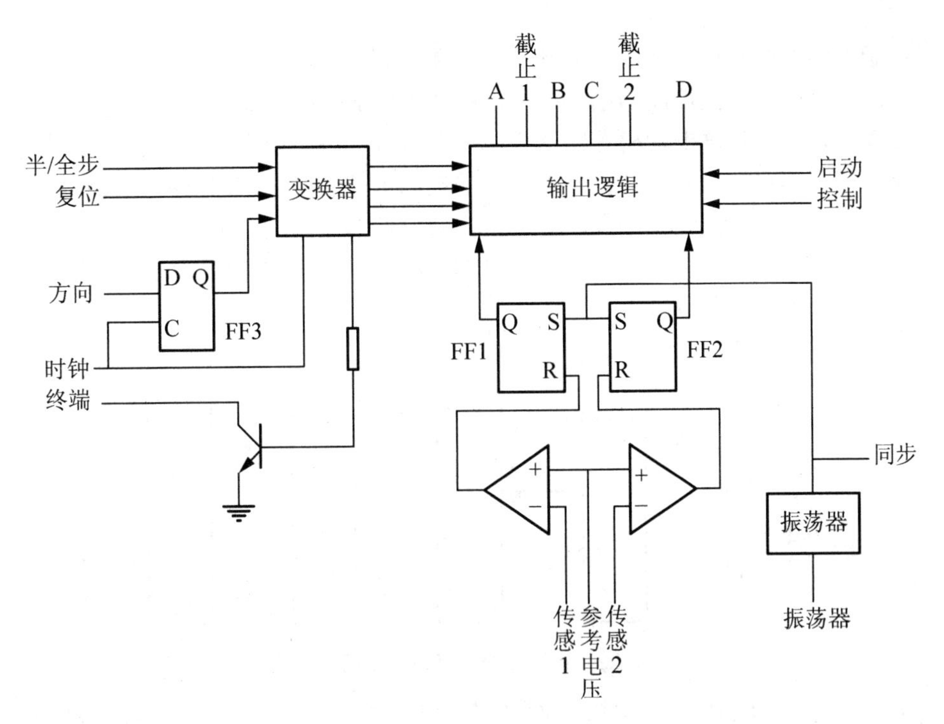

图 3.27 L297 原理框图

7. 细分驱动

如果要求步进电动机有更小的步距角，更高的分辨率(脉冲当量)，或者为减小电动机振动、噪声等原因，可以在每次输入脉冲切换时，不是将绕组电流全部通入或者切断，而是只改变相应绕组中额定的一部分，则电动机的合成磁势也只旋转步距角的一部分，转子的每步运行也只有步距角的一部分，绕组电流分成数个台阶(阶梯波)，则转子就以同样的次数转过一个步距角，这种将一个步距角细分成若干步的驱动力法，称为细分驱动。

细分驱动器实质上就是通过改变相邻(如 A、B 相)电流的大小，以改变合成磁场的夹角来控制步进电机运转的。绕组电流不是方波，而是阶梯波，额定电流是阶梯式的投入或切除。

细分驱动需要控制相绕组电流的大小，由前述驱动线路的原理可以看出，只有单电压串电阻驱动和斩波横流驱动可用于细分驱动。

3.3.4 步进电动机的控制系统

典型的步进电动机控制系统，如图 3.28 所示。

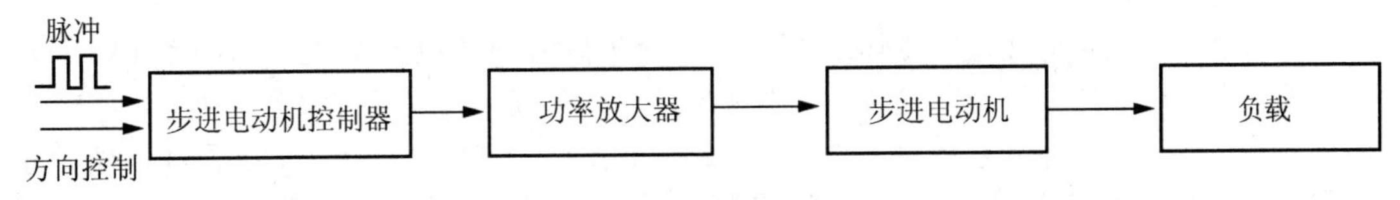

图 3.28 步进电动机控制系统的组成

步进电动机控制系统主要是由步进电动机控制器、功率放大器及步进电动机组成。步进电动机控制器是由缓冲寄存器、环形分配器、控制逻辑及正、反转控制门等组成。它的作用就是能把输入的脉冲转换成环形脉冲，以便控制步进电动机，并能进行正反向控制。功率放大器的作用就是把控制器输出的环形脉冲加以放大，以驱动步进电动机转动。在这种控制方案中，由于步进电动机控制器线路复杂，成本高，因而限制了它的应用。但是，如果用计算机控制系统，由软件代替上述步进电动机控制器，则问题将大大简化，成本也将下降，而且还使可靠性大大加强。特别是用微型计算机控制，可根据系统的需要，灵活改变步进电动机的控制方案，因而用起来更加灵活。典型的微型计算机控制的步进电动机系统，其原理如图 3.29 所示。

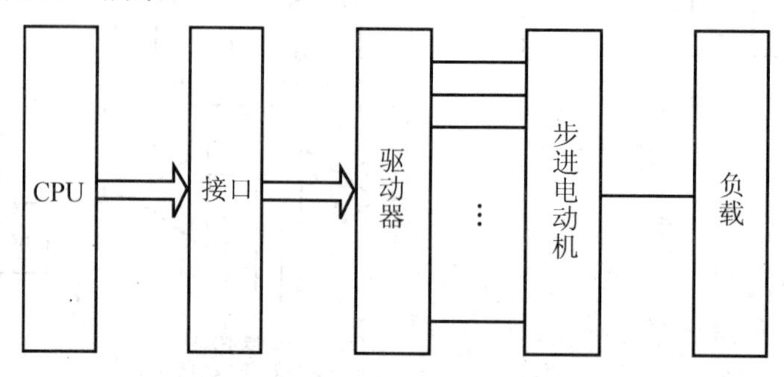

图 3.29　计算机控制步进电动机原理图

图 3.29 与图 3.28 相比，主要区别在于用微型计算机代替了步进电动机控制器。因此，计算机的主要作用就是把并行二进制码转换成串行脉冲序列，并实现方向控制。每当步进电动机脉冲输入线上得到一个脉冲，它便沿着转向控制线信号所确定的方向走一步。只要负载是在步进电动机的允许范围内，每个脉冲将使步进电动机转动一个固定的步距角度，根据步距角的大小及实际走的步数，只要知道最初位置，便可知道步进电动机的最终位置。驱动器的功率放大器件有中功率晶体管、大功率晶体管、大功率达林顿晶体管、可控硅、可关断可控硅、场效应功率管、双极型晶体管与场效应管的复合管以及各种功率模块。

1. 步进电机的速度控制

步进电机的速度控制是通过单片机发出的步进脉冲频率来实现，对于软脉冲分配方式，可以采用调整两个控制字之间的时间间隔来实现调速，对于硬脉冲分配方式，可以控制步进脉冲的频率来实现调速。控制步进电机的速度的方法可有以下两种。

(1) 软件延时法：改变延时的时间长度就可以改变输出脉冲的频率，但这种方法 CPU 长时间等待，占用大量的机时，因此没有实践价值。

(2) 定时器中断法：在中断服务子程序中进行脉冲输出操作，调整定时器的定时常数就可以实现调速，这种方法占有的 CPU 时间较少，在各种单片机中都能实现，是一种比较实用理想的调速方法。

定时器法利用定时器进行工作。为了产生步进脉冲，要根据给定的脉冲频率和单片机的机器周期来计算定时常数。这个定时器决定了定时时间，当定时时间到而使定时器产生溢出时发生中断，在中断子程序中进行改变输出频率信号端口电平状态的操作，这样就可以得到一个给定频率的方波输出，改变定时常数，就可以改变方波的频率，从而实现调速。

2. 步进电机的位置控制

步进电机的位置控制，指的是控制步进电机带动执行机构从一个位置精确地运行到另一个位置，步进电机的位置控制是步进电机的一大优点，它可以不用借助位置传感器而只需要简单的开环控制就能达到足够的位置精度，因此应用很广。步进电机的位置控制需要以下两个参数。

(1) 第一个参数：步进电机控制执行机构当前的位置参数(绝对位置)，绝对位置时有极限的，其极限时执行机构运动的范围，超越了这个极限就应报警。

(2) 第二个参数：从当前位置移动到目标位置的距离，可以用折算的方式将这个距离折算成步进电机的步数，这个参数是外界通过键盘或可调电位器旋钮输入的，所以折算的工作应该在键盘程序或 A/D 转换程序中完成。

对步进电机位置控制的一般作法是，步进电机每走一步，步数减 1，如果没有失步存在，当执行机构到达目标位置时，步数正好减到 0，因此，用步数等于 0 来判断是否移动到目标位，作为步进电机停止运行的信号。

3.3.5 步进电动机的程序设计

控制程序的主要任务如下。

(1) 判别旋转方向。

(2) 按顺序传送控制脉冲。

(3) 判断所要求的控制程序是否传送完毕。

例 3.3 步进电机的控制电路如图 3.30 所示，步进电动机的工作方式为三相六拍。

通过微控制器 89S51 P1 口线输出驱动信号给驱动电路 UNL2003，按顺序给 A、B、C 绕相组施加有序的脉冲直流，就可以控制电机的转动，从而完成了数字→角度的转换。转动的角度大小与施加的脉冲数成正比，转动的速度与脉冲频率成正比，而转动方向则与脉冲的顺序有关。

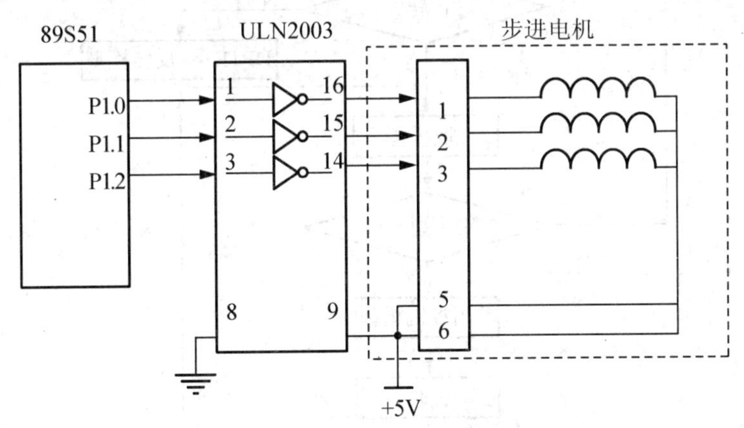

图 3.30 步进电机的控制接口电路

ULN2003 是一个大电流驱动器，为达林顿管阵列电路，由 7 个 NPN 达林顿管组成，可输出 500mA 电流，同时起到电路隔离作用，各输出端与 COM 间有起保护作用的反相二极管。

ULN2003 的每一对达林顿管都串联一个 2.7kΩ的基极电阻，在 5V 的工作电压下它能与 TTL 和 CMOS 电路直接相连，可以直接处理原先需要标准逻辑缓冲器来处理的数据。ULN2003 工作电压高，工作电流大，灌电流可达 500mA，并且能够在关断时承受 50V 的电压，输出还可以在高负载电流并行运行。ULN2003 内部原理如图 3.31 所示。

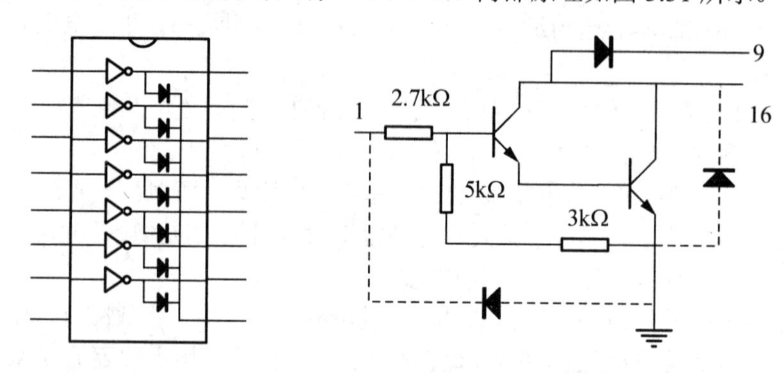

图 3.31 步进电机驱动器 ULN2003 结构和驱动原理示意图

三相六拍步进电动机控制程序的流程图如图 3.32 所示。本例中以 89S51 单片机作为控制器，程序采用循环设计法进行设计。所谓循环设计法就是把环形节拍控制模型按顺序放在内存单元中，然后按顺序逐一从单元中取出控制模型并输出。这样可以使程序大大简化，节拍越多，优越性越显著。

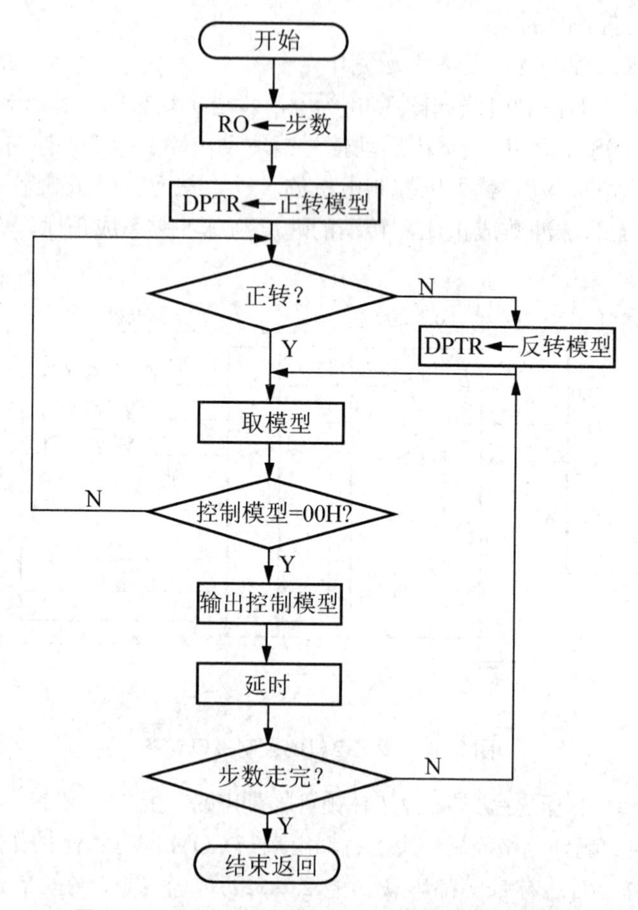

图 3.32 三相六拍步进电动机控制程序的流程图

图 3.32 所示的流程图对应的程序如下：

```
        ORG     8000H
START:  MOV     R0,#N                       ;取步数 N
LOOP0:  MOV     R1,#03H
        MOV     DPTR,#POINT                 ;送控制模型表地址指针
        JNB     00H,LOOP2                   ;反转,转 LOOP2
LOOP1:  MOV     A,R1                        ;取控制模型
        MOVC    A,@A+DPTR
        JZ      LOOP0                       ;控制模型为 00H,转 LOOP0
        MOV     P1,A                        ;输出控制模型
        ACALL   DELAY                       ;延时
        INC     R1
        DJNZ    R0,LOOP1                    ;未走完,继续走
        RET
LOOP2:  MOV     A,R1                        ;求反转模型偏移量
        ADD     A,#07H
        MOV     R1,A
        AJMP    LOOP1
DELAY:  (略)                                ;延时,与转速有关
POINT   DB      01H                         ;正转模型
        DB      03H
        DB      02H
        DB      06H
        DB      04H
        DB      05H
        DB      00H
        DB      01H                         ;反转模型
        DB      05H
        DB      04H
        DB      06H
        DB      02H
        DB      03H
        DB      00H
COUNT   EQU     40H
POINT   EQU     0200H
```

3.3.6 步进电动机和交流伺服电动机性能比较

步进电动机是一种离散运动的装置，它和现代数字控制技术有着本质的联系。在目前国内的数字控制系统中，步进电动机的应用十分广泛。随着全数字式交流伺服系统的出现，交流伺服电动机也越来越多地应用于数字控制系统中。为了适应数字控制的发展趋势，运动控制系统中大多采用步进电动机或全数字式交流伺服电机作为执行电动机。虽然两者在控制方式上相似(脉冲和方向信号)，但在使用性能和应用场合上存在着较大的差异。

1. 控制精度不同

两相混合式步进电机步距角一般为 3.6°、1.8°，五相混合式步进电机步距角一般为 0.72°、0.36°。也有一些高性能的步进电机步距角更小。如四通公司生产的一种用于慢走丝

机床的步进电机，其步距角为0.09°；德国百格拉公司(BERGER LAHR)生产的三相混合式步进电机其步距角可通过拨码开关设置为1.8°、0.9°、0.72°、0.36°、0.18°、0.09°、0.072°、0.036°，兼容了两相和五相混合式步进电机的步距角。交流伺服电机的控制精度由电机轴后端的旋转编码器保证。以松下全数字式交流伺服电机为例，对于带标准2500线编码器的电机而言，由于驱动器内部采用了四倍频技术，其脉冲当量为360°/10000=0.036°。对于带17位编码器的电机而言，驱动器每接收 2^{17}=131072 个脉冲电机转一圈，即其脉冲当量为360°/131072=9.89s。是步距角为1.8°的步进电机的脉冲当量的1/655。

2. 低频特性不同

步进电机在低速时易出现低频振动现象。振动频率与负载情况和驱动器性能有关，一般认为振动频率为电机空载起跳频率的一半。这种由步进电机的工作原理所决定的低频振动现象对于机器的正常运转非常不利。当步进电机工作在低速时，一般应采用阻尼技术来克服低频振动现象，如在电机上加阻尼器，或驱动器上采用细分技术等。交流伺服电机运转非常平稳，即使在低速时也不会出现振动现象。交流伺服系统具有共振抑制功能，可涵盖机械的刚性不足，并且系统内部具有频率解析机能，可检测出机械的共振点，便于系统调整。

3. 矩频特性不同

步进电机的输出力矩随转速升高而下降，且在较高转速时会急剧下降，所以其最高工作转速一般在300～600RPM。交流伺服电机为恒力矩输出，即在其额定转速(一般为2000RPM或3000RPM)以内，都能输出额定转矩，在额定转速以上为恒功率输出。

4. 过载能力不同

步进电机一般不具有过载能力。交流伺服电机具有较强的过载能力。以松下交流伺服系统为例，它具有速度过载和转矩过载能力。其最大转矩为额定转矩的3倍，可用于克服惯性负载在启动瞬间的惯性力矩。步进电机因为没有这种过载能力，在选型时为了克服这种惯性力矩，往往需要选取较大转矩的电机，而机器在正常工作期间又不需要那么大的转矩，便出现了力矩浪费的现象。

5. 运行性能不同

步进电机的控制为开环控制，启动频率过高或负载过大易出现丢步或堵转的现象，停止时转速过高易出现过冲的现象，所以为保证其控制精度，应处理好升、降速问题。交流伺服驱动系统为闭环控制，驱动器可直接对电机编码器反馈信号进行采样，内部构成位置环和速度环，一般不会出现步进电机的丢步或过冲的现象，控制性能更为可靠。

6. 速度响应性能不同

步进电机从静止加速到工作转速(一般为每分钟几百转)需要200～400ms。交流伺服系统的加速性能较好，以松下 MSMA 400W 交流伺服电机为例，从静止加速到其额定转速3000RPM仅需几毫秒，可用于要求快速启停的控制场合。

综上所述，交流伺服系统在许多性能方面都优于步进电机。但在一些要求不高的场合也经常用步进电机来作执行电动机。所以，在控制系统的设计过程中要综合考虑控制要求、成本等多方面的因素，选用适当的控制电机。

3.3.7 步进电动机的选择

步进电动机有步距角(涉及相数)、静转矩、及电流三大要素组成，一旦三大要素确定，步进电动机的型号便确定下来了。

1. 步距角的选择

电动机的步距角取决于负载精度的要求，将负载的最小分辨率(当量)换算到电动机轴上，每个当量电动机应走多少角度(包括减速)。电动机的步距角应等于或小于此角度。目前市场上步进电动机的步距角一般有 0.36°/0.72°(五相电动机)、0.9°/1.8°(二、四相电动机)、1.5°/3°(三相电动机)等。

2. 静力矩的选择

步进电动机的动态力矩一下子很难确定，一般先确定电动机的静力矩。静力矩选择的依据是电动机工作的负载，而负载可分为惯性负载和摩擦负载二种。单一的惯性负载和单一的摩擦负载是不存在的。直接启动时(一般由低速)二种负载均要考虑，加速启动时主要考虑惯性负载，恒速运行时只要考虑摩擦负载。一般情况下，静力矩应为摩擦负载的 2～3 倍内，静力矩一旦选定，电动机的机座及长度便能确定下来(几何尺寸)。

3. 电流的选择

静力矩一样的电动机，由于电流参数不同，其运行特性差别很大，可依据矩频特性曲线图，判断电动机的电流(参考驱动电源、及驱动电压)。矩频特性曲线可参考相关的资料，这里不再赘述。

3.4 小　　结

数字程序控制是计算机控制中一种典型的控制形式，在工业生产中有广泛的应用，其中数字控制机床是其中的代表。本章介绍了数字程序控制的概念及其组成形式，逐点比较插补原理以及步进电动机的工作原理及工作方式控制。

数字程序控制是指能根据输入的指令和数据，控制生产机械按规定的工作顺序、运动顺序、运动距离和运动速度等规律而自动完成工作的自动控制。数字程序控制系统主要分为开环数字控制和闭环数字控制两种形式。闭环数字控制由于其结构复杂，难于调整和维护的缺点，主要用于要求精度较高的系统；而开环数字控制则因其具有结构简单、成本低、可靠性高、易于调整和维护等特点，使得其被广泛采用。

数字程序控制系统中常采用的数值计算方法是插补运算，本章介绍了逐点比较直线插补和逐点比较圆弧插补两种插补方法。两种方法的基本都属于逐点比较插补，以阶梯线来逼近直线(逐点比较直线插补)或圆弧(逐点比较圆弧插补)。在不同的加工要求下，可以通过选择合适的步长达到系统所需的加工精度。

步进电动机是数字程序控制系统中最常见的驱动部件，具有快速起停、精度高、能接收数字量信号等特点。本书仅介绍了三相步进电动机，其工作方式有单三拍、双三拍和三相六拍 3 种工作方式。选用不同的工作方式，可以使步进电动机适应不同的设计要求。

步进电动机控制的一些术语及主要特点

术语：

1. 定子相绕组的供电脉冲频率 $f_{相}=f/N$

设控制脉冲的频率为 f，在每一个通电循环内控制脉冲的个数为 N(拍数)，而每相绕组的供电脉冲个数却恒为 1，因此 $f_{相}=f/N$。

2. 齿距角 θ_t 和步距角 θ_b

$$齿距角：\theta_t=\frac{360^\circ}{Z_k}，步距角：\theta_b=\frac{360^\circ}{N\cdot Z_k}$$

式中，Z_k 为转子的齿数，N 为拍数。

3. 转速、转角和转向

步进电动机的转速为：$n=\dfrac{60f}{N\cdot Z_k}=\dfrac{\theta_b}{6}f$(r/min)，式中 θ_b 的单位为(°)，即电动机转速正比于控制脉冲的频率。

既然每个控制脉冲使步进电动机转动一个 θ_b，则步进电动机的实际转角为：$\theta=\theta_b\cdot N'$，式中 N' 为控制脉冲的个数。

步进电动机的旋转方向取决于通电脉冲的顺序，只要步进电动机在不失步、不丢步的情况下，其转速、转角关系与电压、负载、温度等因素无关，所以步进电动机更便于控制。

主要特点：

(1) 步进动电机没有积累误差：一般步进电机的精度为实际步距角的 3%～5%，且不累积。

(2) 步进电动机在工作时，脉冲信号按一定顺序轮流加到各相绕组上(由驱动器内的环形分配器控制绕组通断电的方式)。

(3) 具有带电自锁能力。当控制脉冲停止输入，且让最后一个控制脉冲的绕组继续通电时，则步进电动机就可以保证在固定的位置上，即停在最后一个控制脉冲所控制的角位移的重点位置上，所以具有带电自锁能力。

(4) 即使是同一台步进动电机，在使用不同驱动方案时，其矩频特性也相差很大。

3.5 习 题

1. 数字控制有________和________方式。
2. 简述逐点比较插补的基本思想。
3. 试采用某一种汇编语言编写下列插补计算程序。

(1) 第一象限直线插补程序。

(2) 第一象限逆圆弧插补程序。

4. 若加工第一象限直线 OA，起点 $O(0, 0)$，终点 $A(5, 6)$。

(1) 按逐点比较法插补进行列表计算。

(2) 画出走步轨迹图，并标明进给方向和步数。

5. 三相步进电动机的工作方式包括(　　　　)。

A. 单三拍　　　　B. 双三拍　　　　C. 三相六拍

6. 采用 74HC273 作为 x 轴三相步进电动机和 y 轴三相步进电动机的控制接口。

(1) 画出接口电路原理图。

(2) 分别写出 x 轴和 y 轴步进电动机在三相单三拍、三相双三拍和三相六拍工作方式下的数字模型。

7. 选用微控制器、光电耦合器、三极管、分立器件若干，设计一个三极管三级放大的步进电机驱动与控制系统，并编制相应汇编程序，要求该步进电动机的速度为 150 转/s，采用单三拍工作方式，采用按键控制正反转和停止控制。

第 4 章　计算机控制系统的控制算法

教学提示

在计算机控制系统中，控制器的设计方法有直接设计法和间接设计法两种。间接设计法又称模拟化设计法，主要思路是先按照自动控制原理中的连续系统综合校正的方法求取校正环节的传递函数，然后再将该传递函数离散化，进而设计数字控制器。间接设计法中的典型代表是 PID 算法。连续系统中按偏差的比例、积分和微分进行控制的调节器简称为 PID 调节器，是技术成熟、应用最为广泛的一种控制器。其结构简单，各环节之间为并联关系，使得 K_P、T_I、T_D 互相独立，故参数调整更加方便。直接设计法是指在设计控制器算法时，从被控对象实际特性出发，直接根据采样系统理论来设计数字控制器的方法。其中，最常用的方法有最少拍有纹波设计、最少拍无纹波设计和达林算法。另外，在系统设计的过程中，系统的仿真也是验证系统设计效果的重要手段，本章也在最后介绍了一些有关 MATLAB 仿真的实例。

教学要求

通过本章的学习，重点掌握连续系统离散化的方法、数字 PID 算法设计及其参数的整定方法、施密斯预估器的设计，以及最少拍有纹波、最少拍无纹波和达林算法三种直接设计法，了解 MATLAB 仿真在计算机控制系统中的应用。

本章知识结构

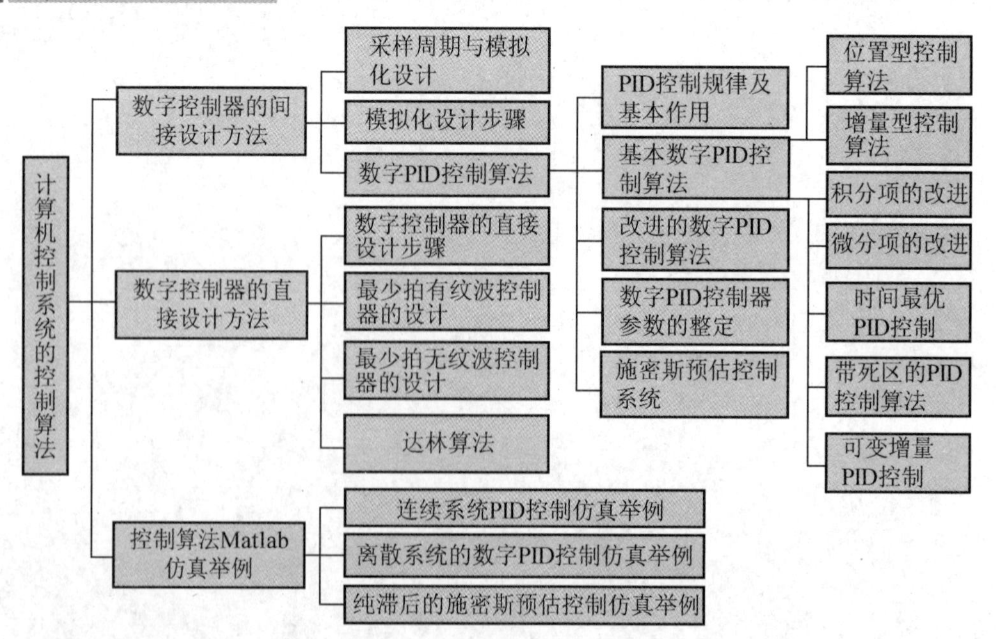

【引言】

与连续控制系统一样，计算机控制系统的设计方法亦可分为经典设计方法和现代控制理论设计方法两种，并且连续控制系统的大部分设计方法可推广应用至计算机控制系统。

连续控制系统的控制器由放大器和校正装置组成，如果控制系统的性能指标要求改变，则控制系统的控制策略亦需要改变，而由模拟元器件构成的放大器或校正装置也需要改变。如果在连续域里设计控制器，系统的信号皆为连续模拟信号，可以采用自动控制原理中的根轨迹法、时域与频域结合的分析法对校正装置进行设计。但计算机控制系统除有连续模拟信号之外，还有离散模拟、离散数字等信号形式，在计算机控制系统设计时，可以采用两种设计方法：①将此系统看成连续系统，在连续域上设计得到控制器，再将其离散化(数字化)，即数字控制器的间接设计方法；②将此系统看成离散信号系统，直接在离散域进行设计，得到数字控制器，即数字控制器的直接设计方法。不论哪一种设计方法，控制器都以软件的形式由计算机编程实现。

本章主要介绍数字控制器的间接设计方法和直接设计方法，同时详细介绍控制系统中常用的数字 PID 控制算法。

4.1 数字控制器的间接设计方法

数字控制器的间接设计是将计算机控制系统(图 4.1)看作是一个连续系统，采用自动控制理论中的连续系统综合校正设计方法设计出模拟控制器，并依据一定条件，做出某种近似，从而将其离散化后得到数字控制器。由于大多数技术人员对数频率特性法、根轨迹法等连续系统的设计方法已经十分熟悉，因此采用间接设计方法进行数字控制器设计的方法易于接受和掌握，应用广泛。

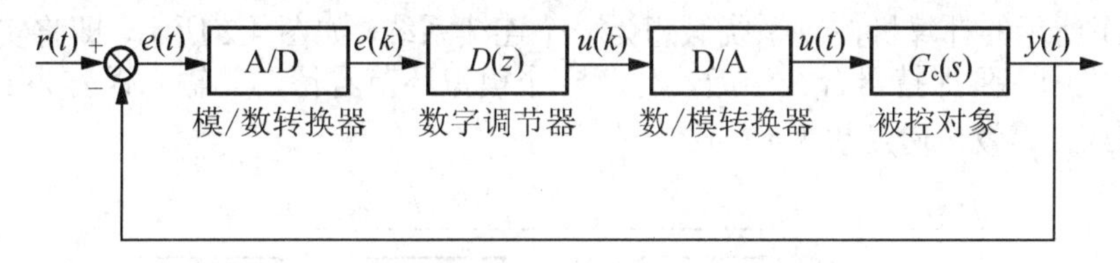

图 4.1 计算机控制系统的典型结构图

4.1.1 采样周期与模拟化设计

要使离散系统近似看成连续系统，对采样周期有一定的要求。首先采样周期 T 的确定要满足香农采样定理。设连续信号 $x(t)$ 的频带宽度是有限的，所包含的频谱 $x(\omega)$ 的最高频率为 $\omega_{\max}$，为了使连续信号 $x(t)$ 经采样后所产生的离散频谱 $x'(k\omega)$ 彼此之间不重叠，并能复现原信号 $x(t)$ 的全部信息，则要求采样频率 ω_s 满足下述关系：

$$\omega_s \geqslant 2\omega_{\max} \tag{4.1}$$

这便是著名的香农采样定理，它是使数字控制器进行模拟化设计的最基本的前提条件。

观察图 4.1 可知，误差 $e(t)$ 经采样保持器和 A/D 转换器变成数字量 $e(k)$ 后送入计算机，计算机按照一定的控制规律进行计算，所得的计算结果 $u(k)$ 再经过 D/A 转换器转换和零阶保持器保持后，得到连续的控制量 $u(t)$，作用到被控对象上，实现对被控参数 $y(t)$ 的调节。

其次，由于计算机的运算速度快，并且A/D转换器的转换精度足够高，使得信号经过计算机处理时，既不会降低精度，也不至于产生较大的滞后。

根据自动控制理论可知采样器可使离散系统的峰值时间和调节时间略有减小，但使超调量增大，造成的信息损失会降低系统的稳定性。零阶保持器使系统的峰值时间和调节时间都加长，超调量和震荡次数也增加，这是因为除了采样造成的不稳定因素外，零阶保持器的相角滞后降低了系统的稳定性。图4.1中的零阶保持器是依靠系统中的D/A转换器的输出保持来实现的，当信号通过时，将会发生幅值衰减和相位滞后，幅值衰减为原信号的 $\sin\frac{\omega T}{2}/(\frac{\omega T}{2})$，相位滞后为 $\angle e^{-j\frac{\omega T}{2}}$。但是，如果选择采样周期 T 足够小，即采样频率足够高时，有 $\sin\frac{\omega T}{2}/(\frac{\omega T}{2})\approx 1$，相位滞后很小，因此可以忽略这一影响，这样可以将计算机控制系统近似看作连续系统进行设计。理论上讲，间接设计方法得以实现的重要依据是，第一，采样周期 T 要满足香农采样定理；第二，采样周期 T 足够小，达到零阶保持器的相位滞后可以忽略不计的程度。当然，现实中还要考虑一些其他因素，这将在后面章节中再予以讨论。

4.1.2 模拟化设计步骤

满足香农采样定理是保证连续信号离散化后不失真的必要条件，因此在使用间接法设计数字控制器的时候就需要选择合适的采样周期。同时，对所得到模拟控制器的数学模型进行离散化时，还需要有一定的数学依据来完成这种形式上的转变。下面就具体讨论如何来选择系统的采样周期以及在模拟控制器离散化时常用的数学方法。

1. 设计假想的模拟控制器

将图4.1所示的计算机控制系统假想为一个连续系统，如图4.2所示，即将实现数字控制器的计算机和零阶保持器合在一起，作为一个模拟环节看待，其输入误差为 $e(t)$、输出为控制量 $u(t)$、等效传递函数为 $D(s)$。

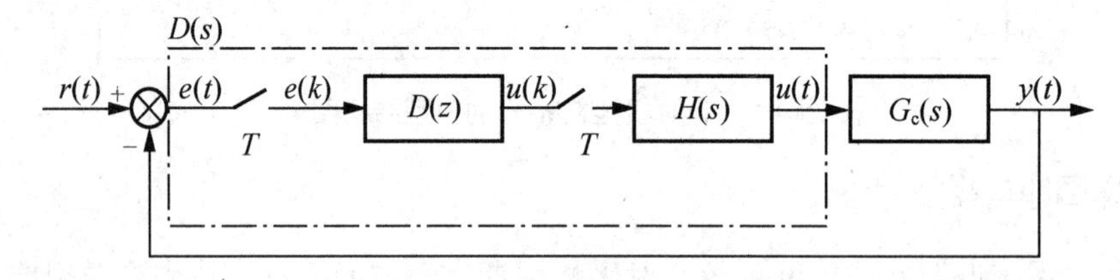

图4.2 假想的连续系统示意图

按照对数频率特性法、根轨迹法等连续系统的校正方法，可以设计出校正环节 $D(s)$，即为连续系统的调节器。

2. 正确地选择采样周期

香农采样定理给出了从采样信号恢复连续信号的最低采样频率。但是，实际中由于被控对象的物理过程及参数的变化比较复杂，致使模拟信号的最高频率 ω_{max} 很难确定，因此工程技术人员常从以下几个方面综合考虑来选取采样周期 T。

(1) 从调节品质上考虑，希望采样周期短，以减少系统纯滞后的影响，提高控制精度。通常保证在95%的系统的过渡过程时间内，采样6～15次即可。

(2) 从快速性和抗干扰性方面考虑，希望采样周期尽量短，这样给定值的改变可以迅速地通过采样得到反映，而不至于产生过大的延时。

(3) 从计算机的工作量和回路成本考虑，采样周期T应该长一些，尤其是多回路控制时，应使每个回路都有足够的计算时间。当被控对象的纯滞后时间τ较大时，常选$T=\tau$。

(4) 从计算精度方面考虑，采样周期T不应过短。否则，当主机字长较小时，若采样周期T过短，将使得前后两次采样值差别较小，导致调节作用减弱，增加了计算机不必要的工作量。尤其是对于多输入多输出系统，还可能会产生病态矩阵。另外，若执行机构的响应速度较慢，会出现这种情况，即新的控制量已经输出，而前一次控制还没完成，这样采样周期再短也将毫无意义，因此采样周期T必须大于执行机构的调节时间。

此外，被控量不同，采样周期也不同，对于动力、石油、化工等工业过程可采用表4-1的数据作参考，再通过实验确定合适的采样周期。

表4-1 采样周期的经验数据表

被 控 量	采样周期/s	注
流量	1～5	优选1s
压力	3～10	优选5s
液位	6～8	优选7s
温度	15～20	优选纯滞后时间
成分	15～20	优选18s

总之，影响采样周期T的因素很多，在设计系统时，应该针对不同情况，在这些控制要求之间选取恰当的采样周期T。

3. 将模拟控制器离散化为数字控制器

由于计算机控制系统是离散系统，所以要将连续控制系统的调节器传递函数$D(s)$等效为离散系统的脉冲传递函数$D(z)$。但是，这种转换并不是将模拟控制器的$D(s)$简单进行Z变换来得到数字控制器的$D(z)$的，而是通过一定离散化方法使二者有近似相同的动态特性和频率响应特性。

将$D(s)$离散化为$D(z)$的方法有很多。如双线性变换法、前向差分法、后向差分法、冲激不变法、零极点匹配法等。这里仅介绍双线性变换法、前向差分法、后向差分法。

1) 双线性变换法

双线性变换法也称为梯形法或图斯汀(Tustin)法，是基于梯形面积近似积分的方法。按Z变换的定义，利用泰勒级数展开，可得

$$z=e^{sT}=\frac{e^{\frac{sT}{2}}}{e^{-\frac{sT}{2}}}=\frac{1+\frac{sT}{2}+\cdots}{1-\frac{sT}{2}+\cdots}\approx\frac{1+\frac{sT}{2}}{1-\frac{sT}{2}} \tag{4.2}$$

由式(4.2)可解得

$$s=\frac{2}{T}\cdot\frac{z-1}{z+1} \tag{4.3}$$

则 $D(s)$ 离散化后的脉冲传递函数为

$$D(z)=D(s)\Big|_{s=\frac{2}{T}\cdot\frac{z-1}{z+1}} \tag{4.4}$$

双线性变换有如下特点。

(1) 变换关系简单，使用方便。

(2) 将 S 左半平面变换到 Z 平面的单位圆内，所以 $D(s)$ 稳定，则 $D(z)$ 也稳定。

2) 前向差分法

如果将 $z=\mathrm{e}^{st}$ 直接展开成泰勒级数，有

$$z=\mathrm{e}^{sT}=1+sT+\cdots\approx 1+sT \tag{4.5}$$

从而得到 s 与 z 之间的变换关系，即

$$s=\frac{z-1}{T} \tag{4.6}$$

则 $D(s)$ 离散化后的脉冲传递函数为

$$D(z)=D(s)\Big|_{s=\frac{z-1}{T}} \tag{4.7}$$

应用前向差分法会将 S 左半平面区域映射到 Z 平面的单位圆外，因此 $D(s)$ 即便稳定，也会造成 $D(z)$ 不稳定，数字控制器本身的不稳定势必会使离散系统不稳定，所以实际中一般不会用这种前向差分法离散化 $D(s)$。从另一个角度看，用前向差分法所得到的算法 $D(z)$ 在计算控制量 $U(z)$ 时，需要在 k 时刻知道 $k+1$ 时刻的 $e(k+1)$，这在物理上是难以实现的，当然如果采用预估法则另当别论。

3) 后向差分法

同理，将 $z=\mathrm{e}^{Ts}$ 变形后再展成泰勒级数，有

$$z=\mathrm{e}^{Ts}=\frac{1}{\mathrm{e}^{-Ts}}\approx\frac{1}{1-sT} \tag{4.8}$$

由此得到 s 与 z 之间的变换关系，即

$$s=\frac{z-1}{Tz} \tag{4.9}$$

则 $D(s)$ 离散化后的脉冲传递函数为

$$D(z)=D(s)\Big|_{s=\frac{z-1}{Tz}} \tag{4.10}$$

后向差分法有如下特点。

(1) 使用方便。

(2) 将 S 左半平面映射为 Z 平面的单位圆内，所以 $D(s)$ 稳定，离散化后的 $D(z)$ 也稳定。

4. 求出与 $D(s)$ 对应的差分方程

为了用计算机实现数字控制器 $D(z)$，必须求出相应的差分方程，实现的方法有两种：一是由 $D(s)$ 写出系统的微分方程，然后进行差分处理得到相应的差分方程，如数字 PID 控制算法就是由此推导出来的；另一个途径是根据数字调节器 $D(z)$，用直接程序设计法、串联实现法等将其变为差分方程。

设数字控制器 $D(z)$ 的一般形式为

$$D(z)=\frac{b_0+b_1z^{-1}+b_2z^{-2}+\cdots+b_nz^{-m}}{1+a_1z^{-1}+a_2z^{-2}+\cdots+a_nz^{-n}} \tag{4.11}$$

式中 $n\geqslant m$；

系数 a_i、b_i 为实数，且有 n 个极点和 m 个零点。

式(4.11)可写为

$$U(z)=(-a_1z^{-1}-a_2z^{-2}-\cdots-a_nz^{-n})U(z)+(b_0+b_1z^{-1}+b_2z^{-2}+\cdots+b_nz^{-m})E(z) \tag{4.12}$$

式(4.12)对应的差分方程为

$$U(z)=-\sum_{j=1}^{n}a_jU(k-j)+\sum_{j=0}^{m}b_jE(k-j) \tag{4.13}$$

式(4.13)即为用直接程序设计法将 $D(z)$ 转变为差分方程的通式。将式(4.13)用程序实现就是所要求得的控制算法或数字控制器。

5. 根据差分方程编制相应程序，以实现计算机控制

设计好的控制算法投入使用前，要进行数字仿真，若不合乎要求，应予以修改，直至达到系统的性能指标为止。

4.2 数字 PID 控制算法

PID 控制是迄今为止最通用的控制方法，大多数反馈回路用该方法或其较小的变形来控制，PID 调节器/控制器及其改进型是在工业过程控制中最常见的控制器。

在早期的模拟控制系统的设计中，人们常用模拟 PID 调节器作为系统的控制器。由于模拟 PID 调节器有无须建立被控对象的数学模型，整定方法简单等优点，因此受到广大工程技术人员的喜爱，得到了广泛的应用。采用计算机作为系统的控制器后，使得 PID 控制实现起来变得更为简便。鉴于计算机程序的灵活性，对 PID 控制算法进行适当改进后，就很容易克服模拟 PID 控制在使用中出现的一些问题，而得到更完善的数字 PID 算法。下面介绍一下数字 PID 控制算法及其改进算法。

4.2.1 PID 控制规律及基本作用

设计控制器时，人们常采用的基本控制规律是比例(P)、积分(I)、微分(D)或者采用这些基本控制规律的某种组合，如 PI、PD、PID 等组合。在系统控制器的设计过程中，只有熟悉每种控制规律在系统组成中的作用及其物理意义，才能设计出达到性能指标的控制器，进而达到改善系统的静、动态性能，取得满意的控制效果的目的。

1. 比例控制规律

具有比例控制规律的控制器，称为 P 控制器(Proportional)，其控制规律为

$$\begin{aligned}u(t)&=K_p\cdot e(t)+u_0\\G(s)&=K_p\end{aligned} \tag{4.14}$$

式中 K_p 为比例系数；

u_0 为控制量的基准，也就是 $e(t)=0$ 时的控制作用(如阀门的起始开度，基准电信号等)；

$e(t)$ 一般为偏差，即 $e(t)=y(t)-r(t)$，其中 $y(t)$ 为输出量，$r(t)$ 为输入量；

$u(t)$ 为控制器的输出量。

图 4.3 显示了比例调节器对偏差阶跃变化的时间响应。

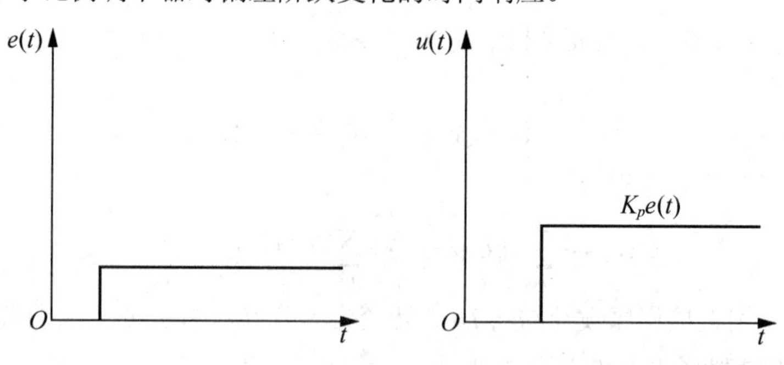

图 4.3 比例调节的特性曲线

比例调节器对于偏差的反应是即时的，偏差一旦产生，调节器立即产生控制作用使被控制量朝着减少偏差的方向变化，比例系数 K_p 的大小决定了控制作用的强弱。典型的比例控制如采用杠杆控制的浮子式液面控制系统，瓦特所用的小锤控制转速，都是纯比例调节。

比例调节器的优点是算法简单、响应无滞后，值得注意的是在具有自平衡性(在扰动作用后，依靠自身的能力，能使输出最终达到一个有限平衡值)的控制系统中使用比例调节器，会使系统响应存在静差。通过加大比例系数 K_p 可以减少偏差，但不会消灭静差。尤其是加大 K_p 虽然减小了静差，但容易使动态品质变差，引起被控量振荡甚至导致闭环系统的不稳定。故在对性能要求较高的系统设计中，很少单独使用比例控制规律。

2. 比例-积分控制规律

前面已经介绍了单独采用比例控制的系统中，其输出会存在偏差，对于一些对稳态性能要求较高的系统，这是不符合设计要求的。为了消除响应偏差，可在比例调节的基础上加上积分环节，从而形成比例-积分控制器，又称 PI 控制器(Proportional-Intergral)，其控制规律为

$$u(t)=K_p\cdot\left[e(t)+\frac{1}{T_1}\cdot\int e(t)\mathrm{d}t\right]+u_0$$

$$G(s)=K_p(1+\frac{1}{T_Is}) \tag{4.15}$$

式中 T_1 为积分时间常数。

对于浮子式液面控制系统，将控制、测量部分及执行机构(杠杆及支点)换成一个电动机，那么当水位变化时，电动机去开或关进水阀门，直到液位保持在原来的位置上，这是一个无静差系统，而原来采用杠杆控制的是一个有差控制系统。因为两者不同，前者是 0 型，后者是 1 型，多了一个电动机，在把速度信号变为位置信号时多了一个积分环节。

从图 4.4 可以看出 PI 控制器对于偏差的阶跃响应除了按比例变化的成分外，还带有累积的成分。只要偏差 $e(t)$ 不为 0，它将通过累积作用影响控制器的输出量 $u(t)$，减少偏差，直至使偏差降为 0(理论上讲)。因此积分环节的加入将有助于消除系统的稳态误差。

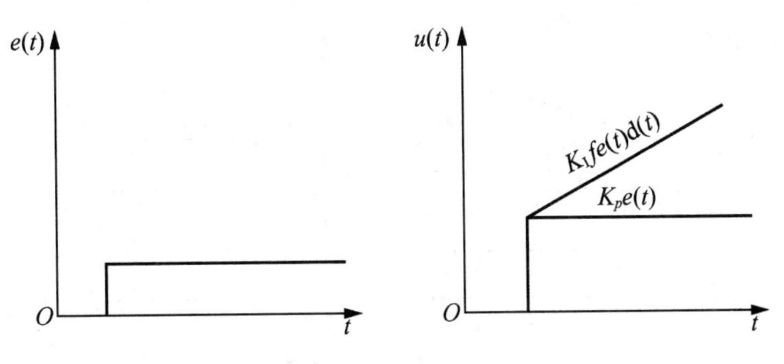

图 4.4 比例-积分调节的特性曲线

显然，如果$T_{\rm I}$积分时间过大，则积分作用弱；反之，则积分作用强。增大$T_{\rm I}$将延长消除稳态误差的时间，但可以减少系统输出的超调。设计 PI 控制器时，必须根据被控对象的特性来选定$T_{\rm I}$，对于管道压力、流量等滞后不大的被控对象，$T_{\rm I}$可以选得小些；而对于温度等大滞后的被控对象，$T_{\rm I}$可以选得大一些。

纯积分控制(I)可以增强系统抗高频干扰能力。故可相应增加开环增益，从而减少稳态误差。但纯积分环节会带来相角滞后，减少了系统相角裕度，通常不单独使用。使用 PI 调节器，控制过程结束时，被控量一定是无偏差的。但是由于积分作用是随时间而逐渐增强的，与比例作用相比过于迟缓，控制不及时。

PI 控制的特点(类似于滞后校正)：可以提高系统的型别，改善系统的稳态误差；增加了系统的抗高频干扰的能力；增加了相位滞后；降低了系统的频宽，调节时间增大。

3. 比例-微分控制规律

在温度或成分控制系统中，其控制通道的时间常数或容量滞后较大，对于这种系统不适合加入积分环节(会减少相角裕量，降低系统的稳定性)。而微分环节则能够反映输入信号的变化趋势，产生有效的早期校正信号，以增加系统的阻尼度，从而改善系统的稳定性。并且增加微分环节相当于给系统增加一个开环零点，使系统的相角裕量提高，有助于系统动态性能的改善，故为了增加系统的相角裕量，提高系统的稳定性，减少系统动态误差等，可选用比例-微分控制器，又称 PD 控制器(Proportional-Differential)，其控制规律为

$$u(t)=K_p\cdot\left[e(t)+T_{\rm D}\cdot\frac{{\rm d}e(t)}{{\rm d}t}\right]+u_0 \qquad (4.16)$$

$$G\ (s)=K_p(1+T_Ds)$$

式中 $T_{\rm D}$为微分时间常数。

PD 控制器对输入误差$e(t)$阶跃变化的响应曲线如图 4.5 所示。

从图 4.5 中可以看出，当偏差出现的瞬间，PD 调节器就输出一个很大的阶跃信号，然后按指数下降，最后微分作用完全消失，变成一个纯比例调节。鉴于微分环节具有相位超前的特性，对于有些具有容量滞后的控制通道，引入微分控制规律后，对于改善系统的动态性能指标有明显的效果。微分作用的强弱可以通过改变微分时间常数$T_{\rm D}$来进行调节。但微分环节对噪声信号很灵敏，故对于工作在噪声源较强的环境中的系统，不适宜使用微分控制。

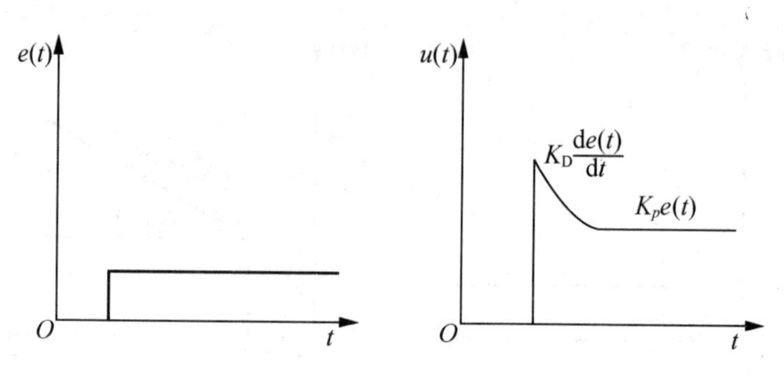

图 4.5 比例-微分调节的特性曲线

微分控制(D)作用的特点：它与比例和积分作用相比，具有起始超前和加强控制作用。因为在控制过程刚开始时，被控量的偏差很小，但其变化速度却很大，可使执行机构产生一个较大的位移，有利于克服动态偏差。但是当控制过程结束，即偏差的变化速度等于零时，微分作用的输出也将为零，即执行机构的位置最后总是恢复到原来的数值，这就不能适应负荷的变化，不能满足控制的要求。微分控制可以增大截止频率和相角裕度，减小超调量和调节时间，提高系统的快速性和平稳性。但单纯微分控制会放大高频扰动，因此只有单纯微分控制作用的控制器是不能使用的，微分作用也只是控制器控制作用的一个组成部分。

PD 控制的特点(类似于超前校正)：可以增加系统的频宽，降低调节时间；改善系统的相位裕度，降低系统的超调量；增大系统阻尼，改善系统的稳定性；增加了系统的高频干扰。

4. 比例-积分-微分控制规律

对于有些静、动态性能要求都很高的系统，仅采用 PI 或 PD 控制器是不能满足设计要求的，这时要考虑更复杂的控制规律。例如，在 PI 控制器中，积分作用的加入，虽然可以消除系统的稳态误差，但付出的代价是降低了系统的响应速度，为了加快系统的动态控制过程，有必要在偏差出现或变化的瞬间，做出迅速反应。为了达到这一目的，可以在 PI 控制器的基础上再加入微分调节，实现比例-积分-微分控制器，又称 PID 控制器(Proportional-Intergral- Differential)，其控制规律为

$$u(t)=K_p\cdot\left[e(t)+\frac{1}{T_\mathrm{I}}\int_0^T e(t)\cdot\mathrm{d}t+T_\mathrm{d}\frac{\mathrm{d}e(t)}{\mathrm{d}t}\right]+u_0$$

$$G(s)=K_p\left(1+\frac{1}{T_\mathrm{I}s}+T_\mathrm{D}s\right) \tag{4.17}$$

理想的 PID 调节器对偏差阶跃变化的响应曲线如图 4.6 所示，它在偏差 $e(t)$ 阶跃变化的瞬间 $t=t_0$ 处有一冲击式瞬时响应，这是由附加的微分环节所引起的。

通过微分环节

$$u_\mathrm{D}=K_p\cdot T_\mathrm{D}\cdot\frac{\mathrm{d}e(t)}{\mathrm{d}t} \tag{4.18}$$

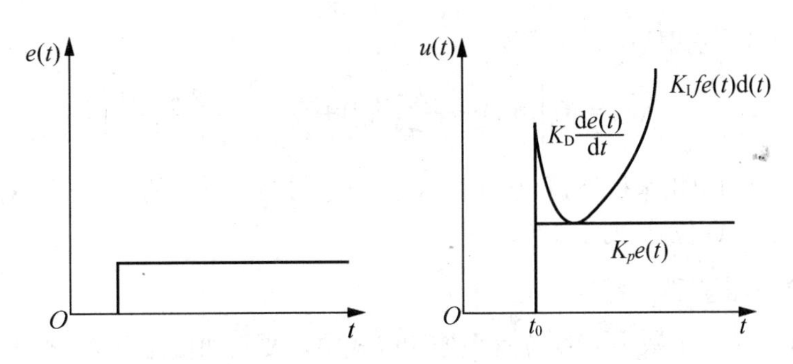

图 4.6　比例-积分-微分调节特性曲线

可见，它对偏差的任何变化都产生控制作用u_D，以调整系统的输出，阻止偏差的变化。偏差变化越快，u_D越大，反馈校正量则越大。故微分环节的加入有助于减少系统的输出超调，克服振荡，使系统更加稳定。而且微分环节的作用将加大系统的截止频率ω_c，加快系统的响应速度，从而在保证系统稳态性能的前提下改善了系统动态性能。

总之，不同的控制规律各有特点，对于同一个被控对象，不同的控制规律，有不同的控制效果。图 4.7 中的曲线是不同的控制规律的过渡过程曲线。

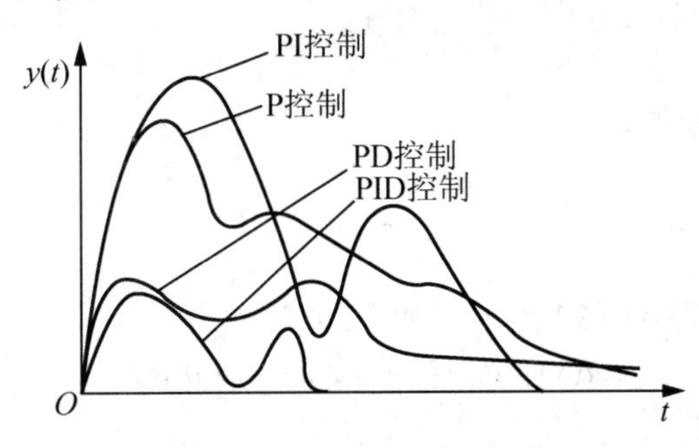

图 4.7　各种控制规律对控制性能的影响

在很多情形下，PID 控制并不一定需要全部的 3 项控制作用，而是可以方便灵活地改变控制策略，实施 P、PI、PD 或 PID 控制。

4.2.2　基本数字 PID 控制算法

由于计算机控制是一种采样控制，它只能根据采样时刻的偏差值计算控制量，因此式(4.17)中的积分和微分项不能直接准确计算，只能用数值计算的方法逼近。当采样周期相当短时，用求和代替积分，用后向差分代替微分，这样就可以化连续的 PID 控制为数字 PID 控制。

1. 数字 PID 位置型控制算法

为了便于计算机实现，必须把式(4.17)变换成差分方程，为此可做如下近似：

$$\int_0^t e(t)\mathrm{d}t \approx \sum_{j=0}^{k} Te(j) \tag{4.19}$$

$$\frac{\mathrm{d}e(t)}{\mathrm{d}t} \approx \frac{e(k)-e(k-1)}{T} \tag{4.20}$$

式中　T为采样周期；

k为采样序号。

可得数字PID位置型控制算式为

$$u(k)=K_{\mathrm{p}}\left[e(k)+\frac{T}{T_{\mathrm{I}}}\sum_{j=0}^{k}e(j)+T_{\mathrm{D}}\frac{e(k)-e(k-1)}{T}\right] \tag{4.21}$$

当式(4.21)的输出用来控制调节阀时，其输出值与阀门开度的位置一一对应，因此通常把该式称为数字PID位置型控制算式。

2. 数字PID增量型控制算法

由式(4.21)可看出，数字PID位置型控制算式中需要累加偏差$e(j)$，要占用较多的存储单元，依据式(4.21)编写的程序实时性差，需要改进。

根据式(4.21)不难写出$u(k-1)$的表达式，即

$$u(k-1)=K_{\mathrm{p}}\left[e(k-1)+\frac{T}{T_{\mathrm{I}}}\sum_{j=0}^{k-1}e(j)+T_{\mathrm{D}}\frac{e(k-1)-e(k-2)}{T}\right] \tag{4.22}$$

将式(4.21)和式(4.22)相减，得数字PID增量型控制算式为

$$\Delta u(k)=u(k)-u(k-1)=K_{\mathrm{p}}[e(k)-e(k-1)]+K_{\mathrm{I}}e(k)+K_{\mathrm{D}}[e(k)-2e(k-1)+e(k-2)] \tag{4.23}$$

式中 $K_{\mathrm{p}}=\dfrac{1}{\delta}$ 为比例增益，其中δ是比例度；

$K_{\mathrm{I}}=K_{\mathrm{P}}\dfrac{T}{T_{\mathrm{I}}}$ 为积分系数；

$K_{\mathrm{D}}=K_{\mathrm{P}}\dfrac{T_{D}}{T}$ 为微分系数。

为了编程方便，可将式(4.23)整理成如下形式：

$$\Delta u(k)=q_0e(k)+q_1e(k-1)+q_2e(k-2) \tag{4.24}$$

式中 $q_0=K_{\mathrm{P}}(1+\dfrac{T}{T_{\mathrm{I}}}+\dfrac{T_{\mathrm{D}}}{T})$；

$q_1=-K_{\mathrm{p}}(1+\dfrac{2T_{\mathrm{D}}}{T})$；

$q_2=K_{\mathrm{P}}\dfrac{T_{\mathrm{D}}}{T}$。

在控制系统中，如果执行机构采用调节阀，则控制量对应阀门的开度，表征了执行机构的位置，此时控制器应采用数字PID位置型控制算法，如图4.8(a)所示。如果执行机构采用步进电动机，每个采样周期，控制器输出的控制量是相对于上次控制量的增加，此时控制器应采用数字PID增量型控制算法，如图4.8(b)所示。

可见，增量型控制算法只需保持现时以前3个时刻的偏差即可。

增量型控制算法与位置型控制算法相比较，具有以下优点。

(1) 增量型控制算法不需要做累加，控制量的增量的确定仅与最近几次误差采样值有关，计算误差或计算精度对控制量的影响较小，而位置型控制算法要求用到过去的误差累加值，容易产生较大的累加误差。

(2) 增量型控制算法得出的是控制量的增量，例如阀门控制中，只输出阀门开度的变化部分，误差影响小，必要时通过逻辑判断限制或禁止本次输出，不会严重影响系统的工作，而位置型控制算法的输出是控制量的全量输出，误动作影响大。

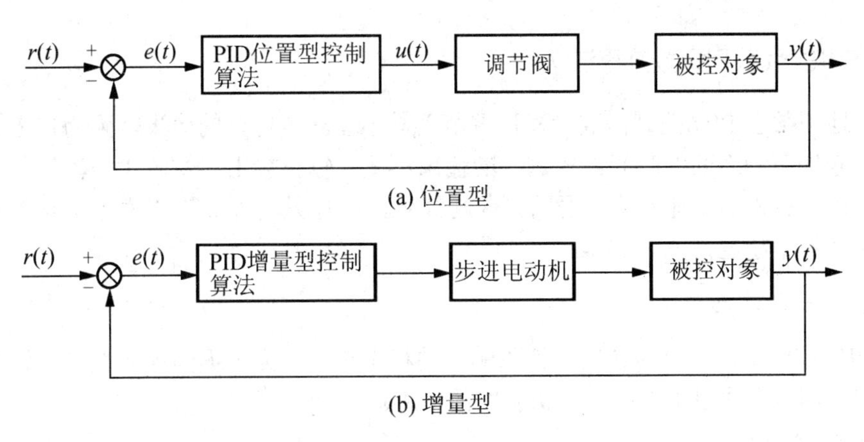

图 4.8　位置型与增量型 PID 控制算法的简化示意图

(3) 采用增量型控制算法易于实现从手动到自动的无扰动切换。

因此，在实际控制中，增量型控制算法要比位置型控制算法应用得更为广泛。图 4.9 给出了数字 PID 增量型控制算法的流程图。利用增量型控制算法也可得到位置型控制算法，即

$$u(k)=u(k-1)+\Delta u(k)=u(k-1)+q_0e(k)+q_1e(k-1)+q_2e(k-2) \tag{4.25}$$

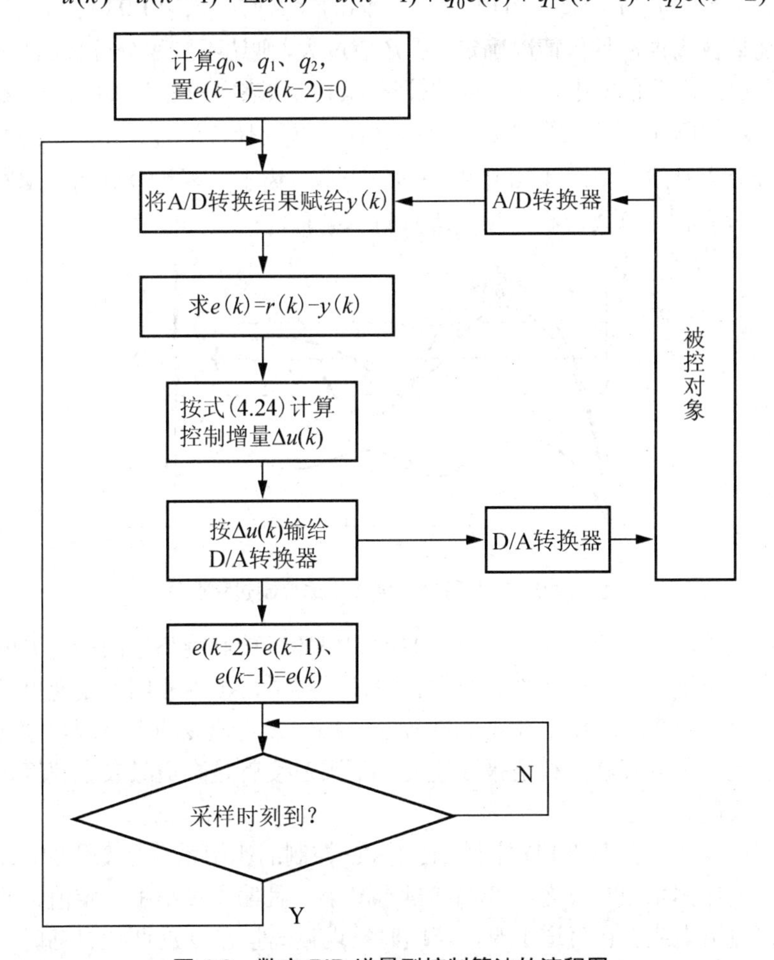

图 4.9　数字 PID 增量型控制算法的流程图

4.2.3 改进的数字 PID 控制算法

单纯地用数字 PID 控制器取代模拟调节器，不会获得更好的效果，因为在零阶保持器的作用下采样时刻之间的时间内控制器的输出不变，输出会出现暂时“失控”的状态。因此只有发挥计算机运算速度快，逻辑判断功能强，编程灵活等优势，才能使数字 PID 控制器在控制性能上超过模拟调节器。

1. 积分项的改进

在 PID 控制中，积分的作用是消除响应的稳态偏差，为了提高控制性能，针对具体的情况对积分项可采取以下 5 种改进措施中的一种。

1) 积分分离

在一般的 PID 控制中，当有较大的扰动或大幅度改变给定值时，由于此时有较大的偏差，以及系统有惯性和滞后，故在积分项的作用下，往往会产生较大的超调和长时间的波动，特别对于温度、成分等变化缓慢的过程，这一现象尤为严重。为此，可采用积分分离措施，即当偏差 $e(k)$ 较大时，取消积分作用，当偏差 $e(k)$ 较小时才将积分作用投入到控制过程中，即当 $|e(k)|>\beta$ 时，采用 PD 控制；当 $|e(k)|<\beta$ 时，采用 PID 控制。

积分分离域值应根据具体情况确定。若 β 值过大，则达不到积分分离的目的，如图 4.10 中的曲线 a 所示；若 β 值太小，则一旦被控量 $y(t)$ 无法跳出积分分离区，只进行 PD 控制，将会出现残差，如图 4.10 中的曲线 c 所示；只有当 β 选择合适时，才能达到兼顾偏差与动态品质的积分分离目的，如图 4.10 中的曲线 b 所示。为了实现积分分离，编写程序时必须从数字 PID 差分方程中分离出积分项，进行特殊处理。

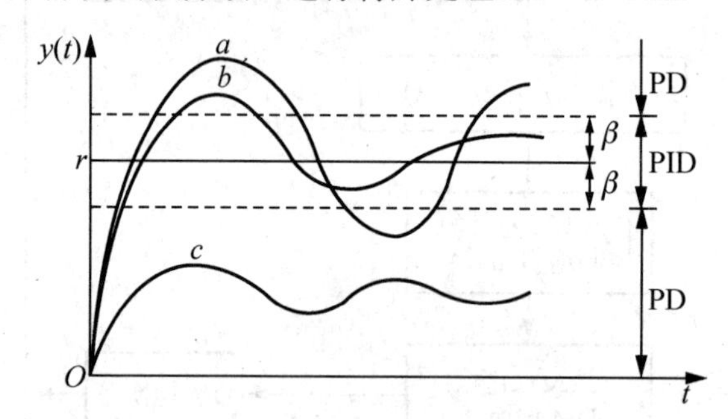

图 4.10 带有积分分离作用的控制过程曲线

例如，巡线智能小车的控制中，速度的控制好坏直接影响整车的多个方面，如直道的速度提升，弯道速度太小不行，太大容易打滑偏离赛道，根本原因就是速度控制算法处理不当造成的。可采用直道时使用经典 PID 算法，同时设定速度的上下限，使速度不至于加减速太过。设定上限速度就是直道极限速度，下限速度就是直道最安全速度，这样设定保证直道既安全又高速的运行。

舵机控制可以使用查表和 PD 控制。使用 PD 控制的比例系数是变化的，即当偏离量再增大时，应增大比例系数，反之，若偏离量再减小，且偏离量小于一定值，此时应减小比例系数。在向直道走或者在直道上时，若同时发现偏离量在 0 的两边抖动时，应减小比例系数，减小震荡，而加入微分变化量可以很好地解决由直道进弯道和由弯道切弯道舵机反应不过来的问题，加入微分就启动了一定量的超前控制。如结合 PID 使用，也就是弯道时屏蔽积分控制作用。

也可以将动态过程分成 3 段进行调节：①当$|e(k)| \geqslant \beta 1$时，采用 P 调节，比例系数为 K1，系统处于比例调节，跟踪速度快；②当$\beta 2 \leqslant |e(k)| < \beta 1$时，采用 P 调节，比例系数为 K2。系统也是比例调节，但为了减小超调量，跟踪速度要小于第一段；③当$|e(k)| < \beta 2$时，采用 PID 控制，系统跟踪响应速度较慢，但由于积分的作用，保证了系统的静态精度。

2) 变速积分的 PID 算式

在普通的 PID 控制算法中，由于积分系数K_{I}是常数，所以，在整个控制过程中积分速率是不变的。而系统对积分项的要求是，系统偏差大时积分作用减弱或不积分，而在偏差小时则积分作用应加强。否则，积分系数取大了会产生超调，甚至积分饱和，取小了又迟迟不能消除静差。因此，根据系统的偏差的大小改变积分的速度，对于提高调节品质至关重要。

变速积分 PID 控制算法的基本思想是设法改变积分项的累加速度，使其与偏差大小相对应：偏差越大，积分越慢，反之则越快。为此，设置一变系数$f\left[e(k)\right]$，它是$e(k)$的函数，当$|e(k)|$增大时，f减小，反之增大。变速积分的 PID 积分项表达式为

$$u_{\mathrm{I}}(k) = K_{\mathrm{I}}\left\{\sum_{j=0}^{k-1} e(j) + f\left[e(k)\right]e(k)\right\} \tag{4.26}$$

f与偏差当前值$|e(k)|$的关系可以是线性的或高阶的，如设其为

$$f\left[e(k)\right] = \begin{cases} 1, & |e(k)| \leqslant B \\ \dfrac{A - |e(k)| + B}{A}, & B < |e(k)| \leqslant A + B \\ 0 & |e(k)| > A + B \end{cases} \tag{4.27}$$

f值在 0～1 区间变化，当偏差大于$(A+B)$后，$f=0$，不再加当前值$e(k)$；当偏差$e(k)$不大于B时，加当前值$e(k)$，即积分项变成了$u_{\mathrm{I}}(k) = K_{\mathrm{I}}\sum_{j=0}^{k} e(j)$，与一般 PID 积分项相同，积分动作达到最高速；而当偏差值$e(k)$在B与$A+B$之间时，则累加进的是部分当前值，其值在 0～$e(k)$之间随$e(k)$的大小而变化，因此其积分速度在$u_{\mathrm{I}}(k) = K_{\mathrm{I}}\sum_{j=0}^{k-1} e(j)$和$u_{\mathrm{I}}(k) = K_{\mathrm{I}}\sum_{j=0}^{k} e(j)$之间。将式(4.26)代入位置型 PID 算式，可得变速积分 PID 算式的完整表达式，即

$$u(k) = K_{\mathrm{P}}e(k) + K_{\mathrm{I}}\left\{\sum_{j=0}^{k-1} e(j) + f\left[e(k)\right]e(k)\right\} + K_{\mathrm{D}}\left[e(k) - e(k-1)\right] \tag{4.28}$$

变速积分 PID 与普通 PID 相比，具有如下一些优点。

(1) 减小了超调量，不易产生过饱和，可以很容易地使系统稳定，具有自适应能力。

(2) 变速积分与积分分离两种控制方法很类似，但调节方式不同。积分分离对积分项采用的是所谓“开关”控制，而变速积分则是缓慢变化，后者更符合调节的理念。

3) 抗积分饱和

因长时间出现偏差或偏差较大，计算出的控制量$u(k)$可能超出D/A转换器所能表示的数值范围，例如，8位D/A的数据范围为00～FFH(H表示十六进制)。一般执行机构有两个极限位置，如调节阀全开或全关。设$u(k)$为FFH时，调节阀全开；反之，$u(k)$为00H时全关。为了提高运算精度，通常采用双字节或浮点数计算PID差分方程。当执行机构已经到达极限位置仍然不能消除偏差时，因为积分作用的存在，尽管计算PID差分方程所得的运算结果继续增大或减小，但执行机构已无相应动作，这就称为积分饱和。积分饱和的出现，导致超调量增加，控制品质变坏。作为防止积分饱和的办法之一，可对计算出的控制量$u(k)$限幅，同时，把积分作用切除掉。以8位D/A转换器为例，则当$u(k)<00H$时，取$u(k)=0$；当$u(k)>FFH$时，取$u(k)=FFH$。

4) 梯形积分

在PID控制器中，积分项的作用是消除残差。为提高积分项的运算精度，可以将矩形积分改为梯形积分，其计算公式为

$$\int_0^t e(t)\,\mathrm{d}(t) \approx \sum_{j=0}^{k} \frac{e(j)+e(j-1)}{2} \cdot T \tag{4.29}$$

5) 消除积分不灵敏区

数字PID增量型控制算式中的积分项输出为

$$\Delta u_{\mathrm{I}}(k) = K_{\mathrm{I}} e(k) = K_{\mathrm{P}} \frac{T}{T_{\mathrm{I}}} e(k) \tag{4.30}$$

由于计算机字长的限制，当运算结果小于字长所能表示的数的精度时，计算机就作为0将此数丢掉。从式(4.30)可知，当计算机的字长较短，采样周期T也短，而积分时间T_{I}又较长时，$\Delta u_{\mathrm{I}}(k)$容易出现小于字长所表示的精度而丢数，失去了积分作用，这就称为积分不灵敏区。

例如，某温度控制系统，温度量程为0～1275℃，A/D转换器为8位，并采用8位字长定点运算。设$K_{\mathrm{p}}=1$，$T=1\mathrm{s}$，$T_{\mathrm{I}}=10\mathrm{s}$，$e(k)=50$℃，根据式(4.30)得

$$\Delta u_{\mathrm{I}}(k) = K_{\mathrm{p}} \frac{T}{T_{\mathrm{I}}} e(k) = \frac{1}{10}\left(\frac{225}{1275} \times 50\right) \approx 0.88$$

这就说明，如果偏差$e(k)<50$℃，则$\Delta u_{\mathrm{I}}(k)<1$，计算机就作为0将此数丢掉，控制器的积分作用失去了，造成控制系统的残差。

为了消除积分不灵敏区，通常采用以下措施。

(1) 增加A/D转换位数，加长运算字长，可以提高运算精度。

(2) 当积分项$\Delta u_{\mathrm{I}}(k)$连续n次出现小于输出精度ε的情况时，不要把它们作为0舍掉，而是把它们一次次累加起来，即

$$S_{\mathrm{I}} = \sum_{j=1}^{n} \Delta u_{\mathrm{I}}(j) \tag{4.31}$$

直到式(4.31)的累加值大于输出精度ε时，才输出S_{I}，同时把累加单元清0，其程序流程图如图4.11所示。

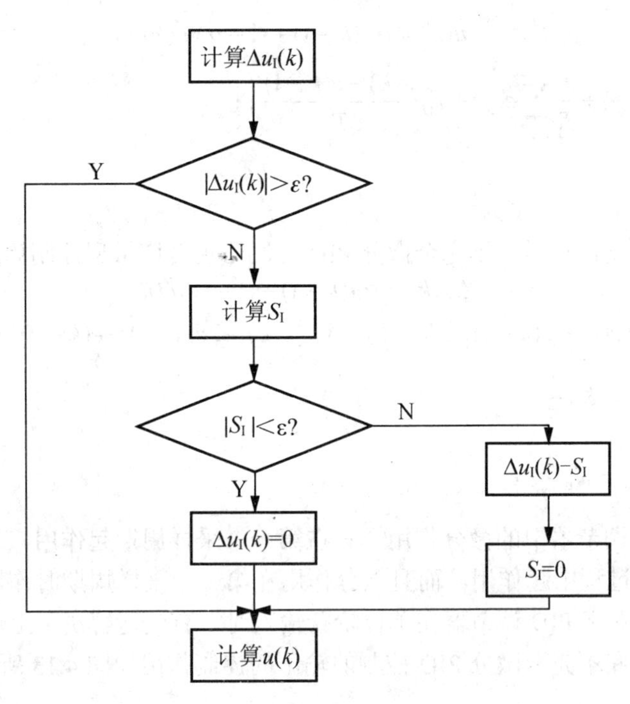

图 4.11　消除积分不灵敏区算法流程图

2. 微分项的改进

1) 不完全微分 PID 控制算法

标准的 PID 控制算式，对具有高频扰动的生产过程，微分作用响应过于灵敏，容易引起控制过程振荡，降低调节品质。其次，即使因误差变化大，导致$u(k)$有较大的输出变化，但是，由于计算机对某个控制回路的输出时间是短暂的，而驱动执行器动作又需要一定时间，所以如果输出较大，在短暂时间内执行器达不到应有的开度，那么会使输出失真。为了克服这一缺点，同时又使微分作用有效，可以在 PID 调节器输出端串联一个一阶惯性环节，组成一个不完全微分 PID 控制器，如图 4.12 所示。

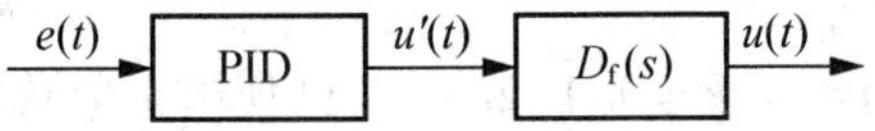

$e(t)$ → PID → $u'(t)$ → $D_f(s)$ → $u(t)$

图 4.12　不完全微分 PID 调节器

其中，一阶惯性环节$D_f(s)$的传递函数为

$$D_f(s)=\frac{1}{T_f s+1} \tag{4.32}$$

因为

$$u'(t)=K_p\left[e(t)+\frac{1}{T_I}\int_0^T e(t)\mathrm{d}t+T_D\frac{\mathrm{d}e(t)}{\mathrm{d}t}\right]$$

$$T_f\frac{\mathrm{d}u(t)}{\mathrm{d}t}+u(t)=u'(t)$$

所以

$$T_f\frac{\mathrm{d}u(t)}{\mathrm{d}t}+u(t)=K_p\left[e(t)+\frac{1}{T_I}\int_0^T e(t)\mathrm{d}t+T_D\frac{\mathrm{d}e(t)}{\mathrm{d}t}\right] \tag{4.33}$$

对式(4.33)进行离散化，可得不完全微分 PID 位置型控制算式

$$u(k)=\alpha u(k-1)+(1-\alpha)u'(k) \tag{4.34}$$

式中 $u'(t)=K_{\mathrm{p}}\left[e(t)+\frac{T}{T_{\mathrm{I}}}\sum_{j=0}^{k}e(j)+T_{\mathrm{D}}\frac{e(k)-e(k-1)}{T}\right]$；

$\alpha=\frac{T_{\mathrm{f}}}{T_{\mathrm{f}}+T}$。

与标准 PID 控制器一样，不完全微分 PID 控制器也有增量型控制算式，即

$$\Delta u(k)=\alpha u(k-1)+(1-\alpha)u'(k) \tag{4.35}$$

式中 $\Delta u'(k)=K_{\mathrm{p}}\left[e(k)-e(k-1)\right]+K_{\mathrm{I}}e(k)+K_{\mathrm{D}}\left[e(k)-2e(k-1)+e(k-2)\right]$；

积分系数 $K_{\mathrm{I}}=K_{\mathrm{P}}\frac{T}{T_{\mathrm{I}}}$；

微分系数 $K_{\mathrm{D}}=K_{\mathrm{P}}\frac{T_{\mathrm{D}}}{T}$。

普通数字 PID 调节器中的微分作用，只在第一个采样周期起作用，不能按照偏差变化的趋势在整个调节过程中起作用，而且微分作用在第一个采样周期时作用很强，容易引起振荡。而改进后的数字 PID 调节器在单位阶跃输入时，有效地解决了上述问题。

标准 PID 控制和不完全微分 PID 控制的输出的控制作用如图 4.13 所示。

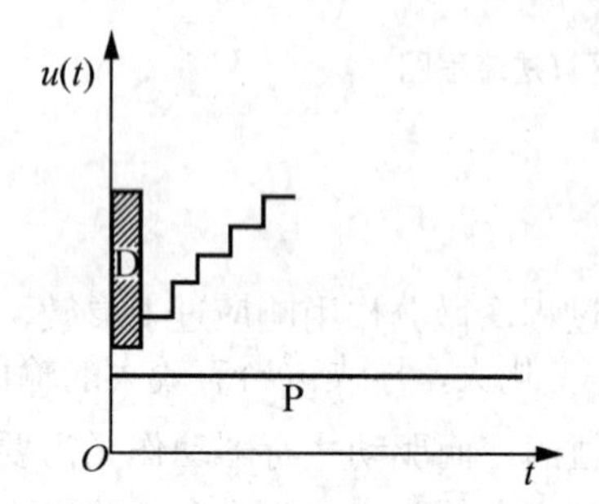

(a) 标准PID控制的输出的控制作用

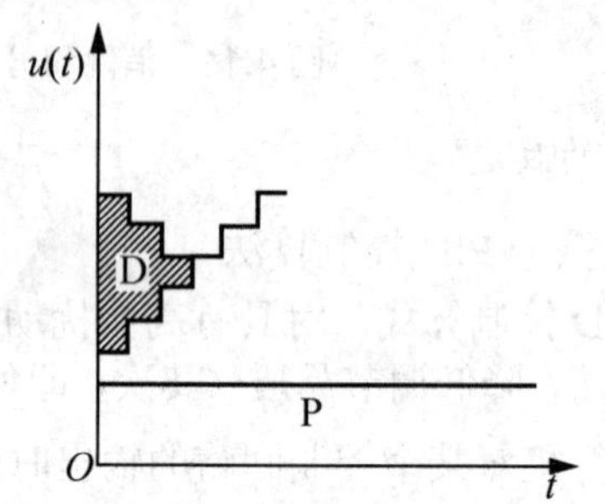

(b) 不完全微分PID控制的输出的控制作用

图 4.13 标准 PID 控制和不完全微分 PID 控制的输出的控制作用

下面用一个例子来说明。

设调节器的输入为 $e(k)=a$，$k=0, 1, 2, \cdots$，则使用完全微分时，有

$$u(t)=T_{\mathrm{D}}\frac{\mathrm{d}e(t)}{\mathrm{d}t}$$

对上式离散化，得

$$u(k)=\frac{T_{\mathrm{D}}}{T}\left[e(k)-e(k-1)\right]$$

由上式得

$$u(0)=\frac{T_{\mathrm{D}}}{T}a$$

$$u(1)=u(2)=\cdots=0$$

由于 $T_{\mathrm{D}}>>T$，因此调节器的输出 $u(0)$ 将很大。

对于数字调节器，当使用不完全微分 PID 控制时，有

$$U(s)=T_{\mathrm{D}}s\cdot E(s)\frac{1}{1+T_{\mathrm{f}}s}=\frac{T_{\mathrm{D}}s}{1+T_{\mathrm{f}}s}E(s)$$

$$U(s)(1+T_{\mathrm{f}}s)=T_{\mathrm{D}}s\cdot E(s)$$

或

$$u(t)+T_{\mathrm{f}}\frac{\mathrm{d}u(t)}{\mathrm{d}t}=T_{\mathrm{D}}\frac{\mathrm{d}e(t)}{\mathrm{d}t}$$

对上式离散化，得

$$u(k)=\frac{T_{\mathrm{f}}}{T_{\mathrm{f}}+T}u(k-1)+\frac{T_{\mathrm{D}}}{T_{\mathrm{f}}+T}\left[e(k)-e(k-1)\right] \tag{4.36}$$

当$k\geqslant 0$时，$e(k)=a$，由式(4.36)得

$$u(0)=\frac{T_{\mathrm{D}}}{T_{\mathrm{f}}+T}a$$

$$u(1)=\frac{T_{\mathrm{D}}T_{\mathrm{f}}}{(T_{\mathrm{f}}+T)^2}a$$

$$u(2)=\frac{T_{\mathrm{D}}T_{\mathrm{f}}^2}{(T_{\mathrm{f}}+T)^3}a$$

显然，$u(k)\neq 0$，$k=1, 2, \cdots$，并且

$$u(0)=\frac{T_{\mathrm{D}}}{T_{\mathrm{f}}+T}a \ll \frac{T_{\mathrm{D}}}{T}a$$

因此，在第一个采样周期内不完全微分数字调节器的输出比普通数字调节器的输出幅度小得多，而且该类调节器的输出十分近似于理想的调节功能，使用越来越广泛。

2) 微分先行 PID 控制算法

为了避免给定值的升降给控制系统带来冲击，如超调量过大，调节阀动作剧烈，也可以采用如图 4.14 所示的微分先行 PID 控制方案。它和标准 PID 控制的不同之处在于，只对被控量$y(t)$微分，不对偏差微分$e(t)$，也就是说对给定值$r(t)$无微分作用。图 4.14 中，γ为微分增益系数。

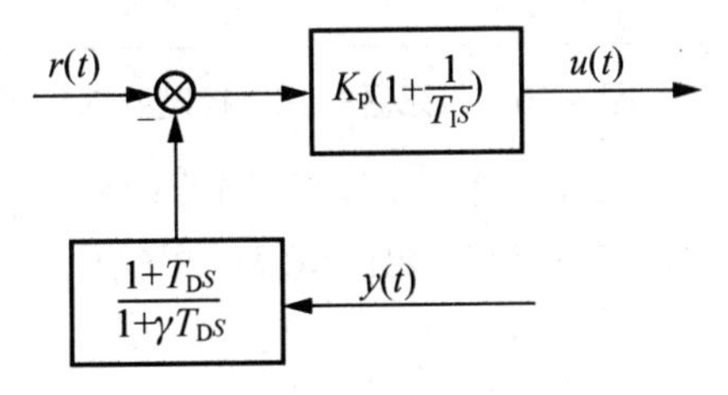

图 4.14　微分先行 PID 控制算法示意图

3) 平滑滤波

在 PID 调节中，由于微分项的作用易引起输出较大的变动，特别是当偏差 e 较小时，对干扰更显得比较敏感。为了提高系统的抗干扰能力，系统软件商可采取对偏差进行平滑滤波的措施，即

$$\overline{e_i}=\alpha e_i+(1-\alpha)\overline{e_{i-1}}，(0<\alpha<1)$$

3. 时间最优 PID 控制

最大值原理是庞特里亚金于 1956 年提出的一种最优控制理论，它是研究满足约束条件

下获得允许控制的方法。用最大值原理可以设计出控制量只在$u(t) \leqslant 1$ 范围内取值的时间最优控制系统。而在工程上，设$u(t)$都只取± 1 两个值，而且依照一定法则加以切换。使系统从一个初始状态转到另一个状态所经历的过渡时间最短，这种类型的最优切换系统，称为开关控制(Bang-Bang 控制)系统。

在工业控制应用中，最有发展前途的是开关控制与反馈控制相结合的系统，这种控制方式在给定值升降时特别有效，具体形式为

$$\begin{cases} |e(k)| = |r(k) - y(k)| > \alpha & \text{开关控制} \\ |e(k)| = |r(k) - y(k)| \leqslant \alpha & \text{PID控制} \end{cases}$$

时间最优位置随动系统，从理论上讲应采用开关控制，但开关控制很难保证足够高的定位精度。因此，采用开关控制和线性控制相结合的方式，是一种可选的方案。

4. 带死区的 PID 控制算法

在计算机控制系统中，为了避免控制动作过于频繁，以消除由于频繁动作所引起的振荡，有时采用带有死区的 PID 控制系统，如图 4.15 所示，相应的算式为

$$p(k) = \begin{cases} e(k), & |r(k) - y(k)| = e(k) > \varepsilon \\ 0 & |r(k) - y(k)| = e(k) \leqslant \varepsilon \end{cases}$$

上式中，死区ε是一个可调参数，其具体数值可根据实际被控对象由实验确定。如果ε值太小，使调节过于频繁，达不到稳定调节对象的目的；如果ε值取得太大，则系统将产生很大的滞后；当$\varepsilon = 0$，即为常规 PID 控制。

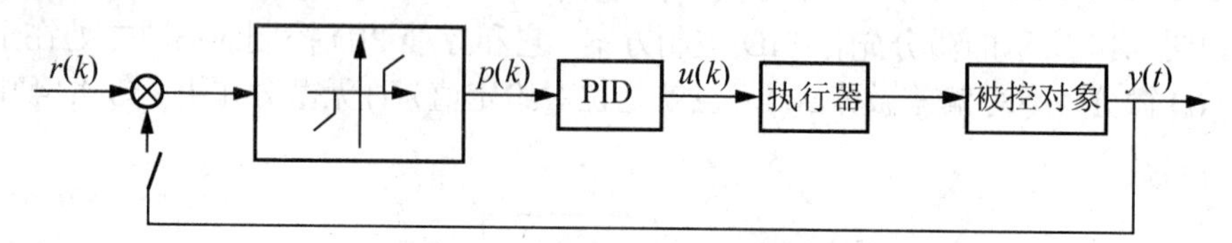

图 4.15 带死区的 PID 控制系统

该系统实际上是一个非线性控制系统。即当偏差绝对值$|e(k)| \leqslant \varepsilon$时，$p(k)$为 0；当$|e(k)| > \varepsilon$时，$p(k) = e(k)$，输出值$u(k)$以 PID 运算结果输出。

5. 可变增量 PID 控制

工业控制系统有时会提出这样的要求：PID 控制算法的增量是可变的，以补偿受控制过程的非线性因素。这时的控制算法为

$$u(t) = f(e)\left[e(t) + \frac{1}{T_{\mathrm{I}}}\int_0^T e(\tau)\mathrm{d}\tau + T_{\mathrm{D}}\frac{\mathrm{d}e(t)}{\mathrm{d}t} \right] \tag{4.37}$$

可变增量 PID 控制器可等效如图 4.16 所示。其结构相当于 PID 控制器再串联一个非线性函数部分。

实现可变增量 PID 控制算法的程序流程图如图 4.17 所示。由于计算机实现非线性算法十分方便，因此得到广泛应用。

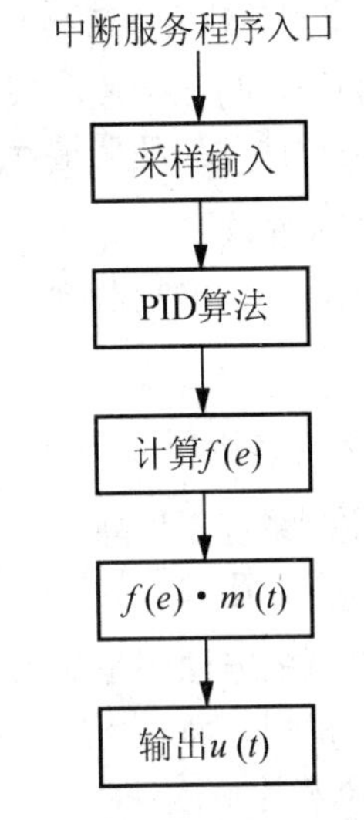

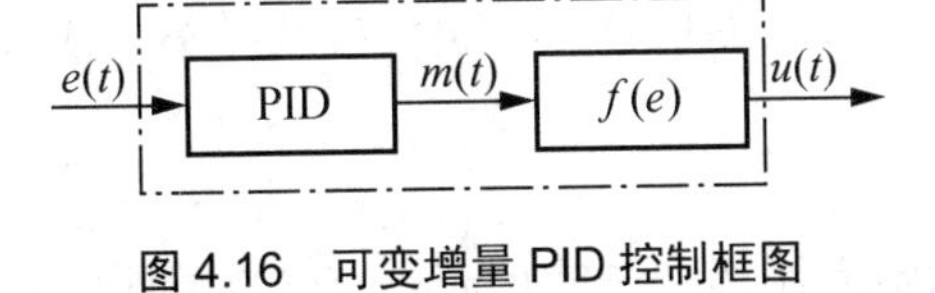

图 4.16 可变增量 PID 控制框图

图 4.17 可变增量 PID 控制流程图

4.2.4 数字 PID 控制器参数的整定方法

模拟 PID 调节器参数的整定是按照生产工艺对控制性能的要求来整定调节器的参数 K_p、T_I、T_D，而数字调节器的参数整定除了需要确定上述 3 个参数之外，还需要确定系统的采样周期 T。通常被控对象有较大的惯性时间常数，因此采样周期与其相比要小得多，参数整定可模仿模拟调节器的参数整定。另外，即使在模拟系统中，由于被控对象的数学模型不一定完全反映被控对象的特性，也需要在现场对已经选择好的数字调节器的参数 K_p、T_I、T_D 进行调整。因此，掌握 K_p、T_I、T_D 参数整定是很有必要的。

1. PID 调节器参数对控制性能的影响

1) 比例控制参数 K_p 对系统性能的影响

(1) 对动态性能的影响。加大比例控制参数 K_p，使系统的动作灵敏，响应速度加快，K_p 偏大，振荡次数加多，调节时间加长。当 K_p 太大时，系统会趋于不稳定；若 K_p 太小时，又会使系统的动作缓慢。

(2) 对稳态性能的影响。加大比例控制系数 K_p，在系统稳定的情况下，可以减小稳态误差 e_{ss}，提高控制精度，但只是减小 e_{ss}，却不能完全消除稳态误差。

2) 积分控制参数 T_I 对控制性能的影响

积分控制通常与比例控制或微分控制联合作用，构成 PI 控制或 PID 控制。

(1) 对动态性能的影响。积分控制参数 T_I 通常使系数的稳定性下降。T_I 太小，系统将不稳定。T_I 偏小，振荡次数较多。T_I 太大，系统响应缓慢。选择合适的 T_I 时，过渡特性会比较理想。

(2) 对稳态性能的影响。积分控制参数能消除系统的稳态误差，提高控制系统的控制精度。但是若 T_I 太大时，积分作用太弱，以致不能减小稳态误差。

3) 微分控制参数 T_D 对控制性能的影响

微分控制经常与比例控制或积分控制联合作用，构成 PD 控制或 PID 控制。微分控制可以改善动态特性，如超调量 σ_p 减小，调节时间 t_s 缩短，允许加大比例控制，使稳态误差减小，提高控制精度。

综合起来，不同的控制规律各有特点，对于相同的被控对象，不同的控制规律，有不同的控制效果。

2. 按简易工程法整定 PID 控制参数

为了使控制系统不仅静态特性好，而且稳定性好，过渡过程快，正确地整定数字 PID 调节器的参数 K_P、T_I、T_D 是非常重要的。在连续控制系统中，模拟调节器的参数整定方法较多，但简单易行的方法还是简易工程法。这种方法最大的优点在于整定参数时不必依赖被控对象的数学模型，而且物理意义明确。

1) 扩充临界比例度法

扩充临界比例度法是对模拟调节器中使用的临界比例度法的扩充。首先要声明的是该方法属于闭环操作方法。关键在于去掉积分和微分部分，只保留比例部分，也仅调节比例部分，在系统达到等幅振荡的时候，得到参数临界比例度 δ_k 及系统的临界振荡周期 T_k，据此选择控制器及其参数。比例度 δ 和比例系数 K_P 有如下关系：$K_P = 1/\delta$。

下面叙述整定数字控制器参数的步骤。

(1) 选择一个足够短的采样周期，具体地说就是选择采样周期为被控对象纯滞后时间的 1/10 以下，或选择采样频率为穿越频率 ω_c 的 1/10～1/5。用选定的采样周期使系统工作，这时，去掉数字控制器的积分和微分作用，只保留比例作用。逐渐减小比例度 δ ($\delta = 1/K_P$)，直到系统发生持续等幅振荡(图 4.18)。记下使系统发生振荡的临界比例度 δ_k 及系统的临界振荡周期 T_k。

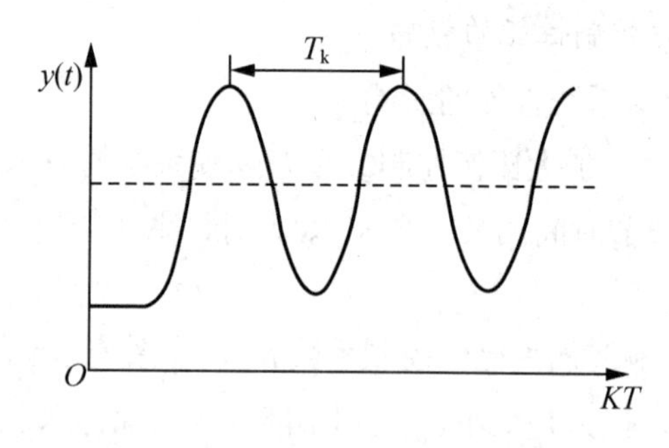

图 4.18　扩充临界比例度实验曲线

(2) 选择控制度。所谓的控制度就是以模拟调节器为基准，将 DDC 的控制效果与模拟调节器的控制效果相比较。控制效果的评价函数通常用误差平方的积分 $\int_0^\infty e^2(t)\mathrm{d}t$ 表示。

$$\text{控制度} = \frac{\left[\int_0^\infty e^2(t)\mathrm{d}t\right]_{\mathrm{DDC}}}{\left[\int_0^\infty e^2(t)\mathrm{d}t\right]_{\text{模拟}}}$$

实际应用中并不需要计算出两个误差平方的积分，控制度是仅表示控制效果的物理概念。例如，当控制度为 1.05 时，就是指 DDC 与模拟调节器的控制效果相当；当控制度为 2 时，是指 DDC 比模拟调节器的控制效果差。

(3) 根据选定的控制度，查表 4-2 求得 T、K_p、T_I、T_D 的值。

表 4-2 按扩充临界比例度法整定参数

控制度	控制规律	T	K_P	T_I	T_D
1.05	PI	$0.03T_k$	$0.53\delta_k$	$0.88T_k$	—
1.05	PID	$0.014T_k$	$0.63\delta_k$	$0.49T_k$	$0.14T_k$
1.2	PI	$0.05T_k$	$0.49\delta_k$	$0.91T_k$	—
1.2	PID	$0.043T_k$	$0.47\delta_k$	$0.47T_k$	$0.16T_k$
1.5	PI	$0.14T_k$	$0.42\delta_k$	$0.99T_k$	—
1.5	PID	$0.09T_k$	$0.34\delta_k$	$0.43T_k$	$0.20T_k$
2.0	PI	$0.22T_k$	$0.36\delta_k$	$1.05T_k$	—
2.0	PID	$0.16T_k$	$0.27\delta_k$	$0.40T_k$	$0.22T_k$

2) 扩充响应曲线法

在模拟控制系统中，可用阶跃响应曲线法代替临界比例度法，在 DDC 中也可用扩充响应曲线法代替扩充临界比例度法，值得注意的是扩充响应曲线法属于开环操作。用扩充响应曲线法整定 T 和 K_p、T_I、T_D 的步骤如下。

(1) 数字控制器不接入控制系统，让系统处于手动操作状态下，将被调量调节到给定值附近，待系统稳定后，突然改变给定值，给被控对象一个阶跃信号。

(2) 用记录仪表记录被调量在阶跃输入作用下的整个变化过程曲线，如图 4.19 所示。

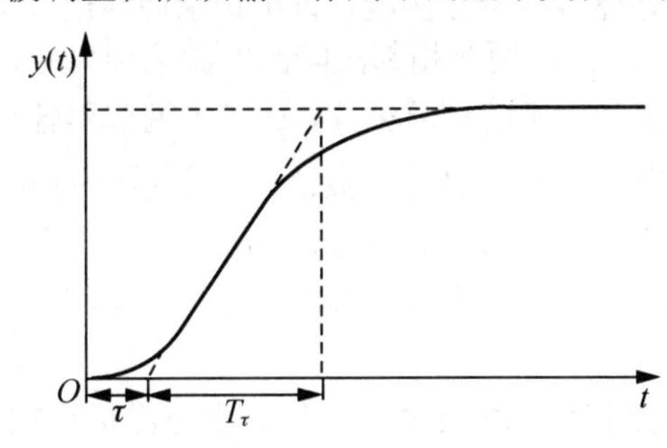

图 4.19 被调量在阶跃输入下的变化过程曲线

(3) 在曲线的最大斜率处作切线，求得滞后时间，被控对象的时间常数 T_τ 以及它们的比值，查表 4-3，即可得数字控制器的 K_p、T_I、T_D 及采样周期 T。

表 4-3 扩充响应曲线

控制度	控制规律	T	K_P	T_I	T_D
1.05	PI	0.1τ	$0.84T_\tau/\tau$	0.34τ	—
1.05	PID	0.05τ	$1.15T_\tau/\tau$	2.0τ	0.45τ
1.2	PI	0.2τ	$0.78T_\tau/\tau$	3.6τ	—
1.2	PID	0.16τ	$1.0T_\tau/\tau$	1.9τ	0.55τ

续表

控制度	控制规律	T	K_P	T_I	T_D
1.5	PI	0.5τ	$0.684T_\tau/\tau$	3.9τ	—
1.5	PID	0.34τ	$0.85T_\tau/\tau$	1.62τ	0.65τ
2.0	PI	0.8τ	$0.57T_\tau/\tau$	4.2τ	—
2.0	PID	0.6τ	$0.6T_\tau/\tau$	1.5τ	0.82τ

3) 归一参数法

除了上面讲的一般的扩充临界比例度法外，Robert P. D. 在 1974 年提出一种简化扩充临界比例度整定法。由于该方法只需整定一个参数即可，故称其为归一参数整定法。

已知增量型 PID 控制的公式为

$$\Delta u(k)=K_p\left\{e(k)-e(k-1)+\frac{T}{T_I}e(k)+\frac{T_D}{T}[e(k)-2e(k-1)+e(k-2)]\right\}$$

如令 $T=0.1T_k$，$T_I=0.5T_k$，$T_D=0.125T_k$，(T_k 为纯比例作用下的临界振荡周期)，则

$$\Delta u(k)=K_p[2.45e(k)-3.5e(k-1)+1.25e(k-2)] \tag{4.38}$$

这样，整个问题便简化为只整定一个参数 K_p，观察控制效果，直到满意为止。该法为实现简易的自整定控制带来方便。

4) 阻尼振荡法(衰减曲线法)

阻尼振荡法是在总结临界比例度法的基础上提出来的，即 4∶1 衰减曲线法，整定步骤如下。

(1) 在闭合系统中，置调节器积分时间为最大，微分时间 T_D 置 0，比例度 δ 取较大数值反复做给定值扰动试验，并逐步减少比例度，直至记录曲线出现 4∶1 的衰减为止。这时的比例度称为 4∶1 衰减比例度 δ_s，两个相邻波峰间的距离称为 4∶1 衰减周期 T_s。

(2) 根据 δ_s 和 T_s 值按表 4-4 中的经验公式，计算出调节器各个参数 δ、T_I 和 T_D 的数值。

(3) 根据上述计算结果设置调节器的参数值，观察系统的响应过程。如果不够理想，再适当调整整定参数值，直到控制质量符合要求为止。对大多数控制系统，4∶1 衰减过程是最佳整定。但在有些过程中，例如热电厂锅炉的燃料控制系统，希望衰减越快越好，则可采用 10∶1 的衰减过程。

阻尼振荡法对大多数控制系统均可适用，但对于外界扰动频繁，即记录曲线不规则的情况，由于不能得到正确的 δ_s 和 T_s 或 T_r 值，故不能应用此法。

表 4-4 阻尼振荡整定计算公式

控制规律 \ 调节器参数	δ	T_I	T_D
P	δ_s	—	—
PI	$1.2\delta_s$	$0.5T_s$	—
PID	$0.8\delta_s$	$0.3T_s$	$0.1T_s$

5) 极限环自整定法

在临界比例度法中，使控制器在纯比例作用下工作，并逐渐减小比例度δ可使系统处于稳定边界。但在实际整定中，即使系统处于临界振荡(等幅振荡)状态获得稳定边界也相当费时，对于有显著干扰的慢过程，不仅费时而且困难。图 4.20 用一滞环宽度为h，幅度为d的继电器来代替控制器，则比较容易获得极限环。利用继电器的非线性来获得极限环(等幅振荡)，然后根据极限环的幅值与振荡周期来计算控制器参数的方法就称为极限环法，它属于控制器参数自整定方法中的一种，其整定步骤如下。

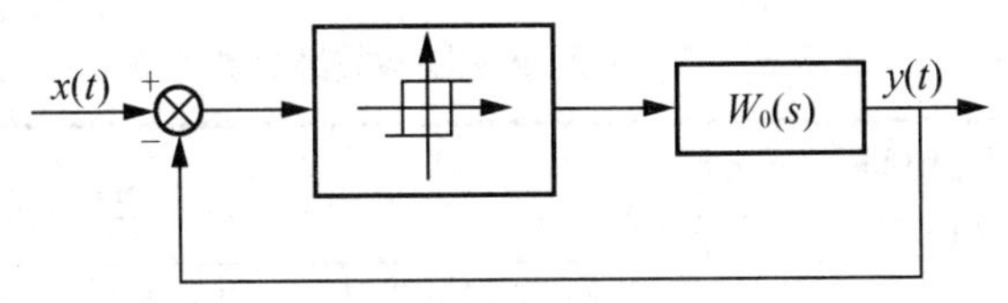

图 4.20　采用继电器代替控制器的闭环系统

(1) 如图 4.21 所示，将继电器接入闭环系统。先通过人工控制使系统进入稳定状态，然后将整定开关 S 拨向 T 接通继电器，使系统处于等幅振荡，获得极限环。

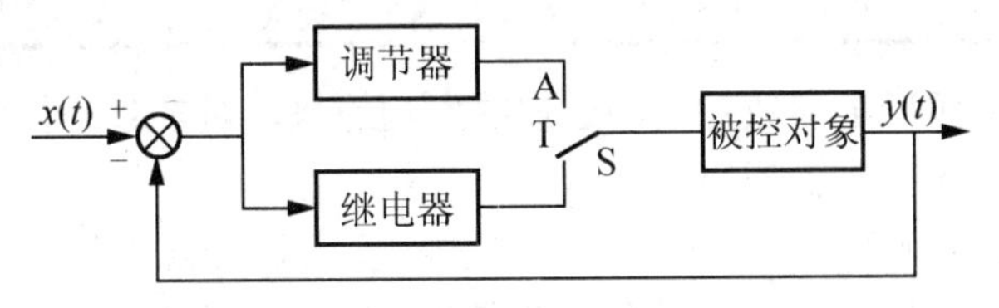

图 4.21　继电器自整定原理框图

(2) 测出极限环的幅值a和振荡周期T_k并根据

$$\delta_k = \frac{a\pi}{4d} \tag{4.39}$$

计算出临界比例度δ_k。

(3) 类似临界比例度法，根据δ_k与T_k值，运用表 4-5 中的经验公式，计算出调节器各个参数δ、T_I和T_D值。

表 4-5　临界振荡整定计算公式

调节器参数 / 控制规律	δ	T_I	T_D
P	$2\delta_k$	—	—
PI	$2.2\delta_k$	$T_k/1.2$	—
PID	$1.6\delta_k$	$0.5T_k$	$0.25T_I$

3. 凑试法整定 PID 调节参数

凑试法是通过模拟或闭环运行观察系统的响应曲线(如阶跃响应)，然后根据各调节参数T、K_p、T_I、T_D对系统相应的大致程度影响，反复凑试，以达到满意的响应从而确定 PID 调节参数。整定时要注意以下特点。

(1) 增大比例系数K_p，会加快系统的响应，有利于减少静差。但比例系数过大，会使系统产生较大的超调，甚至产生振荡，使系统稳定性变坏。

(2) 增大积分时间常数T_I，有利于减少超调，减少振荡，使系统更稳定，但因系统响应变慢，加之积分作用减弱，系统静差的消除将随之减慢。

(3) 增大微分时间常数T_D，有利于加快系统的响应，使超调量减少，稳定性增加，但系统对扰动的抑制能力减弱，对扰动有较敏感的响应不宜采用微分环节。

表4-6是在生产实践中所总结出来数据，用于参数整定的参考。

表4-6　各调节系统PID参数经验数据表

调节系统	比例度δ(%)	积分时间T_I(分)	微分时间T_D(分)	说　明
流量	40～100	0.1～1		对象时间常数小，并有杂散扰动，δ应大，T_I较短，不必用微分
压力	30～70	0.4～3		对象滞后一般不大，δ略小，T_I略大，不用微分
液位	20～80	1～5		δ小，T_I较大，要求不高时可不用积分，不用微分
温度	20～60	3～10	0.5～3	对象容量滞后较大。δ小，T_I大，加微分作用

在凑试时，可参照以上参数对控制过程的影响趋势，对参数实行先比例，后积分，再微分的整定步骤。具体整定步骤如下。

(1) 首先只整定比例部分。即将比例系数由小变大，并观察相应的系统响应，直到得到反应快、超调小的响应曲线。如果系统没有静差或静差已经小到允许的范围内，并且响应曲线已符合性能要求，那么只需用比例调节器即可，最优比例系数可由此确定。

(2) 加入积分环节。如果在比例调节器的基础上系统的静差不能满足设计要求，则需加入积分环节。整定时首先置积分时间常数T_I为一个较大值，并将经第一步整定得到的比例系数略微缩小(如缩小为原来的4/5)，然后逐渐减小积分时间常数，使在保持系统良好动态性能的情况下，直至静差得到消除。在此过程中，可根据响应曲线的好坏反复改变比例系数与积分时间常数，以期得到满意的控制过程与整定参数。

(3) 加入微分环节。若使用PI调节器消除了静差，但动态过程经反复调节仍不能满意，则可加入微分环节，构成PID调节器。在整定时，可先置微分时间常数T_D为0。在第二步整定的基础上，增大T_D，同时相应地改变比例系数和积分时间常数，逐步凑试，以获得满意的调试效果和控制参数。

4.2.5　施密斯预估控制系统

在工业过程(如热工、化工)控制中，由于物料或能量的传输延迟，导致许多被控制对象具有纯滞后性质。由于这种纯滞后的存在，致使按传统设计方法设计的闭环控制系统易产生超调或者振荡，因此国内外部分学者、专家对此作了大量的研究，其中施密斯算法和达林算法就是其中具有代表性的研究成果。

1. 施密斯预估控制原理

施密斯(Smith)提出了一种纯滞后补偿模型，但由于模拟仪表不能实现这种补偿，致使这种方法在工程中无法实现。现在人们利用微型计算机可以方便地实现纯滞后补偿。

在图 4.22 所示的单回路控制系统中，$D(s)$ 为调节器的传递函数，$G_p(s)e^{-\tau s}$ 为被控对象的传递函数，$G_p(s)$ 为被控对象中不包含纯滞后部分的传递函数，$e^{-\tau s}$ 为被控制对象纯滞后部分的传递函数。

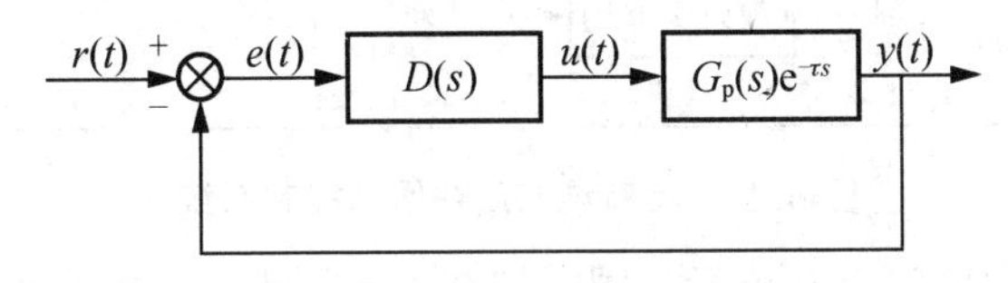

图 4.22　带纯滞后环节的控制系统

由图 4.22 可知，系统闭环特征方程含有纯滞后环节，影响系统的稳定性和性能指标。解决的办法是如何消去特征方程中的纯滞后环节。

施密斯预估控制原理是，与 $D(s)$ 并接一个补偿环节，用来补偿被控对象中的纯滞后部分。这个补偿环节称为预估器，其传递函数为 $G_p(s)(1-e^{-\tau s})$，τ 为纯滞后时间，补偿后的系统框图如图 4.23 所示。

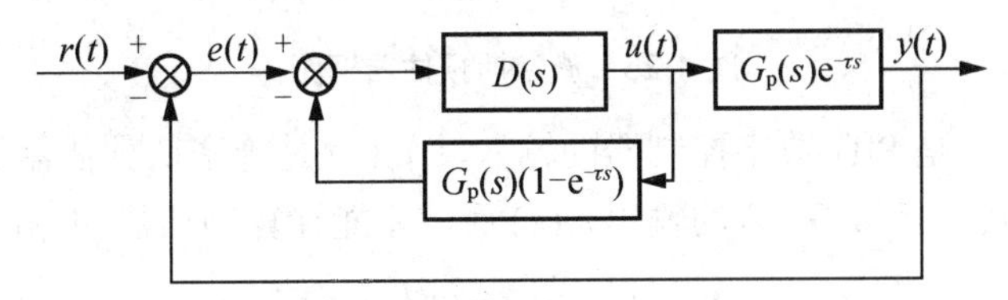

图 4.23　带施密斯预估器的控制系统

由施密斯预估器和调节器 $D(s)$ 组成的补偿回路称为纯滞后补偿器，其传递函数为 $D'(s)$，即

$$D'(s)=\frac{D(s)}{1+D(s)G_p(s)(1-e^{-\tau s})} \tag{4.40}$$

经补偿后的系统闭环传递函数为

$$\Phi(s)=\frac{D'(s)G_p(s)e^{-\tau s}}{1+D'(s)G_p(s)e^{-\tau s}}=\frac{D(s)G_p(s)}{1+D'(s)G_p(s)}e^{-\tau s} \tag{4.41}$$

式(4.41)说明，经补偿后的闭环系统因为式中的 $e^{-\tau s}$ 在闭环控制回路之外，不影响系统的稳定性，拉普拉斯变换的位移定理说明，$e^{-\tau s}$ 仅将控制作用在时间坐标轴上推移了一个时间 τ，控制系统的过渡过程及其他性能指标都与被控对象的特性为 $G_p(s)$ 时完全相同。

2. 具有纯滞后补偿的数字控制器

由图 4.24 可见，纯滞后补偿的数字控制器由两部分组成：一部分是数字 PID 控制器(由 $D(s)$ 离散化得到)；另一部分是施密斯预估器。

1) 施密斯预估器

滞后环节使信号延迟，为此，在内存中专门设定 N 个存储单元存放信号 $m(k)$ 的历史数据，存储单元的个数 N 由下式决定，即

$$N=\tau/T$$

式中 τ——纯滞后时间；

T——采样周期。

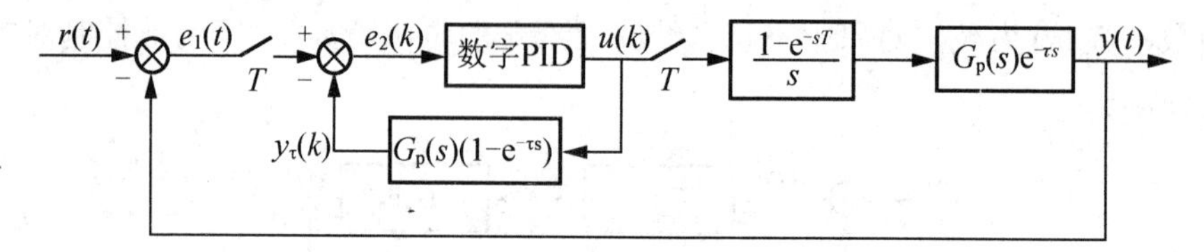

图 4.24 具有纯滞后补偿的控制系统

每采样一次，把 $m(k)$ 记入 0 单元，同时把 0 单元原来存放的数据移到 1 单元，以此类推。从 N 单元输出的信号，就是滞后 N 个采样周期的 $m(k-N)$ 信号。

施密斯预估器的输出可按图 4.25 的顺序计算。

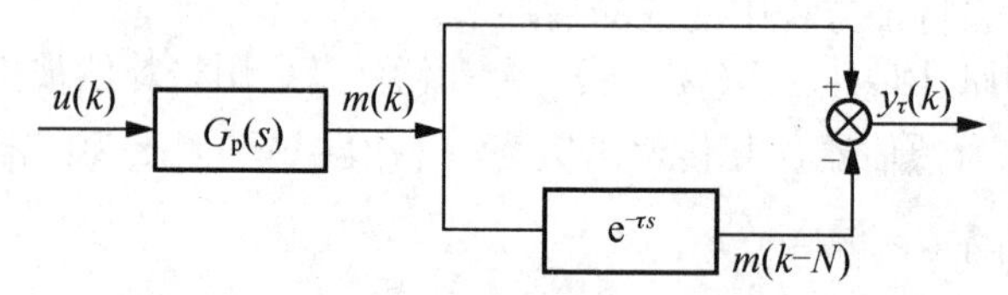

图 4.25 施密斯预估器框图

图 4.25 中，$u(k)$ 是 PID 数字控制器的输入，$y_\tau(k)$ 是施密斯预估器的输出。从图 4.25 可知，必须先计算传递函数 $G_p(s)$ 的输出 $m(k)$ 后，才能计算预估器的输出

$$y_\tau(k)=m(k)-m(k-N) \tag{4.42}$$

许多工业对象可近似用一阶惯性环节和纯滞后环节的串联来表示，即

$$G_c(s)=G_p(s)e^{-\tau s}=\frac{K_f}{1+T_f s}e^{-\tau s} \tag{4.43}$$

式中 K_f 为被控对象的放大系数；

T_f 为被控对象的时间常数；

τ 为纯滞后时间。

预估器的传递函数为

$$G_\tau(s)=G_p(s)(1-e^{-\tau s})=\frac{K_f}{1+T_f s}(1-e^{-\tau s}) \tag{4.44}$$

2) 纯滞后补偿控制算法步骤

(1) 计算反馈回路的偏差 $e_1(k)$。

$$e_1(k)=r(k)-y(k)$$

(2) 计算纯滞后补偿器的输出 $y_\tau(k)$。

$$\frac{Y_\tau(k)}{U(s)}=G_p(s)(1-e^{-\tau s})=\frac{K_f}{1+T_f s}(1-e^{-NTs})$$

将上式化成微分方程式，得

$$T_f\frac{dy_\tau(t)}{dt}+y_\tau(t)=K_f\left[u(t)-u(t-NT)\right]$$

相应的差分方程式为

$$y_\tau(k)=ay_\tau(k-1)+b\left[u(k-1)-u(k-N-1)\right] \tag{4.45}$$

式中 $a=\dfrac{T_\mathrm{f}}{T_\mathrm{f}+T}$；

$b=\dfrac{T\cdot K_\mathrm{f}}{T_t+T}$。

式 4.45 称为施密斯预估控制算式。

(3) 计算偏差 $e_2(k)$。

$$e_2(k)=e_1(k)-y_\tau(k)$$

(4) 计算控制器的输出 $u(k)$。

当控制器采用 PID 控制算法时，则

$$\begin{aligned}u(k)&=u(k-1)+\Delta u(k)\\&=u(k-1)+K_\mathrm{p}\left[e_2(k)-e_2(k-1)\right]+K_\mathrm{I}e_2(k)+K_\mathrm{D}\left[e_2(k)-2e_2(k-1)+e_2(k-2)\right]\end{aligned} \tag{4.46}$$

式中 K_p 为 PID 控制的比例系数；

$K_\mathrm{I}=K_\mathrm{P}\dfrac{T}{T_\mathrm{I}}$ 为积分系数；

$K_\mathrm{D}=K_\mathrm{P}\dfrac{T_\mathrm{D}}{T}$ 为微分系数。

4.3 数字控制器的直接设计方法

除了间接设计法之外，还有一类设计方法就是直接设计法。该设计步骤是，首先对被控对象的数学模型进行离散化，然后按照系统的设计要求选择合适的控制算法来完成数字控制器的设计。这种设计方法具有调节品质好、针对性强等特点。

4.3.1 数字控制器的直接设计

数字控制器的间接设计法，是采用连续控制系统设计法求出校正环节以后，对其进行离散化得到差分方程，最后由计算机程序来实现算法设计。但是，只有在采样周期相当短的情况下，数字控制器的控制效果才能和连续系统相媲美，因为两个采样之间控制器的输出是不变的(当保持器为零阶保持器时)，影响了控制效果。当所选择的采样周期比较大或对控制质量要求比较高时，必须从被控对象的特性出发，直接根据计算机控制理论(采样控制理论)来设计控制器，这类方法称为直接设计方法(离散化设计方法)。直接设计技术比间接设计技术更具有一般意义，它完全是根据采样控制系统的特点进行分析和综合，并导出相应的控制规律和算法。

1. 数字控制器的直接设计步骤

在图 4.26 所示的计算机控制系统框图中，$G_\mathrm{c}(s)$ 是被控对象的连续传递函数，$D(z)$ 是数字控制器的脉冲传递函数，$H(s)$ 是零阶保持器的传递函数，T 是采样周期。

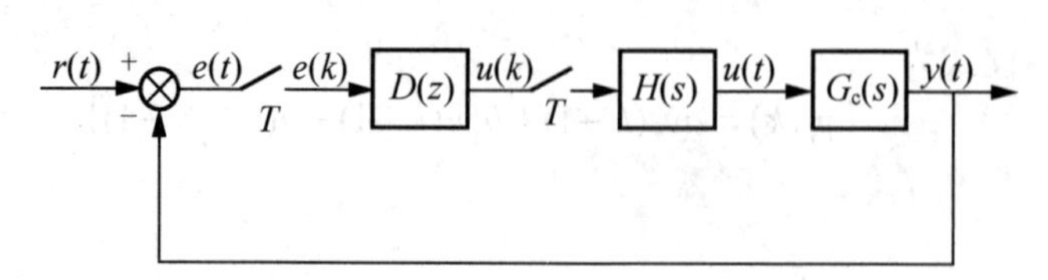

图 4.26 计算机控制系统框图

在图中，定义广义对象的脉冲传递函数为

$$G(z)=\frac{B(z)}{A(z)}=\mathrm{Z}[H(s)G(s)]=\mathrm{Z}\left[\frac{1-\mathrm{e}^{-Ts}}{s}G_{\mathrm{c}}(s)\right] \tag{4.47}$$

可得图 4.26 对应的闭环脉冲传递函数为

$$\varPhi(z)=\frac{D(z)G(z)}{1+D(z)G(z)} \tag{4.48}$$

由式(4.48)可求得

$$D(z)=\frac{1}{G(z)}\frac{\varPhi(z)}{1-\varPhi(z)} \tag{4.49}$$

在已知 $G_{\mathrm{c}}(s)$ 的情况下，根据控制系统性能要求构造 $\varPhi(z)$，然后由式(4.47)和式(4.49)求得 $D(z)$。由此可得出数字控制器的离散化设计步骤如下。

(1) 根据控制系统的性能要求和其他约束条件，确定所需的闭环脉冲传递函数 $\varPhi(z)$。

(2) 根据式(4.47)求广义对象的脉冲传递函数 $G(z)$。

(3) 根据式(4.49)求数字控制器的脉冲传递函数 $D(z)$。

(4) 根据 $D(z)$ 求出控制算法的递推计算式，由 $D(z)$ 求控制算法可按以下方法实现。

设数字控制器 $D(z)$ 的一般形式为

$$D(z)=\frac{U(z)}{E(z)}=\frac{\sum_{i=0}^{m}b_i z^{-i}}{1+\sum_{i=1}^{n}a_i z^{-i}},\ (n\geqslant m)$$

数字控制器的输出 $U(z)$ 为

$$U(z)=\sum_{i=0}^{m}b_i z^{-i}E(z)-\sum_{i=1}^{n}a_i z^{-i}U(z)$$

因此，数字控制器 $D(z)$ 的计算机控制算法为

$$U(k)=\sum_{i=0}^{m}b_i e(k-i)-\sum_{i=1}^{n}a_i u(k-i) \tag{4.50}$$

按照式(4.50)，就可编写出控制算法程序。

2. 最少拍控制器的设计

在数字随动控制系统中，要求系统的输出尽快地跟踪给定值的变化，最少拍控制就是满足这一要求的一种离散化设计方法。所谓最少拍控制，就是要求闭环系统对于某种特定的输入在最少个采样周期内达到无静差的稳态，且闭环脉冲传递函数具有以下形式：

$$\varPhi(z)=\varPhi_1 z^{-1}+\varPhi_2 z^{-2}+\varPhi_3 z^{-3}+\cdots+\varPhi_n z^{-n} \tag{4.51}$$

式中 n 为可能情况下的最小正整数。

这一形式表明闭环系统的脉冲响应在n个采样周期后变为0，从而意味着系统在n拍之内达到稳态。

1) 闭环脉冲传递函数$\Phi(z)$的确定

由图4.26可知，误差$E(z)$的脉冲传递函数为

$$\Phi_e(z)=\frac{E(z)}{R(z)}=\frac{R(z)-Y(z)}{R(z)}=1-\Phi_e(z) \tag{4.52}$$

式中　$E(z)$为误差信号$e(t)$的Z变换；

$R(z)$为输入函数$r(t)$的Z变换；

$Y(z)$为输出量$y(t)$的Z变换。

于是误差$E(z)$为

$$E(z)=R(z)\Phi_e(z) \tag{4.53}$$

对于典型输入函数

$$r(t)=\frac{1}{(q-1)!}t^{q-1} \tag{4.54}$$

对应的Z变换为

$$R(z)=\frac{B(z)}{(1-z^{-1})^q} \tag{4.55}$$

式中　$B(z)$是不包含$(1-z^{-1})$因子的关于z^{-1}的多项式，当q分别等于1、2、3时，对应的典型输入为单位阶跃、单位速度、单位加速度输入函数。

根据Z变换的终值定理，系统的稳态误差为

$$e(\infty)=\lim_{z\to1}(1-z^{-1})R(z)\Phi_e(z)=\lim_{z\to1}(1-z^{-1})\frac{B(z)}{(1-z^{-1})^q}\Phi_e(z) \tag{4.56}$$

由于$B(z)$没有$(1-z^{-1})$因子，因此要使稳态误差$e(\infty)$为0，必须有

$$\Phi_e(z)=1-\Phi(z)=(1-z^{-1})^q F(z) \tag{4.57}$$

即有
$$\Phi(z)=1-\Phi_e(z)=1-(1-z^{-1})^q F(z)$$

式中　$F(z)$为关于z^{-1}的待定系数多项式。

显然，为了使$\Phi(z)$能够实现，$F(z)$的首项应取为1，即

$$F(z)=1+f_1z^{-1}+f_2z^{-2}+\cdots+f_pz^{-p} \tag{4.58}$$

可以看出，$\Phi(z)$具有z^{-1}的最高幂次为$N=p+q$，这表明系统闭环响应在采样点的值经N拍可达到稳态。特别当$p=0$时，即$F(z)=1$时，系统在采样点的输出可在最少拍($N_{\min}=q$拍)内达到稳态，即为最少拍控制。因此最少拍控制设计时选择$\Phi(z)$为

$$\Phi(z)=1-(1-z^{-1})^q \tag{4.59}$$

由式(4.49)可知，最少拍控制器$D(z)$为

$$D(z)=\frac{1}{G(z)}\frac{\Phi(z)}{1-\Phi(z)}=\frac{1-(1-z^{-1})^q}{G(z)(1-z^{-1})^q} \tag{4.60}$$

2) 典型输入下的最少拍控制系统分析

(1) 单位阶跃输入($q=1$)。

输入函数$r(t)=1$，其Z变换为

$$R(z)=\frac{z^{-1}}{1-z^{-1}}$$

由式(4.59)可知

$$\Phi(z)=1-(1-z^{-1})^q=z^{-1}$$

因而有

$$E(z)=R(z)\Phi_e(z)=R(z)[1-\Phi(z)]=\frac{1}{1-z^{-1}}(1-z^{-1})=1$$
$$=1\cdot z^0+0\cdot z^{-1}+0\cdot z^{-2}+\cdots$$

进一步求得

$$Y(z)=R(z)\Phi(z)=\frac{1}{1-z^{-1}}=z^{-1}+z^{-2}+z^{-3}+\cdots$$

以上两式说明，只需一拍(一个采样周期)输出就能跟踪输入，误差为 0，过渡过程结束。还可以通过 $E(z)+Y(z)=R(z)$ 证明上述结论。

(2) 单位速度输入($q=2$)。

输入函数 $r(t)=t$ 的 Z 变换为

$$R(z)=\frac{Tz^{-1}}{(1-z^{-1})^2}$$

由式(4.59)得

$$\Phi(z)=1-(1-z^{-1})^q=1-(1-z^{-1})^2=2z^{-1}-z^{-2}$$

$$E(z)=R(z)\Phi_e(z)=R(z)[1-\Phi(z)]=\frac{Tz^{-1}}{(1-z^{-1})^2}(1-2z^{-1}+z^{-2})=Tz^{-1}$$

且有

$$Y(z)=R(z)\Phi(z)=\frac{Tz^{-1}}{(1-z^{-1})^2}(2z^{-1}-z^{-2})=2Tz^{-2}+3Tz^{-3}+4Tz^{-4}+\cdots$$

以上两式说明，只需二拍(两个采样周期)输出就能跟踪输入，达到稳态。也可以通过 $E(z)+Y(z)=R(z)$ 证明上述结论。

(3) 单位加速度输入($q=3$)。

单位加速度输入 $r(t)=\frac{1}{2}t^2$ 的 Z 变换为

$$R(z)=\frac{T^2z^{-1}(1+z^{-1})}{2(1-z^{-1})^3}$$

根据式(4.59)有

$$\Phi(z)=1-(1-z^{-1})^q=1-(1-z^{-1})^3=3z^{-1}-3z^{-2}+z^{-3}$$

同理

$$E(z)=R(z)\Phi_e(z)=R(z)[1-\Phi(z)]=\frac{T^2z^{-1}(1+z^{-1})}{2(1-z^{-1})^3}(1-3z^{-1}+3z^{-2}-z^{-3})$$
$$=\frac{1}{2}T^2z^{-1}+\frac{1}{2}T^2z^{-2}$$

上式说明，只需三拍(3 个采样周期)输出就能跟踪输入，达到稳态。

3. 最少拍控制器的局限性

1) 最少拍控制器对典型输入的适应性差

最少拍控制器的设计是使系统对某一典型输入的响应为最少拍，但对于其他典型输入不一定为最少拍，甚至会引起大的超调和静差。

例如，当 $\Phi(z)$ 是按单位速度输入设计时有

$$\Phi(z)=2z^{-1}-z^{-2}$$

3 种不同输入时对应的输出如下：

(1) 单位阶跃输入时

$$r(t)=1$$

$$R(z)=\frac{1}{(1-z^{-1})}$$

$$Y(z)=R(z)\Phi(z)=\frac{1}{(1-z^{-1})}\cdot(2z^{-1}-z^{-2})=2z^{-1}+z^{-2}+z^{-3}+\cdots$$

(2) 单位速度输入时

$$r(t)=t$$

$$R(z)=\frac{Tz^{-1}}{(1-z^{-1})^2}$$

$$Y(z)=R(z)\Phi(z)=\frac{Tz^{-1}}{(1-z^{-1})^2}\cdot(2z^{-1}-z^{-2})=2Tz^{-2}+3Tz^{-3}+4Tz^{-4}+\cdots$$

(3) 单位加速度输入时

$$r(t)=\frac{1}{2}t^2$$

$$R(z)=\frac{T^2z^{-1}(1+z^{-1})}{2(1-z^{-1})^3}$$

$$Y(z)=R(z)\Phi(z)=\frac{T^2z^{-1}(1+z^{-1})}{2(1-z^{-1})^3}\cdot(2z^{-1}-z^{-2})$$

$$=T^2z^{-2}+3.5T^2z^{-3}+7T^2z^{-4}+11.5T^2z^{-5}+\cdots$$

对于上述 3 种情况，进行 z 反变换后得到输出序列，如图 4.27 所示。单位阶跃输入时，超调严重(达 100%)，单位加速度输入时有静差。

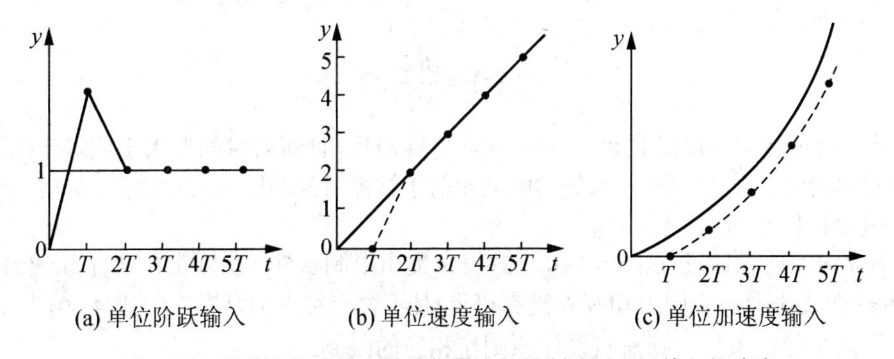

图 4.27 按单位速度输入设计的最少拍控制器对不同输入的响应

可见，针对一种典型的输入函数 $R(z)$ 设计，得到系统的闭环脉冲传递函数 $\Phi(z)$，用于次数较低的输入函数 $R(z)$ 时，系统将出现较大的超调，响应时间也会增加，但在采样时刻的误差为 0(此时看起来达到了稳态要求)。反之，当一种典型的最少拍特性用于输入函数时

次数较高时，输出不能完全跟踪输入并产生稳态误差。由此可见，按一种输入信号设计的最少拍闭环脉冲传递函数$\Phi(z)$只适应其特定的输入，而不能适应于各种输入。

2) 最少拍控制器的可实现性问题

设图4.26和式(4.47)所示的广义对象的脉冲传递函数为

$$G(z)=\frac{B(z)}{A(z)} \tag{4.61}$$

若用$\deg A(z)$和$\deg B(z)$分别表示$A(z)$和$B(z)$的阶数，显然有

$$\deg A(z)>\deg B(z) \tag{4.62}$$

设数字控制器$D(z)$为

$$D(z)=\frac{Q(z)}{P(z)} \tag{4.63}$$

如果$D(z)$是物理上实现的，则必须要求

$$\deg P(z)\geqslant \deg Q(z) \tag{4.64}$$

式(4.64)的含义是，要产生k时刻的控制量$u(k)$，最多只能利用k时刻及其以前的误差$e(k)$、$e(k-1)\cdots$以及过去时刻的控制量$u(k-1)$、$u(k-2)$来实现。

闭环系统的脉冲传递函数为

$$\Phi(z)=\frac{D(z)G(z)}{1+D(z)G(z)}=\frac{B(z)Q(z)}{A(z)P(z)+B(z)Q(z)}=\frac{B_m(z)}{A_m(z)} \tag{4.65}$$

由式(4.65)可得

$$\begin{aligned}\deg A_m(z)-\deg B_m(z)&=\deg[A(z)P(z)+B(z)Q(z)]-\deg[B(z)Q(z)]\\&=\deg[A(z)P(z)]-\deg[B(z)Q(z)]\\&=\deg A(z)-\deg B(z)+\deg P(z)-\deg Q(z)\end{aligned}$$

所以

$$\deg A_m(z)-\deg B_m(z)\geqslant \deg A(z)-\deg B(z) \tag{4.66}$$

式(4.66)给出了为使$D(z)$物理上可实现时$\Phi(z)$应满足的条件，该条件的物理意义是，若$G(z)$的分母比分子高N阶，则确定$\Phi(z)$时分母必须至少比分子高N阶。

设给定连续被控对象有d个采样周期的纯滞后，相应于图4.26的广义对象脉冲传递函数为

$$G(z)=\frac{B(z)}{A(z)}z^{-d} \tag{4.67}$$

则所设计的闭环脉冲传递函数$\Phi(z)$中必须含有纯滞后，且滞后时间要大于或等于(至少要等于)被控对象的滞后时间。否则，系统的响应超前于被控对象的输入，这实际上是实现不了的。

3) 最少拍控制的稳定性问题

在前面讨论的设计过程中，对$G(z)$并没有提出限制条件。实际上，只有当$G(z)$是稳定的(即$G(z)$在Z平面单位圆上和圆外没有极点)且不含有纯滞后环节时，式(4.60)才成立。如果$G(z)$不满足稳定条件，则需对设计原则作相应的限制。

由式

$$\Phi(z)=\frac{D(z)G(z)}{1+D(z)G(z)} \tag{4.68}$$

可以看出，$D(z)$ 和 $G(z)$ 总是成对出现的，但却不允许它们的零点、极点互相对消。这是因为，简单地利用 $D(z)$ 的零点去对消 $G(z)$ 中的不稳定极点，虽然从理论上可以得到一个稳定的闭环系统。但是，当系统运行过程中参数产生漂移，或辨识的参数有误差时，这种零极点对消不可能准确实现，这将引起闭环系统不稳定。既然在单位圆外或圆上 $D(z)$ 和 $G(z)$ 不能对消零极点，就应该采取给 $\Phi(z)$ 附加一个约束条件，以保证系统的稳定。这个约束条件称为稳定性条件。

4.3.2 最少拍有纹波控制器的设计

在图 4.26 所示的系统中，设被控对象的传递函数为

$$G_c(s)=G'_c(s)e^{-\tau s} \tag{4.69}$$

式中 $G'_c(s)$ 为不含滞后部分的传递函数；

τ 为纯滞后时间。

若令

$$d=\frac{\tau}{T} \tag{4.70}$$

则有

$$G(z)=z\left[\frac{1-e^{-Ts}}{s}G_c(s)\right]=z\left[\frac{1-e^{-Ts}}{s}G'_c(s)e^{-\tau s}\right]$$

$$=z^{-d}\cdot z\left[\frac{1-e^{-Ts}}{s}G'_c(s)\right]=z^{-d}\cdot\frac{B(z)}{A(z)} \tag{4.71}$$

并设 $G(z)$ 有 u 个零点 b_1，b_2，…，b_u 和 v 个极点 a_1，a_2，…，a_v 在 Z 平面的单位圆上或圆外。这里，当连续被控对象 $G_c(s)$ 中不含滞后时，$d=0$；当 $G(z)$ 中含有纯滞后时，$d\geqslant 1$，即 d 个采样周期的纯滞后。

设 $G'(z)$ 是 $G(z)$ 中不含单位圆上或圆外的零极点部分，则广义对象的传递函数可表示为

$$G(z)=\frac{z^{-d}\prod_{i=1}^{u}(1-b_iz^{-1})}{\prod_{i=1}^{v}(1-a_iz^{-1})}G'(z) \tag{4.72}$$

由式(4.60)可以看出，为了避免使 $G(z)$ 在单位圆外或圆上的零点、极点与 $D(z)$ 的零点、极点对消，同时又能实现对系统的补偿，选择系统的闭环脉冲传递函数时必须满足下面的约束条件。

(1) $\Phi_e(z)$ 的零点中，必须包含 $G(z)$ 在 Z 平面单位圆外或圆上的所有极点，即

$$\Phi_e(z)=1-\Phi(z)=\left[\prod_{i=1}^{v}(1-a_iz^{-1})\right](1-z^{-1})^qF_1(z) \tag{4.73}$$

式中 $F_1(z)$ 为关于 z^{-1} 的多项式，且不含 $G(z)$ 中的不稳定极点 a_i。

为了使 $\Phi_e(z)$ 能够实现，$F_1(z)$ 应具有以下形式

$$F_1(z)=1+f_{11}z^{-1}+f_{12}z^{-2}+\cdots+f_{1m}z^{-m} \tag{4.74}$$

实际上，若 $G(z)$ 有 j 个极点在单位圆上，即 $z=1$ 处，则应对 $\Phi_e(z)$ 的选择表达式(4.73)进行修改，可按以下方法确定 $\Phi_e(z)$。

① 若 $j\leqslant q$，则

$$\Phi_e(z)=1-\Phi(z)=\left[\prod_{i=1}^{v-j}(1-a_iz^{-1})\right](1-z^{-1})^qF_1(z) \tag{4.75}$$

② 若 $j>q$，则

$$\Phi_e(z)=1-\Phi(z)=\left[\prod_{i=1}^{v-j}(1-a_iz^{-1})\right](1-z^{-1})^jF_1(z) \tag{4.76}$$

(2) $\Phi(z)$ 的零点中，必须包含 $G(z)$ 在 z 平面单位圆外或圆上的所有零点，即

$$\Phi(z)=z^{-d}\left[\prod_{i=1}^{u}(1-b_iz^{-1})\right]F_2(z) \tag{4.77}$$

式中　$F_2(z)$ 为关于 z^{-1} 的多项式，且不含 $G(z)$ 中的不稳定零点 b_i。

为了使 $\Phi_e(z)$ 能够实现，$F_2(z)$ 应具有以下形式

$$F_2(z)=f_{21}z^{-1}+f_{22}z^{-2}+\cdots+f_{2n}z^{-n} \tag{4.78}$$

(3) $F_1(z)$ 和阶数的选取方法可按以下进行(保证 $\Phi(z)$ 与 $\Phi_e(z)$ 的幂次相等)。

① 若 $G(z)$ 中有 j 个极点在单位圆上，当 $j\leqslant q$ 时，有

$$\begin{cases}m=u+d\\n=v-j+q\end{cases} \tag{4.79}$$

② 若 $G(z)$ 中有 j 个极点在单位圆上，当 $j>q$ 时，有

$$\begin{cases}m=u+d\\n=v\end{cases} \tag{4.80}$$

以上给出了确定 $\Phi(z)$ 时必须满足的约束条件。根据此约束条件，可求得最少拍控制器为

$$D(z)=\frac{1}{G(z)}\frac{\Phi(z)}{1-\Phi(z)}=\begin{cases}\dfrac{F_2(z)}{G(z)(1-z^{-1})^{q-j}F_1(z)}, & j\leqslant q\\[2ex]\dfrac{F_2(z)}{G(z)F_1(z)}, & j>q\end{cases} \tag{4.81}$$

根据上述约束条件设计的最少拍控制系统，只保证了在最少的几个采样周期后系统的响应在采样点上稳态误差为0，而不能保证任意两个采样点之间的稳态误差为0。因此，这种控制系统输出信号 $y(t)$ 有纹波存在，故称为最少拍有纹波控制系统，式(4.81)的控制器为最少拍有纹波控制器。值得注意的是 $y(t)$ 的纹波在采样点上观测不到，必须用修正 Z 变换才能计算出两个采样点之间的输出值，这种纹波称为隐蔽振荡(Hidden oscillations)。

例 4.1　在图 4.26 所示的计算机控制系统中，被控对象的传递函数和零阶保持器的传递函数分别为

$$G_c(s)=\frac{10}{s(s+1)} \text{ 和 } H(s)=\frac{1-e^{-Ts}}{s}$$

采样周期 $T=1\text{s}$，试针对单位速度输入函数设计最少拍有纹波系统，画出数字控制器和系统的输出波形。

解　首先求出广义对象的脉冲传递函数

$$\begin{aligned}G(z)&=\mathrm{z}\left[\frac{1-e^{-Ts}}{s}\frac{10}{s(s+1)}\right]=(1-z^{-1})\mathrm{z}\left[\frac{10}{s^2(s+1)}\right]\\&=10(1-z^{-1})\left[\frac{z^{-1}}{(1-z^{-1})^2}-\frac{1}{1-z^{-1}}+\frac{1}{1-0.3679z^{-1}}\right]\\&=\frac{3.697z^{-1}(1+0.718z^{-1})}{(1-z^{-1})(1-0.3679z^{-1})}\end{aligned}$$

上式中，$d=0$，$u=0$，$v=1$，$j=1$，$q=2$ 且 $j<q$，故有

$$m=u+d=0 \qquad n=v-j+q=2$$

对单位速度输入信号，选择

$$\Phi_e(z)=1-\Phi(z)=\left[\prod_{i=1}^{v-j}(1-a_i z^{-1})\right](1-z^{-1})^q F_1(z)=(1-z^{-1})^2$$

$$\Phi(z)=z^{-d}\left[\prod_{i=1}^{u}(1-b_i z^{-1})\right]F_2(z)=f_{21}z^{-1}+f_{22}z^{-2}$$

$$1-\Phi(z)=1-f_{21}z^{-1}-f_{22}z^{-2}=(1-z^{-1})^2$$

即
$$1-f_{21}z^{-1}-f_{22}z^{-2}=1-2z^{-1}+z^{-2}$$

解得
$$f_{21}=2,\quad f_{22}=-1$$

故
$$\Phi(z)=2z^{-1}-z^{-2}$$

$$D(z)=\frac{1}{G(z)}\frac{\Phi(z)}{1-\Phi(z)}=\frac{(1-z^{-1})(1-0.3679z^{-1})}{3.697z^{-1}(1+0.718z^{-1})}\frac{2z^{-1}-z^{-2}}{(1-z^{-1})^2}$$
$$=\frac{0.5434(1-0.5z^{-1})(1-0.3679z^{-1})}{(1-z^{-1})(1+0.718z^{-1})}$$

进一步求得

$$E(z)=R(z)\Phi_e(z)=(1-z^{-1})^2\frac{Tz^{-1}}{(1-z^{-1})^2}=Tz^{-1}$$

$$Y(z)=R(z)\Phi(z)=\frac{Tz^{-1}}{(1-z^{-1})^2}(2z^{-1}-z^{-2})=2Tz^{-2}+3Tz^{-3}+4Tz^{-4}+\cdots$$

$$U(z)=E(z)D(z)=z^{-1}\frac{0.5434(1-0.5z^{-1})(1-0.3679z^{-1})}{(1-z^{-1})(1+0.718z^{-1})}$$
$$=0.54z^{-1}-0.32z^{-2}+0.40z^{-3}-0.12z^{-4}+0.25z^{-5}+\cdots$$

由此，可画出数字控制器和系统的输出波形，分别如图 4.28(a)和图 4.28(b)所示。

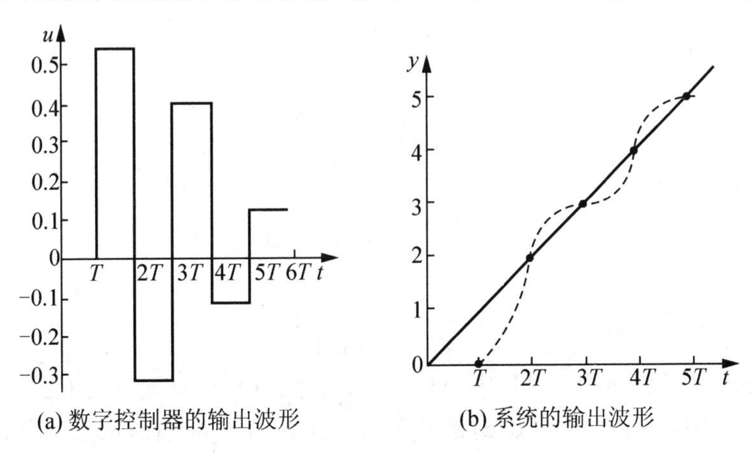

(a) 数字控制器的输出波形　　(b) 系统的输出波形

图 4.28　数字控制器和系统的输出波形

4.3.3　最少拍无纹波控制器的设计

按最少拍有纹波系统设计的控制器，系统的输出值虽然能够跟踪输入值，但在非采样

点有纹波存在。其原因在于数字控制器的输出序列$u(k)$经过若干拍后，不为常值或 0，而是振荡收敛的。在非采样时刻的纹波现象既造成非采样时刻有偏差，又浪费执行机构的功率，增加机械磨损，因此必须消除。

1. 设计最少拍无纹波控制器的必要条件

无纹波系统要求系统的输出信号在采样点之间不出现纹波，必须满足以下条件。

(1) 对阶跃输入，当$t \geqslant NT$时，$y(t)=$常数。

(2) 对速度输入，当$t \geqslant NT$时，$\dot{y}(t)=$常数。

(3) 对加速度输入，当$t \geqslant NT$时，$\ddot{y}(t)=$常数。

上述条件说明，被控对象$G_c(s)$必须有能力给出与系统输入$r(t)$相同的且平滑的输出$y(t)$。例如，针对速度输入函数进行设计时，就要求稳态过程中$G_c(s)$的输出也必须是速度函数。为了产生这样的速度输出函数，在控制信号$u(k)$为常值(包括 0)时，$G_c(s)$中必须至少有一个积分环节，使得$G_c(s)$的稳态输出是所要求的速度函数。同理，若针对加速度输入函数设计的无纹波控制器，则$G_c(s)$中必须至少有两个积分环节(此时仍然是保证控制信号$u(k)$为常值)。因此，设计最少拍无纹波控制器时$G_c(s)$中必须含有足够的积分环节，以保证$u(t)$为常数时，$G_c(s)$的稳态输出完全跟踪输入，且无纹波。

2. 最少拍无纹波系统确定$G_c(s)$的约束条件

要使系统的稳态输出无纹波，就要求稳态时的控制信号$u(k)$为常数或 0。控制信号$u(k)$的Z变换为

$$U(z)=\sum_{k=0}^{\infty}u(k)z^{-k}=u(0)+u(1)z^{-1}+\cdots+u(l)z^{-l}+u(l+1)z^{-(l+1)}+\cdots \tag{4.82}$$

如果系统经过l个采样周期达到稳态，则根据无纹波系统要求可知，必然有

$$u(l)=u(l+1)=u(l+2)=\cdots=\text{常数或}0$$

设广义对象的脉冲传送函数$G(z)$含有d个采样周期的纯滞后，则

$$G(z)=\frac{B(z)}{A(z)}z^{-d} \tag{4.83}$$

而

$$U(z)=\frac{Y(z)}{G(z)}=\frac{\Phi(z)}{G(z)}R(z) \tag{4.84}$$

将式(4.83)代入式(4.84)，得

$$U(z)=\frac{\Phi(z)}{z^{-d}B(z)}A(z)R(z)=\Phi_u(z)R(z) \tag{4.85}$$

式中

$$\Phi_u(z)=\frac{\Phi(z)}{z^{-d}B(z)}A(z) \tag{4.86}$$

要使控制信号$u(k)$在稳态过程中为常数或 0，那么$\Phi_u(z)$只能是关于z^{-1}的有限多项式。因此式(4.86)中的$\Phi(z)$必须包含$G(z)$的分子多项式$B(z)$，即$\Phi(z)$必须包含$G(z)$的所有零点。这样，原来最少拍有纹波系统设计时确定$\Phi(z)$的式(4.77)应修改为

$$\Phi(z)=z^{-d}B(z)F_2(z)=z^{-d}\left[\prod_{i=1}^{w}(1-b_iz^{-1})\right]F_2(z) \tag{4.87}$$

式中 w 为 $G(z)$ 的所有零点数；

b_1，b_2，…，b_w 为 $G(z)$ 的所有零点。

3. 最少拍无纹波控制器确定 $\Phi(z)$ 的方法

确定 $\Phi(z)$ 必须满足下列要求。

(1) 被控对象 $G_c(s)$ 中含有足够的积分环节，以满足无纹波系统设计的必要条件。

(2) 按式(4.87)选择 $\Phi(z)$。

(3) 按式(4.75)或式(4.76)选择 $\Phi_e(z)$。

(4) $F_1(z)$ 和 $F_2(z)$ 的阶数 m 和 n 可按以下方法选取，$F_1(z)$ 和 $F_2(z)$ 的形式见式(4.74)和式(4.78)。

① 若 $G(z)$ 中有 j 个极点在单位圆上，当 $j \leqslant q$ 时，有

$$\begin{cases} m = w + d \\ n = v - j + q \end{cases} \tag{4.88}$$

② 若 $G(z)$ 中有 j 个极点在单位圆上，当 $j > q$ 时，有

$$\begin{cases} m = w + d \\ n = v \end{cases} \tag{4.89}$$

4. 无纹波系统的调整时间要增加若干拍，增加的拍数等于 $G(z)$ 在单位圆内的零点数

例 4.2 在例 4.1 中，广义对象的脉冲传递函数为($T = 1\text{s}$)

$$G(z) = \frac{3.697z^{-1}(1+0.718z^{-1})}{(1-z^{-1})(1-0.3679z^{-1})}$$

试针对单位速度输入函数，设计最少拍无纹波系统，并绘出数字控制器和系统的输出波形图。

解 由 $G(z)$ 的表达式和 $G_c(s)$ 知，满足无纹波设计的必要条件，且 $d=0$，$w=1$，$q=2$，$v=1$，$j=1$ 且 $j<q$，故有 $m=w+d=1$，$n=v-j+q=2$。

对单位速度输入信号，选择

$$\Phi_e(z) = 1-\Phi(z) = \left[\prod_{i=1}^{v-j}(1-a_i z^{-1})\right](1-z^{-1})^q F_1(z)$$

$$= (1-z^{-1})^2(1+f_{11}z^{-1})$$

$$\Phi(z) = z^{-d}\left[\prod_{i=1}^{w}(1-b_i z^{-1})\right]F_2(z) = (1+0.718z^{-1})(f_{21}z^{-1}+f_{22}z^{-2})$$

$$1-\Phi(z) = 1-(1+0.718z^{-1})(f_{21}z^{-1}+f_{22}z^{-2}) = (1-z^{-1})^2(1+f_{11}z^{-1})$$

即
$$1-f_{21}-(f_{22}+0.718f_{21})-0.718f_{22}z^{-3} = 1+(f_{11}-2)z^{-1}+(1-2f_{11})z^{-2}f_{11}z^{-3}$$

解得
$$\begin{cases} f_{11} = 0.592 \\ f_{21} = 1.408 \\ f_{22} = -0.825 \end{cases}$$

故有
$$\Phi_e(z) = (1-z^{-1})^2(1+0.592z^{-1})$$

$$\Phi(z) = (1+0.718z^{-1})(1.408z^{-1}-0.825z^{-2})$$

$$D(z)=\frac{1}{G(z)}\frac{\Phi(z)}{1-\Phi(z)}$$
$$=\frac{(1-z^{-1})(1-0.3679z^{-1})}{3.679z^{-1}(1+0.718z^{-1})}\cdot\frac{(1+0.718z^{-1})(1.408z^{-1}-0.825z^{-2})}{(1-z^{-1})^2(1+0.592z^{-1})}$$
$$=\frac{(1-0.3679z^{-1})(1.408z^{-1}-0.825z^{-2})}{3.679(1-z^{-1})(1+0.592z^{-1})}$$
$$=\frac{0.272(1-0.3679z^{-1})(1.408z^{-1}-0.825z^{-2})}{(1-z^{-1})(1+0.592z^{-1})}$$
$$Y(z)=R(z)\Phi(z)=\frac{Tz^{-1}}{(1-z^{-1})^2}(1+0.718z^{-1})(1.408z^{-1}-0.825z^{-2})$$
$$=1.41z^{-2}+3z^{-3}+4z^{-4}+5z^{-5}+\cdots$$
$$U(z)=\frac{Y(z)}{G(z)}=\frac{\Phi(z)}{G(z)}R(z)$$
$$=\frac{Tz^{-1}}{(1-z^{-1})^2}(1+0.718z^{-1})(1.408z^{-1}-0.825z^{-2})\cdot\frac{(1-z^{-1})(1-0.3679z^{-1})}{3.679z^{-1}(1+0.718z^{-1})}$$
$$=0.38z^{-1}+0.02z^{-2}+0.09z^{-3}+0.09z^{-4}+\cdots$$

数字控制器和系统的输出波形如图 4.29 所示。

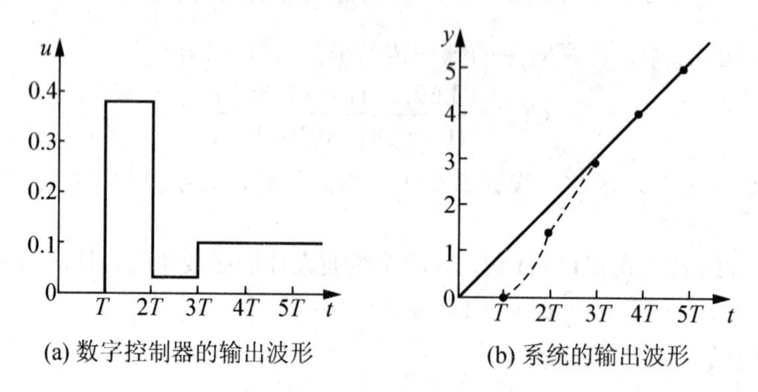

(a) 数字控制器的输出波形 (b) 系统的输出波形

图 4.29 数字控制器和系统的输出波形

对比例 4.1 和例 4.2 的输出序列波形图，可以看出，有纹波系统的调整时间为两个采样周期，无纹波系统的调整时间为 3 个采样周期，比有纹波系统调整时间增加了一拍，因为 $G(z)$ 在单位圆内有一个零点。

4.3.4 达林算法

在工业过程控制中，有一些控制系统存在一定的滞后时间。对于这类系统，首先要求的是系统的输出没有或有很少的超调量，而在调节时间上要求不是那么严格。在这类系统的设计中，如果使用普通的设计方法(如 PID 调节等)，其效果很难满足系统的设计要求。针对这类系统的特点，1968 年 IBM 公司的达林(Dahlin)提出了一种控制算法，并且取得了较好的控制效果。

1. 数字控制器 $G(z)$ 的形式

在生产过程中，常有被控对象 $G_c(s)$ 是带有纯滞后的一阶或二阶惯性环节，即

$$G_c(s)=\frac{K}{1+T_1 s}e^{-\tau s} \tag{4.90}$$

或

$$G_c(s)=\frac{K}{(1+T_1 s)(1+T_2 s)}e^{-\tau s} \tag{4.91}$$

式中 τ 为纯滞后时间；

T_1、T_2 为时间常数；

K 为放大系数。

对于上述系统，常采用达林算法。达林算法的设计目标是使整个闭环系统所期望的传递函数 $\Phi(s)$ 相当于一个延迟环节和一个惯性环节相串联，即

$$\Phi(s)=\frac{1}{T_\tau s+1}e^{-\tau s} \tag{4.92}$$

并期望整个闭环系统的纯滞后时间和被控对象 $G_c(s)$ 的纯滞后时间 τ 相同。式(4.92)中 T_τ 为闭环系统的时间常数，纯滞后时间 τ 与采样周期 T 有整数倍关系，即

$$\tau=NT\quad(N=1,\ 2,\ \cdots)$$

用脉冲传递函数近似法求得与 $\Phi(s)$ 对应的闭环脉冲传递函数 $\Phi(z)$

$$\Phi(z)=\frac{y(z)}{R(Z)}=Z[\frac{1-e^{-Ts}}{s}\cdot\frac{e^{-\tau s}}{T_\tau s+1}]$$

将 $\tau=NT$ 代入上式，并进行 Z 变换，得

$$\Phi(z)=\frac{(1-e^{-T/T_\tau})z^{-N-1}}{1-e^{-T/T_\tau}z^{-1}} \tag{4.93}$$

因此得

$$D(z)=\frac{1}{G(z)}\frac{\Phi(z)}{1-\Phi(z)}=\frac{1}{G(z)}\frac{(1-e^{-T/T_\tau})z^{-N-1}}{1-e^{-T/T_\tau}z^{-1}-(1-e^{-T/T_\tau})z^{-N-1}} \tag{4.94}$$

假若已知被控对象的脉冲传递函数 $G(z)$，就可由式(4.94)求出数字控制器的脉冲传递函数 $D(z)$。现在针对带有纯滞后的一阶或二阶惯性环节分析、设计。

被控对象为带纯滞后的一阶惯性环节，其脉冲传递函数为

$$G(z)=z\left[\frac{1-e^{-Ts}}{s}\cdot\frac{K}{1+T_1 s}e^{-\tau s}\right]$$

将 $\tau=NT$ 代入上式，得

$$G(z)=z\left[\frac{1-e^{-Ts}}{s}\cdot\frac{K}{1+T_1 s}e^{-\tau s}\right]=Kz^{-N-1}\frac{1-e^{-T/T_1}}{1-e^{-T/T_1}z^{-1}} \tag{4.95}$$

将式(4.95)代入式(4.94)，得到数字控制器的算式

$$D(z)=\frac{(1-e^{-T/T_\tau})(1-e^{-T/T_1}z^{-1})}{K(1-e^{-T/T_1})\left[1-e^{-T/T_\tau}z^{-1}-(1-e^{-T/T_\tau})z^{-N-1}\right]} \tag{4.96}$$

被控对象为带纯滞后的二阶惯性环节，其脉冲传递函数为

$$G(z)=z\left[\frac{1-e^{-Ts}}{s}\cdot\frac{Ke^{-\tau s}}{(1+T_1 s)(1+T_2 s)}\right]$$

将 $\tau = NT$ 代入上式，并进行 Z 变换，得

$$G(z)=\frac{K(C_1+C_2z^{-1})z^{-N-1}}{(1-\mathrm{e}^{-T/T_1}z^{-1})(1-\mathrm{e}^{-T/T_2}z^{-1})} \tag{4.97}$$

式中

$$\begin{cases} C_1 = 1+\dfrac{1}{T_2-T_1}(T_1\mathrm{e}^{-T/T_1}-T_2\mathrm{e}^{-T/T_2}) \\ C_2 = \mathrm{e}^{-T(1/T_1+1/T_2)}+\dfrac{1}{T_2-T_1}(T_1\mathrm{e}^{-T/T_2}-T_2\mathrm{e}^{-T/T_1}) \end{cases} \tag{4.98}$$

将式(4.97)代入式(4.94)，得

$$D(z)=\frac{(1-\mathrm{e}^{-T/T_\tau})(1-\mathrm{e}^{-T/T_1}z^{-1})(1-\mathrm{e}^{-T/T_2}z^{-1})}{K(C_1+C_2z^{-1})\left[1-\mathrm{e}^{-T/T_\tau}z^{-1}-(1-\mathrm{e}^{-T/T_\tau})z^{-N-1}\right]} \tag{4.99}$$

2. 振铃现象及其消除

所谓振铃(ringing)现象，是指数字控制器的输出以二分之一采样频率大幅度衰减的振荡。这与前面所介绍的快速有纹波系统中的纹波是不一样的。纹波是由于控制器的输出一直是振荡的，影响到系统的输出一直有纹波。而振铃现象中的振荡是衰减的。由于被控对象中惯性环节的低通特性，使得这种振荡对系统的输出几乎无任何影响。但是振铃现象却会增加执行机构的磨损，在有交互作用的多参数控制系统中，振铃现象还有可能影响到系统的稳定性。

1) 振铃现象的分析

参照图 4.26 所示，系统的输出 $Y(z)$ 和数字控制器的输出 $U(z)$ 间有下列关系

$$Y(z)=U(z)G(z)$$

系统的输出 $Y(z)$ 和输入函数的 $R(z)$ 之间的关系为

$$Y(z)=\boldsymbol{\Phi}(z)R(z)$$

由上面两式得到数字控制器的输出 $U(z)$ 与输入函数的 $R(z)$ 之间的关系为

$$\frac{U(z)}{R(z)}=\frac{\boldsymbol{\Phi}(z)}{G(z)} \tag{4.100}$$

令

$$\boldsymbol{\Phi}_u(z)=\frac{\boldsymbol{\Phi}(z)}{G(z)} \tag{4.101}$$

显然，可由式(4.100)得

$$U(z)=\boldsymbol{\Phi}_u(z)R(z) \tag{4.102}$$

式中，$\boldsymbol{\Phi}_u(z)$ 为数字控制器的输出与输入函数在闭环时的关系，是分析振铃现象的基础。

对于单位阶跃输入函数 $R(z)=1/(1-z^{-1})$，含有极点 $z=1$，如果 $\boldsymbol{\Phi}_u(z)$ 的极点在 Z 平面的负实轴上，且与 $z=-1$ 点相近，那么数字控制器的输出序列 $u(k)$ 中将含有这两种幅值相近的瞬态项。而且瞬态项的符号在不同时刻是不相同的。当两瞬态项符号相同时，数字控制器的输出控制作用加强，符号相反时，控制作用减弱，从而造成数字控制器的输出序列大幅度波动。分析 $\boldsymbol{\Phi}_u(z)$ 在 Z 平面负实轴上的极点分布情况，就可得出振铃现象的有关结论。下面分析带纯滞后的一阶或二阶惯性环节系统中的振铃现象。

(1) 带纯滞后的一阶惯性环节。

被控对象为带纯滞后的一阶惯性环节时，其脉冲传递函数 $G(z)$ 为式(4.95)，闭环系统

的期望传递函数为式(4.93)，将两式代入式(4.101)，有

$$\Phi_u(z)=\frac{\Phi(z)}{G(z)}=\frac{(1-\mathrm{e}^{-T/T_\tau})(1-\mathrm{e}^{-T/T_1}z^{-1})}{K(1-\mathrm{e}^{-T/T_1})(1-\mathrm{e}^{-T/T_\tau}z^{-1})} \tag{4.103}$$

求得极点 $z=\mathrm{e}^{-T/T_\tau}$，显然 z 永远大于 0。故得出结论：在带纯滞后的一阶惯性环节组成的系统中，数字控制器输出对输入的脉冲传递函数不存在负实轴上的极点，这种系统不存在振铃现象。

(2) 带纯滞后的二阶惯性环节。

被控对象为带纯滞后的二阶惯性环节时，其脉冲传递函数 $G(z)$ 为式(4.97)，闭环系统的期望传递函数仍为式(4.93)，把两式代入式(4.101)后有

$$\Phi_u(z)=\frac{\Phi(z)}{G(z)}=\frac{(1-\mathrm{e}^{-T/T_\tau})(1-\mathrm{e}^{-T/T_1}z^{-1})(1-\mathrm{e}^{-T/T_2}z^{-1})}{KC_1(1-\mathrm{e}^{-T/T_\tau}z^{-1})(1+\dfrac{C_2}{C_1}z^{-1})} \tag{4.104}$$

式(4.104)有两个极点，第一个极点在 $z=\mathrm{e}^{-T/T_\tau}$，不会引起振铃现象；第二个极点在 $z=-\dfrac{C_2}{C_1}$。由式(4.98)，在 $T\to 0$ 时有

$$\lim_{T\to 0}\left(-\frac{C_2}{C_1}\right)=-1$$

说明可能出现负实轴上与 $z=-1$ 相近的极点，这一极点将引起振铃现象。

2) 振铃幅度 RA

振铃幅度 RA 用来衡量振铃强烈的程度。为了描述振铃强烈的程度，应找出数字控制器输出量的最大值 $u_{\max}$。由于这一最大值与系统的关系难于用解析式描述出来，所以常用单位阶跃作用下数字控制器第 0 次输出量与第一次输出量的差值来衡量振铃现象强烈的程度。

由式(4.104)，$\Phi_u(z)=\Phi(z)/G(z)$ 是 z 的有理分式，写成一般形式为

$$\Phi_u(z)=\frac{1+b_1z^{-1}+b_2z^{-2}+\cdots}{1+a_1z^{-1}+a_2z^{-2}+\cdots} \tag{4.105}$$

在单位阶跃输入函数的作用下，数字控制器输出量的 Z 变换是

$$\begin{aligned}U(z)=R(z)\Phi_u(z)&=\frac{1}{1-z^{-1}}\cdot\frac{1+b_1z^{-1}+b_2z^{-2}+\cdots}{1+a_1z^{-1}+a_2z^{-2}+\cdots}\\&=\frac{1+b_1z^{-1}+b_2z^{-2}+\cdots}{1+(a_1-1)z^{-1}+(a_2-a_1)z^{-2}+\cdots}\\&=1+(b_1-a_1+1)z^{-1}+\cdots\end{aligned}$$

所以

$$RA=1-(b_1-a_1+1)=a_1-b_1 \tag{4.106}$$

对于带纯滞后的二阶惯性环节组成的系统，其振铃幅度由式(4.104)可得

$$RA=\frac{C_2}{C_1}-\mathrm{e}^{-T/T_\tau}+\mathrm{e}^{-T/T_1}+\mathrm{e}^{-T/T_2} \tag{4.107}$$

根据式(4.98)及式(4.107)，当 $T\to 0$ 时，可得

$$\lim_{T\to 0}RA=2$$

3) 振铃现象的消除

有两种方法可用来消除振铃现象。第一种办法是先找出 $D(z)$ 中引起振铃现象的因子

($z=-1$ 附近的极点)，然后令其中的 $z=1$ ，根据终值定理，这样处理不影响输出量的稳态值。下面具体说明这种处理方法。

前面已介绍在带纯滞后的二阶惯性环节系统中，数字控制器的 $D(z)$ 为

$$D(z)=\frac{(1-\mathrm{e}^{-T/T_\tau})(1-\mathrm{e}^{-T/T_1}z^{-1})(1-\mathrm{e}^{-T/T_2}z^{-1})}{K(C_1+C_2z^{-1})\left[1-\mathrm{e}^{-T/T_\tau}z^{-1}-(1-\mathrm{e}^{-T/T_\tau})z^{-N-1}\right]}$$

其极点 $z=-\frac{C_2}{C_1}$ 将引起振铃现象。令极点因子 $C_1+C_2z^{-1}$ 中的 $z=1$ ，就可以消除这个振铃极点。由式(4.98)得

$$C_1+C_2=(1-\mathrm{e}^{-T/T_1})(1-\mathrm{e}^{-T/T_2})$$

消除振铃极点 $z=-\frac{C_2}{C_1}$ 后，有

$$D(z)=\frac{(1-\mathrm{e}^{-T/T_\tau})(1-\mathrm{e}^{-T/T_1}z^{-1})(1-\mathrm{e}^{-T/T_2}z^{-1})}{K(1-\mathrm{e}^{-T/T_1})(1-\mathrm{e}^{-T/T_2})\left[1-\mathrm{e}^{-T/T_\tau}z^{-1}-(1-\mathrm{e}^{-T/T_\tau})z^{-N-1}\right]}$$

这种消除振铃现象的方法虽然不影响输出稳态值，但却改变了数字控制器的动态特性，将影响闭环系统的瞬态性能。

第二种方法是从闭环系统的特性出发，选择合适的采样周期 T 及系统闭环时间常数 T_τ ，使得数字控制器的输出避免产生强烈的振铃现象。从式(4.107)中可以看出，在带纯滞后的二阶惯性环节组成的系统中，振铃幅度与被控对象的参数 T_1 、 T_2 有关，与闭环系统期望的时间常数 T_τ 以及采样周期 T 有关。通过适当选择 T 和 T_τ ，可以把振铃幅度抑制在最低限度以内。有的情况下，系统闭环时间常数 T_τ 作为控制系统的性能指标被首先确定了，但仍可通过式(4.107)选择采样周期 T 来抑制振铃现象。

3. 达林算法的设计步骤

在系统不允许产生超调的前提下要求系统稳定，是在纯滞后系统中设计数字控制器应考虑的问题。系统设计中一个值得注意的问题是振铃现象。下面是考虑振铃影响时设计数字控制器的一般步骤。

(1) 根据系统的性能，确定闭环系统的参数 T_τ ，给出振铃幅度 RA 的指标。

(2) 由式(4.107)所确定的振铃幅度 RA 与采样周期 T 的关系，解出给定振铃幅度下对应的采样周期，如果采样周期有多解，则选择较大的采样周期。

(3) 确定纯滞后时间 τ 与采样周期 T 之比(τ/T)的最大整数 N 。

(4) 求广义对象的脉冲传递函数 $G(z)$ 及闭环系统的脉冲传递函数 $\Phi(z)$ 。

(5) 求数字控制器的脉冲传递函数 $D(z)$ 。

4.4 控制算法 MATLAB 仿真举例

自从计算机进入控制领域以来，用计算机代替模拟调节器组成计算机控制系统，不仅可以用软件实现 PID 控制算法，而且可以利用计算机的逻辑功能，使 PID 控制更加灵活。

而 MATLAB 是当今最优秀的科技应用软件之一，具有其他高级语言难以比拟的一些优点，如编写简单、编程效率高、易学易懂等，因此 MATLAB 在控制、通信、信号处理及科学计算等领域中，都被广泛地应用，已经被认可为能够有效提高工作效率、改善设计手段的工具软件。本节将以例题为主，简单地介绍 MATLAB 在 PID 控制算法中的运用。

4.4.1 连续系统 PID 控制仿真举例

PID 控制系统原理框图如图 4.30 所示。

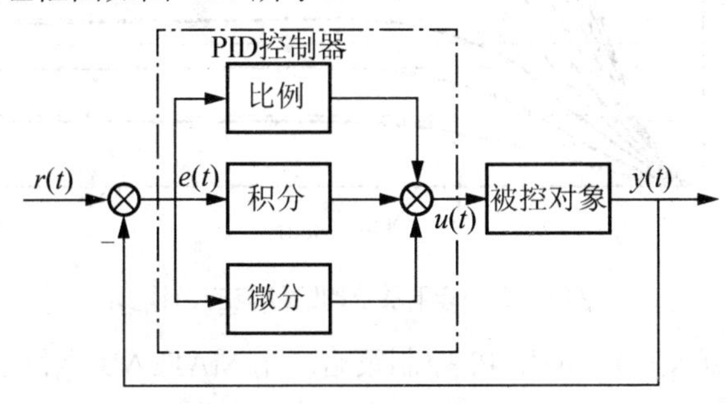

图 4.30 PID 控制系统原理框图

在图 4.30 中，系统的偏差信号为 $e(t)=r(t)-y(t)$ 。在 PID 调节作用下，控制器对误差信号 $e(t)$ 分别进行比例、积分、微分运算，其结果的加权和构成系统的控制信号 $u(t)$，送给被控对象加以控制。

PID 控制器的数学描述为

$$u(t)=K_{\mathrm{p}}\left[e(t)+\frac{1}{T_{\mathrm{I}}}\int_{0}^{t}e(t)\mathrm{d}t+T_{\mathrm{D}}\frac{\mathrm{d}e(t)}{\mathrm{d}t}\right]$$

式中 K_{p} 为比例系数；

T_{I} 为积分时间常数；

T_{D} 为微分时间常数。

现在，通过一个简单实例来研究比例、积分与微分各个环节的作用。

例 4.3 考虑模型 $G(s)=1/(s+1)^3$ 。研究比例、积分与微分的各个环节的作用。

解 (1) 只采用比例控制。即在 PID 控制策略中令 $T_{\mathrm{I}}\to\infty$，$T_D\to 0$。程序如下：

```
%比例控制
G = tf(1, [1, 3, 3, 1]); P = [0.1:0.1:1];
for i = 1:length(P)
G_c = feedback(P(i)*G, 1);
Step(G_c), hold on
end
```

运行程序，得到闭环系统的阶跃响应曲线，如图 4.31 所示。

由图 4.31 可以看出，比例环节的主要作用是，K_{p} 值增大时，系统响应的速度加快，闭环系统响应的幅值增加。当达到某个 K_{p} 值，系统将趋于不稳定。

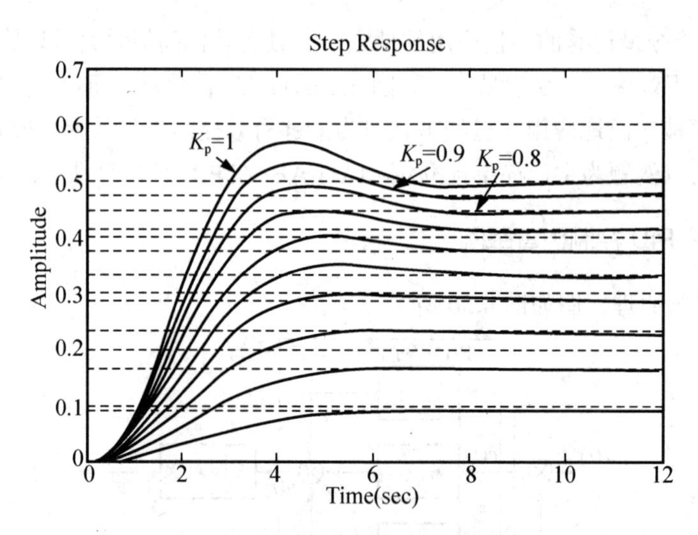

图 4.31　闭环系统的阶跃响应曲线

(2) 将 K_p 值固定到 $K_p=1$，应用 PI 控制策略。用 MATLAB 语言给出程序如下：

```
%比例、积分控制
Kp = 1; Ti = [0.7:0.1:1.5];
for i = 1:length(Ti)
Gc = tf(Kp*[1, 1/Ti(i)], [1, 0]);
G_c = feedback(G*Gc, 1);
step(G_c), hold on
end
axis([0, 20, 0, 2])
```

运行程序，系统的阶跃响应曲线如图 4.32 所示。

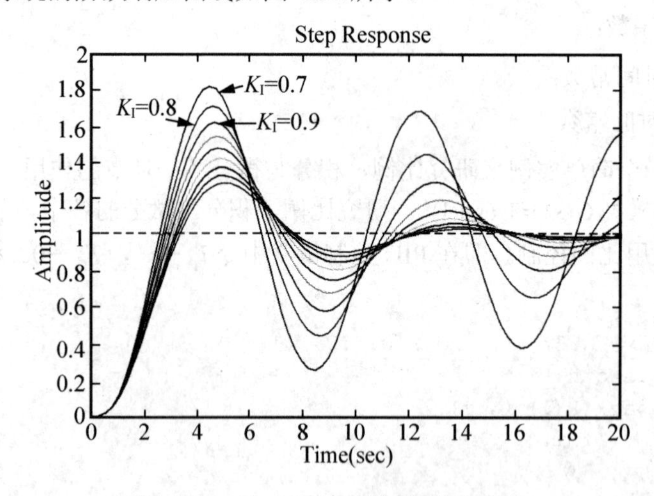

图 4.32　K_p=1 时系统的阶跃响应曲线

由图 4.32 可知，当增加积分时间常数 T_I 时，系统超调量减少，而系统的响应速度将变慢。因此，积分环节的主要作用是消除系统的稳态误差，其作用的强弱取决于积分时间常数 T_I 的大小。

(3) 如果将 K_p 和 T_I 均固定在 $K_p = T_I = 1$，则可以使用 PID 控制策略来采用不同的 T_D 值。用 MATLAB 语言给出程序如下：

```
% 比例、积分、微分控制
p= 1; Ti = 1; Td = [0.1:0.2:2];
for i = 1:length(Td)
Gc = tf(Kp*[Ti*Td(i), Ti, 1]/Ti, [1, 0]);
G_c = feedback(G*Gc, 1); step(G_c), hold on
end
axis([0, 20, 0, 2.6])
```

程序运行结果如图 4.33 所示。

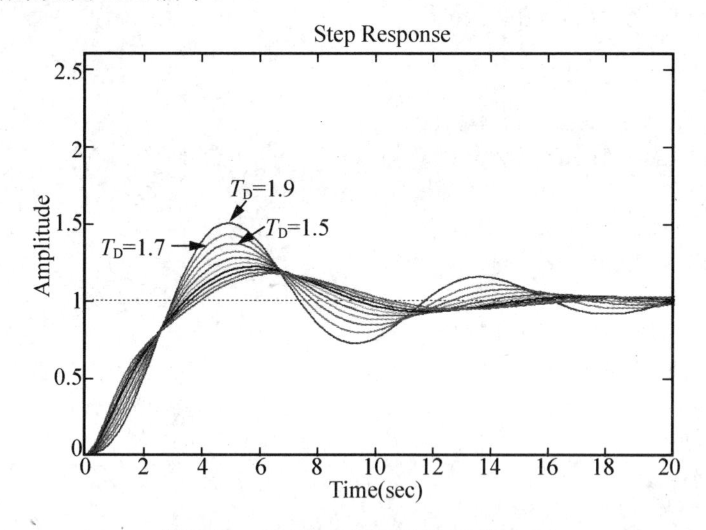

图 4.33　$K_p = T_I = 1$ 时不同的 T_D 值响应

由图 4.33 可知，当 T_D 增大时，系统的响应速度加快，同时响应的幅度也增加。因此，微分环节的主要作用是提高系统的响应速度，由于该环节产生的控制量与信号变化速率有关，因此对信号无变化或变化缓慢的系统不起作用。

4.4.2　离散系统的数字 PID 控制仿真举例

例 4.4　被控对象为

$$G(s) = \frac{523500}{s^3 + 87.35s^2 + 10470s}$$

采样周期为 1ms，针对离散系统的阶跃信号、正弦信号和方波信号的位置响应，设计离散 PID 控制器。其中，s 为信号选择变量，s =1 时为阶跃跟踪，s =2 时为方波跟踪，s =3 时为正弦跟踪。

解　仿真程序如下：

```
% PID 控制
clear all;
close all;
ts=0.001;
```

```
sys=tf(5.235e005, [1, 87.35, 1.047e004, 0]);
dsys=c2d(sys, ts, 'z');
[num, den]=tfdata(dsys, 'v');
u_1=0.0; u_2=0.0; u_3=0.0;
y_1=0.0; y_2=0.0; y_3=0.0;
x=[0, 0, 0] ';
error_1=0;
for k=1:1:500
time(k)=k*ts;
s=2;                          %s=1 时为阶跃跟踪，s=2 时为方波跟踪，s=3 时为正弦跟踪
if S==1
 kp=0.50; ki=0.001; kd=0.001;
 rin(k)=1;                                    %阶跃信号
elseif S==2
   kp=0.50; ki=0.001; kd=0.001;
   rin(k)=sign(sin(2*2*pi*k*ts));        %方波信号
elseif S==3
   kp=1.5; ki=1.0; kd=0.01;                  %正弦信号
   rin(k)=0.5*sin(2*2*pi*k*ts);
end
u(k)=kp*x(1)+kd*x(2)+ki*x(3);               %PID 控制
%Restricting the output of controller
if u(k)>=10
  u(k)=10;
end
if u(k)<=-10
  u(k)=-10;
end
%Linear model
yout(k)=-den(2)*y_1-den(3)*y_2-den(4)*y_3+num(2)*u_1+num(3)*u_2+num(4)*
u_3;
error(k)=rin(k)-yout(k);
%Return of parameters
u_3=u_2; u_2=u_1; u_1=u(k);
y_3=y_2; y_2=y_1; y_1=yout(k);
x(1)=error(k);                               %Calculating P
x(2)=(error(k)-error_1)/ts;                  %Calculating D
x(3)=x(3)+error(k)*ts;                       %Calculating I
error_1=error(k);
end
figure(1);
plot(time, rin, 'b', time, yout, 'r');
xlabel('time(s)'), ylabel('rin, yout');
```

仿真图形如图 4.34、图 4.35、图 4.36 所示。

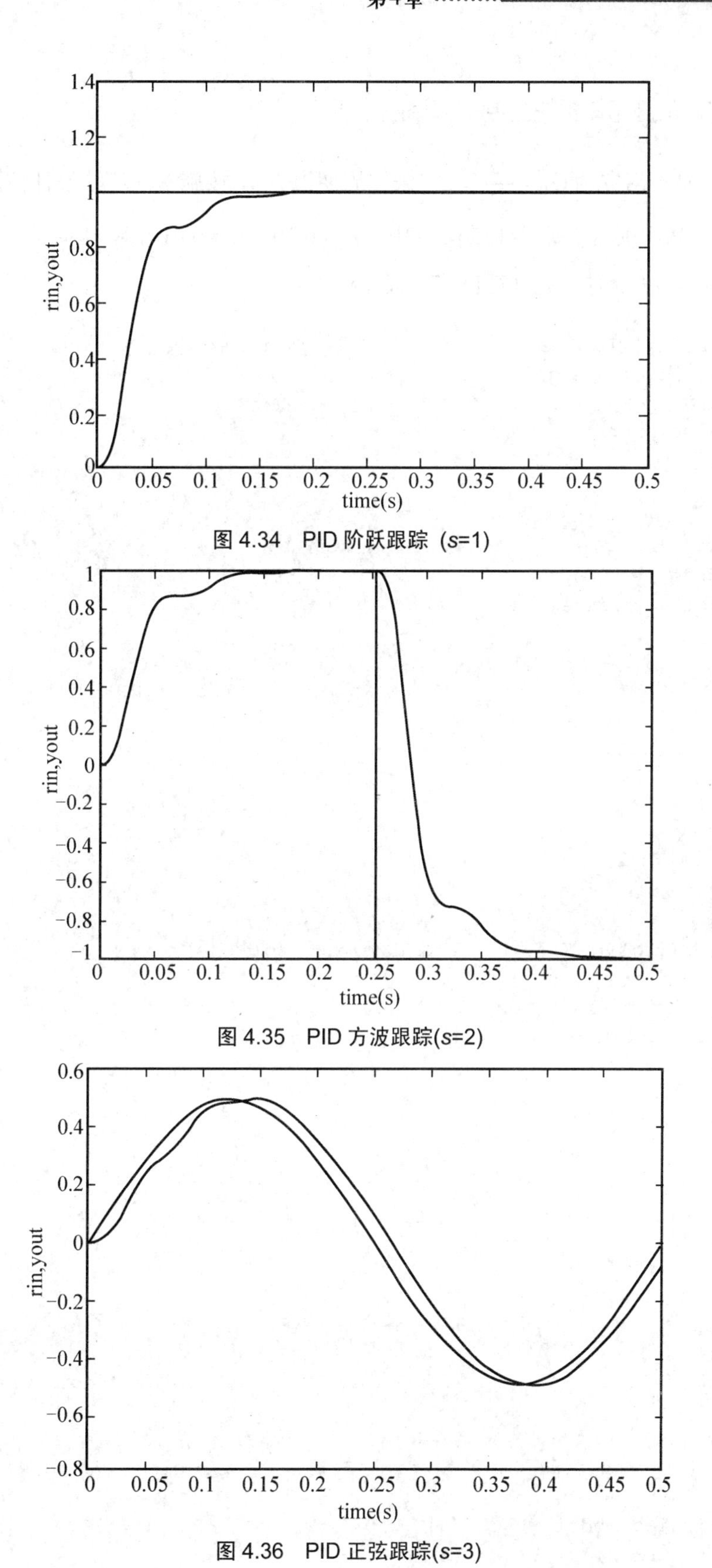

图 4.34 PID 阶跃跟踪 (*s*=1)

图 4.35 PID 方波跟踪(*s*=2)

图 4.36 PID 正弦跟踪(*s*=3)

4.4.3 纯滞后的施密斯预估控制仿真举例

例 4.5 被控对象为$G_{\text{p}}=\dfrac{e^{-80s}}{60s+1}$，采样周期为 20s。按施密斯算法设计控制器。在阶跃输入下，采用 PI 和施密斯联合控制，其中，K_{p}=0.50，K_{I}=0.010，s=1 时为阶跃响应，s=2 时为方波响应，M=1 时为 PI 和施密斯联合控制。

```
%Big Delay PID Control with Smith Algorithm
clear all; close all;
Ts=20;
%Delay plant
kp=1;
Tp=60;
tol=80;
sys=tf([kp], [Tp, 1], 'inputdelay', tol);
dsys=c2d(sys, Ts, 'zoh');
[num, den]=tfdata(dsys, 'v');
M=1;
%Prediction model
if M==1                         %No Precise Model: PI+Smith
   kp1=kp*1.10;
   Tp1=Tp*1.10;
   tol1=tol*1.0;
elseif M==2|M==3                %Precise Model: PI+Smith
   kp1=kp;
   Tp1=Tp;
   tol1=tol;
end
sys1=tf([kp1], [Tp1, 1], 'inputdelay', tol1);
dsys1=c2d(sys1, Ts, 'zoh');
[num1, den1]=tfdata(dsys1, 'v');
u_1=0.0; u_2=0.0; u_3=0.0; u_4=0.0; u_5=0.0;
e1_1=0;
e2=0.0;
e2_1=0.0;
ei=0;
xm_1=0.0;
ym_1=0.0;
y_1=0.0;
for k=1:1:600
    time(k)=k*Ts;
S=2;
if S==1
   rin(k)=1.0;                              %Tracing Step Signal
end
if S==2
   rin(k)=sign(sin(0.0002*2*pi*k*Ts));      %Tracing Square Wave Signal
end
%Prediction model
xm(k)=-den1(2)*xm_1+num1(2)*u_1;
```

```
ym(k)=-den1(2)*ym_1+num1(2)*u_5;          %With Delay
yout(k)=-den(2)*y_1+num(2)*u_5;
if M==1                                   %No Precise Model: PI+Smith
   e1(k)=rin(k)-yout(k);
   e2(k)=e1(k)-xm(k)+ym(k);
   ei=ei+Ts*e2(k);
   u(k)=0.50*e2(k)+0.010*ei;
   e1_1=e1(k);
elseif M==2   %Precise Model: PI+Smith
   e2(k)=rin(k)-xm(k);
   ei=ei+Ts*e2(k);
   u(k)=0.50*e2(k)+0.010*ei;
   e2_1=e2(k);
elseif M==3  %Only PI
   e1(k)=rin(k)-yout(k);
   ei=ei+Ts*e1(k);
   u(k)=0.50*e1(k)+0.010*ei;
   e1_1=e1(k);
end
%----------Return of smith parameters------------
xm_1=xm(k);
ym_1=ym(k);

u_5=u_4; u_4=u_3; u_3=u_2; u_2=u_1; u_1=u(k);
y_1=yout(k);
end
plot(time, rin, 'b', time, yout, 'r');
xlabel('time(s) '); ylabel('rin, yout');
```

仿真图形如图 4.37 所示。

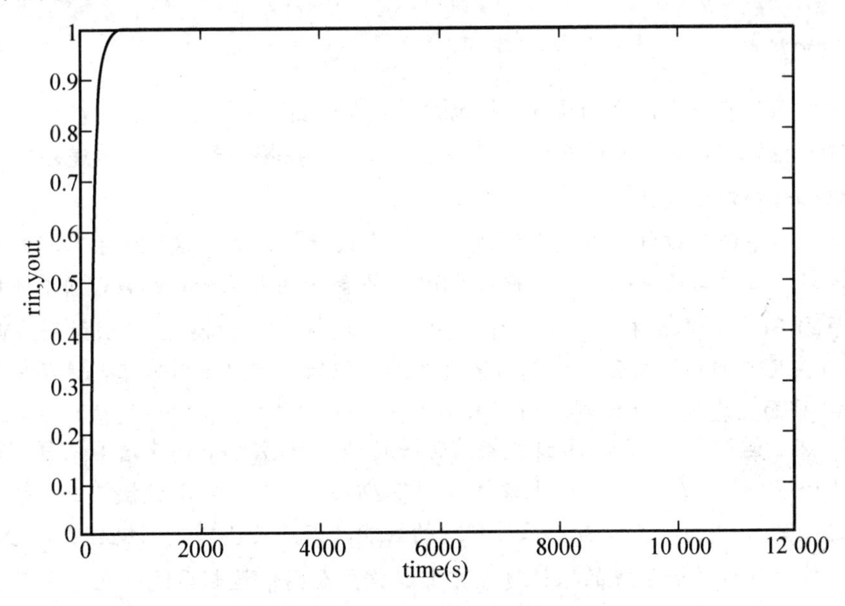

图 4.37　阶跃响应结果

4.5 小结

本章主要介绍计算机控制系统的数字控制器的间接设计法和直接设计法。模拟调节器在工业生产过程中得到了广泛的应用，其设计方法也被广大技术人员所掌握，间接设计法就是在这种情况下产生的。它是用设计模拟调节器的方法来设计控制器，然后再将设计完的控制器进行离散化，离散化之后的形式就是数字控制器。直接设计法则是基于被控对象本身来设计控制器的一种设计方法。

间接设计法主要介绍了数字PID控制器和施密斯预估器的设计方法。其中数字PID控制器是一种使用灵活的调节方式，在计算机控制系统中是由软件设计完成的。因此，对于模拟PID控制器中出现的一些问题，可以通过修改算法的方式来进行改进。于是衍生出了一些改进的数字PID控制算法，如带死区的PID控制算法，微分先行PID控制器算法等。在使用数字PID控制算法设计的控制系统中，选择合适的PID控制参数是保证系统达到设计指标的关键，因此PID控制器参数的整定是非常重要的。常用的参数整定方法有扩充临界比例度法、扩充响应曲线法等。对于带有滞后的被控对象，采用数字PID控制器的调节效果并不能很好地满足要求。这种系统中控制器的设计，可以使用施密斯预估器的设计方法来完成。

直接设计法介绍了最少拍有纹波、最少拍无纹波及达林算法3种数字控制器设计的方法。其中最少拍设计方法适合于随动系统的设计，这类系统中对调节时间的要求更高。而达林算法主要是针对被控对象存在滞后时间，且要求没有超调量或者有很小超调量的控制系统。最后，用MATLAB对PID控制器和施密斯预估器中改变参数时对控制器调节效果的影响进行了仿真。

知识扩展

数字控制器的直接设计法的特点：根据广义被控系统的脉冲传递函数$G(z)$直接在离散域采用传统的根轨迹法或频率响应法进行综合，获得数字控制器的脉冲传递函数$D(z)$，再采用计算机编程加以实现。

在连续控制系统的设计中主要是频域响应法来设计控制器，这种方法可推广至离散控制系统的设计。由于离散系统的频率特性$G(e^{j\omega T})$不是ω的有理分式函数，所以不能直接采用典型环节的Bode图作分析，为此通常应用W变换将Z平面换至W域讨论。W平面不仅与S平面在几何上相似而且所研究的区域也是相似的，可以使用连续系统的各种频率响应法。在W平面上直接设计控制器的基本步骤如下：①首先求取广义被控对象的脉冲传递函数$G(z)$，然后通过W变换将$G(z)$变换为脉冲传递函数$G(\omega)$，通常选取采样周期T为闭环带宽的10～20倍；②在W平面上设计控制器$D(\omega)$；③经W反变换，求得数字控制器的脉冲传递函数为$D(z)$；④校验校正后系统的性能，若满足要求，则编程实现$D(z)$。

除此之外，连续控制系统的根轨迹法亦可以推广至离散控制系统。在Z平面上应用根轨迹法设计数字控制器的原理和基本方法与连续系统相类似。其设计的基本思路为，根据性能指标要求确定闭环主导极点的位置，确定数字控制器的零极点的分布和调整系统放大器的增益使系统的根轨迹通过主导极点并获得满意的性能。在设计时往往会用到零极点相消的思想，即用控制器的零极点去对消原系统中不希望存在的零极点，从而使系统具有较理想的零极点分布并获得良好的系统性能。

这里只对数字控制器的其他设计方法做简单介绍，有兴趣的同学可以去查阅相关资料。

4.6 习　　题

1. PID 调节器中，参数 K_p、T_I、T_D 各有什么作用？它们对调节品质有什么影响？

2. PID 位置型控制算式为____________，PID 增量型控制算式为____________。

3. 两种 PID 控制器的调节方法各有什么优缺点？

4. 将模拟控制器离散化为数字控制器的方法有(　　)。

   A. 双线性变换　　B. 前向差分法　　C. 后向差分法　　D. 零极点匹配法

5. 有关采样周期的选择对计算机控制系统的影响，下面描述正确的是(　　)。

   A. 采样周期短，可以减少系统纯滞后的影响，提高控制精度

   B. 采样周期应该长一些，不然给定值的迅速变化会造成系统的不稳定

   C. 尽量选择采样周期与纯滞后时间相同

   D. 采样周期应该大于执行机构的调节时间

6. PID 控制参数整定有哪些方法？具体的整定步骤是什么？

7. PID 控制中对积分环节有哪些改进方式？它们各有什么优点？

8. 什么是积分饱和？如何消除积分饱和？

9. 介绍施密斯预估器的设计思想，并画出其补偿控制系统的框图。

10. 什么是最少拍设计？它有什么具体的要求？

11. 如图 4.1 所示，已知 T=1s，

$$G(s)=\frac{10}{(s+1)^2}$$

试求解以下问题。

(1) 若系统输入为单位阶跃输入信号时，设计最少拍有纹波数字控制器。

(2) 若系统输入为单位阶跃输入信号时，设计最少拍无纹波数字控制器。

12. 什么是达林算法？它适用于哪些范围？什么是振铃现象？它产生的原因是什么？如何消除？

13. 已知系统中被控对象的传递函数为

$$G_0(s)=\frac{e^{-s}}{(1+s)}$$

采样周期 $T=0.5$s，试用达林算法设计数字控制器。

14. 某直线电机的数学模型为标准二阶系统，试以微控制器为核心，设计直线电机的数字 PID 控制方案，并采用软件技术实现 PID 控制参数的智能化自动整定，利用整定后的控制参数控制直线电机的运行过程。

第5章　现代控制技术

教学提示

在经典控制理论中，通常采用微分方程或传递函数作为描述系统动态特性的数学模型，但是这两种描述方法只能反映出系统的输出变量与输入变量之间的关系，而不能表现出系统内部的变化情况。现代控制理论可以用于分析多输入多输出系统，它采用状态空间表达式作为描述系统的数学模型，使用时域分析法研究系统的动态特性。由于状态空间表达式中包含了体现系统内部变化的状态变量，使得状态空间表达式除了可以描述系统输入变量和输出变量的关系之外，还可以描述系统内部变量的变化规律。借助于计算机对状态空间表达式进行求解，使得整个求解过程变得更加容易。因此，随着计算机技术的不断进步，将会使现代控制理论在计算机控制系统中的应用变得更加广泛。

教学要求

通过本章的学习,要求掌握状态空间输出反馈法的设计步骤及按极点配置设计状态观测器的设计方法。

本章知识结构

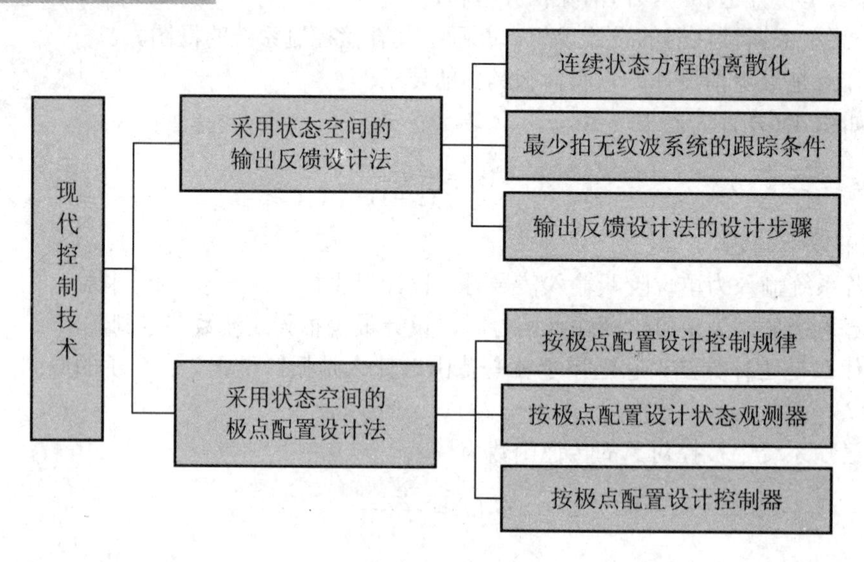

【引言】

在经典控制理论中，主要以传递函数为数学模型来设计和分析单输入单输出系统，但这种模型只能反映出系统的输出变量与输入变量之间的关系，不能反映系统内部变量的变化情况及其与输入变量和输出变量之间的关系。而在现代控制理论中，以状态空间为模型的设计法与经典控制设计法的最大不同是采用状态空间设计法可以完整地描述控制系统的所有状态信息，从而使系统获得更好的性能，并且状态空间设计常与最优控制相联系。

利用状态空间模型进行系统设计的方法很多，其中常用的是极点配置状态反馈方法。采用全状态反馈可以充分利用系统的信息来提高和改善系统的性能，但在实际工程设计时很难能够获得全部的状态信息，因此根据系统可测量的输出通过重构观测器估计系统的全部状态。观测器与状态反馈一起组成控制系统的控制器。

本章主要用状态空间模型来设计和分析数字控制器，以便计算机求解。

5.1 采用状态空间的输出反馈设计法

设线性定常系统被控对象的连续状态方程和输出方程为

$$\begin{cases}\dot{\boldsymbol{x}}(t)=\boldsymbol{A}\boldsymbol{x}(t)+\boldsymbol{B}\boldsymbol{u}(t), \quad \boldsymbol{x}(t)\big|_{t=t_0}=\boldsymbol{x}(t_0)\\ \boldsymbol{y}(t)=\boldsymbol{C}\boldsymbol{x}(t)\end{cases} \tag{5.1}$$

式中 $\boldsymbol{x}(t)$ 为 n 维状态向量；

$\boldsymbol{u}(t)$ 为 r 维控制向量；

$\boldsymbol{y}(t)$ 为 m 维输出向量；

$\boldsymbol{A}$ 为 $n\times n$ 维状态矩阵；

$\boldsymbol{B}$ 为 $n\times r$ 维控制矩阵；

$\boldsymbol{C}$ 为 $m\times n$ 维输出矩阵。

采用状态空间的输出反馈设计法的目的是利用状态空间表达式，设计出数字控制器 $D(z)$，使得多变量计算机控制系统满足所需要的性能指标，即在控制器 $D(z)$ 的作用下，系统输出 $\boldsymbol{y}(z)$ 经过 N 次采样(N 拍)后，跟踪参考输入函数 $\boldsymbol{r}(z)$ 的瞬间响应时间为最少(仍然是最少拍)。设系统的闭环结构形式如图 5.1 所示。

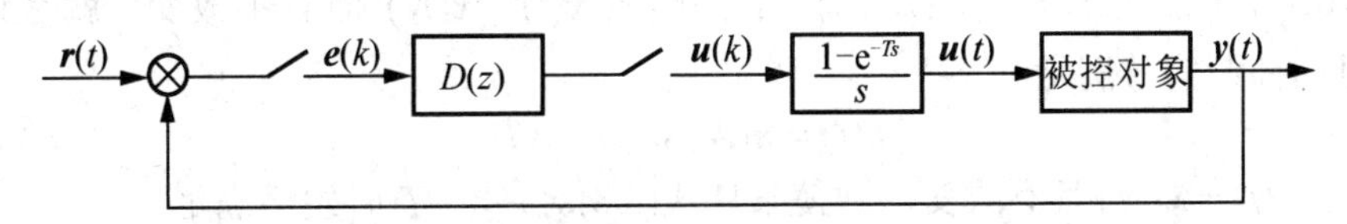

图 5.1 具有输出反馈的多变量计算机控制系统

假设参考输入函数 $\boldsymbol{r}(t)$ 是 m 维阶跃函数向量，即

$$\boldsymbol{r}(t)=\boldsymbol{r}_0\cdot 1(t)=\left(r_{01},r_{02},\cdots,r_{0m}\right)^{\mathrm{T}}\cdot 1(t) \tag{5.2}$$

先找出在 $D(z)$ 的作用下，输出是最少 N 拍跟踪输入的条件。设计时，应首先把被控对象离散化，用离散状态空间方程表示被控对象。

5.1.1 连续状态方程的离散化

根据现代控制理论可知，在 $\boldsymbol{u}(t)$ 的作用下，式(5.1)的解为

$$\boldsymbol{x}(t)=\mathrm{e}^{A(t-t_0)}\boldsymbol{x}(t_0)+\int_{t_0}^{t}\mathrm{e}^{A(t-\tau)}\boldsymbol{Bu}(\tau)\mathrm{d}\tau \tag{5.3}$$

式中 $\mathrm{e}^{A(t-t_0)}$ 为被控对象的状态转移矩阵；

$\boldsymbol{x}(t_0)$ 为初始状态向量。

如果被控对象的前面有一个零阶保持器，即

$$\boldsymbol{u}(t)=\boldsymbol{u}(k)\,,\quad kT\leqslant t<(k+1)T \tag{5.4}$$

式中 T 为采样周期。

现在将连续被控对象模型连同零阶保持器一起进行离散化。

在式(5.3)中，若令 $t_0=kT$，$t=(k+1)T$，同时考虑到零阶保持器的作用，则式(5.3)变为

$$\boldsymbol{x}(k+1)=\mathrm{e}^{AT}\boldsymbol{x}(k)+\int_{kT}^{(k+1)T}\mathrm{e}^{A(kT+T-\tau)}\mathrm{d}\tau\boldsymbol{Bu}(k) \tag{5.5}$$

若令 $t=(k+1)T-\tau$，则式(5.5)可进一步化为离散状态方程

$$\begin{cases}\boldsymbol{x}(k+1)=\boldsymbol{Fx}(k)+\boldsymbol{Gu}(k)\\ \boldsymbol{y}(k)=\boldsymbol{Cx}(k)\end{cases} \tag{5.6}$$

$$\boldsymbol{F}=\mathrm{e}^{AT}\,,\quad \boldsymbol{G}=\int_0^T\mathrm{e}^{At}\mathrm{d}t\boldsymbol{B} \tag{5.7}$$

式(5.6)便是式(5.1)的等效离散状态方程。可见离散化的关键是式(5.7)中矩阵指数及其积分的计算。

5.1.2 最少拍无纹波系统的跟踪条件

由式(5.1)中的系统输出方程可知，$\boldsymbol{y}(t)$ 以最少的 N 拍跟踪参考输入 $\boldsymbol{r}(t)$，当第 N 拍时必有

$$\boldsymbol{y}(N)=\boldsymbol{Cx}(N)=\boldsymbol{r}_0 \tag{5.8}$$

仅按条件式(5.8)设计的系统，将是有纹波系统，为设计无纹波系统，还必须满足条件

$$\dot{\boldsymbol{x}}(N)=0 \tag{5.9}$$

这是因为，在 $NT\leqslant t\leqslant(N+1)T$ 的间隔内，控制信号 $\boldsymbol{u}(t)=\boldsymbol{u}(N)$ 为常向量，由式(5.1)知，当 $\dot{\boldsymbol{x}}(N)=0$ 时，则在 $NT\leqslant t\leqslant(N+1)T$ 的间隔内 $\boldsymbol{x}(t)=\boldsymbol{x}(N)$,而且不改变。就是说，若使 $t\geqslant NT$ 时的控制信号满足

$$\boldsymbol{u}(t)=\boldsymbol{u}(N)\,,\quad t\geqslant NT \tag{5.10}$$

此时，$\boldsymbol{x}(t)=\boldsymbol{x}(N)$ 且不改变，则使条件式(5.8)对 $t\geqslant NT$ 时始终满足

$$\boldsymbol{y}(t)=\boldsymbol{Cx}(t)=\boldsymbol{Cx}(N)=\boldsymbol{r}_0\,,\quad t\geqslant NT \tag{5.11}$$

下面讨论系统的输出跟踪参考输入所用最少拍 N 的确定方法。式(5.8)确定的跟踪条件为 m 个，式(5.9)确定的附加跟踪条件为 n 个，为满足式(5.8)和式(5.9)组成的($m+n$)个跟踪条件，($N+1$)个 r 维的控制向量($\boldsymbol{u}(0)$, $\boldsymbol{u}(1)$, …, $\boldsymbol{u}(N-1)$, $\boldsymbol{u}(N)$)必须至少提供($m+n$)个控制参数，即

$$(N+1)r\geqslant m+n \tag{5.12}$$

最少拍数 N 应取满足式(5.12)的最小整数。

5.1.3 输出反馈设计法的设计步骤

1. 将连续状态方程离散化

对于由式(5.1)给出的被控对象的连续状态方程，用采样周期T对其进行离散化。通过计算式(5.7)，可求得离散状态方程为式(5.6)。

2. 求满足跟踪条件式(5.8)和附加条件式(5.9)的控制序列$\{\boldsymbol{u}(k)\}$的z变换$\boldsymbol{U}(z)$

被控对象的离散状态方程式(5.6)的解为

$$\boldsymbol{x}(k)=\boldsymbol{F}^{k}\boldsymbol{x}(0)+\sum_{j=0}^{k-1}\boldsymbol{F}^{k-j-1}\boldsymbol{G}\boldsymbol{u}(j) \tag{5.13}$$

被控对象在N步控制信号$(\boldsymbol{u}(0),\ \boldsymbol{u}(1),\ \cdots,\ \boldsymbol{u}(N-1))$作用下状态为

$$\boldsymbol{x}(N)=\boldsymbol{F}^{N}\boldsymbol{x}(0)+\sum_{j=0}^{N-1}\boldsymbol{F}^{N-j-1}\boldsymbol{G}\boldsymbol{u}(j)$$

假定系统的初始条件$\boldsymbol{x}(0)=0$，则有

$$\boldsymbol{x}(N)=\sum_{j=0}^{N-1}\boldsymbol{F}^{N-j-1}\boldsymbol{G}\boldsymbol{u}(j) \tag{5.14}$$

根据条件式(5.8)，有

$$\boldsymbol{r}_0=\boldsymbol{y}(N)=\boldsymbol{C}\boldsymbol{x}(N)=\sum_{j=0}^{N-1}\boldsymbol{C}\boldsymbol{F}^{N-j-1}\boldsymbol{G}\boldsymbol{u}(j)$$

用分块矩阵形式来表示，得

$$\begin{aligned}\boldsymbol{r}_0&=\sum_{j=0}^{N-1}\boldsymbol{C}\boldsymbol{F}^{N-j-1}\boldsymbol{G}\boldsymbol{u}(j)\\&=(\boldsymbol{CF}^{N-1}\boldsymbol{G},\ \boldsymbol{CF}^{N-2}\boldsymbol{G},\ \cdots,\ \boldsymbol{CFG},\ \boldsymbol{CG})\begin{pmatrix}\boldsymbol{u}(0)\\\boldsymbol{u}(1)\\\vdots\\\boldsymbol{u}(N-2)\\\boldsymbol{u}(N-1)\end{pmatrix}\end{aligned} \tag{5.15}$$

再由条件式(5.9)和式(5.1)，有

$$\dot{\boldsymbol{x}}(N)=\boldsymbol{A}\boldsymbol{x}(N)+\boldsymbol{B}\boldsymbol{u}(N)=0$$

将式(5.14)代入上式，得

$$\sum_{j=0}^{N-1}\boldsymbol{A}\boldsymbol{F}^{N-j-1}\boldsymbol{G}\boldsymbol{u}(j)+\boldsymbol{B}\boldsymbol{u}(N)=0$$

或

$$\left(\boldsymbol{AF}^{N-1}\boldsymbol{G},\ \boldsymbol{AF}^{N-2}\boldsymbol{G},\ \cdots,\ \boldsymbol{AG},\ \boldsymbol{B}\right)\begin{pmatrix}\boldsymbol{u}(0)\\\boldsymbol{u}(1)\\\vdots\\\boldsymbol{u}(n-2)\\\boldsymbol{u}(n-1)\end{pmatrix}=0 \tag{5.16}$$

由式(5.15)和式(5.16)可以组成确定$(N+1)$个控制序列$(\boldsymbol{u}(0),\ \boldsymbol{u}(1),\ \cdots,\ \boldsymbol{u}(N))$的统一方程组为

$$\begin{pmatrix} \boldsymbol{CF}^{N-1}\boldsymbol{G} & \boldsymbol{CF}^{N-2}\boldsymbol{G} & \cdots & \boldsymbol{CG} & 0 \\ \boldsymbol{AF}^{N-1}\boldsymbol{G} & \boldsymbol{AF}^{N-2}\boldsymbol{G} & \cdots & \boldsymbol{AG} & \boldsymbol{B} \end{pmatrix} \begin{pmatrix} \boldsymbol{u}(0) \\ \boldsymbol{u}(1) \\ \vdots \\ \boldsymbol{u}(N-1) \\ \boldsymbol{u}(N) \end{pmatrix} = \begin{pmatrix} \boldsymbol{r}_0 \\ 0 \end{pmatrix} \tag{5.17}$$

若方程(5.17)有解，并设解为

$$\boldsymbol{u}(j)=\boldsymbol{P}(j)\cdot \boldsymbol{r}_0 \qquad (j=0,\ 1,\ \cdots,\ N) \tag{5.18}$$

当$k=N$时，控制信号$\boldsymbol{u}(k)$应满足

$$\boldsymbol{u}(k)=\boldsymbol{u}(N)=\boldsymbol{P}(N)\boldsymbol{r}_0 \quad (k\geqslant N)$$

这样由跟踪条件求得了控制序列$\{u(k)\}$，其Z变换为

$$\begin{aligned} \boldsymbol{U}(z) &= \sum_{k=0}^{\infty}\boldsymbol{u}(k)z^{-k}=\left[\sum_{k=0}^{N-1}\boldsymbol{P}(k)z^{-k}+\boldsymbol{P}(N)\sum_{k=N}^{\infty}z^{-k}\right]\boldsymbol{r}_0 \\ &= \left[\sum_{k=0}^{N-1}\boldsymbol{P}(k)z^{-k}+\frac{\boldsymbol{P}(N)z^{-N}}{1-z^{-1}}\right]\boldsymbol{r}_0 \end{aligned} \tag{5.19}$$

3. 求取误差序列$\{\boldsymbol{e}(k)\}$的Z变换$\boldsymbol{E}(z)$

误差向量为

$$\boldsymbol{e}(k)=\boldsymbol{r}(k)-\boldsymbol{y}(k)=\boldsymbol{r}_0-\boldsymbol{Cx}(k) \tag{5.20}$$

假定$\boldsymbol{x}(0)=0$，将式(5.13)代入式(5.20)，得

$$\boldsymbol{e}(k)=\boldsymbol{r}_0-\sum_{j=0}^{k-1}\boldsymbol{CF}^{k-j-1}\boldsymbol{Gu}(j) \tag{5.21}$$

再将式(5.18)代入式(5.21)，则

$$\boldsymbol{e}(k)=\left[\boldsymbol{I}-\sum_{j=0}^{k-1}\boldsymbol{CF}^{k-j-1}\boldsymbol{GP}(j)\right]\boldsymbol{r}_0 \tag{5.22}$$

误差序列$\{\boldsymbol{e}(k)\}$的Z变换为

$$\boldsymbol{E}(z)=\sum_{k=0}^{\infty}\boldsymbol{e}(k)z^{-k}=\sum_{k=0}^{N-1}\boldsymbol{e}(k)z^{-k}+\sum_{k=N}^{\infty}\boldsymbol{e}(k)z^{-k}$$

上式中的$\sum\limits_{k=N}^{\infty}\boldsymbol{e}(k)z^{-k}=0$，这是由跟踪条件式(5.8)和附加条件式(5.9)决定的，因为当$k\geqslant N$时误差信号消失，所以

$$\boldsymbol{E}(z)=\sum_{k=0}^{N-1}\boldsymbol{e}(k)z^{-k}=\sum_{k=0}^{N-1}\left[\boldsymbol{I}-\sum_{j=0}^{k-1}\boldsymbol{CF}^{(k-j-1)}\boldsymbol{GP}(j)\right]\boldsymbol{r}_0 z^{-k} \tag{5.23}$$

4. 求控制器的脉冲传递函数

根据式(5.19)和式(5.23)可求得$D(z)$为

$$D(z)=\frac{\boldsymbol{U}(z)}{\boldsymbol{E}(z)}$$

例 5.1 设单输入单输出二阶系统，其状态空间表达式为

$$\begin{cases}\dot{\boldsymbol{x}}(t)=\boldsymbol{A}\boldsymbol{x}(t)+\boldsymbol{B}u(t)\\ y(t)=\boldsymbol{C}\boldsymbol{x}(t)\end{cases}$$

式中 $\boldsymbol{A}=\begin{pmatrix}-1 & 0\\ 1 & 0\end{pmatrix}$，$\boldsymbol{B}=\begin{pmatrix}1\\ 0\end{pmatrix}$，$\boldsymbol{C}=\begin{pmatrix}0 & 1\end{pmatrix}$；

采样周期$T=1\text{s}$。

试设计最少拍无纹波控制器的$D(z)$。

解 因为

$$\boldsymbol{F}=\mathrm{e}^{\boldsymbol{A}T}=\begin{pmatrix}\mathrm{e}^{-1} & 0\\ 1-\mathrm{e}^{-1} & 1\end{pmatrix}=\begin{pmatrix}0.368 & 0\\ 0.632 & 1\end{pmatrix}$$

$$\boldsymbol{G}=\int_0^T \mathrm{e}^{\boldsymbol{A}t}\mathrm{d}t\boldsymbol{B}=\begin{pmatrix}1-\mathrm{e}^{-1}\\ \mathrm{e}^{-1}\end{pmatrix}=\begin{pmatrix}0.632\\ 0.368\end{pmatrix}$$

所以离散状态方程为

$$\begin{cases}\boldsymbol{x}(k+1)=\boldsymbol{F}\boldsymbol{x}(k)+\boldsymbol{G}u(k)\\ y(k)=\boldsymbol{C}\boldsymbol{x}(k)\end{cases}$$

要设计无纹波系统，跟踪条件应满足

$$(N+1)r\geqslant m+n$$

而$n=2$，$r=1$，$m=1$，因此取$N=2$即可满足该条件。

由式(5.17)可得$\begin{pmatrix}\boldsymbol{CFG} & \boldsymbol{CG} & 0\\ \boldsymbol{AFG} & \boldsymbol{AG} & \boldsymbol{B}\end{pmatrix}\begin{pmatrix}\boldsymbol{u}(0)\\ \boldsymbol{u}(1)\\ \boldsymbol{u}(2)\end{pmatrix}=\begin{pmatrix}\boldsymbol{r}_0\\ 0\\ 0\end{pmatrix}$

进一步得$\begin{pmatrix}\boldsymbol{u}(0)\\ \boldsymbol{u}(1)\\ \boldsymbol{u}(2)\end{pmatrix}=\begin{pmatrix}\boldsymbol{P}(0)\\ \boldsymbol{P}(1)\\ \boldsymbol{P}(2)\end{pmatrix}\boldsymbol{r}_0=\begin{pmatrix}1.58\\ -0.58\\ 0\end{pmatrix}\boldsymbol{r}_0$

则得

$$\boldsymbol{P}(0)=1.58,\quad \boldsymbol{P}(1)=-0.58,\quad \boldsymbol{P}(2)=0$$

由式(5.19)和$N=2$知

$$\boldsymbol{U}(z)=\left[\sum_{k=0}^{N-1}\boldsymbol{P}(k)z^{-k}+\frac{\boldsymbol{P}(N)z^{-N}}{1-z^{-1}}\right]\boldsymbol{r}_0=\left[\boldsymbol{P}(0)+\boldsymbol{P}(1)z^{-1}+\frac{\boldsymbol{P}(2)z^{-2}}{1-z^{-1}}\right]\boldsymbol{r}_0$$

$$=(1.58-0.58z^{-1})\boldsymbol{r}_0$$

由式(5.23)和$N=2$知

$$\boldsymbol{E}(z)=\sum_{k=0}^{N-1}\left[\boldsymbol{I}-\sum_{j=0}^{k-1}\boldsymbol{C}\boldsymbol{F}^{(k-j-1)}\boldsymbol{G}\boldsymbol{P}(j)\right]\boldsymbol{r}_0z^{-k}=\left\{\boldsymbol{I}+\left[\boldsymbol{I}-\boldsymbol{CGP}(0)\right]z^{-1}\right\}\boldsymbol{r}_0$$

$$=(1+0.41856z^{-1})\boldsymbol{r}_0$$

所以数字控制器$D(z)$为

$$D(z)=\frac{\boldsymbol{U}(z)}{\boldsymbol{E}(z)}=\frac{1.58-1.58z^{-1}}{1+0.418z^{-1}}$$

5.2 采用状态空间的极点配置设计法

在计算机控制系统中，除了使用输出反馈控制外，还可以使用状态反馈控制。图 5.2 给出了计算机控制系统的典型结构。在 5.1.1 节中，讨论了连续的被控对象同零阶保持器一起进行离散化的问题，同时忽略数字控制器的量化效应，则图 5.2 可以简化为如图 5.3 所示的离散系统。

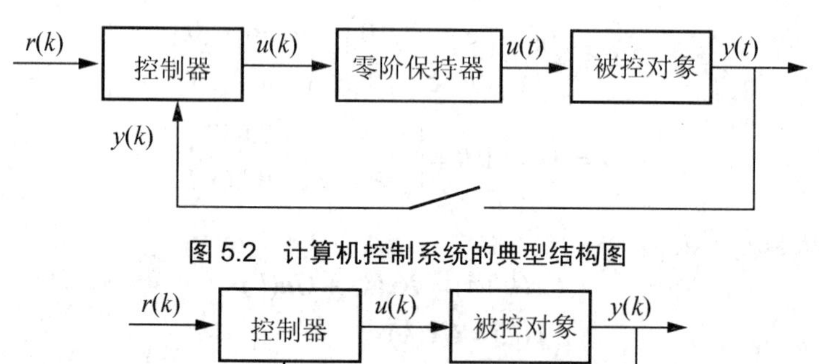

图 5.2 计算机控制系统的典型结构图

图 5.3 简化的离散系统结构图

下面按离散系统的情况来讨论控制器的设计。本节讨论利用状态反馈的极点配置方法来进行设计控制规律，首先讨论调节系统($\boldsymbol{r}(k)=0$)的情况，然后讨论跟踪系统，即如何引入外界参考输入$\boldsymbol{r}(k)$。

按极点配置设计的控制器通常由两部分组成：一部分是状态观测器，它根据所测到的输出量$\boldsymbol{y}(k)$重构出全部状态$\hat{\boldsymbol{x}}(k)$；另一部分是控制规律，它直接反馈重构的全部状态。图 5.4 给出了调节系统的情况。

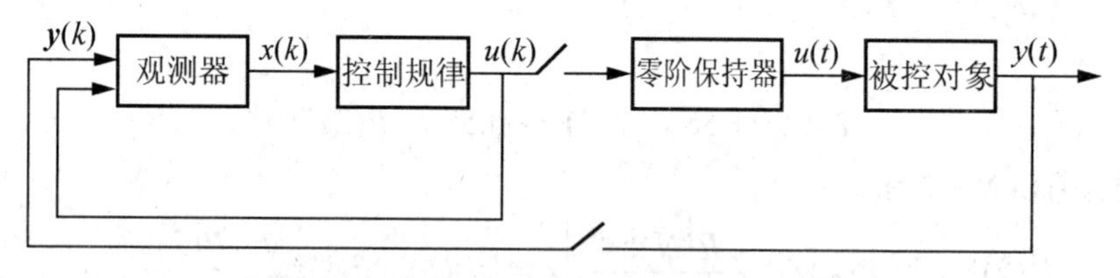

图 5.4 调节系统($\boldsymbol{r}(k)=0$)中控制器的结构图

5.2.1 按极点配置设计控制规律

为了按极点配置设计控制规律，暂设控制规律反馈的是实际对象的全部状态，而不是重构的状态。

设连续被控对象的状态方程为(注意：此时$\boldsymbol{r}(k)=0$)

$$\begin{cases}\dot{\boldsymbol{x}}(t)=\boldsymbol{A}\boldsymbol{x}(t)+\boldsymbol{B}\boldsymbol{u}(t)\\ \boldsymbol{y}(t)=\boldsymbol{C}\boldsymbol{x}(t)\end{cases} \tag{5.24}$$

由 5.1.1 节知，相应的离散状态方程为

$$\begin{cases}\boldsymbol{x}(k+1)=\boldsymbol{F}\boldsymbol{x}(k)+\boldsymbol{G}\boldsymbol{u}(k)\\ \boldsymbol{y}(k)=\boldsymbol{C}\boldsymbol{x}(k)\end{cases} \tag{5.25}$$

且
$$\begin{cases} \boldsymbol{F} = \mathrm{e}^{\boldsymbol{A}T} \\ \boldsymbol{G} = \int_0^T \mathrm{e}^{\boldsymbol{A}t}\mathrm{d}t\boldsymbol{B} \end{cases} \tag{5.26}$$

式中 T 为采样周期。

若图 5.4 中的控制规律为线性状态反馈(此时仅考虑 $\boldsymbol{r}(k)=0$ 的情况)，即

$$\boldsymbol{u}(k) = -\boldsymbol{L}\boldsymbol{x}(k) \tag{5.27}$$

则要设计出反馈控制规律 $\boldsymbol{L}$，以使闭环系统具有所需要的极点配置。

将式(5.27)代入式(5.25)得到闭环系统的状态方程为

$$\boldsymbol{x}(k+1) = (\boldsymbol{F} - \boldsymbol{G}\boldsymbol{L})\boldsymbol{x}(k) \tag{5.28}$$

显然，闭环系统的特征方程为

$$|z\boldsymbol{I} - \boldsymbol{F} + \boldsymbol{G}\boldsymbol{L}| = 0 \tag{5.29}$$

设给定所需要的闭环系统的极点为 z_i (i=1，2，…，n，其中 $i \neq j$ 时，$j \in n$ $z_i \neq z_j$)，则很容易求得要求的闭环系统特征方程为

$$\begin{aligned} \beta(z) &= (z-z_1)(z-z_2)\cdots(z-z_n) \\ &= z^n + \beta_1 z^{n-1} + \cdots + \beta_n = 0 \end{aligned} \tag{5.30}$$

由式(5.27)和式(5.28)可知，反馈控制规律 $\boldsymbol{L}$ 应满足

$$|z\boldsymbol{I} - \boldsymbol{F} + \boldsymbol{G}\boldsymbol{L}| = \beta(z) \tag{5.31}$$

若将式(5.31)的行列式展开，并比较两边 z 的同次幂的系数，则一共可得到 n 个代数方程。对于单输入的情况，$\boldsymbol{L}$ 中未知元素的个数与方程的个数相等，因此一般情况下可获得 $\boldsymbol{L}$ 的唯一解。而对于多输入的情况，仅根据式(5.31)并不能完全确定 $\boldsymbol{L}$，计算比较复杂，这时需同时附加其他的限制条件才能完全确定 $\boldsymbol{L}$。本节只讨论单输入的情况。

可以证明，对于任意的极点配置，$\boldsymbol{L}$ 具有唯一解的充分必要条件是被控对象完全能控，即

$$\mathrm{rank}(\boldsymbol{G},\ \boldsymbol{F}\boldsymbol{G},\ \cdots,\ \boldsymbol{F}^{n-1}\boldsymbol{G}) = n \tag{5.32}$$

该结论的物理意义也是很明显的，只有当系统的所有状态都是能控的，才能通过适当的状态反馈控制，使得闭环系统的极点配置在任意指定的位置。

由于人们对于 S 平面中的极点分布与系统性能的关系比较熟悉，因此可首先根据相应连续系统性能指标的要求来给定 S 平面中的极点，然后再根据 $z_i = \mathrm{e}^{s_i T}$ 的关系求得 Z 平面中的极点分布，其中 T 为采样周期。

例 5.2 被控对象的传递函数 $G(s) = \dfrac{1}{s^2}$，采样周期 $T = 0.1\mathrm{s}$ 采用零阶保持器。现要求闭环系统的动态响应相当于阻尼系数为 $\xi = 0.5$，无阻尼自然振荡频率 $\omega_n = 3.6$ 的二阶连续系统，用极点配置方法设计状态反馈控制规律 $\boldsymbol{L}$，并求 $u(k)$。

解 被控对象的微分方程为 $\ddot{y}(t) = u(t)$，定义两个状态变量分别为 $x_1(t) = y(t)$，$x_2(t) = \dot{x}_1(t) = \dot{y}(t)$，则得 $\dot{x}_1(t) = x_2(t); \dot{x}_2(t) = \ddot{y}(t) = u(t)$，故有

$$\begin{cases} \begin{pmatrix} \dot{x}_1(t) \\ \dot{x}_2(t) \end{pmatrix} = \begin{pmatrix} 0 & 1 \\ 0 & 0 \end{pmatrix} \begin{pmatrix} x_1(t) \\ x_2(t) \end{pmatrix} + \begin{pmatrix} 0 \\ 1 \end{pmatrix} u(t) \\ y(t) = (1,0) \begin{pmatrix} x_1(t) \\ x_2(t) \end{pmatrix} \end{cases}$$

对应的离散状态方程为

$$\begin{cases} \boldsymbol{x}(k+1)=\begin{pmatrix} 1 & T \\ 0 & 1 \end{pmatrix}\boldsymbol{x}(k)+\begin{pmatrix} \dfrac{T^2}{2} \\ T \end{pmatrix}\boldsymbol{u}(k) \\ y(k)=(1,\ 0)\boldsymbol{x}(k) \end{cases}$$

将 $T=0.1\text{s}$ 代入上式，得

$$\begin{cases} \boldsymbol{x}(k+1)=\begin{pmatrix} 1 & 0.1 \\ 0 & 1 \end{pmatrix}\boldsymbol{x}(k)+\begin{pmatrix} 0.005 \\ 0.1 \end{pmatrix}\boldsymbol{u}(k) \\ y(k)=(1,\ 0)\boldsymbol{x}(k) \end{cases}$$

且

$$\begin{cases} \boldsymbol{F}=\begin{pmatrix} 1 & 0.1 \\ 0 & 1 \end{pmatrix} \\ \boldsymbol{G}=\begin{pmatrix} 0.005 \\ 0.1 \end{pmatrix} \end{cases}$$

$$[\boldsymbol{G} \quad \boldsymbol{FG}]=\begin{pmatrix} 0.005 & 0.015 \\ 0.1 & 0.1 \end{pmatrix}$$

因为

$$\begin{vmatrix} 0.005 & 0.015 \\ 0.1 & 0.1 \end{vmatrix} \neq 0$$

所以系统能控。根据要求，求得 S 平面上两个期望的极点为

$$s_{1,2}=-\xi\omega_n \pm \mathrm{j}\sqrt{1-\xi^2}\,\omega_n=-1.8\pm \mathrm{j}3.12$$

利用 $z=\mathrm{e}^{sT}$ 的关系，可求得 Z 平面上的两个期望的极点为

$$z_{1,2}=0.835\mathrm{e}^{\pm \mathrm{j}0.312}$$

于是得到期望的闭环系统特征方程为

$$\beta(z)=(z-z_1)(z-z_2)=z^2-1.6z+0.7 \tag{5.33}$$

若状态反馈控制规律为

$$\boldsymbol{L}=(L_1,\ L_2)$$

则闭环系统的特征方程为

$$\begin{aligned} |z\boldsymbol{I}-\boldsymbol{F}+\boldsymbol{GL}| &= \left|\begin{pmatrix} z & 0 \\ 0 & z \end{pmatrix}-\begin{pmatrix} 1 & 0.1 \\ 0 & 1 \end{pmatrix}+\begin{pmatrix} 0.005 \\ 0.1 \end{pmatrix}(L_1,\ L_2)\right| \\ &= z^2+(0.1L_2+0.005L_1-2)z+0.005L_1-0.1L_2+1 \end{aligned} \tag{5.34}$$

比较式(5.33)和式(5.34)，可得

$$\begin{cases} 0.1L_2+0.005L_1-2=-1.6 \\ 0.005L_1-0.1L_2+1=0.7 \end{cases}$$

求解上式，得 $L_1=10$，$L_2=3.5$，即 $\boldsymbol{L}=(10,\ 3.5)$

$$u(k)=-\boldsymbol{Lx}(k)=-(10,\ 3.5)\boldsymbol{x}(k)$$

5.2.2 按极点配置设计状态观测器

前面讨论的按极点配置设计控制规律时，假定全部状态均可直接用于反馈，实际上这是难以做到的，因为有些状态无法测量。因为必须设计状态观测器，根据所测量的输出 $\boldsymbol{y}(k)$ 和 $\boldsymbol{u}(k)$ 重构全部状态。所以实际反馈的是重构状态 $\hat{\boldsymbol{x}}(k)$，而不是真实的状态 $\boldsymbol{x}(k)$，即 $\boldsymbol{u}(k)=-\boldsymbol{L}\hat{\boldsymbol{x}}(k)$，如图 5.4 所示。常用的状态观测器有 3 种：预报观测器、现时观测器和降阶观测器。

1. 预报观测器

常用的观测器方程为

$$\hat{\boldsymbol{x}}(k+1)=\boldsymbol{F}\hat{\boldsymbol{x}}+\boldsymbol{G}\boldsymbol{u}(k)+\boldsymbol{K}[\boldsymbol{y}(k)-\boldsymbol{C}\hat{\boldsymbol{x}}(k)] \tag{5.35}$$

式中，$\hat{\boldsymbol{x}}$ 为 $\boldsymbol{x}$ 的状态重构，$\boldsymbol{K}$ 为观测器的增益矩阵。由于 $(k+1)$ 时刻的状态重构只用到了 kT 时刻的测量值 $\boldsymbol{y}(k)$，因此称式(5.35)为预报观测器，其结构如图 5.5 所示。

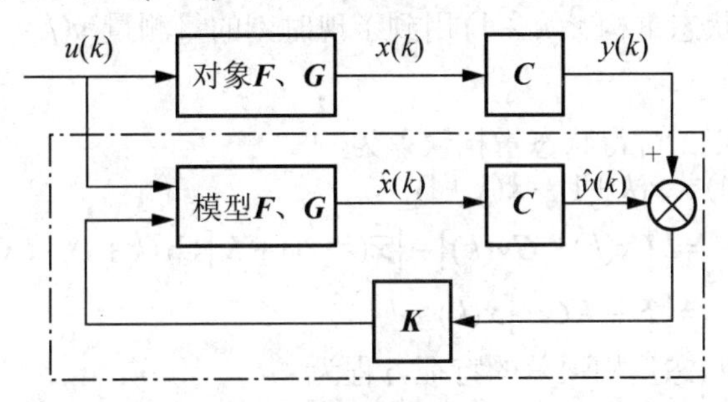

图 5.5 预报观测器

设计观测器的关键在于如何合理地选择观测器的增益矩阵 $\boldsymbol{K}$。定义状态重构误差为

$$\tilde{\boldsymbol{x}}=\boldsymbol{x}-\hat{\boldsymbol{x}} \tag{5.36}$$

则

$$\begin{aligned}\tilde{\boldsymbol{x}}(k+1)&=\boldsymbol{x}(k+1)-\hat{\boldsymbol{x}}(k+1)=\boldsymbol{F}\boldsymbol{x}(k)+\boldsymbol{G}\boldsymbol{u}(k)-\boldsymbol{F}\hat{\boldsymbol{x}}(k)-\boldsymbol{G}\boldsymbol{u}(k)-\boldsymbol{K}\left[\boldsymbol{C}\boldsymbol{x}(k)-\boldsymbol{C}\hat{\boldsymbol{x}}(k)\right]\\&=(\boldsymbol{F}-\boldsymbol{K}\boldsymbol{C})[\boldsymbol{x}(k)-\hat{\boldsymbol{x}}(k)]=\boldsymbol{F}(\boldsymbol{F}-\boldsymbol{K}\boldsymbol{C})\tilde{\boldsymbol{x}}(k)\end{aligned} \tag{5.37}$$

因此，如果选择 $\boldsymbol{K}$ 使系统式(5.37)渐进稳定，那么重构误差必定会收敛到 0，即使系统式(5.25)是不稳定的，在重构中引入观测量反馈，也能使误差趋于 0。式(5.37)称为观测器的误差动态方程，该式表明，可以通过选择 $\boldsymbol{K}$，使状态重构误差动态方程的极点配置在期望的位置上。

如果出现观测器期望的极点 z_i（$i=1, 2, \cdots, n$） 那么求得观测器期望的特征方程为

$$\begin{aligned}\alpha(z)&=(z-z_1)(z-z_2)\cdots(z-z_n)\\&=z^n+a_1z^{n-1}+\cdots+a_n=0\end{aligned} \tag{5.38}$$

由式(5.33)可得观测器的特征方程(即状态重构误差的特征方程)为

$$\left|z\boldsymbol{I}-\boldsymbol{F}+\boldsymbol{K}\boldsymbol{C}\right|=0 \tag{5.39}$$

为了获得期望的状态重构性能，由式(5.34)和式(5.35)可得

$$\alpha(z)=\left|z\boldsymbol{I}-\boldsymbol{F}+\boldsymbol{K}\boldsymbol{C}\right| \tag{5.40}$$

对于单输入单输出系统，通过比较式(5.40)两边 z 的同次幂的系数，可求得 $\boldsymbol{K}$ 中 n 个未

知数。

对于任意的极点配置，$\boldsymbol{K}$ 具有唯一的充分必要条件是系统完全能观，即

$$\operatorname{rank}\begin{pmatrix} \boldsymbol{C} \\ \boldsymbol{CF} \\ \vdots \\ \boldsymbol{CF}^{n-1} \end{pmatrix} = n \tag{5.41}$$

2. 现时观测器

采用预报观测器时，现时的状态重构 $\hat{\boldsymbol{x}}(k)$ 只用了前一时刻的输出量 $\boldsymbol{y}(k-1)$，使得现时的控制信号 $\boldsymbol{u}(k)$ 中也包含了前一时刻的输出量。当采样周期较长时，这种控制方式将影响系统的性能。为此，可采用如式(5.42)的观测器方程

$$\begin{cases} \bar{\boldsymbol{x}}(k+1) = \boldsymbol{F}\hat{\boldsymbol{x}}(k) + \boldsymbol{G}\boldsymbol{u}(k) \\ \hat{\boldsymbol{x}}(k+1) = \bar{\boldsymbol{x}}(k+1) + \boldsymbol{K}\left[\boldsymbol{y}(k+1) - \boldsymbol{C}\bar{\boldsymbol{x}}(k+1)\right] \end{cases} \tag{5.42}$$

由于 $(k+1)T$ 时刻的状态重构 $\hat{\boldsymbol{x}}(k+1)$ 用到了现时刻的量测量 $\boldsymbol{y}(k+1)$，因此式(5.42)称为现时观测器。

由式(5.25)和式(5.42)可得状态重构误差为

$$\begin{aligned} \tilde{\boldsymbol{x}}(k+1) &= \boldsymbol{x}(k+1) - \hat{\boldsymbol{x}}(k+1) \\ &= \left[\boldsymbol{F}\boldsymbol{x}(k) + \boldsymbol{G}\boldsymbol{u}(k)\right] - \left\{\bar{\boldsymbol{x}}(k+1) + \boldsymbol{K}\left[\boldsymbol{C}\boldsymbol{x}(k+1) - \boldsymbol{C}\bar{\boldsymbol{x}}(k+1)\right]\right\} \\ &= \left[\boldsymbol{F} - \boldsymbol{KCF}\right]\tilde{\boldsymbol{x}}(k) \end{aligned} \tag{5.43}$$

从而求得现时观测器状态重构误差的特征方程为

$$\left|z\boldsymbol{I} - \boldsymbol{F} + \boldsymbol{KCF}\right| = 0 \tag{5.44}$$

同样，为了获得期望的状态重构性能，可以由下式确定 $\boldsymbol{K}$ 的值

$$\alpha(z) = \left|z\boldsymbol{I} - \boldsymbol{F} + \boldsymbol{KCF}\right|$$

和预报观测器的设计一样，系统必须完全能观时才能求得 $\boldsymbol{K}$ 。

3. 降阶观测器

预报和现时观测器都是根据输出量重构全部状态，即观测器的阶数等于状态的个数，因此称为全阶观测器。实际系统中，所能测量到的 $\boldsymbol{y}(k)$ 中，已直接给出了一部分状态变量，这部分状态变量不必通过估计获得。因此，只要估计其余的状态变量就可以了，这种阶数低于全阶的观测器称为降阶观测器。

将原状态向量分为两部分，即

$$\boldsymbol{x}(k) = \begin{pmatrix} \boldsymbol{x}_{\mathrm{a}}(k) \\ \boldsymbol{x}_{\mathrm{b}}(k) \end{pmatrix}$$

式中　$\boldsymbol{x}_{\mathrm{a}}(k)$ 为能够测量到的部分状态；

　　$\boldsymbol{x}_{\mathrm{b}}(k)$ 为需要重构的部分状态。

据此，原被控对象的状态方程式(5.25)可以分块写成

$$\begin{pmatrix} \boldsymbol{x}_{\mathrm{a}}(k+1) \\ \boldsymbol{x}_{\mathrm{b}}(k+1) \end{pmatrix} = \begin{pmatrix} \boldsymbol{F}_{\mathrm{aa}} & \boldsymbol{F}_{\mathrm{ab}} \\ \boldsymbol{F}_{\mathrm{ba}} & \boldsymbol{F}_{\mathrm{bb}} \end{pmatrix}\begin{pmatrix} \boldsymbol{x}_{\mathrm{a}}(k) \\ \boldsymbol{x}_{\mathrm{b}}(k) \end{pmatrix} + \begin{pmatrix} \boldsymbol{G}_{\mathrm{a}} \\ \boldsymbol{G}_{\mathrm{b}} \end{pmatrix}u(k) \tag{5.45}$$

式(5.45)展开并写成

$$\begin{cases} \boldsymbol{x}_{\rm b}(k+1)=\boldsymbol{F}_{\rm bb}\boldsymbol{x}_{\rm b}(k)+\left[\boldsymbol{F}_{\rm ba}\boldsymbol{x}_{\rm a}(k)+\boldsymbol{G}_{\rm b}\boldsymbol{u}(k)\right] \\ \boldsymbol{x}_{\rm a}(k+1)-\boldsymbol{F}_{\rm aa}\boldsymbol{x}_{\rm a}(k)-\boldsymbol{G}_{\rm a}\boldsymbol{u}(k)=\boldsymbol{F}_{\rm ab}\boldsymbol{x}_{\rm b}(k) \end{cases} \tag{5.46}$$

将式(5.46)与式(5.25)比较后，可建立如下的对应关系

式(5.25)	式(5.46)
$\boldsymbol{x}(k)$	$\boldsymbol{x}_{\rm b}(k)$
$\boldsymbol{F}$	$\boldsymbol{F}_{\rm bb}$
$\boldsymbol{G}\boldsymbol{u}(k)$	$\boldsymbol{F}_{\rm ba}\boldsymbol{x}_{\rm a}(k)+\boldsymbol{G}_{\rm b}\boldsymbol{u}(k)$
$\boldsymbol{y}(k)$	$\boldsymbol{x}_{\rm a}(k+1)-\boldsymbol{F}_{\rm aa}\boldsymbol{x}_{\rm a}(k)-\boldsymbol{G}_{\rm a}\boldsymbol{u}(k)$
$\boldsymbol{c}$	$\boldsymbol{F}_{\rm ab}$

参考预报观测器的方程式(5.35)，可以写出相应于式(5.46)的观测器方程为

$$\begin{aligned} \hat{\boldsymbol{x}}_{\rm b}(k+1)=&\boldsymbol{F}_{\rm bb}\hat{\boldsymbol{x}}_{\rm b}(k)+\left[\boldsymbol{F}_{\rm ba}\boldsymbol{x}_{\rm a}(k)+\boldsymbol{G}_{\rm b}\boldsymbol{u}(k)\right]+ \\ &\boldsymbol{K}\left[\boldsymbol{x}_{\rm a}(k+1)-\boldsymbol{F}_{\rm aa}\boldsymbol{x}_{\rm a}(k)-\boldsymbol{G}_{\rm a}\boldsymbol{u}(k)-\boldsymbol{F}_{\rm ab}\hat{\boldsymbol{x}}_{\rm b}(k)\right] \end{aligned} \tag{5.47}$$

式(5.47)便是根据已测量到的状态 $\boldsymbol{x}_{\rm a}(k)$，重构其余状态 $\boldsymbol{x}_{\rm b}(k)$ 的观测器方程。由于 $\boldsymbol{x}_{\rm b}(k)$ 的阶数低于 $\boldsymbol{x}(k)$ 的阶数，所以称为降阶观测器。

由式(5.46)和式(5.47)可得状态重构误差为

$$\begin{aligned} \tilde{\boldsymbol{x}}_{\rm b}(k+1)&=\boldsymbol{x}_{\rm b}(k+1)-\hat{\boldsymbol{x}}_{\rm b}(k+1)=(\boldsymbol{F}_{\rm bb}-\boldsymbol{K}\boldsymbol{F}_{\rm ab})\left[\boldsymbol{x}_{\rm b}(k)-\hat{\boldsymbol{x}}_{\rm b}(k)\right] \\ &=(\boldsymbol{F}_{\rm bb}-\boldsymbol{K}\boldsymbol{F}_{\rm ab})\tilde{\boldsymbol{x}}_{\rm b}(k) \end{aligned} \tag{5.48}$$

从而求得降阶观测器的状态重构误差的特征方程为

$$\left|z\boldsymbol{I}-\boldsymbol{F}_{\rm bb}+\boldsymbol{K}\boldsymbol{F}_{\rm ab}\right|=0 \tag{5.49}$$

同理，为了获得期望的状态重构性能，由式(5.34)和式(5.45)可得

$$\alpha(z)=\left|z\boldsymbol{I}-\boldsymbol{F}_{\rm bb}+\boldsymbol{K}\boldsymbol{F}_{\rm ab}\right| \tag{5.50}$$

观测器的增益矩阵 $\boldsymbol{K}$ 可由式(5.50)求得。若给定降阶观测器的极点，也即已知 $\alpha(z)$，如果仍只考虑单输出(即 $\boldsymbol{x}_{\rm a}(k)$ 的维数为 1)的情况，根据式(5.50)即可解得增益矩阵 $\boldsymbol{K}$。这里，对于任意给定的极点，$\boldsymbol{K}$ 具有唯一解的充分必要条件也是系统完全能控，即式(5.41)成立。

例 5.3 设被控对象的连续状态方程为

$$\begin{cases} \dot{\boldsymbol{x}}(t)=\boldsymbol{A}\boldsymbol{x}(t)+\boldsymbol{B}u(t) \\ y(t)=\boldsymbol{C}\boldsymbol{x}(t) \end{cases} \tag{5.51}$$

式中 $\boldsymbol{A}=\begin{pmatrix}0 & 1\\ 0 & 0\end{pmatrix}$，$\boldsymbol{B}=\begin{pmatrix}0\\ 1\end{pmatrix}$，$\boldsymbol{C}=(1,\ \ 0)$；

采样周期 $T=0.1\text{s}$。

要求确定 $\boldsymbol{K}$。

(1) 设计预报观测器，并将观测器特征方程的两个极点配置在 $z_{1,2}=0.2$ 处。

(2) 设计现时观测器，并将观测器特征方程的两个极点配置在 $z_{1,2}=0.2$ 处。

(3) 假定 x_1 是能够测量的状态，x_2 是需要估计的状态，设计降阶观测器，并将观测器特征方程的极点配置在 $z=0.2$ 处。

解 将式(5.51)离散化，得离散状态方程为

$$\begin{cases} \boldsymbol{x}(k+1)=\boldsymbol{F}\boldsymbol{x}(k)+\boldsymbol{G}u(k) \\ y(k)=\boldsymbol{C}\boldsymbol{x}(k) \end{cases} \tag{5.52}$$

其中
$$F = e^{AT} = \begin{pmatrix} 1 & T \\ 0 & 1 \end{pmatrix}, \quad G = \int_0^T e^{AT} dt B = \begin{pmatrix} \frac{T^2}{2} \\ T \end{pmatrix} \tag{5.53}$$

将 $T = 0.1s$ 代入式(5.53)，得

$$F = \begin{pmatrix} 1 & 0.1 \\ 0 & 1 \end{pmatrix}, \quad G = \begin{pmatrix} 0.005 \\ 0.1 \end{pmatrix}$$

(1) 由已知条件知

$$\alpha(z) = (z - z_1)(z - z_2) = (z - 0.2)^2 = z^2 - 0.4z + 0.04 = 0 \tag{5.54}$$

$$\begin{aligned} |zI - F + KC| &= \left| \begin{pmatrix} z & 0 \\ 0 & z \end{pmatrix} - \begin{pmatrix} 1 & 0.1 \\ 0 & 1 \end{pmatrix} + \begin{pmatrix} k_1 \\ k_2 \end{pmatrix} (1,\ 0) \right| \\ &= z^2 - (2 - k_1)z + 1 - k_1 + 0.1k_2 = 0 \end{aligned} \tag{5.55}$$

比较式(5.54)和式(5.55)，得

$$\begin{cases} 2 - k_1 = 0.4 \\ 1 - k_1 + 0.1k_2 = 0.04 \end{cases}$$

解得 $\begin{cases} k_1 = 1.6 \\ k_2 = 6.4 \end{cases}$，即 $K = \begin{pmatrix} 1.6 \\ 6.4 \end{pmatrix}$。

(2) 由已知条件知

$$\alpha(z) = (z - z_1)(z - z_2) = (z - 0.2)^2 = z^2 - 0.4z + 0.04 = 0 \tag{5.56}$$

$$\begin{aligned} |zI - F + KCF| &= \left| \begin{pmatrix} z & 0 \\ 0 & z \end{pmatrix} - \begin{pmatrix} 1 & 0.1 \\ 0 & 1 \end{pmatrix} + \begin{pmatrix} k_1 \\ k_2 \end{pmatrix} (1,0) \begin{pmatrix} 1 & 0.1 \\ 0 & 1 \end{pmatrix} \right| \\ &= z^2 + (k_1 + 0.1k_2 - 2)z + 1 - k_1 = 0 \end{aligned} \tag{5.57}$$

比较式(5.56)和式(5.57)，得

$$\begin{cases} k_1 + 0.1k_2 - 2 = -0.4 \\ 1 - k_1 = 0.04 \end{cases}$$

解得 $\begin{cases} k_1 = 0.96 \\ k_2 = 6.4 \end{cases}$，即 $K = \begin{bmatrix} 0.96 \\ 6.4 \end{bmatrix}$。

(3) 由前面可知

$$F = \begin{pmatrix} 1 & 0.1 \\ 0 & 1 \end{pmatrix} = \begin{pmatrix} F_{aa} & F_{ab} \\ F_{ba} & F_{bb} \end{pmatrix}$$

$$\alpha(z) = z - 0.2 = 0 \tag{5.58}$$

$$|zI - F_{bb} + KF_{ab}| = z - 1 + 0.1K = 0 \tag{5.59}$$

比较式(5.58)和式(5.59)，得

$$K = 8$$

5.2.3 按极点配置设计控制器

前面分别讨论了按极点配置设计的控制规律和状态观测器，这两部分组成了状态反馈控制器，如图 5.4 所示的调节系统($r(k) = 0$的情况)。

1. 控制器的组成

设被控对象的离散状态方程为

$$\begin{cases} \boldsymbol{x}(k+1)=\boldsymbol{F}\boldsymbol{x}(k)+\boldsymbol{G}\boldsymbol{u}(k) \\ \boldsymbol{y}(k)=\boldsymbol{C}\boldsymbol{x}(k) \end{cases} \tag{5.60}$$

设控制器由预报观测器和状态反馈控制规律组合而成，即

$$\begin{cases} \hat{\boldsymbol{x}}(k+1)=\boldsymbol{F}\hat{\boldsymbol{x}}(k)+\boldsymbol{G}\boldsymbol{u}(k)+\boldsymbol{K}\left[\boldsymbol{y}(k)-\boldsymbol{C}\hat{\boldsymbol{x}}(k)\right] \\ \boldsymbol{u}(k)=-\boldsymbol{L}\hat{\boldsymbol{x}}(k) \end{cases} \tag{5.61}$$

2. 分离性原理

由式(5.60)和式(5.61)构成的闭环(图 5.4)的状态方程可写成

$$\begin{cases} \boldsymbol{x}(k+1)=\boldsymbol{F}\boldsymbol{x}(k)-\boldsymbol{G}\boldsymbol{L}\hat{\boldsymbol{x}}(k) \\ \hat{\boldsymbol{x}}(k+1)=\boldsymbol{K}\boldsymbol{C}\boldsymbol{x}(k)+(\boldsymbol{F}-\boldsymbol{G}\boldsymbol{L}-\boldsymbol{K}\boldsymbol{C})\hat{\boldsymbol{x}}(k) \end{cases} \tag{5.62}$$

再将式(5.62)改成

$$\begin{pmatrix} \boldsymbol{x}(k+1) \\ \hat{\boldsymbol{x}}(k+1) \end{pmatrix}=\begin{pmatrix} \boldsymbol{F} & -\boldsymbol{G}\boldsymbol{L} \\ \boldsymbol{K}\boldsymbol{C} & \boldsymbol{F}-\boldsymbol{G}\boldsymbol{L}-\boldsymbol{K}\boldsymbol{C} \end{pmatrix}\begin{pmatrix} \boldsymbol{x}(k) \\ \hat{\boldsymbol{x}}(k) \end{pmatrix} \tag{5.63}$$

由式(5.63)构成的闭环系统的特征方程为

$$\begin{aligned} \gamma(z) &= \left| z\boldsymbol{I}-\begin{bmatrix} \boldsymbol{F} & -\boldsymbol{G}\boldsymbol{L} \\ \boldsymbol{K}\boldsymbol{C} & \boldsymbol{F}-\boldsymbol{G}\boldsymbol{L}-\boldsymbol{K}\boldsymbol{C} \end{bmatrix} \right| = \begin{vmatrix} z\boldsymbol{I}-\boldsymbol{F} & \boldsymbol{G}\boldsymbol{L} \\ -\boldsymbol{K}\boldsymbol{C} & z\boldsymbol{I}-\boldsymbol{F}+\boldsymbol{G}\boldsymbol{L}+\boldsymbol{K}\boldsymbol{C} \end{vmatrix} \\ &= \begin{vmatrix} z\boldsymbol{I}-\boldsymbol{F}+\boldsymbol{G}\boldsymbol{L} & \boldsymbol{G}\boldsymbol{L} \\ z\boldsymbol{I}-\boldsymbol{F}+\boldsymbol{G}\boldsymbol{L} & z\boldsymbol{I}-\boldsymbol{F}+\boldsymbol{G}\boldsymbol{L}+\boldsymbol{K}\boldsymbol{C} \end{vmatrix} = \begin{vmatrix} z\boldsymbol{I}-\boldsymbol{F}+\boldsymbol{G}\boldsymbol{L} & \boldsymbol{G}\boldsymbol{L} \\ 0 & z\boldsymbol{I}-\boldsymbol{F}+\boldsymbol{K}\boldsymbol{C} \end{vmatrix} \\ &= \left| z\boldsymbol{I}-\boldsymbol{F}+\boldsymbol{G}\boldsymbol{L} \right| \cdot \left| z\boldsymbol{I}-\boldsymbol{F}+\boldsymbol{K}\boldsymbol{C} \right| = \beta(z)\cdot\alpha(z) \end{aligned}$$

即

$$\gamma(z)=\alpha(z)\cdot\beta(z)=0 \tag{5.64}$$

由此可见，式(5.63)构成的闭环系统的 $2n$ 个极点由两部分组成：一部分是按状态反馈控制规律设计所给定的 n 个控制极点；另一部分是按状态观测器设计所给定的 n 个观测器极点，这就是“分离性原理”。根据这一原理，可以分别设计系统的控制规律和观测器，从而简化了控制器的设计。

3. 状态反馈控制器的设计步骤

综上可归纳出采用状态反馈的极点配置方法设计控制器的步骤如下。

(1) 按闭环系统的性能要求给定几个控制极点。

(2) 按极点配置设计状态反馈控制规律，计算 $\boldsymbol{L}$ 。

(3) 合理地给定观测器的极点，并选择观测器的类型，计算观测器的增益矩阵 $\boldsymbol{K}$ 。

(4) 最后根据所设计的控制规律和观测器，由计算机来实现。

4. 观测器及观测器的类型选择

以上讨论了采用状态反馈控制器的设计，控制极点是按闭环系统的性能要求来设置的，因而控制极点成为整个系统的主导极点。观测器极点的设置应使状态重构具有较快的跟踪速度。如果测量输出中无大的误差和噪声，则可考虑将观测器极点都设置在 Z 平面的原点。

如果测量输出中含有较大的误差和噪声，则可考虑按观测器极点所对应的衰减速度比控制极点对应的衰减速度快4～5倍的要求来设置。观测器的类型应考虑以下几点。

(1) 如果控制器的计算延时与采样周期处于同一数量级，则可考虑选用预报观测器，否则可用现时观测器。

(2) 如果测量输出比较准确，而且它是系统的一个状态，则可考虑用降阶观测器，否则用全阶观测器。

例 5.4 在例5.2中的系统的离散状态方程为

$$\boldsymbol{x}(k+1)=\begin{pmatrix}1 & 0.1\\ 0 & 1\end{pmatrix}\boldsymbol{x}(k)+\begin{pmatrix}0.005\\ 0.1\end{pmatrix}\boldsymbol{u}(k)$$

并知系统是可控的，系统的输出方程为

$$y(k)=\begin{pmatrix}1, & 0\end{pmatrix}\boldsymbol{x}(k)$$

系统的采样周期为0.1s，试设计状态反馈控制器，以使控制极点配置在$z_1=0.6$，$z_2=0.8$使预报观测器的极点配置在$0.9\pm \mathrm{j}0.1$处。

解 由例5.2和例5.3中知系统是可控的，根据分离性原理，系统控制器可按以下进行。

(1) 设计控制规律。

求对应控制极点$z_1=0.6$，$z_2=0.8$的特征方程

$$\beta(z)=(z-0.6)(z-0.8)=z^2-1.4z+0.48=0$$

而

$$|z\boldsymbol{I}-\boldsymbol{F}+\boldsymbol{GL}|=z^2+(0.005L_1+0.1L_2-2)z+1+0.005L_1-0.1L_2=0$$

由

$$\beta(z)=|z\boldsymbol{I}-\boldsymbol{F}+\boldsymbol{GL}|$$

可解得

$$\begin{cases}0.005L_1+0.1L_2-2=-1.4\\ 1+0.005L_1-0.1L_2=0.48\end{cases}$$

即

$$\begin{cases}L_1=8\\ L_2=5.6\end{cases}$$

故有

$$\boldsymbol{L}=(8,\ 5.6)$$

(2) 设计预报观测器。

求对应观测器极点$0.9\pm 0.1\mathrm{j}$的特征方程

$$\alpha(z)=(z-0.9-\mathrm{j}0.1)(z-0.9+\mathrm{j}0.1)=z-1.8z+0.82=0$$

而

$$|z\boldsymbol{I}-\boldsymbol{F}+\boldsymbol{KC}|=z^2-(2-k_1)z+1-k_1+0.1k_2=0$$

由$\alpha(z)=|z\boldsymbol{I}-\boldsymbol{F}+\boldsymbol{KC}|$ 可解得

$$\begin{cases}2-k_1=1.8\\ 1-k_1+0.1k_2=0.82\end{cases}$$

即得 $\begin{cases}k_1=0.2\\ k_2=0.2\end{cases}$，故有 $\boldsymbol{K}=\begin{pmatrix}0.2\\ 0.2\end{pmatrix}$。

(3) 设计控制器。

系统的状态反馈控制器为

$$\begin{cases}\hat{\boldsymbol{x}}(k+1)=\boldsymbol{F}\hat{\boldsymbol{x}}(k)+\boldsymbol{Gu}(k)+\boldsymbol{K}\left[\boldsymbol{y}(k)-\mathbf{C}\hat{\boldsymbol{x}}(k)\right]\\ \boldsymbol{x}(k)=-\boldsymbol{Lx}(k)\end{cases}$$

且有 $\boldsymbol{L}=\left(8,\ 5.6\right)$，$\boldsymbol{K}=\begin{pmatrix}0.2\\0.2\end{pmatrix}$。

5.3 小　　结

在现代控制理论中，分析系统的主要方法是状态空间分析法，并使用状态空间表达式来建立系统的数学模型。由于计算机控制系统中控制器处理的信号都是离散信号，因此这类系统描述和分析采用离散状态空间表达式。

离散状态空间设计法利用对象的状态空间模型，根据给定的系统性能指标，设计出满足要求的计算机控制系统。这种方法的优点是能够处理多输入多输出、时变和非线性系统，便于计算机辅助设计和实现，但难于沿用古典控制理论中现成的设计方法。现代控制理论中反馈校正主要有输出反馈和状态反馈两类形式，本章介绍了状态空间输出反馈设计法和状态空间极点配置设计法。

知识扩展

最优控制是现代控制理论的核心。最优控制研究的主要问题是，根据已建立的被控对象的数学模型，选择一个容许的控制规律，使得被控对象按预定的要求运行，并使给定的某一性能指标达到极小值(或极大值)。在自动控制原理中最优控制主要针对的是连续系统，而在离散系统中控制器的设计与极点配置方法不同，最优控制将寻求一种最优控制策略，使某一性能指标最佳，这种性能指标常以对状态及控制作用的二次型积分表示，通常称为二次型最优控制。这种控制与极点配置方法不同，不仅能用于单输入单输出系统，也可用于多输入多输出系统及时变系统。如果对计算机控制系统的最优二次型设计感兴趣的同学可以查阅相关资料，这里不再做详细的介绍。

由于计算机的结构、规模、运算速度及其应用技术的发展，利用计算机可以在短时间内完成更为复杂的运算。目前，建立在离散信号基础上的智能控制得到了迅速发展，成为当前控制领域的重要组成部分。常用的方法包括以下 3 种。

(1) 自适应控制：利用系统的输入和输出、控制器输出等信号进行系统参数辨识和估算，将结果与预期的目标或预期的信号进行比较，给出决策方案，调节或修改控制器参数，以达到最为合理的调节目的。

(2) 模糊控制：以专家经验为基础，将人类的思维方式与数据信息相统一，将语言信息引入控制系统，建立规则库，以便对系统进行认识和控制。主要特点是将对象与控制模糊化、离散化、语言化，与传统的精确控制不同，不需要建立精确的数学模型。

(3) 神经网络控制：将(人工)神经网络理论与控制理论相结合，具有自适应和自学习的能力，为解决复杂的非线性、不确定、不确知系统的控制问题开辟了新途径，成为人工智能控制研究的重点和热点。

5.4 习　　题

1. 设单输入单输出二阶系统，其状态空间表达式方程为

$$\begin{cases}\begin{pmatrix}\dot{x}_1(t)\\ \dot{x}_2(t)\end{pmatrix}=\begin{pmatrix}0 & 1\\ 0 & -1\end{pmatrix}\begin{pmatrix}x_1(t)\\ x_2(t)\end{pmatrix}+\begin{pmatrix}0\\ 1\end{pmatrix}\boldsymbol{u}(t)\\ \boldsymbol{y}(t)=(1\ ,\ 0)\begin{pmatrix}x_1(t)\\ x_2(t)\end{pmatrix}\end{cases}$$

假设系统使用零阶保持器，采样周期T=1s，试设计最少拍无纹波控制器的$D(z)$。

2. 设系统的状态方程为

$$\begin{pmatrix}x_1(k+1)\\ x_2(k+1)\end{pmatrix}=\begin{pmatrix}1 & -1\\ 0 & 1\end{pmatrix}\begin{pmatrix}x_1(k)\\ x_2(k)\end{pmatrix}+\begin{pmatrix}1\\ 1\end{pmatrix}\boldsymbol{u}(k)$$

试确定状态反馈闭环控制$\boldsymbol{u}(k)=-\boldsymbol{K}\boldsymbol{x}(k)$的反馈矩阵$\boldsymbol{K}$，使状态反馈闭环系统在$Z$平面上的极点为$z_1=0.4$和$z_2=0.6$。

3. 已知被控对象的传递函数为

$$G(s)=\frac{1}{s(0.1s+1)}$$

若系统的采样时间T=0.1s，采用零阶保持器，按极点配置法设计状态反馈控制规律$\boldsymbol{L}$，使闭环系统的极点配置在Z平面$z_{1,2}=0.8+0.25\mathrm{j}$处，求$\boldsymbol{L}$和$\boldsymbol{u}(k)$。

第6章　应用程序设计与实现技术

教学提示

计算机控制系统的硬件是整个系统能够运行的基础，而应用程序则是整个系统的灵魂，从数据输入到数据处理、显示、报警打印等功能的实现，以及包括各种数据库的相关操作，都是依赖程序完成的，所以程序设计作为整个控制系统的一部分是具有决定性地位的。

教学要求

了解程序设计的一般原则、方法，深刻理解数据查找的原理，熟记数据的预处理原理和方法，熟悉线性化处理的过程，理解量程转换和标度变换的方法。

本章知识结构

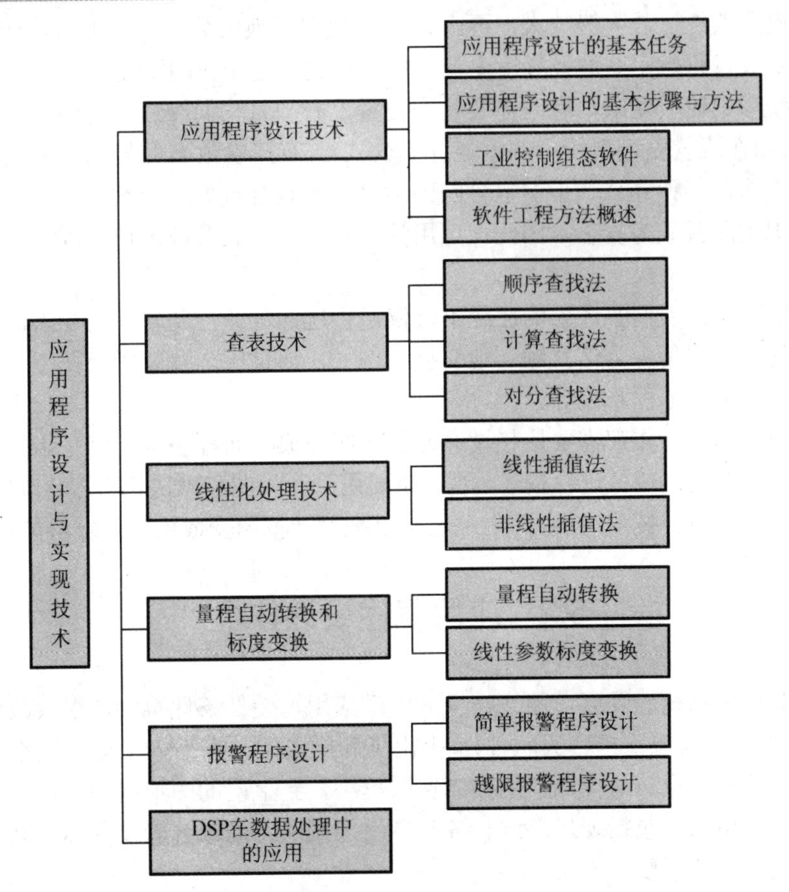

【引言】

计算机控制系统基本上由硬件和软件组成，硬件是能够完成控制任务的设备基础，软件是控制系统的灵魂。软件是计算机控制系统中具有各种功能的计算机程序的总和。从功能上分，可以将软件分为系统软件和应用软件，每部分的含义和功能已在1.2.2节做了详细的介绍，本章重点介绍计算机控制系统中常用的应用程序设计的技术问题。应用软件是根据系统的具体要求，由用户自己设计的面向控制系统的程序。

本章主要介绍几种微型计算机控制系统中最常用的程序设计方法、数据处理方法，如计算法、查表法、插值法、零点温度补偿、标度变换及非线性补偿等。

6.1 概　述

在微型计算机控制系统中，模拟量经A/D转换器转换后变成数字量送入计算机。这些数字量在进行显示、报警及控制之前，还必须根据需要进行相应的加工处理，如数字滤波、标度变换、数值计算、逻辑判断及非线性补偿等，以满足不同系统的需要。

如果系统结构比较简单，被测参数只与一个变量有关。如温度测量系统中，温度只与热电偶的输出电压值成比例，而且近似为线性关系。对于这样的数据，处理起来比较容易，只要把输出电压值经过放大器放大，再由A/D转换器转换成数字量即可送入计算机，然后通过软件，对其进行数字滤波及标度变换，便可得到与之相应的温度值。

如果系统参数比较复杂，有时需要几个变量，必须将它们经过一定的数学运算才能得到被测参数(如在流量测量系统中的流量计算公式)。有些参数不但与几个被测量有关，而且是非线性关系，其计算公式不但包含四则运算，而且有对数、指数或三角函数的运算，如果采用模拟电路就颇为复杂，因此，可用计算机通过查表及数值计算等方法，使问题大为简化。

在很多情况下，人们要考虑的已经不仅仅是传统的工业控制软件的要求，同时，还希望能够以方便的方式使各类信息顺利地交换，例如，通过国际互联网获得工业现场数据，下达控制指令，进行远程监控等。

以上提及的这些工作都需要依赖设计好的程序完成，而程序设计就是指把所定义的问题用程序的方式对控制任务进行描述，这一步要用到流程图和模块化程序、自顶向下设计、结构化程序等程序设计技术，源程序的编写则是把设计框图变成微型计算机能接受的指令。

6.2 应用程序设计技术

随着工业控制系统的发展，网络技术的广泛应用，硬件条件得到了很大改善；同时对应用程序(与硬件相对应，也称为软件)也提出了新的要求。在当今工业控制系统中，软件占据了相当重要的地位，从控制器的控制算法程序，到上层的图形组态软件，而且由于控制系统中网络的引入，包括现场总线、各类专用控制网、局域网以及国际互联网，软件对它们的支持显得至关重要。

软件本身具有很多的特点。它所反映的实际问题的复杂性决定了软件的复杂性。因此，在工业控制系统的软件开发中，开发人员既要有良好的软件开发素养，又要具备控制领域的相关知识，这对开发人员提出了很高的要求。

6.2.1 应用程序设计的基本任务

控制系统中控制任务的实现最终是靠应用程序的执行来完成的，应用程序设计得如何，将决定整个控制系统的效率和它的优劣。一个控制系统要完成的任务常是错综复杂的，进行程序设计之前，首先要确定控制系统对控制任务的要求，它包括定义输入和输出、处理要求、系统具体指标(如执行时间、精度、响应时间等)及出错处理方法等。

程序设计的第一步是了解系统的工艺流程，然后综合考虑软硬件设计方案，经权衡利弊后具体确定硬件方案和软件方案，接着才能根据分工分别进行硬件的方案设计和程序设计。

程序设计最基本的问题是定义输入和输出。微型计算机作为控制器必定要和被控对象发生联系，所以必须仔细了解可能接收的所有输入和所产生的所有输出，以什么方式进行信息传送，以及输入/输出的最大数据速率、平均速度、误差校验过程、输入/输出状态指示信号等。此外，诸如字长、时钟、选通信号、格式要求等也需具体约定和考虑。问题定义时，还要考虑到测试方案、形成文件的标准和程序的可扩展性。另外，如果几个人分工编写软件，要预先协商好软件接口及连接方法。

在输入数据和送出控制信号之间是一个处理阶段。必须确定对输入的数据进行哪些处理。将输入数据变换为输出结果的基本过程，主要取决于控制算法的选择和确定。对控制过程来说，常对控制顺序和时间有明确的要求，如何时发送数据，何时接收数据，有多少时间延迟等。程序的长短和数据量的多少，将决定内存储器容量和缓冲区的大小。这些都和处理要求紧密相关。

错误处理在实时控制系统中也是一个重要内容，必须为排除一般错误和诊断故障确定处理方法。在定义阶段，开发人员必须提出诸如可能发生什么错误、最经常发生的是哪种错误等问题。人的操作差错颇为常见，而传输或通信错误比电气、机械或处理机错误更为常见。开发人员应当知道哪些错误对系统而言是不能及时或每时每刻发现的，应该知道如何以最少时间和数据损失来排除错误等。

6.2.2 应用程序设计的基本步骤与方法

1. 应用程序设计的基本步骤

正如一个思想的产生到成熟的过程，应用程序设计也有一个从有到不断变化调整，以致最后成熟的过程。根据这一思想，把上述基本的过程和活动进一步展开，就可以得到程序设计的 6 个步骤，即计划、问题分析、程序设计、程序编写、测试及运行维护。以下对这 6 个步骤的任务作概括的描述。

(1) 计划。确定程序设计的总目标，给出它的功能、性能、可靠性以及接口等方面的要求。

(2) 问题分析。开发人员和系统用户共同讨论决定：哪些需求是可以满足的，并对其加以确切的描述。然后编写出软件需求说明书或系统功能说明书，及初步的系统用户手册，提交管理机构评审。

(3) 程序设计。开发人员将已确定了的各项需求转换成一个相应的体系结构，结构中的每一组成部分都是意义明确的模块，每个模块都与某些需求相对应。进而对每个模块要完成的工作进行具体的描述，为源程序编写打下基础。

(4) 程序编写。程序员利用某一种特定的程序设计语言完成“源程序清单”。

(5) 测试。测试是保证软件质量的重要手段，其主要方式是在模拟系统使用环境的条件下检验软件的各个组成部分。

(6) 运行维护。程序在运行中可能由于多方面的原因，需要对它进行修改，其原因可能有：运行中发现了软件中的错误需要修正；为了适应变化了的软件工作环境，需对软件作适当修改；为了增强软件的功能需对软件作修改。

2. 应用程序设计的方法

这里所说的程序设计是把问题定义转化为程序设计的准备阶段。如果程序较小而且简单，则这一步可能仅是绘制流程图而已。程序设计与流程图常联系在一起，初学者经常是先画出详细的流程图，再根据流程图编写程序。虽然把设计思想画成流程图同编写程序一样麻烦，但流程图在描述程序的结构和读通程序这两方面是很有用的。流程图在形成文件方面可能比程序设计更有效。当程序较大且较复杂时，真正对程序设计有用的是模块化程序、自顶向下程序设计、结构化程序等程序设计技术。虽然结构化程序有很多优越性，但对微型计算机控制系统来说，由于程序往往不大，因而较少采用。下面就分别介绍常用的程序设计方法。

1) 模块化程序

模块化程序设计是把一个完备的功能由若干个小的程序或模块共同完成。这些小的程序或模块在分别进行独立设计、编程、测试和查错之后，最终整合在一起，形成一个完整的程序。在微型计算机控制系统的程序设计中，这种方法非常有用。

单个模块的优点是比一个完整程序更易编写、查错和测试，并可能被其他程序重复使用。模块化程序设计的缺点是在把模块整合在一起时，要对各模块进行连接，以完成模块之间的信息传送。另外，为进行模块测试和程序测试，还要编写测试程序。使用模块化程序设计所占用的内存容量也较多。如果在设计过程中发现很难把程序模块化，或出现了较多的特殊情况需要处理，或使用了大量变量(每个也都需要特别处理)，则说明问题定义得不好，需要重新定义问题。

划分模块的原则如下所述。

(1) 每个模块功能尽量单一，程序不宜太长，否则不易编写和调试。但也不要太短，以完成某一有效功能为原则。

(2) 尽量减少模块间的信息交换，以便于单个模块的查询和调试。

(3) 对一些简单的任务，可不必要求模块化。因为这时编写和修改整个程序，比起装配修改模块还要容易。

(4) 当系统需要进行多种判断时，最好在一个模块中集中判断，这样有利于修改。

对一些常用程序，如延时程序、显示程序、键盘处理程序和标准函数程序等，可以采用已有的标准子程序，不用自己花时间去编写。

模块化程序设计的出发点是把一个复杂的系统软件分解为若干个功能模块，每个模块执行单一的功能，并且具有单入单出的结构。这种方法的基础是将系统功能分解为程序过程或宏指令，但在很大的系统里，这种功能分解往往导致大量过程或子函数，这些过程虽然容易理解，但却有复杂的内部依赖关系，不利于进行调试或测试。

模块化程序设计的优点如下。

(1) 单一功能模块无论编写或调试都很容易。

(2) 一个模块可以被多个其他程序调用。

(3) 检查错误容易，因为模块功能单一，且相对独立，不牵涉其他模块。

当然模块化程序设计也有缺点，如有些程序难以模块化，把模块装在一起时较困难，模块相互调用时易产生相互影响。

2) 自顶向下程序设计

模块化程序设计和自顶向下程序设计都离不开流程图。这是因为流程图具有如下优点：具有标准的符号集，能清晰表示操作顺序和程序设计段之间的关系，能强调关键的判断点，与特定的程序设计语言没有直接关系。

自顶向下程序设计是在程序设计时，先从系统级的管理程序或者主程序开始设计，低一级的从属程序或者子程序用一些程序标志来代替。当系统级的程序编好后，再将各标志扩展成从属程序或子程序，最后完成整个系统的程序设计。

这种程序设计过程大致有以下几步。

(1) 写出管理程序并进行测试。尚未确定的子程序用程序标志来代替，但必须在特定的测试条件下产生与原定程序相同的结果。

(2) 对每一个程序标志进行程序设计，使它成为实际的工作程序。

(3) 对最后的整个程序进行测试。

自顶向下程序设计的优点是设计、测试和连接同时按一个线索进行，矛盾和问题可以较早发现和解决。而且测试能够完全按真实的系统环境来进行，不需要依赖于测试程序。它是将程序设计、手编程序和测试这几步结合在一起的一种设计方法。自顶向下程序设计的缺点主要是上一级的错误将对整个程序产生严重的影响，一处修改有可能牵动全局，引起对整个程序进行全面修改。另外，总的设计可能同系统硬件不能很好配合，不一定能充分利用现成软件。

自顶向下程序设计比较习惯于人们日常的思维，而且研制应用程序的几个步骤可以同时结合进行，因而能提高研制效率。

3) 自底向上模块化设计

自底向上模块化的设计是首先对最低层模块进行编码、测试和调试，这些模块正常工作后，就可以用它们来开发较高层的模块。例如，在编主程序前，先开发各个子程序，然后用一个测试用的主程序来测试每一个子程序。这种方法是汇编语言设计常用的方法。

6.2.3 工业控制组态软件

计算机控制系统实现的功能中如实时数据库、历史数据库、数据点的生成、图形、控制回路以及报表功能的实现，是靠开发人员通过手工编写一行一行代码实现的，工作量非常大。这样设计出来的软件通用性极差，对于每个不同的应用对象都要重新设计或修改程序。

目前，越来越多的控制工程师已经不再采用从“芯片→电路设计→模块制作→系统组装→调试”的传统模式来研制计算机控制系统，而是采用组态模式。

组态一词来源于英文单词“configuration”，“组态软件”作为一个专业术语，到目前为止，并没有一个统一的定义。从内涵上说组态软件是指在软件领域内，操作人员根据应用对象及控制任务的要求，配置(包括对象的定义、制作和编辑，对象状态特征属性参数的设定等)用户应用软件的过程，也就是把组态软件视为“应用程序生成器”。从应用角度讲，组态软件是完成系统硬件与软件沟通、建立现场与监控层沟通的人机界面的软件平台。工业控制领域是组态软件应用的重要阵地，计算机控制系统的组态功能分为两个主要方面，即硬件组态和软件组态。

(1) 硬件组态常以总线式(PC 总线或 STD 总线)工业控制机为主进行选择和配置，总线式工业控制机具有小型化、模块化、标准化、组合化、结构开放的特点。因此在硬件上可以根据不同的控制对象选择相应的功能模板，组成各种不同的应用系统，使硬件工作量几乎接近于 0，只需按要求对各种功能模块进行安装和接线即可。

(2) 软件组态常以工业控制组态软件为主来实现，工业控制组态软件是标准化、规模化、商品化的通用过程控制软件，控制工程师不需了解计算机的硬件和软件，就可在触摸屏上采用菜单方式，用填表的办法，对输入、输出信号用“仪表组态”的方法进行软连接。这种通用填空语言有简单明了、使用方便的特点，十分适合控制工程师掌握应用，大大减少了重复性、低层次、低水平应用软件的开发，提高了软件的使用效率，缩短了应用软件的开发周期。

组态操作是在组态软件支持下进行的，组态软件主要包括控制组态、图形生成系统、显示组态、I/O 通道登记、单位名称登记、趋势曲线登记、报警系统登记、报表生成系统共 8 个方面的内容。有些系统可根据特殊要求而进行一些特殊的组态工作。控制工程师利用工程师键盘，以人—机会话方式完成组态操作，系统组态结果存入磁盘存储器内，以作为运行时使用。下面对上述 8 种组态的其中 3 种常用组态功能做简单的介绍，更详细的内容可参阅有关组态软件的使用手册等资料。

1. 控制组态

控制算法的组态生成在软件上可以分为两种实现方式：一种方式是采用模块宏的方式，即一个控制规律模块(如 PID 运算)对应一个宏命令(子程序)，在组态生成时，每用到一个控制模块，则组态生成控制算法，产生的执行文件中就将该宏命令所对应的算法换入执行文件。另一种方式是将各控制算法编成各个独立的可以反复调用的功能模块。对应每一模块有一个数据结构。该数据结构定义了该控制算法所需要的各个参数。因此，只要这些参数定义了，控制规律就定义了，有了这些算法模块，就可以生成绝大多数的控制功能。

2. 图形生成系统

计算机控制系统的人—机界面越来越多的采用图形显示技术。图形画面主要是用来监视生产过程的状况，并可通过对画面上对象的操作，实现对生产过程的控制。在显示过程中用静态画面来反映监视对象的环境和相互关系，用动态画面来监视被控对象的变化状态。

3. 显示组态

计算机控制系统的画面显示一般分为 3 级，即总貌画面、组貌画面、回路画面。若想构成这些画面，就要进行显示组态操作。显示组态操作包括选择模拟显示表、定义显示表以及显示登记方法等。

6.2.4 软件工程方法概述

对于软件开发的方法，有一种观点认为：人们应该用创意来找一种好的开发方法，然后让一般的软件开发人员依靠此方法来非创意地开发软件系统。这样的非创意的方式就有一定的规则可遵循，人们根据这些规则来编程、沟通。如此，依靠团体工作的功效才能得以发挥，基于这样的认识，“软件工程”的概念被提了出来。

1983 年 IEEE 给出软件工程的定义：“软件工程是开发、运行、维护和修复软件的系统方法”，其中，“软件”的定义为计算机程序、方法、规则、相关的文档资料，以及在计算机上运行时所必需的数据。

软件工程包括 3 个要素：方法、工具和过程。

软件工程方法为软件开发提供了“如何做”的技术。它包括生产厂方的任务，如项目计划与估算、软件系统需求分析、数据结构、系统总体结构的设计、算法的设计、编码、测试以及维护等。现在人们已经开发出了许多软件工具，能够支持上述的软件工程方法。而且已经有人把诸多软件工具集成起来，使得一种工具产生的信息可以为其他的工具所使用，这样建立起一种被称为计算机辅助软件工程(CASE)的软件开发支撑系统。CASE 将各种软件工具、开发机器和一个存放开发过程信息的工程数据库组合起来形成一个软件工程环境。

软件工程的过程则是将软件工程的方法和工具综合起来以达到合理、及时地进行计算机软件开发的目的。过程定义了方法使用的顺序、要求交付的文档资料、为保证质量和协调变化所需要的管理及软件开发各个阶段完成的里程碑。软件工程就是包含上述方法、工具及过程在内的一些步骤。

6.3 查表技术

在众多的数据处理中，除了数值计算和数据的输入/输出外、还常遇到非数值运算。为了设计高质量的程序，开发人员不但要掌握编程技术，还要研究程序所加工的对象，即研究数据的格式、特性、数据元素间的相互关系。

在利用数据结构中的线性表、数组、堆栈、队列、链表和树解决实际问题的过程中，经常会遇到数据查找(search)。查找是在一列表中查询指定的数据，一般又称为关键字(keyword)，关键字是唯一标识记录的数据项，例如，利用身份证号码，可以查找到这个人的性别、年龄、住址、单位、职业等。数据查找的过程就是将待查关键字与实际关键字比较的过程。

常用的有 3 种方法：直接查找法、顺序查找法和对分查找法。例如，从线性表中查找某个数据元素，就会碰到选择何种查找方法，才能节省查找时间。

查找程序的繁简及查询时间的长短与表格长短有关，更重要的一个因素是与表格的排列方法有关。一般的表格有两种排列方法：无序表格，即表格的排列是任意的，无一定的顺序；有序表格，即表格的排列有一定的顺序，如表格中各项按大小顺序排列等。

下面介绍几种常用的数据查找方法：顺序查找法、计算查找法、对分查找法等。关于建表，在程序设计或微型计算机原理中讲过，在此不再赘述。

6.3.1 顺序查找法

顺序查找法是一种最简单的查找方法，它是针对无序排列表格的一种方法，其查找方法类似人工查表，对数据表的结构无任何要求。查找过程如下：从数据表头开始，依次取出每个记录的关键字、再与待查记录的关键字比较。如果两者相符，那就表明查到了记录。如果整个表查找完毕仍未找到所需记录，则查找失败。顺序查找法虽然比较“笨”，但对于无序表格或较短表格而言，仍是一种比较常用的方法。

设由 n 个记录组成的表，平均查找次数为 $(n+1)/2$，如果记录数量很大，那么查找的次数也会增加，因此顺序查找法只适用于数据记录个数较少的情况。

顺序查找法的步骤如下。

(1) 设定表格的起始地址。

(2) 设定表格的长度。

(3) 设定要搜索的关键字。

(4) 从表格的第一项开始，比较表格数据和关键字，进行数据搜索。

例 6.1 顺序查找法程序举例，设在内存数据区 TABLE 单元开始存放一个数据表，表中为有符号的字数据。表长在 30H 单元中，要查找的关键字存放在 31H 单元。编制程序查找表中是否有 31H 单元中的指定的关键字。若有，置位查找成功标志位；否则返回。则其源程序如下所示。

```
FLAG    BIT  10H              ;定义位变量
SEARCH:MOV DPTR,#TABLE        ;设定表格起始地址
       MOV R1,30H             ;设定表格长度
       CLR FLAG               ;查找成功标志位清 0
       CLR R0
       CLR A
LOOP:   MOV A,R0              ;取表地址
       MOVC A,@A+DPTR
       XRL A,31H              ;比较
       JNZ NEXT               ;未查找到关键字,继续
       SETB FLAG              ;查找到关键字,置位查找成功标志位
       MOV A,B                ;读出关键字在表中的地址
       AJMP RETU              ;退出查找
NEXT:  INC R0                 ;指向表格的下一个数据
       MOV B,R0               ;表地址暂存
       DJNZ R1,LOOP           ;未检索完全部数据,继续
RETU:   RET                   ;退出查找程序,子程序返回
TABLE: DB  42,15,21,26        ;利用程序语句定义数据
       …
       DB  98,75,30,2
```

6.3.2 计算查找法

在计算机数据处理中，一般使用的表格都是线性表，它是若干个数据元素 X_1，X_2，…，

X_n的集合，各数据元素在表中的排列方法及所占的存储器单元个数都是一样的。因此，要搜索的内容与表格的排列有一定的关系，并且搜索内容和表格数据地址之间的关系能用公式表示，只要根据所给的数据元素X_i，通过一定的计算，求出元素X_i所对应的数值的地址，然后将该地址单元的内容取出即可。

采用计算查找法的数据结构应满足下列条件：一是关键字K与存储地址D之间应满足某个函数式$D(K)$，即数据按一定的规律排列；二是关键字数值分散性不大。否则，一块内存区将被占用得十分零碎，浪费存储空间。

采用计算查找法的关键在于找出一个计算表地址的公式，只要公式存在，查表的时间与表格的长度无关。正因为它对表格的要求比较严格，并非任何表格均可采用。通常它适用于某些数值计算程序，功能键地址转移程序以及数码转换程序等。

例 6.2 设计一巡回检测报警装置，要求能对 16 个通道输入值进行比较，当某一通道输入值超过该路的报警值时，发出报警信号。

通道值和报警值的存放地址之间的关系可用下面的公式表示：

报警值存放地址=数据表格起始地址+通道值×2

设通道值(以十六进制表示)存放在 30H 单元中，查找后的上限报警值存放在 31H 单元中，下限报警值存放在 32H 单元中。

查表程序清单如下：

```
CHNUM EQU 30H                     ;定义通道号变量
UPPER EQU 31H                     ;定义上限变量
LOWER EQU 32H                     ;定义下限变量
CLR C                             ;进位标志位清 0
        MOV DPTR,#TAB             ;设置数据表首地址
        MOV A,CHNUM               ;读检测通道值
        RLC A                     ;检测通道值乘以 2
        MOVC A,@A+DPTR            ;读上限值
        MOV UPPER,A               ;保存上限值
        INC DPTR
        MOVC A,@A+DPTR            ;读下限值
        MOV LOWER,A               ;保存下限值
        RET
TAB:    DB 81,25,78,20,100,25,80,20,UPPER15,LOWER15
```

例 6.3 利用计算查找法编程，完成将键盘输入的 1 位十进制转换成为对应的七段显示码输出到显示缓冲单元 DISBUF 保存。通过“关键字在表中的地址=表首地址+偏移地址”这个计算公式进行查找。则其源程序如下所示。

```
DISBUF EQU 31H
         MOV A,30H                ;取十进制数据
START:  MOV DPTR,#DISTAB          ;取表首地址
         MOVC A,@A+DPTR           ;取(表首地址+偏移地址)对应的显示码
         MOV DISBUF,A
         RET
DISTAB: DB 40H,79H,24H,30H,19H
         DB 12H,02H,78H,60H,18H…
```

6.3.3 对分查找法

在前面介绍的两种查找方法中，顺序查找法速度比较慢，计算查找法虽然速度很快，但对表格的要求比较挑剔，因而具有一定的局限性。在实际应用中，很多表格都比较长，且难以用计算查找法进行查找，但它们一般都满足从大到小或从小到大的排列顺序，如热电偶 mV-℃分度表，流量测量中差压与流量对照表等，对于这样从小到大(或从大到小)顺序排列的表格，通常采用快速而有效的对分查找法。

对分查找法的具体做法是，先取数组的中间值 $D=n/2$ 进行查找，与要搜索的 X 值进行比较，若相等，则查到。对于从小到大的顺序来说，如果 $X> n/2$ 项，则下一次取 $n/2\sim n$ 间的中值，即 $3n/4$ 进行比较；若 $X<n/2$ 项，则取 $0\sim n/2$ 的中值，即 $n/4$ 进行比较。如此比较下去，则可逐次逼近要搜索的关键字，直到找到为止。

例 6.4 设 8 个关键字的排列顺序为 11、13、25、27、39、41、43、45，并作符号 L、H 和 M 分别表示查找段首、尾和中间关键字序号。

设要查找关键字 41，查找过程如下。

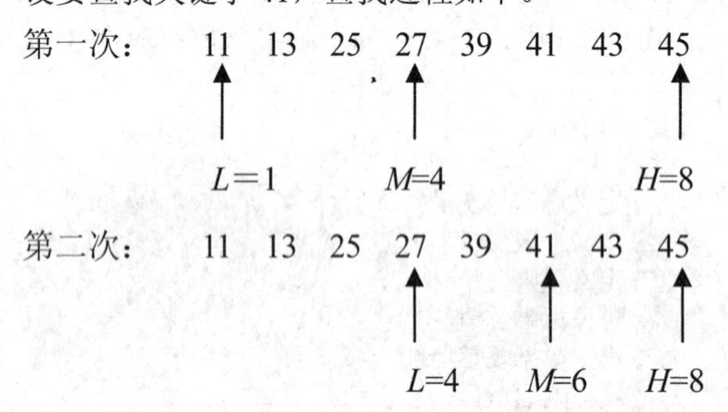

其中，M=INT [$(L+H)/2$]，INT 表示取整数。经过两次比较找到关键字 41，由此可见，对分查找法的速度比顺序查找法的速度快，但前提是事先应按关键字大小顺序排列好。

例 6.5 对分查找单字节无符号升序数据表格；待查找的内容在累加器 A 中，表首地址在 DPTR 中，字节数在 R7 中；OV=0 时，顺序号在累加器 A 中；OV=1 时，未找到。

```
DDF:    MOV B, A            ;保存待查找的内容
        MOV R2, #0          ;区间低端指针初始化(指向第一个数据)
        MOV A, R7
        DEC A
        MOV R3, A           ;区间高端指针初始化(指向最后一个数据)
DF2:    CLR C               ;判断区间大小
        MOV A, R3
        SUBB A, R2
        JC DFEND            ;区间消失，查找失败
        RRC A               ;取区间大小的一半
        ADD A, R2           ;加上区间的低端
        MOV R4, A           ;得到区间的中心
        MOVC A, @A+DPTR     ;读取该点的内容
        CJNE A, B, DF3      ;与待查找的内容比较
        CLR OV              ;相同，查找成功
        MOV A, R4           ;取顺序号
```

```
        RET
DF3:    JC DF4            ;该点的内容比待查找的内容大否
        MOV A, R4         ;偏大，取该点位置
        DEC A             ;减1
        MOV R3, A         ;作为新的区间高端
        SJMP DF2          ;继续查找
DF4:    MOV A, R4         ;偏小，取该点位置
        INC A             ;加1
        MOV R2, A         ;作为新的区间低端
        SJMP DF2          ;继续查找
DFEND:  SETB OV           ;查找失败
        RET
```

6.4 线性化处理技术

在数据采集和处理系统中，计算机从模拟量输入通道得到的有关现场信号与该信号所代表的物理量不一定呈线性关系，而在显示时总是希望得到均匀的刻度，即希望系统的输入与输出之间为线性关系，这样不但读数看起来清楚方便，而且使仪表在整个范围内灵敏度一致，从而便于读数及对系统的分析和处理。在过程控制中最常遇到的两个非线性关系是温度与热电势，差压与流量。在流量测量中，从差压变送器来的差压信号ΔP与实际流量G成平方根关系，即

$$G = k\sqrt{\Delta P}$$

铂电阻及热电偶与温度的关系也是非线性的，它们的关系如下：

$$R_t = R_0(1 + A \cdot t + B \cdot t^2)$$

为了得到线性输出的变量，需要引入非线性补偿，将非线性关系转化成线性的，这种转化过程称为线性化处理。

在常规的自动化仪表中，常采用硬件补偿环节来补偿其他环节的非线性，例如，在流量仪表中的凸轮机构或曲线板、非线性的对数或指数电位器，多个二极管排列成二极管阵列组成开方、各种对数、指数、三角函数运算放大器等。以上这些环节或多或少地增加了设备的复杂性，而且补偿方法都是近似的，精度不高。

由于非线性传感器输入和输出信号之间的因果关系无法用一个解析式表示，或即便可以用一个解析式表达，该解析式也十分复杂而难于直接计算。而使用计算机进行非线性补偿，不仅补偿方法灵活，而且精度高，可以用一台计算机对多个参数补偿。

由于最常用的是线性插值法和抛物线插值法，下面就对这两种方法进行介绍。

6.4.1 线性插值法

1. 线性插值原理

某传感器输入信号X和输出信号Y之间的关系如图6.1所示。人们可以将该输出特性曲线按一定的规则插入若干个点，将曲线分成若干段，插入点X_0和X_i之间的间距越小，那么在区间(X_0，X_i)上实际曲线和近似直线之间的误差就越小。这就是线性插值法的思想。

将相邻两点用直线连接起来，用直线替代相应的曲线。这样，原来复杂的非线性关系

就可以通过简单的线性方程加以表示。如果输入信号 X 在区间(X_i, X_{i+1})内，则对应的输出值 Y 就可以通过式(6.1)求取：

$$Y = Y_i + \frac{Y_{i+1} - Y_i}{X_{i+1} - X_i}(X - X_i) \tag{6.1}$$

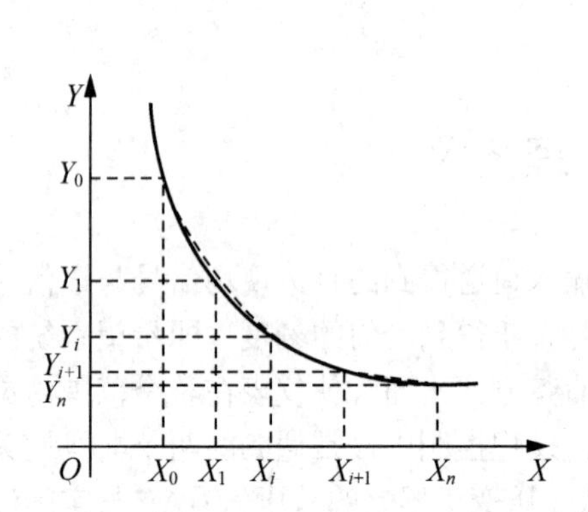

图 6.1　传感器的输出特性曲线

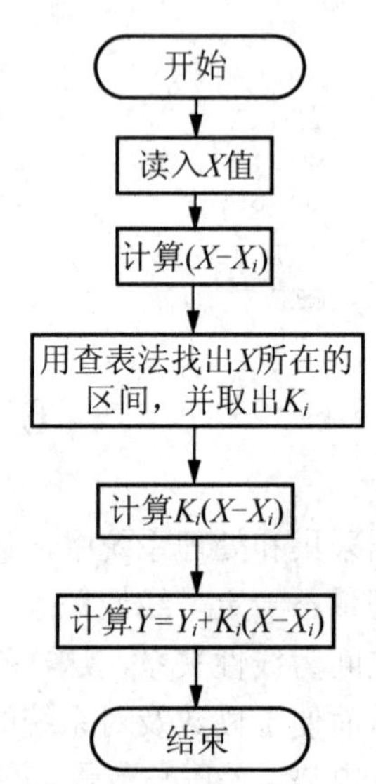

图 6.2　计算机实现的线性插值计算流程图

将式(6.1)进行化简可得

$$Y = Y_i + K_i(X - X_i)$$

式中　$K_i = \dfrac{Y_{i+1} - Y_i}{X_{i+1} - X_i}$，$K_i$ 为第 i 段直线的斜率。

从图 6.1 可以看出以下结论。

(1) 曲线斜率变化越小，替代直线越逼近特性曲线，则线性插值法带来的误差就越小。因此，线性插值法适用于斜率变化不大的特性曲线的线性化。

(2) 插值基点取得越多，替代直线越逼近实际的曲线，插值计算的误差就越小。因此，只要插值基点足够多，就可以获得足够的精度。

在用分段法进行程序设计之前，必须首先判断输入值 X_i 处于哪一段。为此，需将 X_i 与各分点值进行比较，以确定出该点所在的区间。然后，转到相应段逼近公式进行计算。值得说明的是，线性插值法总的来讲光滑度都不太高，这对于某些应用是有缺陷的。但是，就大多数工程要求而言，也能基本满足需要，在这种局部化的方法中，要提高光滑度，就得采用更高阶的导数值，多项式的次数亦需相应增高。

为了提高精度及缩短运算时间，各段可根据精度要求采用不同的逼近公式，在这种情况下，线性插值的分段点的选取可按实际曲线的情况灵活决定。

为了使基点的选取更合理，可根据不同的方法分段。主要有以下两种方法。

(1) 等距分段法。

等距分段法即沿 X 轴等距离地选取插值基点。这种方法的主要优点是使 $X_{i+1}-X_i$ 为常数，从而简化计算过程。如果函数的曲率或斜率变化比较大时，将会产生一定的误差。要想减小误差，必须把基点分得很细，但这样就会占用更多的内存，并使计算机的开销加大。

(2) 非等距分段法。

这种方法的特点是函数基点的分段不是等距离，而是根据函数曲线形状的变化率的大小来修正插值点间的距离。曲率变化大的部位，插值距离取小一点，而在曲线较平缓的部分，插值距离取大一点，但是非等距插值点选取比较麻烦。

2. 线性插值的计算机实现

利用计算机实现线性插值的步骤如下。

(1) 用实验法测出传感器输出特性曲线 $Y=f(x)$或各插值节点的值$(X_i, Y_i), i=0,1,2,\cdots, n$。为使测量结果更接近实际值，要反复进行测量，以便求出一个比较精确的输入输出曲线。

(2) 将上述曲线进行分段，选取各插值基点。

(3) 根据各插值基点的$(X_i,\ Y_i)$值，使用相应的插值公式，计算并存储各相邻插值之间逼近曲线的斜率 K_i，求出模拟 $y=f(x)$的近似表达 $P_n(x)$。

(4) 计算 $X-X_i$。

(5) 读出 X 所在区间的斜率 K_i，计算 $Y=Y_i+K_i(X-X_i)$。

(6) 根据 $P_n(x)$编写出汇编语言应用程序。

根据以上步骤可以画出计算机实现的线性插值计算，流程图如图 6.2 所示。

3. 线性插值法非线性补偿实例

热电偶是工业生产中常用的测温元件，热电偶的输出电压随温度变化而变化，其输出电压和温度之间是非线性关系，因此，计算机在处理数据前必须进行非线性补偿。

根据热电偶的技术数据可以绘制出输出电压信号 V 和温度 T 之间的特性曲线，假设热电偶的输出特性曲线如图 6.3 所示，该热电偶的输出特性曲线斜率的变化不大，可以采用线性插值法进行非线性补偿。

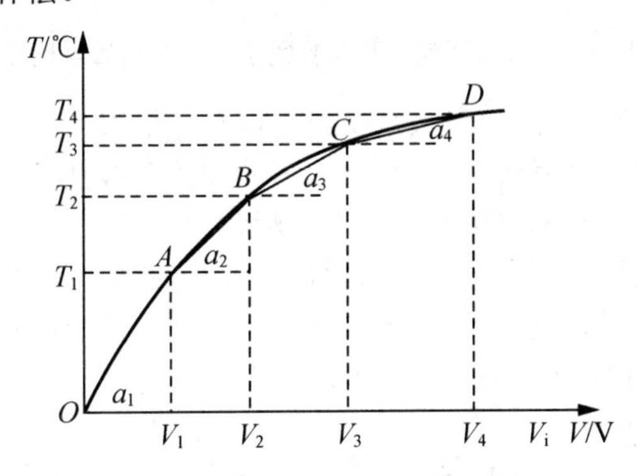

图 6.3　热电偶的输出特性曲线

选择 4 个插值基点$(V_1,\ T_1)$、$(V_2,\ T_2)$、$(V_3,\ T_3)$、$(V_4,\ T_4)$，然后写出每段曲线的插值函数表达式，表达式如下式所示。

$$
\begin{aligned}
&T=K_1\cdot V_1, && \text{当 } 0<V_i<V_1 \text{ 时}\\
&T=T_1+K_2\cdot(V_i-V_1), && \text{当 } 0<V_i<V_1 \text{ 时}\\
&T=T_2+K_3\cdot(V_i-V_2), && \text{当 } V_1<V_i<V_2 \text{ 时}\\
&T=T_3+K_4\cdot(V_i-V_3), && \text{当 } V_3<V_i<V_4 \text{ 时}
\end{aligned}
$$

$$T=K_5 \cdot V_i, \qquad \text{当 } V_i>V_4 \text{ 时}$$

式中 V_i 为热电偶的输出电压信号；

K_1 为直线 $\overline{OA}$ 的斜率，$K_1=\frac{T_1}{V_1}$；

K_2 为直线 $\overline{AB}$ 的斜率，$K_2=\frac{T_2-T_1}{V_2-V_1}$；

K_3 为直线 $\overline{BC}$ 的斜率，$K_3=\frac{T_3-T_2}{V_3-V_2}$；

K_4 为直线 $\overline{CD}$ 的斜率，$K_4=\frac{T_4-T_3}{V_4-V_3}$。

6.4.2 非线性插值法

从图 6.4 可以看出，对于曲线曲率变化比较大的部分，如果用线性插值法对位于该区域的信号进行非线性补偿，就会产生很大的误差。虽然增加插值基点的数量也可以提高非线性补偿的精度，但随着基点的增多，占用的内存单元也越多(从热电偶的线性插值法实例中，可以看到每增加一个基点，就要占用 6 个内存单元)；并且插值基点越多，CPU 的计算量就越大，对系统的快速响应性能影响越大。

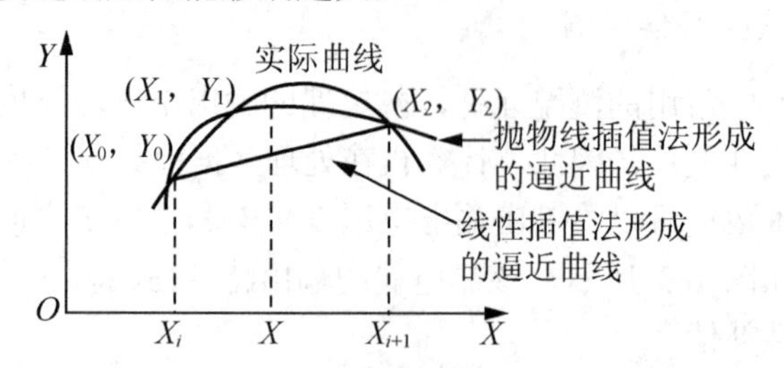

图 6.4 线性插值法和抛物线插值法补偿精度比较

因此，仅靠增加插值基点的数量来减少误差是不可行的。

抛物线插值法可以很好地解决斜率变化较大曲线的非线性补偿问题。抛物线插值法就是通过特性曲线上 3 点做一条抛物线，用此抛物线替代特性曲线进行参数计算。由于抛物线比直线能更好地逼近特性曲线，所以抛物线插值法能够提高非线性补偿的精度。线性插值法和抛物线插值法补偿精度比较如图 6.4 所示，和线性插值法相比，抛物线插值法只增加了一个插值基点，对系统性能的影响也不是很大。

抛物线方程可以表示为

$$Y=M_0+M_1(X-X_0)+M_2(X-X_0)(X-X_1) \tag{6.2}$$

其中，系数 M_0、M_1、M_2 可以根据抛物线经过的特性曲线上 3 个点求解，设特性曲线上 3 个点分别为$(X_0，Y_0)$、$(X_1，Y_1)$和$(X_2，Y_2)$，则系数 M_0、M_1、M_2 的计算公式用式(6.3)、式(6.4)、式(6.5)表示。

$$M_0=Y_0 \tag{6.3}$$

$$M_1=\frac{Y_1-Y_0}{X_1-X_0} \tag{6.4}$$

$$M_2 = \frac{\dfrac{Y_2 - Y_0}{X_2 - X_0} - \dfrac{Y_1 - Y_0}{X_1 - X_0}}{X_2 - X_1} \tag{6.5}$$

在采用抛物线插值法进行线性补偿时，先利用 3 个插值基点求出系数 M_0、M_1、M_2、再利用上式即可求出 X 对应的 Y 值。假设系数 M_0、M_1、M_2 已经求出并存储到相应的内存单元中，根据上面的讨论可以画出用抛物线插值法进行线性化的程序流程框图，如图 6.5 所示。

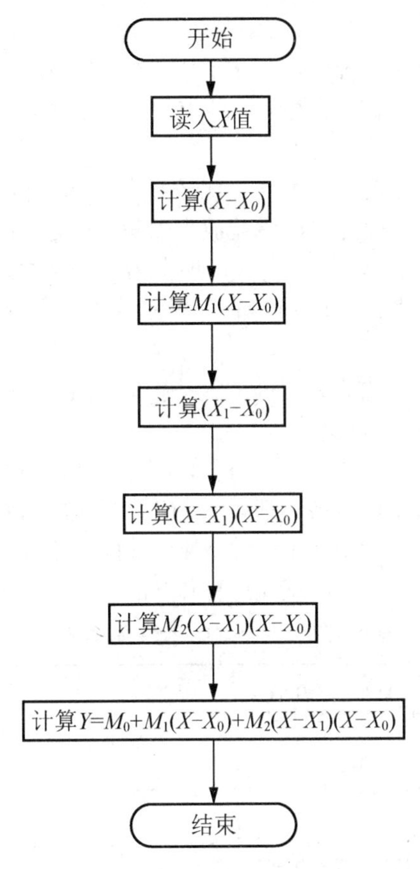

图 6.5　用抛物线插值法实现非线性补偿程序流程图

6.5　量程自动转换和标度变换

在计算机过程控制系统中，生产中的各个参数都有着不同的数值和量纲，如测温单元器件用热电偶或热电阻，温度单位为摄氏度(℃)，且热电偶输出的热电势信号也各不相同，如铂铑-铂热电偶在 1600℃时，其热电势为 16.677mV，而镍铬-镍铬热电偶在 1200℃时，其热电势为 48.87mV。又如测量压力用的弹性元件膜片、膜盒以及弹簧管等，其压力范围从几帕到几十兆帕。而测量流量则用节流装置，其单位为 m^3/h 等。所有这些参数都经过变送器转换成 A/D 转换器所能接收的 0～5V 统一电压信号，又由 A/D 转换成 00H～FFH (8 位)的数字量。为实现显示、记录、打印以及报警等操作，必须把这些数字量转换成不同的单位，以便操作人员对生产过程进行监视和管理，这就是所谓的标度变换。标度变换有许多不同类型，取决于被测参数测量传感器的类型，设计时应根据实际情况选择适当的标度变换类型。另一方面，如果传感器和显示器的分辨率一旦确定，而仪表的测量范围很宽时，为了提高测量精度，智能化测量仪表应能自动转换量程。

6.5.1 量程自动转换

由于传感器所提供的信号变化范围很宽(电压范围从 mV～V)，特别是在多回路检测系统中，当各回路的参数信号不一样时，必须提供各种量程的放大器，才能保证送到计算机的信号一致(0～+5V)。在模拟系统中，为了放大不同的信号，往往使用不同放大倍数的放大器。而在电动单元组合仪表中，常使用各种类型的变送器，如温度变送器、差压变送器、位移变送器等。

但是，这种变送器造价比较贵，系统也比较复杂。随着微型计算机的应用，为了减少硬件设备，现在已经研制出一种可编程增益放大器(Programmable Gain Amplifier，PGA)。它是一种通用性很强的放大器，其放大倍数可根据需要用程序进行控制。采用这种放大器，可通过程序调节放大倍数，使 A/D 转换器满量程信号达到均一化，而大大提高测量精度。这就是所谓的量程自动转换。

PGA 有两种：一种是由其他放大器外加一些控制电路组成，称为组合型 PGA；一种是专门设计的 PGA 电路，即集成 PGA。

集成 PGA 电路的种类很多，如美国 B-B 公司生产的 PGA101、PGA102、PGA202/203，美国模拟器件公司生产的 LHDC84 等，都属于 PGA。下边以 PGA102 为例说明这种电路的原理及应用，其他与此类似。PGA102 是一种高速、数控增益可编程放大器，由①脚和②脚的电平来选择增益为 1、10 或 100。每种增益均有独立的输入端，通过一个多路开关进行选择。

PGA102 的内部结构如图 6.6 所示，其增益选择见表 6-1。

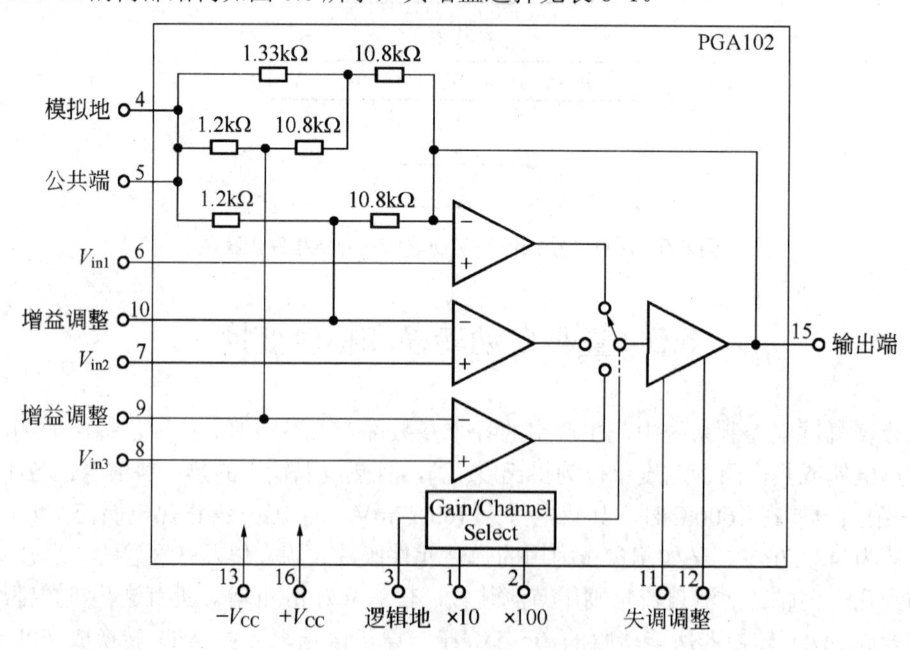

图 6.6　PGA102 内部结构

表 6-1　PGA102 增益控制表

输　入	增　益	①脚	②脚
		×10	×100
V_{in1}	G=1	0	0
V_{in2}	G=10	1	0
V_{in3}	G=100	0	1
V_{in4}	无效	1	1

设图 6.7 中 PGA 的增益为 1、10、100 这 3 档，A/D 转换器为 $4\frac{1}{2}$ 位双积分式 A/D 转换器，可画出用软件实现量程自动转换的流程图，如图 6.8 所示。

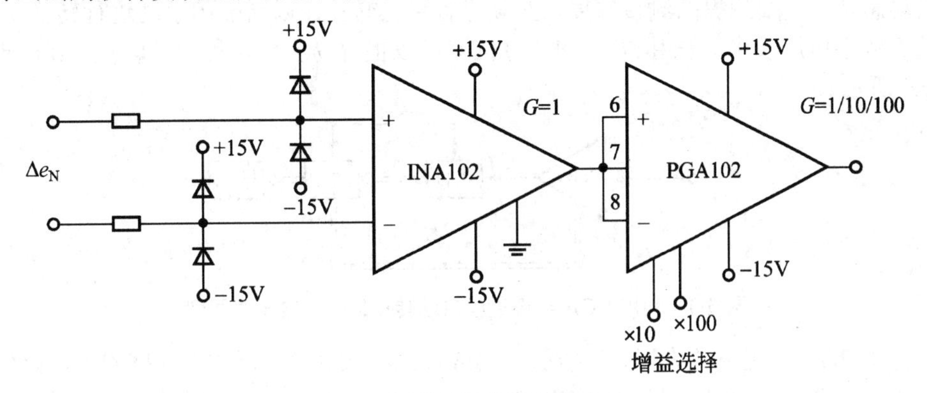

图 6.7　增益可编程仪用放大器

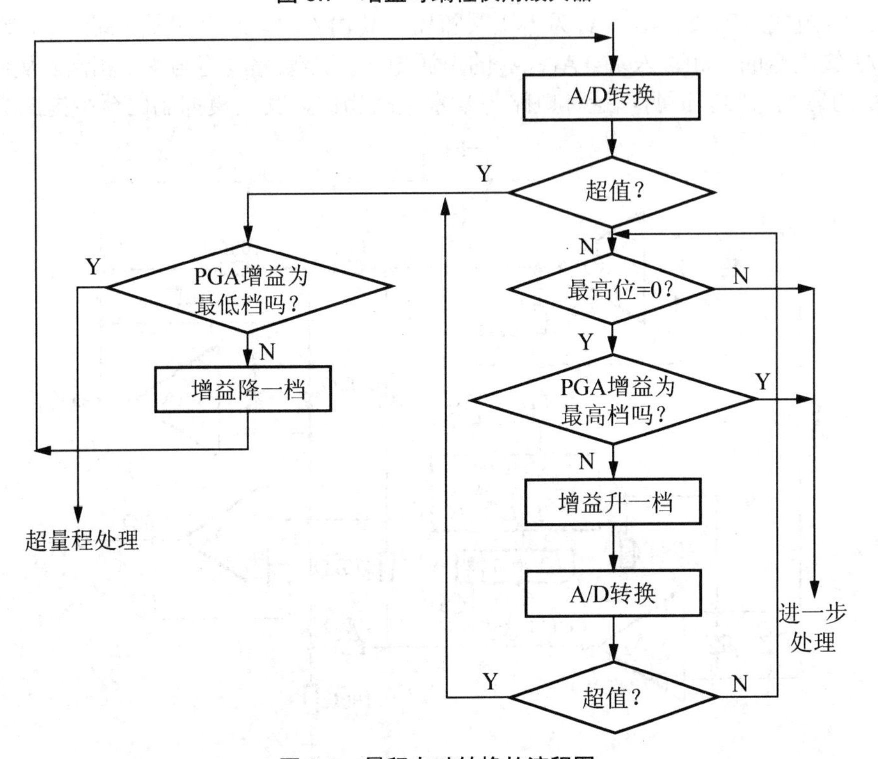

图 6.8　量程自动转换的流程图

由图 6.8 可以看出，首先对被测参数进行 A/D 转换，然后判断是否超值。若超值(某些 A/D 转换器可发出超值报警信号)，且这时 PGA 的增益已经降到最低档，则说明被测量超过数字电压表的最大量程，此时转到超量程处理；否则，把 PGA 的增益降一档，再进行 A/D 转换并判断是否超值。若仍然超值，再做如上处理。若不超值，则判最高位是否为零，若是零，则再看增益是否为最高档。如果不是最高档，将增益升高一级，再进行 A/D 转换及判断；如果最高位是 1，或 PGA 已经升到最高档，则说明量程已经转换到最合适档，微型计算机将对此信号作进一步的处理，如数字滤波、标度变换、数字显示等。由此可见，采用 PGA 可使系统选取合适的量程，以便提高测量精度。

利用 PGA 可进行量程自动转换。特别是当被测参数动态范围比较宽时，使用 PGA 的优越性更为显著。例如，在数字电压表中，其测量动态范围可从几微伏到几百伏。对于这样大的动态范围，要想提高测量精度，必须进行量程转换。以前多用手动进行转换，现在，在智能化数字电压表中，采用 PGA 和计算机即可以很容易实现量程自动转换。其原理框图如图 6.9 所示。

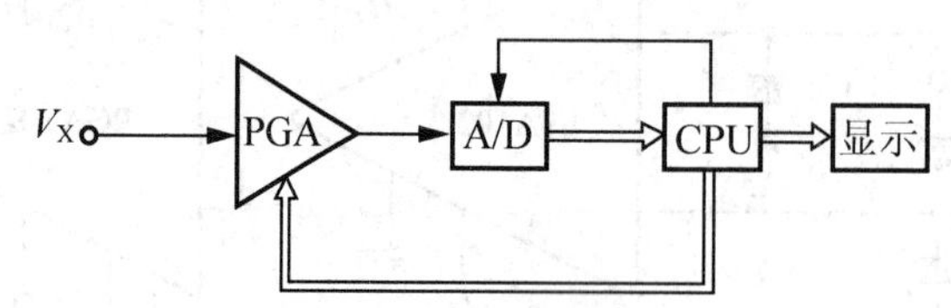

图 6.9 利用 PGA 实现量程自动转换的数字电压表原理

组合型 PGA 由运算放大器、仪器放大器或隔离型放大器，再加上一些附加电路组合而成。如图 6.10 所示为采用多路开关 CD4051 和由普通运算放大器组成的 PGA。图 6.10 中，A_1、A_2、A_3 组成差动放大器，A_4 为电压跟随器，其输入端取自共模输入端 V_{cm}，输入端接到 A_1、A_2 放大器的正相输入端。A_1、A_2 的电源电压的浮动幅度将与 V_{cm} 相同，从而减弱了共模干扰的影响。实验证明，这种电路与基本电路相比，其共模抑制比至少提高 20dB。

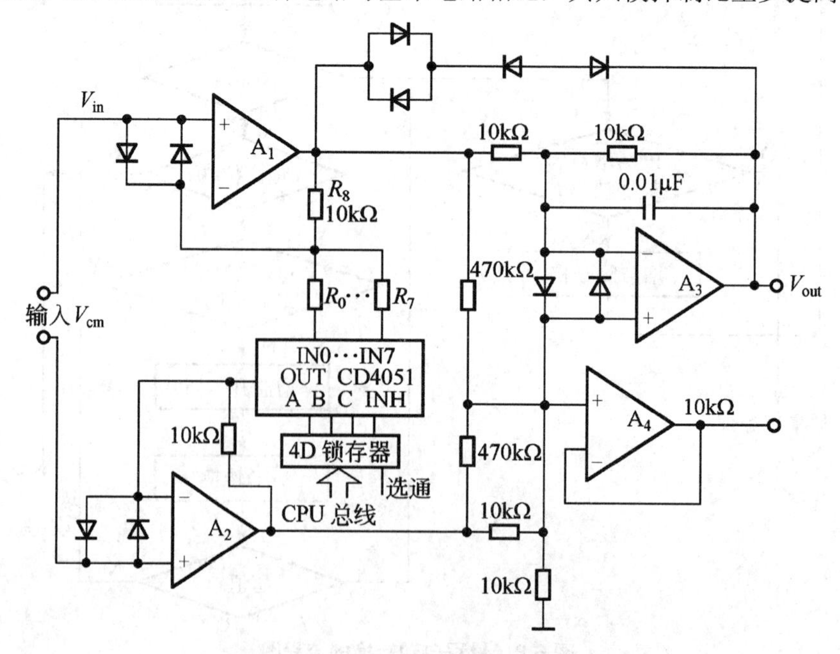

图 6.10 采用多路开关的可编程增益放大器

采用 CD4051 作为模拟开关，通过一个 4D 锁存器与 CPU 总线相连，改变输入到 CD4051。

选择输入端 C、B、A 的数字，即可使 R_0～R_7 这 8 个电阻中的一个接通。这 8 个电阻的阻值可根据放大倍数的要求，由公式 $A_v=1+2R_8/R_i$ 来求得，从而可得到不同的放大倍数。当 CD4051 所有的开关都断开时，相当于 $R_i=\infty$，此时放大器的放大倍数为 $A_v=1$。

6.5.2 标度变换

生产过程中的各种参数都具有不同的量纲和数值变化范围，如电压的单位为 V、电流的单位为 A、温度的单位为摄氏度等。而且经一次检测仪表输出信号的变化范围也各不相同，如热电偶的输出为 mV 信号；电压互感器的输出为 0～+100V；电流互感器的输出为 0～+5A 等，这些具有不同量纲和数值范围的信号必须进行转换，以方便操作人员进行监视和执行机关控制。

1. 线性参数标度变换

所谓线性参数，指一次仪表测量值与 A/D 转换结果具有线性关系，或者说一次仪表是线性刻度的。其标度变换公式为

$$A_X = A_0 + (A_M - A_0)\frac{N_X - N_0}{N_M - N_0} \tag{6.6}$$

式中 A_0 为一次测量仪表的下限；

A_M 为一次测量仪表的上限；

A_X 为实际测量值(工程量)；

N_0 为仪表下限对应的数字量；

N_M 为仪表上限对应的数字量；

N_X 为测量值所对应的数字量。

其中 A_0、A_M、N_0、N_M 对于某一个固定的被测参数来说是常数，不同的参数有不同的值。为使程序简单，一般取被测参数的起点 A_0(输入信号为 0)所对应的 A/D 输出值为 0，即 $N_0=0$。

这样式(6.6)可化作

$$A_X = A_0 + (A_M - A_0)\frac{N_X}{N_M}$$

有时，工程量的实际值还需经过一次变换，如电压测量值是电压互感器的二次侧的电压，则其一次侧的电压还有一个互感器的变化问题，这时上式应再乘上一个比例系数，即

$$A_X = K[A_0 + (A_M - A_0)\frac{N_X}{N_M}A_0] \tag{6.7}$$

例 6.6 某热处理炉温度测量仪表的量程为 200～800℃，在某一时刻计算机采样并经数字滤波后的数字量为 0xCDH。求此时温度值为多少？(设仪表量程为线性的。)

解 根据标度变换公式，已知 A_0=200℃、A_M=800℃、N_x=0xCDH=(205)D、N_M=0xFFH=(255)D，所以此时温度为

$$A_X = A_0 + (A_M - A_0)\frac{N_X}{N_M} = 200 + (800-200)\frac{205}{255} = 682$$

在微机控制系统中，为了实现上述转换，可把它设计成专门的子程序，把各个不同参数所对应的 A_0、A_M、N_0、N_M 存放在存储器中，然后当某一参数要进行标度变换时，只要调用标度变换子程序即可。

例 6.7 传感器的输出与被测量是线性关系时的标度变换。

采样值存放在 R2、R3 中，最大采样值 X_m，量程 K 和参量的下限值 A_0 在 DPTR 所指向的程序存储器中，标度变换后的输出值在 R4、R5 中，若 A=0FFH，则表示测量不正常，使用的寄存器：A、R0～R7，标志位 Cy。调用程序：NMUL，NDIV，NADD，READP。

说明：线性变换采用的公式为

$$Y = A_0 + (A_M - A_0)\frac{X}{X_M} = A_0 + K\frac{X}{X_M}$$

式中 A_M、A_0 为参量的上限和下限值；

$K=A_M-A_0$ 为传感器的量程；

X 为采样值，即该参量经 A/D 转换后的数字；

X_M 为最大采样值(对应参量的上限值)；

Y 为参量的实际数值。

```
UNEX1: LCALL   READP
       LCALL   NSUB
       JNC     A,R6
       PUSH       A
       MOV     A,R7
       PUSH       A
       LCALL   READP
       LCALL   NMUL
       MOV     A,R4
       MOV     R2,A
       MOV     A,R5
       MOV     R3,A
       MOV     A,R6
       MOV     R4,A
       MOV     A,R7
       MOV     R5,A
       POP     A
       MOV     R7,A
       POP     A
       MOV     R6,A
       LCALL   NDIV
       MOV     A,R4
       MOV     R2,A
       MOV     A,R5
       MOV     R3,A
       LCALL   READP
       LCALL   NADD
       MOV     A,#00H
       RET
OVERB: MOV     A,#0FFH
       RET
```

2. 非线性参数标度变换

上面介绍的标度变换公式，只适用于线性变化的参量。如果被测参数为非线性，需重新建立标度变换公式。

一般而言，非线性参数的变化规律各不相同，故其标度变换公式也需根据各自的具体情况建立。

1) 公式变换法

例如，在流量测量中，流量与差压间的关系式为

$$G = k\sqrt{\Delta P}$$

据此，可得测量流量时的标度变换为

$$\frac{G_X - G_0}{G_M - G_0} = \frac{\sqrt{N_X - N_0}}{\sqrt{N_M - N_0}}$$

$$G_X = \frac{\sqrt{N_X - N_0}}{\sqrt{N_M - N_0}}(G_M - G_0) + G_0 \tag{6.8}$$

式中　G_X 为被测量的流量值；

G_M 为流量仪表的上限值；

G_0 为流量仪表的下限值；

N_X 为差压变送器所测得的差压值(数字量)；

N_M 为差压变送器上限所对应的数字量；

N_0 为差压变送器下限所对应的数字量。

对于流量仪表，通常流量仪表的下限值 G_0=0，所以式(6.8)可简化为

$$G_X = G_M\frac{\sqrt{N_X - N_0}}{\sqrt{N_M - N_0}} \tag{6.9}$$

如果取差压变送器下限所对应的数字量 N_0=0，则式(6.9)可进一步简化为

$$G_X = G_M\frac{\sqrt{N_X}}{\sqrt{N_M}} \tag{6.10}$$

以上 3 个公式就是在不同初始条件下的流量变换公式。由于 G_0、G_M、N_0、N_M 都是常数，所以上述 3 个公式可分别写为

$$G_{X1} = K_1\sqrt{N_X - N_0} + G_0，\text{式中}\quad K_1 = \frac{G_M - G_0}{\sqrt{N_M - N_0}}$$

$$G_{X2} = K_2\sqrt{N_X - N_0}，\text{式中}\quad K_2 = \frac{G_M}{\sqrt{N_M - N_0}}$$

$$G_{X3} = K_3\sqrt{N_X}，\text{式中}\quad K_3 = \frac{G_M}{\sqrt{N_M}}$$

以上 3 个公式就是实际应用中使用的流量标度变换公式。例如，根据上面的第二个公式可以设计出标度变换的程序。

具体的程序如下：

```
DATA EQU 30H
CONST1 EQU 33H
CONST2 EQU 36H
CONST3 EQU 39H
BCD EQU 3CH
MED1 EQU 3FH
MED2 EQU 42H
FLOW:  MOV  R0, #DATA              ;指向NX存放单元的地址
       MOV  R1, #CONST2            ;指向N0存放单元的地址
       LCALL FSUB                  ;计算NX-N0，结果送R4(阶)R2R3
       MOV  R0, #MED1
       LCALL FSTRO
       MOV  R1, #MED2
       LCALL FSQR                  ;计算(NX-N0)0.5
       MOV  R0, #CONST1
       LCALL FMUL                  ;计算K(NX-N0)0.5
       MOV R0, #MED1
       LCALL FSTR0
       MOV  R0, #CONST3
       LCALL FMIL
       CLR 3AH
       LCALL FABP
       MOV R0, #MED2
       LCALL FSTRO
       LCALL FBTD                  ;转换成十进制
RET
FSRR0: MOV  A, R4                  ;把R4、R2、R3送R0位首地址的单元
       MOV  @RO, A
       INC  R0
       MOV  A, R2
       MOV  @R0, A
       INC  R0
       MOV  A, R3
       MOV  @R0, A
       DEC  R0
       DEC  R0
RET
```

2) 其他标度变换法

许多非线性传感器并不像上面讲的流量传感器那样，可以写出一个简单的公式，或者虽然能够写出，但计算相当困难。这时可采用多项式插值法，也可以用线性插值法或查表法进行标度变换。

关于这些方法的详细内容，请参阅相关参考书。

6.6 报警程序设计

在微机测控系统中，为了保证生产设备、生产人员、生产环境的安全，对于一些重要的参数或系统部位，都要设置紧急状态报警系统，提醒现场操作人员注意，以便采取相应

的措施。其方法就是将系统采集的相关参数经计算机进行数据处理、数字滤波、标度变换之后，与该参数的上、下限约定值进行比较，如果等于或超出上、下限值就实施报警，否则就作为采样的正常值，进行显示和控制。

6.6.1 简单报警程序设计

1. 微机测控系统中常用的报警方式

在微机测控系统中，正常的工作状态通常采用信号灯、LED、CRT 等指示，随时提供生产现场的实时信息，以供操作人员或值班人员参考。但对于一些紧急情况，仅靠这些指示是远远不够的，还需要以特殊的方式提醒现场操作人员注意并采取相应的补救措施。

对于测控系统，通常可采用声、光及语言等形式进行报警。声音的产生可采用简单的电铃、电笛或频率可调的蜂鸣器。当然，若能采用集成电子音乐芯片，则可在系统出现异常情况时，将悦耳的音乐送入人耳，加之突现的警灯的作用，便能在和谐的气氛中，提醒现场人员注意并采取应急措施，确保系统安全生产。灯光效果一般利用 LED 或闪烁的白炽灯。

语言报警可使系统不仅能起到报警作用，而且还能给出报警对象的具体信息，使得系统报警更为准确。目前，随着汉语语音产品、语音芯片的发展与成熟，这种报警技术已成为现实并广泛应用于工业测控系统中。在具有语言报警的系统中，如果配有打印机和 CRT 显示器，那么，不但能同时看到发生报警的顺序、时间、回路编号、具体内容及次数等画面，而且能打印出用以存档的文档。一些更高级的报警系统除了具备上述各项功能外，还具有一定的控制能力，如将运行切换到人工操作，切断阀门，自动拨出电话号码等，使系统的紧急情况及时得以缓解或通报给有关人员。

1) 简单声光报警

报警驱动电路因报警方法的不同其组成方式也有所不同，下面仅介绍简单声光报警的驱动方法。

LED 与白炽灯驱动电路。通常 LED 需要 5～10mA 的驱动电流，因此不能直接由 TTL 电平驱动，一般采用类似于 74LS06 或 74LS07 这样的 CMOS 驱动器。为了能保持报警状态，需要采用一般的锁存器(如 74LS273、74LS375、74LS573)或带有锁存器的 I/O 接口芯片(如 Intel 8155、8255A)。其电路原理如图 6.11 所示。如果某一路需要报警时，就将该路输出相应的电平即可；如果需要利用白炽灯报警，其驱动电路中就要使用微型继电器或固态继电器。

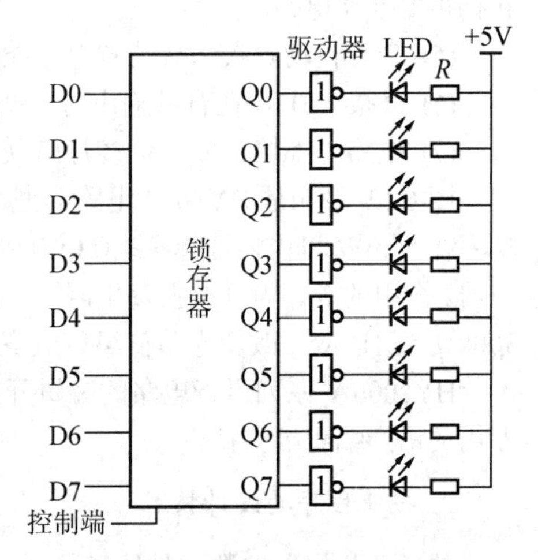

图 6.11 简单报警电路原理图

2) 声音报警驱动电路

对于声音报警，目前最常用的方法是采用模拟声音集成电路芯片，如 HY8010 系列。该系列芯片是一种采用 CMOS 工艺的报警集成芯片，具有以下特点。

(1) 工作电压范围宽。

(2) 静态电流小。

(3) 模拟声音的放音节奏可通过外接振荡电阻进行调节。

(4) 可通过外接小功率晶体管驱动扬声器。

下面以 HY8010 为例来介绍这种模拟声音集成芯片的结构及使用方法。HY8010 语音时间长度分别为 10s，属于自适应脉码调制语音合成技术的超大规模 CMOS 集成电路。HY8010 电路内部由一次性可编程 EPROM 存储阵列、RC 时钟振荡器、逻辑控制器、脉冲调制译码器、计时发生器、地址序列发生器、LED 驱动器、电压驱动器、电流驱动器等电路单元组成。HY8010 避免了使用复杂的应用电路，HY8010 外部只需一只电阻，接上直流电源，电压输出端可以直接驱动蜂鸣器，电流输出端外接一只晶体管，即可推动扬声器工作。HY8000A 系列引脚图如图 6.12(a)所示。

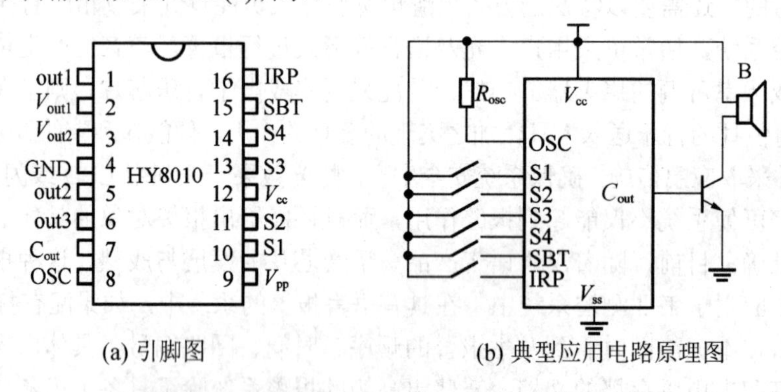

(a) 引脚图　　(b) 典型应用电路原理图

图 6.12　HY8000A 系列引脚图与典型应用电路原理图

HY8010 语音集成电路具有以下特点。

(1) 采用 2.4～6V 直流单电源供电。

(2) 静态电流小于 5μA(3.0V)，工作电流约为 20mA。

(3) 电压输出端 V_{out1} 和 V_{out2}，可以直接驱动蜂鸣器，语音质量可与扬声器输出相媲美，功耗十分低。

(4) 电流输出端 C_{out}，允许使用廉价的 NPN 晶体管驱动扬声器，无须复杂的滤波电路和扬声器推动电路。

(5) 带有自动除噪和自动省电功能。

(6) 外接 LED，在音频输出时可产生 3Hz 频闪指示。

(7) 电路外部接口多，可多片串联、并联或混联使用。

图 6.12 中(b)是 HY8010 电路典型工作原理图，电路外接晶体管推动扬声器工作，输出功率在 50mW 以内，选择$\beta \geqslant 150$ 的 9013 等型号小功率晶体管，B 选择 8Ω阻抗、1/4W 扬声器。图中的 R_{osc} 为外接振荡电阻，外接电阻调节采样频率。HY8010 的 R_{osc} 电阻值在 90～300kΩ之间选取，改变电阻值可以改变其放音速度，使其达到正常要求。

HY8000A 系列语音电路的编辑开发工作十分简易，只需一台计算机和一台 HY8000A 专用的语音编程机支持。

2. 报警程序的设计技术

传感器与报警参数的具体情况不同，报警程序的设计技术也有所不同。一般有两种设计方法：一种是全软件报警程序，这种方法的基本思想是把温度、流量、压力、速度、成分等被测参数，经传感器、信号调理电路、A/D 转换器送到单片机后，再与规定的上、下限值进行比较，根据比较的结果进行报警或处理，整个过程都由软件实现。这种报警程序又分为上、下限报警程序以及上、下限报警处理程序。另一类报警程序叫做硬件申请、软件处理报警程序，这种方法的基本思想是报警要求不是利用软件比较法得到的；而是直接由传感器产生的(例如，电接点式压力报警装置，当压力高于或低于某一极限值时，接点即闭合，正常时则打开)，将这类由传感器产生的数字量信号作为单片机的中断信号，当单片机响应中断后，完成对相应报警的处理，从而便可实现对参数或位量的监测。

1) 软件报警程序设计技术

下面以水位自动调节系统为例来介绍软件报警程序的设计方法。锅炉正常工作的主要指标是锅筒水位，液面太高会影响锅筒的汽水分离，产生蒸汽带液现象；水位过低，则由于锅筒的容积较小，负荷很大，水的汽化就会加快。因此，液面的调节如果不及时，将会导致锅炉烧坏甚至发生严重的爆炸事故。为了对锅炉的生产情况进行实时监控，一般采用具有 3 个报警参数(即水位上、下限，炉膛温度上、下限和蒸汽压力下限)的三冲量自动调节系统，如图 6.13 所示。

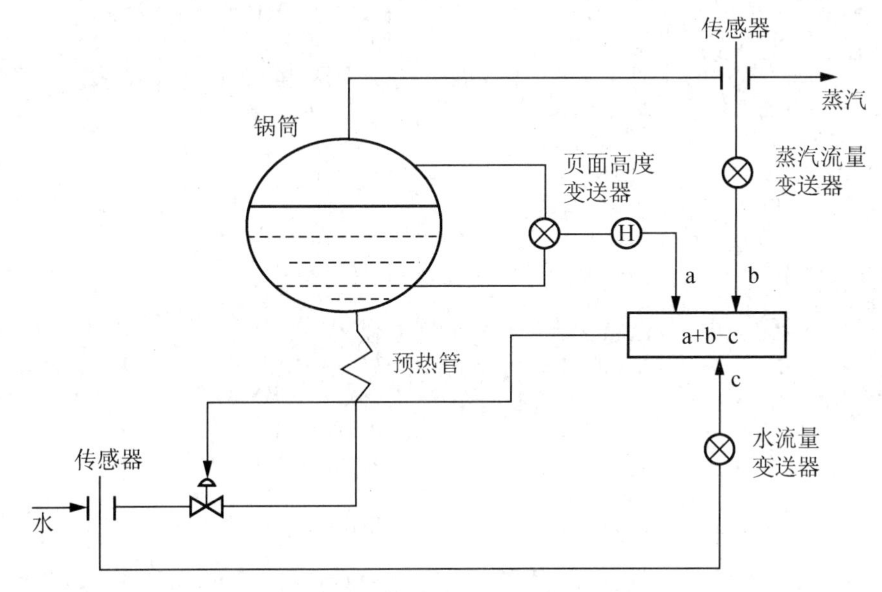

图 6.13　锅炉水位自动调节系统

图 6.14 为锅炉水位自动调节系统报警电路原理图，图中的锁存器在单片机接口资源比较宽松的情况下，可以用它的某一个口代替。若系统各参数全部正常时，“运行正常”灯亮。若某一个参数不正常，对应的 LED 将发光，同时电笛鸣响。从而给出报警信号。由于各 LED 都由反相器驱动，因此，当某位为“1”时，该位对应的 LED 亮。针对图 6.14，采用如下的程序设计思想：设置一个报警标志单元，该单元的每一位对应一个报警参数；将各参数的采样值分别与其上、下限值进行比较，如果某参数发生超限，就将该参数在报警标志单元的对应位置“1”；所有参数比较结束后，再判断报警标志单元的内容是否为 00H；如果为 00H，则所有参数均正常，“运行正常”发光，否则说明有参数超限，就输出报警标志单元的内容。其程序如下。

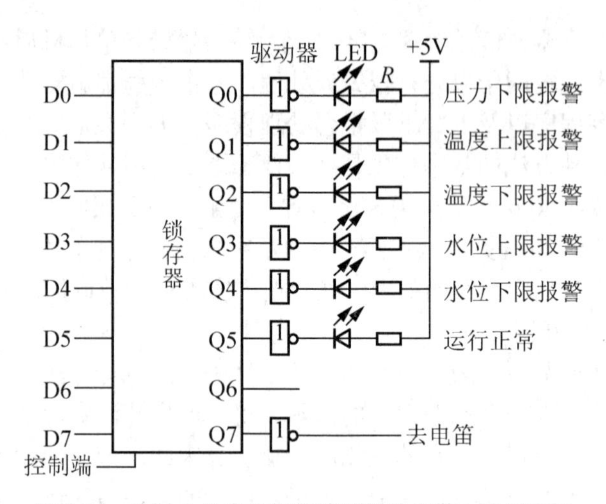

图 6.14　锅炉水位自动调节系统软件报警电路原理图

```
        ORG     8000H
ALARM:  MOV     DPTR,#SAMP      ;采样值存放地址指针 DPTR
        MOVX    A,@DPTR         ;取 X1
        MOV     20H,#00H        ;报警模型单元清 0
ALARM0: CJNE    A,30H,AA        ;X1>MAX1 吗
ALARM1: CJNE    A,31H,BB        ;X1<MIN1 吗
ALARM2: INC     DPTR            ;指向 X2
        MOVX    A,@DPTR         ;取 X2
        CJNE    A,32H,CC        ;X2>MAX2 吗
ALARM3: CJNE    A,33H,DD        ;X2<MIN2 吗
ALARM4: INC     DPTR            ;指向 X3
        MOVX    A,@DPTR         ;取 X3
        CJNE    A,34H,EE        ;X3<MIN3 吗
DONE:   MOVE    A,#00H          ;判是否有报警参数
        CJNE    A,20H,FF        ;若有则转 FF
        SETB    05H             ;若无,置绿灯亮模型
        MOV     A,20H
        MOVE    P1,A            ;输出绿灯亮模型
        RET
FF:     SETB    07H             ;置电笛响标志位
        MOV     A,20H
        MOV     P1,A            ;输出报警信号
        RET
SAMP    EQU     8100H
AA:     JNC     AOUT1           ;X1>MAX1,转 AOUT1
        AJMP    ALARM1
BB:     JC      AOUT2           ;X1<MIN1,转 AOUT2
        AJMP    ALARM2
CC:     JNC     AOUT3           ;X2>MAX2,转 AOUT3
        AJMP    ALARM3
DD:     JC      AOUT4           ;X2<MIN2
        AJMP    ALARM4
EE:     JC      AOUT5
AJMP    DONE
```

```
AOUT1:   SETB 00H                  ;置 X1 上限报警标志
         AJMP ALARM2
AOUT2:   SETB 01H                  ;置 X1 下限报警标志
         AJMP ALARM2
AOUT3:   SETB 02H                  ;置 X2 上限报警标志
         AJMP ALARM4
AOUT4:   SETB 03H                  ;置 X2 下限报警标志
         AJMP ALARM4
AOUT5:   SETB 04H                  ;置 X3 下限报警标志
         AJMP DONE
```

2) 硬件直接报警的程序设计技术

如果系统中报警输入信号为开关量，并且被测参数与给定值的比较已在传感器内部完成，那么，为了简化系统设计，可以不采用上述的软件报警技术，而是采用硬件申请中断的方法，直接将报警信号传送到报警接口中。例如，电接点式压力计、电接点式温度计、色带指示报警仪等，都属于这种传感器。但无论采用哪种技术，它们都有一个共同特点，即当检测值越限时，接点开关闭合，从而产生报警信号。图 6.15 就是一个典型的硬件直接报警的原理图。

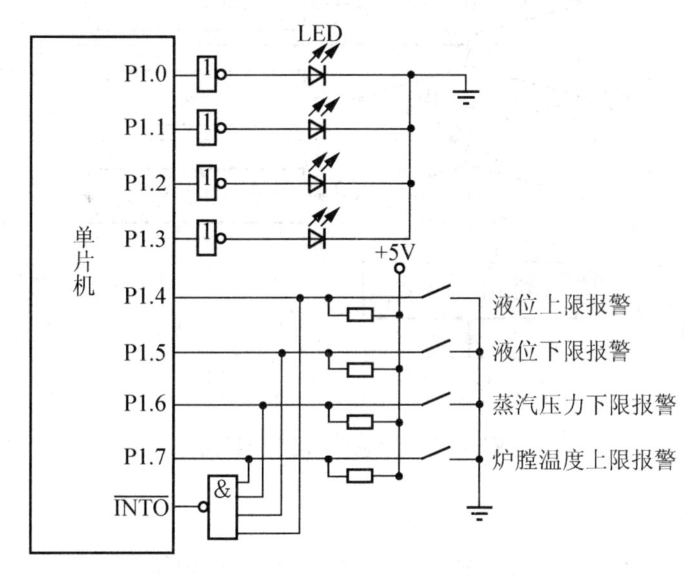

图 6.15 硬件直接报警原理图

在图 6.15 中，4 个开关分别为压力下限、炉膛温度上限、液位上限、液位下限报警接点。当各参数处于正常范围时，P1.4～P1.7 各位均为高电平，无报警信号。如果 4 个参数中的一个或几个超限(接点闭合)时，CPU 的外部中断 $\overline{\text{INT0}}$ 就会由高变低，向 CPU 发出中断请求。CPU 响应中断后，读入报警接点状态 P1.4～P1.7，然后从 P1 口的低 4 位输出，完成超限报警。这种方法不需要对参数进行反复采样与比较，也不需要专门确定报警模型。很明显，采用硬件中断方式，既节省了 CPU 的时间资源，又具有了实时报警功能。程序流程图如图 6.16 所示。

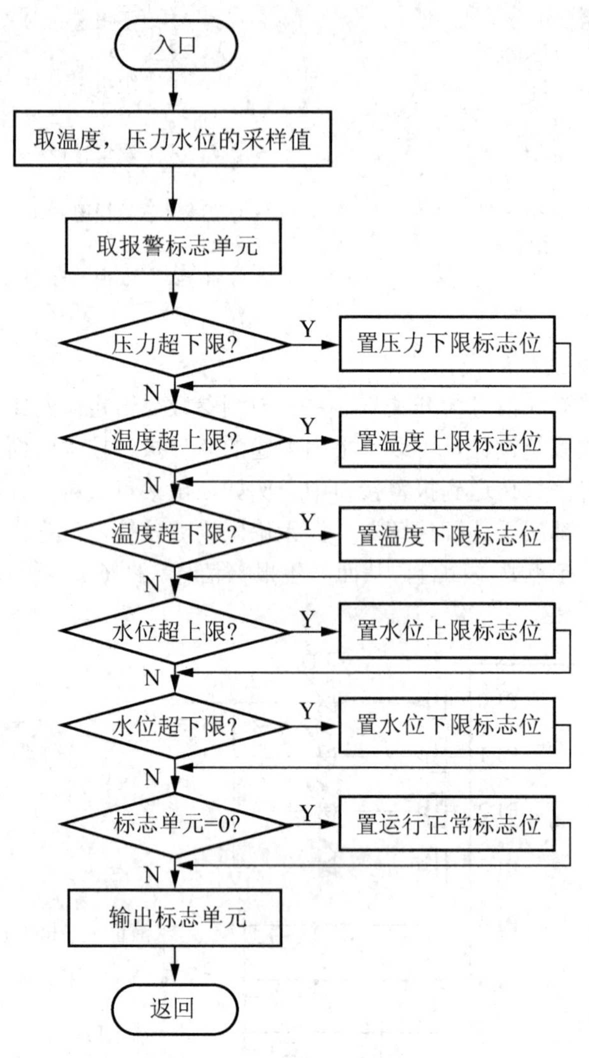

图 6.16 硬件报警程序流程图

6.6.2 越限报警程序设计

前面从软件和硬件两个方面讲述了微机测控系统报警程序及其与之对应的硬件电路的设计技术，同时人们把被测参数的上、下限数值按唯一值进行处理，因此，报警程序的设计比较简单。然而，实际测控系统的工作状况并不是这样。由于生产工艺及传感器等因素的影响，常会出现测量值在极限值附近频繁摆动。另外，在大多数情况下，像前面讲述的锅炉水位调节系统这样的控制系统，其检测参数的上、下限并非是一个唯一的值，而是一个“数值带”。所以，对于这种情形，如果还是按照前面讲述的技术进行报警程序设计，将会出现频繁报警，使得现场操作人员人为的紧张。为了解决这个问题。人们在被测参数的上、下限附近设定一“回差带”，如图 6.17 所示。

在图 6.17 中，上、下限分别有一回差带。规定只有当被测量值越过 H_2 时，才算超上限；测量值穿越带区，下降到 H_1 以下才算复限。同样道理，测量值在 L_1～L_2 带区内摆动均不作超下限处理，只有它回归于L_1之上时，才作越下限后的复位处理，这样就避免了频繁的报警和复限现象。

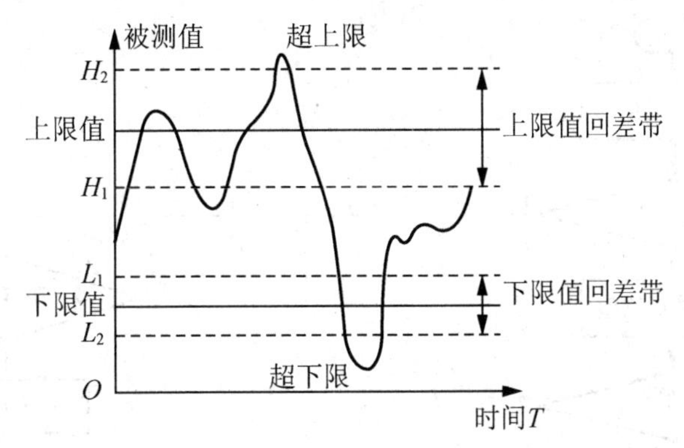

图 6.17　设定报警上下限回差带

设计超限报警程序的基本思想：将采样并经数字滤波后的数据与被测点参数的上、下限给定值进行比较，检查是否超限；或与其上、下限复位值进行比较，检查是否复限。如果超限，就分别置上、下限标志，并输出相应的声、光报警信号，如果复限，就清除相应标志。当上述报警处理完之后，便返回主程序。其各参数在存储器中的放置方法见表 6-2，程序流程如图 6.18 所示，被测参数采样值与各上、下限报警值均为 12 位数据。

表 6-2　上、下限报警参数在存储器中的结构

<table>
<tr><td colspan="2">低 8 位</td><td rowspan="2">上限报警值</td></tr>
<tr><td></td><td>高 4 位</td></tr>
<tr><td colspan="2">低 8 位</td><td rowspan="2">上限复位值</td></tr>
<tr><td></td><td>高 4 位</td></tr>
<tr><td colspan="2">低 8 位</td><td rowspan="2">下限报警值</td></tr>
<tr><td></td><td>高 4 位</td></tr>
<tr><td colspan="2">低 8 位</td><td rowspan="2">下限复位值</td></tr>
<tr><td></td><td>高 4 位</td></tr>
<tr><td colspan="2">上、下限超限标志位</td><td>超限标志单元</td></tr>
<tr><td colspan="2">超限复限处理标志</td><td>参数报警及复位技术单元，定时查询此标志</td></tr>
<tr><td colspan="2">低 8 位</td><td rowspan="2">采样处理后的数据</td></tr>
<tr><td></td><td>高 4 位</td></tr>
</table>

报警标志单元和越限、复位处理次数单元在初始化程序中应首先清零。除了上面讲的这种带有上、下限报警带的报警处理程序外，还有各种各样的报警处理程序，读者可根据需要自行设计。

在计算机控制系统中，被测参数经上述数据处理后，参数送显示。但为了安全生产，对应一些重要的参数要判断是否超出了规定工艺参数的范围。如果超越了规定的数值，要进行报警处理，以便操作人员及时采取相应的措施。例如，锅炉水位调节系统中，水位的高低是非常重要的参数，水位太高将影响蒸汽的产量，水位太低则有爆炸的危险。有些报

警系统要求不仅能发声和有光报警信号，而且还要有打印输出(如记下报警参数、时间等)，并能自动进行处理，如自动切换到手动操作等。

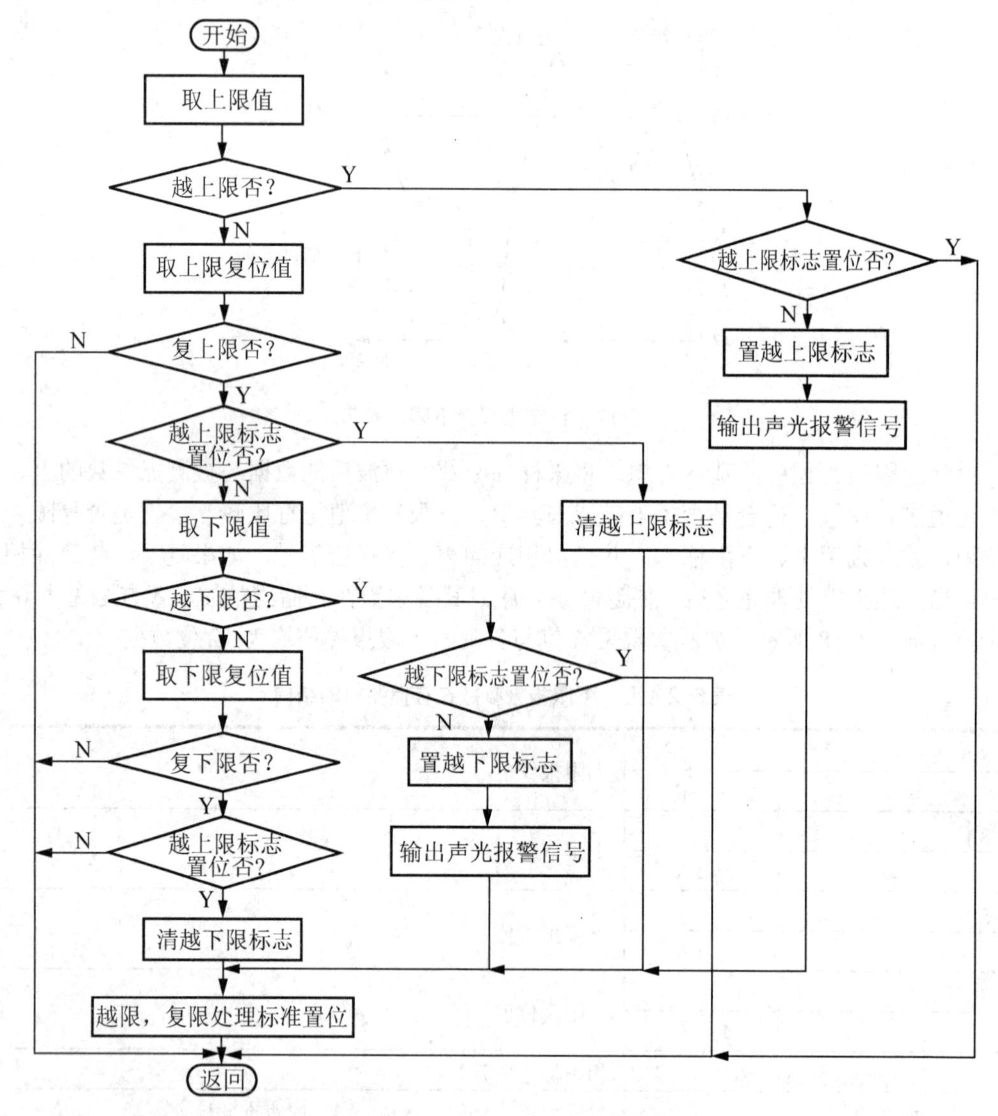

图 6.18　越限报警子程序流程图

越限报警是工业控制过程常见而又实用的一种报警形式，它分为上限报警、下限报警和上下限报警。如果需要判断的报警参数是X_n，该参数的上下限约束值分别为X_{max}和X_{min}，则报警的物理意义如下。

(1) 上限报警。若$X_n>X_{max}$，则上限报警，否则执行原定操作。

(2) 下限报警。若$X_n<X_{min}$，则下限报警，否则执行原定操作。

(3) 上下限报警。若$X_n>X_{max}$，则上限报警，否则继续判断$X_n<X_{min}$是否成立。若成立，则下限报警；否则继续执行原定操作。

根据上述规定，编写程序可以实现对被控参数、偏差、控制量等进行上下限报警。

6.7 DSP在数据处理中的应用

DSP芯片，也称数字信号处理器，这是一种特别适合于做数字信号处理的微处理器，主要用来实时地实现各种数字信号处理算法。

1. DSP芯片的特点

(1) 具有乘法器和多功能单元。由于DSP的主要任务是完成大量的实时计算，所以它的算术单元包括硬件乘法器，这是区别于通用微处理器的主要标志。另一个显著特点是具有多功能单元，多数DSP都支持在一个周期内同时完成一次乘法和一次加法操作。

(2) DSP打破了传统的程序和存储统一空间排列的冯·诺依曼总线结构，而采用哈佛结构。在冯·诺依曼结构中，程序指令只能串行执行；而哈佛结构，具有独立程序总线和数据总线，这样可同时取指令和取操作数。

(3) 具有片内RAM。在DSP系统中，往往需要处理大量的数据，因此存储器的访问速度对处理器的性能影响很大。为了提高DSP存取数据的速度，其内部设有ROM和RAM，可通过独立的数据总线在两块中间同时访问。

(4) 采用流水线处理技术。在处理器中，每条指令的执行可以分为取指、译码和执行等几个阶段，每个阶段为一级流水线。流水线过程使得若干条指令的不同阶段并行执行，因而可大大地提高程序的执行速度。例如，TMS320系列处理器的流水线深度为2～6级不等。

(5) 具有特别的DSP指令。除了软件之外，DSP的另一个特点是采用特殊的指令，如DMOV指令，用来完成数据移位功能。在数字信号处理中，延迟操作非常重要，这个延迟就是由DMOV来实现的。例如，TMS320C2x中的另一个特殊指令是LTD，它在一个指令周期内完成LT、DMOV和APAC这3条指令。LD和MPY指令可以将FIR滤波器抽头计算从四条指令降为两条指令。在第二代处理器中，如TMS320C25，增加了两条更特殊的指令，即RPT和MACD指令。采用这两条指令，可以进一步将每个抽头的运算指令从两条降为1条。

(6) 具有低开销或无开销循环及跳转的硬件支持。

(7) 具有快速的中断处理和硬件I/O支持。

当然，与通用微处理器相比，DSP芯片的其他通用功能相对较弱一些。

DSP的独特性能，使得DSP的应用越来越广泛。目前，DSP的应用已涉及各个领域，特别是在信号处理(如数字滤波、自适应滤波、快速傅里叶变换、相关运算、谱分析、卷积、模式匹配、加密、波形产生等)、通信(如调制解调器、自适应均衡、数据加密、数据压缩、回波抵消、多路复用、传真、纠错编码等)和工业自动控制以及智能化仪器(如数据采样、抽样检测、频谱分析、函数发生)等领域都得到了广泛的应用。目前，DSP已成为继单片机后的又一大热门学科。

2. DSP 在滤波器中的应用

DSP 芯片的最大优势之一就是能够快速地进行乘法和加法运算。在数字信号处理和工业过程控制中，滤波占有很重要的地位。其传递函数为多项式乘法，例如，一个 n 阶 FIR 滤波器输出为

$$Yn = X[n-(n-1)]h(n-1) + X[n-(n-2)]h(n-2) + X(n)h(n) \tag{6.11}$$

关于 FIR 滤波器的原理这里不再推导。

从式(6.11)中可以看出，要想求出滤波器的输出 Yn，必须反复进行乘法和加法运算。如果用一种单片机汇编语言设计此程序将很复杂，要进行多次乘法、加法运算，且进行多次数据传送，因此滞后较大。如果采用 DSP 芯片将具有较大的优势。

利用 DSP 技术可以进行定点运算，也可以用浮点运算，下面以定点 DSP 为例。

TMS320C2x/C5x 定点 DSP 芯片所提供的周期乘累加带数据移动指令和较大的片内 RAM 空间，使数字滤波器每个滤波样值的计算可以在一个周期内完成。

采用 MACD 指令结合 RPTK 指令就可以实现单周期的滤波样值计算，如下所示。

```
RPTK  N-1
MACD(程序地址), (数据地址)
```

其中，RPTK $N-1$ 指令将立即数 $N-1$(TMS320C2x 要求不大于 255)装入到重复计数器，使下一条指令重复执行 N 次。MACD 指令实现下列功能。

(1) 将程序存储器地址装入到程序计数器。

(2) 将存于数据区(B1 块)的数据乘以程序区(B0 块)的数据。

(3) 将上次的乘积加到累加器。

(4) 移动数据，将 B1 块中的数据向高地址移动一个地址。

在图 6.19 中，滤波系数指针初始化时指向 $h(N-1)$，经过一次 FIR 滤波计算后，在循环寻址的作用下，仍然指向 $h(N-1)$。而数据缓冲区指针指向的是需要更新的数据，如 $x(n)$。

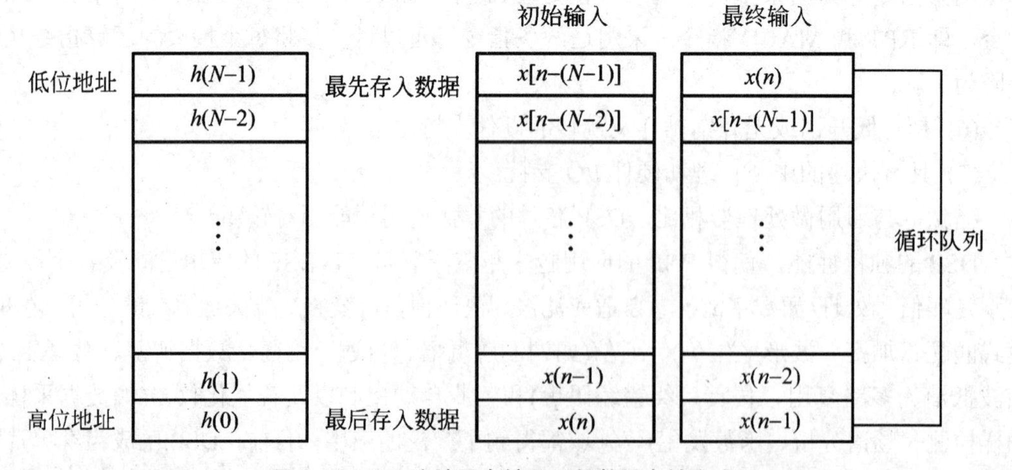

图 6.19　FIR 滤波器存储器里的数据存储方式

在写入新数据并完成 FIR 运算后，该指针指向 $x[n-(N-1)]$。所以，使用循环寻址可以方便地完成滤波窗口数据的自动更新。

另一种方法是利用 C54x 系列芯片提供的 FIRS 指令来实现 FIR 滤波器。

长度为 N 的线性相位 FIR 滤波器的输出表达式为

$$y(n)=\sum_{k=0}^{N/2-1}h(k)[x(n-k)+x(n-(N-1-k))]$$

使用带 MAC 指令的循环寻址模式实现 FIR 滤波器，程序片段如下(输入数据在 AL 中，滤波结果在 AH 中)：

```
STM  #1,AR0                        ;AR0=1
STM  #N,BK                         ;BK=N,循环寻址 BUFFER 大小为 N
STL  A,*FIR_DATA_P+%               ;更新滤波窗口中的采样数据
RPTZ  A,#(N-1)                     ;重复 MAC 指令 N 次,先将 A 清零
MAC  *FIR_DATA_P+0%,*FIR_COFF_P+0%,A          ;完成滤波计算。FIR 滤波系数存
                                              ;放在数据存储区
```

使用带 FIRS 指令的循环寻址模式实现 FIR 滤波器，程序片段如下 (输入数据在 AL 中，滤波结果在 B 中)：

```
STM  #1,AR0                        ;AR0=1
STM  #(N/2),BK                     ;BK=N/2,循环寻址 BUFFER 大小为 N
MVDD  *ar2, *ar3                   ;更新 Buffer2
STL  A,*ar2+%                      ;更新滤波窗口中的采样数据
ADD  *ar2+0% , *ar3+0%             ;初始化 A
RPTZ  B, #(N/2-1)                  ;重复 FIRS 指令 N/2 次,先将 B 清零
FIRS  *ar2+0%, *ar3+0% ,filter_coff+N/2   ;完成滤波计算。注意 FIR 滤波系数
                                          ;存放在程序存储区,filter_coff
                                          ;为系数起始地址
MAR  *ar2-%                        ;修改 Buffer1 指针
MAR  *+ar3(-2)%                    ;修改 Buffer2 指针
```

6.8 小　结

与常规的模拟电路相比，依靠灵活设计的程序，微型计算机数据处理系统具有如下优点。

(1) 可用程序代替硬件电路，完成多种运算。

(2) 能自动修正误差。

在测量系统中，被测参数常伴有多种误差，主要是传感器和模拟测量电路所造成的误差，如非线性误差、温度误差、零点漂移误差等。所有这些误差，在模拟系统中是很难消除的。采用微型计算机以后，只要事先找出误差的规律，就可以用软件加以修正。对于随机误差，也可根据其统计模型进行有效的修正。

(3) 能对被测参数进行较复杂的计算和处理。

如前面讲的流量测量系统，当测出温度、压力及差压信号后，可按流量计算公式，求出精确的流量值，因而提高了测量精度。

(4) 不仅能对被测参数进行测量和处理，而且还可以进行逻辑判断。

如对传感器及仪表本身进行自检和故障监控，一旦发生故障，能及时进行报警。有些系统还可以根据故障情况，自动改变系统结构，允许系统进行带“病”继续工作(称为容错技术)。

(5) 微型计算机数据处理系统不但精度高，而且稳定可靠，不受外界干扰。

数字控制器的工程实现

数字控制器的算法程序是所有控制回路的公用程序，只是各种控制回路提供的原始数据不同，因此，在设计数字控制器时必须考虑各种工程的实际问题，为每一个回路提供一段内存数据区(即线性表)以便存放参数。此外，为了便于数字控制器的操作显示，通常给每一个数字控制器配置一个回路操作显示器，它与模拟的调节器的面板操作显示类似。数字控制器算法的工程实现可以分为6个部分，如图6.20所示。

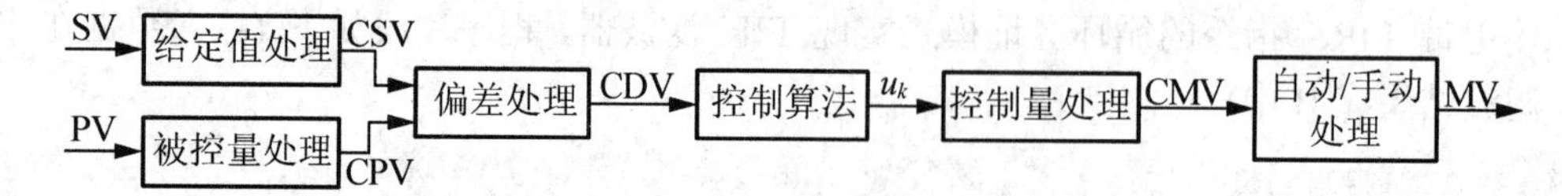

图6.20　数字控制器(PID)的控制模块

数字控制器的工程实现包括以下6个部分。(详细内容可参阅相关资料。)

(1) 给定值处理。

(2) 被控量处理。

(3) 偏差处理。

(4) 控制算法的实现。

(5) 控制量处理。

(6) 自动/手工切换。

采用上述数字控制器，不仅可以组成单回路控制系统，还可以组成串级、前馈、纯滞后补偿等复杂控制系统(前馈和纯滞后控制系统需要增加补偿器运算模块)。结合该控制模块和各种功能的逻辑运算模块，可以组成各种控制系统以满足生产过程控制的要求。

6.9　习　　题

1. 常用的数据查找的方法有________、________和________。

2. 简述常用的数据查找方法的特点。

3. 某温度测量系统的测量范围为0～150℃，经ADC0809转换后对应的数字量为00H～0FFH，试编写一个能够实现该测量值标度变换的程序。

4. 有一个四回路监测系统，如果某一回路的采样值超过报警上限，则延时20ms后对该回路再采样一次，如果连续3次采样值均超过上限，则发出报警信号。试编写该报警程序。

5. 根据图6.21热电偶输出特性编写二次抛物线插值程序。

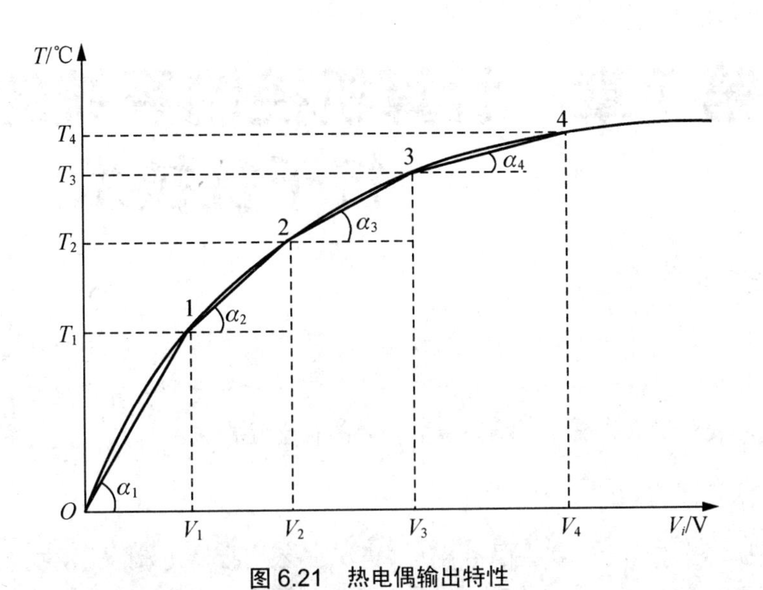

图 6.21　热电偶输出特性

6. 设某热电偶输出特性曲线的非线性补偿计算公式如下：

$$\begin{cases} T = 25V, & V \leqslant 14 \\ T = 24V + 16, & 14 \leqslant V \leqslant 25 \end{cases}$$

式中，V 为热电偶的输出信号，单位为 mV，试根据此公式编写一个非线性补偿程序。

第7章　计算机控制系统的抗干扰技术

教学提示

工业现场的电磁环境非常恶劣，为保证计算机控制系统稳定、可靠地工作，必须考虑和克服干扰对系统造成的影响，从干扰产生的源头和干扰影响计算机控制系统的原理和途径入手，利用相应的硬件电路，采取不同的抗干扰措施。

教学要求

理解干扰的基本概念，掌握隔离技术、屏蔽技术、接地技术、电源抗干扰技术；掌握常用的数字式滤波的应用；理解定时器电路的应用及提高软件可靠性的常用方法；了解关于系统接地的方法和电源的抗干扰技术。

本章知识结构

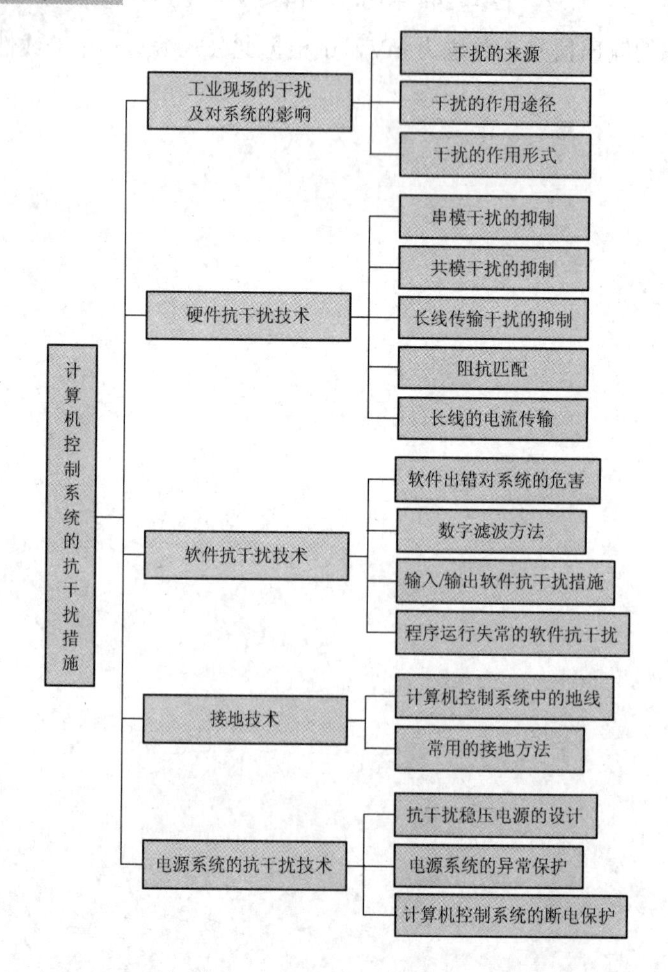

【引言】

计算机控制系统一般放置于工业生产现场，工业现场的电磁环境或者控制系统内部的干扰会形成不同的干扰信号侵入控制系统，如电网的波动、大型设备的启停、高压设备和开关设备的电磁辐射等都会造成对系统正常工作的危害，甚至使整个系统瘫痪。因此，为保证控制系统能够稳定、可靠地工作，必须解决抗干扰的问题。由于各计算机控制系统所处的环境不同，系统所受的干扰也不尽相同，故需要从实际情况出发，进行具体分析，找出合适的办法，做到“对症下药”。

解决计算机控制系统的抗干扰问题，主要有两种途径：一是找到干扰源，寻找相应的办法抑制或消除干扰，尽可能避免干扰串入系统，从外因解决问题；二是从干扰影响计算机控制系统的作用形式和途径入手，提高计算机控制系统自身抗干扰的能力，利用相应的硬件电路，采取不同的抗干扰措施，从内因解决问题。

除此之外，提高工业控制系统的可靠性，在许多情况下系统的抗干扰措施不能完全依靠硬件来解决，需要进一步借助于软件措施来克服某些干扰。在计算机控制系统中，对于已经进入计算机控制系统的干扰信号，如能正确地采用软件抗干扰措施，构成最后一道抗干扰防线，将会大大提高工业控制系统的可靠性。

最后，本章还将介绍针对系统死机现象的解决方法，并针对工业现场供电品质不足问题提出解决方法。

7.1 工业现场的干扰及对系统的影响

影响应用系统可靠、安全运行的主要因素来自系统内部和外部的各种电磁干扰，以及系统结构设计、元器件安装、加工工艺和外部电磁环境条件等，这些因素对系统造成的干扰后果主要表现在以下几个方面。

1. 测量数据误差加大

干扰侵入系统测量单元模拟信号的输入通道，叠加在测量信号上，会使数据采集误差加大，甚至干扰信号淹没测量信号，特别是检测一些微弱信号时，如人体的生物电信号。

2. 影响存储数据

系统中的程序及表格、数据存在程序存储器 EPROM 或 Flash 中，避免了这些数据受干扰破坏。但是，对于片内 RAM、外扩 RAM、E^2PROM 中的数据都有可能受到外界干扰而变化。

3. 控制系统失灵

输出的控制信号通常依赖于某些条件的状态输入信号和对这些信号的逻辑处理结果。若这些输入的状态信号受到干扰，引入虚假状态信息，将导致输出控制误差加大，甚至控制失灵。

4. 程序运行失常

外界的干扰有时导致机器频繁复位而影响程序的正常运行。若外界干扰导致程序计数器 PC 值的改变，则破坏了程序的正常运行。由于受干扰后的 PC 值是随机的，程序将执行一系列毫无意义的指令，最后进入“死循环”，这将使输出严重混乱或系统死机。

7.1.1 干扰的来源

通常人们所说的干扰是电气的干扰，但是在广义上热噪声、温度效应、化学效应、振动等都可能给测量带来影响，产生干扰。干扰的来源有很多种，可能来自外部，也可能是由于内部的器件产生的。如果不能排除这些干扰的影响，系统就不能够正常地工作。

来自系统内部的干扰多由系统的软件、分布电容、多点接地等因素引起，内部的电源变压器、继电器、开关以及电源线等也均可能成为干扰源。内部干扰的主要因素如下。

(1) 元器件本身的性能与可靠性。器件是组成系统的基本单元，其特性好坏与稳定性直接影响整个系统性能。

(2) 系统结构设计。包括硬件电路结构设计和运行软件设计。

(3) 安装与调试。器件与整个系统的安装与调试，是保证系统运行和可靠性的重要措施。

来自系统的外部干扰有电网的波动、大型用电设备的起停、电磁辐射，一些大功率的用电设备以及电力设备，甚至空间条件可能成为干扰源等。外部干扰的主要因素如下。

(1) 外部电气条件，如电源电压的稳定性、强电场与磁场等的影响。

(2) 外部空间条件，如温度、湿度、空气清洁度等。

(3) 外部机械条件，如振动、冲击等。

7.1.2 干扰的作用途径

干扰信号主要通过以下几个途径进入系统内部。

(1) 电磁感应，也就是磁耦合。信号源与仪表之间的连接导线、仪表内部的配线通过磁耦合在电路中形成干扰。在工程中使用的大功率的变压器、交流电机、高压电网等的周围空间中都存在有很强的交变磁场，而系统的闭合回路处在这种变化的磁场中将会产生感应电势。这种磁感应电动势与有用信号串联，当信号源与仪表相距较远时，此情况较为突出。

(2) 静电感应，也就是电的耦合。干扰源是通过电容的耦合在回路中形成干扰，它是两电场相互作用的结果。当把两根信号线与动力线平行敷设时，由于动力线到两信号线的距离不相等，分布电容也不相等。它在两根信号导线上能产生电位差，有时可达几十毫伏甚至更大。

通过电磁感应、静电感应所形成的干扰大部分是 50Hz 的工频干扰电压。但是其他的高频发生器、带整流子的电机等设备，也会产生高频的干扰。

(3) 传导耦合，传导耦合必须在干扰源与敏感设备之间存在有完整的电路连接，干扰沿着这一连接电路从干扰源传输电磁干扰至敏感设备，产生电磁干扰。按其耦合方式可分为电路性耦合、电容性耦合和电感性耦合。

(4) 公共阻抗耦合，多个电路的电流流经同一公共阻抗时所产生的相互影响。这也是常见的一种耦合方式。常发生在两个电路的电流有共同通路的情况。公共阻抗耦合有公共地和电源阻抗两种。防止这种耦合应使耦合阻抗趋近于零，使干扰源和被干扰对象间没有公共阻抗。

7.1.3 干扰的作用形式

1. 串模干扰

电磁感应和静电感应的干扰都是和信号串联，也就是以串模干扰的形式出现的。串模干扰是指干扰电压与有效信号串联叠加联合作用到仪表上的干扰。它通常来自于高压输电线，与信号线平行铺设的电源线及大电流控制线所产生的空间电磁场。串模干扰又称作线间感应或对称干扰，也称作差模干扰，差动干扰，干扰信号往返于两条线路之间，难以除掉。串模干扰示意图如图 7.1 所示。

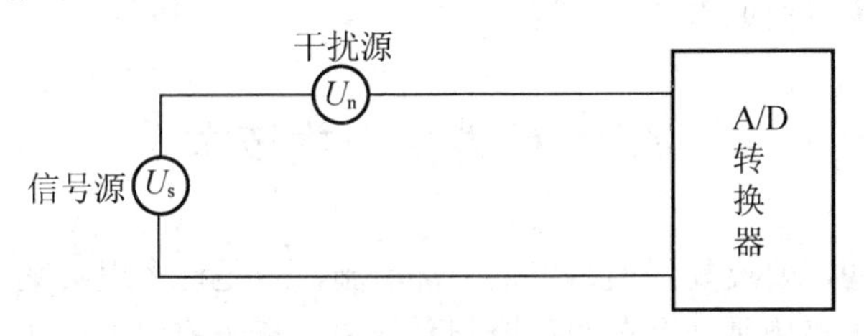

图 7.1　串模干扰示意图

传感器来的信号线有时长达 100～200m，干扰源通过电磁感应和静电耦合作用加大信号线上的感应电压数就可能产生大的干扰。

另外，信号源本身固有的漂移、纹波和噪声，以及电源变压器的不良屏蔽或稳压滤波效果不良也会引入串模干扰。

2. 共模干扰

共模干扰是在电路输入端相对公共接地点同时出现的干扰，即输入通道上共有的干扰电压，也称为共态干扰、对地干扰、纵向干扰、同向干扰等。共模干扰主要是由电源的地、放大器的地以及信号源的地之间的传输线上电压降造成的，如图 7.2 所示。

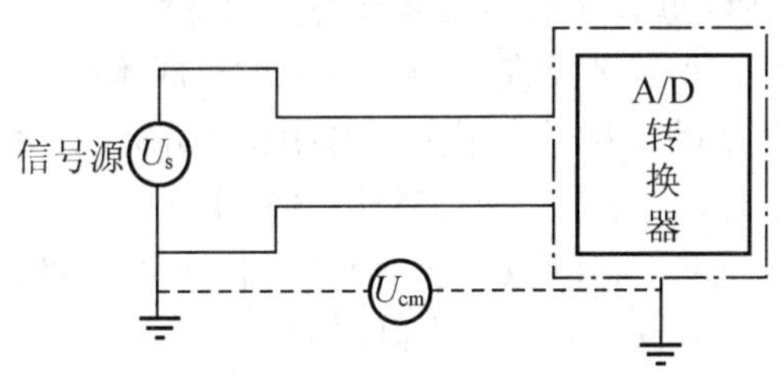

图 7.2　共模干扰示意图

通过静电耦合的方式，能在两输入端感应出对地的共同电压，以共模干扰的形式出现。

共模干扰可以是直流电压，也可以是交流电压，其幅值可达到 1～10V。被测信号 U_s 的参考接地点和仪表输入信号的参考接地点之间往往存在着一定的电位差 U_{cm}。对于两个输入端而言，分别有 U_s 和 U_{cm} 两个输入信号。显然 U_{cm} 是转换器输入端上共有的干扰电压，故称共模干扰电压。

在被测量电路中，被测信号有单端对地输入和双端不对地输入两种。对于存在共模干扰的场合，不能采用单端对地输入，否则共模干扰电压将全部成为串模干扰电压。

干扰侵入线路和地线间，干扰电流在两条线上各流过一部分，以地为公共回路，而信号电流只在往返两条线路中流过。本质上讲，这种干扰是可以除掉的。由于线路的不平衡状态，共模会转成串模。

通常 IN/OUT 线与大地或机壳之间发生的干扰都是共模干扰，信号线受到静电感应时产生的干扰也多为共模干扰。

由于共模干扰它不和信号相叠加，它不直接对仪表产生影响。但它能通过测量系统形成到地的泄漏电流，这泄漏电流通过电阻的耦合就能直接作用于仪表，产生干扰。

在了解了各种不同的干扰源之后，人们就可以针对不同的情况采取对应的措施加以消除或避免。因为所有的干扰源都是通过一定的耦合通道而对仪表产生影响的，因此人们可以通过切断干扰的耦合通道来抑制干扰。

7.2 硬件抗干扰技术

在系统设计之初，要反复强调运用抗干扰措施，这是许多现实案例的经验教训对设计者的谨示。这种技术措施是当今自动化控制系统中，克服前向过程通道最有效的抗干扰措施之一。

通常采用的方式有信号导线的扭绞、屏蔽、接地、平衡、滤波、隔离等各种方法，一般会同时采取多种措施。

7.2.1 串模干扰的抑制

在控制系统中，主要的抗串模干扰措施是用低通输入滤波器滤除交流干扰，而对于直流串模干扰则采用补偿措施。常用的低通滤波器有 RC 网络、LC 网络、双 T 网络及有源滤波器。

RC 网络的特点简单，成本低，不需要调整，串模抑制比(SMR)不高，需串联 2～3 级 RC 网络才达到指标，而 RC 过大又影响放大器的动态特性。

LC 网络的 SMR 较高，但需要绕制电容，体积大，成本高。

双 T 网络对一固定频率的干扰具有很高的 SMR，偏离该频率后 SMR 下降。主要用于滤除工频干扰，对高频不行，结构简单但调整比较复杂。

有源滤波器可获得较理想的频率特性，但作为仪表输入级，有源器件的共模抑制比(CMR)一般难以满足要求，本身带来的干扰也较大。

所以工程实践中经常采用的是 RC 网络滤波，其典型应用原理图如图 7.3 所示。选择 RC 参数时除了要满足 SMR 指标外，还要考虑信号源的内阻抗，兼顾 CMR 和放大器特性的要求，常用 2 级 RC 网络作为输入的滤波器。

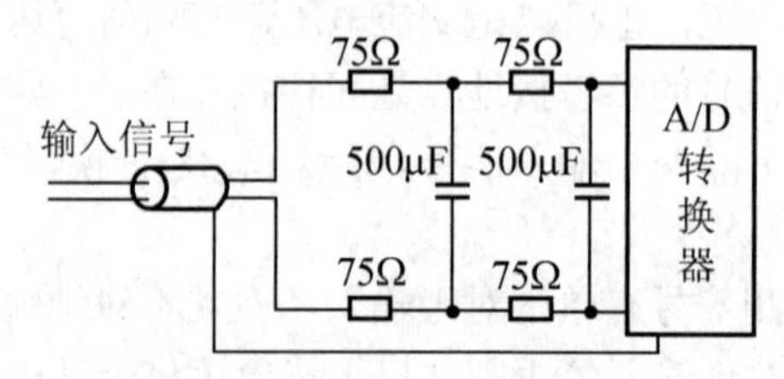

图 7.3 RC 双级网络示意图

此外双积分式 A/D 转换器可以削弱周期性的串模干扰的影响。因为 A/D 转换器对输入信号的平均值而不是瞬时值进行转换，所以对周期性干扰有很强的抑制还可以通过提高阈值电平来抑制低噪声的干扰，或采用低速逻辑器件来抑制高频干扰，或人为附加电容抑制高频干扰(脉冲干扰)。

若串模干扰的变化速度与被测信号相当，即频率相当时，则一般很难通过以上措施来抑制——对测量元器件或变送器进行良好的电磁屏蔽，信号线应选用带屏蔽的双绞线或电缆线，并应有良好的接地系统。

一般情况下可以考虑如下原则。

(1) 若串模干扰频率比被测信号频率高，则采用低通滤波器来抑制高频串模干扰。

(2) 如果串模干扰频率比被测信号频率低，则采用高通滤波器来抑制低频串模干扰。

(3) 如果干扰频率处于被测信号频谱的两侧，则使用带通滤波器较为适宜。

(4) 当尖峰型串模干扰成为主要干扰源，系统对采样速率要求不高时，使用双斜率积分式 A/D 转换器可以削弱串模干扰的影响。

(5) 对于主要来自电磁感应的串模干扰，应尽可能早地对被测信号进行前置放大，以提高回路中的信噪比(SIN)，或尽可能早地完成 A/D 转换或采用隔离和屏蔽等措施。

(6) 如果串模干扰的变化速度与被测信号相当，则应消除产生串模干扰的根源，并在软件中使用数字滤波技术。

7.2.2 共模干扰的抑制

采用双端输入的差分放大器作为仪表输入通道的前置放大器，是抑制共模干扰的有效方法。好的差分放大器在不平衡电阻为 1kΩ的条件下，CMR 可达 100～160dB。

另外可以利用变压器或光耦把各种模拟负载与数字信号隔离开来，即把“模拟地”与“数字地”断开，被测信号通过变压器耦合或光电耦合获得通路，而共模干扰由于不成回路而被有效的抑制。

1. 变压器隔离

变压器隔离干扰的原理图如图 7.4 所示，利用变压器把模拟信号电路与数字信号电路隔离开来，即把模拟地与数字地断开，使共模干扰电压不成回路，抑制共模干扰。

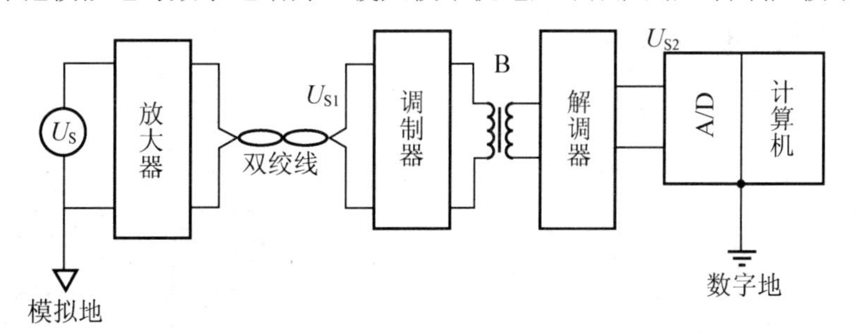

图 7.4 变压器隔离

脉冲变压器可实现数字信号的隔离。脉冲变压器的匝数较少，而且一次和二次绕组分别缠绕在铁氧体磁心的两侧，分布电容仅几皮法，所以可作为脉冲信号的隔离器件。

脉冲变压器隔离法传递脉冲输入/输出信号时，不能传递直流分量，微机使用的数字量信号输入/输出的控制设备不要求传递直流分量，所以脉冲变压器隔离法在微机测控系统中得到广泛应用。

2. 光电隔离

光耦合器，简称光耦，是以光为媒介传输信号的器件，其输入端配置发光源，输出端配置受光器，因而输入和输出在电气上是完全隔离的，如图 7.5 所示。利用光耦完成信号的传送，实现电路的隔离。

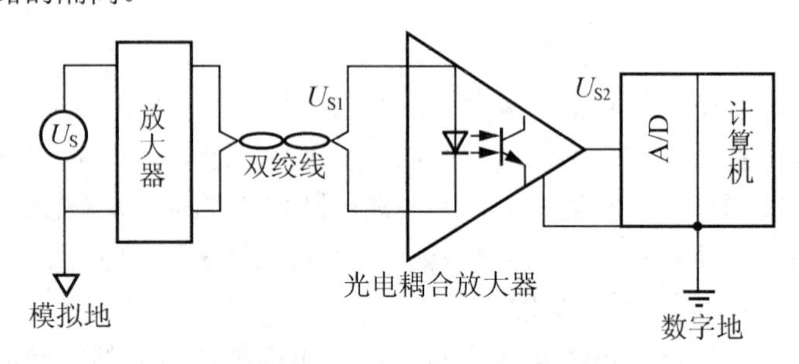

图 7.5　光耦合器隔离

数字量输入电路接入光耦之后，耦合器不是将输入侧和输出侧的电信号进行直接耦合，而是以光为媒介进行间接耦合，由于光耦的隔离作用，使夹杂在输入数字量中的各种干扰脉冲都被挡在输入回路的一侧，具有较高的电气隔离和抗干扰能力。

光耦具有相当好的安全保障作用，输入回路和输出回路之间耐压值达 500～1000V，甚至更高。

由于模拟量信号的有效状态有无数个，而数字量的状态只有两个，所以叠加在数字量信号上的任何干扰都会有实际意义而起到干扰作用，在光电耦合电路中，叠加在数字量信号上的干扰，只有在幅度和宽度都达到一定量时才起作用。

光耦可将长线完全悬浮起来，去掉长线两端的公共地线，不但可以有效地消除各逻辑电路的电流经过公共地线时产生的噪声电压之间的串扰，而且有效地解决了长线驱动和阻抗匹配的问题，当受控系统短路时也可以防止系统损坏。

在光耦的 I/O 部分必须分别采用独立的电源，如果两端共用一个电源，则光耦的隔离作用将失去意义。

典型应用电路如图 7.6 所示。

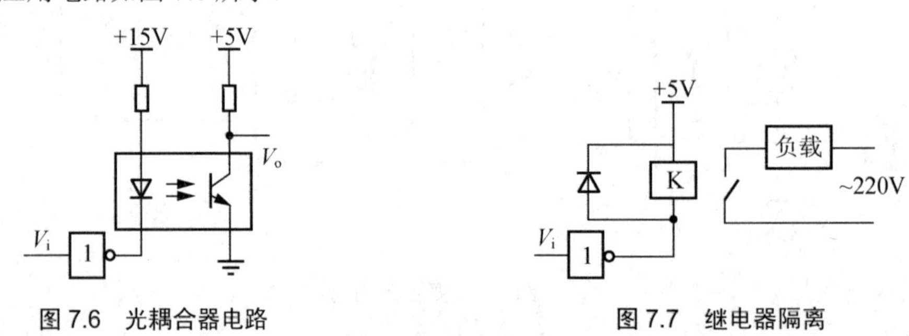

图 7.6　光耦合器电路

图 7.7　继电器隔离

需要注意的是：抗干扰屏障的位置应在模拟量输出的出口位置处，对 A/D 转换器，光耦应设在 A/D 转换器和模拟量多路开关芯片的数字信号线上，对 D/A 转换器，光耦应设在

D/A 转换器和采样保持的数字信号线上。

3. 继电器隔离

利用继电器的线圈与触点之间没有电气联系的特点，在信号通道里加接继电器可实现强弱电之间的抗干扰隔离。常用电路如图 7.7 所示。

4. 屏蔽方法

利用屏蔽方法使输入信号的“模拟地”浮空，从而达到抑制共模干扰的目的。

7.2.3 长线传输干扰的抑制

由于数字信号的频率很高，很多情况下传输线要按长线对待，例如：对于 10ns 级的电路，几米长的连线应作为长线来考虑；而对于 1ns 级的电路，1m 的连线就要当作长线处理。长线传输的缺点：易受到外界干扰，具有信号延时，高速度变化的信号在长线中传输时，会出现波反射现象。

1. 屏蔽信号线

对于来自现场信号开关柜的输出信号，最简单的办法是采用塑料绝缘的双平行软线。但双平行线间分布电容较大，抗干扰能力差，不仅静电感应容易通过分布电容耦合，而且磁场干扰也会在信号线上感应出干扰电流，如图 7.8(a)所示。

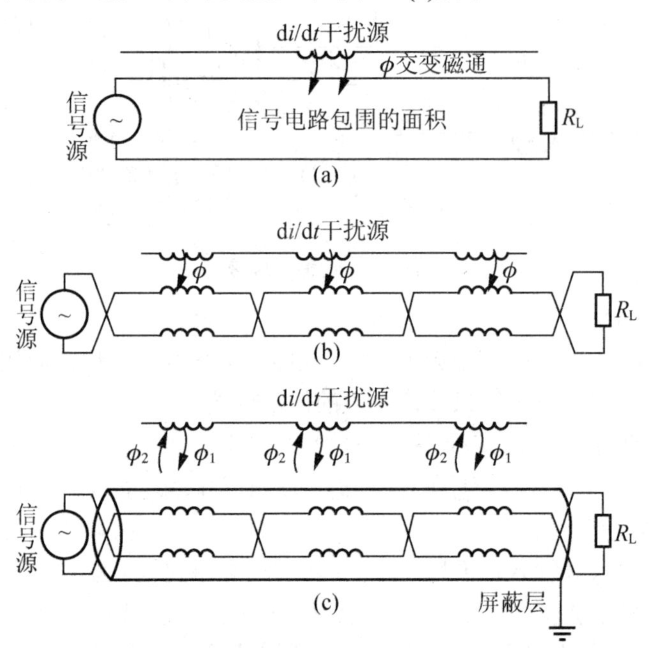

图 7.8 双绞线屏蔽

在微机实时系统的长线传输中，双绞线是较常用的一种传输线，与同轴电缆相比，虽然频带较差，但波阻抗高，抗共模干扰能力强，双绞线能使各个小环路的电磁感应干抗相互抵消；其分布电容为几十皮法(pF)，距离信号源近，可起到积分作用，故双绞线对电磁场有一定抑制效果，但对接地与节距有一定要求。如将信号线加以屏蔽，可以大大地提高抗干扰能力。

屏蔽信号线的办法有以下几两种。

(1) 采用双绞线，其中一根用作屏蔽线，另一根用作信号传输线。把信号输出线和返回线两根导线拧合，其视绞节距的长短与该导线的线径有关。线径越细、节距越短，抑制感应干扰的效果越明显。实际上，节距越短，所用的导线的长度便越长，从而增加了导线的成本，一般节距以 5cm 为宜，如图 7.8(b)所示。

(2) 采用金属网状编织的屏蔽线，金属编织网作屏蔽外层，芯线用来传输信号。一般的原则是：抑制静电感应干扰采用金属网的屏蔽线，抑制电磁感应干扰应该用双绞线，如图 7.8(c)所示。

如图 7.9 所示，用于传递信号的屏蔽线的屏蔽层和 R_C 为共模电压 U_{cm} 提供了共模电流的通道。由于 R_C 的存在，共模电压 U_{cm} 在 R_C 上会产生较小的共模信号，它将在模拟量输入回路中产生共模电流 I_{cm2}，I_{cm2} 会在模拟量输入回路中产生串模干扰电压。由于 $R_C \ll Z_2$，$Z_s \ll Z_1$ 所以 U_{cm} 引入的干扰电压是微弱的。这种干扰属于串模干扰。

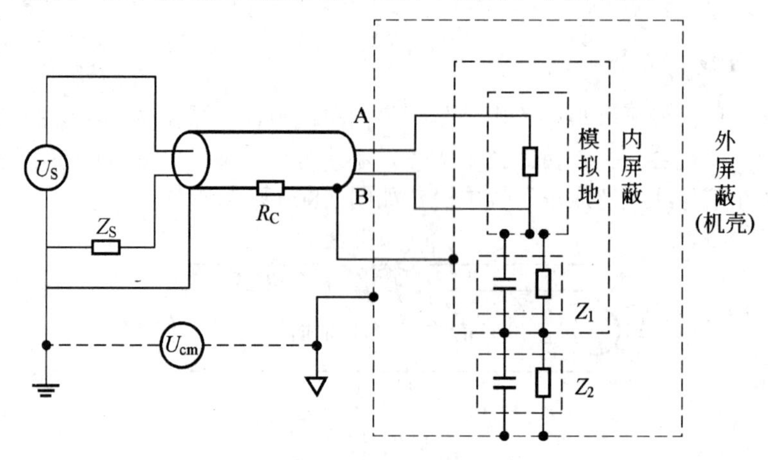

图 7.9 传输线屏蔽

需要注意以下事项。

(1) 信号线屏蔽层只允许一端接地，并且只能在信号源侧接地，而放大器侧不得接地，当信号源为浮地方式时，屏蔽层只接信号源的低电位端。

(2) 模拟信号的输入端要相应地采用三线采样开关。

(3) 在设计输入电路时，应使放大器二输入端对屏蔽罩的绝缘电阻尽量对称，并且尽可能减小线路的不平衡电阻。

采用浮地输入的仪表输入通道增加了一些器件，如每路信号都要用屏蔽线和三线开关，对放大器本身的 CMR 要求大大降低，因此这种方案已广泛应用。

带金属屏蔽外层的双绞线，综合了双绞线和屏蔽线两者的优点，是较理想的信号线。另外，在接指示灯、继电器等时，也要使用双绞线。还要注意不同性质、不同电压等级的信号线分槽敷设。实现强弱信号分开布线、交直流信号分开布线、高低压信号分开布线。并尽量避免平行布线，若布线必须交叉，则交叉角度应成 90°。

2. 双绞线不同的使用方法

根据传送距离不同，双绞线使用方法也不同。

(1) 传送距离小于 5m，收发端装负载电阻。若发射侧为集电极开路型，接收侧的集成电路用施密特型(阴极耦合双稳态多谐振荡器式)，则抗干扰能力更好，如图 7.10(a)所示。

(2) 距离超过 10m 或经过噪声严重污染的区域时，可使用平衡输出的驱动器和平衡输入的接收器，发收端有末端电阻，如图 7.10(b)和(c)所示。

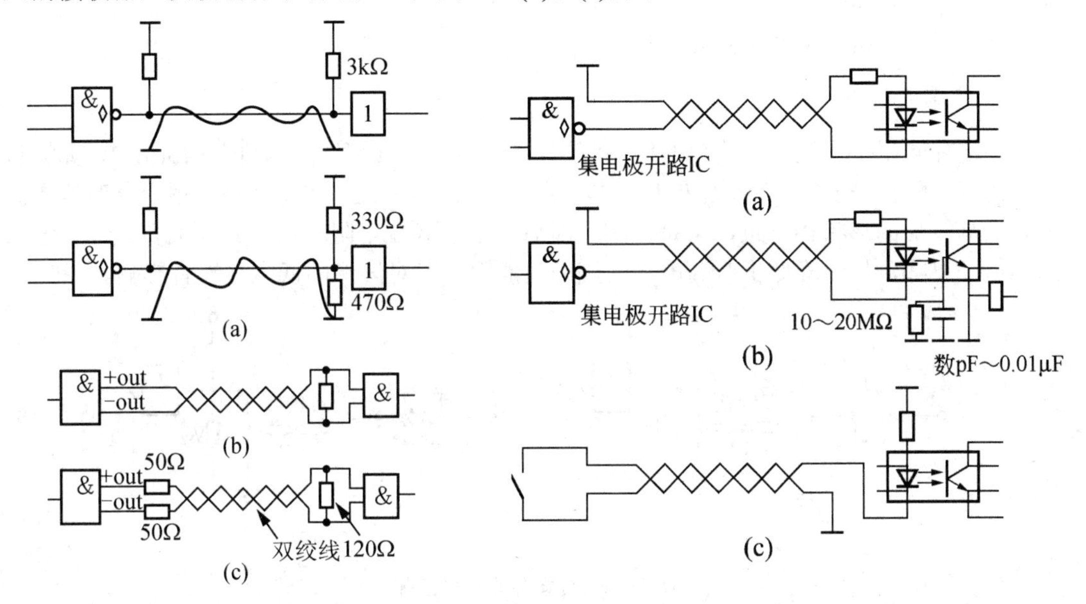

图 7.10　双绞线使用的不同方法　　　图 7.11　双绞线与光耦联合使用

若选用金属编制网作屏蔽层，内芯作信号线，屏蔽层必须正确接地，否则对电容性耦合的静电干扰没有屏蔽作用。一般在一端接地，以避免两端接地时电阻压降所造成的干扰耦合。

3. 双绞线与光耦联合使用

当双绞线与光耦联合使用时，可按图 7.11 所示的方式连接。图 7.11(a)是集电极开路 IC(如 7407 等)与光耦的一般连接情况，如果在光耦的光电晶体管的基极上接有电容(数 pF～0.01μF)及电阻(10～20MΩ)，且后面跟接施密特型集成电路，则会大大加强抗振荡与抗干扰的能力，如图 7.11(b)所示。图 7.11(c)为开关接点通过双线与光耦连接的一般情况。

7.2.4 阻抗匹配

常用的 COMS 芯片的输入阻抗很高，在使用中除了容易引起静电干扰外，还容易产生反射波干扰，所以长线传输使用的 CMOS 芯片，为了防止静电干扰和反射特片干扰，采用终端阻抗匹配或始端阻抗匹配，或者通过 TTL 芯片缓冲器与长线连接，可以消除长线传输中的波反射或者把它抑制到最低限度。

阻抗匹配是指负载阻抗与激励源内部阻抗互相适配，得到最大功率输出的一种工作状态。对于不同特性的电路，匹配条件是不一样的。

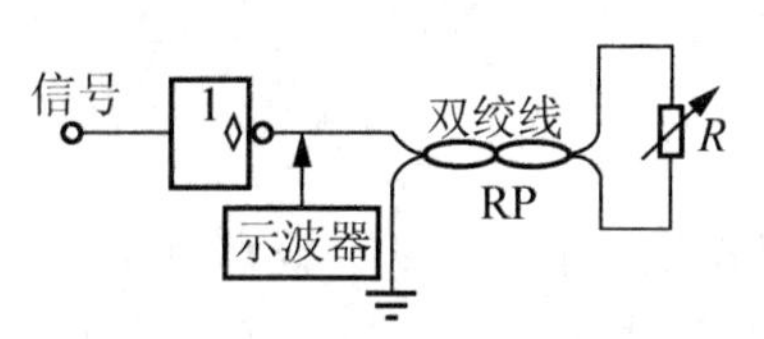

图 7.12 测量传输线波阻抗图

为了进行阻抗匹配，必须事先知道传输线的特征阻抗 RP，波阻抗的测量如图 7.12 所示。

根据信号发射理论：当传输线的特征阻抗 RP 与负载电阻 R 相等(匹配)时，将不发生发射。特征阻抗的测定方法如下：调节可调电阻 R，R=RP 时，A 门的输出波形畸变最小，反射波几乎消失，这时的 R 值可以认为是该传输线的特征阻抗 RP。

传输线的阻抗匹配有下列 4 种形式。

1. 终端并联阻抗匹配

终端并联阻抗匹配是最简单的终端匹配方法，如图 7.13 所示。在图 7.13(a)中，如果传输线的特征阻抗是 RP，那么当 R=RP 时，便实现了终端匹配，消除了波反射。此时终端波形和始端波形的形状相一致，只是时间上滞后。由于终端电阻变低，则加大负载，使波形的高电平下降，从而降低了对高电平的抗干扰能力，但对波形的低电平没有影响。

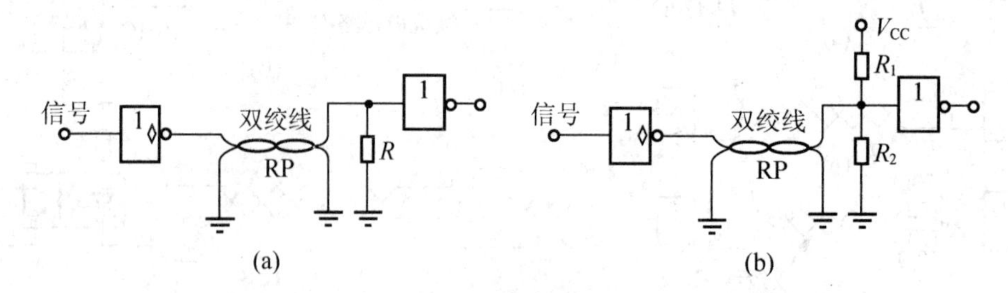

图 7.13 终端并联阻抗匹配

为了克服上述匹配方法的缺点，可采用图 7.13(b)所示的终端匹配方法。终端匹配电阻 R_1、R_2 的值按 RP=$R_1 R_2/(R_1+R_2)$的要求选取。一般 R_1 为 220～330Ω，而 R_2 可在 270～390Ω 范围内选取，这种匹配方法由于终端阻值低，相当于加重负载，使高电平有所下降，故对低电平的抗干扰能力有所下降。

在实践中即使高电平降低得稍多一些，也要让低电平抬得少一些，可通过适当选取电阻 R_1 和 R_2 并使 $R_1>R_2$ 来达到此目的，当然还要保证等效电阻 R=RP。R_1 电阻值不能太小，以免信号为低电平时驱动电流过大；R_2 电阻值不能太小，以免信号为高电平时驱动电流过大。

2. 始端串联阻抗匹配

如图 7.14 所示，匹配电阻 R 的取值为 RP 与 A 门输出低电平的输出阻抗 R_{OUT}(约 20Ω)之差值：R=RP−R_{OUT}。

这种匹配方法会使终端的低电平抬高，相当于增加了输出阻抗，降低了低电平的抗干扰能力。

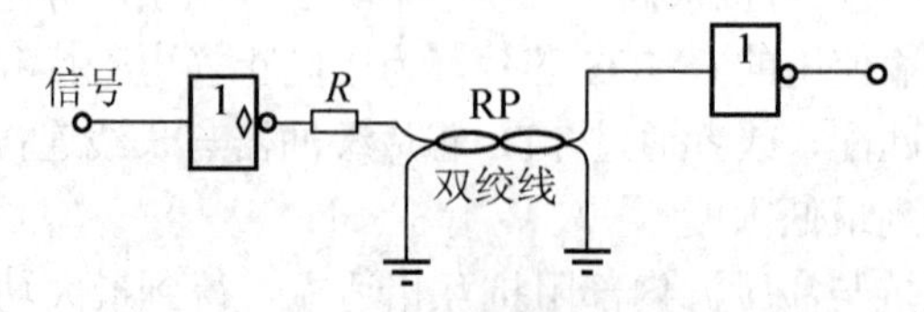

图 7.14 始端串联阻抗匹配图

3. 终端并联隔直流匹配

如图 7.15 所示，电容 C 在较大时只起隔直流作用，并不影响阻抗匹配，所以只要求匹配电阻 R 与 RP 相等即可，它不会引起输出高电平的降低，故增加了高电平的抗干扰能力。

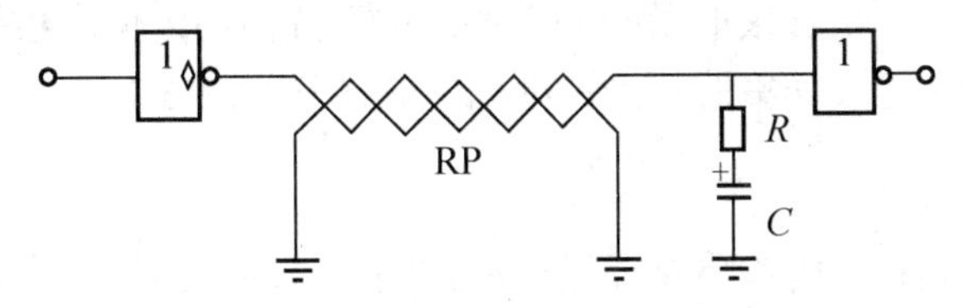

图 7.15 终端并联隔直流匹配

4. 终端接钳位二极管匹配

如图 7.16 所示，利用二极管 D 把 B 门输入端低电平钳位在 0.3V 以下，可以减少波的反射和振荡，提高动态抗干扰能力。

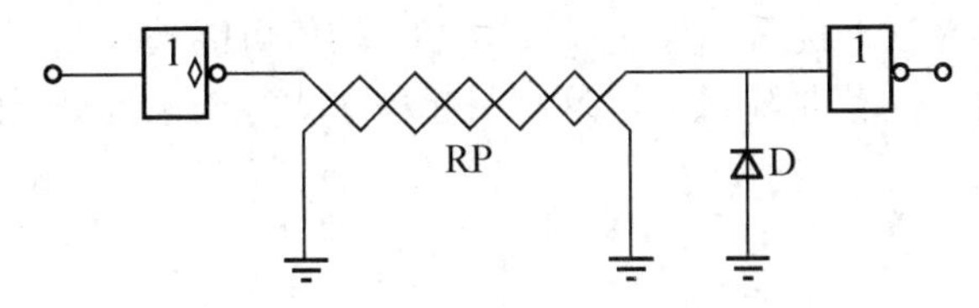

图 7.16 终端接钳位二极管

选择串联始端匹配电阻值的原则很简单，就是要求匹配电阻值与驱动器的输出阻抗之和与传输线的特征阻抗相等。串联匹配是最常用的始端匹配方法，它的优点是功耗小，不会给驱动器带来额外的直流负载，也不会在信号和地之间引入额外的阻抗，而且只需要一个电阻元件。并联终端匹配优点是简单易行，显而易见的缺点是会带来直流功耗。

7.2.5 长线的电流传输

长线传输时，用电流传输代替电压传输，可获得较好的抗干扰能力，例如，以传感器直接输出 0～10mA 电流在长线上传输，在接收端可并上 500Ω(或 1kΩ)的精密电阻(型号为 RJ73-0.25W)，将此电流转换为 0～5V(或 0～10V)电压，然后送入 A/D 转换器。

7.3 软件抗干扰技术

软件的抗干扰设计是系统抗干扰设计的一个重要组成部分，在许多情况下系统的抗干扰不可能完全依靠硬件来解决，而软件采取抗干扰设计，往往成本低、见效快，起到事半功倍的效果。

如果和硬件抗干扰措施相比较的话，硬件措施是主动地在干扰通道上增加防护，或者对于“跑飞”的程序利用硬件电路强制系统复位。软件则是系统抗干扰的最后一道防线，其防护措施是被动的，由于其设计灵活，节省硬件资源，所以软件抗干扰技术越来越引起人们的重视。

7.3.1 软件出错对系统的危害

1. 数据采集不可靠

在数据采集通道上，尽管采取了一些必要的抗干扰措施，但在数据传输过程中仍然会有一些干扰侵入系统，造成采集的数据不准确形成误差。

2. 控制失灵

一般情况下，控制状态的输出是通过微机控制系统的输出通道实现的。由于控制信号输出功率较大，不易直接受到外界干扰。但是在微机控制系统中，控制状态的输出常常取决于某些条件状态的输入和条件状态的逻辑处理结果，而在这些环节中，由于干扰的侵入，可能造成条件状态偏差、失误，致使输出控制误差加大，甚至控制失灵。

3. 程序运行失常

微型计算机系统引入强干扰后，程序计数器 PC 的值可能被改变，因此会破坏程序的正常运行。被干扰后的 PC 值是随机的，这将引起程序执行一系列毫无意义的指令，最终可能导致程序“死循环”。

7.3.2 数字滤波方法

所谓数字滤波，就是通过一定的计算或判断程序减少干扰在有用信号中的比例，实质上是一种程序滤波。数字滤波是提高数据采集系统可靠性最有效的方法，因此在微机控制系统中一般都要进行数字滤波。

与模拟滤波器相比，数字滤波有以下几个优点。

(1) 数字滤波是用程序实现的，不需要增加硬件设备。

(2) 可以对频率很低(如 0.01Hz)的信号实现滤波，克服了模拟滤波器的缺陷。

(3) 可根据信号的不同，采用不同的滤波方法或滤波参数，具有灵活、方便、功能强的特点。

1. 限幅滤波法

限幅滤波法又称程序判断滤波法，做法是把相邻两次的采样值相减，求出其增量(以绝对值表示)，然后与两次采样允许的最大差值(由被控对象的实际情况决定)ΔY 进行比较。若增量小于或等于ΔY，则取本次采样值；若增量大于ΔY，则仍取上次采样值作为本次采样值，即有以下采样方法。

(1) $|Y(k)-Y(k-1)| \leqslant \Delta Y$，则 $Y(k)=Y(k)$，取本次采样值。

(2) $|Y(k)-Y(k-1)| > \Delta Y$，则 $Y(k)=Y(k-1)$，取上次采样值。

其中，$Y(k)$是第 k 次采样值；$Y(k-1)$是第$(k-1)$次采样值；ΔY 是相邻两次采样值所允许的最大偏差，其大小取决于采样周期 T 及 Y 值的动态响应。

限幅滤波法能有效克服因偶然因素引起的脉冲干扰，缺点是无法抑制周期性的干扰，平滑度差。

2. 中位值滤波法

其方法是连续采样 N 次(N 取奇数)，把 N 个采样值按大小排列，取中间值为本次有效值。这样能有效地克服因偶然因素引起的波动干扰，对温度、液位等变化缓慢的被测参数有良好的滤波效果，对流量、速度等快速变化的参数不适合。

3. 算术平均滤波法

顾名思义，该滤波是连续取 N 个采样值进行算术平均运算。N 值较大时，信号平滑度较高，但灵敏度较低；N 值较小时，信号平滑度较低，但灵敏度较高。N 值的选取：一般流量可取 N=12，压力取 N=4。其计算公式可用式(7.1)表示

$$\bar{x}(k)=\frac{1}{N}\sum_{i=1}^{N}x_i \tag{7.1}$$

该方法适用于对具有随机干扰的信号进行滤波，该信号的特点是有一个平均值，信号在某一数值范围附近上下波动。但对于测量速度较慢或要求数据计算速度较快的场合不适用，比较浪费 RAM。

4. 递推平均滤波法

递推平均滤波法(滑动平均滤波法)是把连续取的 N 个采样值看成一个队列，队列的长度固定为 N，每次采样到一个新数据放入队尾，并去掉原来队首的一个数据(先进先出原则)，把队列中的 N 个数据进行算术平均运算，就可获得新的滤波结果。N 值的选取：流量可取 N=12；压力取 N=4；液面取 N=4～12；温度取 N=1～4。

它的优点是对周期性干扰有良好的抑制作用，平滑度高，适用于高频振荡的系统。缺点是灵敏度低，对偶然出现的脉冲性干扰的抑制作用较差，不易消除由于脉冲干扰所引起的采样值偏差，不适用于脉冲干扰比较严重的场合，比较浪费 RAM。

5. 中位值平均滤波法

中位值平均滤波法(防脉冲干扰平均滤波法)相当于“中位值滤波法”和“算术平均滤波法”两种方法的混合使用，即连续采样 N 个数据，去掉一个最大值和一个最小值，然后计算 N−2 个数据的算术平均值。N 值的选取：3～14。

两种方法的混合使用融合了两种滤波法的优点，对于偶然出现的脉冲性干扰，可消除由于脉冲干扰所引起的采样值偏差。缺点是测量速度较慢，和算术平均滤波法一样，比较浪费 RAM。

6. 限幅平均滤波法

该方法相当于同时使用了“限幅滤波法”和“递推平均滤波法”，每次采样到的新数据先进行限幅处理，再送入队列进行递推平均滤波处理。所以优点就是融合了两种滤波法的长处，对于偶然出现的脉冲性干扰，可消除由于脉冲干扰所引起的采样值偏差。不足之处是比较浪费 RAM。

7. 一阶滞后滤波法

前面讲的几种滤波方法基本上属于静态滤波，适用于变化过程比较快的参数，如压力、

流量等。但对于慢速随机变量采用短时间内连续采样求平均值的方法，其滤波效果往往不够理想。为了提高滤波效果，可以仿照模拟滤波器，用数字形式实现低通滤波。

一阶 RC 滤波器的传递函数为

$$G(s)=\frac{1}{1+T_{\mathrm{f}}s} \tag{7.2}$$

其中滤波时间常数 $T_{\mathrm{f}}=RC$

离散化为

$$T_{\mathrm{f}}\frac{(xk)-x(k-1)}{T}+x(k)=u(k)$$

整理可得

$$x(k)=(1-\alpha)u(k)+\alpha x(k-1) \tag{7.3}$$

式中 $u(k)$为采样值；

$x(k)$为滤波器的计算输出值；

$\alpha=\dfrac{T_{\mathrm{f}}}{T_{\mathrm{f}}+T}$ 为滤波系数，显然 $0<\alpha<1$，T 为采样周期。

所以低通滤波公式就是：本次滤波结果=(1-α)×本次采样值+α×上次滤波结果。

一阶滞后滤波法(惯性滤波法)对周期性干扰具有良好的抑制作用，适用于波动频率较高的场合，缺点是相位滞后，灵敏度低，滞后程度取决于α值的大小，不能消除滤波频率高于采样频率的 1/2 的干扰信号。

8. 加权递推平均滤波法

该方法是对递推平均滤波法的改进，即不同时刻的数据加以不同的权。通常是，越接近现时刻的数据，权取得越大。给予新采样值的权系数越大，则灵敏度越高，但信号平滑度越低。其计算公式可表示为

$$\overline{y}(k)=\sum_{i=0}^{n-1}C_i x_{n-i} \tag{7.4}$$

并且：$\sum\limits_{i=0}^{n-1}C_i=1$。

其中 C_0，C_1，…，C_{n-1} 为各次采样值的系数，它体现了各次采样值在平均值中所占的比例。

该方法适用于有较大纯滞后时间常数的对象，和采样周期较短的系统。对于纯滞后时间常数较小，采样周期较长，变化缓慢的信号，不能迅速反应系统当前所受干扰的严重程度，滤波效果差。

9. 消抖滤波法

具体的做法是设置一个滤波计数器，将每次采样值与当前有效值比较：如果“采样值＝当前有效值”，则计数器清零；如果“采样值≠当前有效值”，则计数器＋1，并判断“计数器是否≥上限 N(溢出)”，如果计数器溢出，则将本次值替换当前有效值，并将计数器计数值清除。

该方法的优点是对于变化缓慢的被测参数有较好的滤波效果，避免在临界值附近控制

器的反复开/关跳动或显示器上数值抖动；缺点是对于快速变化的参数，如果在计数器溢出的那一次采样到的值恰好是干扰值，则会将干扰值误认为有效值而导入系统。

10. 限幅消抖滤波法

相当于“限幅滤波法+消抖滤波法”，先限幅，后消抖。继承了“限幅”和“消抖”的优点，改进了“消抖滤波法”中的某些缺陷，避免将干扰值导入系统，对于快速变化的参数仍不适合使用。

7.3.3 输入/输出软件抗干扰措施

对于控制系统，将控制条件的“一次采样、处理控制输出”改为“多次采样、处理控制输出”，可有效地消除偶然干扰。

1. 数字量信号输入抗干扰措施

对于数字量的输入，为了确保信息准确无误，在软件上可采取多次读取的方法(至少读两次)，认为无误后再行输入，如图 7.17 所示。

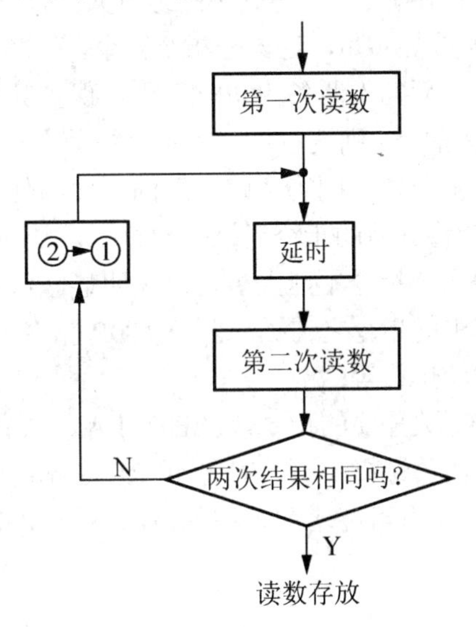

图 7.17 多次读入流程图

2. 数字量信号输出抗干扰措施

当计算机输出数字量控制闸门、料斗等执行机构动作时，为了防止这些执行机构由于外界干扰而误动作，如已关的闸门、料斗可能中途打开，已开的闸门、料斗可能中途突然关闭。应在输出端采取抗干扰措施(RS 锁存输出)，就可以较好地消除由于扰动而引起的误动作(开或关)。

7.3.4 程序运行失常的软件抗干扰

无论何种控制系统，死机现象都是不允许的。克服死机现象最有效的办法就是采用系统加硬件定时器，俗称看门狗(Watchdog Timer，WDT)电路，即使有硬件定时器电路后仍然有死机现象，分析原因，可能有以下 3 个方面。

(1) 因为某种原因，程序混乱后，定时器电路虽然发出了复位脉冲，但程序刚刚正常还来不及发出一个脉冲信号，此时程序再次被干扰，而这时定时器电路已处于稳态，不能再发出复位脉冲。

(2) 程序进入死循环，在该死循环中，恰好又有定时器监视 I/O 口上操作的指令。而该 I/O 口仍有脉冲信号输出，定时器检测不到这种异常情况。

(3) 在有严重干扰时，中断方式控制字有时会受到破坏，导致中断关闭。

可见，只用硬件定时器电路是无法确保单片机正常工作的，必须采取一些相应的软件抗干扰措施。

1. 冗余技术

当 CPU 受到干扰后，常将一些操作数当作指令码来执行，引起程序混乱。

以 MCS-51 系统为例，系统所有指令都不超过 3 个字节，而且有很多单字节指令。当程序“跑飞”到某一条单字节指令上时，便自动纳入正轨。当“跑飞”到某一双字节或三字节指令上时，有可能落到其操作数上，从而继续出错。

因此，人们应多采用单字节指令，并在关键的地方人为地插入一些单字节指令(如 NOP 指令)，或将有效单字节指令重复书写，这便是指令冗余。

在双字节和三字节指令之后插入两条 NOP 指令，可保护其后的指令不被拆散。或者说，某指令前如果插入两条 NOP 指令，则这条指令就不会被前面冲下来的失控程序拆散，并将被完整执行，从而使程序走上正轨。因为“跑飞”的程序即使落到操作数上，由于两个空操作指令 NOP 的存在，不会将其后的指令当操作数执行，从而使程序纳入正轨。

需要注意的是，加入的冗余指令不能太多，以免明显降低程序正常运行的速率。通常在一些对程序流向起决定作用的指令之前插入两条 NOP 指令，此类指令有 RET、RETI、LCALL、SJMP、JZ、CJNE、JNC 等。

在某些对系统工作状态至关重要的指令(如 SETB EA 之类)前也可插入两条 NOP 指令，以保证指令被正确执行。上述关键指令中，RET 和 RETI 本身即为单字节指令，可以直接用其本身来代替 NOP 指令，但有可能增加潜在危险，不如 NOP 指令安全。

2. 软件陷阱

指令冗余使“跑飞”的程序安定下来是有条件的，首先“跑飞”的程序必须落到程序区，其次必须执行到冗余指令。当“跑飞”的程序落到非程序区(如 E^2PROM 中未使用的空间、程序中的数据表格区)时前一个条件即不满足，当“跑飞”的程序在没有碰到冗余指令之前，已经自动形成一个死循环，这时第二个条件也不满足。对付前一种情况采取的措施就是设立软件陷阱，对于后一种情况采取的措施是建立程序运行监视系统。

所谓软件陷阱，就是一条引导指令，强行将捕获的程序引向一个指定的地址，使程序从头开始运行或者引向一段专门对程序出错处理的程序。为加强其捕捉效果，一般还在它前面加两条 NOP 指令，所以真正的软件陷阱由 3 条指令构成。

```
NOP
NOP
LJMP ERR
```

其中 ERR 是错误处理程序的首地址。

软件陷阱一般安排在下列 4 种地方。

(1) 未使用的中断向量区。当干扰使未使用的中断开放，并激活这些中断时，就会进一步引起混乱。如果在这些地方布上陷阱，就能及时捕捉到错误中断。

设主程序区为 ADD1～ADD2，使用定时器 TO，设置为 10ms 的中断，当程序“跑飞”落入 ADD1～ADD2 区间外时，若在此用户程序外发生定时中断，可在中断服务程序中判定中断断点地址 ADDX。若 ADDX＜ADD1 或 ADDX＞ADD2，则说明“跑飞”发生。

(2) 未使用的大片 ROM 空间。现在使用 EPROM 都很少将其全部用完。对于剩余的大片未编程的 ROM 空间，一般均维持原状 0FFH，而 0FFH 对于指令系统，是一条单字节指令(MOV R7，A)，程序“跑飞”到这一区域后将顺流而下，不再跳跃(除非受到新的干扰)。人们只要每隔一段设置一个陷阱，就一定能捕捉到“跑飞”的程序。软件陷阱编译后的地址总是固定的。这样人们就可以用软件陷阱指令来填充 ROM 中的未使用空间，或者每隔一段程序设置一个陷阱，其他单元保持不变。

(3) 表格。有两类表格，一类是数据表格，供 MOVC A，@A+PC 指令或 MOVC A，@A+DPTR 指令使用，其内容完全不是指令。另一类是散转表格，供 JMP @A+DPTR 指令使用，其内容为一系列的三字节指令 LJMP 或两字节指令 AJMP。由于表格内容和检索值有一一对应关系，在表格中间安排陷阱将会破坏其连续性和对应关系，只能在表格的最后安排五字节陷阱(NOP NOP LJMP ERR)。

(4) 程序区。程序区是由一段一段执行指令构成的，在这些指令段之间常有一些断裂点，正常执行的程序到此便不会继续往下执行了，这类指令有 JMP、RET 等。这时 PC 的值应发生正常跳变，如果要顺次往下执行，必然出错。当然，“跑飞”来的程序刚好落到断裂点的操作数上或落到前面指令的操作数上(又没有在这条指令之前使用冗余指令)，则程序就会越过断裂点，顺序执行。在这种地方安排陷阱之后，就能有效地捕捉住它，而又不影响正常执行的程序流程。为了增强效果，可以在每个子程序后面或每隔一段程序后，插入软件陷阱。例如：

```
…
LJMP RETRUN
NOP
NOP
LJMP MAIN
…
RETRUN: MOV 40H, A
RET
NOP
NOP
LJMP ERR
ERR: …
```

其中 MAIN 是初始化程序开始地址，ERR 是错误处理程序开始地址。

设置了指针陷阱后，一旦单片机受干扰，使程序指针混乱，执行了一段程序后，就会落入陷阱中，要么回复到初始化程序开始处，要么由错误程序处理，从而避免死机。

由于软件陷阱都安排在程序正常执行不到的地方，故不会影响程序执行效率。

又例如，一条 51 单片机的汇编语句 MOV 01H，#02H，其程序编译后为 750102H，如果当前 PC 不是指向 75H，而是指向 01H 或 02H，那么 51 内的指令译码器将把它们翻译成 AJMP X01H 或 LJMP XXXXH，这种不确定性就造成程序的混乱，如果改成如下语句：

```
CLR    A          ;0C4H (0C4H是编译后的代码,下同)
INC    A          ;04H
MOV    R1,A       ;0F9H
INC    A          ;04H
MOV    @R1,A      ;86H
```

每一个字节代码都不能再生成跳转和循环，且都是单字节指令，用累加器和寄存器把数据临时倒换一下，可以有效地避免程序“跑飞”的风险。

3. 软件定时器技术

若失控的程序进入“死循环”，通常采用定时器技术使程序脱离“死循环”。

定时器实际上是一个计数器，系统初始化时给定时器一个较大的初始值，程序开始运行后定时器开始倒计数。如果程序运行正常，CPU 应定期发出指令让定时器复位(俗称“喂狗”)，即计数器重置回初始值，重新开始倒计数。如果程序运行失常，“跑飞”或进入局部死循环，不能按正常循环路线运行，则定时器得不到及时复位而使定时器减到 0，定时时间到，强制系统复位。定时器运行原理如图 7.18 所示。

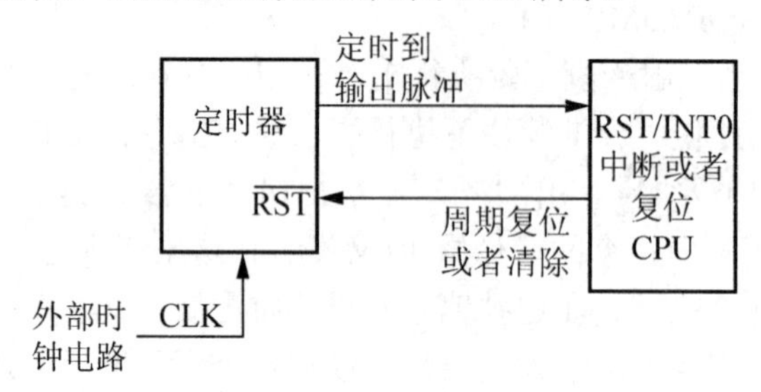

图 7.18 定时器工作原理

在设计定时器时可设计两个定时器，一个为短定时器，一个为长定时器，并各自独立。短定时器像典型定时器一样工作，它保证一般情况下定时器有快的反应速度；长定时器的定时大于 CPU 执行一个主循环程序的时间，用来防止定时器失效。采用这种环形结构的软件定时器具有良好的抗干扰性能，大大提高了系统可靠性。

两个定时器的定时器具体做法是：在主程序、T0 中断服务程序、T1 中断服务程序中各设一运行观测变量，假设为 MWatch、T0Watch、T1Watch，主程序每循环一次，MWatch 加 1，同样 T0、T1 中断服务程序执行一次，T0Watch、T1Watch 加 1 。在 T0 中断服务程序中通过检测 T1Watch 的变化情况判定 T1 运行是否正常，在 T1 中断服务程序中检测 MWatch 的变化情况判定主程序是否正常运行，在主程序中通过检测 T0Watch 的变化情况判别 T0 是否正常工作。若检测到某观测变量变化不正常，如应当加 1 而未加 1，则转到出错处理程序作排除故障处理。当然，对主程序最大循环周期、定时器 T0 和 T1 定时周期应予以全盘合理考虑。

4. 系统复位特征

仍以 51 单片机系统为例，理想的复位特征应该是：系统可以鉴别是首次加电复位(冷启动)，还是异常复位(热启动)。首次加电复位则进行全部初始化，异常复位则不需要进行全部初始化，测控程序不必从头开始执行，而应从故障部位开始。

1) 非正常复位的识别

程序的执行总是从 0000H 开始，导致程序从 0000H 开始执行有 4 种可能。

(1) 系统开机加电复位。

(2) 软件故障复位。

(3) 定时器超时未发出指令让其复位硬件复位。

(4) 任务正在执行中断电后来电复位。

4 种情况中除第一种情况外均属非正常复位，需加以识别。

2) 硬件复位与软件复位的识别

此处硬件复位指开机复位与定时器复位，硬件复位对寄存器有影响，如复位后 PC=0000H，SP=07H，PSW=00H 等。而软件复位则对 SP、PSW 无影响。故当程序正常运行时，将 SP 设置地址大于 07H，或者将 PSW 的第 5 位用户标志位在系统正常运行时设为 1。那么系统复位时只需检测 PSW.5 标志位或 SP 值便可判断此是否为硬件复位。图 7.19 是采用 PSW.5 作加电标志位判别硬、软件复位的程序流程图。

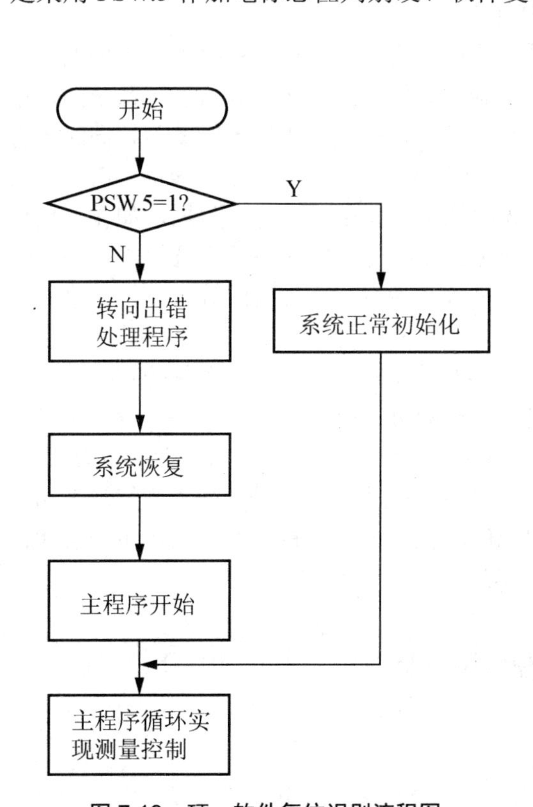

图 7.19 硬、软件复位识别流程图

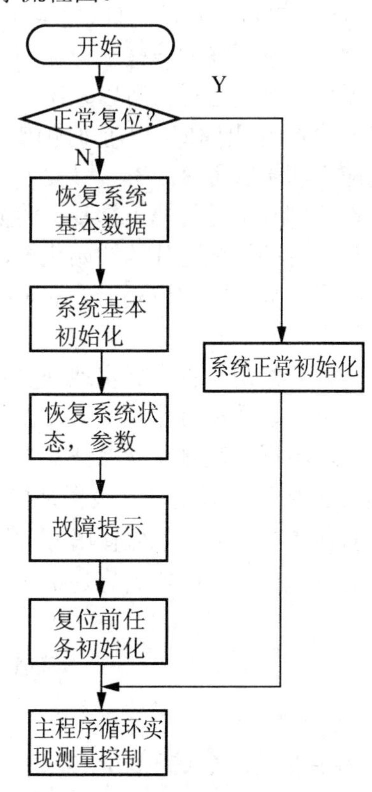

图 7.20 系统自恢复程序流程图

此外，由于硬件复位时片内 RAM 状态是随机的，而软件复位时片内 RAM 则可保持复位前状态，因此可选取片内某一个或两个单元作为加电标志。设 40H 用来作加电标志，上电标志字为 78H，若系统复位后 40H 单元内容不等于 78H，则认为是硬件复位，否则认为是软件复位，转向出错处理。若用两个单元作上电标志，则这种判别方法的可靠性更高。

3) 开机复位与定时器故障复位的识别

开机复位与定时器故障复位因同属硬件复位，所以要想予以正确识别，一般要借助非易失性 RAM 或者 E^2PROM。当系统正常运行时，设置一可断电保护的观测单元。当系统正常运行时，在定时发出指令让定时器复位的中断服务程序中使该观测单元保持正常值(设为 0AAH)，而在主程序中将该单元清零，因观测单元断电可保护，则开机时通过检测该单元是否为正常值可判断是否为定时器复位。

4) 正常开机复位与非正常开机复位的识别

识别测控系统中因意外情况如系统断电等情况引起的开机复位与正常开机复位，对于过程控制系统尤为重要。如某以时间为控制标准的测控系统，完成一次测控任务需 1h。在已执行测控 50min 的情况下，系统电压异常引起复位，此时若系统复位后又从头开始进行测控则会造成不必要的时间消耗。因此可通过一监测单元对当前系统的运行状态、系统时间予以监控，将控制过程分解为若干步或时间段，每执行完一步或每运行一个时间段则对监测单元置为关机允许值，不同的任务或任务的不同阶段有不同的值。若系统正在进行测控任务或正在执行某时间段，则将监测单元置为非正常关机值。那么系统复位后可据此单元判断系统原来的运行状态，并跳到出错处理程序中恢复系统原运行状态。

5) 非正常复位后系统自恢复运行的程序设计

对顺序要求严格的一些过程控制系统，系统非正常复位后，一般都要求从失控的那一个模块或任务恢复运行。所以系统要做好重要数据的备份，如系统运行状态、系统的进程值、当前输入/输出的值，当前时钟值、观测单元值等，这些数据既要定时备份，同时若有修改也应立即予以备份。

当在已判别出系统非正常复位的情况下，先要恢复一些必要的系统数据，如显示模块的初始化、片外扩展芯片的初始化等，其次再对测控系统的系统状态、运行参数等予以恢复，包括显示界面等的恢复，之后再把复位前的任务、参数、运行时间等恢复，再进入系统运行状态。

应当说明的是，首先真实地恢复系统的运行状态需要极为细致地对系统的重要数据予以备份，并加以数据可靠性检查，以保证恢复的数据的可靠性。其次，对多任务、多进程测控系统，数据的恢复需考虑恢复的次序问题，数据恢复过程流程图如图 7.20 所示。

图 7.20 中恢复系统基本数据是指取出备份的数据覆盖当前的系统数据。系统基本初始化是指对芯片、显示、输入/输出方式等进行初始化，要注意输入/输出的初始化不应造成误动作，而复位前任务的初始化是指任务的执行状态、运行时间等。

7.4 接地技术

7.4.1 计算机控制系统中的地线

基于计算机的自动测试系统，地线种类繁多，一般有以下几种地线。

(1) 模拟地，它是放大器、采样/保持器(S/H)以及 A/D 转换器、D/A 转换器输入信号的零电位。模拟信号有精度要求，有时信号比较小，而且与生产现场连接，因此，必须认真对待模拟地。

(2) 数字地，也称逻辑地。它是测试系统中数字电路的零电位，数字地作为计算机中各种数字电路的零电位，应该与模拟地分开，避免模拟信号受数字脉冲的干扰。

(3) 交流地，交流 50Hz 电源的地线，这种地是噪声地。

(4) 直流地，指直流电源的地线。

(5) 安全地，目的是使设备机壳与大地等电位，以避免机壳带电而影响人身及设备安全。通常安全地又称为保护地或机壳地、屏蔽地。机壳包括机架、外壳、屏蔽罩等。

(6) 系统地，就是上述几种地的最终回流点，直接与大地相连。

7.4.2 常用的接地方法

接地问题处理得正确与否，将直接影响系统的正常工作。在一个实际的计算机控制系统中，通道的信号频率绝大部分在 1MHz 以下，因此，本节只讨论低频接地而不涉及高频问题。接地的方式可以分为 3 种：一点接地、多点接地和混合接地。

1. 一点接地

一点接地指所有电路的地线接到公共地线的同一点，以减少地回路之间的相互干扰。

信号地线的接地方式应采用一点接地，而不采用多点接地。一点接地主要有两种接法：即串联接地(或称共同接地)和并联接地(或称分别接地)，如图 7.21 所示。从防止噪声角度看，图 7.21(a)所示的串联接地方式是最不适用的。由于地电阻 R_1、R_2 和 R_3 是串联的，所以各电路间相互发生干扰。虽然这种接地方式很不合理，但由于比较简单，用的地方仍然很多。各电路的电平相差不大时还可勉强使用，但当各电路的电平相差很大时就不能使用，因为高电平将会产生很大的地电流并干扰到低电平电路中去。使用这种串联一点接地方式时还应注意把低电平的电路放在距接地点最近的地方，即图 7.21(a)中最接近于地电位的 A 点上。

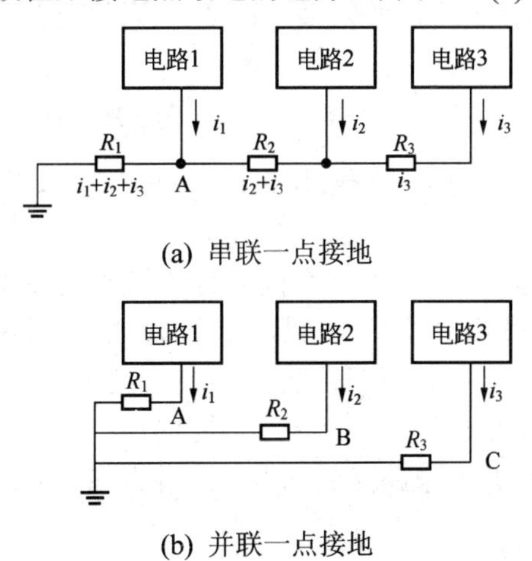

(b) 并联一点接地

图 7.21 串联和并联一点接地

串联一点接地指所有的器件的地都连接到地总线上，然后通过总线连接到地汇接点，由于大家共用一根总线，会出现较严重的共模耦合噪声，同时由于对地分布电容的影响，会产生并联谐振现象，大大增加地线的阻抗。

一个实际的模拟量输入通道，总可以简化成由信号源、输入馈线和输入放大器 3 部分组成。图 7.22 将信号源与输入放大器分别接地的方式是不正确的。这种接地方式之所以错误，是因为它不仅会受到磁场耦合的影响，而且还会因 A 和 B 两点地电位不等而引起环流噪声干扰。忽略导线电阻，误认为 A 和 B 两点都是地球地电位应该相等，是造成这种接地错误的根本原因。实际上，由于各处接地体几何形状、材质、埋地深度不可能完全相同，土壤的电阻率因地层结构各异也相差甚大，使得接地电阻和接地电位可能有很大的差值。这种接地电位的不相等，几乎每个工业现场都要碰到，一定要引起注意。

为了克服双端接地的缺点，应将图 7.22 输入回路改为单端接地方式。当单端接地点位于信号源端时，放大器电源不接地；当单端接地点位于放大器端时，信号源不接地。

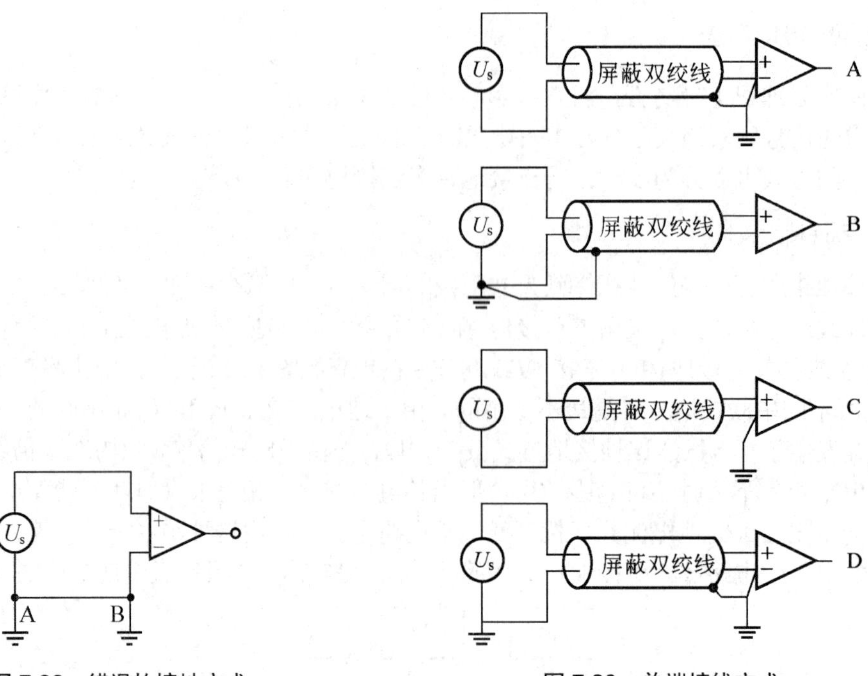

图 7.22　错误的接地方式

图 7.23　单端接线方式

当信号电路是一点接地时，电缆的屏蔽层也应一点接地。如欲将屏蔽层一点接地，则应选择较好的接地点。

当一个电路有一个不接地的信号源与一个接地的(即使不是接大地)放大器相连时，输入线的屏蔽层应接至放大器的公共端；当接地信号源与不接地放大器相连时，即使信号源端接的不是大地，输入线的屏蔽层也应接到信号源的公共端。这种单端接地方式如图 7.23 所示。

并联接地方式在低频时是最适用的，因为各电路的地电位只与本电路的地电流和地线阻抗有关，不会因地电流而引起各电路间的耦合。这种方式的缺点是需要连很多根地线，用起来比较麻烦。

并联一点接地指所有的器件的地直接接到地汇接点，不共用地总线，可以减少耦合噪声，但是由于各自的地线较长，地回路阻抗不同，会加剧地噪声的影响，同样也会受到并联谐振的影响。

实际的情况中可以灵活采用这两种一点接地方式，可以将电路按照信号特性分组，例如，低电平电路经一组共同地线接地，高电平电路经另一组共同地线接地。这样，既解决了公共阻抗耦合的问题，又避免了地线过多的问题。

注意不要把功率相差很多、噪声电平相差很大的电路接入同一组地线接地。

2. 多点接地

为防止共阻抗耦合引入的干扰，都希望采用一点接地。多点接地指系统内各部分电路就近接地，例如，设备内电路都以机壳为参考点，而各个设备的机壳又都以地为参考点。这种接地结构能够提供较低的接地阻抗，这是因为多点接地时，每条地线可以很短；而且多根导线并联能够降低接地导体的总电阻。多层 PCB 设计时采用的接地方法就属于多点接地。

3. 混合接地

混合接地则是一点接地和多点接地的综合应用，一般是在一点接地的基础上再通过一些电感或电容多点接地(图 7.24)，它是利用电感、电容元件在不同频率下有不同阻抗的特性，使地线系统在不同的频率下具有不同的接地结构，主要适用于工作在混合频率下的电路系统。如对于电容耦合的混合接地策略中，在低频情况时，等效为一点接地，而在高频情况下则利用电容对交流信号的低阻抗特性，整个电路表现为多点接地。

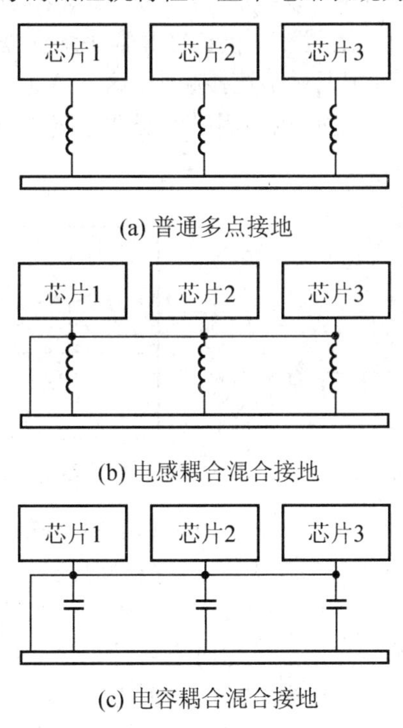

图 7.24　多点接地和混合接地

4. 数字地和模拟地的连接技术

数字地和模拟地：在计算机控制系统中，数字地和模拟地都是直流工作地，但在系统内部必须分别接地。

数字地主要是指 TTL 或 CMOS 芯片、I/O 接口芯片、CPU 芯片等数字逻辑电路的地端，以及 A/D、D/A 转换器的数字地。而模拟地则是指放大器、采样保持放大器(现在多集成在 A/D 转换器中)和 A/D、D/A 中模拟信号的接地端。在基于计算机的测试系统中，数字地和模拟地必须分别接地。即使是同一芯片上有两种地也要分别接地，然后仅在一点处把两种地连接起来，否则，数字回路通过模拟电路的地线再返回到数字电源，对模拟信号产生干扰。例如，测试系统中计算机数据采样系统的接地如图 7.25 所示。

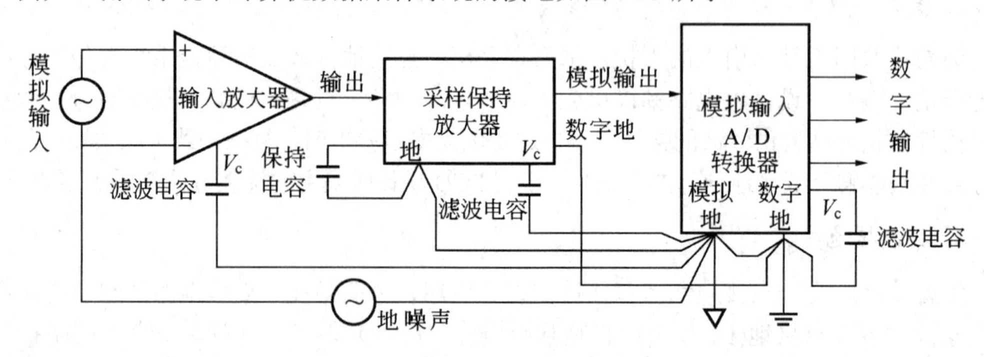

图 7.25 计算机数据采样系统的接地

接地技术中还有一个很重要的部分就是数字电路与模拟电路的共地处理，即电路板上既有高速逻辑电路，又有线性电路，数字信号线要尽可能远离敏感的模拟电路器件，同样，彼此的信号回路也要相互隔离，这就涉及模拟地和数字地的划分问题。一般的做法是，模拟地和数字地分离，仅在一点处把两种地连接起来，这一点通常是在 PCB 总的地线接口处，或者在 D/A 转换器的下方，必要时可以使用磁性器件连接，如片式磁珠，防止两边的噪声互相干扰，如图 7.26 所示。

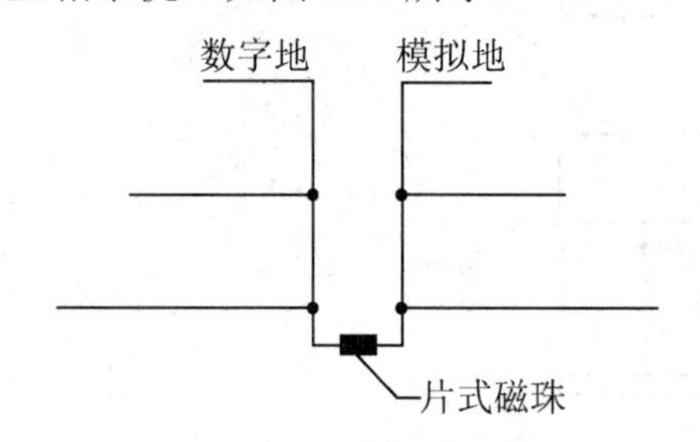

图 7.26 数字地和模拟地分开

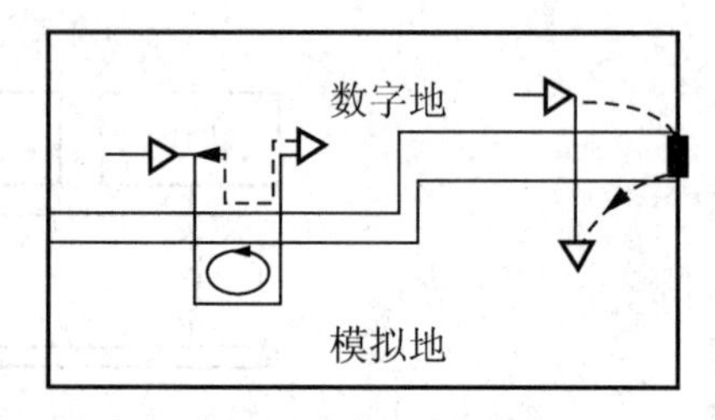

图 7.27 信号线不能跨越地间隙或分割电源之间的间隙

磁珠有很高的电阻率和磁导率，等效于电阻和电感串联，但电阻值和电感值都随频率变化。比普通的电感有更好的高频滤波特性，在高频时呈电阻性，所以能在相当宽的频率范围内保持较高的阻抗，从而提高调频滤波效果。磁珠的等效电路相当于带阻限波器，只对某个频率点的噪声有显著抑制作用，使用时需要预先估计噪声点频率，以便选用适当型号。对于频率不确定或无法预知的情况，磁珠是不适合的。

另外，任何信号线都不能跨越地间隙或是分割电源之间的间隙(图 7.27)，在这种情况下，地电流将会形成一个大的环路。流经大环路的高频电流会产生辐射和很高的地电感，如果流经大环路的是低电平模拟电流，该电流很容易受到外部信号干扰，这些都会引起严重的 EMI 问题。

另外一种统一地的处理方法，也就是不进行地分割，但规定各自的范围，保证数字和模拟走线及回流不会经过对方的区域。这种策略一般适用于数模器件比例相当，并存在多个 D/A 转换器件的情况，有利于降低地平面的阻抗，参考地线设计如图 7.28 所示。

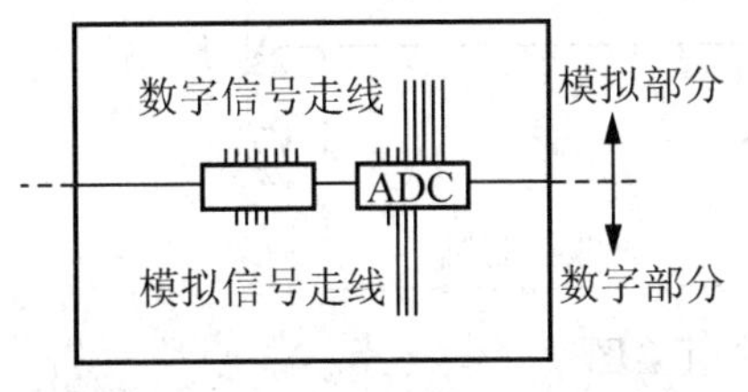

图 7.28　规定模拟和数字各自的范围

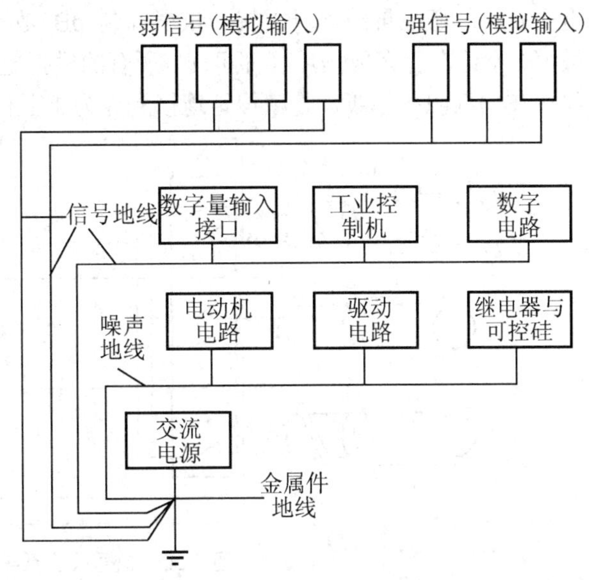

图 7.29　实用接地一般方法

5. 自动测试系统的接地技术

在一个完整的基于计算机的自动测试系统中，一般有 3 种类型的地：一种是低电平电路地线，如数字地、模拟地等；一种是继电器、电动机、电磁开关等强电元器件的地(暂称其为噪声地)；再一种是机壳、仪器柜的外壳地(金属件地)。如果仪器设备使用交流电源，则电源地应与金属件地相连。在系统连接时，要把这 3 种地线在一点接地，使用这种方法接地时，可解决计算机控制系统的大部分接地问题，如图 7.29 所示。

在接地设计中还有个要点就是保证所有地平面等电位。因为如果系统存在两个不同的电势面，再通过较长的线相连的话就可能形成一个偶极天线，小型偶极天线的辐射能力大小与线的长度、流过的电流大小以及频率成正比。所以要求同类地之间需要多个过孔紧密相连，而不同地(如模拟地和数字地)之间的连接线也要尽量短一些。

由于数字电路对地信号的完整要求格外严格，所以数字地设计时要尽量减小地线的阻抗，一般可以将接地线做成闭环路以缩小电位差，提高电子设备的抗噪声能力。而对于较低频的模拟信号来说，考虑更多的是避免回路电流之间的互相干扰，所以不能接成闭环。

交流地是计算机交流供电的电源地，即动力线地，它的地电位很不稳定。在交流地上任意两点之间，往往很容易就有几伏至几十伏的电位差存在。另外，交流地也很容易带来各种干扰。因此，交流地绝对不允许分别与上述几种地相连，而且交流电源变压器的绝缘性能要好，绝对避免漏电现象。

6. 信号采集系统接地方案举例

一个实际的信号采集系统接地示意图如图 7.30 所示。多个模拟输入信号采用屏蔽双绞线接至工业控制数据采集处理机。所有模拟信号源都浮置，这对于多数工业变送器(传感器)来说，都能够满足这个要求。模拟输入信号采用一点接地，接地点选在微处理器的输入接口的模拟地 G_A 上。屏蔽层也采用一点接地，接在模拟地上。这种用法靠双绞线抑制磁场耦合干扰，屏蔽层屏蔽电场干扰。虽然抑制 dB 数不算高，但它不会引入其他噪声，可靠性较好，不论在什么现场环境都可用。所有的模拟电路的地线并联于 G_A 点，然后用一根具有绝缘皮的低阻抗导线，将模拟地连接到专为工业控制机埋设的独立接地体的线鼻上。

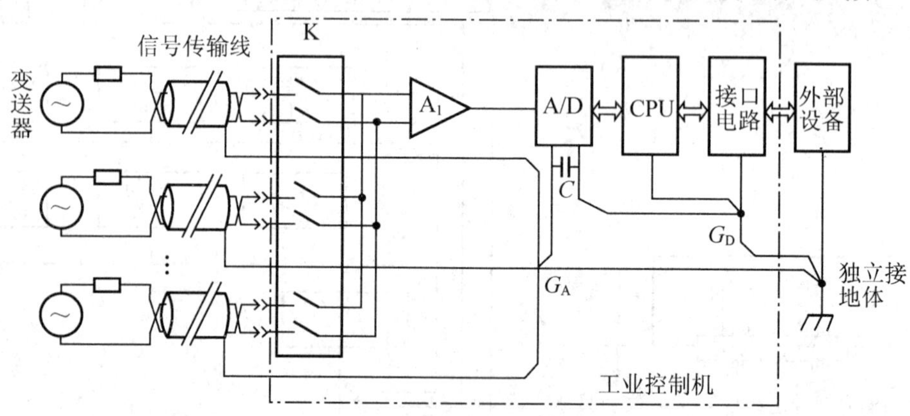

图 7.30 信号采集系统接地示意图

工业控制数据采集处理机的数字地也应并联于一点 G_D，仍然用一根具有绝缘皮的低阻抗导线，将数字地 G_D 连接到专为工业控制机埋设的独立接地体的线鼻上。

工业控制机的外设地线也应并联于该独立接地体的线鼻上。对于一般的工业现场，外设的保护地线、工业控制机柜、传感器柜、执行器柜等的保护地线都可以并联到该独立接地体的线鼻上。但是要求高的项目应当埋设专门的独立的安全保护地线，并把设备和机柜的保护地线并联地接于那里。

国家标准规定，计算机的安全保护地线接地电阻不应大于 4Ω，严禁使用建筑物的避雷地做工业控制系统的任何地线使用。如果把计算机采集系统直流地悬浮运行，那么它的模拟地、数字地仍然要用低阻抗导线短接，只是不要接大地。

目前的工业控制机厂商提供的大部分产品都没有模拟地和数字地的接大地端子，它们的模拟地和数字地已在电路板上妥善短接，用户最简单的应用就是使用浮地运行。这对于使用标准变送器，检测标准模拟信号是没有大问题的。

7.5 电源系统的抗干扰技术

工业现场的供电品质常常不能达到国家对电网波动等级中规定的最低标准 C 级的波动范围≤±10%。当供电电压超过 C 级规定时，通常称为过压或者欠压。而失电压又称瞬时断电。产生瞬时断电，最常见的原因是用电设备突然短路而它的熔丝还没有熔断的瞬间。另外开关或刀闸触点接触不良或颤抖等也会产生瞬间断电。

当过压或者欠压超过工控机电源工作范围时，会使电源失常或者损坏，直接威胁工控机的安全。而瞬时过压或者欠压形成涌流，即使不超过工控机电源的工作范围，也会造成很强的干扰和破坏性。克服过压、欠压的方法是选用宽电压范围的优质开关电源，或者外加交流稳压器、UPS 电源以及在工控机内设置欠压、断电保护电路等抗干扰措施。

工业现场种类繁多的设备，如电焊和晶闸管、变频设备等，都是干扰源，这些干扰源既能以电磁场方式作用到工控机系统上，又能通过电源侵入计算机系统造成干扰，而通过电源造成干扰是最直接的，甚至是破坏性的，占工业控制系统被干扰的绝大比例。测控系统各个单元都需直流电源供电，交流电经过变压、整流、滤波、稳压各项系统提供直流电源，电网的干扰会经初级绕组引入系统，是一个严重的干扰源。由于电源共用，各电子设备之间通过电源也会产生相互干扰。

因此，要提高工业控制系统的抗干扰性能，必须要在电源上下工夫。

7.5.1 抗干扰稳压电源的设计

1. 电网干扰的防治

对工业控制机来说，危害最严重的是电网尖峰脉冲干扰。图 7.31(a)示出了尖峰脉冲的形状。在炼钢厂、轧钢厂或者大量使用晶闸管设备、电火花设备、电力机车等的地方，这种尖峰干扰尤为严重，其幅度大的可达数百伏甚至上千伏，而脉宽一般为微秒数量级。尖峰脉冲幅度很大时，会破坏工业控制机开关电源输入滤波器、整流器，再加之其频谱很宽，也会窜入计算机造成干扰。对尖峰脉冲干扰的防治方法，主要有滤波法、隔离法、吸收法和回避法。

1) 滤波法

主要是采用电源滤波器滤除尖峰干扰。图 7.31(b)示出了典型的电源滤波器原理图。L_1、L_2 是绕在同一铁心上的共模轭流圈，对共模形式的干扰呈现很大的阻抗，而对工频和常模形式的干扰电感为零。因此对图 7.31 所示的形成常模形式的尖峰干扰无效。但电容 C_1、C_2、C_3 却对其有一定的衰减。

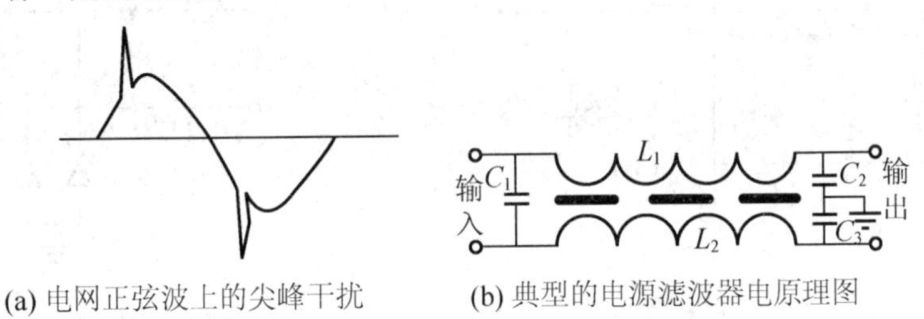

(a) 电网正弦波上的尖峰干扰　　(b) 典型的电源滤波器电原理图

图 7.31　电网干扰的防治

2) 隔离法

采用 1∶1 隔离变压器供电是常见的抗干扰措施，对电网尖峰脉冲干扰有很好的效果。图 7.32 是典型的隔离变压器原理图。它抗干扰的原理是一次侧对高频干扰呈现很高的阻抗，而位于一次侧、二次侧绕组之间的金属屏蔽层又阻隔了一次侧、二次侧所产生的分布电容，因此一次侧绕组只有对屏蔽层的分布电容存在，高频干扰通过这个分布电容而被旁路入地。

通常，一次侧、二次侧各加一个屏蔽层，一次侧的屏蔽层通过一个电容器与二次侧的屏蔽层接到一起，再接到二次侧的地上。也可以一次侧的屏蔽层接一次侧的地线，二次侧的屏蔽层接二次侧的地线。并且接地引线的截面积也要大一些好。1∶1 隔离变压器还有效地隔离了接地环路的共模干扰，效果较好，缺点是体积较大。

3) 吸收法

瞬态电压抑制器(Transient Voltage Suppressor，TVS)，是一种二极管形式的高效能保护器件。当 TVS 二极管的两极受到反向瞬态高能量冲击时，它能以 10^{-12} 秒量级的速度，将其两极间的高阻抗变为低阻抗，吸收高达数千瓦的浪涌功率，使两极间的电压钳位于一个预定值，保护了后面的电路元器件不受瞬态高压尖峰脉冲的冲击。图 7.33(a)示出了它的伏—安特性曲线。

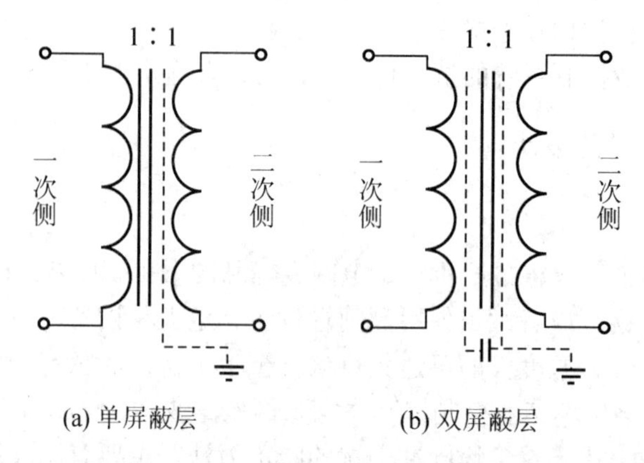

图 7.32　1：1 隔离变压器屏蔽及接地方式图

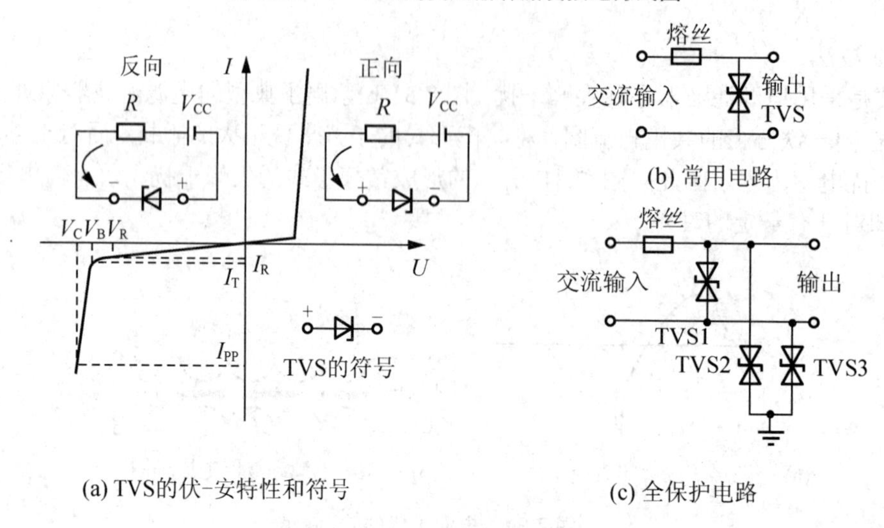

图 7.33　TVS 管电源过压保护及尖峰抑制电路

它具有响应时间快、瞬态功率大、漏电流低、击穿电压偏差小、钳位电压较易控制、无损坏极限、体积小等优点。具体有以下三大特点。

(1) 将 TVS 二极管加在信号及电源线上，能防止微处理器或单片机因瞬间的脉冲，如静电放电效应、交流电源之浪涌及开关电源的噪声所导致的失灵。

(2) 静电放电效应能释放超过 10000V、60A 以上的脉冲，并能持续 10ms；而一般的 TTL 器件，遇到超过 30ms 的 10V 脉冲时，便会导致损坏。利用 TVS 二极管，可有效吸收会造成器件损坏的脉冲，并能消除由总线之间开关所引起的干扰(Crosstalk)。

(3) 将 TVS 二极管放置在信号线及接地间，能避免数据及控制总线受到不必要的噪声影响。

TVS 的电路符号与普通稳压二极管相同。它的正向特性与普通二极管相同；反向特性为典型的PN结雪崩器件。

TVS管和稳压管一样，是反向应用的。其中V_R称为最大转折电压，是反向击穿之前的临界状态。V_B是击穿电压，其对应的反向电流I_T一般取值为1mA。V_C是最大钳位电压，当TVS管中流过峰值电流为I_{pp}的大电流时，TVS管两端电压就不再上升了。因此TVS管始终把被保护的器件或设备的端口电压限制在V_B～V_C的有效区内。与稳压管不同的是，I_{pp}的数值可达数百安，钳位响应时间仅为$1×10^{-12}$s。TVS最大允许脉冲功率$P_M=V_C \cdot I_{pp}$。TVS管的P_M分为4个档次，即500W、1000W、1500W和5000W。图7.33(b)是TVS用于普通电源进线的原理图。这里采用的是双向TVS管。它对电网的尖峰脉冲电压和雷电叠加电压等干扰超过其额定的V_C数值量，都能有效地吸收。

过去使用的压敏电阻器，它的响应时间慢，通常为$5×10^{-9}$s，它的使用温度范围窄，漏电流大，吸收电流小，并且体积也较大，因此已逐步被TVS取代。TVS的用途很多，还可用作计算机通信口的防雷以及各种大功率器件的保护和吸收电路。

只是当电压持续过电压时烧毁熔丝，而抑制电源线上的尖峰干扰通常不会烧毁熔丝，也不干扰计算机正常运行。

4) 回避法

回避法就是拉专线供电方法。对于大型动力设备集中且干扰很大的工业现场，应当尽量少使用现场工频电源。采用非动力供电线路供电或者直接从非动力低压变压器“根部”拉专线供电的办法，避开大负荷动力线，减少电网干扰。这个方法很有效。因为电力导线存在电阻，大量的动力设备的运行和启停，在这个电阻上产生压降而成为强烈的干扰。尤其是尖峰脉冲干扰，在动力变压器根部明显减小，而在非动力变压器的低压输出根部，几乎不存在。这在很多工业现场都很实用。

5) 其他方法

采用电源净化器、铁磁谐振交流稳压器、在线式UPS等抗尖峰脉冲干扰效果都很好，只是体积大，价格贵。

2. 直流稳压电源设计

微机常用的直流稳压电源如图7.34所示。该电源采用了双隔离、双滤波和双稳压措施，具有较强的抗干扰能力，可用于一般工业控制场合。

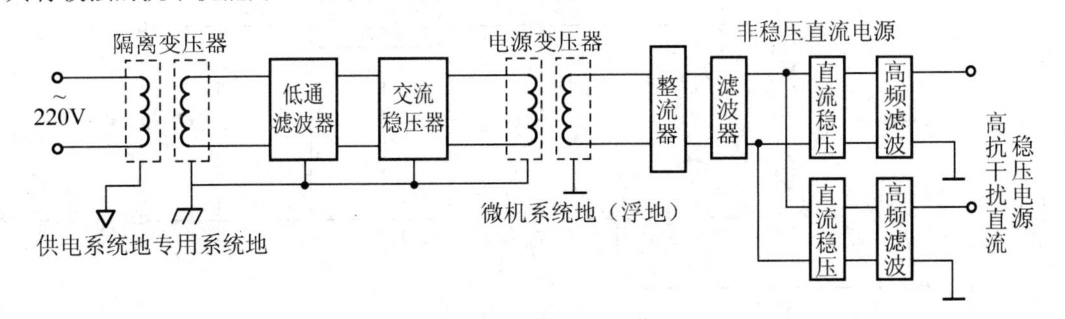

图7.34 抗干扰直流稳压电源示意图

1) 隔离变压器

隔离变压器的作用有两个：其一是防止浪涌电压和尖峰电压直接窜入而损坏系统；其

二是利用其屏蔽层阻止高频干扰信号窜入。为了阻断高频干扰经耦合电容传播，隔离变压器设计为双屏蔽形式，一次侧、二次侧绕组分别用屏蔽层屏蔽起来，两个屏蔽层分别接地。这里的屏蔽为电场屏蔽，屏蔽层可用铜网、铜箔或铝网、铝箔等非导磁材料构成。

2) 低通滤波器

各种干扰信号一般都有很强的高频分量，低通滤波器是有效的抗干扰器件，它允许工频 50Hz 电源通过，而滤掉高次谐波，从而改善供电质量。低通滤波器一般由电感和电容组成，在市场上有各种低通滤波器产品供选用。一般来说，在低压大电流场合应选用小电感大电容滤波器，在高压小电流场合应选大电感小电容滤波器。

3) 交流稳压器

它的作用是保证供电的稳定性，防止电源电压波动对系统的影响。

交流稳压器的类型和产品都很多，有电子式、铁磁谐振式、分接开关式、伺服调整式和电源净化器等，选用时应优选具备抗电网干扰能力，或者一次侧、二次侧具有隔离的类型。例如，电源净化器(净化电源)采用大功率的 LC 滤波器，若在输入端加入 3kV 尖峰干扰，在输出端只有低于 3V 的输出，除了具有抑制尖峰干扰性能之外，对半周失压、过电压、欠电压等干扰有极好的动态响应。铁磁谐振方式的交流稳压器有很好的电网抗干扰能力和一次侧、二次侧隔离，可靠性很高，只是它的动态响应较差。计算机控制系统使用这两种类型的交流稳压器效果较好。

交流稳压器使用中还要注意加大电源功率容量，以适应负载较大范围变化和防止通过电源造成内部干扰，采用对稳压器分相供电，将干扰大的设备与测控装置由不同的相线供电，还要注意测控与动力设备分别供电，因为被测设备所用的交流电源容量大，负载变化影响大，干扰严重，测控装置则与之相反(电源变压器分开/配电箱分开)。

电网中的高频干扰，特别是浪涌电流，经 TVS 吸收后，残存的干扰信号由低通抑制，电源受的屏蔽可进一步阻止一次侧的干扰窜入系统。

交流稳压器的优点是供电质量高，缺点是体积大，投资大，一般只用于对抗干扰要求高的测控系统。

4) 直流稳压系统

直流稳压系统包括整流器、滤波器、直流稳压器和高频滤波器等几部分，常用的直流稳压系统电路如图 7.35 所示。

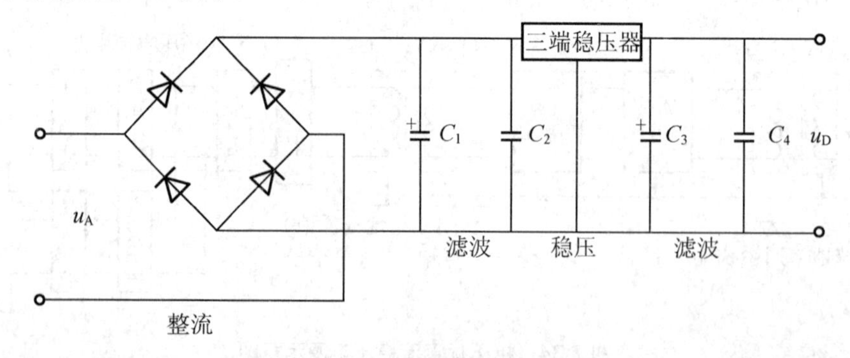

图 7.35　直流稳压系统电路图

一般直流稳压电源用的整流器多为单相桥式整流，直流侧常采用电容滤波。图 7.35 中

的 C_1 为平滑滤波电容，常选用几百微法～几千微法的电解电容，以减轻整流桥输出电压的脉动。C_2 为高频滤波电容，常选用 0.01～0.1μF 的瓷片电容，用于抑制浪涌的尖峰。作为直流稳压器件，现在常用的就是三端稳压器 78××和 79××系列芯片，这类稳压器结构简单，使用方便，负载稳定度为 15mV，具有过电流和输出短路保护，可用于一般微机系统。三端稳压电源的输出端常接两个电容 C_3 和 C_4，C_3 主要起负载匹配作用，常选用几十微法～几百微法的电解电容；C_4 为抗高频干扰电容，常选取 0.01～0.1μF 的瓷片电容。

完整的直流稳压电源结构如图 7.36 所示。

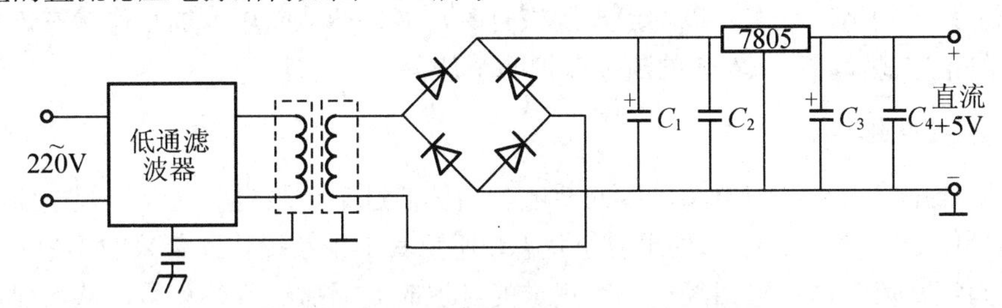

图 7.36　简易直流稳压电源示意图

7.5.2　电源系统的异常保护

1. 不间断电源

UPS(Uninterruptible Power System)最适合的应用领域是电网突然断电，而计算机不能停止工作，或者需要一个充足的时间保护重要数据的场合。在正常情况下，由交流电网向微机系统供电，并同时给 UPS 的电池组充电。一旦交流电网出现断电，则 UPS 自动切换到逆变器供电，逆变器将电池组的直流电压逆变成为与工频电网同频的交流电压，此电压送给直流稳压器后继续保持对系统的供电。

如图 7.37 所示，UPS 结构分两大部分。

(1) 将交流市电变为直流电的整流/充电装置。

(2) 另一部分是把直流电再度转变为交流电的 PWM 逆变器。蓄电池在市电正常时维持在一个充电电压上，市电中断它立即向逆变器供电。

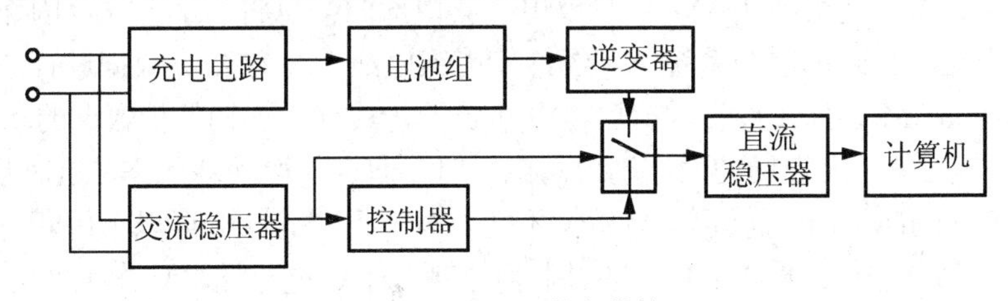

图 7.37　UPS 供电结构

因为 UPS 逆变的输出电压非常稳定干净，完全隔离了工业现场供电电源的各种干扰污染，而且抗雷击效果也较其他的方式好。

随着技术的进步，目前的 UPS 除了不间断供电之外，还具备过压、欠压保护功能，软件监控功能等。其中在线式的 UPS 还具备与电网隔离、强抗干扰特性，是高可靠性控制系统的最佳选择。

2. 连续备用供电系统

连续备用供电系统是由柴油发电机供电，在两种供电系统转换期间，由电池完成平稳过渡，以避免电源更换对系统的冲击。

7.5.3 计算机控制系统的断电保护

对于允许暂时停运的微机系统，希望在电源断电的瞬间，系统能自动保护 RAM 中的有用信息和系统的运行状态，以便当电源恢复时，能自动从断电前的工作状态恢复。断电保护工作包括电源监控和 RAM 的断电保护两个任务。

1. 电源监控电路

电源监控电路用来监测电源电压的断电，当其低过某个限定值时，监视电路将持续产生复位信号使 CPU 和外设接口处于复位状态，避免其不正常操作而带来的事故。当电源恢复其输出为正常值时，该电路经过一个规定的延迟时间后撤销复位信号，从而保证了工业控制机的正常工作。

在断电中断服务子程序中，应首先进行现场保护，把当时的重要状态参数、中间结果、某些专用寄存器的内容转移到专用的有后备电源的 RAM 中。其次是对有关外设作出妥善处理，如关闭各输入/输出口，使外设处于某一个非工作状态等。最后必须在专用的有后备电源的 RAM 中某一个或两个单元做上特定标记，即断电标记。

为保证断电子程序能顺利执行，断电检测电路必须在电源电压下降到 CPU 最低工作电压之前就提出中断申请，提前时间为几百微秒至数毫秒。

当电源恢复正常时，CPU 重新加电复位，复位后应首先检查是否有断电标记，如果没有，则按一般开机程序执行(系统初始化等)。如果有断电标记，不应将系统初始化，而应按断电中断服务子程序相反的方式恢复现场，以一种合理的安全方式使系统继续未完成的工作。

2. 断电保护

人们都知道微机使用的 RAM 一旦停电，其内部的信息将全部丢失，因而影响系统的正常工作。为此，在微机控制系统中，经常使用镍电池，对 RAM 数据进行断电保护。有不少 CMOS 型 RAM 芯片在设计时就已考虑并赋予它具有微功耗保护数据的功能，如 6116、6264、62256 等芯片。当它们的片选端为高电平时，即进入微功耗状态，这时只需 2V 的电源电压，5μA～40μA 的电流就可保持数据不变。对于重要的数据可以采用断电不丢失的非易失性 RAM，如 E^2PROM、Flash ROM(闪存)、FRAM(铁电存储器)，较详细的介绍参看总线技术中的嵌入式系统的有关部分。

交流断电也是一个可能发生的故障，它也可能导致某些控制事故，即使是使用了 UPS，因为 UPS 有时候也会发生故障。因此，如果能预知交流断电的发生，并及时把所有的执行机构控制到安全的位置或者状态上，将会避免一些损失。同时，也把重要的数据或运行状态保存起来，这在某些系统里是非常必要的，因为重新运行需要这些数据。

一个实用的断电检测电路如图 7.38 所示。220V 交流电流经桥式整流后驱动光耦 T_1(TLP521)中的发光二极管发光，并使 T_1 的光电晶体管导通，给电容 C_1 充电。C_1 上的电

压经过 R_2，RP 分压后送到比较器 U1(LM393)正极性输入端。当交流电正常工作时，调节电位器 RP 使 U_1 的“+”输入端的电压比“−”输入端(稳压管 Dz 的值)略高 0.2V 左右，则 U_1 输出高电平，触发器不翻转，其 Q 端输出高电平。当交流断电时，C_1 不能被充电其电压将很快下降。于是，比较器 U_1 输出低电平，触发 RS 触发器 U_2 翻转，产生非屏蔽中断申请信号。如果在非屏蔽中断服务程序中，把有危险的控制机构调到其安全的位置，并且保存当前运行的重要数据和寄存器的状态，这就完成了断电处理。

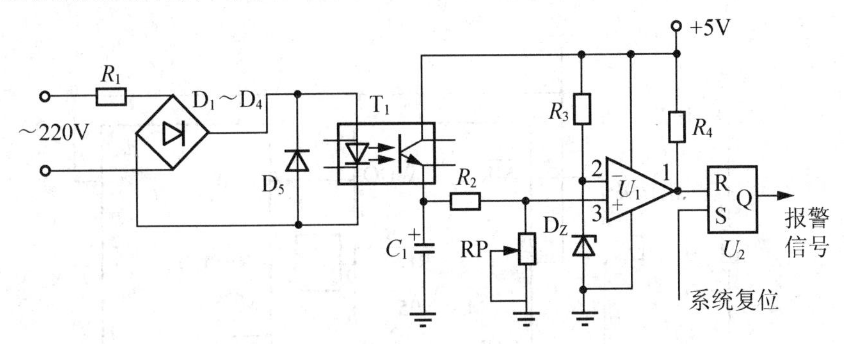

图 7.38　交流断电检测电路

通常，由于直流开关电源具有较大的输入电容，因此从检测到交流断电起，到直流失电计算机不能工作时为止，还有 10ms 以上的时间，足够完成断电处理操作。

3. 监控电路应用举例——多功能监控器 MAX705

MAXIM 公司推出的 MAX705 是一组监控电路，为 8 脚封装的小芯片(图 7.39)，能够监控电源电压、电池故障和微控制器的工作状态，集成了常用的多项功能：系统复位、定时器定时输出、电源电压监测等。

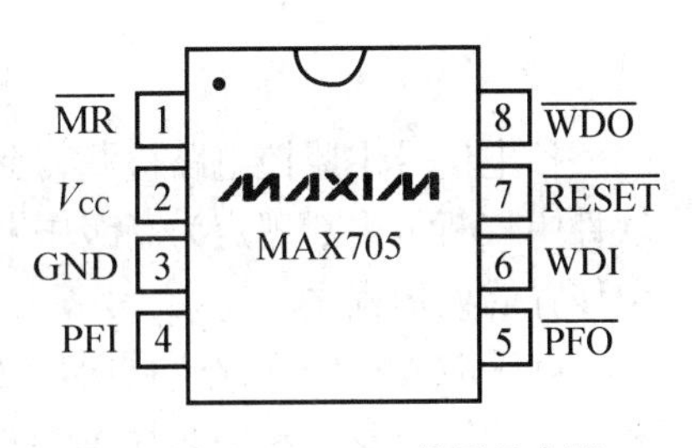

图 7.39　MAX705 外形示意图

对于 MAX705 而言，在加电期间只要 V_{CC} 大于 1.0V，就能保证输出电压不高于 0.4V 的低电平。在 V_{CC} 上升期间 $\overline{\text{RESET}}$ 维持低电平直到电源电压升至复位门限(4.65V 或 4.40V)以上。

在超过此门限后，内部定时器大约再维持 200ms 后释放 RST，使其返回高电平。无论何时只要电源电压降低到复位门限以下(电源跌落)，$\overline{\text{RESET}}$ 引脚就会变低。如果在已经开始的复位脉冲期间出现电源跌落，复位脉冲至少再维持 140ms。在断电期间，一旦电源电压 V_{cc} 降到复位门限以下，只要 V_{cc} 不比 1.0V 还低，就能使 $\overline{\text{RESET}}$ 维持电压不高于 0.4V 的低电平。

MAX705 片内定时器用于监控 MPU/MCU 的活动。如果在 1.6s 内 WDI 端没有收到来自 MPU/MCU 的触发信号，并且 WDI 处于非高阻态，则 $\overline{\text{WDO}}$ 输出变低。只要复位信号有效或 WDI 输入高阻，则定时器功能就被禁止，且保持清零和不计时状态。

一旦电源电压 V_{cc} 降至复位门限以下，$\overline{\text{WDO}}$ 端也将变低并保持低电平。只要 V_{cc} 升至门限以上，$\overline{\text{WDO}}$ 就会立刻变高，不存在延时。

人工复位功能，简单地将 $\overline{\text{MR}}$ 端连接到 $\overline{\text{WDO}}$ 端，就可以使定时器超时产生复位脉冲。

电源故障比较器，MAX705 片内带有一个辅助比较器，它具有独立的同相输入端(PFI)和输出端($\overline{PFO}$)，其反相输入端内部连接一个 1.25V 的参考电压源。

MAX705 的典型应用电路如图 7.40 所示。从图 7.40 中可以看出，MAX705 的 4 项功能全部被开发利用，构成了微处理器的一个可靠的保护神，仅占用了一条 I/O 端口资源。利用该 I/O 口，通过执行软件，周期性的向定时器发送 WDI 信号，其周期不应大于 1.6s。

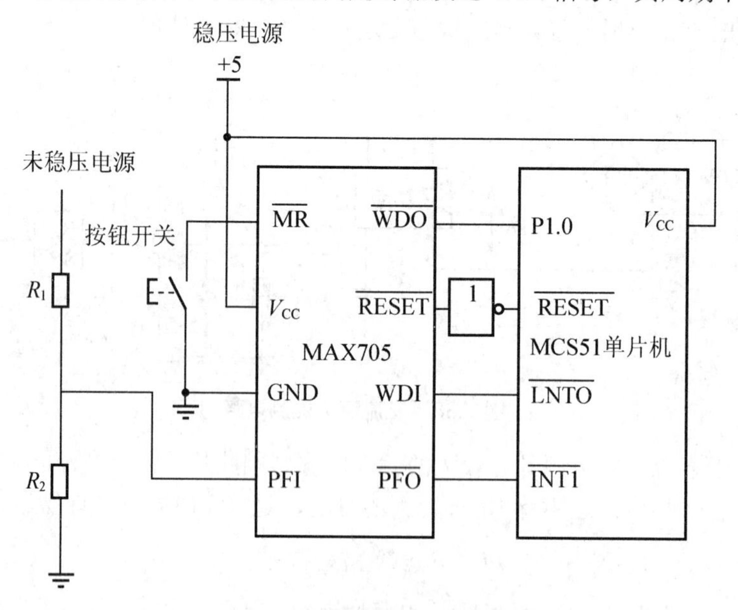

图 7.40　典型系统监控电路

掉电信号由监控电路检测得到，并对 MPU/MCU 产生一个外部中断。在 MPU/MCU 的软件中将断电中断规定为高级中断，使 MPU/MCU 能够及时对断电做出反应，执行诸如参数保存的处理程序。

除了 MAX705 以外，同类的还有 IMP 系列的产品；现在已有许多更先进的集电源监视和定时器于一身的新型芯片(WDT ON CHIP)，如 CAT1161、X25045 等，有的还具备断电检测、备用电池自动切换功能。

除了以上介绍的抗干扰措施，还有信号整形，集成电路应用，机械触点、感性负载、直流电路的噪声抑制、PCB 设计、电路设计的电平匹配、驱动能力等问题，在此不再赘述。关于这些方法的详细内容，请参阅相关参考书。

7.6　小　　结

计算机控制系统的稳定、可靠运行是系统设计的重要内容之一。干扰对计算机控制系统的影响是多方面的，所以抗干扰措施也是多种多样的。

根据干扰的原理和影响方式，可以分为串模干扰和共模干扰。对于这两种干扰，可以采取 RC 网络和变压器隔离、光电隔离、继电器隔离、屏蔽等措施。

由于计算机控制系统中存在的某些信号变化频率高，幅值小，所以在数据的可靠传输中采取了双绞线和阻抗匹配的办法。

对于已经进入计算机控制系统的干扰信号，主要表现在采集数据发生了变化。如何从这些数据中提取真实的数据就成为软件抗干扰的研究内容，主要的方法是采取数字滤波。根据不同的采集对象可以采取不同的滤波方式。

系统死机是最严重的故障现象，解决方法是利用软件和硬件手段进行系统监控，如定时器技术，在系统不能正常运行的情况下强制系统回到最初的正常状态。

系统的电源设计和地线处理是计算机控制系统中不可忽视的重点内容，如果能较好地解决这两个问题，系统的可靠性会得到很大的改善。

知识扩展

实时性对计算机控制系统的可靠性提出来更高的要求，一旦出现故障，可能会酿成重大事故，造成巨大的经济损失。在这一章中针对工业现场中计算机控制系统的硬件及软件可能会出现的干扰，介绍了不同的抗干扰技术。目前在计算机控制系统中亦多采用容错技术进行系统设计以减少故障，提高控制系统的可靠性。

容错技术是建立在冗余技术基础之上的，在容忍和承认错误的前提下，考虑如何消除、抑制和减少错误影响的一种技术。常用的方法是利用冗余技术将可靠性较低的元件组成一个可靠性较高的系统，其实质是利用资源来换取高的可靠性。

冗余技术一般包括硬件冗余、软件冗余、时间冗余(指令冗余)和信息冗余。

硬件冗余基本上有 3 种方式：静态冗余、动态冗余和混合冗余。

(1) 静态冗余：通过外加重复的元部件的方式达到系统容错目的的方式，这些重复的元部件相互并联，从而增加了系统的可靠性，物理域的恢复作用是自动的，不需要对元部件单独的检测。图 7.41(a)为由 3 个功能相同的模块和一个表决器组成的系统，3 个模块同时运行，表决器的输入为 3 个模块的输出之和，并将多数表决的结果作为系统的输出。

(2) 动态冗余：部件的工作可以是并行的，即科研只有一个模块工作， 其他模块处于待命状态，若工作模块出现故障，立即由备用模块取代，因此动态冗余要求不停地进行故障检测和故障恢复，这种系统必须具有检错和切换能力。图 7.41(b)为含有 S 个备用模块的动态冗余方案。

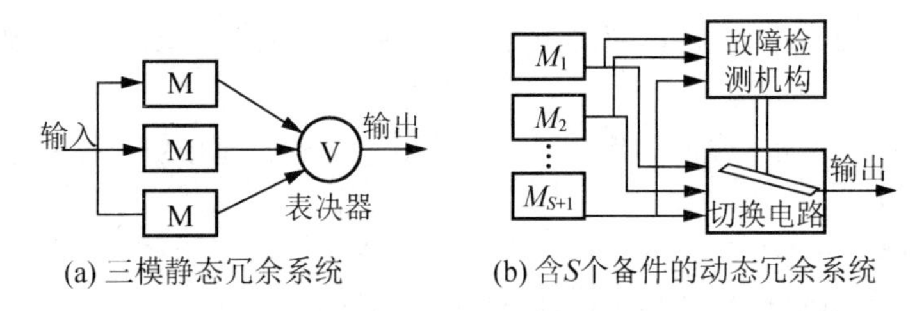

(a) 三模静态冗余系统　　(b) 含S个备件的动态冗余系统

图 7.41　硬件冗余系统示例

(3) 混合冗余：将前两种方法结合运行的方案，这种方案既可以达到较高的可靠性，又可获得较长的平均无故障运行时间。

软件冗余的主要任务是研究如何将具有设计差异，对应同一任务采用的不同软件程序组成一个有机的整体，完成错误检测，程序系统重组及系统恢复等多项功能，达到及时发现软件故障，并采取有效的措施来限制、减小甚至消除故障的影响，防止软件失效的目的。

时间冗余(指令冗余)是通过消耗时间来达到容错目的的容错方式。这一部分可以参见7.3.4节冗余技术。

信息冗余是靠增加信息的多余度来提高系统的可靠性，具体做法是在数据(信息)中附加检错码或纠错码，以能及时检错或能恢复原来的信息纠错。常用的检错码有奇偶校验码、循环码，定比码等，常用的纠错码有海明码、线性分组码、循环码、卷积码等。

7.7 习　　题

1. 干扰的作用途径有________、________、________和________。
2. 干扰的作用形式包括________和________。
3. 什么是串模干扰？如何抑制串模干扰？什么是共模干扰？如何抑制共模干扰？
4. 简述长线传输干扰对系统的影响。
5. 阻抗匹配是指________与________互相适配，得到________的一种工作状态。
6. 与硬件滤波器相比，采用数字滤波器的优点有(　　)。

   A. 数字滤波器不需要增加硬件设备

   B. 可以对频率很低的信号实现滤波

   C. 可根据信号的不同，采用不同的滤波方法或滤波参数

   D. 数字滤波器易修改，灵活，功能强
7. 已知控制系统的数字滤波公式为 $Y_K = \dfrac{1}{16}X_K + \dfrac{15}{16}Y_{K-1}$，试编写该数字滤波程序。
8. 常用的数字滤波算法有哪些？说明各种滤波算法的特点和使用场合。
9. 编制一个能完成中位值滤波加上算术平均值滤波的子程序。设对变量采样测量7次，7个采样值排序后取中间的3个采样值平均，每个采样值为12位二进制数。

某一检测信号是幅度较小的直流电压，要求对其适当放大然后进行A/D转换，该检测信号由于外界50Hz工频干扰导致测量数据呈现周期性波动，试回答以下问题。

(1) 设采样周期 T_s=1ms，采用算数平均滤波算法，是否能够消除工频干扰？平均点数 N 如何选择？

(2) 如果采用51系列单片机实现此题，画出算法流程图，编写汇编程序，加以详细注释。

(3) 若信号中又增加了脉冲干扰，设计复合滤波算法，画出算法流程图，编写汇编程序，加以详细注释。

10. 防止程序“跑飞”的方法有哪些？
11. 计算机控制系统的接地技术包括以下哪几种？(　　)

    A. 串联一点接地　　B. 并联一点接地

    C. 混合接地　　D. 多点接地
12. 计算机控制系统中有哪几种地线？画出一点接地示意图。
13. 为了保证计算机控制系统有一个稳定的电源，一般可以采取哪些措施？
14. 画出微机常用的直流稳压电源的结构示意图，并说明各组成部分的作用。

第8章　总线技术与嵌入式系统

教学提示

以计算机控制系统的发展历史为背景，介绍总线技术的产生，技术特点和优点。以电子技术的发展的特点引入嵌入式系统，介绍嵌入式系统的特点，组成和应用。以知识产权为背景，结合当前的成熟技术和市场的发展趋势和要求，分别介绍几种不同的现场总线，并对总线的选择提出相应的建议。

教学要求

了解计算机控制系统的发展历史，熟悉嵌入式系统的结构和特点，熟悉总线技术的特点，理解总线技术的本质特征，了解部分现场总线的基本特点，了解计算机控制系统面临的新问题和新对策，对总线技术的发展方向有较好的认识。

本章知识结构

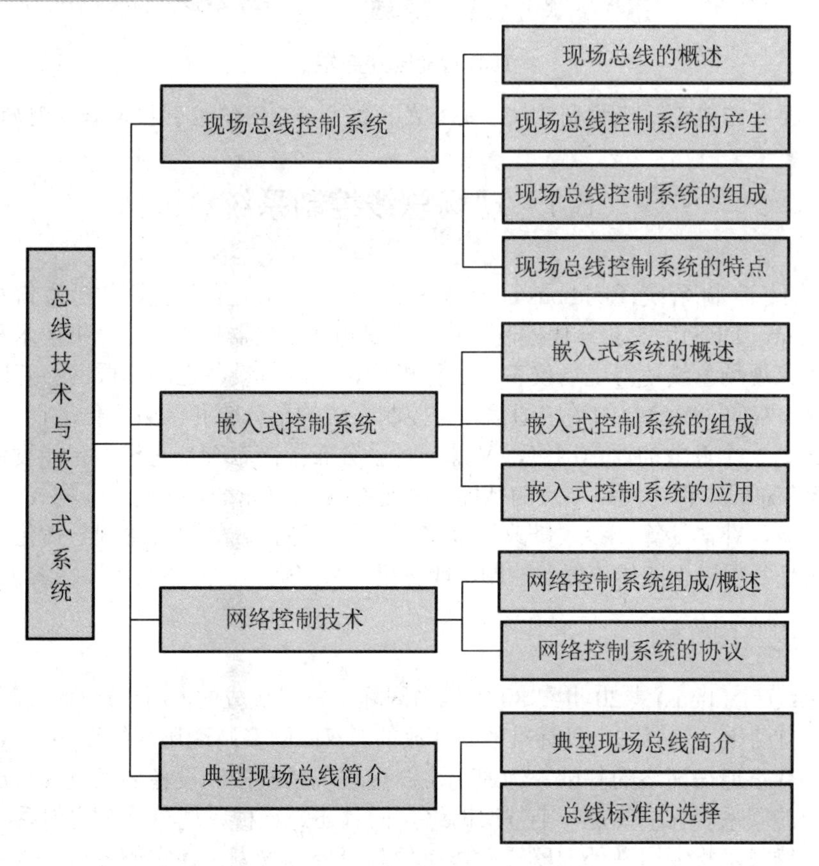

【引言】

随着微电子技术的发展，智能仪表采用超大规模的集成电路技术和嵌入式技术，将微处理器、存储器、A/D 转换器和输入/输出功能集成在一块芯片上，在完成输入信号的非线性补偿、零点错误、温度补偿、故障诊断等基础上，还可以完成对工业过程的控制，使控制系统的功能进一步分散。智能传感器集成了传感器、智能仪表的全部功能及部分控制功能，传感器的信号可以直接以数字量形式输出，使信号的 A/D 转换工作从计算机下移到现场端，具有很高的线性度和低的温度漂移，降低了系统的复杂性，简化了系统结构。现代智能仪表的主要特点除了可以像传统的传感器一样输出被测量信号之外，还可以全面反映系统的综合信息，并且可以根据被测量的变化与不同测量要求完成各种控制算法和选择不同的控制方案，对系统的状态进行预测，同时具有数据通信功能，可以使操作人员随时掌握系统中各传感器的运行状况，为整个系统的安全运行提供可靠的保障。智能仪表的问世，为现场总线的出现奠定了基础。

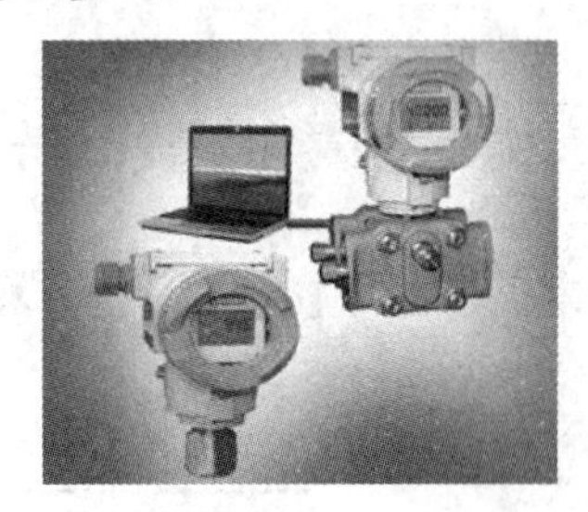

TDS 智能压力变送器

本章主要介绍现场总线控制系统、嵌入式控制系统、网络控制技术和典型的现场总线。

8.1 现场总线控制系统

现场总线控制系统(Field bus Control System，FCS)是继集散控制系统(Distributed Control System，DCS)后的新一代控制系统，它是电子、仪器仪表、计算机技术和网络技术的发展成果。现场总线使得现场仪表、执行机构、控制室设备之间构成网络互联系统，实现全数字化、双向、多参数的数字通信，为控制系统的全分布和全数字化运行奠定了基础。

FCS 既是一个开放的通信网络，又是一种全分布控制系统。它作为智能设备的联系纽带，把挂接在总线上作为网络节点的智能设备连接为网络系统，并进一步构成自动化系统，实现基本控制、补偿计算、参数修改、报警、显示、监控、优化及管理一体化的综合自动化功能。这是一项以智能传感器、控制、计算机、数字通信、网络为主要内容的综合技术。

8.1.1 现场总线的概述

现场总线(Field bus)是 20 世纪 80 年代末国际上发展形成的，用于过程自动化、制造自动化、楼宇自动化等领域的一种标准的、开放的、双向的多站现场智能设备互联通信网络。它作为工厂数字通信网络的基础，沟通了生产过程现场及控制设备之间及其与更高控制管理层次之间的联系。它不仅是一个基层网络，而且还是一种新型全分布控制系统。

现场总线技术将专用微处理器置入传统的测量控制仪表，使它们各自都具有数字计算和数字通信的能力，采用可进行简单连接的双绞线等作为总线，把多个测量控制仪表连接成网络系统，并公开规范的通信协议，在位于现场的多个微机化测量控制设备之间以及现场仪表与远程监控计算机之间，实现数据传输与信息交换，形成各种适应实际需要的自动化控制系统。

简而言之，它把单个分散的测量控制设备变成网络节点，以现场总线为纽带，把它们连接成可以相互沟通信息、共同完成控制任务的网络系统和控制系统。它给自动化领域带来的变化，正如众多分散的计算机被网络连接在一起，使计算机的功能、作用发生的变化。现场总线则使自控系统与设备具有通信能力，把它们连接成网络系统，加入到信息网络的行列。

由于现场总线适应了工业控制系统向分散化、网络化、智能化发展的方向，它一经产生便成为全球工业自动化技术的热点，受到全世界的普遍关注。现场总线的出现，导致了目前生产的自动化仪表、DCS、可编程控制器(PLC)在产品的体系结构、功能结构方面有较大变革，传统的模拟仪表将被具有网络数字通信功能的智能化数字仪表所取代，出现了一批集检测、运算、控制功能于一体的变送控制器；出现了可集检测温度、压力、流量于一身的多变量变送器；出现了带控制模块和具有故障信息的执行器，并由此大大改变了现有的设备维护管理方法。

8.1.2 现场总线控制系统的产生

目前，工业界的发展趋势为分散化、网络化和智能化逐渐地融为一体，而集散控制系统(Distributed Control System, DCS)是集中了常规仪表的分散控制和计算机集中控制的网络系统，既实现了在管理、操作和显示三方面的集中，又实现了负载分散、功能分散、危险分散和地域分散，在工业自动化领域得到了广泛的应用。由于在工程实践中广泛使用模拟仪表系统中的传感器、变送器和执行机构，一个变送器或执行机构需要一对传输线来单向传送一个模拟信号(4～20mA)。这种传输方法使用的导线多，现场安装及调试的工作量大，投资高，传输精度和抗干扰能力较低，不便维护，主控室的工作人员无法了解现场仪表的实际情况，不能对其进行参数调整和故障诊断，整个控制系统的控制效果与系统的稳定性比较差，所以处于最底层的模拟变送器和执行机构成了计算机控制系统中最薄弱的环节，也就是 DCS 的发展瓶颈。

随着微处理器与计算机功能的不断增强和价格的急剧下降，计算机与计算机网络系统得到迅速发展，而处于生产过程底层的测控自动化系统，难以实现设备之间以及系统与外界之间的信息交换，使每个自动化系统成为“信息孤岛”。要实现整个企业的信息集成，要实现综合自动化，就必须设计出一种能在工业现场环境运行、性能可靠、造价低廉的通信系统，形成工场底层网络，完成现场自动化设备之间的多点数字通信，实现底层现场设备之间以及生产现场与外界的信息交换。

现场总线就是在这种实际需求的驱动下应运而生的。它作为过程自动化、控制自动化、楼宇、交通等领域现场智能设备之间的互联通信网络，沟通了生产过程现场控制设备之间及其与高层控制管理层网络之间的联系，为彻底打破自动化系统的信息孤岛创造了条件。

8.1.3 现场总线控制系统的组成

现场总线导致了传统控制系统结构的变革，形成了新型的网络集成式全分布控制系统——FCS。这是基地式气动仪表控制系统、电动单元组合式模拟仪表控制系统、集中式数字控制系统、DCS 后的新一代控制系统。

1. 现场总线控制系统的结构

传统模拟控制系统采用一对一的设备连线，按控制回路分别进行连接。位于现场的测量变送器与位于控制室的控制器之间，控制器与位于现场的执行器、开关、电动机之间均为一对一的物理连接。

现场总线系统由于采用了智能现场设备，能够把原先 DCS 中处于控制室的控制模块、各输入/输出模块置入现场设备，加上现场设备具有通信能力，现场的测量变送仪表可以与阀门等执行机构直接传送信号，因而控制系统功能能够不依赖控制室的计算机或控制仪表，直接在现场完成，实现了彻底的分散控制。图 8.1 为 FCS 与传统控制系统的结构对比。

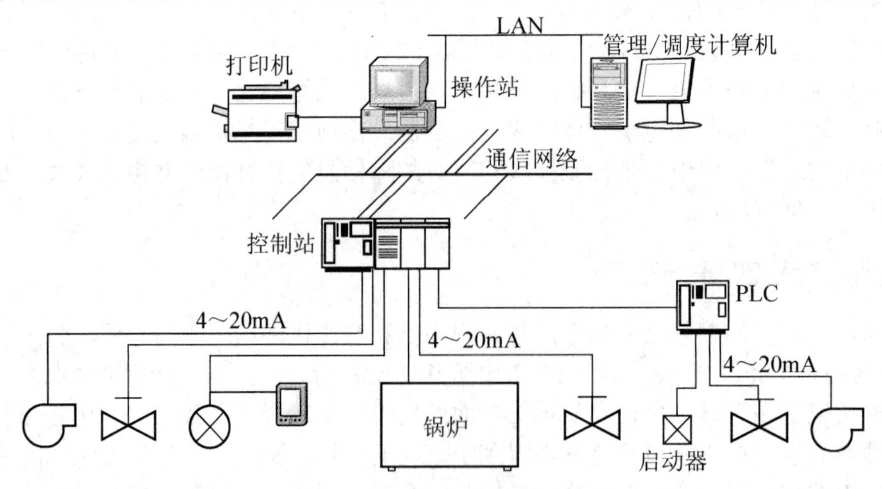

(a) 传统控制系统结构图

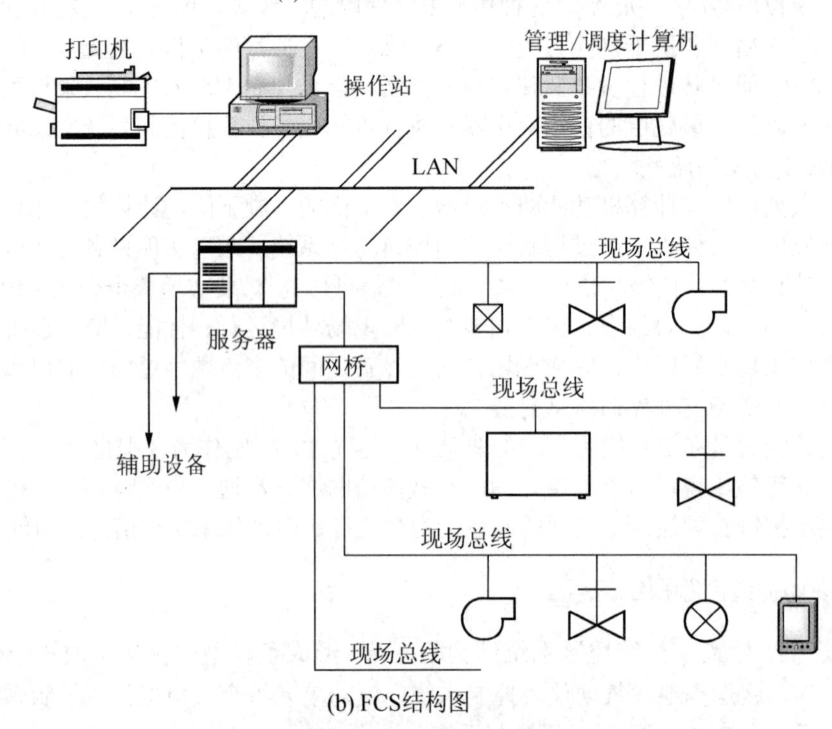

(b) FCS结构图

图 8.1 FCS 与传统控制系统的结构比较

由于采用数字信号替代模拟信号，因而可实现一对通信线上传输多个信号(包括多个运行参数值、多个设备状态、故障信息)，同时又为多个设备提供电源，现场设备以外不再需要 A/D、D/A 转换部件。这样就简化了系统结构，为节约硬件设备、节约连接电缆与各种安装、维持费用创造了条件。

2. 现场总线构成了全分布控制系统

DCS 中的测量变送器一般为模拟仪表，因而它是一种模拟数字混合系统，这种系统在功能、性能上较模拟仪表、集中式数字控制系统有了很大的进步。但在 DCS 形成的过程中，由于受计算机系统早期存在系统封闭这一缺陷的影响，各 DCS 厂家的产品自成系统，不同厂家的设备不能互连在一起，难以实现互换与互操作，组成更大范围信息共享的网络系统存在很多困难。

新型的 FCS 则突破了 DCS 中通信由专用网络的封闭系统来实现所造成的缺陷，把基于封闭、专用的解决方案变成了基于公开化、标准化的解决方案，既可以把来自不同厂商而遵守同一协议规范的自动化设备，通过现场总线网络连接成系统，实现综合自动化的各种功能；同时又把 DCS 集中与分散相结合的集散系统结构，变成了新型全分布结构，把控制功能彻底下放到现场，依靠现场智能设备本身便可实现基本控制功能。

把微处理器置入现场自控设备，使设备具有数字计算和数字通信能力，提高了信号的测量、控制和传输精度，同时为丰富控制信息的内容，实现其远程传送创造了条件。在现场总线的环境下，借助设备的计算、通信能力，在现场就可以进行许多复杂计算，形成真正分散在现场的完整控制系统，提高控制系统运行的可靠性。还可借助现场总线网段以及与之有通信连接的其他网段，实现异地远程自动控制，如操作远在数百千米之外的开关、阀门等。还可以提供传统仪表所不能提供的仪表运行状态、故障诊断信息等，便于操作管理人员进行现场设备的维护和管理。

3. 现场总线构成控制系统的底层控制网络

现场总线是新型的自动化系统，又是低带宽的底层控制网络，它位于生产控制网络结构的底层，具有开放统一的通信协议，肩负生产运行一线测量控制的特殊任务。

现场总线与现场设备直接连接，一方面将现场测量控制设备互连为通信网络，实现不同网段、不同现场通信设备间的信息共享；同时又将现场运行的各种信息传送到远离现场的控制室，并进一步实现与操作终端、上层控制管理网络的连接和信息共享。在把一个现场设备的运行参数、状态以及故障信息等送往控制室的同时，又将各种控制、维护、组态命令，乃至现场设备的工作电源等送往各相关的现场设备，沟通了生产过程现场级控制设备之间及其与更高控制管理层次之间的联系。现场总线所肩负的是测量控制的特殊任务，它具有信息传输的实时性强，可靠性高，传输速率一般为几 Kb/s～10Mb/s。

8.1.4 现场总线控制系统的特点

如果仅把现场总线理解为省掉了几根电缆，则是没有理解到它的实质。信息处理的现场化才是智能化仪表和现场总线所追求的目标，也是现场总线不同于其他计算机通信技术的标志。

1. 现场总线的技术特点

(1) 系统的开放性。通信协议公开，各不同厂家的设备之间可进行互连并实现信息交换。

(2) 互可操作性与互用性。互可操作性是指实现互连设备间、系统间的信息传送与沟通，而互用性则意味着不同生产厂家的性能类似的设备可进行互换而实现互用。

(3) 现场设备的智能化与功能自治性。它将传感测量、补偿计算、工程量处理与控制等功能分散到现场设备中完成，仅靠现场设备即可完成自动控制的基本功能，并可随时诊断设备的运行状态。

(4) 对现场环境的适应性。工作在现场设备前端，作为工厂网络底层的现场总线，是专为在现场环境工作而设计的，它可支持双绞线、同轴电缆、光缆、射频、红外线、电力线等，具有较强的抗干扰能力，能采用两线制实现送电与通信，并可满足本质安全防爆要求等。

(5) 系统结构的高度分散性。现场总线已构成一种新的全分散性控制系统的体系结构。从根本上改变了现有DCS集中与分散相结合的DCS体系，简化了系统结构，提高了可靠性。

2. 现场总线的优点

由于现场总线的以上特点，特别是现场总线系统结构的简化，使控制系统的设计、安装、投运到正常生产运行及其检修维护，都体现出优越性。

(1) 节省硬件数量与投资。由于分散在设备前端的智能设备能直接执行多种传感、控制、报警和计算功能，因而可减少变送器的数量，不再需要单独的控制器、计算单元，信号调理、转换、隔离技术等功能单元及其复杂接线，从而节省了一大笔硬件投资。

(2) 节省安装费用。现场总线系统的接线十分简单，由于一对双绞线或一条电缆上通常可挂接多个设备，因而连接电缆的用量大大减少，连线设计与接头校对的工作量也大大减少。

(3) 节省维护开销。由于现场控制设备具有自诊断与简单故障处理的能力，并通过数字通信将相关的诊断维护信息送往控制室，用户可以查询所有设备的运行，诊断维护信息，以便早期分析故障原因并快速排除。

(4) 用户拥有高度的系统集成主动权。用户可以自由选择不同厂商所提供的设备来集成系统，使系统集成过程中的主动权完全掌握在用户手中。

(5) 提高了系统的准确性与可靠性。由于现场总线的数字化设备从根本上提高了测量与控制的准确度，提高了系统的工作可靠性。

许多总线节点具有防水、防尘、抗振动的特性，可以直接安装于工业设备上，大量减少了现场接线箱，使系统美观而实用。而总线的本质安全特点，更加适合直接安装于石油、化工等危险防爆场所，减少系统发生危险的可能性。

此外，由于它的设备标准化、功能模块化，因而还具有设计简单、易于重构等优点。

8.2 嵌入式控制系统

嵌入式这个词现在变得越来越流行，人们也逐渐地认识并熟悉一个新的概念——嵌入式产品。像手持式移动电话机(以下简称手机)、个人数字助理(Personal Digital Assistant,

PDA)(如商务通等)均属于手持的嵌入式产品，VCD机、机顶盒等也属于嵌入式产品，而像车载GPS、数控机床、网络冰箱等同样都采用嵌入式系统。

嵌入式系统与对象系统密切相关，其主要技术发展方向是满足嵌入式应用要求，不断扩展对象系统要求的外围电路(如A/D转换器、D/A转换器、PWM、日历时钟、电源监测、程序运行监测电路等)，形成满足对象系统要求的应用系统。

8.2.1 嵌入式系统的概述

嵌入式系统是以嵌入式计算机为技术核心，面向用户、面向产品、面向应用，软、硬件可裁减的，适用于对功能、可靠性、成本、体积、功耗等综合性能有严格要求的专用计算机系统。

嵌入式系统是面向用户、面向产品、面向应用的，如果独立于应用自行发展，则会失去市场。嵌入式处理器的功耗、体积、成本、可靠性、速度、处理能力、电磁兼容性等方面均受到应用要求的制约。嵌入式处理器的应用软件是实现嵌入式系统功能的关键，其软件要求固化存储，代码要求质量高、可靠性高，系统软件(OS)的高实时性是基本要求。系统的核心是单片机或微控制器，支撑硬件主要包括存储介质、通信部件和显示部件等，嵌入式软件则包括支撑硬件的驱动程序、操作系统、支撑软件以及应用中间件等。

1. 嵌入式系统的定义

按照本质和普遍性的要求，嵌入式系统应定义为：“嵌入到对象体系中的专用计算机系统”。“嵌入性”、“专用性”与“计算机系统”是嵌入式系统的3个基本要素。对象系统则是指嵌入式系统所嵌入的宿主系统。

IEEE(国际电气和电子工程师协会)定义嵌入式系统是“控制、监视或者辅助设备、机器和车间运行的装置”。

国内一个普遍认同的定义是：嵌入式系统是以运用为中心，以计算机技术为基础，软件、硬件可裁剪，适应应用系统对功能、可靠性、成本、体积、功耗严格要求的专用计算机系统。

由此，嵌入式系统具有几个重要的特点：小型系统内核；专用性较强；系统精简，以减少控制系统成本，利于实现系统安全；采用高实时性的操作系统，且软件要固化存储；使用多任务的操作系统，使软件开发标准化；嵌入式系统开发需要专门的工具和环境。

不同嵌入式系统的特点会有所差异。与“嵌入性”相关的特点：由于是嵌入到对象系统中，必须满足对象系统的环境要求，如物理环境(小型)、电气/气氛环境(可靠)、成本(价廉)等要求。与“专用性”相关的特点：软、硬件的裁剪性；满足对象要求的最小软、硬件配置等。与“计算机系统”相关的特点：嵌入式系统必须是能满足对象系统控制要求的计算机系统。与上两个特点相呼应，这样的计算机必须配置有与对象系统相适应的接口电路。

另外，在理解嵌入式系统定义时，不要与嵌入式设备相混淆。嵌入式设备是指内部有嵌入式系统的产品、设备，例如，内含单片机的家用电器、仪器仪表、工业控制单元、机器人、手机、PDA等。

只要满足定义中三要素的计算机系统，都可称为嵌入式系统。嵌入式系统按形态可分为设备级(工业控制机)、板级(单板、模块)、芯片级(MCU、SOC)。

有些人把嵌入式处理器当作嵌入式系统，但由于嵌入式系统是一个嵌入式计算机系统，因此，只有将嵌入式处理器构成一个计算机系统，并作为嵌入式应用时，这样的计算机系统才可称作嵌入式系统。

2. 嵌入式系统的特点

与一般的商用系统(Management Information System，MIS)相比较而言，嵌入式系统具有如下一些显著的特点。

1) 系统的复杂性

据目前的估计，大约有100～250亿个嵌入式系统正在使用，分布在十分广泛的范围之内，几乎所有的现代电子设备中都有嵌入式系统。嵌入式系统本身的复杂程度也因功能不同而不同，加上不同系统在开发制造过程中的技术差异以及不同系统之间的协同工作，整个嵌入式系统的复杂性就可想而知了。

2) 系统处理的实时性

嵌入式系统多数与生产过程的实时控制相关，将更多地涉及对时间段的处理，而不是对日期或年份的处理。同时生产过程本身的特性决定了这类系统不可能随意中断正常的生产过程进行各种测试或维修，而且对于多数造价高昂的嵌入式系统没有备份系统，因此问题诊断的难度相应增加。

3) 与关键系统的控制相关

嵌入式系统在一些关键系统(如钢铁、石油等大型企业的生产过程)的控制过程得到了广泛的应用，但这些系统的生产过程是代价高昂的，系统的任何微小的错误都可能导致整个生产过程的中断和巨额的经济损失。一般的商用系统更多地参与决策过程而不是实时控制过程相关，因此对这些关键部门的生产过程的影响不是那样明显，而且影响的时间范围大于嵌入式控制系统。

4) 购买产品与技术开发相结合的实现方式

嵌入式系统基本上都是同时采用购买现成的产品和自行独立开发相结合的方式来构建的。自行开发的部分基本上能够保留较完备的开发文档和维护记录信息，而对于购买的产品部分，一般只能采取整个部件进行替换的方式维护，或者需要得到原厂商的技术支持。

8.2.2 嵌入式控制系统的组成

嵌入式系统是不同于常见计算机系统的一种计算机系统，它不以独立设备的物理形态出现，即它没有一个统一的外观，它的部件根据主体设备以及应用的需要嵌入在设备的内部，发挥着运算、处理、存储以及控制作用。从体系结构上看，嵌入式系统主要由嵌入式处理器、支撑硬件和嵌入式软件组成。其结构如图8.2所示。

硬件多为专用的或可编程控制的芯片，一般以微处理器内核为核心，主要硬件还包括存储器、外设器件和电源等。在电路板上可以高度集成ROM/E^2PROM、总线逻辑、定时/计数器、Watchdog、I/O、串行口、PWM输出、A/D、D/A、Flash ROM、NVRAM(非易失性RAM)等各种必要功能和外设。

软件则主要是各种专门用途的控制软件系统，配合加载到嵌入式操作系统完成特定功能。嵌入式操作系统是与应用环境密切相关的，从应用角度来看，大致可以分为通用型的嵌入式操作系统如 Windows CE、VxWorks、嵌入式 Linux 等和专用型的嵌入式操作系统如 Palm OS、Symbian 等。从实时性的角度看，大致可以分为实时嵌入式操作系统和一般嵌入式操作系统。嵌入式操作系统作为一种操作系统，最大的特点就是可定制性，即它能够提供可配置或可剪裁的内核功能和其他功能，可以根据应用的需要有选择地提供或不提供某些功能，以减少系统开销。

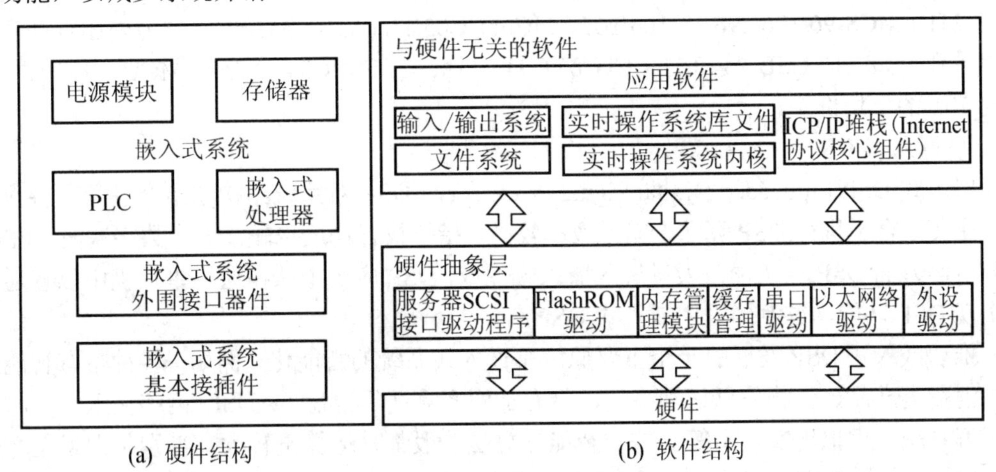

图 8.2　嵌入式系统的结构方式

1. 嵌入式处理器

嵌入式系统的核心部件是嵌入式处理器，目前嵌入式处理器的品种总量已经超过 1000 多种，流行体系结构有 30 几个系列，其中 8051 体系的占有多半。生产 8051 单片机的半导体厂家有 20 多个，共 350 多种衍生产品，仅 Philips 公司就有近 100 种。现在几乎每个半导体制造商都生产嵌入式处理器，越来越多的公司有自己的处理器设计部门。嵌入式处理器的寻址空间一般从 64KB～16MB，处理速度从 0.1～2000MIPs，常用封装从 8～144 个引脚。根据其现状，嵌入式计算机可以分成下面几类。

1) 嵌入式微处理器

嵌入式微处理器(Embedded Microprocessor Unit，EMPU)的基础是通用计算机中的 CPU，一般装配在专门设计的电路板上，只保留与应用要求密切相关的功能硬件，去掉其他冗余的部分。

为了满足嵌入式应用的特殊要求，嵌入式微处理器虽然在功能上和标准微处理器基本是一样的，但在工作温度、抗电磁干扰、可靠性等方面一般都做了各种增强。嵌入式处理器目前主要有 Am186/88、386EX、SC-400、Power PC、68000、MIPS、ARM 系列等。

2) 嵌入式微控制器

嵌入式微控制器(Microcontroller Unit，MCU)又称单片机，顾名思义，就是将整个计算机系统集成到一块芯片中。

单片机芯片内部集成 ROM、RAM、总线、定时器/计时器、I/O、串行口、A/D、D/A 等各种必要的功能和外设，在抗电磁干扰等方面一般都做了各种增强，且体积小、功耗和成本较低，比较适合控制，因此称为微控制器。

为适应不同的应用需求，一个系列的单片机通常有多种衍生产品，每种衍生产品的处理器内核都是一样的，不同的是存储器和外设的配置及封装。这样可以使单片机最大限度地和应用需求相匹配，从而减少功耗和成本。和嵌入式微处理器相比，微控制器的最大特点是单片化，体积大大减小，从而使功耗和成本下降、可靠性提高。微控制器是目前嵌入式系统工业的主流。

嵌入式微控制器目前的品种和数量最多，比较有代表性的通用系列包括 8051、P51XA、MCS-251、MCS-96/196/296、C166/167、MC68HC05/11/12/16、68300 等。另外还有许多半通用系列，如支持 USB 接口的 MCU 8XC930/931、C540、C541。现在 MCU 占嵌入式系统约 70%的市场份额。

3) 嵌入式 DSP

嵌入式 DSP(Embedded Digital Signal Processor，EDSP)对系统结构和指令进行了特殊设计，使其适合于执行 DSP 算法，编译效率较高，指令执行速度也较高。在数字滤波、FFT、谱分析等方面 DSP 算法正在大量进入嵌入式领域，DSP 应用正从在通用单片机中以普通指令实现 DSP 功能，过渡到采用嵌入式 DSP。

推动嵌入式 DSP 发展的一个重要原因是嵌入式系统的智能化，例如，各种带有智能逻辑的消费类产品，生物信息识别终端，带有加解密算法的键盘，ADSL 网络接入、实时语音压解系统，虚拟现实显示等。这类智能化算法一般都是运算量较大，特别是向量运算、指针线性寻址等较多，而这些正是 DSP 的长处所在。

嵌入式 DSP 比较有代表性的产品是 Texas Instruments 公司的 TMS320 系列和 Motorola 公司的 DSP56000 系列。

在嵌入式应用中，如果强调对连续的数据流的处理及高精度复杂运算，则应该选用 DSP 器件。

4) 嵌入式片上系统

片上系统(System On Chip，SOC)是在一个硅片上实现一个复杂的系统，其最大的特点是实现了软/硬件的无缝结合，直接在处理器内嵌入操作系统的代码模块。用户只需使用特定的语言(如标准 VHDL)，综合时序设计直接在器件库中调用各种通用处理器的标准，通过仿真之后，就可以直接交付芯片厂商进行生产。

SOC 可以分为通用和专用两类。通用系列包括 Motorola 的 M-Core，某些 ARM 系列器件，Echelon 和 Motorola 联合研制的 Neuron 芯片等。专用 SOC 一般专用于某个或某类系统中，不为一般用户所知。一个有代表性的产品是 Philips 的 Smart XA，它将 XA 单片机内核和支持超过 2048 位复杂 RSA 算法的 CCU 单元制作在一块硅片上，形成一个可加载 Java 或 C 语言的专用的 SOC，可用于公众互联网。

2. 存储器

存储器用于充当设备缓存或保存固定的程序及数据。

众所周知，传统半导体存储器有两大体系：易失性存储器(volatile memory) 和非易失性存储器(non-volatile memory)。易失性存储器像 SRAM 和 DRAM 在没有电源的情况下都不能保存数据，但这种存储器具有高性能和易用等优点。非易失性存储器像 EPROM、E^2PROM 和 Flash 能在断电后仍保存资料。但由于所有这些存储器均起源于只读存储器(ROM)技术，所以，它们都有不易写入的缺点，如写入缓慢、有限写入次数、写入时需要特大功耗等。

存储器按存储信息的功能可分为只读存储器(Read Only Memory，ROM)和随机存储器(Random Access Memory，RAM)。

ROM 一般用于存放固定的程序，如监控程序、汇编程序等，以及各种表格。E^2PROM 和一般的 ROM 不同点在于它可以用特殊的装置擦除和重写它的内容，一般用于软件的开发过程。

RAM 就是人们平常所说的内存，主要用来存放各种现场的输入、输出数据，中间计算结果，以及与外部存储器交换信息和作堆栈用。

过去的嵌入式系统一直使用 ROM(E^2PROM)作为存储设备。然而近年来 Flash ROM 全面代替了 ROM(E^2PROM)在嵌入式系统中的地位。因为相较 ROM 而言，Flash ROM 有成本低，可靠性高，容易改写等优点。

Flash ROM 指的是“闪存”，所谓“闪存”，它也是一种非易失性的内存，属于 E^2PROM 的改进产品。它的最大特点是必须按块(Block)擦除(每个区块的大小不定，不同厂家的产品有不同的规格)，而 E^2PROM 则可以一次只擦除一个字节(Byte)。目前“闪存”被广泛用在 PC 的主板上，用来保存 BIOS 程序，便于进行程序的升级。其另外一大应用领域是用来作为硬盘的替代品，具有抗震、速度快、无噪声、耗电低的优点，但是将其用来取代 RAM 就显得不合适，因为 RAM 需要能够按字节改写，而 Flash ROM 做不到。常用的容量一般在 128KB～64MB 之间。

铁电存储器(FRAM)是最近几年由 Ramtron 公司研制的新型非易失性随机存储器，它的核心技术是铁电晶体材料，拥有随机存储产品和非易失性存储产品的特性。FRAM 是一种有与 RAM 技术一样的优点，但又有与 ROM 一样的非易失性特性的产品。

FRAM 串行 RAM 遵循标准工业接口，具有 2-wire 产品和 3-wire (SPI)的两种接口，而其并行 RAM 与标准 SRAM 引脚兼容。

FRAM 第一个最明显的优点是可以跟随总线速度(bus speed)写入，与 E^2PROM 的最大不同是 FRAM 在写入后无须任何等待时间，而 E^2PROM 则要等几毫秒才能写进下一笔资料。

FRAM 的第二大优点是近乎无限次写入，当 E^2PROM 只能应付十万(10^5)至一百万次写入时，新一代的 FRAM 已达到一亿个亿次(10^{16})的写入寿命。

FRAM 的第三大优点是超低功耗，E^2PROM 的慢速和高电流写入令它需要高出 FRAM 2500 倍的能量去写入每个字节。

表 8-1 以 Ramtron FM24C16 为例说明 FRAM 的优点。

表 8-1　FM24C16 特性

存储容量	16Kb
待机电流	10μA
写入电流(100kHz)	150μA
最大总线速度	400MHz
写入次数	e^{13}
通信协议为	2-Wire 协议
每字节写入时间	72μs
整个空间写满时间	47ms
工作电压	5V

目前最高容量的FRAM产品为4兆位 (Mb) FRAM。

FRAM无限次快速擦写和非易失性的特点，为整个系统节省功耗、成本和空间，同时提高了整个系统的可靠性。FRAM因其兼具RAM和ROM性能，克服了它们的缺陷，合并了它们的优点，被认为未来可能是取代各类存储器的超级存储器。

3. 输入/输出设备

嵌入式系统中输入形式一般包括触摸屏、语音识别、键盘和虚拟键盘。输出设备主要有LCD 和语音输出。

4. 嵌入式操作系统

完成简单功能的嵌入式系统一般不需要操作系统，如许多MCS-51系列单片机组成的小系统就只是利用软件实现简单的控制环路。

随着硬件的发展，嵌入式系统变得越来越复杂，最初的控制程序中逐步地加入了许多功能，简单的流程控制就不能满足系统的要求，这时就必须考虑使用操作系统作为系统软件。因此，在20世纪70年代末期出现了嵌入式操作系统(EOS，Embedded Operating System)，它的出现大大简化了应用程序设计，并可以有效地保障软件质量和缩短开发周期。

EOS是一种支持嵌入式应用系统的操作系统软件，它是嵌入式系统(包括软/硬件系统)极为重要的组成部分，通常包括与硬件相关的底层驱动软件、系统内核、设备驱动接口、通信协议、图形界面、标准化浏览器Browser等。

一般情况下，嵌入式操作系统可以分为两类：一类是面向控制、通信等领域的实时操作系统，如WindRiver公司的VxWorks、QNX系统软件公司的QNX等；另一类是面向消费电子产品的非实时操作系统，这类产品包括PDA、移动电话、机顶盒、电子书、WebPhone等。

嵌入式操作系统伴随着嵌入式系统的发展经历了3个比较明显的阶段(无操作系统的嵌入算法阶段，以嵌入式CPU为基础、以简单操作系统为核心的嵌入式系统阶段，通用的嵌入式实时操作系统阶段)，现在已经进入了新的发展阶段，即以基于Internet为标志的嵌入式系统。

目前使用最多的EOS产品有VxWorks、QNX、μC/OS-II、Palm OS、Windows CE等。其中，Vxworks使用最为广泛、市场占有率最高，其突出特点是实时性强，其可靠性和可剪裁性也相当不错。它支持多种处理器，如x86、i960、Motorola MC68xxx、MIPS RX000、POWER PC等。大多数的VxWorks API是专有的，采用GNU的编译和调试器。

QNX是一种伸缩性极佳的系统，其核心加上实时POSIX环境和一个完整的窗口系统还不到1MB。

《μC/OS-II操作系统》最初是1992年美国嵌入式系统专家Jean Labrosse编写的，它应用面覆盖了诸多领域，如照相机、医疗器械、音响设备、发动机控制、高速公路电话系统、自动提款机等。

μC/OS-II系统是专门为计算机的嵌入式应用设计的，它具有以下特点：它是完整的免费代码；绝大部分代码是用移植性很强的ANSI C语言编写的，可读性强；CPU硬件相关部分是用汇编语言编写的、总量约200行的汇编语言部分被压缩到最低限度，因为汇编语言很少，所以移植起来很方便，可在大多数8位、16位、32位、64位微处理器、微控制器和DSP上使用，许多移植的范例可以从网站上得到；可裁剪(scalable)，可以根据需要选择使用操作系统中的服务，这样的优点是可以减少嵌入式系统所需要的存储空间(RAM和

ROM)；可固化(ROMable)，操作系统可作为应用程序的一个组成部分固化到 ROM 中去；很强的中断管理，中断嵌套层数可达 255 层。

用户只要有标准的 ANSI 的 C 交叉编译器，有汇编器、连接器等软件工具，就可以将 μC/OS-II 嵌入到开发的产品中。μC/OS-II 最大的特点是源代码小，特别适合学习和研究，适合应用在一些 RAM 和 ROM 有限的，对于实时性要求较高，应用相对简单的小型嵌入式系统中，由于单片机的资源也越来越丰富，所以单片机也可以使用该操作系统。

Palm OS 是一种专门为掌上计算机开发的 32 位的嵌入式操作系统。Palm 提供了串行通信接口和红外线传输接口，利用它可以方便地与其他外设通信、传输数据；拥有开放的 OS 应用程序接口，可根据需要自行开发所需的应用程序。由于其面向掌上计算机的特点，它只占有非常小的内存。又由于 Palm OS 编写的应用程序占用的空间也非常小(通常只有几十 KB)，所以，基于 Palm OS 的掌上计算机(虽然只有几 MB 的 RAM)可以运行众多应用程序。因此 Palm OS 应用范围十分丰富，有数字照相机、GSM 无线电话、数码音频播放设备、条码扫描等。其中 Palm 与 GPS 结合的应用，不但可以作导航定位，还可以结合 GPS 作气候的监测、地名调查等。

相比之下，Microsoft Windows CE 的核心体积庞大，实时性能也差强人意，但由于 Windows 系列友好的用户界面和为程序员所熟悉的 API，是从整体上为有限资源的平台设计的多线程、完整优先权、多任务的可升级的 32 位操作系统，允许它对于从掌上计算机到专用的工业控制器的用户电子设备进行定制，捆绑了 IE、Office 等应用程序，正逐渐获得更大的市场份额。Windows CE 是基于掌上型计算机类的电子设备操作，是精简的 Windows 95。

Linux 是一个成熟而稳定的网络操作系统。将 Linux 植入嵌入式设备具有众多的优点。首先，Linux 的源代码是开放的，任何人都可以获取并修改，以对操作系统进行定制，适应其特殊需要，所以在价格上极具竞争力。Linux 其系统内核最小只有约 134KB。一个带有中文系统和图形用户界面的核心程序也可以做到不足 1MB，并且同样稳定。由于具有良好的可移植性，人们已成功使 Linux 运行于数百种硬件平台之上，这对于经费，时间受限制的研究与开发项目是很有吸引力的。系统本身内置网络支持，它提供了对包括十兆位、百兆位及千兆位的以太网络，还有无线网络、Token Ring(令牌环)和光纤甚至卫星的支持，而目前嵌入式系统对网络支持要求越来越高。Linux 的高度模块化使添加部件非常容易。Linux 是支持大量硬件(包括 X86，Alpha、ARM 和 Motorola 等公司现有的大部分芯片)等特性的一种通用操作系统，很多 CPU(包括家用电器业的芯片)厂商都开始做 Linux 的平台移植工作，而且移植的速度远远超过 Java 的开发环境。如果今天采用 Linux 环境开发产品，那么将来更换 CPU 时就不会遇到更换平台的困扰。然而，Linux 并非专门为实时性应用而设计，如果想在 Linux 系统软件中提高实时性要求，就必须为之添加实时软件模块。而添加代码中的错误可能会破坏操作系统，进而影响整个系统的可靠性和稳定性。

Linux 的众多优点还使它在嵌入式领域获得了广泛的应用，并出现了数量可观的嵌入式 Linux 系统。其中有代表性的包括μClinux、ETLinux、ThinLinux、LOAF 等。μClinux 即 Micro-Control-Linux，字面上的理解就是“针对微控制领域而设计的 Linux 系统”，是在没有内存管理模块的系统上运行的 Linux。ETLinux 通常用于小型工业计算机，尤其是 PC/104 模块。ThinLinux 面向专用的照相机服务器、X-10 控制器(用于家庭智能化总线之一的 X-10 协议，它直接利用住宅电力线作为控制总线，通过电力线将各控制器与各功能接口器相连并实现程序控制)、MP3 播放器和其他类似的嵌入式应用。LOAF 是 Linux On A Floppy 的缩略语，它运行在386平台上。

Linux 不足之处如下：①开发难度较高，需要很高的技术实力；②核心调试工具不全，调试不太方便，尚没有很好的用户图形界面；③与某些商业 OS 一样，嵌入式 Linux 占用较大的内存，当然，人们可以去掉部分无用的功能来减小使用的内存，但是如果不仔细，将引起新的问题；④有些 Linux 的应用程序需要虚拟内存，而嵌入式系统中并没有或不需要虚拟内存，所以并非所有的 Linux 应用程序都可以在嵌入式系统中运行。

随着各种应用电子系统的复杂化和系统实时性需求的提高，嵌入式系统设计的应用日趋广泛，再加上单片机在内部结构、功率消耗以及制造工艺等诸多方面有了长足的进步，并将 EOS 移植到单片机中，不但使系统有了智能性，而且将实时操作系统应用在广泛的领域中，大大提高了系统的实时性。现在，在16位/32位单片机中广泛使用了嵌入式实时操作系统。然而实际使用中却存在着大量8位单片机，从经济性考虑，对某些应用场合，在8位 MCU 上使用操作系统是可行的。

选用什么样的操作系统，要根据目标系统的硬件条件和用户应用程序的复杂度来确定。

5. 可编程逻辑器件

可编程逻辑器件(Programable Logic Device，PLD)能完成任何数字器件的功能，上至高性能 CPU，下至简单的74电路，都可以用 PLD 来实现。

典型的 PLD 由一个“与”门和一个“或”门阵列组成，而任意一个组合逻辑都可以用“与—或”表达式来描述，所以，PLD 能以乘积和的形式完成大量的组合逻辑功能。

典型的 PLD 的部分结构如图8.3所示。

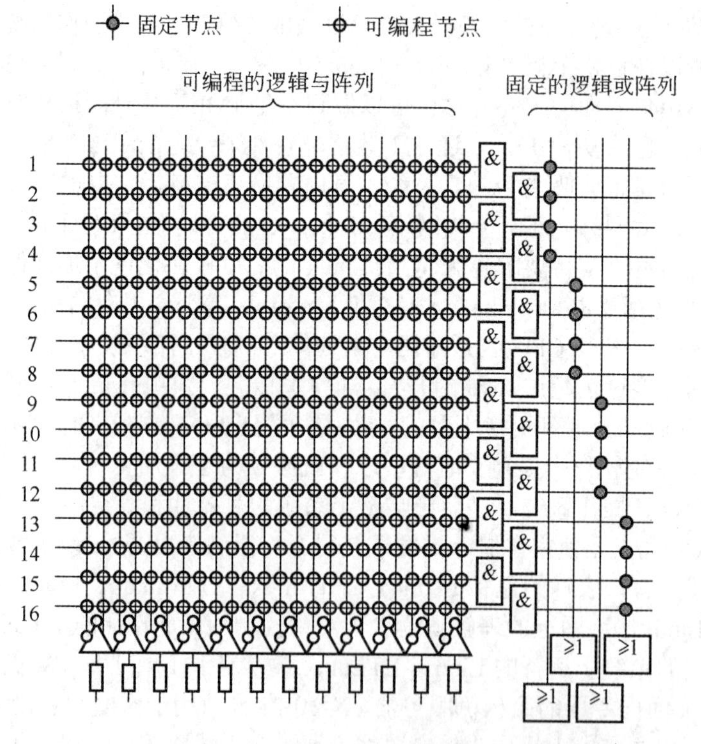

图8.3 典型的 PLD 的部分结构(实现组合逻辑的部分)

PLD 是由三大部分组成的：一个二维的逻辑块阵列，构成了 PLD 的逻辑组成核心；输入/输出块，用于连接逻辑块的互连资源；连线资源，由各种长度的连线线段组成，其中也有一些可编程的连接开关，它们用于逻辑块之间、逻辑块与输入 / 输出块之间的连接。

PLD 如同一张白纸或是一堆积木，可以通过传统的原理图输入法，或是硬件描述语言自由地设计一个数字系统。通过软件仿真，能够事先验证设计的正确性。在 PCB 完成以后，还可以利用 PLD 的在线修改能力，随时修改设计而不必改动硬件电路。

6. 应用软件

对于嵌入式的应用软件，通常就是指运行在 EOS 之上的软件了，这种软件由于不再针对常规的操作系统进行开发，因此很多开发工具(如 VB、VC++等)就不方便使用了，那么就有专门的 SDK 或集成开发环境来提供这种开发需要。例如，微软提供了 Embedded Visual Basic(EVB)、Embedded Visual C++(EVC)、Visual Studio .NET 等软件开发工具，它们是专门针对 Windows CE 操作系统的开发工具，目前用得最多的是 EVC，把 CE 操作系统中的 SDK(软件开发包)导出然后安装在 EVC 下，就可以变成专门针对目标设备或系统的开发工具了。而 VB .NET 和 C#也提供了对以 CE 为操作系统的智能设备开发的支持，而且也很方便，但必须要求这些设备中提供了对微软的 .NET Compact FrameWork 的支持才行。

在此可以用一个简单的例子说明 EOS 的设计过程。比如要做一台医疗仪器，那么首先要选择好嵌入式的硬件环境，然后定制出符合需要的 CE 操作系统，利用这个系统导出 SDK，然后利用 EVC 结合这个 SDK 来开发信号采集、处理和病情分析的应用程序，最后就形成了一台合适的利用嵌入式技术开发出的仪器了。

8.2.3 嵌入式控制系统的应用

嵌入式系统的广泛应用，已经渗入人们日常生活的各个方面。在手机、MP3(一种声音播放器)、PDA、数字照相机、空调，甚至电饭锅、手表里，都有嵌入式系统的身影。嵌入式系统小到一个芯片，大到一个标准的 PC 或一台独立的设备，种类繁多，让人顿生目不暇接之感。从航天飞机到家用微波炉，嵌入式计算机系统广泛应用到工业、交通、能源、通信、科研、医疗卫生、国防以及日常生活等领域，并发挥着极其重要的作用。

嵌入式系统的部分应用范围如图 8.4 所示，将嵌入式系统的应用按照市场领域划分，如下所述。

(1) 消费类电子产品：办公自动化产品如激光打印机、传真机、扫描仪、复印机、LCD 投影仪，其他的产品如 MP3、数字照相机、视频游戏播放机、数码手表(带全球定位系统 GPS)、带机顶盒的电视机等。

(2) 控制系统和工业自动化(典型的信号检测、过程控制单元、智能仪器仪表、智能执行机构、卫星通信系统中的遥测遥控单元、汽车的燃料注入控制、牵引控制、气候控制、灯光控制和 ABS 防死锁制动控制等)。

(3) 机器人领域(嵌入式芯片的发展使机器人在微型化、智能化方面的优势更加明显)。

(4) 生物医学系统中的 X 光机的控制部件，结肠镜、内窥镜等诊断设备。

(5) 数据通信(调制解调器、数据通信基础设施中的网卡和路由器、IP 电话、协议转换器、加密系统、基于 Web 的远程监控、远程接入服务器、电信中的 GPS 等)。

(6) 无线通信(手机、PDA、蓝牙设备)等。

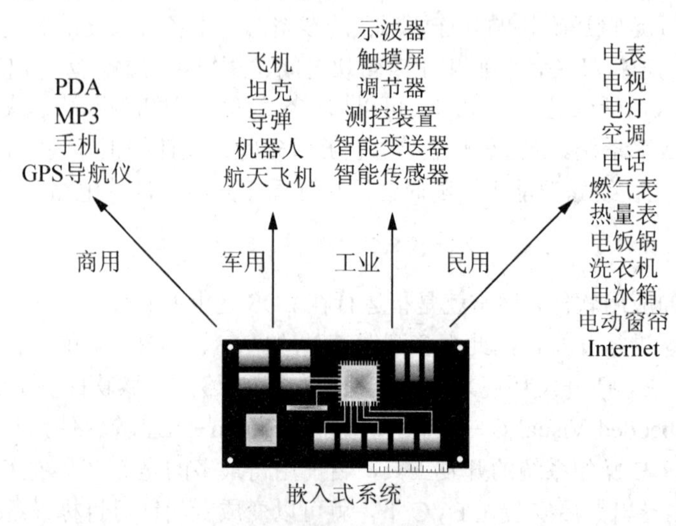

图 8.4 嵌入式系统的应用

嵌入式技术的发展趋势从宏观方面来看，是使嵌入式系统更经济、小型、可靠、快速、智能化、网络化(即采用嵌入式 Internet 技术)。嵌入式 Internet 是近几年发展起来的一项新兴概念和技术，是指设备通过嵌入式模块而非 PC 系统直接接入 Internet，以 Internet 为介质实现信息交互的过程，通常又称为非 PC Internet 接入，其典型应用是：智能家居(家用电器上网)、工业远程监控与数据采集等。现在大多数嵌入式系统还孤立于 Internet 之外，但随着 Internet 的发展以及 Internet 技术与信息家用电器、工业控制技术等结合日益密切，嵌入式设备与 Internet 的结合将代表着嵌入式技术的真正未来。

8.3 网络控制技术

计算机网络技术的发展，正引发着控制技术的深刻变革，控制系统结构的网络化、控制系统体系的开放性、控制技术与控制方式的智能化，是当前控制技术发展与创新的方向与主要潮流。网络技术不仅实现管理层的数据通信与共享，而且它应用于控制现场的设备层，并将控制与管理综合化、一体化。Internet 不仅用于传统的信息浏览、查询、发布，还可通过 Internet 跨国跨地区直接对现场设备进行远程监测与控制。因而现代的自动化系统(包括工业、商业、楼宇、交通自动化系统)均可通过网络构成信息与控制综合网络系统。

8.3.1 网络控制系统组成/概述

网络技术用于工业控制，它不同于民用的邮电通信网络，也不同于商用的互联网，它传输的信息最终的目的是导致能够反映被控对象的某些特性或属性的物理量的变化。

1. 工业控制网络的产生

在 20 世纪 90 年代，现场总线控制系统(Field bus Control System，FCS)综合了数字通信技术、计算机技术、自动控制技术、网络技术和智能仪表等多种技术手段，从根本上突破了传统的“点对点”式的模拟信号或数字—模拟信号控制的局限性，构成一种全分散、全数字化、智能化、双向、互连、多变量、多接点的通信与控制系统，相应的控制网络结构也发生了较大的变化。

FCS在实际应用中还存在一些问题有待解决，其中最突出的问题就是没有统一的标准。国际电工委员会IEC在1984年就开始筹备制定单一现场总线国际标准，然而，由于行业与地域发展等历史原因，加上各公司和企业集团之间的利益冲突，于1999年底通过了包含FF、Profibus等8种总线在内的IEC 61158，没有实现制定单标准的目标。这个结果表明，在相当长的一段时期内，将出现多种现场总线并存的局面，并导致控制网段的系统集成与信息集成面临困难。每种现场总线都有自己最适合的应用领域，如何在实际中根据应用对象，将不同层次的现场总线组合使用，使系统的各部分都选择最合适的现场总线，对用户来说，仍然是比较棘手的问题。

现场总线在应用中还存在一些技术瓶颈问题，主要表现在以下几个方面。

(1) 当总线电缆断开时，整个系统有可能瘫痪。用户希望这时系统的效能可以降低，但不能崩溃，这一点目前许多现场总线不能保证。

(2) 本安防爆理论的制约。现有的防爆规定限制总线的长度和总线上负载的数量。这就是限制了现场总线节省电缆优点的发挥。

(3) 系统组态参数过分复杂。现场总线的组态参数很多，不容易掌握，但组态参数设定得好坏，对系统性能影响很大。

因此，采用一种统一的现场总线标准对于现场总线技术的发展具有特别重要的意义。为了加快新一代控制系统的发展与应用，各大厂商纷纷寻找其他途径以求解决扩展性和兼容性的问题，人们把目光转移到了在局域网中大获成功的具有结构简单、成本低廉、易于安装、传输速度高、功耗低、软/硬件资源丰富、兼容性好、灵活性高、易于与Internet集成、支持几乎所有流行的网络协议的以太网技术。

以太网支持的传输介质可以是粗同轴电缆、细同轴电缆、双绞线、光纤等，其最大优点是简单，经济实用，易为人们所掌握，所以深受广大用户欢迎。与现场总线相比，以太网具有以下几个方面的优点。

(1) 兼容性好，有广泛的技术支持。

基于TCP/IP的以太网是一种标准的开放式网络，适合于解决控制系统中不同厂商设备的兼容和互操作的问题，不同厂商的设备很容易互联，能实现办公自动化网络与工业控制网络的信息无缝集成。以太网是目前应用最为广泛的计算机网络技术，受到广泛的技术支持。几乎所有的编程语言都支持以太网的应用开发，如VB、Java、VC等。采用以太网作为现场总线，可以保证多种开发工具、开发环境供选择。工业控制网络采用以太网，就可以避免其发展游离于计算机网络技术的发展主流之外，从而使工业控制网络与信息网络技术互相促进，共同发展，并保证技术上的可持续发展。

(2) 易与Internet连接。

以太网支持几乎所有流行的网络协议，能够在任何地方通过Internet对企业进行监控，能便捷地访问远程系统，共享/访问多数据库。

(3) 成本低廉。

采用以太网能降低成本，包括技术人员的培训费用、维护费用及初期投资。由于以太网的应用最为广泛，因此受到硬件开发与生产厂商的广泛支持，具有丰富的软/硬件资源，有多种硬件产品供用户选择，硬件价格也相对低廉。目前以太网网卡的价格只有现场总线的十几分之一，并且随着集成电路技术的发展，其价格还会进一步下降。人们对以太网的设计、应用等方面有很多的经验，对其技术也十分熟悉。大量的软件资源和设计经验可以显著降低系统的开发和培训费用，在技术升级方面无须单独的研究投入，从而可以显著降低系统的整体成本，并大大加快系统的开发和推广速度。

(4) 可持续发展潜力大。

由于以太网的广泛应用，使它的发展一直受到广泛的重视和吸引大量的技术投入。并且，在信息瞬息万变的时代，企业的生存与发展将很大程度上依赖于一个快速而有效的通信管理网络，信息技术与通信技术的发展将更加迅速，也更加成熟，保证了以太网技术的持续发展。

(5) 通信速率高。

目前以太网的通信速率为 10Mb/s 或 100Mb/s，1000Mb/s、10Gb/s 的快速以太网也开始应用，以太网技术也逐渐成熟，其速率比目前的现场总线快得多，以太网可以满足对带宽的更高要求。

2. 网络控制系统的组成

以基于 TCP/IP 的以太网构成的工厂网络为例，这种网络的最大优点是将工厂的商务网、车间的制造网络和现场级的仪表、设备网络构成了畅通的透明网络，并与 Web 功能相结合，与工厂的电子商务、物资供应链和 ERP 等形成整体，这就是透明工厂的概念。

从图 8.5 中可以看到，一个典型的工业自动化系统网络包括如下。

(1) 信息层网络，通过以太网来实现。许多控制器厂商早就提供对以太网的支持。

(2) 控制层网络，通常利用网络的确定性和介质是否冗余等传统标准来衡量某一网络能否作为控制层网络，Controlnet 属于这类网络。

(3) 设备层网络，要求传输数据较少，能够通过一根结实、耐用的电缆来完成数据传输和设备供电，Devicenet 属于这类网络。

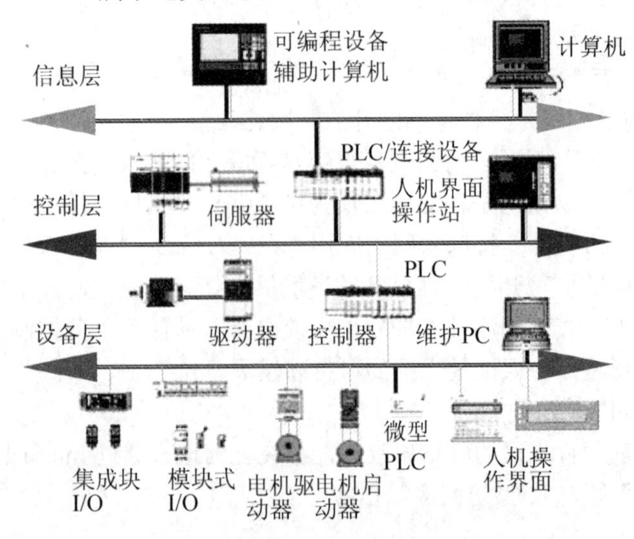

图 8.5 典型自动化系统网络结构

8.3.2 网络控制系统的协议

计算机控制系统中的控制设备和被控过程，用户和信息资源，以及用户和设备之间的对话与合作必须按照预先规定的协议进行。这里并不对网络协议进行完整的介绍，仅把现有的与工业控制有关的部分选取一种标准做简单说明。

1. 以太网与TCP/IP

以太网和TCP/IP不是完整的协议堆栈，正如RS-232和RS-485不是协议一样。然而，以太网和TCP/IP为一些新的工业网络技术提供了基础。

1983年：IEEE 802委员会以美国施乐(Xerox)公司、数字装备公司(Digital)和英特尔(Intel)公司提交的DIX Ethernet V2为基础，推出了局域网体系结构IEEE 802.3。IEEE 802.3又称为具有CSMA/CD(载波监听多路访问/冲突检测)的网络。CSMA/CD是IEEE 802.3采用的媒体接入控制技术，或称介质访问控制技术。IEEE 802.3以“以太网”——是特指以“DIX Ethernet V2”所描述的传输技术为技术原形，本质特点是采用CSMA/CD的介质访问控制技术。“以太网”与IEEE 802.3略有区别，但在忽略网络协议细节时，人们习惯将IEEE 802.3称为“以太网”。

以太网是TCP/IP使用最普遍的物理网络。TCP/IP是多台相同或不同类型计算机进行信息交换的一套通信协议。TCP/IP协议族的准确名称应该是Internet协议族，TCP和IP是其中两个协议。而Internet协议族TCP/IP还包含了与这两个协议有关的其他协议及网络应用，如用户数据报协议(UDP)、地址转化协议(ARP)和互联网控制报文协议(ICMP)。

由图8.6所示的ISO(国际标准化组织)提出的OSI(开放系统互联参考模型)七层结构中，以太网标准只定义了数据链路层和物理层，它是网络技术的一部分，但不是协议。以太网在成为数据链路和物理层的协议之后，就与TCP/IP紧密地捆绑在一起了。由于后来国际互联网采用了以太网和TCP/IP，人们甚至把如超文本链接HTTP等TCP/IP协议族放在一起，称为以太网技术；TCP/IP的简单实用已为广大用户所接受，不仅在办公自动化领域内，而且在各个企业的管理网络、监控层网络也都广泛使用以太网技术，并开始向现场设备层网络延伸。如今，TCP/IP成为最流行的网际互联协议，并由单纯的TCP/IP发展成为一系列以IP为基础的TCP/IP协议族。

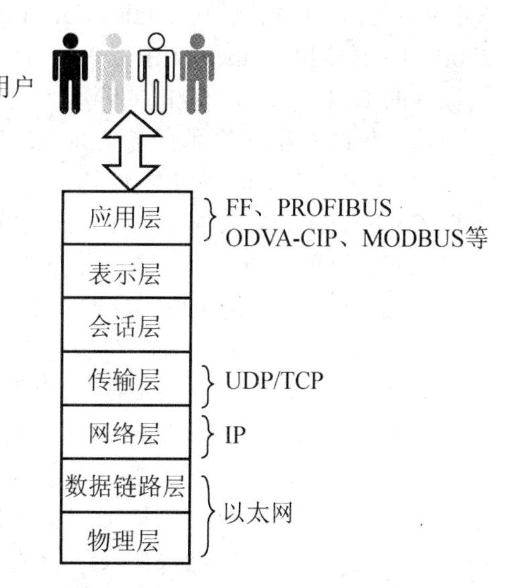

图8.6 以太网规定的内容在OSI模型中的位置

在TCP中，网络层的核心协议是IP(Internet Protocol)，同时还提供ARP(Address Resolution Protocol)、RARP(Reverse Address Resolution Protocol)、ICMP(Internet Control Messages Protocol)等协议。该层的主要功能包括处理来自传输层的分组发送请求(即组装IP数据报并发往网络接口)、处理输入数据报、转发数据报或从数据报中抽取分组、处理差错与控制报文(包括处理路由、流量控制、拥塞控制等)。

传输层的功能是提供应用程序间(端到端)的通信服务，它提供用户数据报协议(User Datagram Protocol，UDP)和传输控制协议(Transfer Control Protocol，TCP)两个协议。UDP负责提供高效率的服务，用于传送少量的报文，几乎不提供可靠性措施，使用UDP的应用程序需自己完成可靠性操作；TCP负责提供高可靠的数据传送服务，主要用于传送大量报文，并保证数据传输的可靠性。

简单来说以太网主要针对数据链路层，就是偏物理一层的定义。它的高层协议既可以是TCP/IP、也可以是IPX等，协议中并不做规定。就像图8.7所示的那样，以太网如果比作是高速公路，那么TCP、UDP、IPX则是跑在高速公路上的汽车。由于TCP/IP是世界上最大的Internet采用的协议族，而TCP/IP底层物理网络多数使用以太网协议，因此，“以太网+TCP/IP”成为IT行业中应用最普遍的技术。

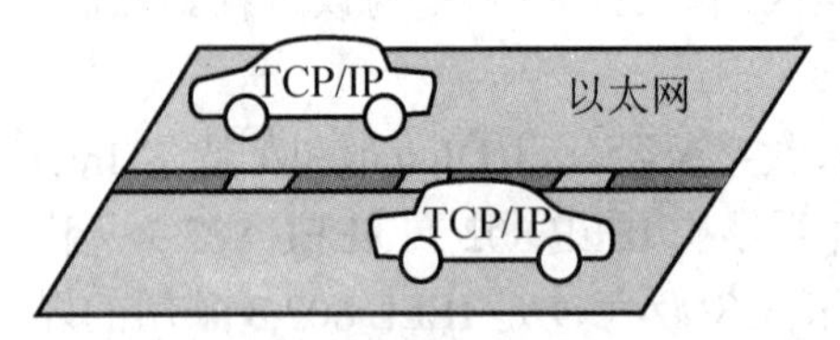

图8.7　以太网和TCP/IP的关系

2. Ethernet/IP

Ethernet/IP指的是“以太网工业协议”(Ethernet Industrial Protocol)。它定义了一个开放的工业标准，将传统的以太网与工业协议相结合。它使用已用于Controlnet和Devicenet的通用工业协议(Common Industrial Protocol，CIP)为应用层协议，可以认为Ethernet/IP就是CIP在以太网TCP/IP基础上的具体实现。

该标准是由国际控制网络(Controlnet International，CI)和开放设备网络供应商协会(ODVA)在工业以太网协会(Industrial Ethernet Association，IEA)的协助下联合开发的，并于2000年3月推出。Ethernet/IP是基于TCP/IP系列的协议，使用CIP为应用层协议。因此采用原有的OSI层模型中较低的四层。所有标准的以太网通信模块，如PC接口卡、电缆、连接器、集线器和开关都能与 Ethernet/IP 一起使用。

CIP作为大型的独立于网络的标准，已经与Controlnet和Devicenet一起使用了很多年。所以Controlnet、Devicenet和Ethernet/IP具有相同的应用协议，因而使用通用的设备规范和目标库。这就使得不同厂商的复杂设备之间能够即插即用地进行操作。

Ethernet/IP倾向用于网络实时控制应用。借助CIP，以太网可以集成到设备级，能给用户提供诸多优势。通用配置、跨越几个网络及收集和控制数据、TCP/IP连到全球互联网或公司内部网，在所有工作级上提供连续的信息流。

CIP提供了一系列标准的服务，提供 “隐式”和“显示”方式对网络设备中的数据进行访问和控制。CIP数据包必须在通过以太网发送前经过封装，并根据请求服务类型而赋予一个报文头。这个报文头指示了发送数据到响应服务的重要性。通过以太网传输的CIP数据包具有特殊的以太网报文头，一个IP头、一个TCP头和封装头。封装头包括了控制命令、格式和状态信息、同步信息等。这允许CIP数据包通过TCP或UDP传输并能够由接收方解包。相对于Devicenet或Controlnet，这种封装的缺点是协议的效率比较低。以太网的报文头可能比数据本身还要长，从而造成网络负担过重。因此，Ethernet/IP 更适用于发送大块的数据(如程序)，而不是Devicenet和Controlnet更擅长的简单的模拟或数字的I/O数据。

Ethernet/IP是开放的网络技术，它是基于以下标准实现的。

(1) IEEE 802.3 物理层和数据链路层标准。

(2) Ethernet TCP/IP 协议套件(传输控制协议/网间网协议)，即以太网的行业标准。

(3) 采用在工业通信领域广为证实的 CIP，支持在同一链路上完整实现设备组态(configure)、实时控制(control)、信息采集(collect)等全部网络功能。

Ethernet/IP 的特色如下。

(1) 世界范围内广泛接受的以太网技术。

(2) 支持 10Mb/s 和 100Mb/s 产品。

(3) 所有产品提供内置的互联网服务器功能(Web server)。

(4) 多种介质可供选择(铜、光纤、光纤环网、无线网络)。

(5) 生产者/消费者(producer/consumer)网络服务支持在同一链路上完整实现设备组态(configure)、实时控制(control)、信息采集(collect)等全部网络功能。

Ethernet/IP 规范被细分为多个章节和附录，主要内容如图 8.8 所示。

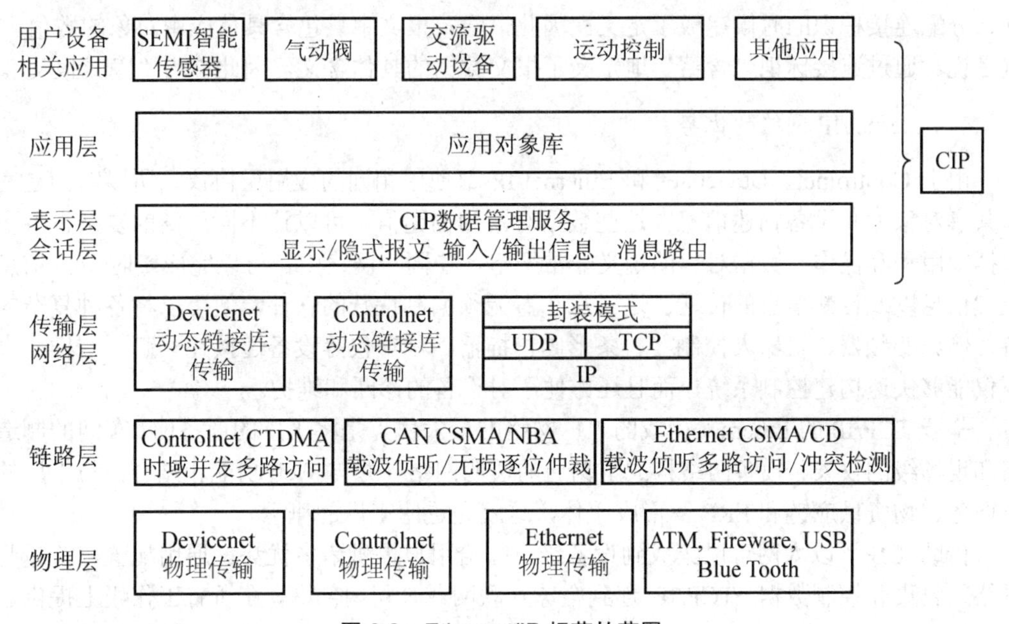

图 8.8　Ethernet/IP 规范的范围

从图 8.8 可以看出，Ethernet/IP、Devicenet 和 Controlnet 这 3 种网络具有统一的应用层、应用对象库和设备描述。也就是说，在七层 OSI 网络参考模型中，这 3 种网络只有最低的 4 层不同。

图 8.8 描述了 Ethernet/IP 的协议结构，通过使用这些不同层面的协议，实现了对控制、配置、数据采集服务的优化，使得 Ethernet/IP 在控制领域的应用更加切实可行、更加安全可靠。

EtherNet/IP 网络的主要优势在于大多数用户能够通过利用现有的以太网技术知识和网络设施，让它们发挥最大的作用，获得更多的投资回报。Ethernet/IP 能够与任何现有的协议共存，它们都可以运行在 TCP/UDP 传输层之上。

目前，众多厂商都能提供以太网设备，使得组建网络的费用大大降低。因此，用户更希望能够利用目前市面上已有的网络设备，从而控制系统成本。

3. Ethernet/IP 报文协议

所有在 CIP 中的网络连接分为两大类：显式报文连接和隐式(I/O 数据)报文连接。

1) 显式报文连接

显式报文连接用于两个设备之间的普通信息传输，可以使用多用途的通信路径。这类连接在网络仲裁机制中被认为是消息连接。显式报文使用典型的请求/应答网络通信模式，通常需要访问报文路由对象。每一个请求报文包含有明确的显式信息，例如，接收方的网络地址、需要执行的动作以及产生适当的响应等内容。

2) 隐式报文连接

隐式报文连接通过专用的特殊通信路径或端口，在生产者应用对象和多个消费者应用对象之间建立连接。这类报文专门用于传输 I/O 数据，在网络仲裁机制中被认为是 I/O 连接。在控制层网络中，隐式报文有着大量的应用。隐式报文数据的含义已经在通信连接建立、分配连接标识的时候完成了定义。因此，隐式报文中只包含具体应用对象的数值。也就是说，通过连接标识"含蓄"地定义了报文数据的具体含义，因此称为"隐式报文"。

4. Ethernet/IP 网络的优势

由于 Controlnet、Devicenet 和 Ethernet/IP 都使用相同的应用层协议，所以它们之间能够共享对象库和设备描述信息。这些数据对象和描述信息可以让不同厂商的复杂设备实现即插即用和互操作。数据对象的定义非常严格，在同一网络中，可以完成实时 I/O 信息、配置信息以及诊断信息的传送。这就意味着无须编制特殊的软件，便可以将各种复杂的设备，例如变频器、机器人控制器、条形码扫描器、称重仪等设备连接在一起。这样一来，不仅能够快速构建控制系统，而且还方便了对设备的诊断和维护。

基于 TCP/IP 的 Ethernet 构成的工厂网络的最大优点是将工厂的商务网、车间的制造网络和现场级的仪表、设备网络构成了畅通的透明网络，并与 Web 功能相结合，与工厂的电子商务、物资供应链和 ERP 等形成整体，这就是透明工厂的概念。

借助 CIP，以太网可以集成到设备级，能给用户提供诸多优势。通用配置、跨越几个网络及收集和控制数据、TCP/IP 连到全球互联网或公司内部网，在所有工作级上提供连续的信息流。

另外，Ethernet/IP 网络能够同时为用户提供显式(信息)报文和隐式(控制)报文传输服务。这样一来，Ethernet/IP 网络就能够利用轮询、周期循环、状态改变等触发机制，进行点对点和多点数据传输，从而满足控制层、设备层网络的各种要求。

除此之外，由于 Controlnet 和 Devicenet 的应用已经普及，全球范围内有四百多家厂商为这 3 种网络提供多达 500 余种的设备，而且这些设备之间还能实现互操作。可见，支持 Ethernet/IP 网络的设备覆盖面相当广泛，其数目和种类也在不断增长。

人们应该注意到，用工业以太网简单地替代现有系统的原有功能是没有价值的，以太网的价值所在是它提供了更多的特性，包括在以太网上很容易传输图像、声音信息、数据信息等，用它不同的特性满足新的要求。

8.4 典型现场总线简介及总线标准的选择

现场总线技术在历经了群雄并起，分散割据的初始阶段后，尽管已有一定范围的磋商合并，但至今尚未形成完整统一的国际标准，其中有较强实力和影响的有：基金会现场总线(Foundation Field bus，FF、Lonworks、Profibus、HART、CAN 等。它们具有各自的特色，在不同应用领域形成了自己的优势。

8.4.1 典型现场总线简介

1. Profibus 总线

最快的总线，Profibus 现场总线是欧洲首屈一指的开放式现场总线技术，ISO/OSI 模型也是它的参考模型。Profibus 是 Process Field bus 的缩写，是一种不倚赖于厂家的开放式现场总线标准。ProfiBus 是世界范围的标准，取得了很大的成功：至少有 10^6 套设备投入运行，超过 600 家成员公司，超过 1100 种 Profibus 产品。Profibus 结构如图 8.9 所示。

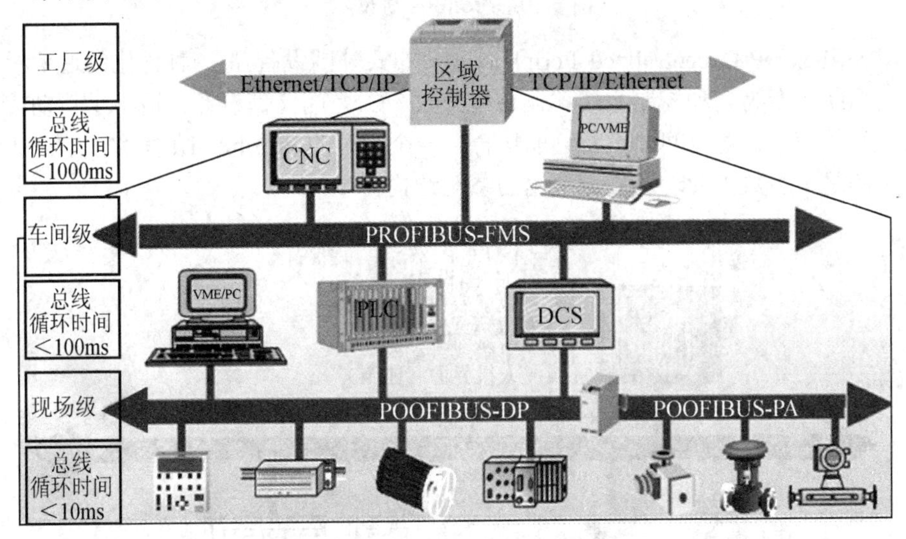

图 8.9 Profibus 结构示意图

Profibus 链路层采用混合介质存取方式，主站间按令牌方式，主站和从站间按主从方式工作。Profibus 的传输波特率支持 96Kb/s～12Mb/s，最大传输距离在 9.6Kb/s 时为 1000m，12Mb/s 时为 200m，可用中继器延长至 10km。其传输介质可以是双绞线，也可以是光缆，最多可挂接 127 个站点。

Profibus 是一种多主站系统，可以实现多个控制、配置或可视化系统在一条总线上相互操作。拥有访问权(令牌)的主站无须外部请求就可以发送数据。而从站是一种被动设备，不享有总线访问权。从站只能对接收到的消息进行确认，或者在主站请求时进行发送。

Profibus 协议符合 ISO/OSI 的开放系统模型结构，如图 8.10 所示，由三部分组成。

(1) Profibus-FMS(Fieldbus Message Specification，现场总线报文规范)。此部分是完成控制器和现场器件之间的通信以及控制器之间的信息交换，因此，它考虑的是系统功能而不是系统响应时间，适应于完成中等传输速度进行较大数据交换的循环和非循环通信任务。

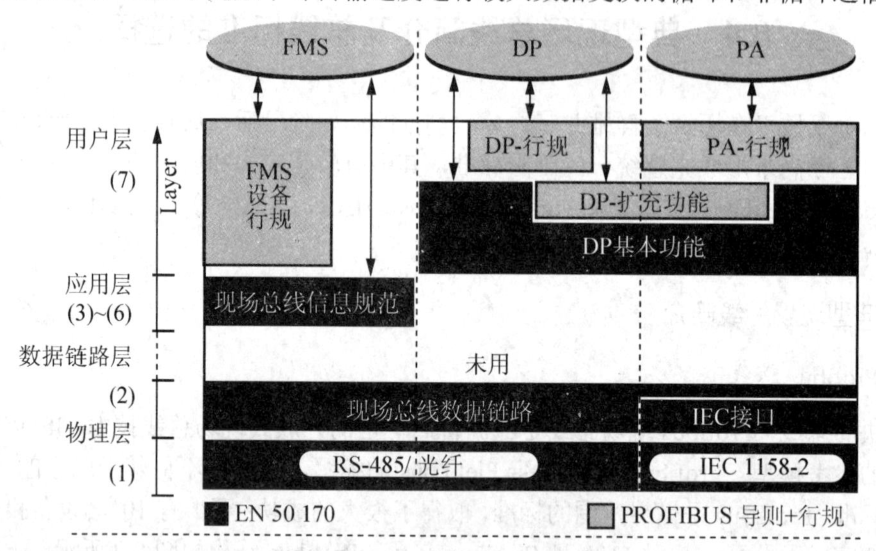

图 8.10 ProfiBus 协议内容

(2) Profibus-DP(Decentralized Periphery，分布式外围设备)是一种优化的通信模块，廉价的通信系统，专为自动控制系统和设备级分散 I/O 之间通信设计，适用于自动控制系统和外设之间的通信，对时间要求苛刻的场合。一个典型的 Profibus-DP 系统如图 8.11 所示，图中所示的是大多数工业现场广泛使用的系统结构。

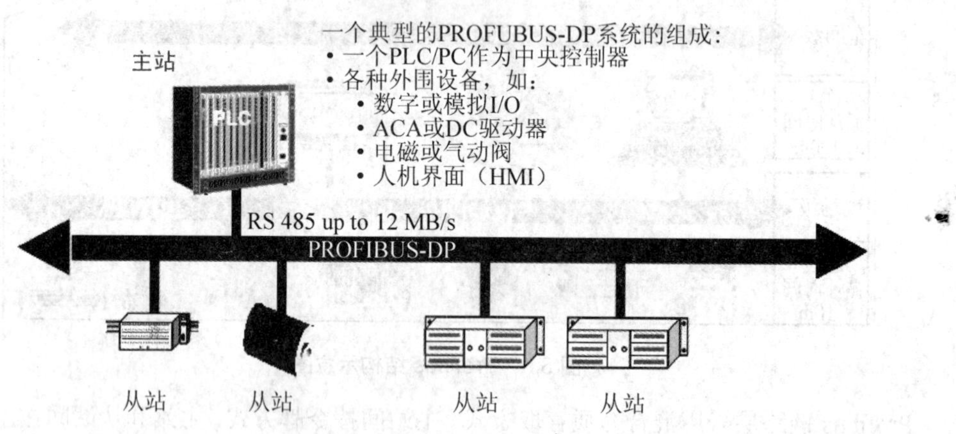

图 8.11 典型的 ProfiBus 系统

(3) Profibus-PA(Process Automation，过程自动化)，应用于过程自动化，标准的本质安全传输技术，用于对安全性要求高的场合及由总线供电的站点。Profibus-PA 总线具有的“即插即用”功能，大大方便了工程组态、现场调试和维护，提高了生产效率。

在协议层，Profibus DP(分布式外设)以及它的不同版本 DPV0～DPV2，为不同设备之间进行最佳的通信提供了广泛的选择。从历史上讲，FMS 是第一个 Profibus 通信协议，DP 是被设计用于现场级快速数据交换。分布式设备之间的数据交换以循环为主。这就是 DP 的基本功能(版本 DPV0)。随着不同领域应用的特殊需要，基本的 DP 功能已得到逐步的扩展。目前已有 3 个版本：DPV0、DPV1 和 DPV2，每一个版本都有其特有的功能。

DPV0 提供基本的 DP 功能，包括周期数据交换、站、模块和诊断功能；以及 4 种中断类型，分别用于诊断和过程中断，以及站点的插和拔。

DPV1 包括面向过程自动化的增强功能，特别是非周期数据通信用于智能设备的参数分配、操作、可视化和中断控制，允许使用工程工具进行在线访问。另外，DPV1 还有附加的 3 种中断类型：状态中断、更新中断和制造商特定中断。

DPV2 包括更高级的功能主要面向驱动器技术的需求。有附加的功能，如等时同步从站模式和从站横向通信(DXB)等。DPV2 可以实现驱动器总线用于驱动轴的快速运动控制。

我国工业过程测量和控制标准化技术委员会于 2006 年 11 月 20 日发布了“国家标准 GB/T 20540-2006 Profibus 规范”和“国家标准化指导性技术文件 GB/Z 20541-2006 ProfiNET 规范”，使得 Profibus 成为中国第一个工业通信领域现场总线技术国家标准。ProfiNET 是一种以标准以太网为基础的适用于工业环境的工业以太网技术。它很好地解决了适用于工业环境的不同等级的实时性、网络安全以及与制造执行系统(MES)和企业管理系统(如 ERP)透明集成等问题，还很好地解决了集成现有的现场总线系统保护原有投资的问题等，这些都是工业以太网技术发展的方向性趋势。

2. Controlnet 总线

它是通用型、低价位的专为高速传输 I/O 数据而设计的总线。

它可连接自动化生产系统中广泛的工业设备。Controlnet 能够降低设备的安装费用和时间。控制系统中的接近开关、光电开关和阀门等，可通过电缆、插件、站等产品进行宽距离通信。相对于 Profibus-DP 具有更强大的通信功能，支持除了主-从方式之外的多种通信方式，可以更灵活地应用于控制系统中。

Controlnet 是一种实时、控制层的网络，用于传输时间要求很高的 I/O 数据和报文数据，还包括程序和配置的上传和下载，以及在单个物理介质链路上的对等报文。由于具有确定性和可重复性，Controlnet 的高速控制 (5Mb/s)和数据能力可明显增强 I/O 和对等通信性能。使用同轴电缆可达 6km，节点数 99 个，两个节点间距离最长达 1000m，48 个节点距离可长达 250m，采用光纤和中继器后通信距离可达几十公里。

Controlnet 的介质访问方式充分利用了生产者/消费者模式的优越性，Controlnet 允许多个控制器在同一线路上控制 I/O。这比那些在一个线路上只能有一个主站的网络有很大的优越性。Controlnet 还允许多点发送输入和对等数据，从而减少了线路上的通信，提高了系统性能。

Controlnet 具有很高的确定性和可重复性——可满足对数据可靠性、数据同步和实时性能的严格要求。确定性是指可靠地预测数据发送时间的能力；可重复性是指确保传输时间为常数，并且不受设备连接或离开网络的影响。这些特性可保证 I/O 与控制器之间更新时间的实时性，以满足系统应用的需要。

3. 基金会现场总线(Foundation Fieldbus)

FF 属于高级过程控制现场总线，是国际公认的唯一不附属于某企业的公正的非商业化的国际标准化组织，其宗旨是制定单一的国际现场总线标准，无专利许可要求，供任何人使用。它是通过数字、串行、双向的通信方法来连接现场装置的。FF 通信不是简单的数字或者 4～20mA 信号，而是使用复杂的通信协议，它可连接能执行简单的闭环算法(如 PID)的现场智能装置。

该总线使用框架式以太网(Shelf Ethernet)技术，采用 CSMA/CD 链路控制协议和 TCP/IP 传输协议，支持诸如功能块和装置描述语言等各项功能，物理传输介质可支持双绞线、同轴电缆、光缆和无线发射，其物理介质的传输信号采用曼彻斯特编码。

FF 定义了两种速率的总线：低速总线 H1，比特率为 31.25Kb/s，传输距离为 0.2～1.9km(取决于介质)；高速总线 H2，其比特率为 1.0Mb/s/750m 或 2.5Mb/s/500m。

拓扑结构有两种：H1——支持总线型或树型，H1 采用本安型总线供电，满足本安防爆要求；H2——支持总线型。FF 介质访问采用容令牌和查询通信方式为一体的技术，在一个网络中可以有几个主站。初始化时，仅容许一个站处于讲工作状态，讲工作状态传来后，主站查询从站，并且特殊的帧结构把讲工作状态送给另一个主站。

在 FCS 中，系统的基本结构为：工控机或商用 PC、现场总线主站接口卡、现场总线输入/输出模块、PLC 或 NC/CNC 实时多任务控制软件包、组态软件和应用软件。

4. Lonworks 总线

Lonworks 是由美国 Echelon 公司于 20 世纪 90 年代初推出的现场总线，它采用 ISO/OSI 模型的全部 7 层通信协议，这是在现场总线中唯一提供全部服务的现场总线，在工业控制系统中可同时应用在 Sensor bus、Device bus、Field bus 等任何一层总线中。

一个 Lonworks 控制网络可以有 3～30 000 个或更多的节点：传感器功能(温度、压力等)、执行器功能(开关、调节阀、变频驱动等)、操作接口(显示、人机界面等)、控制功能(新风机组、VAV 等)。采用面向对象的设计方法，通过网络变量把网络通信设计简化为参数设置。支持多种通信介质和多种拓扑结构，并开发了本质安全防爆产品，被誉为通用控制网络。

Lonworks 的核心是 Lontalk 协议，它具有以下的特点。

(1) Lontalk 协议支持包括双绞线、电力线、无线、红外线、同轴电缆和光纤在内的多种传输介质。

(2) Lontalk 应用可以运行在任何主处理器(Host Processor)上。主处理器(微控制器、微处理器、计算机)管理 Lontalk 协议的第六层和第七层，并使用 Lonworks 网络接口管理第一层到第五层。

(3) Lontalk 协议使用网络变量与其他节点通信。网络变量可以是任何单个数据项也可以是结构体，并都有一个由应用程序说明的数据类型。网络变量的概念大大简化了复杂的分布式应用的编程，大大降低了开发人员的工作量。

(4) Lontalk 协议支持总线型、星型、自由拓扑等多种拓扑结构类型，极大地方便了控制网络的构建。

已有 3500 种 Lonworks OEM 产品问世，其中 30%～40%应用于工业领域。而 Lonworks 最大的应用领域在楼宇自动化，此外它被广泛应用在家庭自动化、保安系统、办公设备、运输设备、工业过程控制等行业。为了支持 Lonworks 与其他协议和网络之间的互联与互操作，Echelon 公司正在开发各种网关，以便将 Lonworks 与以太网、FF、Modbus、Devicenet、Profibus、Serplex 等互联为系统。

5. CAN总线

CAN总线是德国Bosch公司从20世纪80年代初为解决现代汽车中众多的控制与测试仪器之间的数据交换而开发的一种串行数据通信协议。

CAN协议其模型结构只有3层，只取OSI底层的物理层、数据链路层和最上层的应用层。其信号通信速率最高可达1Mb/s/40m，直接传输距离最远可达10km/Kb/s，可挂接设备最多可达110个。

CAN的信号传输采用短帧结构，每一帧的有效字节数为8个，因而传输时间短，受干扰的概率低。当节点严重错误时，具有自动关闭的功能以切断该节点与总线的联系，使总线上的其他节点及其通信不受影响，具有较强的抗干扰能力。

CAN支持多主方式工作，CAN总线上任意节点可在任意时刻主动地向网络上其他节点发送信息而不分主次，因此可在各节点之间实现自由通信。它采用总线仲裁技术，当出现几个节点同时在网络上传输信息时，优先级高的节点可继续传输数据，而优先级低的节点则主动停止发送，从而避免了总线冲突。

CAN实现总线分配的方法，可保证当不同的站申请总线存取时，明确地进行总线分配。这种位仲裁的方法可以解决当两个站同时发送数据时产生的碰撞问题。不同于Ethernet的消息仲裁，CAN的非破坏性解决总线存取冲突的方法，确保在不传送有用消息时总线不被占用。在CSMA/CD这样的网络中，如Ethernet，系统常由于过载而崩溃，而这种情况在CAN中不会发生。

CAN协议的一个最大特点是废除了传统的站地址编码，而代之以对通信数据块进行编码。采用这种方法的优点可使网络内的节点个数在理论上不受限制，CAN协议采用CRC检验并可提供相应的错误处理功能，保证了数据通信的可靠性。通信介质采用廉价的双绞线即可，无特殊要求。在传输信息出错严重时，节点可自动切断它与总线的联系，以使总线上的其他操作不受影响。

6. RS-485

尽管RS-485不能称为现场总线，但是作为现场总线的鼻祖，还有许多设备继续沿用这种通信协议。采用RS-485通信具有设备简单、低成本等优势，仍有一定的生命力。

RS-485是一种典型的串行总线，支持一点对多点的通信，采用双绞线连接，可连接32个收发器，其他特性与RS-422A总线接近，在测控系统中得到较为普遍的应用，但不能满足高速测试系统的应用要求。

它具有以下特点。

(1) 逻辑“1”以两线间的电压差为+2～+6V表示；逻辑“0”以两线间的电压差为−6～−2V表示。

(2) RS-485接口是采用平衡驱动器和差分接收器的组合，抗共模干扰能力增强，即抗噪声干扰性好。

(3) RS-485接口在总线上是允许连接多达128个收发器。即具有多站能力，这样用户可以利用单一的RS-485接口方便地建立起设备网络。

因RS-485接口具有良好的抗噪声干扰性，长的传输距离和多站能力等上述优点就使其成为首选的串行接口。因为RS-485接口组成的半双工网络，一般只需二根连线，所以RS-485接口均采用屏蔽双绞线传输。

7. Modbus

1) Modbus 协议简介

Modbus协议是应用于电子控制器上的一种通用语言。通过此协议，控制器相互之间、控制器经由网络(如以太网)和其他设备之间可以通信。它已经成为一通用工业标准，有了它，不同厂商生产的控制设备可以连成工业网络，进行集中监控。此协议定义了一个控制器能认识使用的消息结构，而不管它们是经过何种网络进行通信的。它描述了一控制器请求访问其他设备的过程，如果回应来自其他设备的请求，以及怎样侦测错误并记录。它制定了消息域格局和内容的公共格式。

当在一 Modbus 网络上通信时，此协议决定了每个控制器须要知道它们的设备地址，识别按地址发来的消息，决定要产生何种行动。如果需要回应，控制器将生成反馈信息并用Modbus协议发出。在其他网络上，包含了Modbus协议的消息转换为在此网络上使用的帧或包结构。这种转换也扩展了根据具体的网络解决节地址、路由路径及错误检测的方法。

Modbus网络只是一个主机，所有通信都由它发出。网络可支持247个之多的远程从属控制器，但实际所支持的从机数要由所用通信设备决定。采用这个系统，各 PC 可以和中心主机交换信息而不影响各PC执行本身的控制任务。

Modbus是由Modicon公司(现为施耐德电气的一个品牌)在1978年发明的，用户可以免费使用Modbus协议，Modbus是面向消息的协议，可以支持多种电气接口，如RS232、RS422、RS485 等，还可以在多种介质上传送，如双绞线、光缆、无线射频等。和很多的现场总线不同，它不用专用的芯片与硬件，完全采用市售的标准部件。这就保证了采用Modbus的产品造价最为低廉。Modbus协议的帧格式是最简单、最紧凑的协议，可以说简单高效，通俗易懂。所以用户使用容易，厂商开发简单。

1989年Modicon公司又开发推出了新一代的Modbus＋网络，它采用了令牌传递、对等方式、即插即用的网络结构，为用户提供了更快的工业网络。1998年施耐德公司又推出了新一代基于TCP/IP以太网的ModbusTCP。ModbusTCP是第一家采用TCP/IP以太网用于工业自动化领域的标准协议，是至今唯一获得IANA赋予TCP端口的自动化通信协议。人们知道因特网上前1000个端口都分配给著名的、公开的通信协议，如80号口分配给了著名的HTTP(超文本传输协议)供因特网浏览器使用。这说明ModbusTCP是标准的、开放的、免费的通信协议。

ModbusTCP的应用层还是采用Modbus协议，简单高效；传输层使用TCP协议，并使用TCP502号口，用户使用方便，连接可靠；网络层采用IP协议，因为因特网使用该协议寻址，故ModbusTCP不但可以在局域网使用，还可以在广域网和因特网上使用。

ModbusTCP 全部采用标准的以太网硬件。目前的 ModbusTCP 以太网的速度为10M/100M位/秒，大大提高了数据传输能力。

2) 网络上转输

(1) 在Modbus网络上转输。

标准的Modbus口是使用一 RS-232C 兼容串行接口，它定义了连接口的针脚、电缆、信号位、传输波特率、奇偶校验。控制器能直接或经由 Modem 组网。

控制器通信使用主-从技术，即仅一设备(主设备)能初始化传输(查询)，其他设备(从设备)根据主设备查询提供的数据做出相应反应。典型的主设备：主机和可编程仪表。典型的从设备：可编程控制器。

主设备可单独和从设备通信，也能以广播方式和所有从设备通信。如果单独通信，从设备返回一消息作为回应，如果是以广播方式查询的，则不作任何回应。Modbus 协议建立了主设备查询的格式：设备(或广播)地址、功能代码、所有要发送的数据、一错误检测域。

从设备回应消息也由 Modbus 协议构成，包括确认要行动的域、任何要返回的数据、和一错误检测域。如果在消息接收过程中发生一错误，或从设备不能执行其命令，从设备将建立一错误消息并把它作为回应发送出去。

(2) 在其他类型网络上转输。

在其他网络上，控制器使用对等技术通信，故任何控制都能初始和其他控制器的通信。这样在单独的通信过程中，控制器既可作为主设备也可作为从设备。提供的多个内部通道可允许同时发生的传输进程。

在消息位，Modbus 协议仍提供了主-从原则，尽管网络通信方法是“对等”。如果一控制器发送一消息，它只是作为主设备，并期望从从设备得到回应。同样，当控制器接收到一消息，它将建立一从设备回应格式并返回给发送的控制器。

3) Modbus 的两种传输方式

控制器能设置为两种传输模式(ASCII 或 RTU)中的任何一种在标准的 Modbus 网络通信。用户选择想要的模式，包括串口通信参数(波特率、校验方式等)，在配置每个控制器的时候，在一个 Modbus 网络上的所有设备都必须选择相同的传输模式和串口参数。

所选的 ASCII 或 RTU 方式仅适用于标准的 Modbus 网络，它定义了在这些网络上连续传输的消息段的每一位，以及决定怎样将信息打包成消息域和如何解码。在其他网络上(像 MAP 和 Modbus Plus)Modbus 消息被转成与串行传输无关的帧。

选择传输模式时应视所用 ModBus 主机而定，每个 ModBus 系统只能使用一种模式，不允许两种模式混用。一种模式是 ASCII(美国信息交换码)，另一种模式是 RTU(远程终端设备)。ASCII 可打印字符便于故障检测，而且对于用高级语言(如 Fortan)编程的主计算机及主 PC 很适宜。RTU 则适用于机器语言编程的计算机和 PC 主机。用 RTU 模式传输的数据是 8 位二进制字符。如欲转换为 ASCII 模式，则每个 RTU 字符首先应分为高位和低位两部分，这两部分各含 4 位，然后转换成十六进制等量值。用以构成报文的 ASCII 字符都是十六进制字符。ASCII 模式使用的字符虽是 RTU 模式的两倍，但 ASCII 数据的译码和处理更为容易一些，此外，用 RTU 模式时报文字符必须以连续数据流的形式传送，用 ASCII 模式，字符之间可产生长达 1s 的间隔，以适应速度较快的机器。

(1) ASCII 模式。

当控制器以 ASCII 模式在 Modbus 总线上进行通信时，一个信息中的每 8 位字节作为 2 个 ASCII 字符传输的，这种模式的主要优点是允许字符之间的时间间隔长达 1s，也不会出现错误。

ASCII 码每一个字节的格式如下。

编码系统：十六进制，ASCII 字符 0～9，A～F

数据位：1 起始位

7 位数据，低位先送

奇/偶校验时 1 位；无奇偶校验时 0 位

(LRC)1 位带校验 1 停止位；无校验 2 止位

错误校验区：纵向冗余校验

(2) RTU 模式。

控制器以 RTU 模式在 Modbus 总线上进行通信时，信息中的每 8 位字节分成 2 个 4 位 16 进制的字符，该模式的主要优点是在相同波特率下其传输的字符的密度高于 ASCII 模式，每个信息必须连续传输。

RTU 模式中每个字节的格式如下。

编码系统：8 位二进制，十六进制 0～9，A～F

数据位：1 起始位

8 位数据，低位先送

奇/偶校验时 1 位；无奇偶校验时 0 位

停止位 1 位(带校验)；停止位 2 位(无校验)

带校验时 1 位停止位；无校验时 2 位停止位

错误校验区：循环冗余校验(CRC)

4) Modbus 信息帧

不论是 ASCII 模式还是 RTU 模式，Modbus 信息以帧的方式传输，每帧有确定的起始点和结束点，使接收设备在信息的起点开始读地址，并确定要寻址的设备 (广播时对全部设备)，以及信息传输的结束时间。可检测部分信息，错误可作为一种结果设定。

对 MAP 或 Modbus+协议可对信息帧的起始和结束点标记进行处理，也可管理发送至目的地的信息，此时，信息传输中 Modbus 数据帧内的目的地址已无关紧要，因为 Modbus+地址已由发送者或它的网络适配器把它转换成网络节点地址和路由。

(1) ASCII 帧。

在 ASCII 模式中，以(:)号(ASCII3AH)表示信息开始，以回撤一换行键(CRLF) (ASCII OD 和 OAH)表示信息结束。

对其他的区，允许发送的字符为十六进制字符 0～9，A～F。网络中设备连续检测并接收一个冒号(:)时，每台设备对地址区解码，找出要寻址的设备。

字符之间的最大间隔为 1s，若大于 1s，则接收设备认为出现了一个错误。

典型的信息帧见表 8-2。

表 8-2 ASCII 信息帧

开　始	地　址	功　能	数　据	纵向冗余检查	结　束
1 字符	2 字符	2 字符	n 字符	2 字符	2 字符

(2) RTU 帧。

RTU 模式中，信息开始至少需要有 3.5 个字符的静止时间，依据使用的波特率，很容易计算这个静止的时间(如表 8-3 中的 T1-T2-T3-T4)。接着，第一个区的数据为设备地址。

表 8-3

开始	地址	功能	数据	校验	结束
T1-T2-T3-T4	8B 位 S	8B 位 S	N×8B 位 S	16B 位 S	T1-T2-T3-T4

各个区允许发送的字符均为十六进制的 0～9，A～F。

网络上的设备连续监测网络上的信息，包括静止时间。当接收第一个地址数据时，每台设备立即对它解码，以决定是否是自己的地址。发送完最后一个字符号后，也有一个 3.5 个字符的静止时间，然后才能发送一个新的信息。

整个信息必须连续发送。如果在发送帧信息期间，出现大于 1.5 个字符的静止时间时，则接收设备刷新不完整的信息，并假设下一个地址数据。

同样一个信息后，立即发送的一个新信息，若无 3.5 个字符的静止时间，这将会产生一个错误，是因为合并信息的 CRC 校验码无效而产生的错误。

典型的信息帧见表 8-4。

表 8-4　RTU 信息帧

开　始	地　址	功　能	数　据	校　验	终　止
T1-T2-T3-T4	8 B 位	8 B 位	N×8 B 位	16B 位	T1-T2-T3T-4

(3) 地址设置。

信息地址包括 2 个字符(ASCII)或 8 位(RTU)，有效的从机设备地址范围 0～247(十进制)，各从机设备的寻址范围为 1～247。主机把从机地址放入信息帧的地址区，并向从机寻址。从机响应时，把自己的地址放入响应信息的地址区，让主机识别已作出响应的从机地址。地址 0 为广播地址，所有从机均能识别。当 Modbus 协议用于高级网络时，则不允许广播或其他方式替代。如 Modbus+使用令牌循环，自动更新共享的数据库。

(4) 功能码设置。

信息帧功能代码包括字符(ASCII)或 8 位(RTU)。有效码范围 1～225(十进制)，其中有些代码适用全部型号的 Modicon 控制器，而有些代码仅适用于某些型号的控制器，还有一些代码留作将来使用。

当主机向从句发送信息时，功能代码向从机说明应执行的动作。如读一组离散式线圈或输入信号的 ON/OFF 状态，读一组寄存器的数据，读从机的诊断状态，写线圈(或寄存器)，允许下载、记录、确认从机内的程序等。当从机响应主机时，功能代码可说明从机正常响应或出现错误(即不正常响应)，正常响应时，从句简单返回原始功能代码；不正常响应时，从机返回与原始代码相等效的一个码，并把最高有效位设定为“1”。

如，主机要求从机读一组保持寄存器时，则发送信息的功能码为：

0000 0011(十六进制 03)

若从机正确接收请求的动作信息后，则返回相同的代码值作为正常响应。发现错时，则返回一个不正常响信息：

1000 0011(十六进制 83)

从机对功能代码作为了修改，此外，还把一个特殊码放入响应信息的数据区中，告诉主机出现的错误类型和不正常响应的原因。主机设备的应用程序负责处理不正常响应，典型处理过程是主机把对信息的测试和诊断送给从机，并通知操作者。

(5) 数据区的内容。

数据区有 2 个十六进制的数据位，数据范围为 00～FF(十六进制)，根据网络串行传输的方式，数据区可由一对 ASCII 字符组成或由一个 RTU 字符组成。

主机向从机设备发送的信息数据中包含了从机执行主机功能代码中规定的请求动作，如离散量寄存器地址，处理对象的数目，以及实际的数据字节数等。

举例说明，若主机请求从机读一组寄存器(功能代码 03)，该数据规定了寄存器的起始地址，以及寄存器的数量。又如，主机要在一从机中写一组寄存器，(则功能代码为 10H)。该数据区规定了要写入寄存区的起始地址、寄存器的数量、数据的字节数以及要写入到寄存器的数据。

若无错误出现，从机向主机的响应信息中包含了请求数据；若有错误出现，则数据中有一个不正常代码，使主机能判断并作出下一步的动作。

数据区的长度可为“零”以表示某类信息，如主机要求从机响应它的通信事件记录(功能代码 0BH)。此时，从机不需要其他附加的信息，功能代码只规定了该动作。

5) Modbus 的数据校验方式

标准 Modbus 总线，有两类错误检查方法，错误检查区的内容按使用的错误检查方法填写。

使用 ASCII 方式时，错误校验码为 2 个 ASCII 字符，错误校验字符是 LRC 校验结果。校验时，起始符为(：)冒号，结束符为 CRLF 字符。

使用 RTU 方式时，错误校验码为一个 16 位的值，2 个 8 位字节。错误校验值是对信息内容执行 CRC 校验结果。CRC 校验信息帧是最后的一个数据，得到的校验码先送低位字节，后送高位字节，所以 CRC 码的高位字节是最后被传送的信息。

6) 串行传送信息

在标准的 Modbus 上传送的信息中，每个字符或字节，按由左向右的次序传送，最低位在前。

标准的 Modbus 串行通信网络采用两种错误校验方法，奇偶校验(奇或偶)可用于校验每一个字符，信息帧校验(LRC 或 CRC)适用整个信息的校验，字符校验和信息帧校验均由主机设备产生，并在传送前加到信息中去。从机设备在接收信息过程中校验每个字符和整个信息。

主机可由用户设置的一个预定时间间隔，确定是否放弃传送信息。该间隔应有足够的时间来满足从机的正常响应。若主机检测到传输错误时，则传输的信息无效。从机不再向主机返回响应信息。此时，主机会产生一个超时信息，并允许主机程序处理该错误信号。注意：主机向实际并未存在的从机发送信息时也会引起超时出错信号。

在 MAP 或 Modbus+等其他网骆上使用时，采用比 Modbus 更高一级的数据帧校验方法。在这些网络中，不再运用 Modbus 中的 LRC 或 CRC 校验方法。当出现发送错误时，网络中的通信协议通知发送设备有错误出现，并允许根据设置的情况，重试或放弃信息发送。若信息已发送，但从机设备未作响应，则主机通过程序检查后发出一个超时错误。

7) 奇偶校验

用户可设置奇偶校验或无校验，以此决定每个字符发送时的奇偶校验位的状态。无论是奇或偶校验，它均会计算每个字符数据中值为“1”的位数，ASCII 方式为位数据，RTU 方式为 8 位数据。并根据“1”的位数值(奇数或偶数)来设定为“0”或“1”。

ASCII 方式时，数据中包含错误校验码，采用 LRC 校验方法时，LRC 校验信息以冒号

“:”开始，以 CRLF 字符作为结束。LRC 校验码为 1 个字节，8 位二进制值，由发送设备计算 LRC 值。

RTU 方式时，采用 CRC 方法计算错误校验码，CRC 校验传送的全部数据。CRC 码为 2 个字节，16 位的二进制值。CRC 值附加到信息时，低位在先，高位在后。

8.4.2 总线标准的选择

众多领域需求各异，一个现场总线体系下可能不止容纳单一的标准，从以上介绍也可以看出，几大技术均具有自己的特点，已在不同应用领域形成了自己的优势。加上商业利益的驱使，它们都各自正在十分激烈的市场竞争中求得发展。有理由认为：在从现在起的未来 10 年内，可能出现几大总线标准共存，甚至在一个现场总线系统内，几种总线标准的设备通过路由网关互连实现信息共享的局面。

今后一段时期，FF 将成为主流发展趋势，Lonworks 将成为有力的竞争对手，而且所有的 FF 会员在研制符合 FF 标准的同时，都同时推出采用 Lonworks 技术的应用。在离散制造加工领域，由于行业应用的特点和历史原因，其主流技术会有一些差别。Profibus 和 CAN 在这一领域具有较强的竞争力。他们已经在这一领域形成了自己的优势。在楼宇自动化、家庭自动化、智能通信产品等方面，Lonworks 则具有独特的优势。由于 Lonworks 技术的特点，在多样化控制系统的应用上将会有较大的发展。 而 Ethernet 更具有强大的发展潜力，可以预见，像当年工业 PC 进入工业自动化领域一样，Ethernet/IP 将会十分迅速地进入工业控制的各级网络。

工业自动化技术应用于各行各业，使用一种现场总线技术不可能满足所有行业的技术要求，对于选哪种现场总线，建议选确实降低系统成本的现场总线，因为是否确实能降低系统成本是一种现场总线是否成熟、是否适合所针对对象的一个明显标志。或者简单地说，项目最适合使用什么技术就采用什么技术。由于现在尚无全能的现场总线，因此在系统的不同部分可以选不同的现场总线，即在系统的每个部分都选最适合的现场总线。

在具体确定选用哪种现场总线产品之前，一般来说，应该弄明白如下几方面的情况。

1. 规模大小

即需要运用现场总线构成网络的节点有多少个。规模的大小对选用哪种现场总线有影响，如：CAN 最多可接设备 110 个，而 Lonworks 的节点数可达 32000 个，Profibus 的节点也是从几十个到一百多个。

2. 工作环境

这包括节点分布的远近，现场的安全防爆要求，电磁环境等。首先节点分布的远近决定通信线路的长度，而这方面不同的总线其能力是不一样的，其变化范围为几十米至 10km。现场的安全防爆要求是一项十分重要的指标，除 CAN 总线外，其余几种都能满足安全防爆要求，依据目前的发展趋势最好选用 Profibus-PA 或 FF 的 H1。现场电磁环境的优劣，决定了选用构成网络的通信介质，如果现场电磁干扰等很严重，最好选用光纤作为传输介质。

3. 传输信号

包括传输信号的种类，信息量的大小，对实时性的要求等。传输信号情况的不同对现场能力也提出不同的要求，如果是模拟与数字信号共存，可以选用 HART；如果传输的信息量特别大，实时性不高，可以考虑选用 Profibus-FMS；如果是信息量大，实时性高，可以考虑选用 Profibus-FMS 和 Profibus-DP 构成系统。

4. 现场设备

这是指对原老设备的技术改造，还是采用符合现场总线要求的新的智能仪表，这种情况在国内经常出现。由于原来使用的许多仪表都是 II 型或 III 型表，且目前使用的效果又比较好，但又希望利用先进的现场总线技术提高生产的综合自动化水平，这样实际上是提出了一个在充分利用原来老设备的基础上建立现场总线网络的要求。所幸的是目前市场提供的远程智能 I/O 都能满足这种要求。

如果有几种产品都能满足自己的要求，且性能价格比都差不多时，这时考虑的因素应该是服务，包括安装、培训、维修等。目前 Profibus 和 FF 在这方面比较有优势。

总之作为用户，总是希望选用性能价格比最优的产品，但是由于用户自身的需求千差万别，一般来说一种现场的产品很难满足各方面的需求，所以在实际选型时，具体问题具体对待，可以利用网关技术，将不同的现场总线集在一起，从而满足自己的要求。

现场总线的仪表种类还比较少，可供选择的余地小，价格也偏高，从最终用户的角度看大多还处于观望状态，都想等到技术成熟之后再考虑，现在实施的少。现在要使用现场总线，客观地说不得不用外国的产品，由于国内对总线之争未付出大的代价，同时也没有一种总线在国内占压倒性优势，只要跟踪并采用国际先进的技术，就可以发挥后发优势，迅速缩短与发达国家的差距，而采用开放、免费并且知识产权限制少的 Ethernet 和 TCP/IP 技术，可以节约资金，减少技术的依赖性，开发出具有自主知识产权的控制技术。

8.5 小　　结

现场总线(Field bus)是用于过程自动化、制造自动化、楼宇自动化等领域的标准的、开放的、双向的多站现场智能设备互连通信网络。它不仅是一个基层网络，而且还是一种开放式、新型全分布控制系统。

现场总线的技术特点主要有：开放性，互可操作性与互用性，现场设备的智能化与功能自治性，对现场环境的适应性，系统结构的高度分散性。它的优点是：节省硬件数量与投资，节省安装费用，节省维护开销，用户具有高度的系统集成主动权，提高了系统的准确性与可靠性。

而利用以太网构成的计算机控制系统，具有以下几个方面的优点：兼容性好，有广泛的技术支持；易与 Internet 连接；成本低廉；可持续发展潜力大；通信速率高。

嵌入式系统与应用对象系统密切相关，其主要技术发展方向是满足嵌入式应用要求，不断扩展对象系统要求的外围电路，以形成满足对象系统要求的应用系统。嵌入式系统作为一个专用计算机系统，是要不断向计算机应用系统发展的。

现场总线技术至今尚未形成完整统一的国际标准，其中有较强实力和影响的有 FF bus、Lonworks、Profibus、CAN、Modbus 等，它们具有各自的特色，在不同应用领域形成了自己的优势。

工业自动化技术应用于各行各业，使用一种现场总线技术不可能满足所有行业的技术要求，对于开发项目最适合使用什么技术就采用什么技术。由于现在尚无全能的现场总线，因此在系统的不同部分可以选不同的现场总线，即在系统的每个部分都选最适合的现场总线。

现场总线控制系统的典型应用——煤矿水文现场总线控制系统

煤矿安全已成为社会关注的热点问题之一，其不仅对社会经济有影响，更关乎煤矿作业人员的生命安全。在煤矿生产过程中，矿井顶底板的含水构造严重威胁着煤矿的安全生产。随着国家加强了对煤矿安全生产的监管力度，要求矿井设备不仅具有更全面的功能，且通信要具有实时性和可靠性，以便操作或监管人员及时了解与查询现场安全监测监控信息。

在煤矿水文监测系统中，测点分散，分布范围较广，测点较多，同时传送的数据量较大，抽防水实时性要求较高。以泰安市一开科技科大有限公司的矿井水文自动监测报警系统为例描述现场总线在实际工程中的应用。

矿井水文自动监测报警系统分为井下和地面野外两部分，结构如图 8.12 所示。

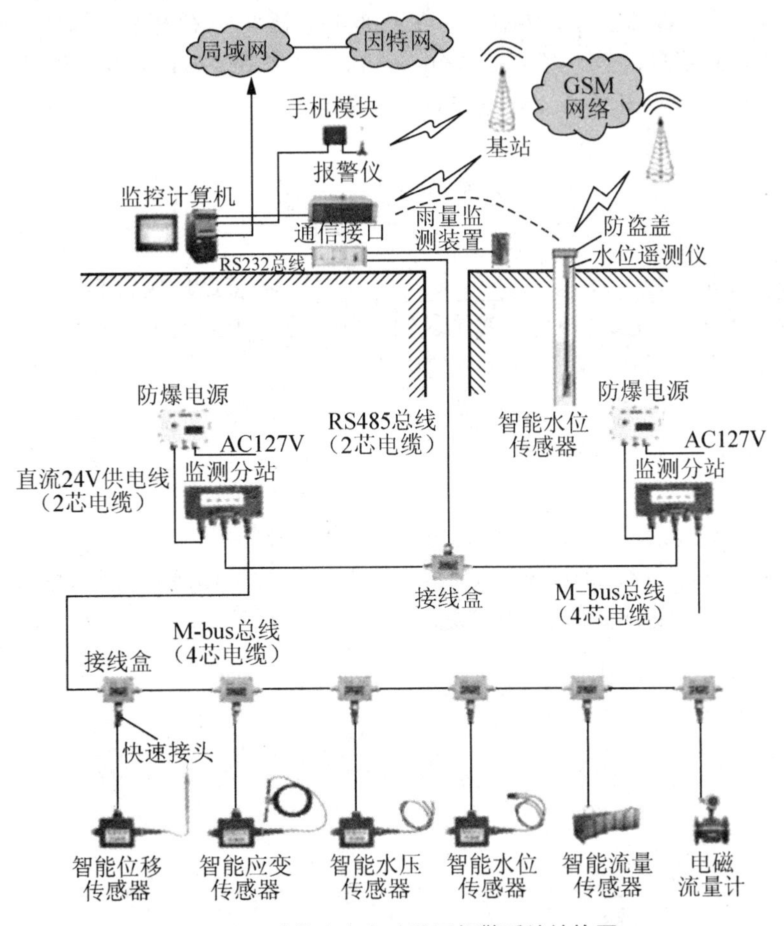

图 8.12　矿井水文自动监测报警系统结构图

井下系统分为3个网络层次，底层网络由智能传感器(如智能堰式流量传感器、智能管路流量传感器、智能水压传感器、智能水位传感器、智能位移传感器、智能应变传感器、智能倾斜传感器等)、声光报警器及监测分站组成，监测分站为主机，通过发送不同的地址(每个智能传感器、声光报警器都设有唯一的地址，地址范围1～80)依次控制各智能传感器执行测量工作，并读取和存储其测量数据。智能传感器采用总线集中供电方式，即由监测分站输出一对电源线，给智能传感器供电，而监测分站由本安电源直接供电。因声光报警器耗电较大，故直接由127 V交流电供电。地面监控计算机根据监测数据产生报警信息，并由监测分站转给声光报警器；中间层网络由监测分站与监控计算机组成，监控计算机为主机，通过发送不同的地址(每个监测分站都设有唯一的地址，地址范围1～32)依次选通各监测分站，并读取其存储的测量数据；上层网络为计算机局域网络，监控计算机作为网络结点，具有网络服务器功能。底层、中层网络的拓扑结构分别为M-BUS总线型、RS485总线型，特点是多个网络结点可共用一条通信信道，非常适合煤矿井下测点分布较广的情形。

地面野外水文地质钻孔水位、水温的测量由安装在各钻孔内的基于GPRS的智能水位遥测仪(带手机模块)完成。智能水位遥测仪定时(定时时间间隔可设置)测量水位、水温，也可实现监控中心计算机实时召测，并通过GPRS路由器或固定IP地址将测量数据发仪传输至监控计算机，实现集中显示、存储，一旦出现异常情况(水位超限、水位变化速度超限、水位超出传感器的量程、传感器露出水面、钻孔遭破坏而现场出现异常振动、供电电压不足，手机欠费等)，监控计算机立即进行声光报警。

8.6 习　题

1. 现场总线是一种________、________、________的多站现场智能设备互联通信网络。
2. 相对于传统的DCS，现场总线构成的控制系统有什么优点？
3. 什么是嵌入式系统？简述其系统的构成。
4. 借助以太网的控制系统有什么优点？
5. OSI模型的七层结构分别为________、________、________、________、________、________和________，其中以太网________。
6. 有哪几种典型的现场总线？它们的特点各是怎样的？
7. 比较Profibus、Foundation Field bus、CAN bus、Lonworks总线的特点。
8. 设计控制系统时应如何选择总线技术和总线设备？

第9章　计算机控制系统设计

教学提示

根据前面所讲述的内容可知，介绍完整的计算机控制系统的设计内容和步骤，涉及现场工艺要求，控制方案，测量装置，执行机构，硬件结构的设计，系统功能的软件实现，控制系统仿真和程序调试，这些设计过程是系统设计的必要内容，它们都是承前启后、环环相扣的。要求每个设计人员都能熟练掌握这些内容是不实际的，只有各负其责、协同配合才能设计出一个完备的系统。

教学要求

熟悉计算机控制系统设计、调试的一般步骤及系统调试的主要技术和内容；了解常规控制技术和设计方法，初步掌握方案确定，对硬件设计内容，程序语言的选择有较好的认识；了解计算机控制系统实时仿真的结构与方法。

本章知识结构

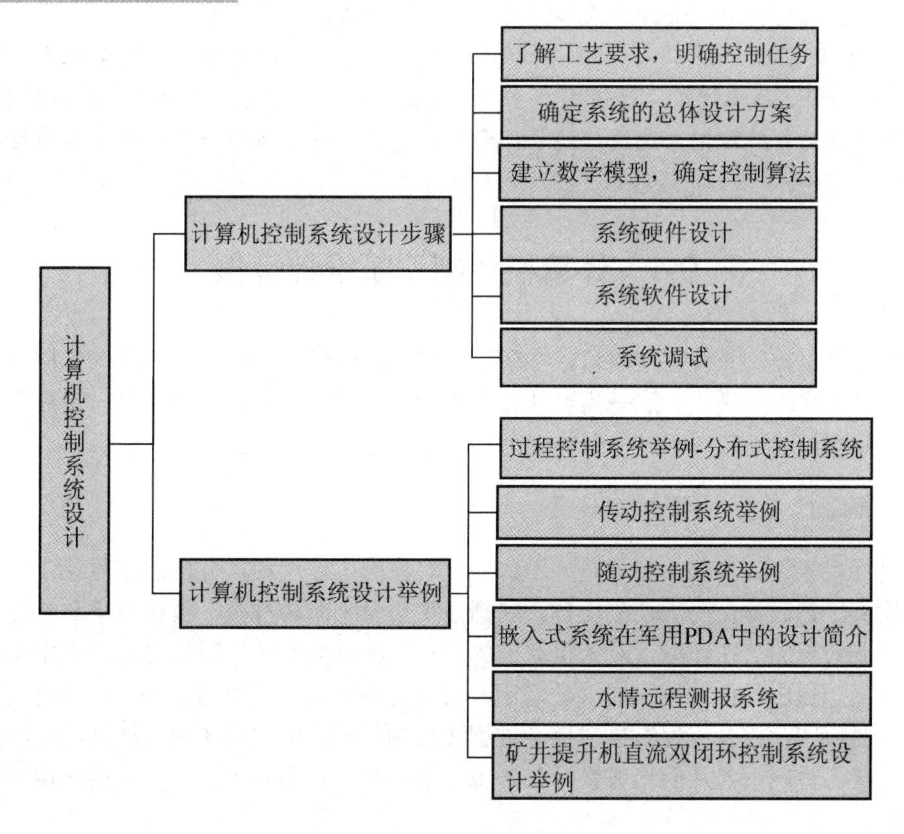

【引言】

计算机控制系统的设计所涉及的内容相当广泛，其设计及实现是一个综合性很强的工作，它是综合运用各种知识的过程，不仅需要计算机控制理论、电子技术等方面的知识，而且需要系统设计人员具有一定的生产工艺方面的知识。也就是说，必须同时具备理论知识和实践经验才能设计出一个较为完备的控制系统。

尽管不同设计的系统用途及要求各异，但以下几点是设计任何计算机控制系统时都应当考虑的。

(1) 可靠性要高：这是一个首要的要求，是系统的各种功能得以实现的基础。系统功能再多，精度再高，但工作起来不可靠，一切都等于零。因此，应对系统提出合理的可靠性指标，进行可靠性指标的分配，进行可靠性设计。对计算机控制系统，可靠性包括硬件和软件两个方面。

(2) 操作性能要好：所设计的系统必须便于现场人员的操作使用和维护。要树立用户第一的观念，因此，设计过程中要充分考虑使用人员的要求，他们的技能、知识水平、习惯使用的编程语言等；甚至要考虑设备的结构及布局、面板的设计，开关及显示的多少等，要充分运用现代的人机工程原理(关于人在生产或操作过程中合理地、适度地劳动和用力的规律)进行设计。

(3) 通用性强：所设计的系统要考虑到工厂或企业的发展，在生产工艺变更等情况下，原来的系统不必变动或稍加扩充便能适应新的要求。因此，在开始设计时应预先保留一定的功能，尽力采用标准化设计，选择通用总线，进行模块化设计等。

(4) 设计周期短和成本低：设计周期过长等于缩短了使用寿命，导致生命力下降，见效晚，效益降低，成本增加，致使用户难以承受，这样项目的竞争力就会下降，甚至告吹。

本章讲述计算机控制系统设计的原则和一般步骤，并介绍几个具有代表性的控制系统设计和仿真实例。

9.1 计算机控制系统设计步骤

一个计算机控制系统工程项目，在研制过程中应该经过哪些步骤，应该怎样有条不紊地保证研制工作顺利进行，这是需要认真考虑的。如果步骤不清，或者每一步需要做什么不明确，就有可能引起研制过程中的混乱甚至导致返工。

9.1.1 了解工艺要求，明确控制任务

在进行系统设计之前，必须充分了解控制对象的工作过程，分析被控对象及其工作过程，熟悉其工艺流程，明确控制任务，包括系统信息来源和种类，被控对象和被控参数的特性，控制对象的工作环境，对人机通道的要求，各项技术经济指标等，并根据实际应用中存在的问题提出具体的控制要求，确定所设计的系统应该完成的任务。任务明确后，用工艺图、时序图、控制流程等描述控制过程和控制任务，确定系统应该达到的性能指标，撰写设计任务说明书，从而形成设计任务说明书，并经使用方确认，作为整个控制系统设计的依据。

常见的控制问题可视其对控制对象的要求分为两类：当控制对象的输出偏离平衡状态或有这种趋势时，对它加以控制，使其回到平衡状态，这是调节器问题，相应的控制系统称为恒值系统；对控制对象加以控制，使它的输出按某种规律变化，这是伺服机问题，相应的控制系统称为随动系统。后面介绍的控制系统设计方案也按照这两种系统分类进行。

9.1.2 确定系统的总体设计方案

总体方案的确定是进行微机控制系统设计时最重要、最关键的一步，因为总体方案直接关系到整个控制系统的投资、调节性能和实施细则。

设计一个性能优良的计算机控制系统，要注重对实际问题的调查。通过对生产过程的深入了解、分析以及对工作过程和环境的熟悉，才能确定系统的控制任务，提出切实可行的系统总体设计方案来。一般设计人员在调查、分析被控对象后，已经形成系统控制的基本思路或初步方案。一旦确定了控制任务，就应依据设计任务书的技术要求和已作过的初步方案，开展系统的总体设计。下面介绍总体设计的具体内容。

1. 控制系统方案的确定

根据系统的要求，应确定出系统是采用开环控制还是闭环控制，或者是采用数据处理系统。如果采用闭环控制系统，则还要确定整个系统的类型，即是采用 DDC 方式，还是采用 SCC 方式，或者是采用 DCS 结构形式。若采用分布式控制，近年来出现的位总线控制系统和 FCS 是新一代的分布式控制结构，将为控制系统带来质的飞跃。

对不同的控制方案从控制参数到被控参数，到可能产生的干扰因素都要进行细致的分析和比较，考虑经济和技术的指标，进行多方论证，最后确定一个最好的方案。

控制方案确定后，就可进一步确定系统的构成方式，即进行控制装置机型的选择。目前用于工业控制的计算机装置有多种可供选择，如单片机、PLC、IPC、DCS、FCS 等。

在以模拟量为主的中小规模的过程控制环境下，一般应优先选择总线式 IPC 来构成系统的方式；在以数字量为主的中小规模的运动控制环境下，一般应优先选择 PLC 来构成系统的方式。PLC 具有系列化、模块化、标准化和开放式系统结构，有利于系统设计者在系统设计时根据要求任意选择，像搭积木般地组建系统。这种方式能够提高系统研制和开发速度，提高系统的技术水平和性能，增加可靠性。

当系统规模较小、控制回路较少时，可以采用单片机系列；对于系统规模较大、自动化水平要求高、集控制与管理于一体的系统可选用 DCS、FCS 等。

2. 测量器件的选择

根据测量范围和要求的精度选择被控量的测量器件，即传感器与变送器，它是影响系统控制精度的一个重要因素。实际中被测量有温度、流量、压力、液位、成分、位移、重量、速度等，所以相应的传感器种类也很多，而且规格各异，因此，必须正确合理地选择测量器件。现在许多传感器生产厂家已经开发和研制出了专门用于微机控制系统的集成化传感器，为微机控制系统测量元件的选择带来了极大的方便。

3. 执行机构的选择

执行机构是构成微机控制系统不可缺少的重要组成部件，选择系统的执行机构不仅要根据被控对象的实际情况来定，而且也要考虑与控制算法相匹配的问题。常用的执行机构有电动执行机构、气动薄膜调节阀、伺服电动机、步进电动机、晶闸管等。通常电动执行机构用来控制一般的液体和气体，但不宜用于有爆炸危险的场合。气动薄膜调节阀一般由气动执行机构和调节阀两部分组成，其执行机构是薄膜式的，常用于易燃易爆的环境中。在数控机床、*X-Y* 记录仪、旋转变压器、多圈电位器等控制场合，常选用步进电动机。

4. 选择过程通道及外设

确定过程通道是总体方案设计中的重要内容之一，通常应根据被控对象所要求的输入/输出参数的多少来确定，并按系统的规模和要求配以适当的外设，如打印机、CRT 显示器、磁盘驱动器、绘图仪、CD-ROM 等。在估算和选择通道及外设时，应着重考虑以下几点。

(1) 数据采集和传输所需的过程通道数。

(2) 所有过程通道的数据传输率，各通道处理的数据流量是否相等。

(3) 过程通道是串行操作还是并行操作。

(4) 模拟量过程通道中数据位数的选择：由控制精度确定 A/D 和 D/A 转换的位数。

(5) 过程通道连接方式的选择：是采用一个输入/输出通道设置一片 A/D 或 D/A 的形式，还是采用多通道共用一片 A/D 或 D/A 的形式。

(6) 对显示、打印有无要求，是否需要配备 LED 或 CRT，是否配置打印机等。

5. 画出整个控制系统原理图

结合工业流程图画出一个完整的控制系统原理图，包括传感器、变送器、外设、过程通道及微型计算机。因为它是整个控制系统的总图，所以要简单、清晰、明了。

9.1.3 建立数学模型，确定控制算法

当总体方案完成以后，确定使系统达到控制要求的控制算法，是一项理论性和实践性很强的工作。

从图 9.1 中可以看出，计算机控制系统的控制效果的优劣，主要取决于采用的控制策略和控制算法是否合适。控制算法是多种多样的，选用哪一种取决于系统的特性，控制算法最终要控制一个具体的被控对象，因此建立系统的数学模型是非常必要的，而且被控对象的数学模型的准确程度对系统的控制效果有直接关系。

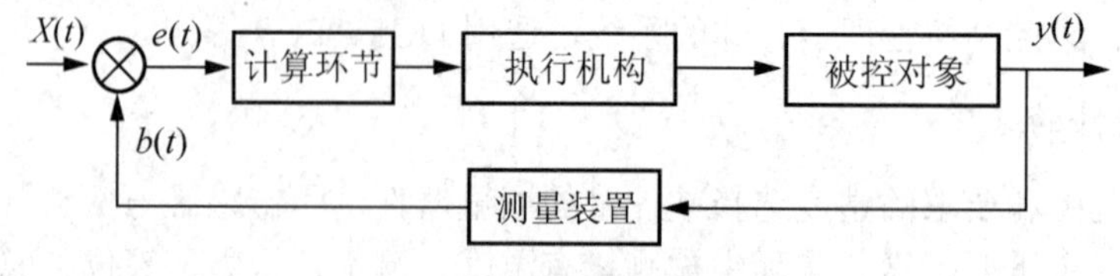

图 9.1 控制系统原理框图

系统的数学模型可以通过理论建模和实验建模(系统辨识)等方法来完成。此时要充分利用计算机仿真和计算机辅助设计技术。当系统模型确定以后，即可根据前面讲的离散化设计、模拟化设计或复杂规律设计等方法确定出控制算法。控制算法正确与否，直接影响着控制系统的动态品质。对计算机控制系统，其控制算法是由软件实现的，因此，当某种算法不合适时，修改起来是十分方便的。

对于一般简单的生产过程可采用 PI、PID 控制；对于工况复杂、工艺要求高的生产过程，可以选用比值控制、前馈控制、串级控制、自适应控制等控制策略；对于快速随动系统可以选用最少拍无差的直接设计算法；对于具有纯滞后的对象最好选用达林算法或 Smith 纯滞后补偿算法；对于随机系统应选用随机控制算法；对于具有时变、非线性特性的控制对象以及难以建立数学模型的控制对象，可以用模糊控制、专家系统、神经网络控制等智能控制算法。在 DDC 系统中，最常用的是数字 PID 控制算法及其改进形式，此外还有离散域内数字控制器的直接设计方法以及基于系统输入/输出描述的控制算法等。系统所用的算法，要根据控制对象的不同特性和要求恰当地选择。

9.1.4 系统硬件设计

在计算机控制系统中，一些功能既能由硬件实现，也能由软件实现，故系统设计时，硬件和软件功能的划分要综合考虑，以决定哪些功能由硬件实现，哪些功能由软件来完成。一般采用硬件实现时速度比较快，可以节省 CPU 的大量时间。但系统比较复杂、灵活性差，价格也比较高；采用软件实现比较灵活、价格便宜，但要占用 CPU 更多的时间。所以，一般在 CPU 时间允许的情况下，尽量采用软件实现，如果系统控制回路较多、CPU 任务较重，或某些软件设计比较困难，则可考虑用硬件完成。

1. 现场设备选择

现场设备主要包含传感器、变送器和执行机构，这些装置是正确控制精度的重要因素之一。根据被控对象的特点，确定执行机构采用什么方案，例如，是采用电动机驱动、液压驱动还是其他方式驱动，应对多种方案进行比较，综合考虑工作环境、性能、价格等因素择优而用。

采用总线式工业控制机进行系统的硬件设计，可以解决工业控制中的众多问题。总线式工业控制机具有高度模块化和插板结构，因此，采用组合方式能够大大简化计算机控制系统的设计。在必要的情况下，只需简单更换几块模板，就可以很方便地变成另外一种功能的控制系统。

2. 选择系统的总线和主机机型

1) 选择系统的总线

系统采用总线结构，不仅可以简化硬件设计，用户还可根据需要直接选用符合总线标准的功能模板，而不必考虑模板插件之间的匹配问题，而且系统扩展性好，仅需按总线标准研制的新的功能模板插在总线槽中即可。

(1) 内总线选择。

常用的工业控制机内总线有两种，即 PC 总线和 STD 总线。根据需要选择其中一种，一般常选用 PC 总线进行系统的设计，即选用 PC 总线工业控制机。

(2) 外总线选择。

根据计算机控制系统的基本类型，如果采用 DCS 等，必然有通信的问题。外总线就是计算机与计算机之间、计算机与智能仪器或智能外设之间进行通信的总线，它包括并行通信总线(IEEE-488)和串行通信总线(RS-232-C)，另外还有可用来进行远距离通信、多站点互联的通信总线路 RS-422 和 RS-485。具体选择哪一种，要根据通信的速率、距离、系统拓扑结构、通信协议等要求来综合分析，才能确定。需要说明的是，RS-422 和 RS-485 总线在工业控制机的主板中没有现成的接口装置，必须另外选择相应的通信接口板。

2) 选择主机机型

许多总线式工业控制机中采用的 CPU 不尽相同，以 PC 总线工业控制机为例，其 CPU 有 8088、80286、80386、80486、Pentium(586)等多种型号，内存、硬盘、主频、显示卡、CRT 显示器也有多种规格。设计人员可根据要求合理地进行选型，对于大多数场合，80486 的 CPU 已经足够应对各种问题了。

3. 选择过程通道模板

计算机控制系统，除了选择工业控制机的主机以外，还必须考虑各种过程通道模板，其中包括数字量 I/O(即 DI/DO)、模拟量 I/O(AI/AO)等模板。

1) 数字量输入/输出(DI/DO)模板

PC 总线的并行 I/O 接口模板多种多样，通常可分为 TTL 电平和带光电隔离。通常和工业控制机共地装置的接口可以采用 TTL 电平，而其他装置与工业控制机之间则采用光电隔离。对于大容量的 DI/DO 系统，常选用大容量的 TTL 电平的 DI/DO 板，而将光电隔离及驱动功能安排在工业控制机总线之外的非总线模板上，如继电器板(包括固态继电器板)等。

2) 模拟量输/入输出(AI/A0)模板

AI/AO 模板包括 A/D、D/A 板及信号调理电路等。AI 模板的输入和 AO 模板的输出可能是 0～±5V、1～10V、0～10mA、4～20mA 以及热电偶、热电阻和各种变送器的信号。选择 AI/AO 模板时必须注意分辨率、转换速度、量程范围等技术指标。

系统中的输入/输出模板可按需要进行组合，不管哪种类型的系统，其模板的选择与组合均由生产过程的输入参数和输出控制通道的种类和数量来确定。

4. 选择变送器和执行机构

1) 选择变送器

变送器能将被测变量(如温度、压力、液位、流量、电压、电流等)转换为可远传的统一标准信号(0～10mA、4～20mA 等)，且输出信号与被测变量有一定的连续关系。在控制系统中其输出信号被送至工业控制机进行处理、实现数据采集，如 DDZ-III 型变送器输出的是 4～20mA 信号，供电电源为 24V(DC)，且采用二线制，DDZ-III 比 DDZ-II 型变送器性能好，使用方便。DDZ-S 系列变送器是在总结 DDZ-III型变送器的基础上，吸取了国外同类变送器的先进技术，采用模拟技术与数字技术相结合，从而开发出的新一代变送器。

常用的变送器有温度变送器、压力变送器、液位变送器、差压变送器、流量变送器、各种电量变送器等，变送器种类繁多、品种多样，系统设计人员可根据被测参数的种类、量程、被测对象的介质类型和环境来选择变送器的具体型号。

2) 选择执行机构

执行机构的作用是接受计算机发出的控制信号，并把它转换成调整机构的动作，使生产过程按预先规定的要求正常运行。

执行机构分为气动、电动和液压 3 种类型。气动执行机构的特点是结构简单、价格低、有本安防爆的优点，特别适于易燃易爆的环境；电动执行机构的特点是体积小、种类多、使用方便，便于信号传输及处理；液压执行机构的特点是推力大、精度高，气动和电动两种较为常用。

另外，还有各种有触点和无触点开关，也是执行机构，实现开关动作，另外，电磁阀作为一种开关阀在工业中也得到了广泛应用。

在系统中，选择气动调节阀、电动调节阀、电磁阀、有触点和无触点开关之中的哪种，要根据系统的要求来确定。但要实现连续的、精确的控制目的，必须选用气动或电动调节阀，对要求不高的控制系统可选用电磁阀。

5. 检测单元

检测元器件性能的好坏，也是整个系统成败的关键因素之一，是影响控制系统精度的重要因素。检测元器件俗称“一次仪表”，其种类繁多，规格各异，发展变化快，但又是难题最多的部分，故对其选择必须给以高度重视。这一问题读者可参考其他有关书籍。

9.1.5 系统软件设计

利用工业控制机来构建计算机控制系统既能减小系统硬件设计工作量，又能减少系统软件设计工作量，一般工业控制机配有实时操作系统或实时监控程序，各种控制、运行软件、组态软件等，可使系统设计者在最短的周期内开发出目标系统软件。

当然，并不是所有的工业控制机都能给系统设计带来上述方便，有些工业控制机只能提供硬件设计的方便，而应用软件需自行开发。若从选择单片机入手来研制控制系统，系统的全部硬件、软件均需自行开发研制。自行开发控制软件时，应首先画出程序总体流程图和各功能模块流程图，再选择程序设计语言，然后编制程序。程序编制应先模块后整体，具体内容有编程语言选择、数据类型和结构、资源分配以及实时控制软件设计。

1. 编程语言选择

在过程控制系统中，最常用的软件有汇编语言、近似英语的高级语言、可视化的面向对象和面向网络的编程语言、工业控制组态软件。

1) 汇编语言

汇编语言是面向具体微处理器的，能够直接的完全的控制硬件电路，使用内存，充分发挥硬件的性能，汇编程序运算速度快、实时性好，所以主要用于过程信号的检测、控制计算和控制输出的处理。汇编语言的优点是编程灵活，实时性好，缺点是移植性差，一般不用于系统界面设计和系统管理功能的设计中，多用于单片机系统。

2) 高级语言

高级语言编程的优点是编程效率高，不必了解计算机硬件配置的问题，其计算公式与数学公式相近。其缺点是编译后的源程序，可执行的目标代码比同样功能的汇编语言的目标代码长得多，不仅占用内存量增多，而且执行时间增加很多，往往难于满足实时性的要求，所以高级语言一般用于系统界面和管理功能的设计。

例如，C 语言是一种功能很强的语言，特别是 Visual C++是一种面向对象的语言，用它编写程序非常方便，而且它还能方便地与汇编语言进行连接，再如 Microsoft Visual

Basic.NET 是一种功能强大而使用简单的开发平台，主要用于创建 Microsoft .NET 平台的应用程序，它继承了 C++和 Visual Basic 的很多优秀特征，并作了许多改进。.NET 是为 XML Web Server 所提供的共同平台。在不同的操作系统上构造了 Net Framework 后，即可成为共同的平台，通过 XML Web Server 可以让应用程序或程序语言在 Internet 上彼此通信并共享数据。

一般汇编语言实现的控制功能模块由高级语言调用，从而兼顾了实时性和复杂的界面等的实现方便性的要求，许多高级语言，如 C 语言、Basic 语言等，均提供与汇编语言的接口。

3) 组态软件

组态软件是一种针对控制系统设计的面向问题的高级语言，是专门为工业过程控制开发的软件，它为用户提供了许多的功能模块，包括控制算法模块，如 PID，运算模块(四则运算、开方、最大值/最小值选择、一阶惯性、超前滞后、工程量变换、上下限报警等数十种)，计数/计时模块，逻辑运算模块，输入模块，输出模块，打印模块，cRt 显示模块等。系统设计者根据控制要求，选择所需的模块就能生成系统控制软件，因而软件设计工作量大为减少。图 9.2 演示了一个组态软件的主界面。

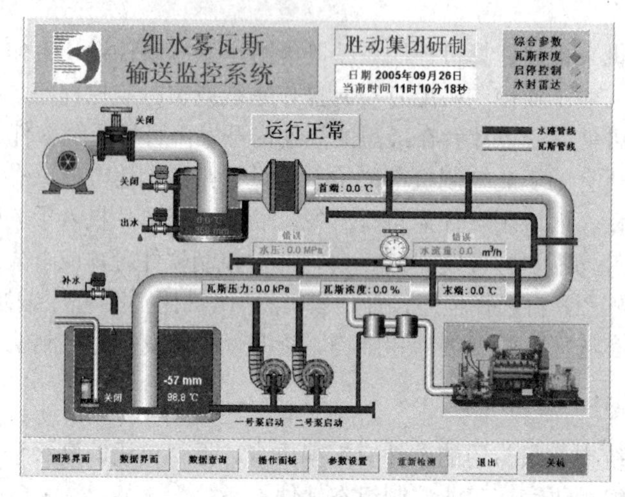

图 9.2 组态软件界面示例

综上所述，针对汇编语言和高级语言各自的优缺点，可以用混合语言编程。对速度和实时性要求不高的部分用高级语言来编程，如数据处理变换、系统的界面、图形、显示、打印、统计报表等；而实时性要求高的控制功能则采用汇编语言编程，如数据采集、时钟、中断、控制输出等。通常在智能化仪器或小型控制系统中大多数都采用汇编语言；在使用工业 PC 的大型控制系统中多使用 Visual C++和 .NET；在一些大型工业控制系统中，如石油、化工生产部门，常用工业控制组态软件。

2. 数据类型和数据结构规划

控制系统各个功能模块之间有着各种千丝万缕的联系，互相之间要进行信息传递，如数据处理模块和数据采集模块之间的关系，数据采集模块的输出信息就是数据处理模块的输入信息。同样，数据处理模块和显示模块、打印模块之间也有这种输入/输出关系，各模块之间的关系体现在它们的接口条件上，即输入条件和输出结果上。为了避免模块之间的错误，就必须严格定义好各个接口条件，即各接口参数的数据结构和数据类型。

从数据类型的角度来看，可分为逻辑型和数值型，但通常将逻辑型数据归到软件标志中去考虑。数值型可分为定点数和浮点数。定点数有直观、编程简单、运算速度快的优点，其缺点是表示的数值动态范围小，容易溢出。浮点数则相反，数值动态范围大、相对精度稳定、不易溢出，但编程复杂、运算速度低。

如果某参数是一系列有序数据的集合，如采样信号序列，则不只有数据类型问题，还有一个数据存放格式问题，即数据结构问题。关于数据结构，读者可以参考相关书籍，这里不再赘述。

3. 资源分配

数据类型和数据结构的规划完毕，便可开始分配系统的资源了。系统资源包括ROM、RAM、定时器/计数器、中断源、I/O地址等。ROM资源用来存放程序和表格，I/O地址、定时器/计数器、中断源在任务分析时已经分配好了。因此，资源分配的主要工作是RAM资源的分配，RAM资源规划好后，应列出一张资源的详细分配清单，作为编程依据。

4. 实时控制软件设计

1) 数据采集及数据处理程序

数据采集程序主要包括模拟量和数字量多路信号的采样、输入变换、存储等。数据处理程序主要包括数字滤波程序、线性化处理和非线性补偿、标度变换程序、超限报警程序等。

2) 控制算法程序

控制算法程序主要实现控制规律的计算，产生控制量。其中包括数字PID控制算法、达林算法、Smith补偿控制算法、最少拍控制算法、串级控制算法等。实际实现时，可选择合适的一种或几种控制算法来实现控制。

3) 控制量输出程序

控制量输出程序实现对控制量的处理(上下限和变化率处理)、控制量的变换及输出，驱动执行机构或各种电气开关。控制量也包括模拟量和数字量输出两种，模拟控制且由D/A转换模板输出，一般为标准的0～10mA(DC)或4～20mA(DC)信号，该信号驱动执行机构，如各种调节阀，数字量控制信号驱动各种电气开关。

4) 实时时钟和中断处理程序

实时时钟是计算机控制系统一切与时间有关过程的运行基础，而计算机控制系统中有很多任务是按时间来安排的，即有固定的作息时间。这些任务的触发和撤销由系统时钟来控制，不用操作者直接干预，这在很多无人值班的场合非常必要。

实时任务有两类：第一类是周期性的，如每天固定时间启动，固定时间撤销的任务；第二类是临时性任务，操作者预订好启动和撤销时间后由系统时钟来执行，但仅一次有效。一般情况，假设系统中有几个实时任务，每个任务都有自己的启动和撤销时间。在系统中建立两个表格：一个是任务启动时间表，一个是任务撤销时间表。表格按作业顺序编号安排，为使任务启动和撤销及时准确，这一过程应安排在时钟的中断子程序来完成。定时中断服务程序在完成时钟调整后，就开始扫描启动时间表和撤销时间表，当表中某项和当前时刻完全相同时，通过查表位置指针就可以决定对应作业的编号，通过编号就可以启动或撤销相应的任务。

许多实时任务如采样周期、定时显示打印、定时数据处理等都必须利用时钟来实现，并由实时中断服务程序去执行相应的操作。

另外重要和异常的事件处理等功能的实现也常使用中断技术，以便计算机能对事件做出及时处理。事件处理用中断服务程序和相应的硬件电路来完成。

5) 数据管理程序

这部分程序用于生产管理，主要包括画面显示、变化趋势分析、报警记录、统计报表打印输出等。

6) 数据通信程序

数据通信程序主要完成计算机之间的，计算机与智能设备之间的信息传递和交换。这个功能主要在DCS、分级计算机控制系统、工业网络等系统中实现。

应用程序不仅包括控制算法程序，还包括打印、显示、报警、标度变换和数字滤波，甚至还有通信及监控程序和自诊断程序等。设计应用程序时还要考虑系统的要求，计算机所配的系统软件情况，软件的运行速度，可靠性和维护性等。

需要特别指出的是，编程的习惯固然重要，编程技巧也需要不断学习，更重要的是后期的维护和修改，所以程序的注释相当重要，可以说60%以上的时间是用在书写程序的注释上的，只有这样在程序的调试中才不会对程序再花工夫去熟悉。

如图9.3所示的汇编程序注释，对大多数程序员来说其含义非常清楚。

```
子程序标号：BCDB
功能：多字节BDC码减法
入口条件：字节数在R7中，被减数在[R0]中，减数在[R1]中。
出口信息：差在[R0]中，最高位借位在CY中。
影响资源：PSW、A、R2、R3
堆栈需求：6字节
BCDB：LCALL  NEG1   ；减数[R1]进制取补
LCALL BCDA          ；按多字节BCD码加法处理
CPL  C              ；将补码加法的进位标志转换成借位标志
MOV F0，C           ；保护借位标志
LCALL NEG1          ；恢复减数[R1]的原始值

MOV C, F0           ；恢复借位标志
RET
NEG1：  MOV A, R0   ；[R1]十进制取补子程序入口
XCH A, R1           ；交换指针
XCH A, R0
LCALL NEG           ；通过[R0]实现[R1]取补
MOVA, R0            ；换回指针
XCHA, R1
XCHA, R0
RET
```

子程序名称和入口出口条件和影响的寄存器。

程序的注射，方便后期调试。

图9.3 程序注释实例

9.1.6 系统调试

如果条件允许可以在生产过程工业现场进行在线调试，否则可以先在实验室或非工业

现场进行离线仿真与调试。离线仿真与调试是基础，是检查硬件和软件的整体性能，为现场投运作准备，现场投运是对全系统的实际考验与检查。系统调试的内容很丰富，碰到的问题是千变万化的，解决的方法也是多种多样，没有统一的模式。

1. 离线仿真和调试

1) 硬件调试

对于各种标准功能模板，按照说明书检查主要功能。例如，主机板(CPU 板)上 RAM 区的读写功能、ROM 区的读出功能、复位电路、时钟电路等的正确性调试，在调试 A/D 和 D/A 模板之前，必须准备好信号源、数字电压表、电流表等。对这两种模板首先检查信号的零点和满量程，然后再分挡检查。例如，满量程的 25%、50%、75%、100%，并且上行和下行来回调试，以便检查线性度是否合乎要求，如有多路开关板，应测试各通路是否正确切换。

利用数字量输入和输出程序来检查数字量输入和数字量输出模板，测试时可向输入端加数字量信号，检查读入状态的正确性，在输出端检查(用万用表)输出状态的正确性。

硬件调试还包括现场仪表和执行机构，如压力变送器、差压变送器、流量变送器、温度变送器以及电动或气动调节阀等，这些仪表必须在安装之前按说明书要求校验完毕。

如果是分级计算机控制系统和 DCS，还要调试通信功能，验证数据传输的正确性。

2) 软件调试

软件调试一般是按照先子程序、次功能模块、最后主程序的顺序进行。有些程序的调试比较简单，利用开发装置(仿真器)以及计算机提供的调试程序就可以进行调试。

一般与过程通道无关的程序，都可用开发装置的调试程序进行调试，不过有时为了能调试某些程序，需要编写临时性的辅助程序，调试完成后应删去这些辅助程序。

系统控制模块的调试可分为开环和闭环两种情况进行。开环调试是检查它的阶跃响应特性，闭环调试是检查它的反馈控制功能。

一旦所有的子程序和功能模块调试完毕，就可以用主程序将它们连接在一起，进行整体调试。这样做的原因是：当把所有的程序连接在一起时可能会产生不同软件层之间的交叉错误，一个模块的隐含错误对自身可能无影响，却会妨碍另一个模块的正常工作；单个模块允许的误差，多个模块连起来可能放大到不可容忍的程度等，所以有必要进行整体调试。

通过整体调试能够把设计中存在的问题和隐含的缺陷暴露出来，从而基本上消除编程上的错误，为以后的仿真调试和在线调试及运行打下良好的基础。

3) 系统仿真

在硬件和软件分别调试完毕后，并不意味着系统的设计和离线调试已经结束，为此，必须再进行全系统的硬件、软件统调。这次统调试验，就是通常所说的“系统仿真”(模拟调试)。所谓系统仿真，就是应用相似原理和类比关系来研究事物，也就是用模型来代替实际生产过程(被控对象)进行实验和研究。

试验条件或工作状态越接近真实，其仿真效果也就越好。对于纯数据采集系统，一般可做到真实环境条件的仿真；而对于控制系统，要做到全部环境仿真几乎是不可能的。被控对象可用实验模型代替。不经过系统仿真的各种试验，试图在生产现场调试中一举成功的想法是不实际的，常会被现场联调工作的现实所否定。

在系统仿真的基础上进行长时间的运行考验(考机)，并根据实际运行环境的要求，进行特殊运行条件的考验。例如，高温和低温剧变运行试验、振动和抗电磁干扰试验、电源电压剧变和断电试验等。

2. 在线调试和运行

要想经受实践的考验，现场调试与运行是不可缺少的过程。首先制订一系列调试计划、实施方案、安全措施、分工合作细则等，在现场进行在线调试和运行过程中，设计人员与用户要密切配合，进行从小到大，从易到难，从手动到自动，从简单回路到复杂回路的现场调试。调试前先要进行下列检查。

(1) 检测元器件、变送器、显示仪表、调节阀等必须经过校验，保证精确度要求。作为检查，可进行一些现场校验。

(2) 各种接线和导管必须经过检查，保证连接正确。例如，孔板的上下引压导管要与差压变送器的正负压输入端极性一致；热电偶的正负端与相应的补偿导线相连接，并与温度变送器的正负输入端极性一致等。除了极性不得接反以外，对号位置都不应接错。

(3) 对在流量中采用隔离液的系统，要在清洗好引压导管以后，灌入隔离液。

(4) 检查调节阀能否正确工作。旁路阀及上下游截断阀关闭或打开，要保证正确。

(5) 检查系统的干扰情况和接地情况，如果不符合要求，应采取措施。

(6) 对安全防护措施也要检查。

经过检查并已安装正确后即可进行系统的投运和参数的整定，投运时应先切入手动，等系统运行接近于给定位时再切入自动，并进行参数的整定。

在现场调试的过程中，往往会出现复杂的、反复的奇怪现象，一时难以找到问题的根源，系统设计者要认真地分析，不要轻易地怀疑别人所做的工作，以免掩盖问题的根源所在，应戒骄戒躁，逐步发现问题并解决问题。

9.2 计算机控制系统设计举例

本节将介绍3个计算机控制系统和两个嵌入式系统的应用设计。

9.2.1 过程控制系统举例(分布式控制系统)

工件的热处理是机械加工过程中的重要工序之一，热处理电炉的控制水平在整个产品质量控制中具有举足轻重的地位。

目前大多数热处理车间的电炉温度控制仍在使用电子电位差计和交流接触器，从准确度、控温水平及自动化程度等各方面均难以满足现代产品生产的要求，在一定程度上限制了企业的发展。

一般的温控系统为一大滞后系统，纯滞后可引起系统不稳定或降低系统的反馈性能。Smith 预估器从理论上解决了纯滞后系统的控制问题，带 Smith 预估器的温控系统能有效抑制纯滞后的影响，而且稳健性强。

1. 明确控制任务

现场控制要求具有多项功能：远程实时控制，传输距离 500m，由监视室监控炉温的温度变化的过程，控制实时的显示，实时数据报表，上下限报警，查看历史趋势曲线等；炉温按照不同的工艺要求实现升温、恒温或者降温；各段的时间与变化斜率应按生产工艺而定；各参数的设定与修改都应方便可靠；炉温最高300℃，超调量小于2%，稳态偏差小于0.4%的指标；方便组网。

这个系统必须采用分级控制。现场级A/D、D/A转换器、数字量输入/数字量输出模块是采用研华公司的Adam 4000系列产品：Adam 4117、Adam 4021、Adam 4168，RS-485/以太网转换通过Adam 4571完成，并可控制任务要求的500m的信号传输。监控机在控制室，因此选用计算机，通过交换机方便联入以太网，将信号上传管理计算机，实现分级控制，应用软件采用组态软件，功能强大，界面优美，工作量大大减少。组态王6.02含有研华公司Adam 4000系列模块的驱动程序，所以采用组态王6.02作为开发工具。所组成的计算机分级控制结构图如图9.4所示。

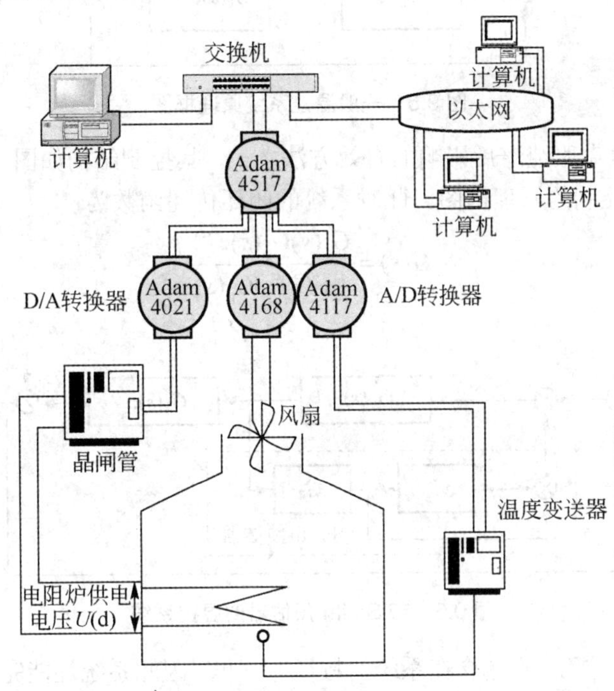

图9.4　电阻炉温度控制系统

2. 硬件设备的选择

1) 转换模块

转换模块Adam 4571用于进行RS-485/以太网转换，此模块在炉温控制系统中担负信息交换的重要任务：本系统使用的数据总线是以太网和RS-485，传输的距离可以达到1000m。

2) 执行器(交流调压模块)

本系统采用的是固体交流调压模块，它将触发器和双向晶闸管固化于一个模块中，计算机计算得出的控制电压$U(k)$作为触发器的触发电压来触发双向晶闸管。触发电压越大、通过晶闸管后得到的电阻炉两端的电压$U(d)$就越大。

电阻炉功率为10kW、由220V交流电供电，根据温控箱的结构及一般热力学原理，可得到以下温控箱为被控对象的传递函数，其近似表达为

$$G_0(s)=\frac{K_0}{TS+1}\mathrm{e}^{-\tau s}=G_\mathrm{p}(s)\mathrm{e}^{-\tau s} \tag{9.1}$$

式中 $G_\mathrm{p}(s)$为被控对象中不含纯滞后的部分。

可以看出，它是一个带纯滞后的一阶惯性环节。根据所设计的温控箱和实际参数辨识，由阶跃响应曲线得式(9.1)中的 T=60s，K_0=1.5，τ=20s。一般的温控系统原理框图如图 9.5 所示。图中，$G_\mathrm{c}(s)$表示设计的控制器，$F(s)$为控制器直流分量等干扰。若τ足够大，则系统就很难稳定，而且由于系统中含有纯滞后环节，使控制器设计变得复杂。

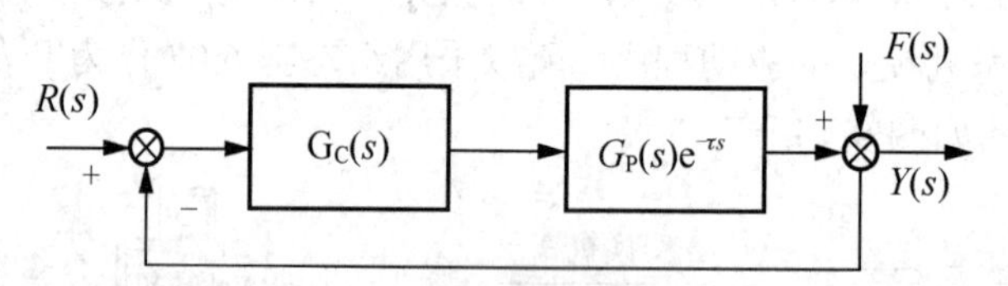

图 9.5 一般温控系统原理框图

Smith 预估器是克服纯滞后影响的有效方法之一，其控制结构如图 9.6 所示，图中虚线框内为 Smith 预估控制的原理框图。此时系统的闭环传递函数为

$$G(s)=\frac{G_\mathrm{c}(s)G_\mathrm{p}(s)\mathrm{e}^{-\tau s}}{1+G_\mathrm{c}(s)G_\mathrm{p}(s)} \tag{9.2}$$

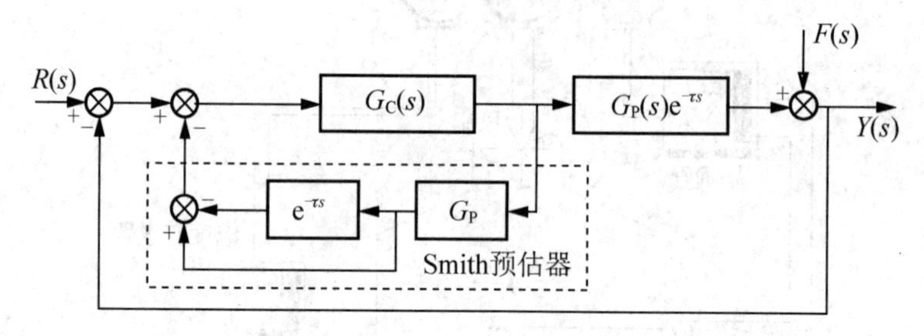

图 9.6 带 Smith 预估器的温控系统

从式(9.2)可见，$\mathrm{e}^{-\tau s}$ 已不包含在系统的特征方程里，因此系统性能完全不受纯滞后的影响。Smith 预估控制从理论上提供了将含有纯滞后的对象简化为不含纯滞后的对象进行控制的方法。

3. 仿真试验

温度控制系统的被控对象的数学模型为

$$G_0(s)=\frac{1.5}{60s+1}\mathrm{e}^{-20s}$$

本系统采用了 PID 控制算法，用 MATLAB 6 下的 Simulink 工具箱搭建闭环系统结构，加以 1V 的阶跃信号，PID 控制器系数 K_p=4，K_i=0.022，K_d=20，取反馈系数为 1，使用 Smith 预估补偿器前后的仿真结构和输出曲线分别如图 9.7 和图 9.8 所示。

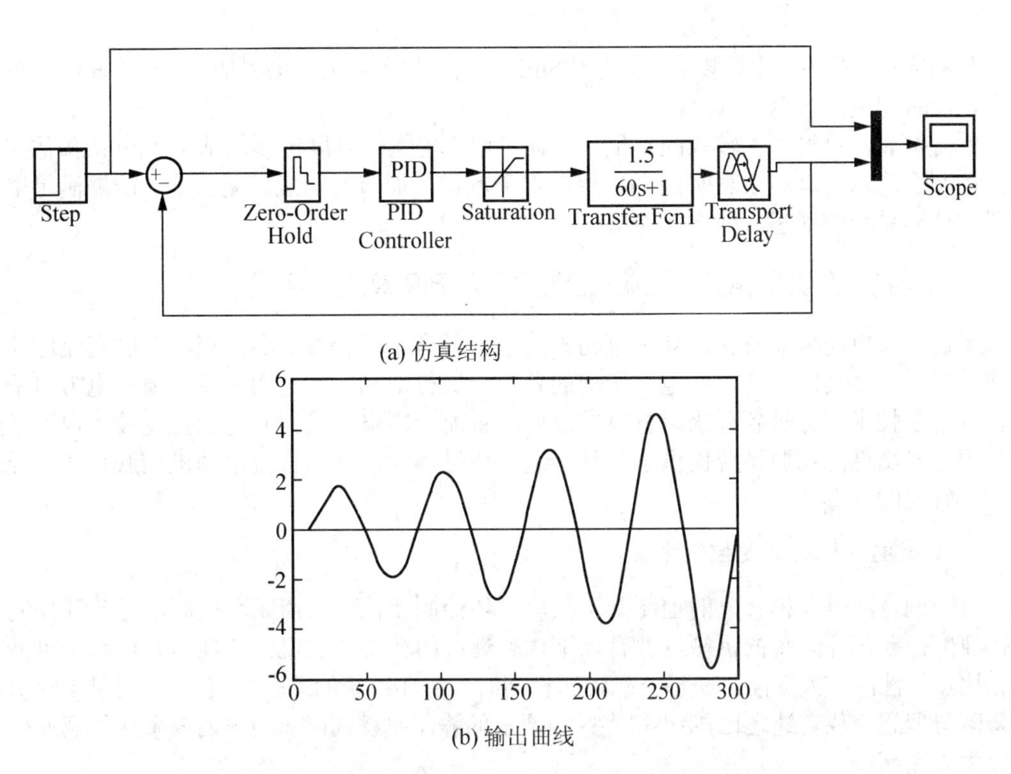

(a) 仿真结构

(b) 输出曲线

图 9.7　没有加入 Smith 补偿器的仿真结构和输出曲线

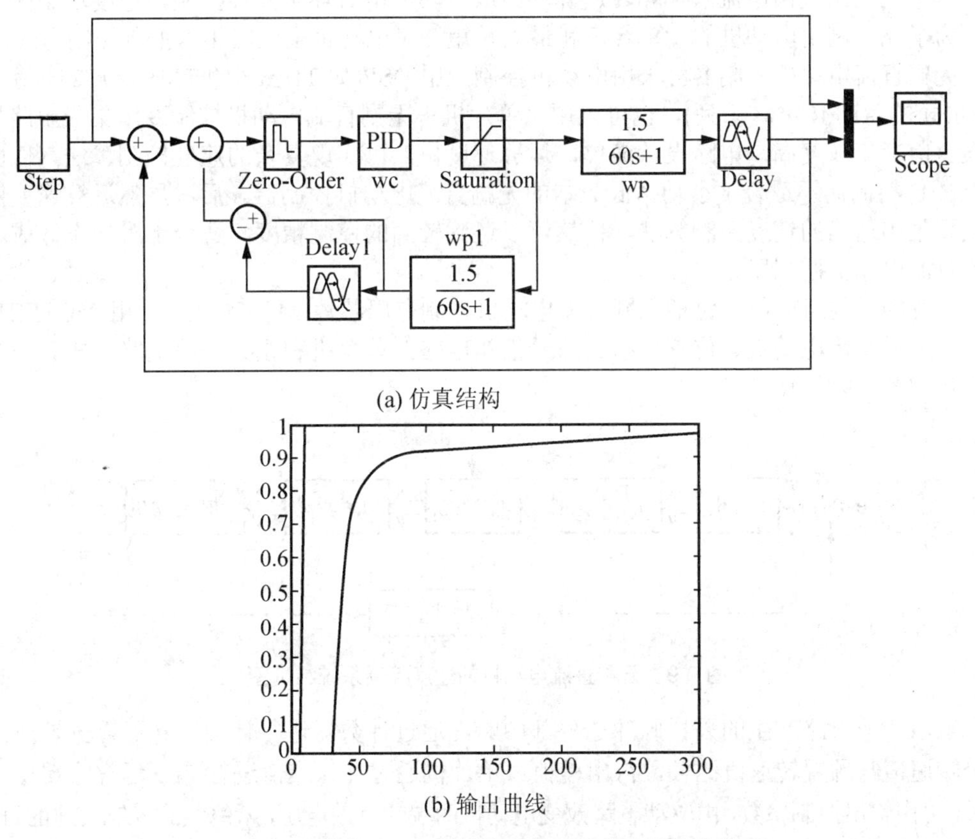

(a) 仿真结构

(b) 输出曲线

图 9.8　带有 Smith 补偿器的仿真结构和输出曲线

从响应曲线图9.8上可以看出，使用Smith预估补偿器后的系统阶跃响应的曲线为单调上升，没有超调和振荡。

针对控制对象滞后性较强的不足，设计了用于电锅炉温度控制的基于Smith预估控制器的控制系统。仿真结果表明该PID控制器无超调、调节时间短、无振荡，能够满足电锅炉温度控制系统的动态、静态性能指标。

9.2.2 传动控制系统举例(直流电动机控制系统的PID算法应用)

无刷直流电动机兼有交流异步电动机简单、可靠、便于维护的优点和有刷直流电动机调速性好、效率高的优点，在电气传动的各个领域得都到了广泛的应用。随着电力电子技术、微电子技术和各种新型永磁材料的发展，直流无刷电动机的制造和控制技术也趋于成熟，为许多高性能伺服系统提供了一种全新的执行器件，无刷直流电动机伺服系统已经成为应用研究的重点。

1. 直流电动机的速度控制方案

对无刷直流电动机转速的控制既可采用开环控制，也可采用闭环控制，与开环控制相比，速度控制闭环系统的机械特性有以下优越性：闭环系统的机械特性与开环系统机械特性相比，其性能大大提高；理想空载转速相同时，闭环系统的静差率(额定负载时电动机转速降落与理想空载转速之比)要小得多；当要求的静差率相同时，闭环调速系统的调速范围可以大大提高。

整个伺服系统由电流内环和转速外环组成，其中电流环是开环控制，速度环是闭环控制。为了充分利用电动机的功率容量和最大转矩，对电动机采用三相六拍制控制方式。

无刷直流电动机控制器可采用电动机控制专用DSP(如TI公司的TMS320C24×系列、AD公司的ADMC××系列)，也可采用“单片机＋无刷直流电动机控制专用集成电路”的方案。前者集成度高，电路设计简单，运算速度快，可实现复杂的速度控制算法，但由于DSP的价格高而不适合于小功率低成本的无刷直流电动机控制器。后者虽然运算速度低，但只要采用适当的速度控制算法，依然可以达到较高的控制精度，适合于小功率低成本的无刷直流电动机控制器。

系统的主要组成部分包括无刷直流电动机控制专用芯片MC33035、三相MOSFET逆变桥、无刷直流电动机、位置传感器信号倍频电路、单片机和相关外围电路组成。控制系统结构如图9.9所示。

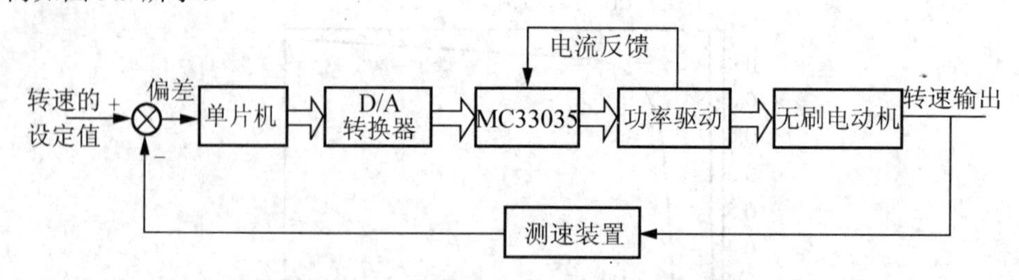

图9.9 无刷直流电动机的速度控制系统结构图

霍尔测速电路产生的采样脉冲送外部中断，通过计数器进行计数，从而算出转速。将这个转速值与预置转速值比较，得出差值。单片机通过对该差值进行PID运算，得出控制增量，再由输出控制参数，由驱动电路改变电动机两端的有效电压，最终达到控制转速的目的。

速度环的工作包括速度检测和控制。

速度检测就是把电动机内建位置传感器的输出信号倍频后，送给单片机作为电动机转速信号，常见的无刷直流电动机位置传感器安装方式有 120° 和 60° 相角两种，经过倍频后速度检测精度大大提高。速度环将检测到的电动机实际转速与给定的参考转速比较，通过 PID 控制器计算电动机相电流的给定值。

电流环的作用是通过电流给定值对高频三角波载波进行调制，作为 PWM 信号控制三相逆变桥下桥臂的占空比，这样就可以控制电动机的等效相电流。由于电动机的电磁转矩与相电流成正比，而在一定的条件下转矩又和稳态转速成正比，所以速度环通过电流环就可以达到速度的闭环控制效果了。另外电动机相电流信号还反馈到 MC33035，作为限流保护电路的输入信号。

速度给定信号通过两种方式传给单片机，一是通过单片机串口；二是通过给单片机一个与给定速度相同的周期脉冲信号，单片机计算该脉冲的频率作为给定转速。

系统还有一些外围电路控制电动机的起停、正反转等辅助功能。

2. 硬件结构

构成伺服系统硬件的核心是单片机 AT89C2051 和无刷直流电动机控制专用的 MC33035。系统硬件还包括三相逆变桥上的功率 MOSFET 以及霍尔传感器等外围电路。

1) 单片机

单片机为 89C2051，负责系统的控制工作，用来完成转速设定值的获取、转速反馈的实时采样以及速度控制算法的实现。

首先单片机接受外界的控制信号比如电动机的起停、正反转等，并相应的给 MC33035 发出控制指令，并且通过串口或 T1 口接收外部的转速给定信号。其次是接收霍尔传感器送来的电动机速度脉冲信号，计算电动机的实际转速，根据给定转速与实际转速间的误差计算电流给定值。最后，单片机还要把电流给定值通过 D/A 转换器变成模拟信号，传输到 MC33035 的 PWM 发生器(电流环)，控制三相桥臂上 MOSFET 开关的占空比，达到控制电动机电流和转矩的目的。

2) D/A 转换器 DAC0832 和 A/D 转换器 ADS7818

D/A 转换采用 DAC0832，具有 8 位的精度，为了与 MC33035 要求的 1.5～4.1V 的电压范围配合，利用 MC33035 的 6.25V 参考电压，可以对 D/A 输出电压进行电平移位和动态范围调整。如图 9.10 所示，ADS7818 是一种 8 个引脚的 12 位 A/D 转换器，内部具备参考电压和同步串行接口，最大采样率 500kHz。

3) 无刷电动机控制芯片 MC33035

MC33035 的引脚排列如图 9.11 所示。MC33035 是高性能单片直流无刷电动机控制芯片，几乎包含了构成一个开环无刷直流电动机控制器所需要的所有功能，包括转子位置信号解码器、可编程锯齿波发生器、三相逆变桥开关管的驱动电路等。可对传感器的温度进行补偿的参考电平，同时它还具有一个频率可编程的锯齿波振荡器、一个误差信号放大器、一个脉冲调制器比较器、3 个集电极开路顶端驱动输出和 3 个非常适用于驱动功率 MOSFET 的大电流图腾柱式底部输出器。MC33035 还包含欠电压、过电流、过热保护功能和错误信号输出。MC33035 的电动机控制功能包括开环速度控制、正反转、起停转、紧急制动等。MC33035 的误差信号和 PWM 调制器可以根据给定的电流指令值调节相电压脉冲的占空比，对电动机的等效相电流进行控制，完成一个简单的速度开环控制。

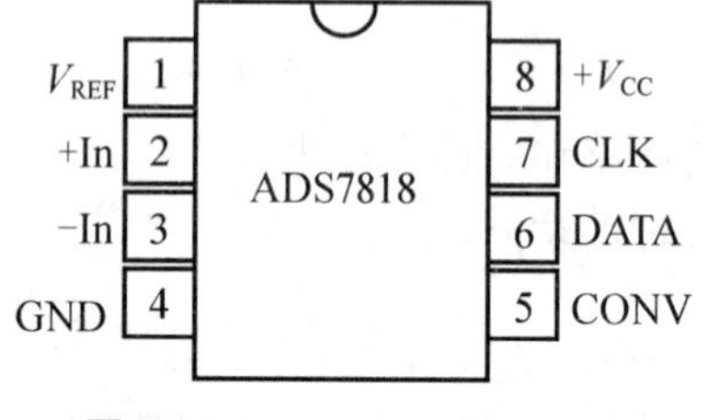

图 9.10 ADS7818 的引脚图

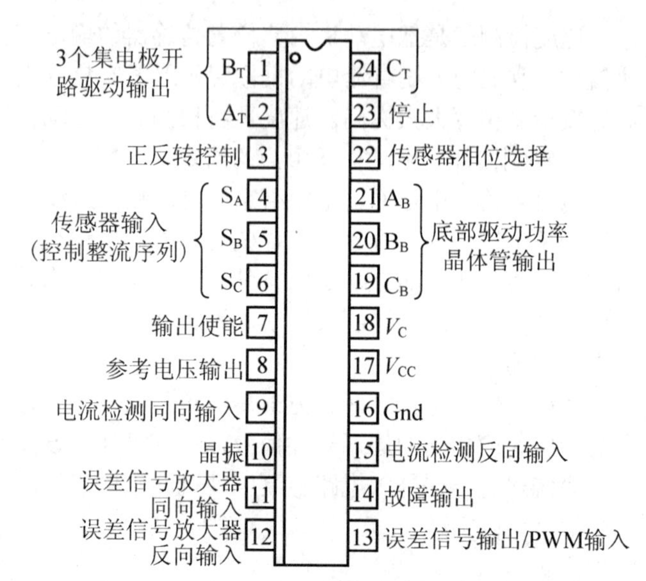

图 9.11 MC33035 的引脚图

伺服系统的电流环就是通过 MC33035 的 PWM 电路实现的。给定电流是单片机的数字值经过 D/A 转换成的模拟信号，而锯齿波是 MC33035 锯齿波自带的可编程锯齿波给定电流发生器产生的，PWM 信号调制器给定转速不同，PWM 信号产生时就会产生不同的占空比。PWM 信号直接驱动三相逆变桥的下面 3 个功率 MOSFET，控制供给无刷直流电动机的线圈电流以达到控制电动机转矩和转速的目的。

用 MC33035 系列产品控制的三相电动机可在最常见的四种传感器相位下工作。MC33035 所提供的 60/120°选择，可使 MC33035 很方便地控制具有 60°、120°、240°或 300°的传感器相位电动机。

MC33035 直流无刷电动机控制器的正向/反向输出可通过翻转定子绕组上的电压来改变电动机转向。当输入状态改变时，指定的传感器输入编码将从高电平变为低电平，从而改变整流时序，以使电动机改变旋转方向。

4) 测速装置

电动机转速的测量是利用电动机的位置传感器输出信号，最后由单片机完成的。为在单片机中实现 PID 调节，需要得到电动机速度设定值(通过 A/D 转换器)和电动机的实际转速，无刷直流电动机的实际转速可通过测量转子位置传感器(通常是霍尔传感器)信号得到。

系统中采用了美国 Honeywell 公司生产的 SS520 霍尔开关传感器。供电电压可低至 3.4V，高至 24V，可与许多器件直接相连。

电动机转动时，受磁钢所产生的磁场影响，霍尔传感器输出脉冲信号，其频率和电动机转速成正比，根据输出脉冲的周期和频率可以计算出转速。为了提高对电动机转速测量的精度，可以在电动机转盘上均匀固定多块磁钢，电动机每转一圈，霍尔传感器将会产生多个脉冲，通过软件计算可以精确测量电动机转速。由于霍尔传感器输出的脉冲波峰小、波形边沿不完整，采用施密特触发器电路对脉冲整形后输出到 89C2051 外部中断 INT0，施密特触发器输入/输出波形如图 9.12 所示。

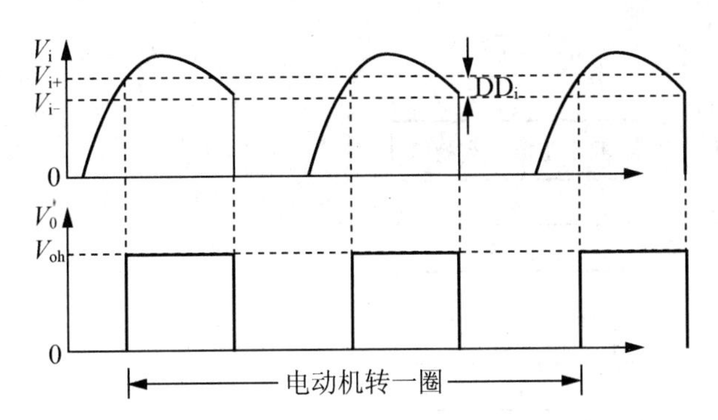

图 9.12 霍尔传感器信号及施密特触发器输入/输出波形图

由图 9.12 可知，电动机每转一圈，每一相霍尔传感器产生两个周期的方波，且其周期与电动机转速成反比，因此可以利用霍尔传感器信号得到电动机的实际转速。为尽可能缩短一次速度采样的时间，可测得任意一相霍尔传感器的一个正脉冲的宽度，则电动机的实际转速为

$$\frac{60}{4\times t_0}\text{rad/min}$$

电动机速度设定值可以通过一定范围内的电压来表示。系统中采用了串行 A/D(ADS7818)来实现速度设定值的采样。但在电动机调速的过程中，电动机控制器的功率输出部分会对 A/D 模拟输入电压产生干扰，所以还要进行抗干扰处理。

速度检测只用单片机的 T0 口就可以将其设置为工作方式 3，TH0 作为一个 8 位定时器计算时间，而 TL0 作为一个计数器计数速度脉冲。初始化把 TL0 初值设为 255，那么每当有一个速度脉冲到来时就会引发 T0 中断，结合 TH0 就可以得到速度脉冲的频率和电动机的转速。

如果要求控制精度较高，或者采用增量式光电码盘，还可以采用 MC33039。MC33039 是 Motorola 公司配合 MC3305 专门设计的无刷电动机闭环速度控制器的电子测速器，直接利用三相无刷直流电动机转子位置传感器的 3 个方波输出信号，经 F/V 变换成正比于电动机转速的电压信号。

5) 功率驱动电路

功率驱动电路为三相全控桥，功率晶体管采用 BU508A 大功率管。MC33035 输出的用于驱动功率管的 PWM 信号幅值有 6.25V、100mA，可以直接驱动 BU508A。控制芯片和功率管之间只需要加光隔离器件即可，这里采用了 PIC817。由于 MC33035 的 7 引脚为使能端，高电平有效，只要将其输入电平设置为低，即可实现能耗制动，另外可以调节控制速度的电位器，从而改变 PWM 信号的占空比，实现无级调速；当占空比为零时，电动机转速为零，实现制动。

3. 系统软件设计

软件设计基于 IDE 集成开发环境和 Keil C51 语言。系统主要模块有主程序、INT0 中断子程序、T0 中断子程序、PID 算法子程序和显示键盘处理子程序。主程序进行一系列的初始化后转入，PWM 驱动、键盘控制处理、调显示，循环等待中断；外部中断 INT0 中断服务子程序对霍尔电路输出的转速脉冲计数；T0 产生 50ms 定时中断，T0 中断服务子程序对中断次数计数，每 20 次中断(1s)读出转速脉冲计数值，计算出转速 n 次/s 并送显示缓冲区。同时调用 PID 子程序对测试转速和设定转速进行差值计算，得出控制参数，并由 P0 口送到 PWM 控制器调整电动机转速。图 9.13 是 PID 算法模块的程序流程图。

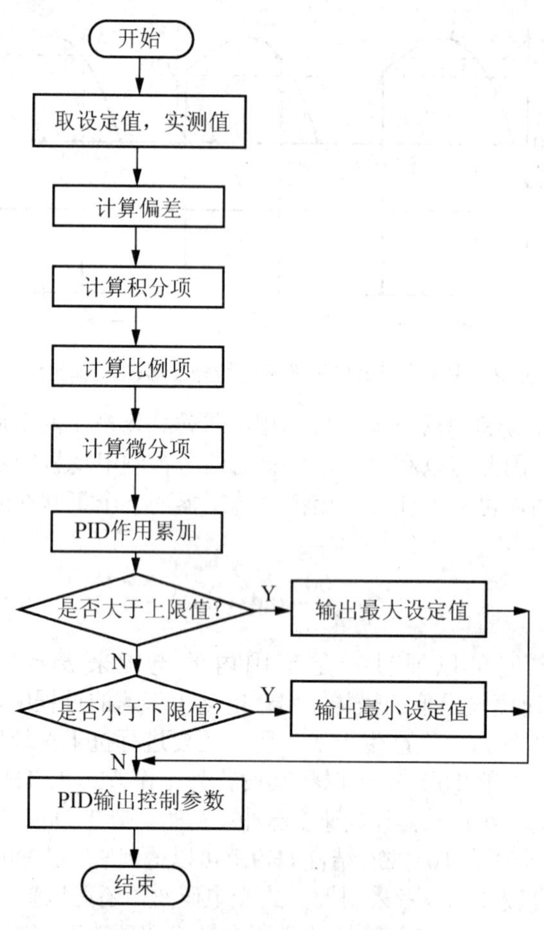

图 9.13 PID 算法模块程序流程图

工程实际中通常采用的是工程整定法，即用经验法整定 PID 控制器的参数，也称为凑试法。其方法是根据经验先将 PID 参数设定在某些数值上，然后闭环运行观察系统响应情况，再调节相应参数比例度，反复试凑，直到控制质量满意为止。这种方法耗时耗力，而且增加了系统调试费用。

系统中采用了基于 MATLAB 语言仿真系统整定 PID 控制参数的方法。依据本系统的 PID 控制器模型，在 MATLAB 环境的 PID Controller 菜单中可以设计出不同参数的 PID 控制器，并可以得到不同控制器的阶跃响应曲线，这样就可以选择一组综合性能指标高的 PID 控制器参数来完成数字 PID 系统的关键设计步骤。

4. 仿真实验

速度调节器采用 PI 控制，其中 K_p=16.61，K_i=0.013，负载转矩 3N·m，负载加入时刻 0.1s，电动机仿真参数：定子电阻 2.875Ω，电感 $8.5e^{-3}$H，励磁磁通 0.175Wb，转动惯量 $0.8e^{-3}$kg·m^2，摩擦因数 $1e^{-3}$，极对数 4。

用 MATLAB 下的 Simulink 工具箱搭建速度环闭环系统结构图，如图 9.14 所示。加以 3000rpm/s 的阶跃信号，取反馈系数为 1，仿真结果的转速曲线如图 9.15 所示，转矩曲线如图 9.16 所示，定子反电动势曲线如图 9.17 所示，定子电流曲线如图 9.18 所示。

从响应曲线图上可以看出，系统阶跃响应的各项性能指标都很满意。

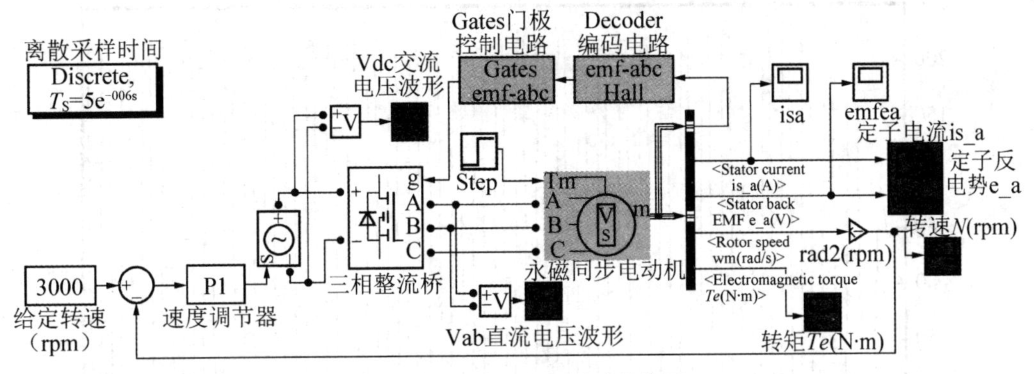

图 9.14 速度环闭环系统结构图

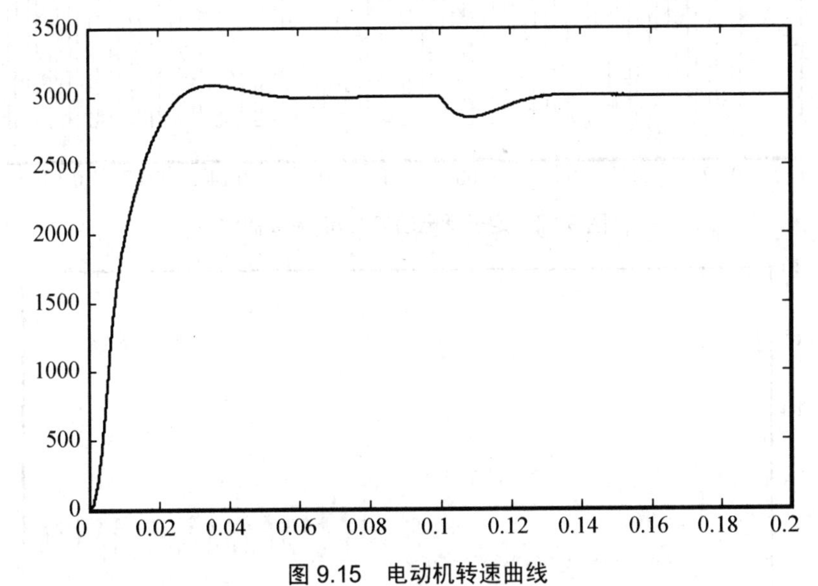

图 9.15 电动机转速曲线

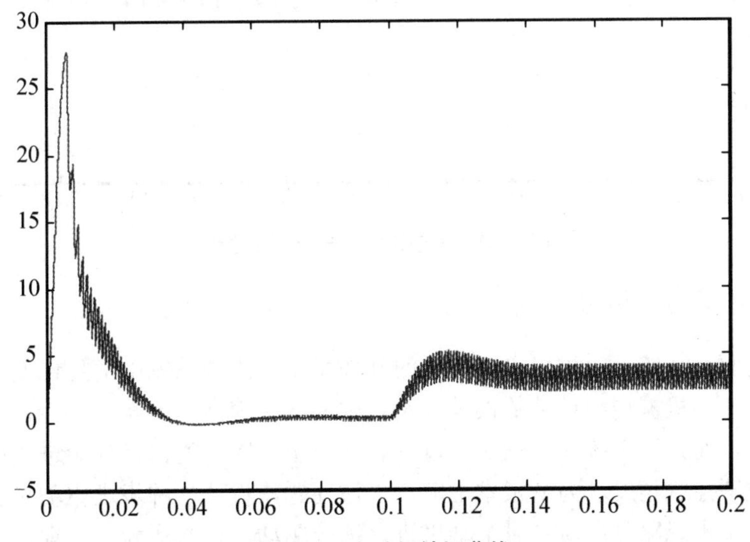

图 9.16 电动机转矩曲线

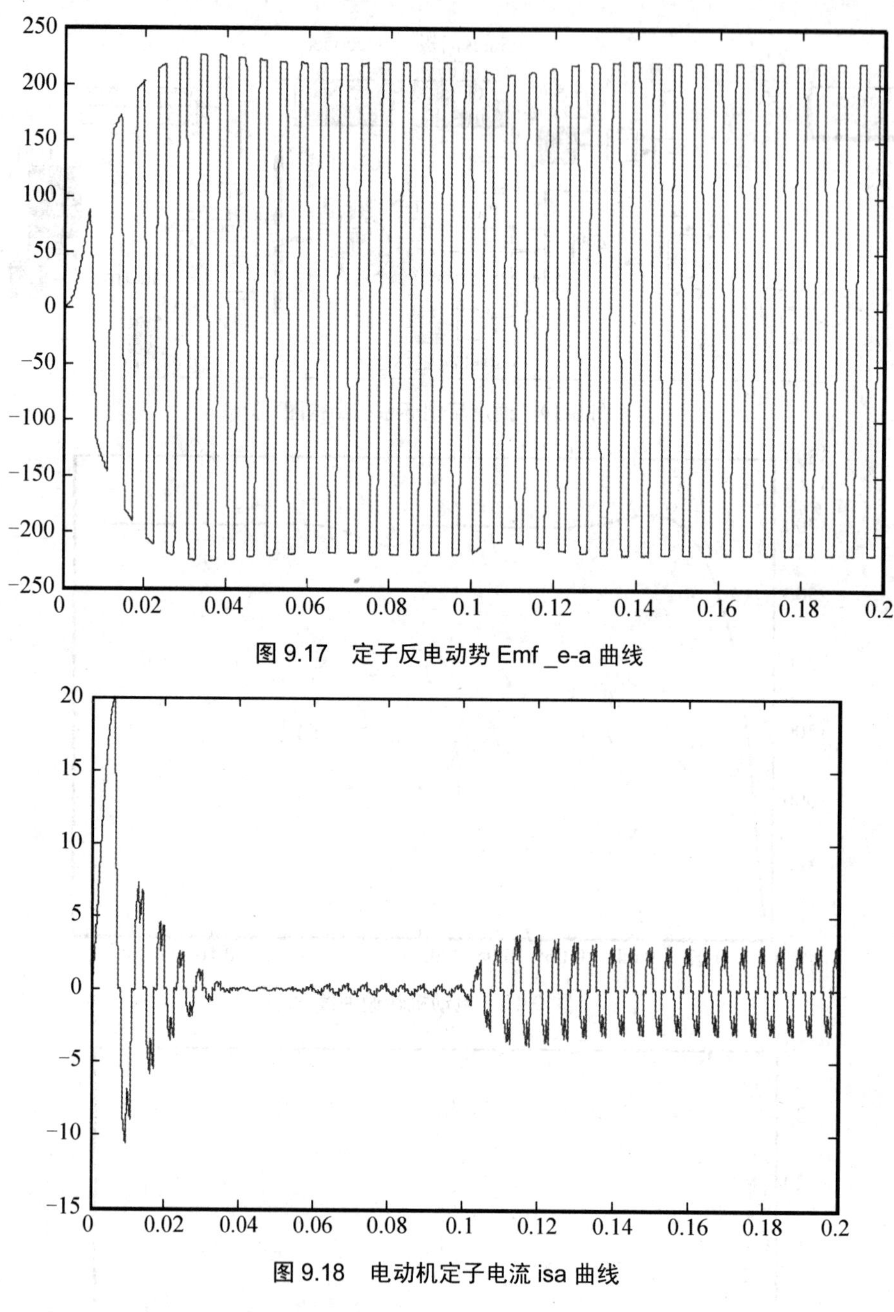

图 9.17　定子反电动势 Emf _e-a 曲线

图 9.18　电动机定子电流 isa 曲线

9.2.3　随动控制系统举例(最少拍算法的应用)

常规步进驱动系统是一种机电一体化的开环系统，这种系统中信息传递环节的误差、驱动装置的误差、机械传动环节的误差以及各种非线性因素的影响，都会使机床工作台位移偏离指令值，而开环系统又无法对其进行有效校正，因而使得常规步进驱动系统一般很难达到高的位置控制精度。为从根本上解决上述问题，设计一种步进驱动系统的数字化闭环控制方法，基本思路是：对步进电动机进行细分驱动，使其成为一较理想的数字式积分环节，在此基础上引入直接检测运动部件，并通过计算机控制器对系统的运行进行最少拍无纹波控制。这样，该系统不但可使运动部件的定位精度由检测环节的测量精度决定，而且可对各种干扰和非线性因素对运动部件位移产生的影响进行有效的动态校正，使任何时刻运动部件的实际位移总是严格跟随指令值变化，从而保证运动部件的位移具有较高的动、稳态精度。根据上述思路构成的闭环步进位置控制系统的基本组成如图 9.19 所示。

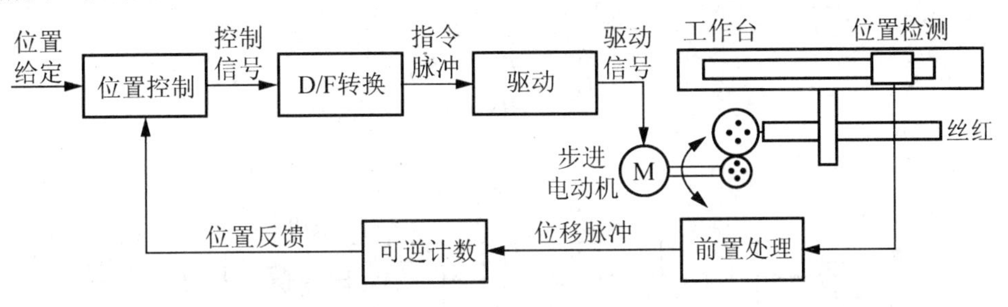

图 9.19　闭环步进位置控制系统的基本组成图

1. 系统的硬件组成

伺服控制系统采用 80C196 作为控制核心，智能功率模块 IPM 作逆变器，系统硬件电路主要分以下三部分：主电路、控制电路、驱动及隔离接口电路。各部分主要部件及功能介绍如下。

2. 主要硬件

1) 主电路智能功率模块 IPM

逆变器使用三菱公司的 PM56RS120 功率模块，其内部有 7 只 IGBT，除用于三相桥臂外，另外一只可用作泵升电压的旁路开关。IPM 内部集成有各路 IGBT 的驱动电路及异常情况检测电路，如过电压、过电流、过温等。当检测信号之一不正常时，其输出端变为低电平，送到 80C196 的 EXINT 端，发出相应故障信号。

2) 闭环步进驱动系统的组成与动态结构

该系统采用 KG1 型开式光栅线位移传感器作为线位移检测装置。KG1 型开式光栅线位移传感器是一种高精度测量装置，它同光栅数显表配合组成长度测量系统，广泛应用于机床、仪器、仪表的精密检测。其特点为开启式结构，即扫描头与光栅标尺分离，间隙由机床(仪器)本身导轨保证，经调试后可获得高精度。该传感器采用 100 线/mm 的高精度光栅，输出两路相位差 90° 的正弦波信号。其测量范围大、精度高、使用方便。

光栅线位移传感器直接获取机床工作台的位移信息，此信息经过前置处理后得到相位差 90° 的两路位移脉冲信号，其频率与工作台位移速度成正比，其数量为工作台实际位移量除以脉冲当量。位移脉冲被送入可逆计数器进行计数，该计数器中的当前计数值即表示了工作台的当前实际位置。系统中采用具有细分功能的驱动器驱动步进电动机转动，以获得与检测环节反馈的位移脉冲相对应的步距角，使工作台位移具有所需的分辨率，为实现高精度闭环控制打下基础。系统中位置控制器的作用是，根据位置给定值与位置反馈值之差，按预先设计的数字化控制规律控制整个系统的运行，以保证工作台位移严格跟随指令值变化。

系统的动态结构原理如图 9.20 所示。系统共包括位置控制器、被控对象和反馈通道几大部分。其中，被控对象由 *D/F* 转换环节、步进电动机、传动机构等组成。此处将图 9.19

中的细分驱动器和步进电动机作为一个环节来处理，是考虑到步进电动机及其驱动装置是一机电一体化子系统，两者不能截然分开，因此在系统的动态结构图中，只出现一个方块(简称步进电动机)，其输入为指令脉冲，输出为电动机转角。只要合理设计系统，保证步进电动机在工作范围内不丢步，则可认为步进电动机转角与指令脉冲频率之间成积分关系，其传递函数为

$$G_\theta = \frac{\theta(s)}{F(s)} = \frac{K_\theta}{S}$$

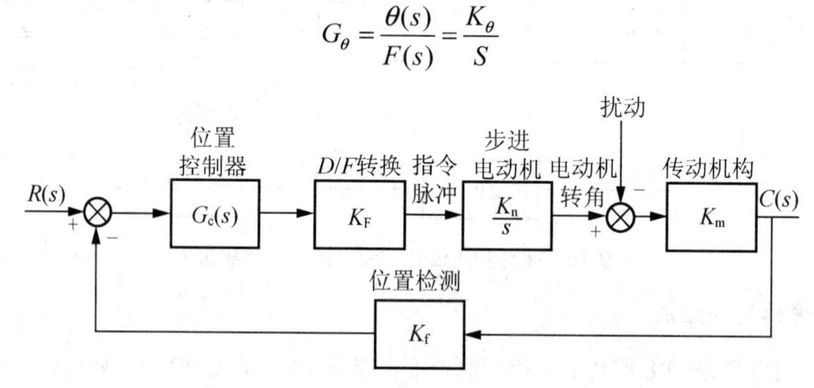

图 9.20　闭环步进位置控制系统的动态结构图

D/F 转换的任务是将位置控制器输出的数字信号转换为控制步进电动机的脉冲，因脉冲频率与控制量成正比，所以该环节为一个比例环节，其比例系数为 K_F。传动机构的作用是将电动机转角转换为工作台直线位移，如果将传动误差和非线性因素的影响作为对系统的动态扰动来处理，也可将该环节看作为一个比例环节，其传递函数为 K_m。反馈通道的输入是工作台的实际位置，输出为位置反馈值。因此反馈通道也是一个比例环节，其传递函数为 K_f。经过适当设计可使 K_f=1。位置控制器的传递函数需进一步通过系统设计确定。

3. 最少拍位置控制器设计

因本系统采用计算机控制，属于离散时间系统，故采用离散系统设计方法设计位置控制器。为此，首先将系统结构原理图变为如图 9.21 所示。

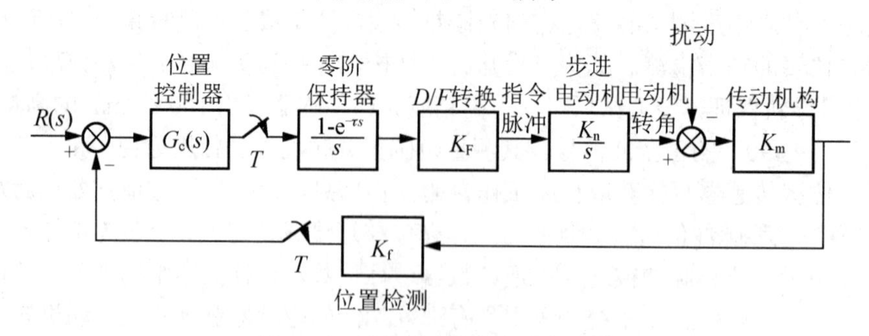

图 9.21　系统动态结构的离散形式

考虑到数控机床位置控制的特点，对控制器设计提出以下要求：系统跟随斜坡输入无稳态误差，工作稳定，输出无纹波，并以最少拍完成过渡过程。下面按此进行设计。首先，建立以脉冲函数表示的广义对象数学模型。因广义对象由原连续系统的被控对象加零阶保持器组成，所以其脉冲传递函数为

$$Gd(z)=Z\left[\frac{1-e^{-Ts}}{s}\cdot\frac{K_f K_\theta K_m}{s}\right]=\frac{KTZ^{-1}}{1-Z^{-1}}$$

式中 T——采样周期；

K——对象增益，$K=\frac{K_f K_\theta K_m}{s}$。

然后，根据设计要求确定希望的闭环传递函数 $\Phi_b(z)$。由计算机控制理论可得

$$\Phi_b(z)=2Z^{-1}-Z^{-2}$$

进一步，根据希望闭环传递函数和广义对象传递函数，求取数字控制器的传递函数

$$G_c(z)=\frac{1}{G_d(z)}\cdot\frac{\Phi_b(z)}{1-\Phi_b(z)}=\frac{1-Z^{-1}}{KTZ^{-1}}\cdot\frac{Z^{-1}(2-Z^{-1})}{(1-Z^{-1})^2}=\frac{1}{KT}\cdot\frac{2-Z^{-1}}{1-Z^{-1}}$$

图 9.22 所示为仿真结构和斜坡响应曲线。由图 9.22 可见在单位斜坡输入作用下，系统的输出响应过程，其中 K=14.4，T=0.2s，在第五拍时系统输出就跟上了输入的变化，并且无稳态误差。说明该系统具有优良的动、稳态性能，如果提高采样频率将会得到更好的效果。

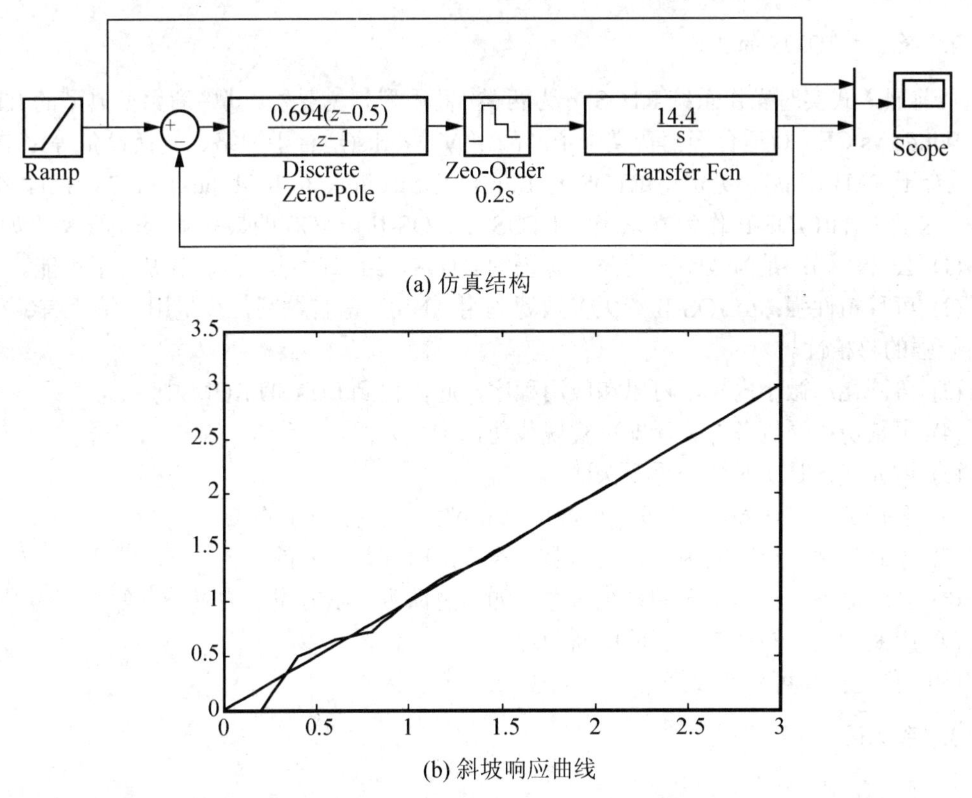

图 9.22 系统仿真结构和斜坡响应曲线

9.2.4 嵌入式系统在军用 PDA 中的设计简介

随着现代战争的信息化和电子化，功能多样而又精巧实用的掌上型智能设备(军用 PDA)日益受到军方的重视。由于军用 PDA 需要将卫星定位、无线通信、图像摄取传送等功能集于一体，对于高科技战争中各作战个体至关重要，国外一些国家早已从事相关技术的研究

和开发，并将此类产品装备到特定的作战场合。军用 PDA 产品根据不同的应用场合有不同的功能要求，涉及多种当前最先进的技术，如嵌入式 CPU 应用、多任务操作系统 RTOS、GIS 应用、卫星定位系统定位、无线通信、蓝牙技术、CCD 技术、图像处理技术等。以下结合军用 PDA 的构成以及实现方法介绍嵌入式系统的设计。

1. 嵌入式微处理器的选择

目前有许多款嵌入式微处理器，如 Intel 公司的 StrongARM、Xscale，Atmel 公司的 AT91 系列，IBM 公司的 PowerPC，Motorola 公司的 68K，Samsung 公司的 S3C4x 系列等，其中基于英国 ARM 公司的 ARM 内核的嵌入式微处理器是目前的主流。ARM 是典型的 32 位 RISC 芯片——不论是在 PDA、STB、DVD 等消费类电子产品中，还是在机电、GPS、航空、勘探、测量等军方产品中都得到了广泛的应用。越来越多的芯片厂商早已看好 ARM 的前景，如 Intel、NS、Ateml、Samsung、Philips、NEC、CirrusLogic 等全球著名公司都有相应的基于 ARM 处理器的产品。ARM 处理器的主要特点是：体积小、功耗低、成本低、性能高、具有 16/32 位双指令集。

2. 嵌入式 RTOS 的选择

目前嵌入式实时操作系统 RTOS 分为两类：商用型和免费型。其中商用型典型的 RTOS 有：Windows CE 4.0(适合于消费类电子产品)；VxWorks(适合于网络、交换设备等)；Palm OS(适合于 PAD 产品)。免费型 RTOS 有 Linux(包括μLinux 和 RT-Linux)和μC/OS-II。综合考虑，这里选择μC/OS-II 作为本系统的 RTOS。μC/OS-II(μC/OS 的最新版)的主要特点如下。

(1) 公开源码：是为数不多的公开源码的 RTOS，给二次开发和移植提供了可能。

(2) 可移植性强：μC/OS-II 绝大多数源码用 ANSIC 语言编写，少量用汇编语言编写，具有较强的移植性。

(3) 可固化：微小内核，可以和应用程序一起固化到 FLASH ROM 中。

(4) 可裁剪：通过条件编译即可实现裁剪，十分方便。

(5) 占先式：是实时性的重要保证。

(6) 多任务：多达 64 个任务管理，可以满足大多数控制任务。

(7) 可确定性：全部的函数调用与服务执行的时间是可知的。

(8) 系统服务：提供众多的系统服务，如消息队列、信号量、内存管理等。

(9) 中断管理：多达 255 层的中断管理。

(10) 稳定性和可靠性较好。

3. 系统设计

1) 硬件实现

根据现代军队的高科技作战的特点，为军队而设计的 PDA 就应该符合军事的特殊要求。首先在功能上应该具有实时性强、稳定的定位功能、清晰的图像处理传输、无线通信等要求。

(1) CPU 简介。

CPU 作为 PDA 产品的控制核心，应具备低功耗、超低温、支持 LCD 驱动等功能。SHARP LH7A400 是一款以 ARM9 为内核的嵌入式处理器。它是一个高集成的 32 位的 ARM922T

RISC 精简指令集的处理器核。它恰当地提供了很多 I/O 功能，配合很少量的外围逻辑就可以集成一个小型计算机系统。

(2) 电源规划。

军用 PDA 的使用环境有相当的一部分是在野外，而野外的工作环境是无法对 PDA 设备进行经常性的充电，但是外设又非常多，电流消耗又非常的大。

首先采用大容量的锂电池，如 1000mA・h 甚至更大。其次大量的采用 LDO(低压差稳压电源)，把每一个电源消耗环节尽量的进行细分已达到能都独立供电或组合供电来控制设备的起用和停止。再次对大电流设备要进行独立供电。不仅要保证系统的稳定电源需求，同时也要保证如 GPRS 等模块的大电流消耗。根据系统设计要求确定的电源设计规划如图 9.23 所示。

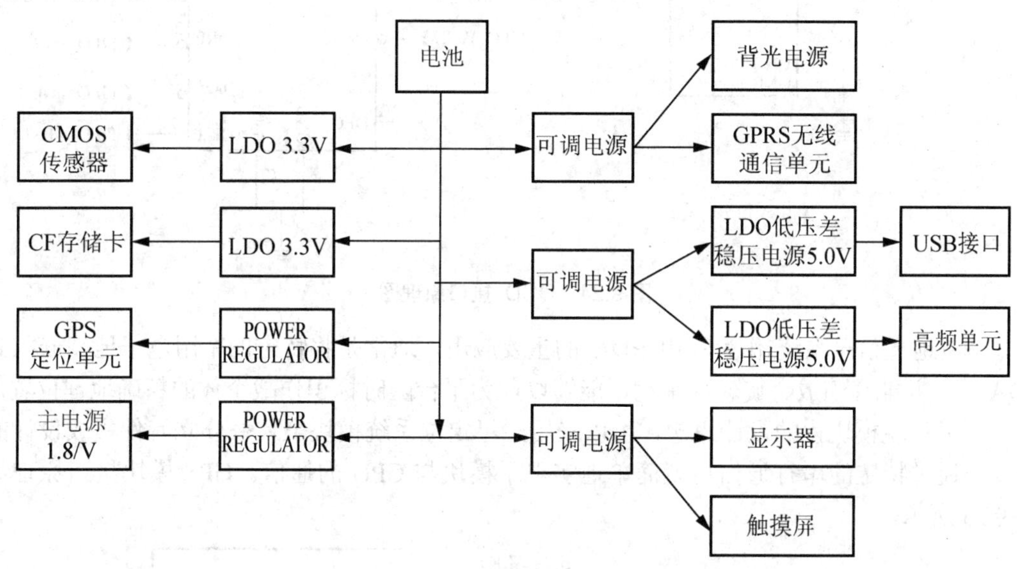

图 9.23　军用 PDA 系统电源结构

(3) CCD 接口。

CCD 图像技术可用于特定的场合，如侦察、探测等，借助军用 PDA 的存储、处理和传输功能来达到相应的军事目的。这里就采用 30 万像素甚至更高分辨率的 CMOS 来满足系统需求。同时为了系统的实时要求，还添加了一片 FIFO 来对图像数据进行缓存以免数据的丢失。CCD 接口原理图如图 9.24 所示。

(4) USB 通信接口。

通过 USB 接口可以把例如图像资料、卫星定位系统航道信息等许多重要的需要另外进行存储和分析的信息进行传输。USB 1.1 的接口足够满足绝大多数的数据通信需求。采用的 CPU 就包含一个 USB Device 接口，通过对特定寄存器进行控制以及软件的编写便可以实现数据串行通信的需要。

(5) 卫星定位系统。

GPS(卫星定位系统)是 PDA 的一个十分重要的基础部分，在战争中的作用已是有目共睹的。除导弹的制导等功能外，在军用 PDA 产品中，配合军用地图，卫星定位系统技术能够让各作战个体精确地确定自己的位置，为特殊地形下的部队集结或特定目的的行进提供保证。

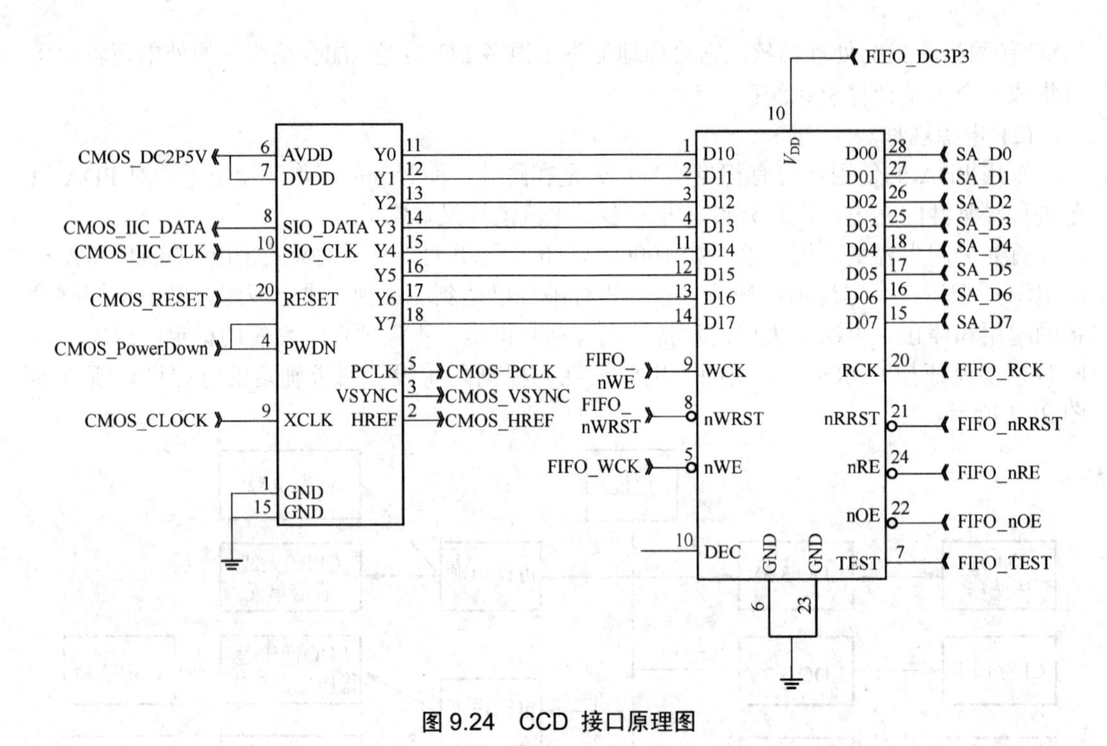

图 9.24 CCD 接口原理图

GIS(地理信息系统)作为军用 PDA 的重要应用，通常是将特定的军用电子地图嵌入到 PDA 中，并能够缩放、旋转和拖动，能够以此为平台随时标识作战个体的精确地理位置。

为了实现模块化的设计思想，可以采用卫星定位系统模块来代替分立元件集成设计的方式。通过特定的串行通信口就简单地实现了模块与 CPU 的通信。GPS 模块接口原理如图 9.25 所示。

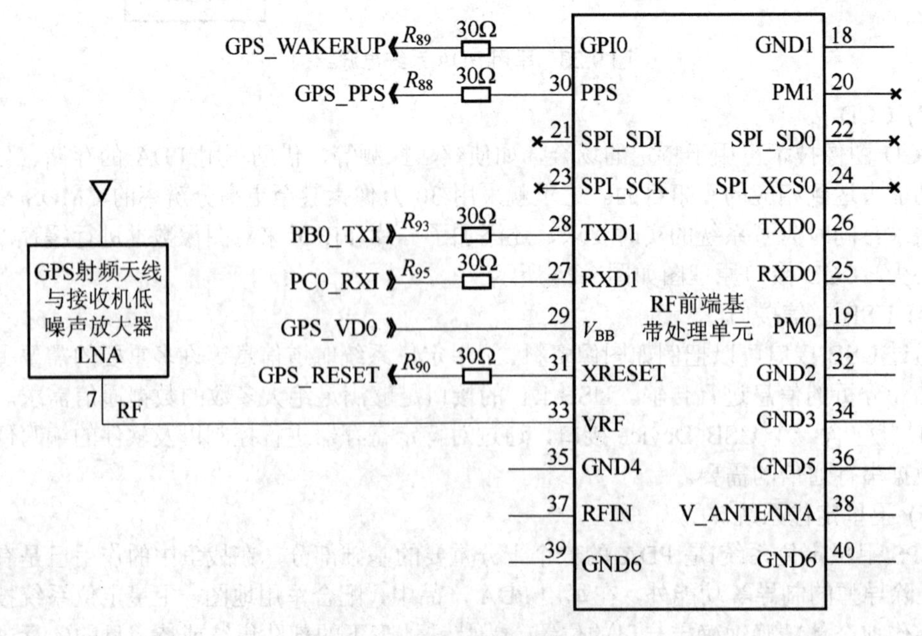

图 9.25 GPS 通信接口原理图

(6) 无线通信。

无线通信技术用于军用 PDA 中能够让各作战个体相互联系，并与指挥中心保持联络。民用相关产品可采用 GSM 或 CDMA 技术，但作为军用则必须通过其他方式或进行特殊的加密。无线语音技术是非常的重要，因此它是不可缺少的重要组成部件。这里采用了工业或军品级别的 GSM 模块以满足特定需求，GSM 模块通信接口原理如图 9.26 所示。

(7) 红外接口。

红外串行通信接口是短距离通信常用的方式，因其方便实用所以绝大多数的掌中设备都有红外接口。SHARP7A400 集成了红外串行高速接口控制器，因此这里仅需要将其进行电气连接就可以实现红外数据的发送接收，其接口原理如图 9.27 所示。

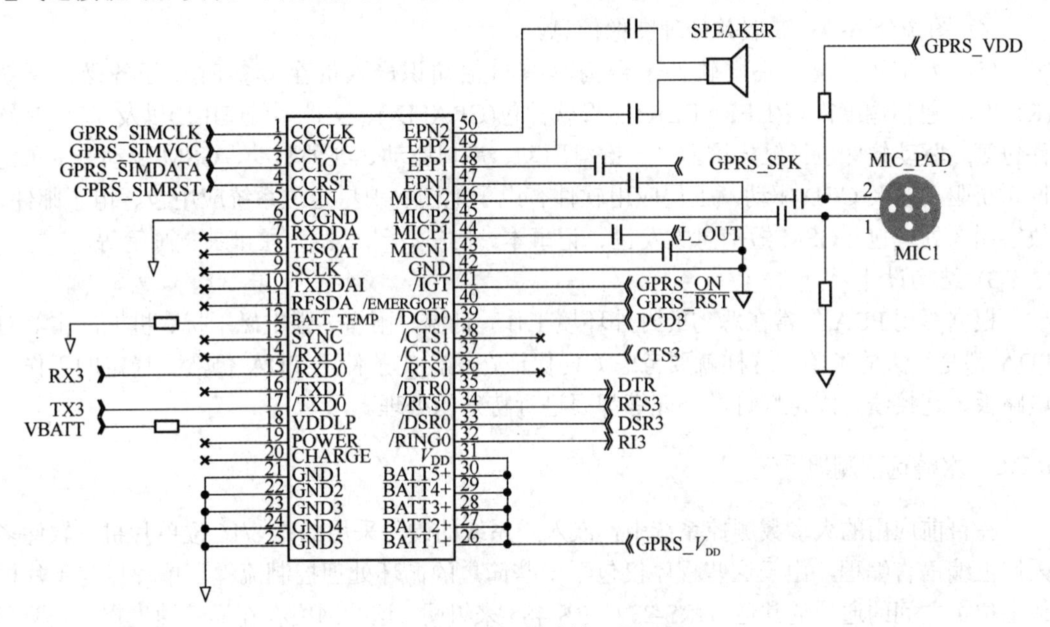

图 9.26　GSM 模块接口原理图

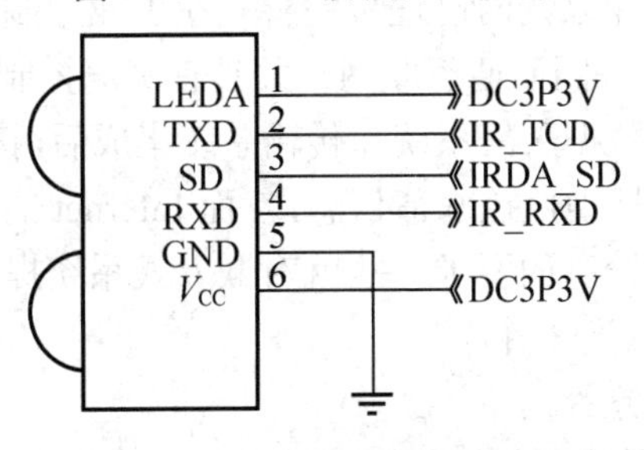

图 9.27　红外通信接口原理图

2) 软件实现

因为在野外情况记录的数据往往都是不可重复记录的，所以在软件方面要充分考虑到数据备份的重要性。同时系统要保持很高的稳定性，必须具备死机后自动重启等多种自我保护功能。围绕 CPU 必须有一层操作系统及文件系统、图形系统等，还需要有相应的网络软件协议来处理通信，在此基础上来构筑上层应用软件。

考虑以上各种因素，目前比较流行的 WIN CE、Nucleus 实时系统等都是比较稳定的操作系统，这个根据不同的侧重点来选择。同时在应用软件上根据具体的硬件结构来编写相关的 BSP 包。

整个系统由五部分组成，一般情况下软件应该满足以下的主要功能。

(1) 分系统：采用 100MHz 高速 ARM9 处理器，64MB 内存，32MB Flash 存储器。内置锂电池供电系统，可充电，连续工作 10h，待机 1 周。

(2) 通信分系统：包括通信电路、GSM 模块和红外模块。支持 HCI、L2CAP 协议，可进行数据收发和 UART 连接。能够上网(数据业务)，收发电子邮件，进行短消息收发。

(3) 定位分系统：采用 GIS 和 GPS 结合的方式，电子地图能够进行 64 倍缩放，通过坐标进行定位跟踪，地图可随触摸屏拖动。

(4) 图像分系统：获取并处理图像信息。

(5) 软件分系统：底层软件平台为具有自主知识产权的全套实时多任务操作系统(RTOS)，包括调度内核(KERNEL)、图形软件包(GRAFIX)、文件系统(FILE)以及 TCP/IP 软件包等。驱动软件包括触摸屏驱动、键盘驱动、串口驱动、红外驱动、GSM 驱动、卫星定位系统驱动以及 CCD 驱动。上层应用软件有电子地图、卫星定位系统应用包、电子邮件、数字图像处理包、GSM 短消息收发包、记事本、时钟、计算器、通讯录、画笔等。

3) 结构设计

根据军用 PDA 经常在恶劣的野外环境工作，低温、雨雪、强电磁干扰、机械冲击等对 PDA 都是很大的考验。这样就要考虑如何保证在这样的条件下 PDA 仍然要稳定的工作，电路板、连接线、固定螺钉、外壳等都要进行特殊的处理。

9.2.5 水情远程测报系统

在目前应用的大多数测控系统中，嵌入式系统的硬件采用的是 8/16 位单片机；软件多采用汇编语言编程，由于这些程序仅包含一些简单的循环处理控制流程。单片机与单片机或上位机之间的通信通常通过 RS-232、RS-485 来组网，这些网络存在通信速度慢、联网功能差、开发困难等问题。工业以太网已逐步完善，在工业控制领域获得越来越多的应用。工业以太网使用的是 TCP/IP，因而便于联网，并具有高速控制网络的优点。

利用嵌入式设备将水情数据采集系统和传输系统集成后，接入 Internet 便可在任何地方通过浏览网页的方式方便快捷地监控水情信息，然而 Internet 的各种通信协议对微处理器的储存容量、运算速度等都有较高的要求，这就对嵌入式系统提出了挑战。目前嵌入式系统接入 Internet 的方法大致有以下 3 种。

(1) 通过专用的 Web 服务器。

(2) 通过专用的嵌入式网关。

(3) 把标准网络技术(TCP/IP)扩展到嵌入式设备，由嵌入式系统自身实现 Web 服务器功能。

下面介绍的水情远程测报系统在设计时采用第 3 种方法，只需通过 html 页面便可实现对远程水情的实时监控。

1. 系统结构

水情远程测报系统结构如图 9.28 所示，主要由传感器、网络接口和嵌入式水情测报仪等设备组成。其中传感器用于实时采集库区水位、含沙量、闸门开启度、地下水的水位及含盐量、土壤含水量、降雨量等数据；网络接口提供接入网络的条件；嵌入式水情测报仪根据传感器测得的水位等数据，计算出与当前水位对应的流量，并定时存储数据。系统能根据现场工作人员的操作将采集的数据通过数码管显示，并能响应客户端要求建立连接的请求，按预定的通信协议，使客户端能通过浏览器访问网页，动态观测远程库区水情信息。

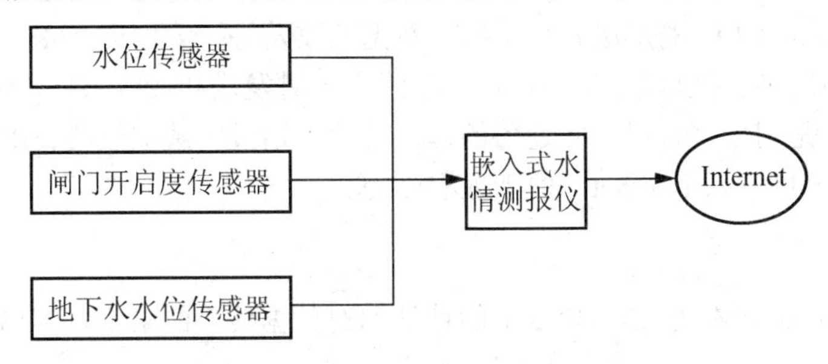

图 9.28　水情远程测报系统结构示意图

2. 系统硬件部分

嵌入式系统接入 Internet 需要解决的主要问题是，实现 TCP/IP 和数据的封装、编码及发送，水情远程测报系统要求嵌入式系统能独立稳定地工作在远程库区，而无须经常维护，这就对微处理器提出了较高的性能要求。

系统采用基于 ARM 架构的 32 位 RISC 高速微处理器 S3C44B0X。由于需要保存的数据量较大，所以系统以 8MB 的 SDRAM 作为数据存储器，以 16MB 的 Flash 作为网络存储器，同时系统还配置了小型键盘、数码管和显示器。使系统具备友好的人机接口。

通信控制器主要由微处理器芯片 S3C44B0X，以太网控制芯片 RTL8019AS，以太网连接器 RJ-45 接口，传感器接口等组成，如图 9.29 所示。

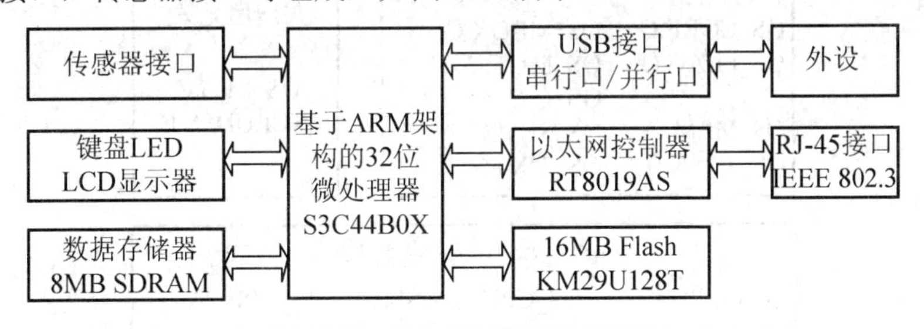

图 9.29　嵌入式水情测报仪结构

1) 微处理器

嵌入式微处理器 S3C44B0X 是 Samsung 公司推出的基于 ARM7 架构的 32 位 RISC 高速微处理器。主时钟频率为 60MHz 带 8 个存储体。最大存储容量达 256MB，具有与 PC 完全相同的接口资源。S3C44B0X 可扩展性好，具有很高的性能价格比。它采用了 RISC 结构，内部集成了 3 级流水线，处理速度快，它具有超低功耗、低电压、微电流供电等特点。特别适合水情远程测报系统中的现场作业嵌入式设备。

2) 网络存储器

系统以扩展 16MB 的 Flash 存储器保存大量的网页数据和网络用户信息。网页中的水位流量等数据经过编码压缩后存储在 KM29U128T(16M×8bit)内。KM29U128T 的寻址采用串行方式，几根数据线既作地址线也作数据线，先输入地址，再传送数据。这样，用很少的地址线就可寻址很大的空间，适合于记录带有大量水位流量数据的网页。

3) 网络接口

采用 Realtek 公司的全双工以太网接口芯片 RTL8019AS 进行网络连接。它能完成物理帧的形成、编解码，CRC 的形成和校验以及数据的收发等。它内嵌 16KB 的 RAM，具有全双工的通信接口。它可以通过交换机在双绞线上同时发送和接收数据，使带宽从 10MHz 增加到 20MHz，是用来进行以太网通信的理想芯片。通过屏蔽双绞线、RJ-45 接口接入局域网，再通过局域网联入 Internet，便于远程监控。

3. 软件设计

主要包括μC/OS-II 在 S3C44B0X 上的移植和对数据信息的采集，存储以及 TCP/IP 协议栈的开发。

开发工具选用 ARMSDT25，操作系统为μC/OS-II，μC/OS-II 是源码公开的实时操作系统，可以在绝大多数微处理器上运行。μC/OS-II 内核具有适应于嵌入式实时应用系统的管理功能，包括内存管理、任务管理、时间管理和任务间的通信与同步等。μC/OS-II 是基于优先级的占先式(preemptive)多任务实时内核，是专门为嵌入式应用而设计的，可移植性强，且可裁剪，其体系结构如图 9.30 所示。

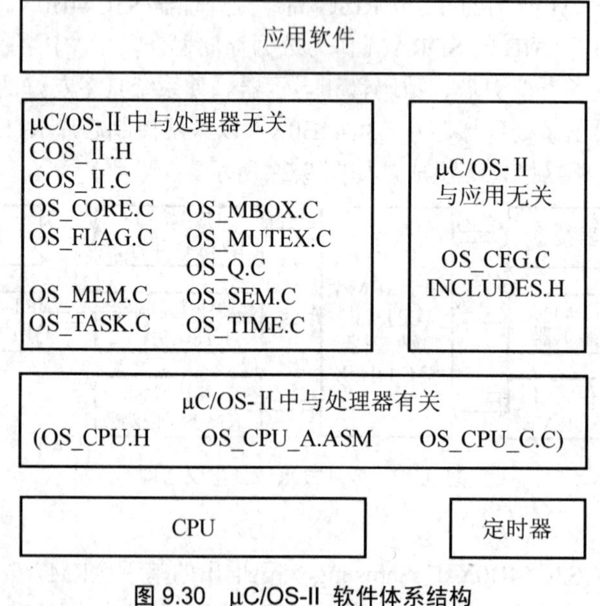

图 9.30 μC/OS-II 软件体系结构

μC/OS-II 在 S3C44B0X 上的移植，由图可知只需修改与微处理器相关的文件 OS_CPU.H、OS_CPU_A.ASM 和 OS_CPU_C.C 中的一些代码便可完成移植，移植后仍需添加 RTL8019AS 驱动程序和 TCP/IP 协议栈等系统模块。

系统应用软件结构如图 9.31 所示。系统初始化之后，由操作系统μC/OS-II 根据任务的优先级和状态来调度和执行任务。按优先级由高到低排列的主要任务如下。

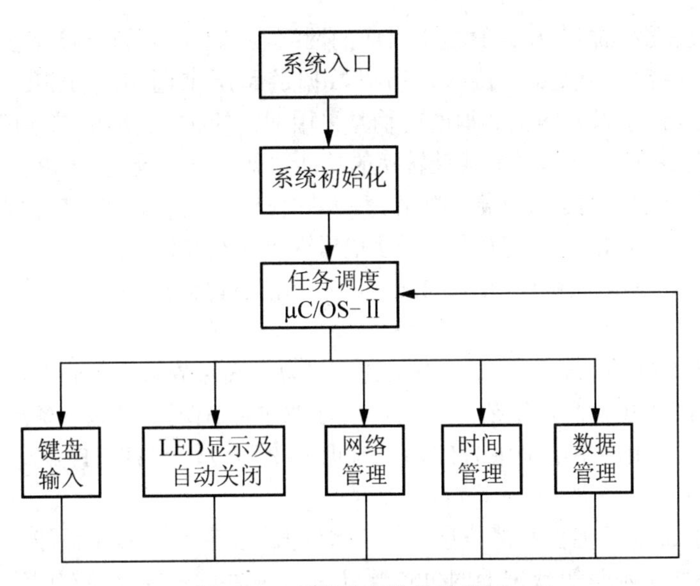

图 9.31　系统应用软件结构图

1) 数据处理

对水位，流量等数据进行采集、处理、存储和传输，其流程如图 9.32 所示。

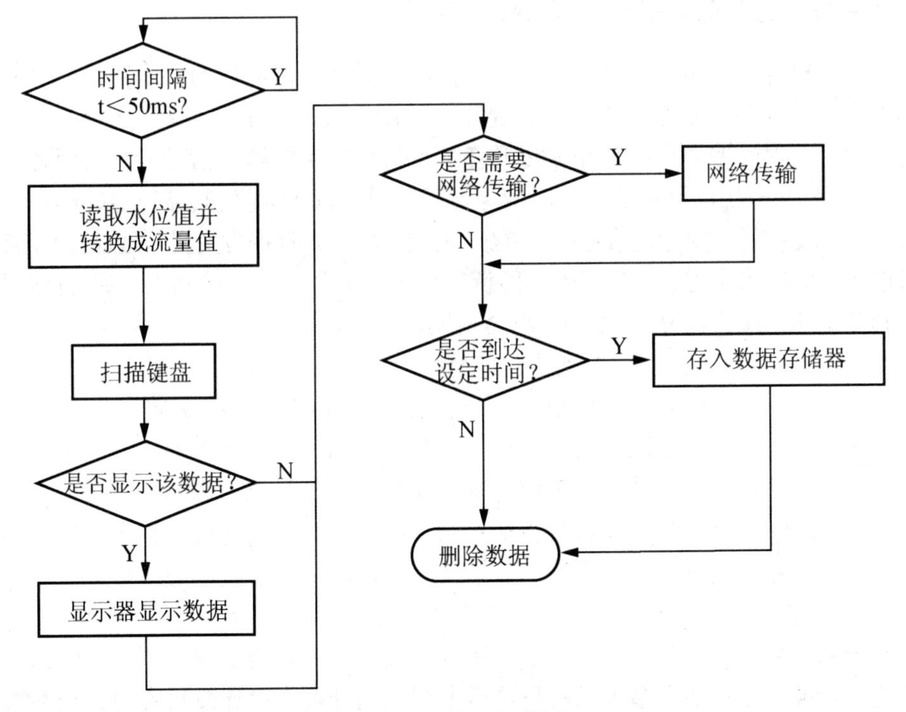

图 9.32　数据处理流程

2) 网络传输

网络传输的关键是开发负责数据传输和远端命令处理的 TCP/IP 协议栈，由于嵌入式系统的存储空间有限，因此必须根据功能需要选择合适的协议。

TCP/IP 一般可以划分为数据链路层、网络层、传输层和应用层。数据链路层通常包括操作系统中的设备驱动程序和计算机中对应的网络接口卡，它们一起处理与电缆接口的物理细节。因为系统采用以太网接入，所以数据链路层中选用了 IEEE 802.3 所规定的 CSMA/CD 协议。由于以太网上数据的传输是采用网络的 MAC 地址进行识别的，因此系统就应具有实现从 IP 地址到 MAC 地址转换的功能，即网络层选用 IP(IP 是 TCP/IP 的基础)为不同网络的主机之间发送数据报的操作序列，它使嵌入式 Internet 在异构网络之间的通信成为可能，另外，由于 IP 是无连接的，无法把错误报文和其他重要信息传到最初的主机上，因此系统还需用 IP 的附属协议 ICMP(Internet 控制消息协议)来实现与其他主机或路由器交换错误报文和信息。

虽然系统对数据的传输速率要求不太高，但为了确保数据的准确性，在传输层上只选用 TCP，不过 TCP 实现比较复杂，实现完整的 TCP 需消耗许多系统资源，而系统只要求通过浏览器方式访问(应用层采用 HTTP)，因此 TCP 可以针对 HTTP 开发。

3) 页面设计

采用 html 页面显示远程水情信息，包括水位值、流量值、水位曲线、流量曲线及月统计报表、包含水位、流量等数据的网页资源以 html 文件的方式存储在网络存储器中，程序按照所需的文件名映射文件。当客户端发出请求时，嵌入式水情测报仪分析 URI(通用资源表示符)，根据接收到的信息要求把所需的网页调出来，发送给客户端。

9.2.6 矿井提升机直流双闭环控制系统设计举例

对于矿井提升系统而言，安全性、可靠性和高效性是其运行的基本要求。对矿井提升系统来说主要被控参数是电动机的运行速度，控制系统的给定信号就是按照行程(时间)确定的速度图。为保证安全准确地完成提升任务，目前采用的给定信号方法有两种，一是按运行时间给定：$v=f(t)$，给定信号以时间为变量，是时间的函数(其减速点仍然以设定的某行程给出)；二是按运行的行程给定：$v=f(s)$，给定参考值以行程为变量，是行程的函数。

就按运行时间给定方式而言，当实际调速系统与期望的存在静态误差时(目前国内提升机动力制动调速系统大部分属此类)，将会出现如下问题。

(1) 在下放重物时，提升容器到达井口速度加大，不安全。

(2) 该方式受负载影响导致其减速时间变化较大，影响效率和安全。

上述问题已在实践中得以证实，经进一步分析可知，即使系统不存在静态误差，也将会由于调速系统的误差，在使用中出现对安全和效率不可忽视的影响。若再考虑在速度变化时所出现的跟随误差，其影响将会更加不利。在等速段、减速段，当实际速度和加速度与设计值出现工业控制系统中所允许的微小误差时，就将会引起的最终位置的偏差；这些偏差值与停车精度的要求(±0.2m)和过卷高度要求(0.5m)相比，都是十分可观的数值，将会对提升安全和效率产生十分不利的影响。所以，按运行时间给定方式不太适宜在提升控制中推广使用。现代化矿井大多采用行程给定方式，这种技术由计算机实现、全参数可调、以行程为自变量，按行程自动生成速度给定值，在给定信号的控制下控制矿井提升系统运行。行程给定控制中的被控参数速度和加速度的误差和偏差出现后，会立即被调节纠正，不再经积分而扩大，不会导致最终在累计值中出现不允许的偏差，因此，其控制精度较高，能够满足提升安全的要求。副井提升机在运行过程中除了要求高效、平稳、安全外，还应保证矿井上下人员的舒适感。

人们常用的提升系统的速度图，包括 5 个阶段(也有 6 个阶段，即增设初加速阶段，一般称为五阶段速度图)，即加速阶段、匀速阶段、减速阶段、爬行阶段、制动阶段。提升机电气传动系统速度给定 $v=f(s)$如图 9.33 所示。

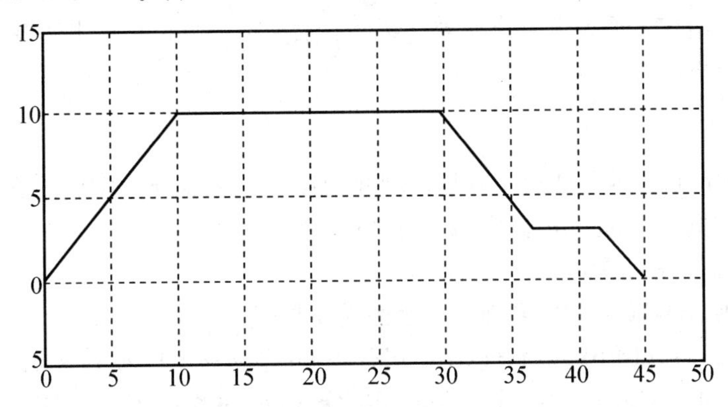

图 9.33　提升机电气传动系统速度给定曲线

随着社会发展和技术的进步，人们对矿井提升机运行的安全、高效和乘坐舒适感等特性要求越来越高。五阶段速度图(折线)也有出一些不足：一是对电网造成冲击，形成尖峰负荷，影响整个电网系统的正常运行；二是对提升系统机械部分产生动态冲击，加剧钢丝绳的摆动，对提升机的稳定运行造成不良影响。究其原因，主要是这种折线形速度图的速度过渡不平滑(图 9.33)，在速度的变化拐点处加速度变化率过大而造成突变。因此，为了解决折线形速度曲线所产生的问题，实现速度图的平稳变化，利用计算机技术，实现提升运行速度曲线的 S 化，产生 S 形速度给定曲线(图 9.34)，并且通过修改有关提升控制参数，使得无论是加速启动段，还是减速制动段，都可以产生所期望的速度给定曲线，给出每一计算周期内的实际给定值，从而产生计算过程的运行曲线 $v=f(s)$，这样，用抛物线和直线综合成的速度曲线即可实现速度折点处的平滑过渡。非对称五阶段理想的 S 形速度给定曲线如图 9.34 所示。在图 9.34 中，横坐标 0～10 段为提升机罐笼的启动加速阶段；10～30 段提升机罐笼以额定速度作匀速运行，速度曲线为水平直线段；30～37 段为减速段，罐笼从额定速度减速到爬行速度；37～42 段为提升机作匀速爬行；43～45 为第二减速停车段。

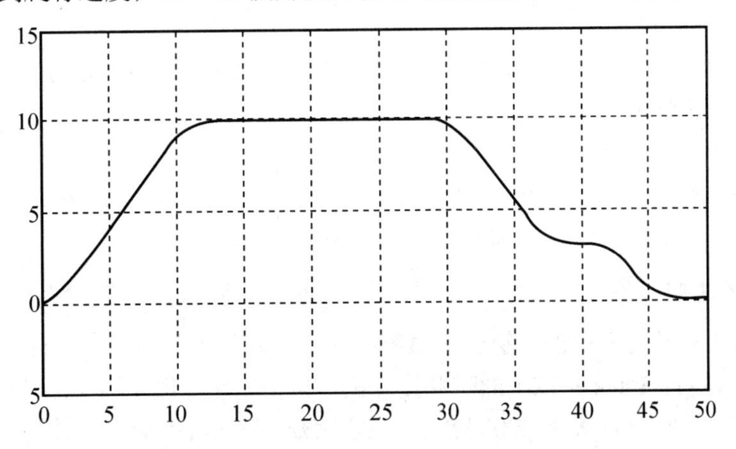

图 9.34　提升机电气传动 S 形速度给定曲线

值得提醒大家的是，在现代矿井提升机的控制系统中，S 形速度的给定方式一般有两种方式：第一种直接给定所需速度值，经过控制系统中传动装置的软件包中的斜坡函数发生器平滑后生成；第二种 S 形速度给定方式，将控制系统再加一个行程环，通过行程控制器产生速度环的给定。作为课堂讲授教学案例，为简洁起见直接给出速度图，并且是按运行时间给定：$v=f(t)$。

1. 设计思想

本设计依据肥城矿业集团梁宝寺煤矿副井的技术要求，本着说明问题的原则进行设计，力求简明扼要，拟定了其副井提升机数字控制系统方案。

1) 梁宝寺煤矿附近提升系统技术参数

提升机：JKMD-4.0×4(III)多绳落地摩擦式提升机。

提升主钢丝：44ZBB6VX37S+FC1570ZZ(SS)GB/T8918－1996 共 4 根，每根长 910m。

提升尾绳选用三根扁尾绳，其中 155×26 ZBB P8×4×9　1370 GB/T8918－1996 钢丝绳二根，170×28 ZBB P8×4×9　1370 GB/T8918－1996 钢丝绳一根，每根长 820m。

提升方式：双罐笼。

提升水平：单水平。

提升任务：提升人、材料、矸石等。

操作方式：手动、自动、半自动、检修。

提升高度：756m。

最大提升速度：9.21m/s。

加减速度：0.7m/s。

钢丝绳静张力差：95kN。

摩擦轮直径：4.0m。

电动机：低速直联悬挂式电动机。

额定功率：1250kW。

额定电枢电压：800V。

额定电流：1800A。

额定转速：44r/min。

图 9.34 为梁宝寺副井五阶段速度图，图 9.35(a)、(b)、(c)、(d)分别为梁宝寺副井带载提升、下放的速度图和力图。

2) 设计思路

该项目传动系统拟采用并联 12 脉动晶闸管整流器-电动机直流供电方案，恒磁 4 象限运行，实现数字控制的逻辑无环流双闭环可逆调速控制。

2. 系统方案的选择

目前，我国矿井提升机的调速传动系统根据电机容量可分为以下几种情况。

(1) 电机容量在 300 kW 以下的矿井提升机，电控系统一般采用交流调速系统。

(2) 电机容量在 300 kW 至 2000 kW 的电控系统一般采用电动机-晶闸管直流调速系统。

(3) 电机容量在 2000 kW 以上的电控系统一般采用交-交变频交流调速系统。

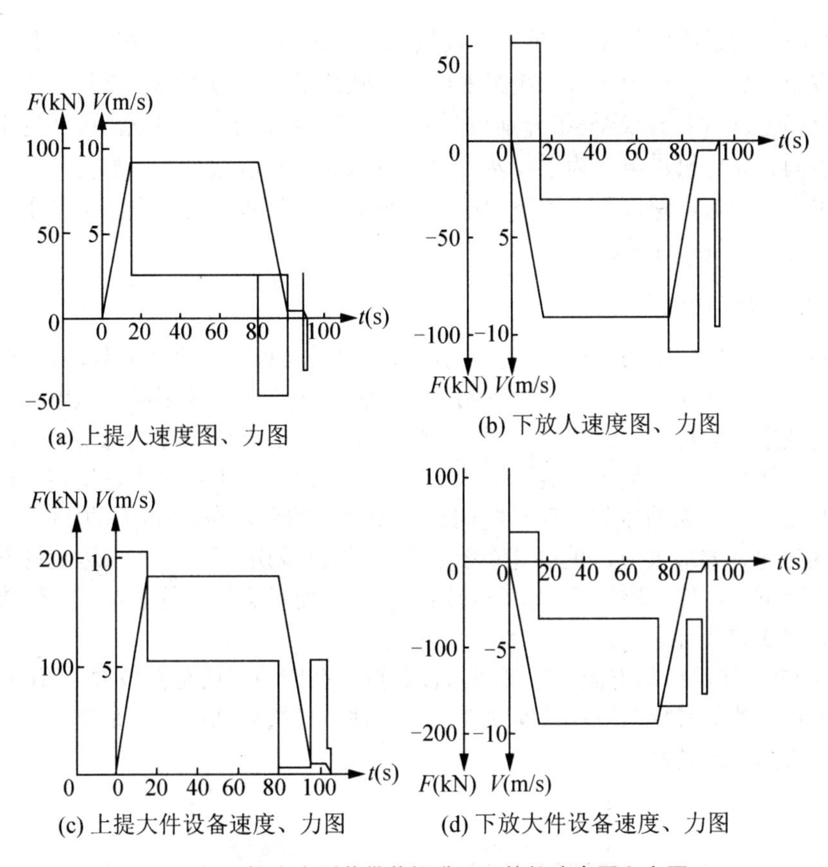

图 9.35 梁宝寺副井带载提升、下放的速度图和力图

由于梁宝寺副井的电机容量为 1250 kW，其系统主回路拟采用“晶闸管-电动机”(V-M)直流调速系统，双变流器并联组成 12 脉动整流，恒磁供电方案，通过调节触发器的触发角来改变晶闸管整流器的控制电压，即可改变其输出电压 U_d，从而实现电动机调速。该方案突出的优点是变流系统对电网的干扰小，特别是谐波分量的减少，可以避免对电网系统的重度污染，有利于提高传动系统的调速性能和调速精度；并且系统简单、可靠，便于使用和维护，所以被广泛应用于直流调速系统中。系统主回路如图 9.36 所示。

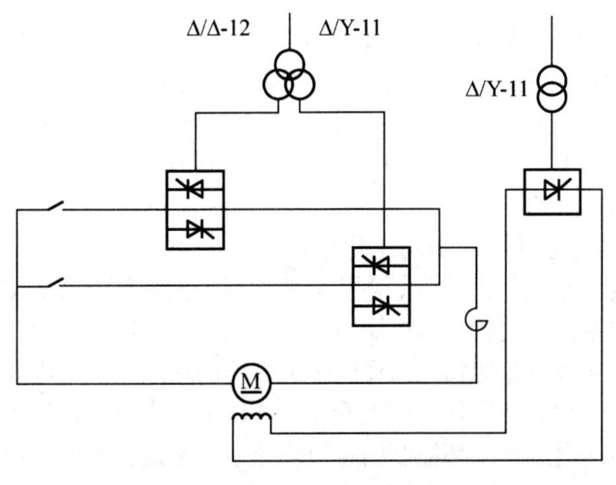

图 9.36 系统主回路

该主回路由两组相位相差30°的6脉动波电枢可逆整流电路并联组成12脉动波电枢可逆电路。主整流变压器可为一台三绕组变压器，联结组分别为$\Delta/\Delta-12$和$\Delta/Y-11$，两绕组之间相位相差30°两个二次绕组分别为两组三相整流桥供电，两组整流桥通过平波电抗器进行并联后向直流电机供电。为了使两组整流电压的瞬时值相等，应加均流电抗器，使两台变流装置得以均流，保证两个回路间电流的平衡度，限制环流；电路中使用两台直流快速断路开关对电机进行保护。

3. 双闭环直流调速系统

众所周知，在单闭环转速反馈的直流调速系统中采用PI调节器可实现转速调节无静差，能够消除负载转矩扰动对稳态转速的影响，采用截止电流负反馈限制电枢电流冲击，可避免出现过流现象。但转速单闭环系统存在的问题是，不能充分按照理想要求控制电流的动态过程，更确切地说应该是无法实现恒转矩运行。因此，对于经常正、反转运行的调速系统，如矿井提升机，为缩短起、制动时间是提高生产效率，在启动(制动)过程中，希望始终保持电流为允许的最大值，使调速系统以最大的加(减)速度运行。当达到稳态转速时，使电流立即降下来，使电磁转矩与负载转矩平衡，从而迅速进入稳态运行。这类理想的启制动过程如图9.37所示。

由图9.37可知，启动电流呈矩形波，转速按线性增长。这是在最大电流(转矩)受限时调速系统所获得的最快启动过程。实现在允许条件下最快启动的关键是要获得一段使电流保持为最大值的恒流过程。

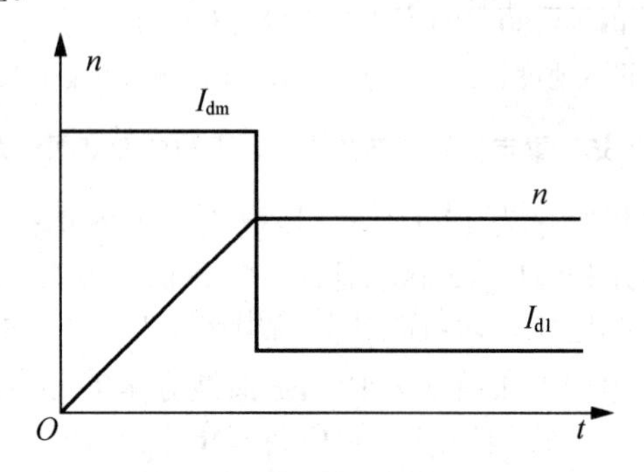

图9.37 理想的启制动过程图

按照反馈控制规律，采用某个量的负反馈就可以保持该量基本不变，因此可以采用电流负反馈得到近似的恒流过程，那么在启动过程中我们希望电流负反馈起主要调节作用以保证最大允许恒定电流；而到达稳定运行阶段后希望转速恒定，静差尽可能小，转速负反馈此时发挥主要调节作用。因此，调速系统既有转速和电流两种负反馈作用，又使它们只能分别在不同的阶段起主要作用。

1) 双闭环直流调速系统的组成与工作原理

双闭环直流调速系统采用速度环、电流环双闭环控制系统，为了实现转速和电流两种负反馈分别起作用，在系统中设置了两个调节器，分别调节转速和电流，两者之间实行串级联接。这就是说，把外环调节器的输出当作内环调节器的输入，再用内环调节器的输出去控制晶闸管整流器的触发装置。从闭环结构上看，电流调节环在里面，称为内环；转速调节环在外面，称为外环。转速电流双闭环控制的直流调速系统是最典型的直流调速系统。为了获得良好的静、动态性能，转速和电流环采用PI或PID调节器。其原理结构如图9.38所示。

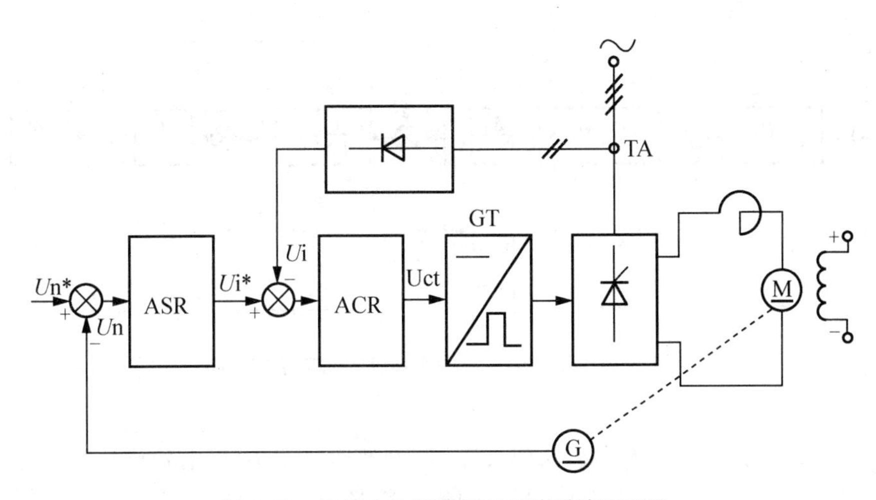

图 9.38 直流电动机双闭环调速系统原理图

图中，ACR 为电流调节器，ASR 为转速调节器，GT 为脉冲触发器，TG 为测速电机，TA 为电流互感器。

双闭环控制直流调速系统的特点是：电动机的转速和电流由两个独立的调节器分别控制，且转速调节器的输出就是电流调节器的输入，因此电流环能够随转速的偏差调节电动机电枢电流。当转速低于给定转速时，转速调节器的积分作用使输出增加，即电流给定上升，并通过电流环调节使电动机电流增加，从而使电动机获得加速转矩，电动机转速上升；当实际转速高于给定转速时，转速调节器的输出减小，即电流给定减小，并通过电流环调节使电动机电流下降，电动机将因为电磁转矩减小而减速。在当转速调节器饱和输出达到限幅值时，电流环即以最大电流限制实现电动机的加速，使电动机的启动时间最短。在不可逆调速系统中，由于晶闸管整流器不能通过反向电流，因此不能产生反向制动转矩而使电动机快速制动。

双闭环调速系统的调节器一般采用 PID 或 PI 调节器，要根据被控对象的数学模型和理想被控系统传递函数来比较确定。电流调节器和速度调节器的输出都带有输出限幅作用，转速调节器 ASR 的输出限幅电压 U_{im}^* 决定了电流调节器的给定电压的最大值，电流调节器 ACR 的输出限幅电压 U_{cm} 限制了电力电子变换器的最大输出电压 U_{dm}。当负载电流小于 I_{dm} 时表现为转速无静差，转速负反馈起主要调节作用。当负载电流达到 I_{dm} 时，对应于转速调节器的饱和输出 U_{im}^*，这时，电流调节器起主要调节作用，系统表现为电流无静差，并实现过电流自动保护。

2) 双闭环直流调速系统的数学模型和动态性能分析

(1) 双闭环直流调速系统的数学模型建立。

双闭环直流调速系统的动态结构图如图 9.39 示。

其中，U_n^* 为速度调节器给定电压；U_i^* 为电流调节器的给定电压，也是速度调节器的输出电压；U_{ct} 为晶闸管整流器的控制电压，也是电流调节器的输出电压；U_d 为晶闸管整流器的输出电压，I_{dl} 为负载电流，α 为转速反馈系数，β 为电流反馈系数。

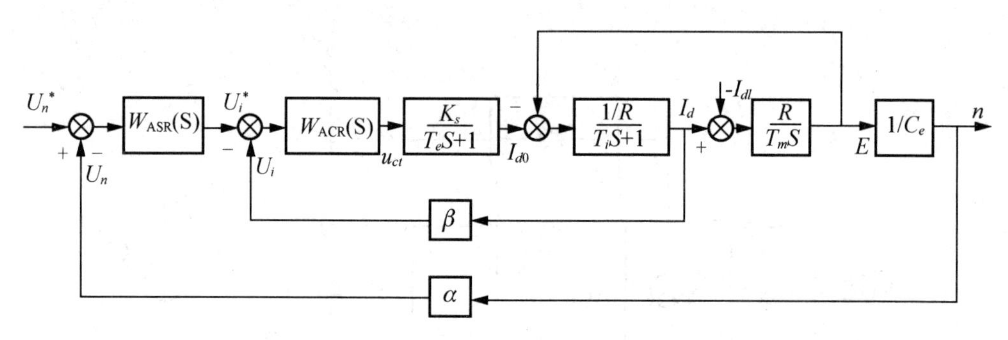

图 9.39　双闭环直流调速系统的动态结构框图

① 晶闸管整流器传递函数。

晶闸管整流器是一个具有滞后的放大环节，其滞后时间 Ts 是由晶闸管整流器在两个自然换相点间的失控引起的。在实际工程计算中，将晶闸管整流环节的传递函数取为一阶惯性环节，即

$$F(s)=\frac{k_s}{T_s+1} \tag{9.3}$$

式中　T_s——滞后时间；K_s——晶闸管整流器的放大系数。

② 直流电动机电枢部分的传递函数。

由 $U_{d0}=RI_d+L\frac{dI_L}{dt}+E$　和　$T_e-T_L=\frac{GD^2}{375}\frac{dn}{dt}$　推导可得：

在零初始条件下，电压与电流之间的传递函数

$$\frac{I_d(s)}{U_{d0}(s)-E(s)}=\frac{1/R}{1+T_ls} \tag{9.4}$$

电流与电势间的传递函数为

$$\frac{E(s)}{I_d(s)-I_{dL}(s)}=\frac{R}{T_ms} \tag{9.5}$$

式中　T_m—为电力拖动系统机电时间常数，$T_m=\frac{GD^2R}{375C_eC_m}$；

T_l—为电枢回路的电磁时间常数，$T_l=\frac{L}{R}$；

C_m—为电动机额定励磁下的转矩系数，$C_m=\frac{30}{\pi}C_e$；

③ 测速电机

测速电机的响应可以认为是瞬时的，因此有

$$\alpha=\frac{U_n(s)}{n(s)} \tag{9.6}$$

④ 电流测量装置

同理，电流测量装置为

$$\beta=\frac{U_I(s)}{I_d(s)} \tag{9.7}$$

⑤ 速度调节器和电流调节器的传递函数

根据电流环的设计要求，按典型 I 型系统设计电流环：$\sigma_i \leqslant 5\%$，而且 $\frac{T_i}{T_{\Sigma i}} = \frac{0.03}{0.0037} = 8.11 < 10$ 的电流调节器的传递函数

$$W_{\mathrm{ACR}}(s) = \frac{K_i(\tau_i s + 1)}{\tau_i s} \tag{9.8}$$

由于设计要求无静差，所以转速调节器的传递函数必须包含积分环节；根据动态以及快速性要求，应按典型Ⅱ型系统设计转速环，故选用 PI 调节器，其传递函数为

$$W_{\mathrm{ASR}}(s) = \frac{K_n(\tau_n s + 1)}{\tau_n s} \tag{9.9}$$

式中，K_i 和 τ_i 分别为电流调节器的比例放大系数和时间常数；K_n 和 τ_n 分为转速调节器的比例放大系数和时间常数。

(2) 双闭环直流调速系统的动态性能分析。

双闭环系统启动前处于停车状态，此时 $U_i^* = 0$，$U_{ct} = 0$，移相角 $\alpha = 90^\circ$，即触发脉冲在初始相位上，整流电压 $U_d = 0$，电动机转速 n=0。双闭环直流调速系统突加给定电压 U_n^* 由静止状态起动时，转速和电流的动态过程示意图如图 9.40 所示。由于在启动过程中转速调节器 ASR 经历了不饱和、饱和、退饱和 3 种情况，因此整个动态过程就分成图中标明的 I、II、III 这 3 个段。

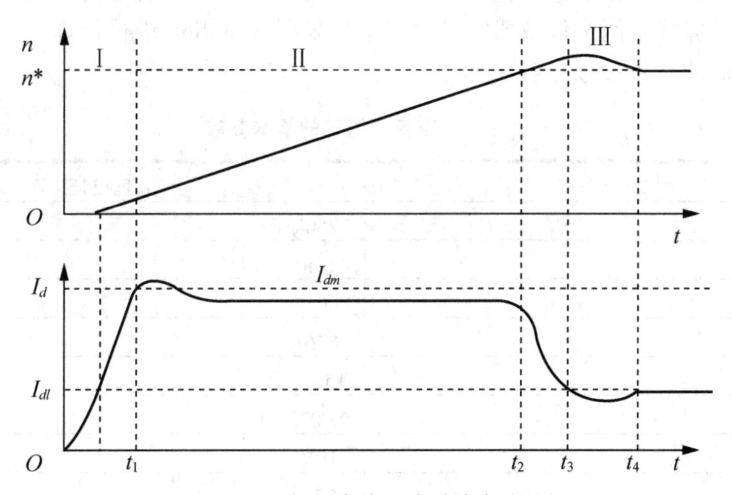

图 9.40　双闭环直流调速系统启动过程

第 I 阶段($0 \sim t_1$)是电流上升阶段。突加给定电压 U_n^* 后，U_{ct}、U_{d0}、I_d 都上升，在 I_d 没有达到负载电流 I_{dl} 以前，电机还不能转动。当 $I_d \geqslant I_{dl}$ 后，电机开始起动，由于机电惯性的作用，转速不会很快增长，因而转速调节器 ASR 的输入偏差电压 $\Delta U_n = U_n - U_n^*$ 的数值仍较大，其输出电压保持限幅值 U_{im}^*，强迫电流 I_d 迅速上升。直到 $I_d \approx I_{dm}$，$U_i = U_{im}^*$，电流调节器很快就压制了 I_d 的增长，标志着这一阶段的结束。在这一阶段中，ASR 很快进入并保持饱和状态，而 ACR 不饱和。

第 II 阶段($t_1 \sim t_2$)是恒流升速阶段。ASR 饱和，转速环相当于开环，在恒值电流给定 U_{im}^* 下的电流调节系统，基本上保持电流 I_d 恒定，因而系统的加速度恒定，转速呈线性增长。

与此同时，电机的反电动势 E 也按线性增长，对电流调节系统来说，E 是一个线性渐增的扰动量，为了克服它的扰动，U_{d0} 和 U_c 也必须基本上按线性增长，才能保持 I_d 恒定。当 ACR 采用 PI 调节器时，要使其输出按线性增长，输入偏差电压 $\Delta U_i = U_{im}^* - U_i$ 必须维持一定的恒值，也就是说，I_d 应略低于 I_{dm}。

第III阶段(t_2 以后)是转速调节阶段。当转速上升到给定值 $n^* = n_0$ 时，转速调节器 ASR 的输入偏差减小到零，输出维持在限幅值 U_{im}^*，电机仍在加速，使转速超调。转速超调后，ASR 输入偏差电压变负，开始退出饱和状态，U_i^* 和 I_d 很快下降。但是，只要 I_d 仍大于负载电流 I_{dl}，转速就继续上升。直到 $I_d = I_{dl}$ 时，转矩 $T_e = T_L$，则 $\dfrac{\Delta n}{\Delta t} = 0$，转速 n 才到达峰值($t = t_3$ 时)。此后，电动机开始在负载的阻力下减速，与此相应，在 $t_3 \sim t_4$ 时间内，$I_d < I_{dl}$，直到稳定。如果调节器参数整定得不够好，也会有一段振荡过程。在这最后的转速调节阶段内，ASR 和 ACR 都不饱和，ASR 起主导的转速调节作用，而 ACR 则力图使 I_d 尽快地跟随其给定值 U_i^*。

4. 双闭环直流调速系统的工程方法设计的参数确定

直流电机双闭环调速系统的工程设计主要是设计两个调节器。调节器的设计一般包括两个方面：第一选择调节器的结构，以确保系统稳定，同时满足所需的稳态精度；第二选择调节器的参数，以满足动态性能指标。这里根据计算调节器的时间常数，选择调节器的结构，再通过计算确定两个调节器的参数，最后采用 Simulink 进行仿真。

梁宝寺煤矿的基本参数见表 9-1。

表 9-1　梁宝寺煤矿的基本参数

型　　号	ZKTD215/67
额定功率 P_N	1250kW
额定转速 n_N	44r/min
电枢电压 U_1	800V
电枢电流	1836A
电枢电阻	0.1Ω
电枢电感	0.00325H
励磁电压	110V
励磁电流	167A
过载倍数 λ	2.2
转动惯量 J	9683kgm^2

设计要求：无静差；电流超调量 $\sigma_i\% \leqslant 5\%$；空载启动到额定转速时的转速超调量。

设计时，先从电流环入手，首先设计好电流调节器，然后把整个电流环看作是转速调节器的一个环节，再设计转速调节器。对于双闭环调速系统，电流环通常按照典型 I 型系统设计，而转速环按典型 II 型系统设计，这是因为 I 型系统的跟随性能较好一些，而 II 型系统抗干扰性能较好且缩短启动时间，提高快速性。

1) 电流调节器的设计

参照三相桥式晶闸管整流装置的滞后时间的计算，由于双桥并联，故有 12 个波头，取

$T_s = 0.00083s$；根具$T_{oi} = (1 \sim 2)0.0016s$能够基本滤平波头的原则，取$T_{oi} = 0.0025s$；因此，电流环小时间常数为$T_{\Sigma i} = T_s + T_{oi} = 0.0033s$；电磁时间常数为$T_l = \dfrac{L}{R} = \dfrac{0.0325}{0.1} = 0.0325s$；晶闸管的放大系数$K_s = \dfrac{L}{R} = \dfrac{U_{d0}}{U_{ct}} = \dfrac{800}{10} = 80s$；电流反馈系数$\beta = U_{im}^* / \lambda I_n = 0.0025$ (这里取电流环控制电压为 10V)。

根据性能指标要求$\sigma_i\% \leqslant 5\%$，且$\dfrac{T_l}{T_{\Sigma i}} = \dfrac{0.0325}{0.0033} = 9.8 < 10$，因此电流环按典型 I 型系统设计。

电流环按典型 I 型系统设计，电流调节器选用 PI 调节器，其传递函数为

$$W_{\mathrm{ACR}}(s) = \frac{K_i(\tau_i s + 1)}{\tau_i s} \tag{9.10}$$

其中，K_i和τ_i分别为电流调节器的比例放大系数和领先时间常数。为了将电流环校正成典型 I 型系统，电流调节器的领先时间常数τ_i应对消控制对象中的大惯性时间常数T_L，即取$\tau_i = T_L = 0.0325\mathrm{s}$。

电流环开环增益：为了满足$\sigma_{\mathrm{i}}\% \leqslant 5\%$的要求，应取$K_I T_{\Sigma i} = 0.5$。于是可以求得 ACR 的比例放大系数为：$K_i = \dfrac{0.5}{T_{\Sigma i}} = \dfrac{0.5}{0.0033} = 151.5/\mathrm{s}$

$$K_i = \frac{K_I \tau_i R}{\beta K_s} = \frac{151.5 \times 0.0325 \times 0.1}{0.0025 \times 80} \approx 2.46$$

则电流调节器传递函数为

$$W_{\mathrm{ACR}}(s) = 2.46 + \frac{2.46}{0.0325s} = \frac{U_{\mathrm{ACR}}(s)}{E_I(s)} \tag{9.11}$$

经检验设计后电流环可以达到的动态指标为$\sigma_i\% = 4.69\% \leqslant 5\%$。

电流环数字控制器的程序按式(9.12)编写

$$U_{\mathrm{ACR}}(k) = \frac{2.46}{0.0325} T \{ \frac{0.0325}{T} [e_I(k) - e_I(k-1)] + e_I(k) \} + U_{\mathrm{ACR}}(k-1) \tag{9-12}$$

式中　T为采样周期。

由于转速环的截止频率远高于电流环的截止频率，且电流环闭环传递函数分母中的s^2项的系数远小于s项的系数，因此电枢电流环闭环传递函数分母中的二次项可被忽略，则电枢电流闭环传递函数可以等效成一个惯性环节，即

$$\frac{I_d(s)}{U_i^*(s)} = \frac{\dfrac{1}{\beta}}{2T_{\Sigma i}s + 1} = \frac{400}{0.0066s + 1} \tag{9.13}$$

2) 转速调节器的设计

已知，$T_{\Sigma i} = 0.0033s$，取转速滤波时间常数(根据测速发电机波纹情况)$T_{on} = 0.01s$，因此，得转速环小时间常数为$T_{\Sigma n} = 2T_{\Sigma i} + T_{oi} = 0.0166s$，转速反馈系数$\alpha = \dfrac{U_n^*}{n_{\max}} = \dfrac{10}{44} = 0.227$。

由于设计要求无静差，因此转速调节器必须含有积分环节，又考虑到动态要求，转速调节器采用 PI 调节器，按典型 II 型系统设计转速环。

转速调节器的传递函数为

$$W_{\mathrm{ASR}}(s)=\frac{K_n(\tau_n s+1)}{\tau_n s} \tag{9.14}$$

其中，K_n 和 τ_n 分别为转速调节器的比例放大系数和时间常数。综合考虑动态抗扰性能和启动动态性能，取中频宽 h=5，按 $M_{r\min}$ (闭环幅频特性峰值 M_r 最小原则)准则选择参数，则 ASR 的超前时间常数为

$$\tau_n = hT_{\Sigma n} = 5\times 0.0166 = 0.083s$$

转速调节器比例系数为

$$K_n=\frac{(h+1)\beta C_e T_m}{2h\alpha RT_{\Sigma n}}=\frac{6\times 0.0025\times 14.1\times 0.0055}{2\times 5\times 0.0227\times 0.1\times 0.0166}\approx 3.1$$

转速调节器的传递函数为

$$W_{\mathrm{ASR}}(s)=3.1\times\frac{(0.083s+1)}{0.083s}=\frac{U_{\mathrm{ASR}}(s)}{E_N(s)} \tag{9.15}$$

其中：$C_e=\dfrac{U_N-RI_N}{n_N}=\dfrac{800-0.1\times 1836}{44}=14$

$$T_m=\frac{GD^2R}{375C_eC_T}=\frac{9683\times 0.1\times 3.14\times 4}{375\times 14\times 30\times 14}=0.0055s$$

速度环数字控制器的程序按式(9.16)编写

$$U_{\mathrm{ASR}}(k)=\frac{3.1T}{0.083}\{e_N(k)+\frac{1}{T}0.083\,[e_N(k)-e_N(k-1)]\}-U_{\mathrm{ASR}}(k-1) \tag{9.16}$$

式中 T 为采样周期。

3) 双闭环直流调速系统的建模与仿真

依据系统的动态结构框图，通过工程设计的方法建立的转速、电流双闭环调速系统确定了控制器的结构及参数，即得到了双闭环调速系统的数学模型，如图 9.41 所示。

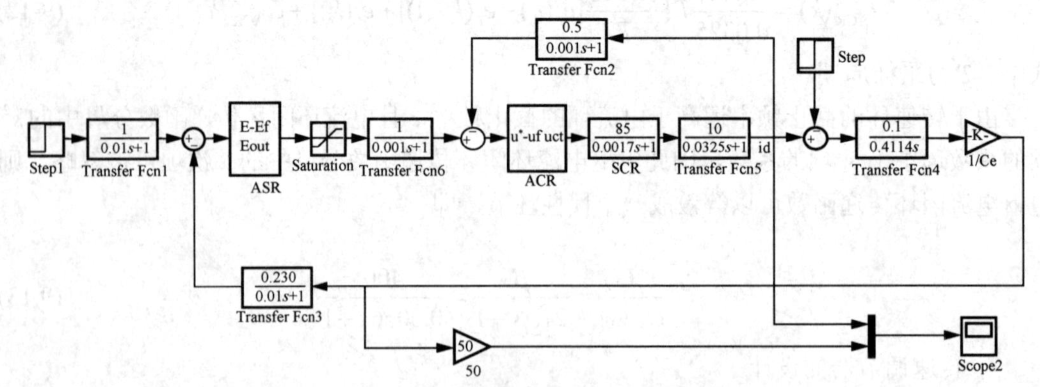

图 9.41 双闭环直流调速系统启动过程

其中给定为额定转速 44r/min(为了方便观察，将转速放大了 50 倍进行观察)，系统空载启动，在 3s 后突加 1/2 额定负载，其仿真结果如图 9.42 所示。

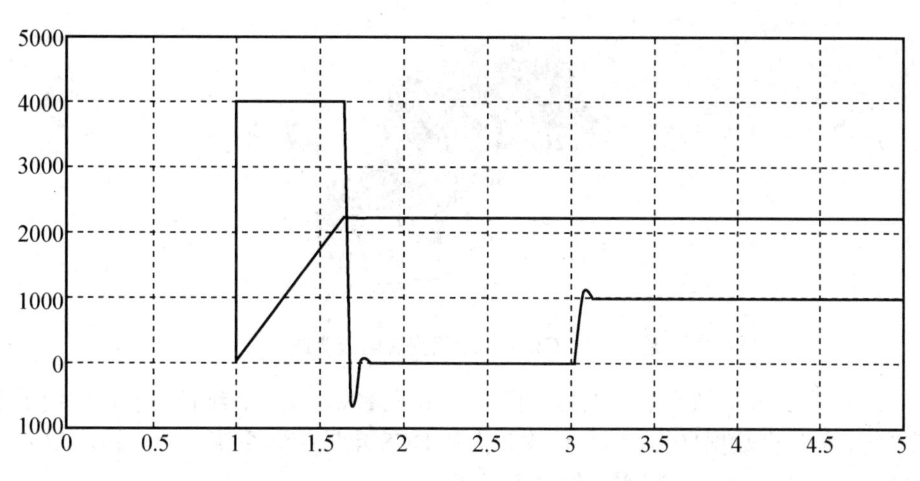

图 9.42 双闭环直流调速系统起动过程

4) 基于数学模型的双闭环直流调速系统模型分析

(1) 启动特性分析。

双闭环系统启动前处于停车状态，此时$U_n^*=0$，$U_{ct}=0$，移相角$\alpha=90^\circ$，即触发脉冲在初始相位上，整流电压 $U_d=0$，电动机转速 n=0。当电枢电流到达负载电流时，电动机开始启动。由图 9.42 可看出，系统启动经历了 3 个阶段：电流上升阶段(ASR 很快进入并保持饱和状态，而 ACR 不饱和)、恒流升速阶段(转速调节器饱和，电流调节器作用使电枢电流基本保持恒定，使转速上升)和转速调节阶段(转速调节器退出饱和，电枢电流慢慢下降直至负载电流，电机稳态运行)。

(2) 抗干扰性能分析。

系统空载启动，在 3s 后突加 1/2 额定负载，实现电动机的负载变化。由于突加负载，使电动机的电流上升转速下降，经过 0.2s 左右的调节时间后，转速恢复到原系统输出值，电动机输出电流则由空载电流变至负载电流，直至到达稳态。由此说明，系统对负载变化有很好的抵抗能力。

5. 双闭环直流调速系统数字控制器的硬件设计

1) 电流变送器

电流测量有两种方法，一种是先采用电流互感器将 0～1836A 电流(从交流侧取得，折算到某一相的电流交流电流<1000A)变为 0～5A 交流电，然后再通过电流变送器变为 4～20mA 的直流电，最后进行 A/D 采样；另一种是直接选用大电流变送装置，从 0～1836A(从交流侧取得，折算到某一相的电流交流电流<1000A)直接变送为 4～20mA。本例采用后者方案所选型号为 GDB-I1 单相交流电流变送器，如图 9.43 所示。

GDB-I1 单相交流电流变送器可以对交流电流进行高精度的隔离测量并转换为 0/4～20mA 或 0/1～5V 标准直流信号输出；其中有效值测量型产品采用 16 位高精度高速同步数据采集和数据处理技术、专业 MCU 控制器，隔离测量单相电压电流真有效值参数，并变换为标准输出；该产品具有高精度、高隔离、低功耗、低漂移、温度范围宽、性能稳定、抗干扰能力强等特点。

图 9-43　GDB-I1 单相交流电流变送器

该产品采用 DIN 导轨卡装式结构，插拔式端子接线，安装、维护方便，适用于各种工控监测系统、单片机数据采集、信号传输转换和 DCS 集散控制系统等，可广泛应用于电力、通信、铁路、矿山、冶金、交通、仪表等行业。

主要技术指标如下。

(1) 输入信号：工频，45～75Hz。

(2) 输入规格：电流 0～5A、20A、50A、100A、200A、300A、400A、500A、800A、1000A 等各量程可选。

(3) 输入阻抗：电流通道为互感器输入，吸收功率约 1～50mW。

(4) 短时输入过载能力：2 倍标称输入电压，10 倍标称输入电流，可持续 1s。

(5) 输出规格：0～20mA、4～20mA、0～5V、1～5V、0～10V 等标准直流信号；具体规格见产品标签。

(6) 精度等级：0～5/10V 输出型±0.2%F.S，0/4～20mA 输出型±0.5%F.S。

(7) 线性范围：1%～100%标称值。

(8) 输出负载能力：电压输出型 5mA；电流输出型≤200(12V 电源)，≤650(24V 电源)。

(9) 输出纹波：≤10mV(有效值，额定输出负载时)。

(10) 响应时间：≤300ms。

(11) 隔离耐压：2500V_{DC}，1min。

(12) 环境温度：－10～＋60℃。

(13) 温度漂移：≤300PPM(－10～＋60℃范围内)。

(14) 辅助电源：12 或 24VDC±10%、或 AC220V；具体规格见产品标签。

(15) 电源消耗电流：≤25mA 或≤1VA(交流供电)。

2) 测速发电机

测速发电机是输出电动势与转速成比例的微特电机。测速发电机的绕组和磁路经精确设计，其输出电动势 E 和转速 n 呈线性关系，即 E=Kn(K 是常数)。改变旋转方向时输出电动势的极性即相应改变。在被测机构与测速发电机同轴联接时，只要检测出输出电动势，就能获得被测机构的转速，故又称速度传感器。本例采用 ZYS-8A 系列永磁直流测速发电机，该电机具如下有特点和用途。

ZYS-8A 型永磁直流测速发电机主要用于测量旋转器械的转速，亦可用作速度信号的传送器在自动调节系统中作转速反馈之测速元件，外形如图 9.44 所示。具有性能好，精度高，重量轻，体积小等优点。ZYS-8A 型永磁直流测速发电机在负载电阻为恒定值的情况下，其输出电压是转速的线性函数，其正反方向旋转的输出特性是对称的。ZYS-8A 型永磁直流测速发电机其结构形式为全封闭端盖，机座带凸缘企口，可以借凸缘企口来适用卧式和立式，适用于一般正常工作环境。一般使用于海拔超过1000米，周围冷空气不超过+40℃时可连续工作。

具体技术参数为：额定功率为4.4W，额定电压60V，额定电流73mA，转速范围0-600r/m，纹波系数1.5，线性误差±0.5，输出电压不对称度0.5。

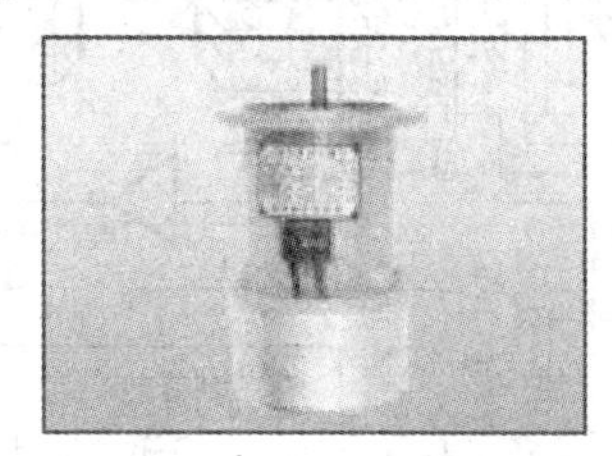

图9.44　ZYS-8A型永磁直流测速发电机

3) 触发电路

晶闸管的触发有两种方法，一种方案采用模拟触发电路(如晶闸管锯齿波触发电路等，将$U_{ACR}(k)$接到图9.45 u_g上，实现电压控制)；另一种方案是通过计算机判断相应正弦波过零点(可参考图9.12霍尔传感器信号及施密特触发器输入/输出波形图，可将正弦波整形为方波)，然后计算相位角来进行触发。这里给出了晶闸管锯齿波触发电路，其目的是让同学们更好地了解电流控制器与触发电路的配合关系与工作原理，具体详细内容可参考相关书籍或论文，这里不再赘述。

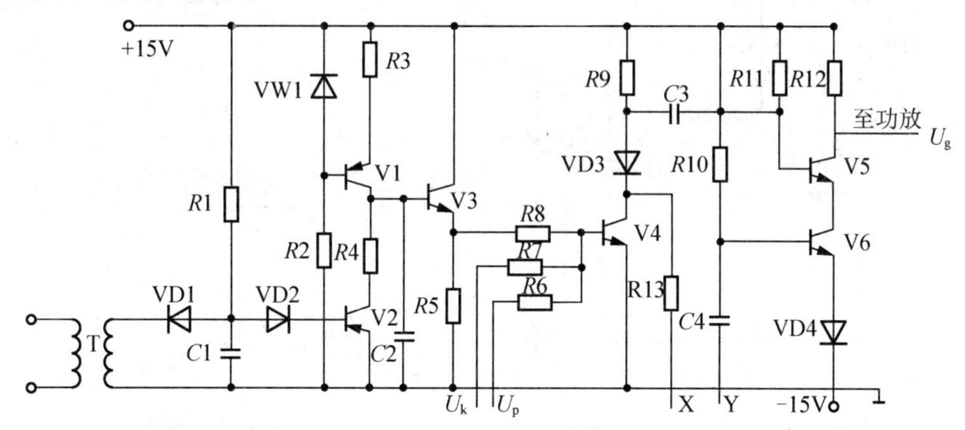

图9.45　晶闸管锯齿波触发电路

4) 数字控制器硬件设计

由图9.39可知，双闭环直流调速系统数字控制器主要完成功能为速度调节和电流调节，即取代模拟的速度调节器和电流调节器，事实上只要用一个单片机、两路A/D和一路D/A即可。为简明起见可选用本书图2.19所示的电路实现两路A/D，一路A/D采集速度环的误差$e_N(k)$，然后按照式(9.16)计算出$U_{ASR}(k)$作为电流环的给定，由$U_{ASR}(k)$减去电流反馈值计算出$e_I(k)$，再按照式(9.12)计算出$U_{ACR}(k)$，通过选用图2.27所示的电路输出可实现$U_{ACR}(k)$经D/A输出，控制触发器触发相位角，从而达到控制直流电压的目的。同学们可参照图9.46自己绘制或设计出基于单片机的电流、速度控制器以及控制器的硬件电路图。

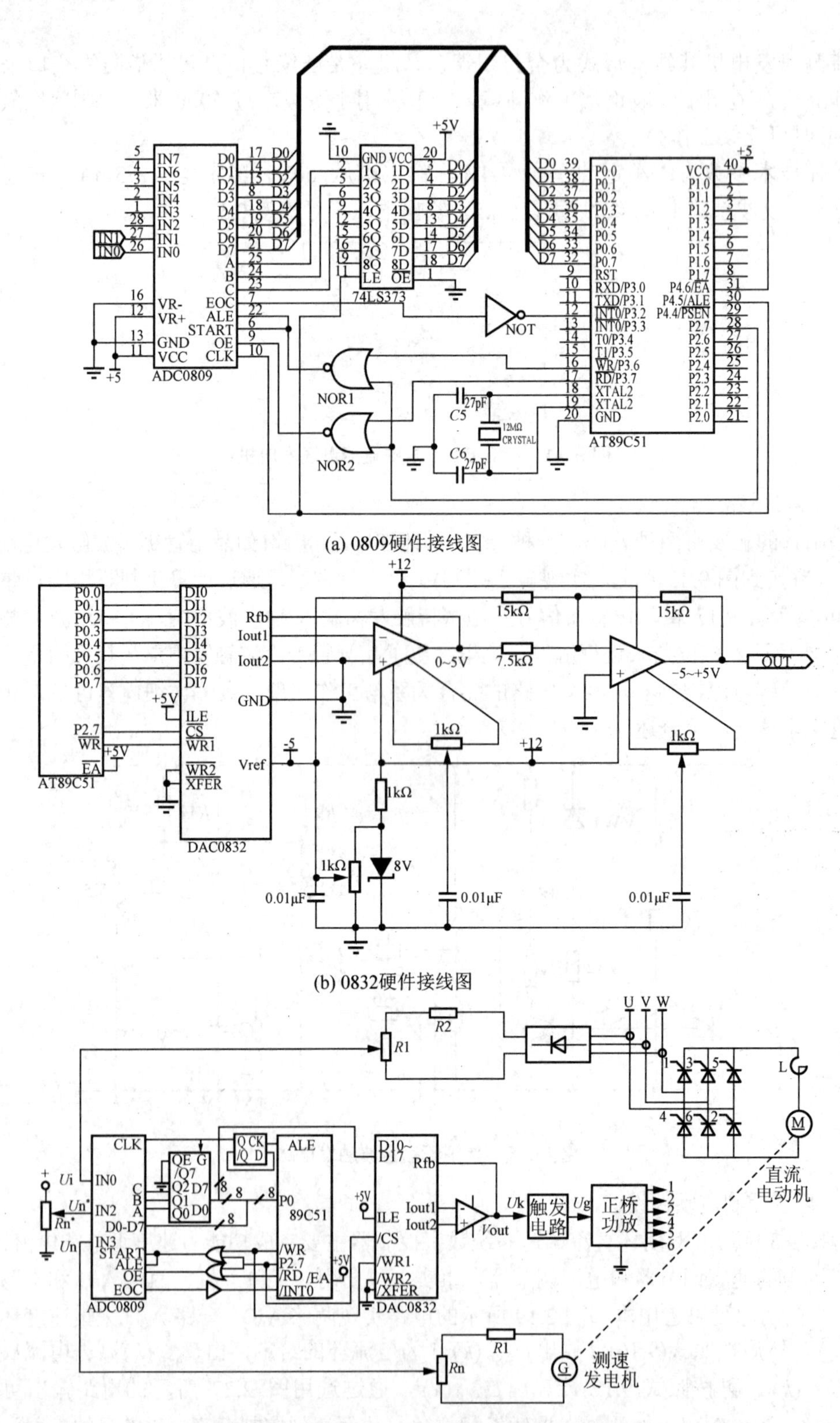

(a) 0809硬件接线图

(b) 0832硬件接线图

(c) 矿井提升机双闭环直流调速计算机控制系统接线图

图 9.46 数字控制器电路

5) 程序编写流程图

数字控制器的程序编写如图 9.47 所示。

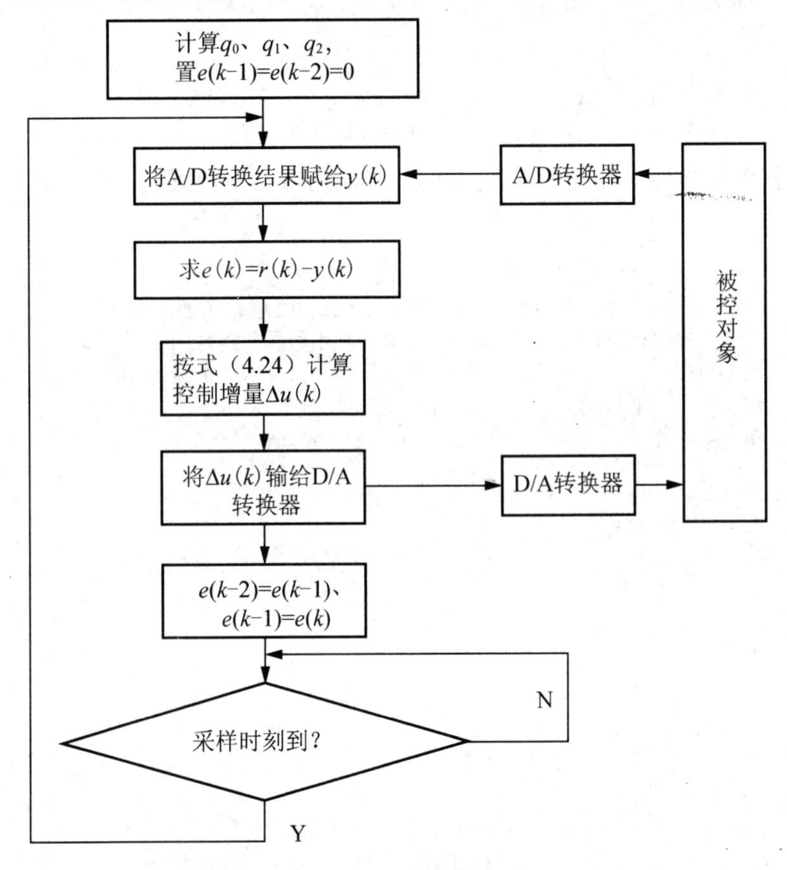

图 9.47　数字 PID 增量型控制算法的流程图

下面采用中断方式的程序，分别对转速和电流 3 路模拟信号进行轮流采样，并把采样转换所得的数字量按顺序存储于片内 RAM 单元中。

```
        ORG 00H
        AJMP    MAIN
        ORG 03H
        AJMP    ADC0809
        ORG 0100H
MAIN:   SETB    EA
        SETB    EX0
        SETB    IT0
START:  MOV R1,#DATA                ;设置数据存储器的首地址
        MOV DPTR,#DATA1             ;设置 ADC0809 第一个模拟信号通道 IN0 地址
        MOV   R7,#03H               ;设置待转换的通道个数
MOVX    @DPTR,A                     ;启动 A/D 转换
        AJMP    $
ADC0809:
        MOVX    A,@DPTR             ;CPU 读取 A/D 转换结果
        MOV     @R1,A               ;存取结果
```

```
            INC     DPDR                ;指向下一个模拟信号通道
            INC     R1                  ;修改数据存储器区的地址
            DJNZ    R7,LOOP             ;3 路 A/D 未转换完转 loop
    CLR     EA
    CLR     EX0
    LOOP:   MOVX    @DPTR,A             ;启动 A/D 的下一个转换
    RETI                                ;子程序返回
```

下面的程序是将经 PID 运算后电流调节器输出数据 $u(k)$ 通过 DAC0832 进行转换并输出。

```
            ORG     0200H
    START:  MOV     DPTR,#7FFFH         ;设置 DAC0832 的输出地址指针
            MOV     R7,#01H             ;设置需输出数据的路数
    MOV     A,#u(k)                     ;将待转换数据存入累加器 A 中
            MOVX    @DPTR,A             ;启动转换
            RET
```

附　录

附录 A　10 种软件滤波方法的示例程序

假定从 8 位 AD 转换器中读取数据(如果是更高位的 AD 可定义数据类型为 int)，子程序为 get_ad()。

1. 限幅滤波

```
/* A 值可根据实际情况调整 value 为有效值，new_value 为当前采样值，滤波程序返回有效的实际值 */

#define A 10
char value;
char filter()
{
   char new_value;
   new_value = get_ad();
   if ( ( new_value - value > A) )
   || ( value - new_value >
   A ))return value;
return new_value;
}
```

2. 中位值滤波法

```
/* N 值可根据实际情况调整，排序采用冒泡法*/
#define N 11
char filter()
{
   char value_buf[N];
   char count, i, j, temp;
   for
( count=0;count<N;count++)
   {
   value_buf[count] = get_ad();
   delay();
   }
      for (j=0;j<N-1;j++)
      {
      for (i=0;i<N-j;i++)
      {
      if ( value_buf[i]>value_
      buf[i+1] )
      {
         temp = value_buf[i];
         value_buf[i]                    =
value_buf[i+1];
         value_buf[i+1] = temp;
            }
         }
      }
      return value_buf[(N-1)/2];
      }
```

3. 算术平均滤波法

```
#define N 12
char filter()
{
   int sum = 0;
   for(count=0;count<N;count++)
   {
      sum + = get_ad();
      delay();
   }
   return (char)(sum/N);
}
```

4. 递推平均滤波法(滑动平均滤波法)

```
#define N 12
char value_buf[N];
char i=0;
char filter()
{
   char count;
   int sum=0;
   value_buf[i++] = get_ad();
   if ( i == N ) i = 0;
   for
( count=0;count<N;count++)
       sum = value_buf[count];
   return (char)(sum/N);
}
```

5. 中位值平均滤波法(防脉冲干扰平均滤波法)

```
#define N 12
char filter()
{
   char count, i, j;
   char value_buf[N];
   int sum=0;
   for (count=0; count<N; count++)
   {
       value_buf[count]=get_ad();
       delay();
   }
for  (j=0; j<N-1; j++)
       {
           for (i=0; i<N-j; i++)
           {
           if  ( value_buf[i]>
           value_buf[i+1]  )
           {
           temp = value_buf[i];
           value_buf[i] = value_
           buf[i+1];
           value_buf[i+1] = temp;
           }
           }
       }
for(count=1; count<N-1; count++)
   sum += value[count];
return  (char)(sum/(N-2));
}
```

6. 限幅平均滤波法

参考子程序1、3。

7. 一阶滞后滤波法

```
/* 为加快程序处理速度假定基数为 100,
a=0~100 */
#define a 50
char value;
char filter()
{
   char new_value;
   new_value = get_ad();
   return ((100-a)*value + a*new_
value);
   }
```

8. 加权递推平均滤波法

```
/* coe 数组为加权系数表，存在程序存
储区*/
#define N 12
char code coe[N] = {1, 2, 3, 4, 5,
6, 7, 8, 9, 10, 11, 12};
char code sum_coe = 1+2+3+4+5+6+
7+8+9+10+11+12;
char filter()
{
   char count;
   char value_buf[N];
   int sum=0;
   for (count=0;count<N;count++)
   {
     value_buf[count] = get_ad();
      delay();
   }
   for (count=0;count<N;count++)
   sum += value_buf[count]*coe
   [count];
return  (char)(sum/sum_coe);
}
```

9. 消抖滤波法

```
#define N 12
char filter()
{
   char count=0;
   char new_value;
   new_value=get_ad();
   while(value!=new_value);
   {
   count++;
   if(count>=N)return new_value;
   delay();
   new_value=get_ad();
   }
return value;
}
```

10. 限幅消抖滤波法

参考子程序1、9。

附录 B　PID 大事记与例程

1. PID 控制器大事记(年表)

1788 年：James Watt 为其蒸汽机配备飞球调速器，第一种具有比例控制能力的机械回馈装置。

1933 年：Tayor 公司(现已并入 ABB 公司)推出 56R Fulscope 型控制器，第一种具有全可调比例控制能力的气动式调节器。

1934—1935 年：Foxboro 公司推出 40 型气动式调节器，第一种比例积分式控制器。

1936 年，英国诺夫威治市帝国化学有限公司(Imperial Chemical Limited in Northwich, England)的考伦德(Albert Callender)和斯蒂文森(Allan Stevenson Brown)等人给出了一个温度控制系统的 PID 控制器的方法，并于 1939 年获得美国专利(美国专利号 2175985，名称 Automatic Control of Variable Physical Characteristics)。从美国专利局的网站上，可以找到当年获得专利的 PID 计算公式：$K_1\int\theta \mathrm{d}t+K_2\theta+K_3\dfrac{\mathrm{d}\theta}{\mathrm{d}t}$，式中 θ 代表温度，这个公式与我们现在使用的 PID 公式已经没有很大的区别。该专利的美国存档时间是 1936 年 2 月 17 日，英国存档时间为 1935 年 2 月 13 日；1939 年 10 月 10 日批准美国专利申请。

1940 年：Tayor 公司推出 Fulscope 100，第一种拥有装在一个单元中的全 PID 控制能力的气动式控制器。

1942 年：Tayor 公司的工程师 John G. Ziegler 和 Nathaniel B. Nichols 公布著名的 Ziegler-Nichols 整定准则。

Ziegler 和 Nichols 整定法则可以依据过程临界周期 P_u 和临界增益 K_p 来计算最合适的整定参数值，见附表 B-1。置 K_d=K_i=0，然后增加比例系数一直到系统开始振荡。

附表 B-1　Ziegler–Nichols 整定法则

Control Type	K_p	K_i	K_d
P	$K_u/2$	-	-
PI	$K_u/2.2$	$1.2K_p/P_u$	-
PID	$0.60K_u$	$2K_p/P_u$	$K_pP_u/8$

第二次世界大战期间，气动式 PID 控制器用于稳定火控伺服系统，以及用于合成橡胶、高辛烷航空燃料及第一颗原子弹所使用的 U-235 等材料的生产控制。

1948 年，诺伯特·维纳发表《控制论》(*Cybernetics*)(副标题为关于在动物和机器中控制和通信的科学)，宣告了这门新兴学科的诞生。控制论是一门以数学为纽带，把研究自动调节、通信工程、计算机和计算技术以及生物科学中的神经生理学和病理学等学科共同关心的共性问题联系起来而形成的边缘学科。

诺伯特·维纳(Norbert Wiener)(1894 年 11 月 26 日－1964 年 3 月 18 日)，美国应用数学家，在电子工程方面贡献良多。他是随机过程和噪声过程的先驱，又提出了“控制论”一词。在第二次世界大战期间，维纳提出的反馈控制原理，至今仍然是控制理论中的一条重要规律。1834 年，著名的法国物理学家安培写了一篇论述科学哲理的文章，他进行科学分类时，把管理国家的科学称为“控制论”，他把希腊文译成法语“Cybernetigue”。在这个意义下，“控制论”一词被编入19世纪许多著词典中。维纳发明“控制论”这个词正是受了安培等人的启发。

1932年，美国通信工程师奈奎斯特(Harry Nyquist，1889—1976年)发现了负反馈放大器的稳定性条件，即著名的奈奎斯特稳定判据。1945年，维纳把反馈概念推广到一切控制系统，把反馈理解为从受控对象的输出中提取一部分信息作为下一步输入，从而对再输出发生影响的过程。

对生理学来说，控制论的贡献是巨大的。最突出的是把工程概念中的反馈概念(feedback idea)引入到生物系统中来，大大丰富和发展了生理学。

1951年：Swartwout公司(现已并入Prime Measurement Products公司)推出其Autronic产品系列，第一种基于真空管技术的电子控制器。

1954年钱学森(Tsien, H. S.)出版英文著作《工程控制论》(*Engineering Cybernetics*)，钱学森在《工程控制论》中首创把控制论推广到工程技术领域，是控制论的一部经典著作。

1959年：Bailey Meter公司(现已并入ABB公司)推出首个全固态电子控制器。

1964年：Tayor公司展示第一个单回路数字式控制器，但未进行大批量销售。

1969年：Honeywell公司推出Vutronik过程控制器产品系列，这种产品具有从负过程变量而不是直接从误差上来计算的微分作用。

1975年：Process Systems公司(现已并入MICON Systems公司)推出P-200型控制器，第一种基于微处理器的PID控制器。

1976年：Rochester Instrument systems公司(现已并入AMETEK Power Instruments)推出Media控制器，第一种封装型数字式PI及PID控制器产品。

1980年至今年：各种其他控制器技术开始从大学及研究机构走向工业界，用于在更为困难的控制回路中使用。这其中包括人工智能、自适应控制以及模型预测控制等。

2. PID处理例程

这是一个比较典型的PID处理程序，在使用单片机作为控制器时，由于单片机的处理速度和RAM资源的限制，一般不采用浮点数运算，而将所有参数全部用整数，运算到最后再除以一个2^N数据(相当于移位)，作类似定点数运算。该程序只是一般常用PID算法的基本架构，没有包含输入输出处理部分。

```
#include<string.h>
#include<stdio.h>
/*PIDFunction*/
typedefstructPID                                //结构定义
{
    doubleSetPoint;                             //设定目标 Desiredvalue
    doubleProportion;                           //比例常数 ProportionalConst
    doubleIntegral;                             //积分常数 IntegralConst
    doubleDerivative;                           //微分常数 DerivativeConst
    doubleLastError;                            //Error[-1]
    doublePrevError;                            //Error[-2]
    doubleSumError;                             //SumsofErrors
}
```

```
/*PID 计算部分*/
doublePIDCalc(PID*pp, doubleNextPoint)
{
   doubledError, Error;
   Error=pp->SetPoint-NextPoint;              //偏差
   pp->SumError+=Error;                       //积分
   dError=pp->LastError-pp->PrevError;        //当前微分
   pp->PrevError=pp->LastError;
   pp->LastError=Error;
   return(pp->Proportion*Error                //比例项
   +pp->Integral*pp->SumError                 //积分项
   +pp->Derivative*dError                     //微分项
}

/*InitializePIDStructure*/
voidPIDInit(PID*pp)
{
   memset(pp, 0, sizeof(PID));
}

/*MainProgram*/
doublesensor(void)                            //DummySensorFunction
{
   return 100.0;
}

voidactuator(doublerDelta)                    //DummyActuatorFunction
{}

voidmain(void)
{
   PIDsPID;                                   //PIDControlStructure
   doublerOut;                                //PIDResponse(Output)
   doublerIn;                                 //PIDFeedback(Input)
   PIDInit(&sPID);                            //InitializeStructure
   sPID.Proportion=0.5;                       //SetPIDCoefficients
   sPID.Integral=0.5;
   sPID.Derivative=0.0;
   sPID.SetPoint=100.0;                       //SetPIDSetpoint
for(; ; )
   {
                                              //MockUpofPIDProcessing
     rIn=sensor();                            //ReadInput
     rOut=PIDCalc(&sPID, rIn);                //PerformPIDInteration
     actuator(rOut);                          //EffectNeededChanges
   }
}
```

附录C 拉普拉斯变换的基本定理

序号	定理		公式
1	线性定理	齐次性	$L[af(t)]=aF(s)$
		叠加性	$L[f_1(t)\pm f_2(t)]=F_1(s)\pm F_2(s)$
2	微分定理	一般形式	$L[\frac{\mathrm{d}f(t)}{\mathrm{d}t}]=sF(s)-f(0)$ $L[\frac{\mathrm{d}^2 f(t)}{\mathrm{d}t^2}]=s^2F(s)-sf(0)-f'(0)$ $\vdots$ $L[\frac{\mathrm{d}^n f(t)}{\mathrm{d}t^n}]=s^nF(s)-\sum_{k=1}^{n}s^{n-k}f^{(k-1)}(0)$ $f^{(k-1)}(t)=\frac{\mathrm{d}^{k-1}f(t)}{\mathrm{d}t^{k-1}}$
		初始条件为0时	$L[\frac{\mathrm{d}^n f(t)}{\mathrm{d}t^n}]=s^nF(s)$
3	积分定理	一般形式	$L[\int f(t)\mathrm{d}t]=\frac{F(s)}{s}+\frac{[\int f(t)\mathrm{d}t]_{t=0}}{s}$ $L[\iint f(t)(\mathrm{d}t)^2]=\frac{F(s)}{s^2}+\frac{[\int f(t)\mathrm{d}t]_{t=0}}{s^2}+\frac{[\iint f(t)(\mathrm{d}t)^2]_{t=0}}{s}$ $\vdots$ $L[\overbrace{\int\cdots\int}^{共n个} f(t)(\mathrm{d}t)^n]=\frac{F(s)}{s^n}+\sum_{k=1}^{n}\frac{1}{s^{n-k+1}}[\overbrace{\int\cdots\int}^{共n个} f(t)(\mathrm{d}t)^n]_{t=0}$
		初始条件为0时	$L[\overbrace{\int\cdots\int}^{共n个} f(t)(\mathrm{d}t)^n]=\frac{F(s)}{s^n}$
4	延迟定理(t域平移定理)		$L[f(t-T)1(t-T)]=\mathrm{e}^{-Ts}F(s)$
5	衰减定理(s域平移定理)		$L[f(t)\mathrm{e}^{-at}]=F(s+a)$
6	终值定理		$\lim_{t\to\infty}f(t)=\lim_{s\to 0}sF(s)$
7	初值定理		$\lim_{t\to 0}f(t)=\lim_{s\to\infty}sF(s)$
8	卷积定理		$L[\int_0^t f_1(t-\tau)f_2(\tau)\mathrm{d}\tau]=L[\int_0^t f_1(t)f_2(t-\tau)\mathrm{d}\tau]=F_1(s)F_2(s)$

附录D Z变换的基本定理

1	线性定理	$Z[ae_1(t)\pm be_2(t)]=aE_1(z)\pm bE_2(z)$
2	复数位移定理	$Z[a^{\mp bt}e(t)]=E(za^{\pm bT})$
3	实数位移定理：滞后定理	$Z[e(t-kT)]=z^{-k}E(z)$
4	实数位移定理：超前定理	$Z[e(t+kT)]=z^{k}[E(z)-\sum_{n=0}^{k-1}e(nT)z^{-n}]$
5	终值定理	$\lim_{n\to\infty}e(nT)=\lim_{z\to 1}(z-1)E(z)$
6	卷积定理	$x(nT)*y(nT)=\sum_{k=0}^{\infty}x(kT)y[(n-k)T]$

附录E 常用函数的拉普拉斯变换和Z变换表

序号	拉普拉斯变换 $E(s)$	时间函数 $e(t)$	Z变换 $E(z)$
1	1	$\delta(t)$	1
2	$\frac{1}{1-e^{-Ts}}$	$\delta_T(t)=\sum_{n=0}^{\infty}\delta(t-nT)$	$\frac{z}{z-1}$
3	$\frac{1}{s}$	$1(t)$	$\frac{z}{z-1}$
4	$\frac{1}{s^2}$	t	$\frac{Tz}{(z-1)^2}$
5	$\frac{1}{s^3}$	$\frac{t^2}{2}$	$\frac{T^2z(z+1)}{2(z-1)^3}$
6	$\frac{1}{s^{n+1}}$	$\frac{t^n}{n!}$	$\lim_{a\to 0}\frac{(-1)^n}{n!}\frac{\partial^n}{\partial a^n}(\frac{z}{z-e^{-aT}})$
7	$\frac{1}{s+a}$	e^{-at}	$\frac{z}{z-e^{-aT}}$
8	$\frac{1}{(s+a)^2}$	te^{-at}	$\frac{Tze^{-aT}}{(z-e^{-aT})^2}$
9	$\frac{a}{s(s+a)}$	$1-e^{-at}$	$\frac{(1-e^{-aT})z}{(z-1)(z-e^{-aT})}$
10	$\frac{b-a}{(s+a)(s+b)}$	$e^{-at}-e^{-bt}$	$\frac{z}{z-e^{-aT}}-\frac{z}{z-e^{-bT}}$
11	$\frac{\omega}{s^2+\omega^2}$	$\sin\omega t$	$\frac{z\sin\omega T}{z^2-2z\cos\omega T+1}$
12	$\frac{s}{s^2+\omega^2}$	$\cos\omega t$	$\frac{z(z-\cos\omega T)}{z^2-2z\cos\omega T+1}$
13	$\frac{\omega}{(s+a)^2+\omega^2}$	$e^{-at}\sin\omega t$	$\frac{ze^{-aT}\sin\omega T}{z^2-2ze^{-aT}\cos\omega T+e^{-2aT}}$
14	$\frac{s+a}{(s+a)^2+\omega^2}$	$e^{-at}\cos\omega t$	$\frac{z^2-ze^{-aT}\cos\omega T}{z^2-2ze^{-aT}\cos\omega T+e^{-2aT}}$
15	$\frac{1}{s-(1/T)\ln a}$	$a^{t/T}$	$\frac{z}{z-a}$

附录 F 集成仿真环境与 MATLAB/Simulink

不同的领域有不同的仿真软件，目前的仿真软件不下几百种，它们大小不同，各有特色。如三维地质建模软件系统 GoCAD，基于显式有限元算法的计算机三维碰撞冲击仿真模拟系统 PAM-CRASH™，PAM-CRASH™能够对大位移、大旋转、大应变、接触碰撞等问题进行十分精确的模拟。ABAQUS 是一套功能强大的工程模拟的有限元软件，可以模拟典型工程材料的性能，包括金属、橡胶、高分子材料、复合材料、钢筋混凝土、可压缩超弹性泡沫材料以及土壤和岩石等地质材料，除了能解决大量结构(应力/位移)问题，还可以模拟其他工程领域的许多问题，例如热传导、质量扩散、热电耦合分析、声学分析、岩土力学分析(流体渗透/应力耦合分析)及压电介质分析。

目前较为流行的仿真软件还有 ANSYS 和 SimulationX。ANSYS 软件是融结构、流体、电场、磁场、声场分析于一体的大型通用有限元分析软件，是现代产品设计中的高级 CAD 工具之一。ANSYS 软件提供了 100 种以上的单元类型，用来模拟工程中的各种结构和材料。SimulationX 是德国 ITI 公司开发的一款分析评价技术系统内各部件相互作用的软件，具有强大标准元件库，这些元件库包括：1D 力学、3D 多体系统、动力传动系统、液力学、气动力学、热力学、电子学、电驱动、磁学和控制。专业集成分析领域包括车辆工程、动力传动系、手动变速器(MT)、自动变速器(AT)、机械式自动变速器(AMT)、整体传动效率分析、换挡舒适性、液压驱动器的设计和优化、控制系统的测试、车辆热管理系统等。

本书中使用的仿真软件是 MATLAB，MATLAB 软件由 MathWorks 公司推出。目前，MATLAB 软件的最新版本是 R2010b，已经发展为多学科、跨平台的功能强大的软件包，在全球 100 多个国家和地区拥有数以百万计的正式用户。Simulink 是 MATLAB 下的一个软件包，人们可以用 Simulink 轻松地搭建一个系统模型，并设置模型参数和仿真参数，可以建立更趋于真实的非线性模型，如考虑摩擦中的各个因素、空气阻力、齿轮的传动损耗以及其他描述真实世界中各种现象的干扰因素。安装了 Simulink 的计算机就如真正的建模和系统分析实验室一样，在这个实验室中，可以分析电力电子线路特性，无线通信传输，汽车离合器系统的动作过程、飞机机翼的抖动方式、经济学中的货币规律以及其他可以用数学方式描述的动态系统，所以说 MATLAB 博大精深一点也不为过。

1. Simulink 简介

Simulink 是一个结合了框图界面和交互仿真能力的系统级设计和仿真工具。它以 MATLAB 的核心数学、图形和语言为基础，可以让用户毫不费力地完成从算法开发、仿真或者模型验证的全过程，而不需要传递数据、重写代码或改变软件环境。

Simulink 是基于 MATLAB 的图形化仿真环境。它使用图形化的系统模块对动态系统进行描述，并在此基础上进行动态系统的求解。

在 Simulink 提供的图形用户界面 GUI 上，只要进行鼠标的简单拖拉操作就可构造出复杂的仿真模型。它以框图形式呈现外表，且采用分层结构。从建模角度讲，这既适于自上而下(top-down)的设计流程(概念、功能、系统、子系统、直至器件)，又适于自下而上(bottom-up)逆程设计。从分析研究角度讲，这种 Simulink 模型不仅能让用户知道具体环节的动态细节，而且能让用户清晰地了解各器件、各子系统、各系统间的信息交换，掌握各部分之间的交互影响。

在 Simulink 环境中，用户将摆脱理论演绎时需做理想化假设的无奈，观察到现实世界中摩擦、阻力、齿隙、饱和、死区等非线性因素和各种随机因素对系统行为的影响。

Simulink 环境使用户摆脱了深奥数学推演的压力和烦琐编程的困扰，在仿真过程中，用户可以在仿真进程中改变感兴趣的参数，实时地观察系统行为的变化。

可直接在 Simulink 环境中运作的工具包很多，已覆盖通信、控制、信号处理、DSP、电力系统等诸多领域，所涉内容专业性极强。

1) Simulink 的窗体介绍

由于 Simulink 是基于 MATLAB 环境之上的高性能的系统及仿真平台。因此，启动 Simulink 之前必须首先运行 MATLAB，然后才能启动 Simulink 并建立系统的仿真模型。

MATLAB 成功启动后，在 Command Window 窗口的工作区中，输入 simulink 后，按 Enter 键即可启动 Simulink，或单击 MATLAB 窗体上的 Simulink 的快捷按钮也可启动 Simulink，操作如附图 F1 所示。启动后的 Simulink 窗体以及功能介绍如附图 F2 和附图 F3 所示。

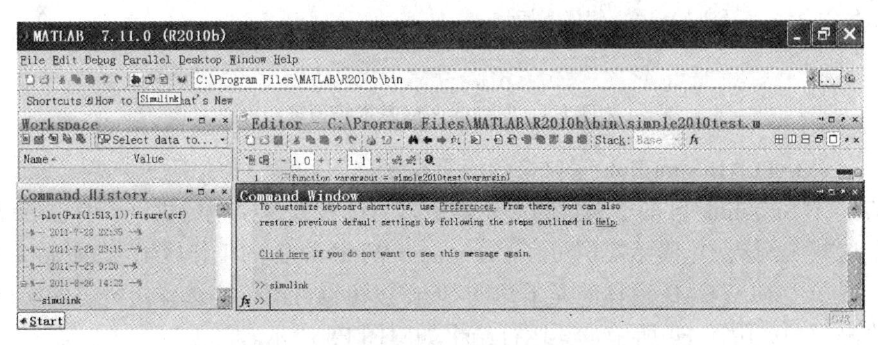

附图 F1　两种启动 Simulink 方法的图示说明

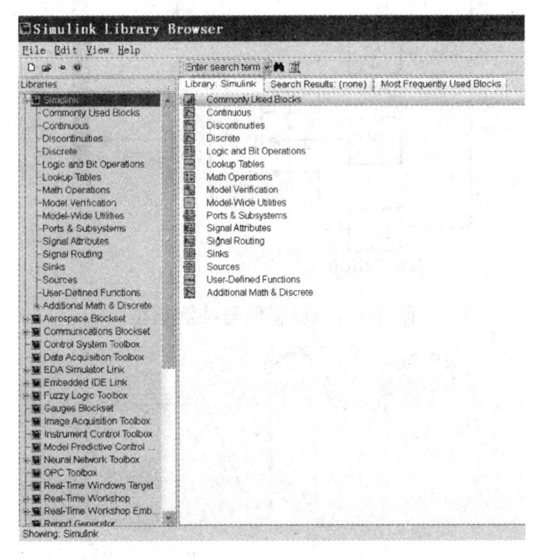

附图 F2　Simulink 库浏览器窗口

从附图 F2 左侧的列表中可以看到，Simulink 包含了从空间模型到无线通信、嵌入式系统、模糊控制、图像处理、神经网络、电力电子、视频处理等多个模型库。

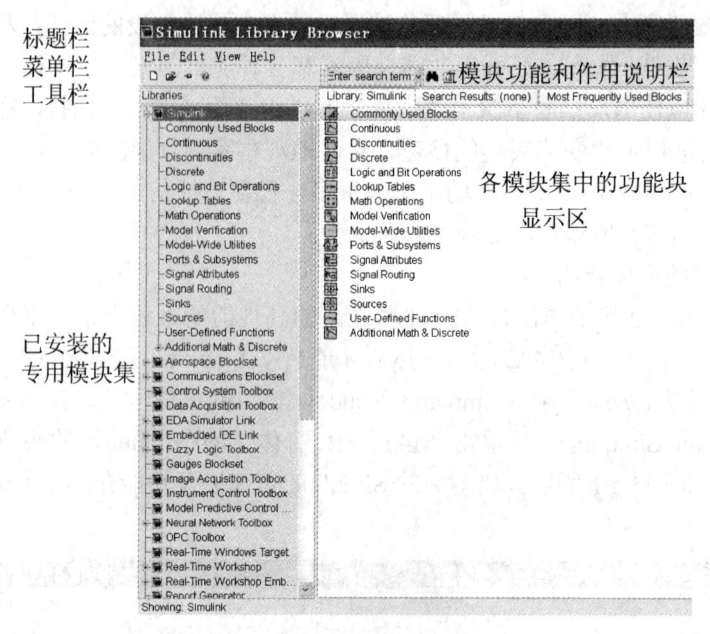

附图 F3 Simulink 库基本模型窗口

2) 一个 MATLAB/Simulink 库自带的演示实例

MATLAB/Simulink 自带了大量的演示实例，为读者创建模型提供许多有益的帮助，读者可借鉴这些实例。浏览演示实例可在 Command Window 窗的工作区输入 demo 后按 Enter 键即可，或单击 MATLAB 窗体的左下角的 Start 按钮也可浏览，选择出所需的模型。某过零信号检测模型如附图 F4 所示，其运行结果如附图 F5 所示。

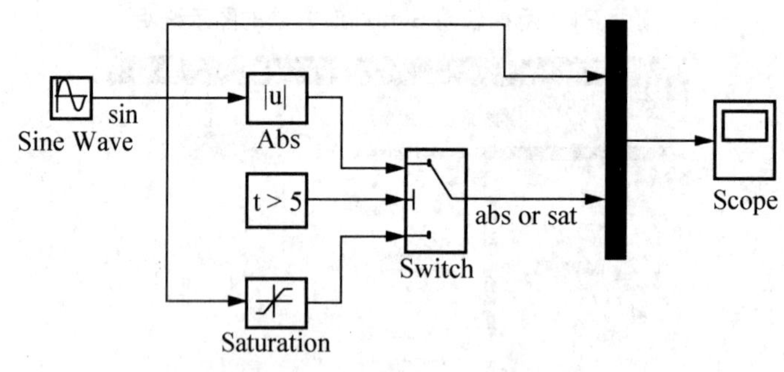

附图 F4 过零信号检测模型

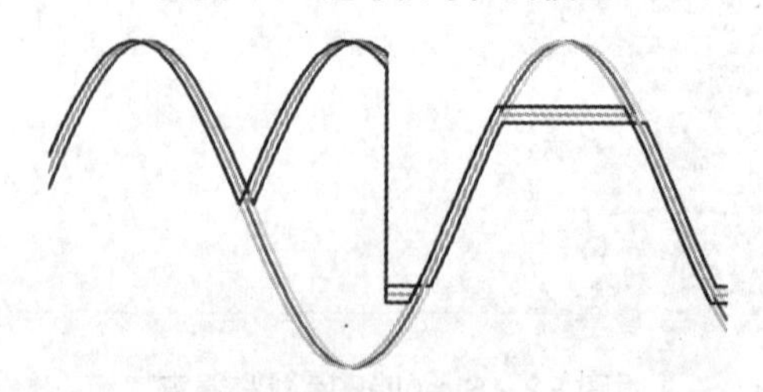

附图 F5 过零信号检测模型运行结果曲线

3) 创建一个 MATLAB 实例

对 Simulink 库有了初步了解后，创建一个简单电路的仿真模型并运行。

单击 Simulink 窗体工具栏中的新建图标，出现一个 Untitled 模型编辑窗口，即新的文件，将该文件命名为 Example001.mdl(表示该模型为 Simulink 文件类型)，在保存时更改。模型编辑窗中工具栏图标的作用如附图 F6 所示。

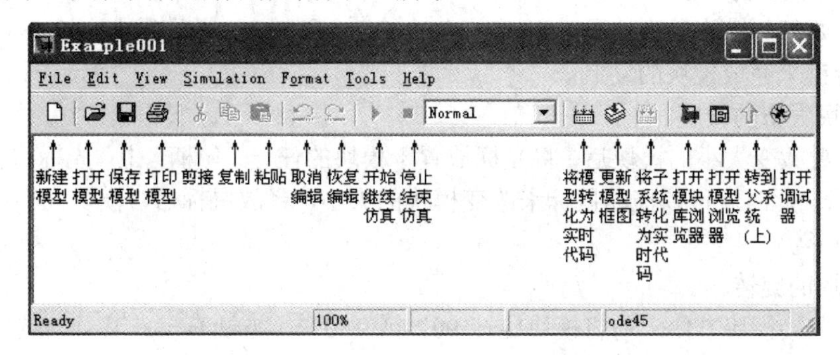

附图 F6　模型编辑窗中工具栏图标的作用示意图

2. Simulink 的基本操作

1) 选择模块集(库)

由于 MATLAB/Simulink 涉及的领域很广，因此，它具有很多应用于不同领域的模块集。在电路、电工、电子等基础学科中常用到的有四五个模块集，即基本模块集 Simulink、数字信号处理模块集 DSP、电力系统仿真模块集 Simpower Systems、Simulink 附加模块集 Simulink Extras 等。所以，只要打开两个主要的模块集 Simulink、Simpower Systems 就完全可以满足电路、电工、电子的仿真，如附图 F7 所示。

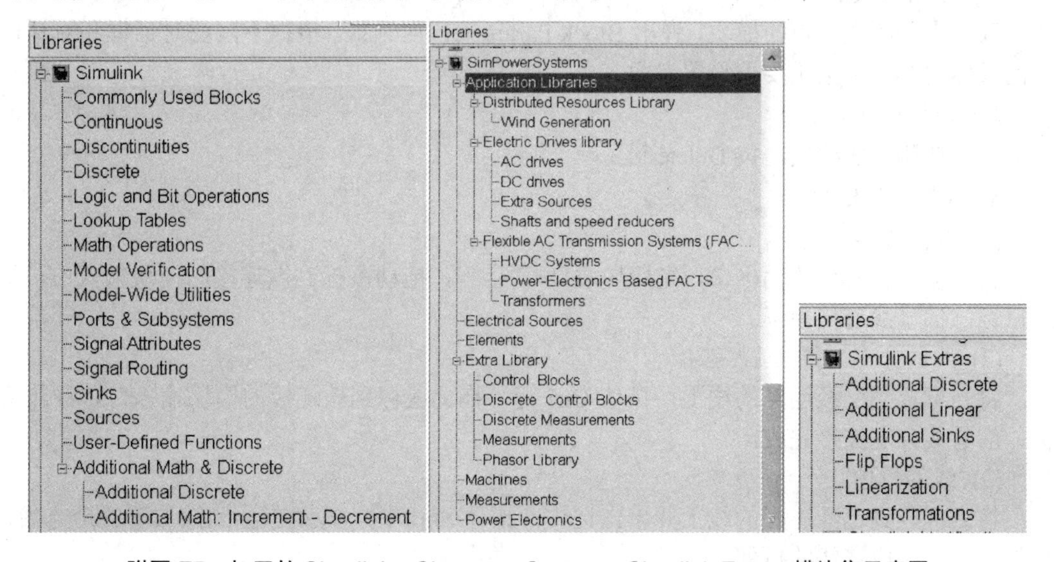

附图 F7　打开的 Simulink、Simpower System、Simulink Extras 模块集示意图

2) 选择模块

根据所要建立的电路仿真模型，相应打开所需模块所在的模块集，找到相应的模块，拖动到所建的文件窗体中(如 Example001.mdl)，然后按照连接模块、设置并修改模块参数、

运行、调试直至所建模型符合要求为止。在文件窗体中经常采用以下操作。

(1) 模块的选定。

单击该模块，该模块的4个角上出现4个小方块，通常将它们称之为该模块的“句柄”，表明此时该模块处于被选定的状态。

(2) 模块的复制。

右击所要复制模块后，使用 Edit 菜单上的 Copy 和 Paste 菜单项或按 Ctrl+C 组合键和 Ctrl+V 组合键来完成模块的复制。

(3) 模块大小的改变。

右击所要改变大小的模块后，将光标放置于模块的任一“句柄”上，光标将会变成“↘”或“↗”形状，此时就可以拖动鼠标来改变模块的大小，释放鼠标后，模块大小将被改变为所需大小的形状。

(4) 模块的旋转。

有时为连接模块方便，需将模块旋转90°或180°，方法有二：其一，选中所要旋转的模块，执行主菜单中 Format→Rotate block 命令即可将所选中的模块顺时针旋转90°，若执行主菜单中 Format→Flip block 命令即可将所选中的模块顺时针旋转180°；其二，选中所要旋转的模块并右击，同样执行 Format 命令，也可完成模块的旋转。

(5) 模块颜色的改变。

方法和步骤同(4)。

(6) 模块名的操作。

模块名的显示、隐藏、位置的调整方法和步骤同(4)。模块名的编辑，需双击该模块名，弹出编辑框，此时可在其中对模块名进行编辑。

(7) 模块参数的设置。

双击需要改变参数的模块，弹出 Block Parameters 对话框，根据不同的对话框和对话框中的具体内容，可按照要求设置参数。

(8) 模块的删除。

选中要删除的模块，按 Delete 键。

3) 连接模块的操作

(1) 线的连接。

将光标放到模块的输出口，光标变成“+”字形，拖动鼠标到欲连接的模块输入口，释放鼠标，信号线连接完毕。

(2) 线的分支。

将光标放到已经连好的线上，按住 Ctrl 键，拖动鼠标到欲连接的模块输入口，释放鼠标，信号线分支连接完成。

(3) 线的折曲。

将光标放到已经连好的线上并单击选中，按住 Shift 键，拖动鼠标到欲放置的地方后，释放鼠标，完成连线的折曲。

(4) 线的删除。

选中要删除的连线，按 Delete 键。

(5) 线的标注。

双击要标注的连线，将会出现一个编辑对话框，此时，可对连线的标注进行编辑。

4) 模型的注释

一个可读性良好的程序，应该写有易读的注释行；同样，创建 Simulink 仿真模型，也应该养成对模型添加注释的良好习惯。对模型添加注释的方法是：在模型编辑窗的任意位置，双击将弹出一个编辑窗口，可以在其中写入注释的内容。

3. Simulink 的基本模块简介

Simulink 公共模块库是 Simulink 中最为基础、最为常用的通用模块库，它可以被应用到不同的专业领域中。为使用方便，将对主要的模块库做简单介绍。其中，连续系统模块库的内容和完成的功能如附图 F8 所示。

Library: Simulink/Continuous	
Derivative	对连续的输入信号进行数值微分计算
Integrator	对连续的输入信号进行数值积分计算
Integrator Limited	有限积分
Integrator, Second-Order	二阶积分
Integrator, Second-Order Limited	二阶有限积分
PID Controller	PID控制器
PID Controller (2DOF)	二自由度PID控制器
State-Space	状态空间
Transfer Fcn	线形连续系统的状态空间描述
Transport Delay	线形连续系统的传递函数描述
Variable Time Delay	对输入信号进行固定时间的延迟
Variable Transport Delay	对输入信号进行可变时间的延迟
Zero-Pole	对输入信号进行不固定的时间延迟
	线性连续系统的零极点模型

附图 F8 连续系统模块库及其功能说明(部分)

断续函数(非线性系统)模块库的内容及其功能说明如附图 F9 所示。

Library: Simulink/Discontinuities	
Backlash	死区(回差)间隙
Coulomb & Viscous Friction	库仑粘滞信号
Dead Zone	死区(迟滞)信号
Dead Zone Dynamic	动态死区(迟滞)信号
Hit Crossing	将信号与特定的偏移值比较
Quantizer	量化器
Rate Limiter	信号上升、下降速率控制器
Rate Limiter Dynamic	动态信号上升、下降速率控制器
Relay	信号延迟器
Saturation	饱和信号
Saturation Dynamic	动态饱和信号
Wrap To Zero	环零非线性

附图 F9 断续函数(非线性系统)模块库及其功能说明

离散系统模块库及其功能说明如附图 F10 所示。

数学运算模块库所含内容及其功能说明如附图 F11 所示。

表模块库及其功能说明如附图 F12 所示。

Library: Simulink/Discrete	
Difference	微分
Discrete Derivative	线性离散系统的导数
Discrete FIR Filter	线性离散系统的FIR滤波器
Discrete Filter	线性离散系统的滤波器
Discrete PID Controller	线性离散系统的状态空间
Discrete PID Controller (2DOF)	线性离散系统的PID控制器
Discrete State-Space	线性离散系统的2自由度PID控制器
Discrete Transfer Fcn	线性离散系统的状态空间
Discrete Zero-Pole	线性离散系统的传递函数
Discrete-Time Integrator	线性离散系统的零极点模型
First-Order Hold	离散时间的积分器
Integer Delay	离散信号的一阶保持器
Memory	整数单位延迟
Tapped Delay	输出本模块上一步的输出值
Transfer Fcn First Order	延迟
Transfer Fcn Lead or Lag	离散一阶传递函数
	传递函数

附图 F10　离散系统模块库及其功能说明

Library: Simulink/Math Operations	
Abs	对输入信号求绝对值
Add	求和运算
Algebraic Constraint	解联立方程
Assignment	对信号进行分配
Bias	偏差累加
Complex to Magnitude-Angle	以幅值和相位的形式表示复数
Complex to Real-Imag	以实部和虚部的形式表示复数
Divide	除法运算
Dot Product	点乘运算
Find Nonzero Elements	求非零元素
Gain	信号增益
Magnitude-Angle to Complex	幅值和相位转化为复数形式
Math Function	数学函数
Matrix Concatenate	矩阵链接
MinMax	最小最大值
MinMax Running Resettable	输出信号的最大或最小值

附图 F11　数学运算模块库及其功能说明

Library: Simulink/Lookup Tables	
Cosine	余弦表
Direct Lookup Table (n-D)	表数据选择器
Interpolation Using Prelookup	对输入信号进行内插运算
Lookup Table	输入信号的一维线性内插
Lookup Table (2-D)	输入信号的二维线性内插
Lookup Table (n-D)	输入信号的n维线性内插
Lookup Table Dynamic	对输入信号的动态一维线性内插
Prelookup	查找输入信号所在范围
Sine	正弦表

附图 F12　表模块库及其功能说明

Sinks 模块库所含内容及其功能说明如附图 F13 所示。

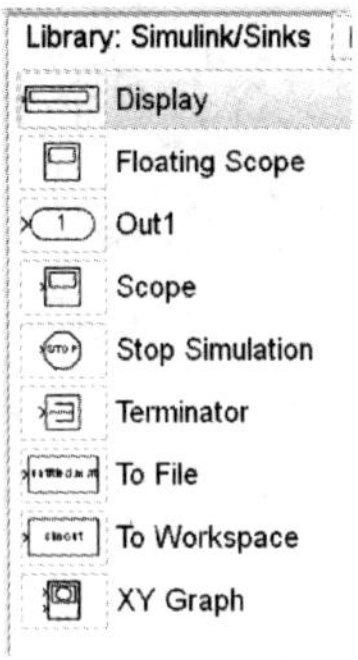

Library: Simulink/Sinks	
Display	以数值形式显示输出信号(类似数字表)
Floating Scope	悬浮示波器
Out1	为子系统或模型提供的输出端口
Scope	信号示波器
Stop Simulation	输入信号非零时停止仿真
Terminator	输出信号中止
To File	将仿真数据保存为*.mat文件
To Workspace	将仿真数据保存到workspace工作空间
XY Graph	绘制XY两个信号的波形

附图 F13　Sinks 模块库及其功能说明

User-Defined Functions 模块库所含内容及其功能说明如附图 F14 所示。

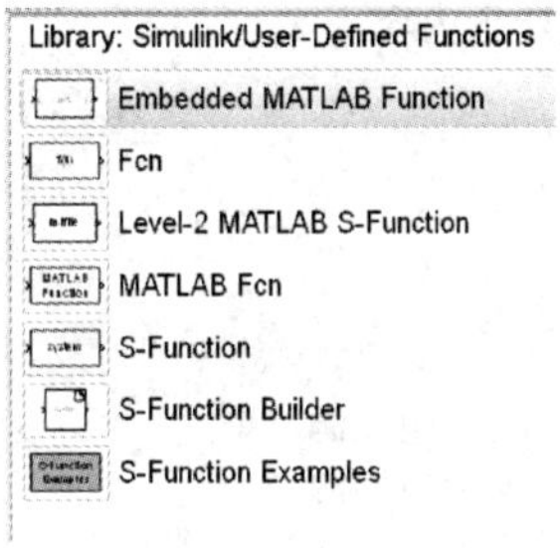

Library: Simulink/User-Defined Functions	
Embedded MATLAB Function	嵌入式MATLAB函数
Fcn	Fcn对输入信号求相应的数学函数值
Level-2 MATLAB S-Function	2级S-函数
MATLAB Fcn	输出MATLAB Fun M函数运算结果
S-Function	S-函数模块
S-Function Builder	S-函数生成器
S-Function Examples	S-函数实例

附图 F14　User-Defined Functions 模块库及其功能说明

Sources 模块库所含内容及其功能说明如附图 F15 所示。

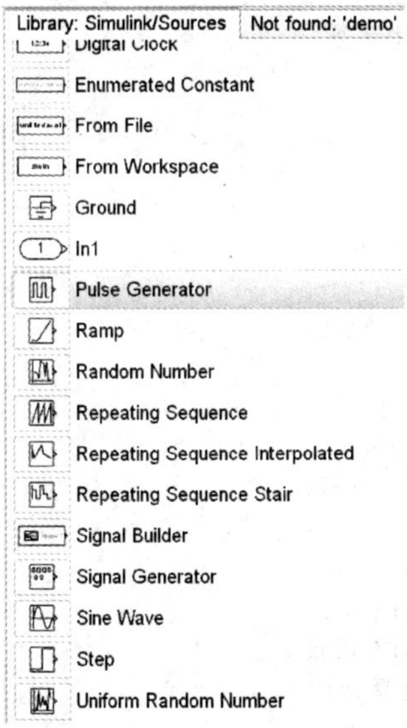

Library: Simulink/Sources	
Digital Clock	数字时钟
Enumerated Constant	枚举约束
From File	数据来自文件
From Workspace	数据来自workspace
Ground	地
In1	输入信号为1
Pulse Generator	按指定参数产生一个脉冲信号
Ramp	按指定参数产生一个斜坡信号
Random Number	产生一个高斯分布的随机信号
Repeating Sequence	周期信号
Repeating Sequence Interpolated	周期内插信号
Repeating Sequence Stair	输入信号编辑器
Signal Builder	信号发生器
Signal Generator	通用信号发生器(正弦波，方波，锯齿波，随机信号)
Sine Wave	按指定参数产生一个正弦信号
Step	按指定参数产生一个阶跃信号
Uniform Random Number	输入服从高斯分布的随机信号

附图 F15　Sources 模块库及其功能说明

4. SimPowerSystems 模块简介

电力系统仿真的工具箱内部提供了大量的、经常使用的各种电力元件模型。下面对

SimPowerSystems 模块集中常用的基本模块进行简单介绍。

1) SimPowerSystems 模块集

SimPowerSystems 模块集对话框如附图 F16 所示。其中又含有 8 个子库，单击各子库后将会出现电力系统中各元件模块，供创建模型使用。

Library: SimPowerSystems	
Application Libraries	应用元件库
Electrical Sources	电源元件库
Elements	基本线路元件库
Extra Library	附加元件库
Machines	电机元件库
Measurements	测量元件库
Power Electronics	电力电子元件库
powergui	电力系统分析元件库

附图 F16　电力系统模块集所含内容

2) 电路、电工、电子仿真常用的模块简介

(1) 常用电源模块如附图 F17 所示。

(2) 常用元件模块(部分)如附图 F18 所示。

Library: SimPowerSystems/Electrical Sources	
AC Current Source	交流电流源
AC Voltage Source	交流电压源
Battery	电池
Controlled Current Source	受控电流源
Controlled Voltage Source	受控电压源
DC Voltage Source	直流电压源
Three-Phase Programmable Voltage Source	可编辑三相电压源
Three-Phase Source	三相电压源

附图 F17　电源模块子库

Library: SimPowerSystems/Elements	
Breaker	断路器(开关)
Connection Port	连接点
Distributed Parameters Line	分布参数导线
Ground	接地
Grounding Transformer	接地变压器
Linear Transformer	线性变压器
Multi-Winding Transformer	多线圈变压器
Mutual Inductance	互感
Neutral	公共节点
Parallel RLC Branch	并联RLC支路
Parallel RLC Load	并联RLC负载
Pi Section Line	Pi行连接线
Saturable Transformer	饱和变压器
Series RLC Branch	串联RLC支路
Series RLC Load	串RLC负载
Surge Arrester	电涌放电器

附图 F18　常用元件模块子库(部分)

(3) 控制模块子库(部分)如附图 F19 所示。

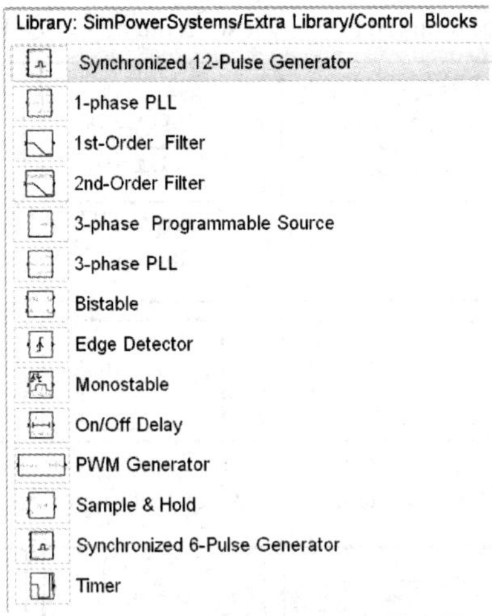

Library: SimPowerSystems/Extra Library/Control Blocks
Synchronized 12-Pulse Generator
1-phase PLL
1st-Order Filter
2nd-Order Filter
3-phase Programmable Source
3-phase PLL
Bistable
Edge Detector
Monostable
On/Off Delay
PWM Generator
Sample & Hold
Synchronized 6-Pulse Generator
Timer

12-脉冲同步发生器
1-相锁相环
一阶滤波器设计
二阶滤波器设计
3-相锁相环
3-相可编辑电源
双稳态电路
边沿检测
单稳态电路
开关延迟电路
PWM发生器
采样保持器
6-脉冲同步发生器
定时器

附图 F19　控制模块子库(部分)

(4) 测量模块子库如附图 F20 所示。

Library: SimPowerSystems/Extra Library/Measurements
3-Phase Sequence Analyzer
3-phase Instantaneous Active & Reactive Power
Active & Reactive Power
Fourier
Mean Value
Mean Value (linear)
RMS
Total Harmonic Distortion
abc_to_dq0 Transformation
dq0-based Active & Reactive Power
dq0_to_abc Transformation

三相瞬时有功无功功率的测量
三相序列分析
有功无功功率的测量
傅氏级数的测量
平均值测量
平均值测量(线性)
方均根测量
谐波畸变测量
abc-dq0标度变换
dq0标度下的有功无功功率
dq0-abc标度变换

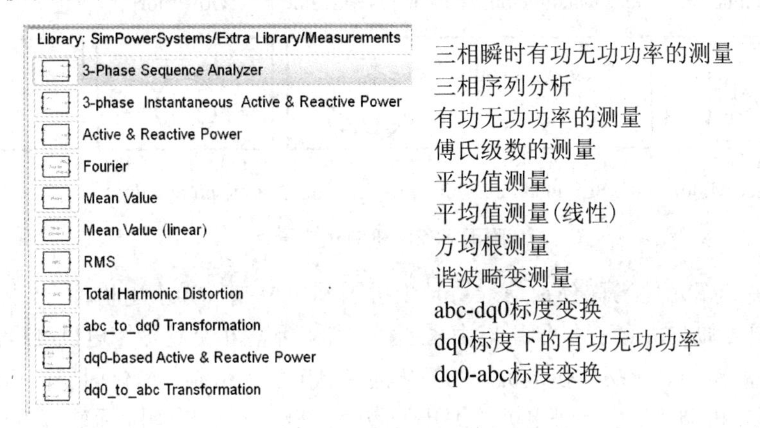

附图 F20　测量模块子库(部分)

(5) 电力电子元件模块子库如附图 F21 所示。

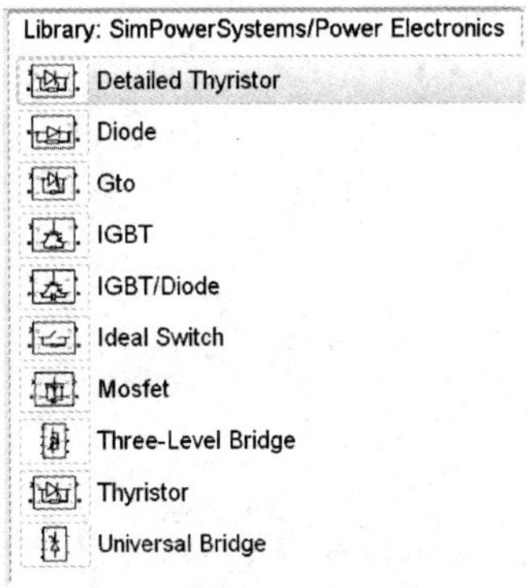

Library: SimPowerSystems/Power Electronics
Detailed Thyristor
Diode
Gto
IGBT
IGBT/Diode
Ideal Switch
Mosfet
Three-Level Bridge
Thyristor
Universal Bridge

参数详尽型晶闸管
二极管
可关断晶闸管
绝缘栅二极管
场效应二极管
理想开关
场效应管
三相钳位能量转换器
晶闸管
通用三相桥

附图 F21　电力电子元件模块子库(部分)

(6) 机械模块子库如附图 F22 所示。

Library:SimPowerSystems/Machines Not found:'demo' Most Frequently Used Blocks

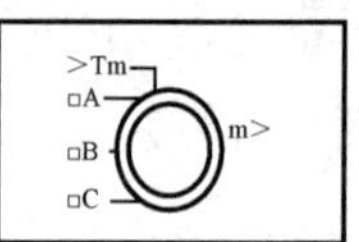
Asynchronous Machine SI Units

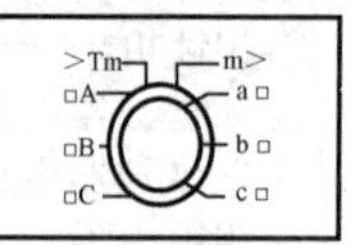
Asynchronous Machine pu Units

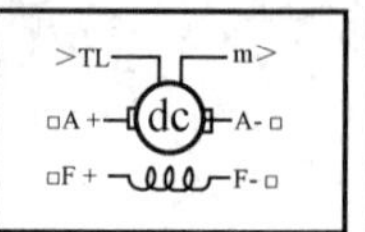
DC Machine

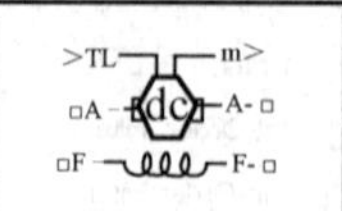
Discrete DC Machine

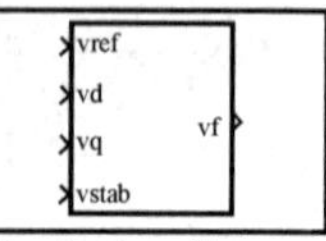
Excitation System

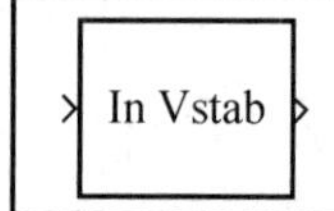
Generic Power System Stabilizer

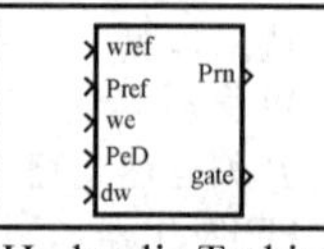
Hydraulic Turbine and Governor

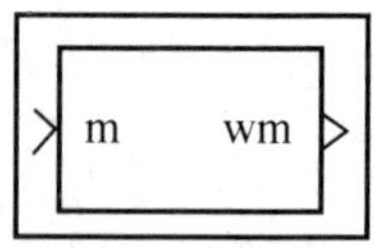
Machines Measurement Demux

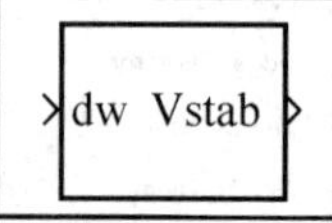
Multi-Band Power System Stabilizer

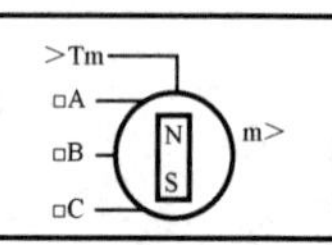
Permanent Magnet Synchronous Ma...

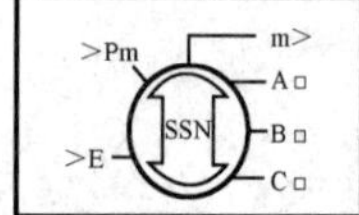
Simplified Synchronous Machine SI...

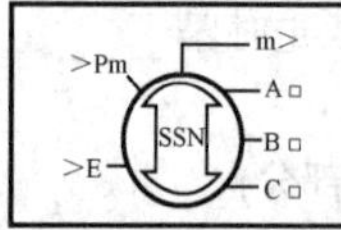
Simplified Synchronous Machine pu...

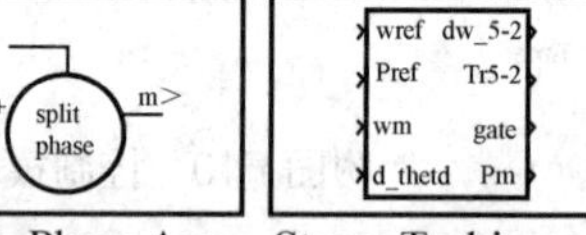
Single Phase Asynchronous Machine Steam Turbine and Governor

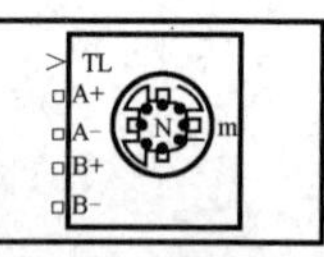
Stepper Motor

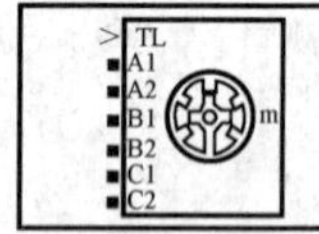
Switched Reluctance Motor

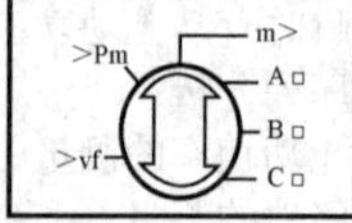
Synchronous Machine SI Fundame...

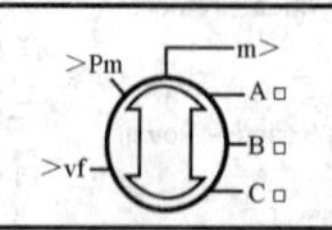
Synchronous Machine pu Fundame...

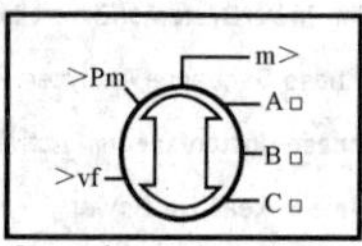
Synchronous Machine pu Standard

附图 F22 机械模块子库

机械模块子库元件名称分别是：①异步机国际单位制、异步电机标幺制、直流电机、离散直流电机、励磁系统；②通用电力系统稳定器、水轮机调速器、电机测量信号分离器、多段电力系统稳定器、永磁同步电机；③简化同步机国际单位制、简化同步机标幺制、单相异步机、蒸汽涡轮机调速器、步进电机；④开关磁阻电机、同步机国际标准基本单元、同步机标幺制基本单元、同步机标幺制标准单元。

参 考 文 献

[1] 于海生. 微型计算机控制技术[M]. 2 版. 北京: 清华大学出版社, 2009.
[2] 胡寿松. 自动控制原理[M]. 5 版. 北京: 科学出版社, 2007.
[3] [美]Morris Driels. 线性控制系统工程[M]. 北京: 清华大学出版社, 2000.
[4] 高金源, 夏洁. 计算机控制系统[M]. 北京: 清华大学出版社, 2007.
[5] 绍裕森. 过程控制工程[M]. 北京: 机械工业出版社, 2000.
[6] 刘金琨. 先进 PID 控制及其 MATLAB 仿真[M]. 3 版. 北京: 电子工业出版社, 2011.
[7] 程树康, 刘宝廷. 步进电动机及其驱动控制系统[M]. 哈尔滨: 哈尔滨工业大学出版社, 2007.
[8] 潘丰, 张开如. 自动控制原理[M]. 北京: 北京大学出版社, 2006.
[9] 周建兴, 岂兴明, 矫津毅, 等. MATLAB 入门到精通[M]. 北京: 人民邮电出版社, 2008.
[10] 陈杰. MATLAB 宝典[M]. 北京: 电子工业出版社, 2011.
[11] 张建国, 梁南丁. 矿山固定设备电气控制[M]. 徐州: 中国矿业大学出版社, 2008.
[12] 胡育辉, 袁晓东. 数控机床编程与操作[M]. 北京: 北京大学出版社, 2008.
[13] lib.sdkd.net.cn 山东科技大学知识港.
[14] www.gongkong.com 工控网.
[15] www.zidonghua.com 自动化网.
[16] www.sslibrary.com 超星数字图书馆.
[17] www.cnki.net 中国知网.
[18] www.oilsoft.cn 石油行业搜索引擎.
[19] bbs.matwav.com 研学论坛.
[20] www.simwe.com 仿真论坛.

北京大学出版社本科计算机系列实用规划教材

序号	标准书号	书　名	主　编	定价	序号	标准书号	书　名	主　编	定价
1	7-301-10511-5	离散数学	段禅伦	28	38	7-301-13684-3	单片机原理及应用	王新颖	25
2	7-301-10457-X	线性代数	陈付贵	20	39	7-301-14505-0	Visual C++程序设计案例教程	张荣梅	30
3	7-301-10510-X	概率论与数理统计	陈荣江	26	40	7-301-14259-2	多媒体技术应用案例教程	李　建	30
4	7-301-10503-0	Visual Basic 程序设计	闵联营	22	41	7-301-14503-6	ASP .NET 动态网页设计案例教程(Visual Basic .NET 版)	江　红	35
5	7-301-21752-8	多媒体技术及其应用(第 2 版)	张　明	39	42	7-301-14504-3	C++面向对象与 Visual C++程序设计案例教程	黄贤英	35
6	7-301-10466-8	C++程序设计	刘天印	33	43	7-301-14506-7	Photoshop CS3 案例教程	李建芳	34
7	7-301-10467-5	C++程序设计实验指导与习题解答	李　兰	20	44	7-301-14510-4	C++程序设计基础案例教程	于永彦	33
8	7-301-10505-4	Visual C++程序设计教程与上机指导	高志伟	25	45	7-301-14942-3	ASP .NET 网络应用案例教程(C# .NET 版)	张登辉	33
9	7-301-10462-0	XML 实用教程	丁跃潮	26	46	7-301-12377-5	计算机硬件技术基础	石　磊	26
10	7-301-10463-7	计算机网络系统集成	斯桃枝	22	47	7-301-15208-9	计算机组成原理	娄国焕	24
11	7-301-22437-3	单片机原理及应用教程(第 2 版)	范立南	43	48	7-301-15463-2	网页设计与制作案例教程	房爱莲	36
12	7-5038-4421-3	ASP .NET 网络编程实用教程(C#版)	崔良海	31	49	7-301-04852-8	线性代数	姚喜妍	22
13	7-5038-4427-2	C 语言程序设计	赵建锋	25	50	7-301-15461-8	计算机网络技术	陈代武	33
14	7-5038-4420-5	Delphi 程序设计基础教程	张世明	37	51	7-301-15697-1	计算机辅助设计二次开发案例教程	谢安俊	26
15	7-5038-4417-5	SQL Server 数据库设计与管理	姜　力	31	52	7-301-15740-4	Visual C# 程序开发案例教程	韩朝阳	30
16	7-5038-4424-9	大学计算机基础	贾丽娟	34	53	7-301-16597-3	Visual C++程序设计实用案例教程	于永彦	32
17	7-5038-4430-0	计算机科学与技术导论	王昆仑	30	54	7-301-16850-9	Java 程序设计案例教程	胡巧多	32
18	7-5038-4418-3	计算机网络应用实例教程	魏　峥	25	55	7-301-16842-4	数据库原理与应用(SQL Server 版)	毛一梅	36
19	7-5038-4415-9	面向对象程序设计	冷英男	28	56	7-301-16910-0	计算机网络技术基础与应用	马秀峰	33
20	7-5038-4429-4	软件工程	赵春刚	22	57	7-301-15063-4	计算机网络基础与应用	刘远生	32
21	7-5038-4431-0	数据结构(C++版)	秦　锋	28	58	7-301-15250-8	汇编语言程序设计	张光长	28
22	7-5038-4423-2	微机应用基础	吕晓燕	33	59	7-301-15064-1	网络安全技术	骆耀祖	30
23	7-5038-4426-4	微型计算机原理与接口技术	刘彦文	26	60	7-301-15584-4	数据结构与算法	佟伟光	32
24	7-5038-4425-6	办公自动化教程	钱　俊	30	61	7-301-17087-8	操作系统实用教程	范立南	36
25	7-5038-4419-1	Java 语言程序设计实用教程	董迎红	33	62	7-301-16631-4	Visual Basic 2008 程序设计教程	隋晓红	34
26	7-5038-4428-0	计算机图形技术	龚声蓉	28	63	7-301-17537-8	C 语言基础案例教程	汪新民	31
27	7-301-11501-5	计算机软件技术基础	高　巍	25	64	7-301-17397-8	C++程序设计基础教程	郗亚辉	30
28	7-301-11500-8	计算机组装与维护实用教程	崔明远	33	65	7-301-17578-1	图论算法理论、实现及应用	王桂平	54
29	7-301-12174-0	Visual FoxPro 实用教程	马秀峰	29	66	7-301-17964-2	PHP 动态网页设计与制作案例教程	房爱莲	42
30	7-301-11500-8	管理信息系统实用教程	杨月江	27	67	7-301-18514-8	多媒体开发与编程	于永彦	35
31	7-301-11445-2	Photoshop CS 实用教程	张　瑾	28	68	7-301-18538-4	实用计算方法	徐亚平	24
32	7-301-12378-2	ASP .NET 课程设计指导	潘志红	35	69	7-301-18539-1	Visual FoxPro 数据库设计案例教程	谭红杨	35
33	7-301-12394-2	C# .NET 课程设计指导	龚自霞	32	70	7-301-19313-6	Java 程序设计案例教程与实训	董迎红	45
34	7-301-13259-3	VisualBasic .NET 课程设计指导	潘志红	30	71	7-301-19389-1	Visual FoxPro 实用教程与上机指导（第 2 版）	马秀峰	40
35	7-301-12371-3	网络工程实用教程	汪新民	34	72	7-301-19435-5	计算方法	尹景本	28
36	7-301-14132-8	J2EE 课程设计指导	王立丰	32	73	7-301-19388-4	Java 程序设计教程	张剑飞	35
37	7-301-21088-8	计算机专业英语(第 2 版)	张　勇	42	74	7-301-19386-0	计算机图形技术(第 2 版)	许承东	44

序号	标准书号	书　名	主　编	定价	序号	标准书号	书　名	主　编	定价
75	7-301-15689-6	Photoshop CS5 案例教程(第 2 版)	李建芳	39	87	7-301-21271-4	C#面向对象程序设计及实践教程	唐　燕	45
76	7-301-18395-3	概率论与数理统计	姚喜妍	29	88	7-301-21295-0	计算机专业英语	吴丽君	34
77	7-301-19980-0	3ds Max 2011 案例教程	李建芳	44	89	7-301-21341-4	计算机组成与结构教程	姚玉霞	42
78	7-301-20052-0	数据结构与算法应用实践教程	李文书	36	90	7-301-21367-4	计算机组成与结构实验实训教程	姚玉霞	22
79	7-301-12375-1	汇编语言程序设计	张宝剑	36	91	7-301-22119-8	UML 实用基础教程	赵春刚	36
80	7-301-20523-5	Visual C++程序设计教程与上机指导(第 2 版)	牛江川	40	92	7-301-22965-1	数据结构(C 语言版)	陈超祥	32
81	7-301-20630-0	C#程序开发案例教程	李挥剑	39	93	7-301-23122-7	算法分析与设计教程	秦　明	29
82	7-301-20898-4	SQL Server 2008 数据库应用案例教程	钱哨	38	94	7-301-23566-9	ASP.NET 程序设计实用教程(C#版)	张荣梅	44
83	7-301-21052-9	ASP.NET 程序设计与开发	张绍兵	39	95	7-301-23734-2	JSP 设计与开发案例教程	杨田宏	32
84	7-301-16824-0	软件测试案例教程	丁宋涛	28	96	7-301-24245-2	计算机图形用户界面设计与应用	王赛兰	38
85	7-301-20328-6	ASP. NET 动态网页案例教程(C#.NET 版)	江　红	45	97	7-301-24352-7	算法设计、分析与应用教程	李文书	49
86	7-301-16528-7	C#程序设计	胡艳菊	40					

北京大学出版社电气信息类教材书目(已出版)

欢迎选订

序号	标准书号	书　名	主　编	定价	序号	标准书号	书　名	主　编	定价
1	7-301-10759-1	DSP 技术及应用	吴冬梅	26	48	7-301-11151-2	电路基础学习指导与典型题解	公茂法	32
2	7-301-10760-7	单片机原理与应用技术	魏立峰	25	49	7-301-12326-3	过程控制与自动化仪表	张井岗	36
3	7-301-10765-2	电工学	蒋　中	29	50	7-301-23271-2	计算机控制系统(第 2 版)	徐文尚	48
4	7-301-19183-5	电工与电子技术(上册)(第2版)	吴舒辞	30	51	7-5038-4414-0	微机原理及接口技术	赵志诚	38
5	7-301-19229-0	电工与电子技术(下册)(第2版)	徐卓农	32	52	7-301-10465-1	单片机原理及应用教程	范立南	30
6	7-301-10699-0	电子工艺实习	周春阳	19	53	7-5038-4426-4	微型计算机原理与接口技术	刘彦文	26
7	7-301-10744-7	电子工艺学教程	张立毅	32	54	7-301-12562-5	嵌入式基础实践教程	杨　刚	30
8	7-301-10915-6	电子线路 CAD	吕建平	34	55	7-301-12530-4	嵌入式 ARM 系统原理与实例开发	杨宗德	25
9	7-301-10764-1	数据通信技术教程	吴延海	29	56	7-301-13676-8	单片机原理与应用及 C51 程序设计	唐　颖	30
10	7-301-18784-5	数字信号处理(第 2 版)	阎　毅	32	57	7-301-13577-8	电力电子技术及应用	张润和	38
11	7-301-18889-7	现代交换技术(第 2 版)	姚　军	36	58	7-301-20508-2	电磁场与电磁波（第 2 版）	邬春明	30
12	7-301-10761-4	信号与系统	华　容	33	59	7-301-12179-5	电路分析	王艳红	38
13	7-301-19318-1	信息与通信工程专业英语（第 2 版）	韩定定	32	60	7-301-12380-5	电子测量与传感技术	杨　雷	35
14	7-301-10757-7	自动控制原理	袁德成	29	61	7-301-14461-9	高电压技术	马永翔	28
15	7-301-16520-1	高频电子线路(第 2 版)	宋树祥	35	62	7-301-14472-5	生物医学数据分析及其 MATLAB 实现	尚志刚	25
16	7-301-11507-7	微机原理与接口技术	陈光军	34	63	7-301-14460-2	电力系统分析	曹　娜	35
17	7-301-11442-1	MATLAB 基础及其应用教程	周开利	24	64	7-301-14459-6	DSP 技术与应用基础	俞一彪	34
18	7-301-11508-4	计算机网络	郭银景	31	65	7-301-14994-2	综合布线系统基础教程	吴达金	24
19	7-301-12178-8	通信原理	隋晓红	32	66	7-301-15168-6	信号处理 MATLAB 实验教程	李　杰	20
20	7-301-12175-7	电子系统综合设计	郭　勇	25	67	7-301-15440-3	电工电子实验教程	魏　伟	26
21	7-301-11503-9	EDA 技术基础	赵明富	22	68	7-301-15445-8	检测与控制实验教程	魏　伟	24
22	7-301-12176-4	数字图像处理	曹茂永	23	69	7-301-04595-4	电路与模拟电子技术	张绪光	35
23	7-301-12177-1	现代通信系统	李白萍	27	70	7-301-15458-8	信号、系统与控制理论(上、下册)	邱德润	70
24	7-301-12340-9	模拟电子技术	陆秀令	28	71	7-301-15786-2	通信网的信令系统	张云麟	24
25	7-301-13121-3	模拟电子技术实验教程	谭海曙	24	72	7-301-23674-1	发电厂变电所电气部分(第 2 版)	马永翔	48
26	7-301-11502-2	移动通信	郭俊强	22	73	7-301-16076-3	数字信号处理	王震宇	32
27	7-301-11504-6	数字电子技术	梅开乡	30	74	7-301-16931-5	微机原理及接口技术	肖洪兵	32
28	7-301-18860-6	运筹学(第 2 版)	吴亚丽	28	75	7-301-16932-2	数字电子技术	刘金华	30
29	7-5038-4407-2	传感器与检测技术	祝诗平	30	76	7-301-16933-9	自动控制原理	丁　红	32
30	7-5038-4413-3	单片机原理及应用	刘　刚	24	77	7-301-17540-8	单片机原理及应用教程	周广兴	40
31	7-5038-4409-6	电机与拖动	杨天明	27	78	7-301-17614-6	微机原理及接口技术实验指导书	李干林	22
32	7-5038-4411-9	电力电子技术	樊立萍	25	79	7-301-12379-9	光纤通信	卢志茂	28
33	7-5038-4399-0	电力市场原理与实践	邹　斌	24	80	7-301-17382-4	离散信息论基础	范九伦	25
34	7-5038-4405-8	电力系统继电保护	马永翔	27	81	7-301-17677-1	新能源与分布式发电技术	朱永强	32
35	7-5038-4397-6	电力系统自动化	孟祥忠	25	82	7-301-17683-2	光纤通信	李丽君	26
36	7-301-24933-8	电气控制技术(第 2 版)	韩顺杰	28	83	7-301-17700-6	模拟电子技术	张绪光	36
37	7-5038-4403-4	电器与 PLC 控制技术	陈志新	38	84	7-301-17318-3	ARM 嵌入式系统基础与开发教程	丁文龙	36
38	7-5038-4400-3	工厂供配电	王玉华	34	85	7-301-17797-6	PLC 原理及应用	缪志农	26
39	7-5038-4410-2	控制系统仿真	郑恩让	26	86	7-301-17986-4	数字信号处理	王玉德	32
40	7-5038-4398-3	数字电子技术	李　元	27	87	7-301-18131-7	集散控制系统	周荣富	36
41	7-5038-4412-6	现代控制理论	刘永信	22	88	7-301-18285-7	电子线路 CAD	周荣富	41
42	7-5038-4401-0	自动化仪表	齐志才	27	89	7-301-16739-7	MATLAB 基础及应用	李国朝	39
43	7-5038-4408-9	自动化专业英语	李国厚	32	90	7-301-18352-6	信息论与编码	隋晓红	24
44	7-301-23081-7	集散控制系统(第 2 版)	刘翠玲	36	91	7-301-18260-4	控制电机与特种电机及其控制系统	孙冠群	42
45	7-301-19174-3	传感器基础(第 2 版)	赵玉刚	32	92	7-301-18493-6	电工技术	张　莉	26
46	7-5038-4396-9	自动控制原理	潘　丰	32	93	7-301-18496-7	现代电子系统设计教程	宋晓梅	36
47	7-301-10512-2	现代控制理论基础(国家级十一五规划教材)	侯媛彬	20	94	7-301-18672-5	太阳能电池原理与应用	靳瑞敏	25

序号	标准书号	书　名	主　编	定价	序号	标准书号	书　名	主　编	定价
95	7-301-18314-4	通信电子线路及仿真设计	王鲜芳	29	130	7-301-22111-2	平板显示技术基础	王丽娟	52
96	7-301-19175-0	单片机原理与接口技术	李　升	46	131	7-301-22448-9	自动控制原理	谭功全	44
97	7-301-19320-4	移动通信	刘维超	39	132	7-301-22474-8	电子电路基础实验与课程设计	武　林	36
98	7-301-19447-8	电气信息类专业英语	缪志农	40	133	7-301-22484-7	电文化——电气信息学科概论	高　心	30
99	7-301-19451-5	嵌入式系统设计及应用	邢吉生	44	134	7-301-22436-6	物联网技术案例教程	崔逊学	40
100	7-301-19452-2	电子信息类专业 MATLAB 实验教程	李明明	42	135	7-301-22598-1	实用数字电子技术	钱裕禄	30
101	7-301-16914-8	物理光学理论与应用	宋贵才	32	136	7-301-22529-5	PLC 技术与应用(西门子版)	丁金婷	32
102	7-301-16598-0	综合布线系统管理教程	吴达金	39	137	7-301-22386-4	自动控制原理	佟　威	30
103	7-301-20394-1	物联网基础与应用	李蔚田	44	138	7-301-22528-8	通信原理实验与课程设计	邬春明	34
104	7-301-20339-2	数字图像处理	李云红	36	139	7-301-22582-0	信号与系统	许丽佳	38
105	7-301-20340-8	信号与系统	李云红	29	140	7-301-22447-2	嵌入式系统基础实践教程	韩　磊	35
106	7-301-20505-1	电路分析基础	吴舒辞	38	141	7-301-22776-3	信号与线性系统	朱明早	33
107	7-301-22447-2	嵌入式系统基础实践教程	韩　磊	35	142	7-301-22872-2	电机、拖动与控制	万芳瑛	34
108	7-301-20506-8	编码调制技术	黄　平	26	143	7-301-22882-1	MCS-51 单片机原理及应用	黄翠翠	34
109	7-301-20763-5	网络工程与管理	谢　慧	39	144	7-301-22936-1	自动控制原理	邢春芳	39
110	7-301-20845-8	单片机原理与接口技术实验与课程设计	徐懂理	26	145	7-301-22920-0	电气信息工程专业英语	余兴波	26
111	301-20725-3	模拟电子线路	宋树祥	38	146	7-301-22919-4	信号分析与处理	李会容	39
112	7-301-21058-1	单片机原理与应用及其实验指导书	邵发森	44	147	7-301-22385-7	家居物联网技术开发与实践	付　蔚	39
113	7-301-20918-9	Mathcad 在信号与系统中的应用	郭仁春	30	148	7-301-23124-1	模拟电子技术学习指导及习题精选	姚娅川	30
114	7-301-20327-9	电工学实验教程	王士军	34	149	7-301-23022-0	MATLAB 基础及实验教程	杨成慧	36
115	7-301-16367-2	供配电技术	王玉华	49	150	7-301-23221-7	电工电子基础实验及综合设计指导	盛桂珍	32
116	7-301-20351-4	电路与模拟电子技术实验指导书	唐　颖	26	151	7-301-23473-0	物联网概论	王　平	38
117	7-301-21247-9	MATLAB 基础与应用教程	王月明	32	152	7-301-23639-0	现代光学	宋贵才	36
118	7-301-21235-6	集成电路版图设计	陆学斌	36	153	7-301-23705-2	无线通信原理	许晓丽	42
119	7-301-21304-9	数字电子技术	秦长海	49	154	7-301-23736-6	电子技术实验教程	司朝良	33
120	7-301-21366-7	电力系统继电保护(第 2 版)	马永翔	42	155	7-301-23754-0	工控组态软件及应用	何坚强	49
121	7-301-21450-3	模拟电子与数字逻辑	邬春明	39	156	7-301-23877-6	EDA 技术及数字系统的应用	包　明	55
122	7-301-21439-8	物联网概论	王金甫	42	157	7-301-23983-4	通信网络基础	王　昊	32
123	7-301-21849-5	微波技术基础及其应用	李泽民	49	158	7-301-24153-0	物联网安全	王金甫	43
124	7-301-21688-0	电子信息与通信工程专业英语	孙桂芝	36	159	7-301-24181-3	电工技术	赵　莹	46
125	7-301-22110-5	传感器技术及应用电路项目化教程	钱裕禄	30	160	7-301-24449-4	电子技术实验教程	马秋明	26
126	7-301-21672-9	单片机系统设计与实例开发（MSP430）	顾　涛	44	161	7-301-24469-2	Android 开发工程师案例教程	倪红军	48
127	7-301-22112-9	自动控制原理	许丽佳	30	162	7-301-24557-6	现代通信网络	胡珺珺	38
128	7-301-22109-9	DSP 技术及应用	董　胜	39	163	7-301-24777-8	DSP 技术与应用基础(第 2 版)	俞一彪	45
129	7-301-21607-1	数字图像处理算法及应用	李文书	48	164	7-301-24812-6	微控制器原理及应用	丁筱玲	42

相关教学资源如电子课件、电子教材、习题答案等可以登录 www.pup6.cn 下载或在线阅读。

扑六知识网(www.pup6.com)有海量的相关教学资源和电子教材供阅读及下载(包括北京大学出版社第六事业部的相关资源)，同时欢迎您将教学课件、视频、教案、素材、习题、试卷、辅导材料、课改成果、设计作品、论文等教学资源上传到 pup6.com，与全国高校师生分享您的教学成就与经验，并可自由设定价格，知识也能创造财富。具体情况请登录网站查询。

如您需要免费纸质样书用于教学，欢迎登陆第六事业部门户网(www.pup6.com)填表申请，并欢迎在线登记选题以到北京大学出版社来出版您的大作，也可下载相关表格填写后发到我们的邮箱，我们将及时与您取得联系并做好全方位的服务。

扑六知识网将打造成全国最大的教育资源共享平台，欢迎您的加入——让知识有价值，让教学无界限，让学习更轻松。

联系方式：010-62750667，pup6_czq@163.com，szheng_pup6@163.com，欢迎来电来信咨询。